全国计算机技术与软件专业技术资格(水平)考试指定用书

系统集成项目管理工程师教程

第3版

张树玲　宋跃武　主　编

刘　玲　岳素林　李　超　副主编

U0383353

清华大学出版社

北京

内 容 简 介

本书是由全国计算机专业技术资格考试办公室组织编写的考试用书。本书根据《系统集成项目管理工程师考试大纲》（2023 年审定通过）编写，阐述了系统集成项目管理工程师（项目经理）岗位所要求的主要知识以及应用技术。

本书主要内容包括信息化发展、信息技术发展、信息技术服务、信息系统架构、软件工程、数据工程、软硬件系统集成、信息安全工程、项目管理概论、启动过程组、规划过程组、执行过程组、监控过程组、收尾过程组、组织保障、监理基础知识、法律法规和标准规范、职业道德规范。

本书是参加系统集成项目管理工程师考试应试者的必读教材，也可以作为信息化教育的培训或辅导用书，还可以作为高等院校信息管理专业的教学或参考用书。由于书中提供的一些技术、工具和方法具有较强的实践性，本书也能够作为在职人员的工具书。

图书在版编目 (CIP) 数据

系统集成项目管理工程师教程 / 张树玲，宋跃武主编 . —3 版 . —北京：清华大学出版社，2024.1（2024.9 重印）
全国计算机技术与软件专业技术资格（水平）考试指定用书
ISBN 978-7-302-65219-9

Ⅰ.①系⋯　Ⅱ.①张⋯ ②宋⋯　Ⅲ.①系统集成技术－项目管理－资格考试－自学参考资料
Ⅳ.① TP311.5

中国国家版本馆 CIP 数据核字 (2024) 第 003736 号

责任编辑：杨如林
封面设计：杨玉兰
责任校对：胡伟民
责任印制：宋　林

出版发行：清华大学出版社
　　　　　网　　　址：https://www.tup.com.cn，https://www.wqxuetang.com
　　　　　地　　　址：北京清华大学学研大厦 A 座　　　　邮　　　编：100084
　　　　　社 总 机：010-83470000　　　　　　　　　　邮　　　购：010-62786544
　　　　　投稿与读者服务：010-62776969，c-service@tup.tsinghua.edu.cn
　　　　　质 量 反 馈：010-62772015，zhiliang@tup.tsinghua.edu.cn
印 装 者：河北鹏润印刷有限公司
经　　销：全国新华书店
开　　本：185mm×230mm　　印 张：38.25　防伪页：1　　字　　数：1200 千字
版　　次：2009 年 3 月第 1 版　2024 年 1 月第 3 版　　印　　次：2024 年 9 月第 4 次印刷
定　　价：139.00 元

产品编号：103164-01

前　言

计算机技术与软件专业技术资格（水平）考试（以下简称"软考"）中的系统集成项目管理工程师资格自 2005 年开考以来，已经培养了大批项目管理人员，这些专业技术人才在信息系统建设、服务管理与应用、运维和创新等方面发挥了重要作用，为保证组织的信息系统集成建设质量，提高信息系统项目开发绩效，推进组织转型升级等做出了贡献。

采用现代管理理论作为计划、设计、控制的方法论，将计算机系统、数据库、网络、安全设施、应用软件等资源按照规划的结构和秩序，有机地整合到一个边界清晰、敏捷高效的信息系统中，以达到预定的系统目标，这是系统集成的主要工作。综合运用相关知识、技能、工具和技术在一定的时间、成本、质量等要求下，为实现预定的系统目标而进行的管理计划、设计、开发、实施、运维等方面的活动称为信息系统项目管理。实施项目管理的项目管理工程师（项目经理）和项目管理师（高级项目经理）岗位已经成为组织信息化建设和数字化转型过程中不可缺少的重要岗位，对这个岗位的人才选拔和评价是信息行业人才队伍建设的重要组成部分。

在信息技术的推动下，人类社会正在加速进入全新发展时期，以数据要素开发利用为基础的数字时代、数字经济快速发展，以人工智能、区块链和物联网等为代表的新一代信息技术，正在深刻影响着各行业领域的改革创新与转型升级，信息系统相关技术、建设、管理、运行等数字化能力需求持续强化，系统集成项目管理将面临新的行业背景和形势。2023 年，为适应经济与社会的发展需要以及信息技术和项目管理技术的发展现状，全国计算机专业技术资格考试办公室广泛吸纳当前最新的研究成果，在原大纲的基础上，组织专家对系统集成项目管理工程师考试大纲进行了较大幅度的修改，增强了信息化发展、信息技术、信息技术服务、系统集成工程建设等方面的知识要求，以实用性和适用性为主线，并结合敏捷和价值驱动等，丰富和完善了项目管理的知识体系要求，更新、丰富和完善了系统集成项目相关标准与法律法规的要求。

依据新修订的《系统集成项目管理工程师考试大纲》（2023 年审定通过），全国计算机专业技术资格考试办公室组织专家对《系统集成项目管理工程师教程》（以下简称《教程》）的第 2 版进行了修订。修订的第 3 版《教程》在论述项目管理知识体系时尽量做到体例一致，叙述方式及逻辑一致，专业用语一致；论述的方法、工具和技术，与实际工作开展结合紧密，可以直接在系统集成项目管理的实践中运用。考虑系统集成建设与各行业领域发展深度融合的需求，系统集成项目管理工程师具有体系化的信息系统发展知识、系统化的信息技术知识、全面的信息技术服务知识、立体的系统集成工程知识、深入的信息系统项目新型管理知识等，对项目的成功无疑是至关重要的。因此，第 3 版《教程》基于国家相关发展战略，结合技术发展新趋势及应用新场景，丰富了信息技术的基础知识及其开发应用趋势；基于组织系统集成发展与项目的高度融合性，丰富了信息技术服务和各类系统工程相关知识；基于新时期对系统集成项目管理的敏捷性与价值需求，重新梳理了项目管理相关知识。考虑各类信息系统项目实践的差异化和个性化，信息系统建设与组织发展的深度融合强化，以及各类网络化知识的丰富，修订教程适度给出了知识示例相关材料。

另外，为了便于参加软考的专业技术人员复习应考，第 3 版《教程》在每章还提供了相应练习题。

第 1 章信息化发展由宋跃武、刘媛媛编写；第 2 章信息技术发展由宋俊典、王铮、宋跃武编写；第 3 章信息技术服务由李美翠、曾寰嵩、王林编写；第 4 章信息系统架构由孙佩、李美翠、张荣静编写；第 5 章软件工程由李超、白文江、王林编写；第 6 章数据工程由宋俊典、刘媛媛、郝孝宇编写；第 7 章软硬件系统集成由刘瑞慧、隋志巍、李超、崔晓柳编写；第 8 章信息安全工程由林程远、隋志巍、彭高编写；第 9 章项目管理概论由刘玲、宋跃武编写；第 10 章启动过程组由李少杰、刘玲、宋跃武编写；第 11 章规划过程组由李京、刘玲、宋跃武编写；第 12 章执行过程组由唐百惠、张树玲编写；第 13 章监控过程组由刘娜、张树玲、刘玲编写；第 14 章收尾过程组由李少杰、张树玲、李静编写；第 15 章组织保障由尹正茹、岳素林、郭爽编写；第 16 章监理基础知识由宋跃武、贾卓生、李京编写；第 17 章法律法规和标准规范由李修仪、朱盼盼、岳素林编写；第 18 章职业道德规范由岳素林、刘玲、李世喆编写。

另外，张树玲和宋跃武依据考试大纲对全书做了内容统筹、章节结构设计和统稿，岳素林、李超等参加了本书的策划以及部分章节的审校，刘玲和李超提供了各类实践经验并对相关内容进行了提炼总结，李美翠参与了本书部分章节的审校工作。清华大学出版社为本书的编写做了大量的组织管理工作，在此表示感谢。

由于编者水平所限，书中难免有不当之处，恳请读者不吝赐教并提出宝贵意见，相信读者的反馈将会为未来的再次修订提供良好的帮助。

编　者

2023 年 12 月

目　录

第 1 章　信息化发展

广义的信息技术可以追溯到 3500—5000 年前人类语言的形成和使用，持续经历了文字的创造、印刷术的发明、电脉冲和电磁的发现与应用、计算机技术发展、新一代信息技术应用等。可以看出，信息技术的发展历程，伴随着人类信息沉淀的丰富、信息传播高效以及信息应用的泛化，信息技术发展的价值侧重点由传播转型到知识沉淀，进而演进到以模拟和预测为主要特征的知识自动化应用。自 20 世纪 90 年代以来，电子信息技术不断创新，伴随着信息产业持续发展，信息网络广泛普及，信息化成为全球经济社会发展的显著特征，并逐步向一场全方位的社会变革演进。

进入 21 世纪，电子信息技术与经济社会发展深度融合，孕育了一系列的重大发展突破，互联网开辟了无限广阔的信息空间，成为信息传播和知识扩散的崭新的重要载体，同时也加剧了各种文化、思想的相互交流和融合。近年来，随着以大数据、人工智能等为代表的新一代信息技术的高速发展和深化应用，数据成了继土地、劳动力、技术和资本后，经济与社会发展的新型生产要素，正在孕育和促进新一轮的科技革命和产业革命，成为经济社会高质量发展和人类命运共同体的重要驱动因素。

在新一代信息技术的推动下，人类社会正在加速进入全新发展时期，以智能化、网络化、数字化等为典型特征的新模式、新经济、新业态等正在加速形成，电子政务、消费互联网、工业互联网、智能制造和智慧城市等正在深刻影响人们的生产、消费和生活方式等。随着数据广泛链接和共享、数字孪生广泛建设，重新定义了信息空间的内涵，基于已发生的信息快照已经无法满足人民对美好生活的需求。对物理世界的模拟、未来的预测以及物理社会的优化，将成为新的核心关注点，个性化需求的高效率满足成为发展主要方向之一。

继工业化后，信息化正在催生一场新的人类社会革命，其影响更加广泛、变革更加深入，已经成为世界各国的关注焦点和共同选择。一方面信息化的发展水平代表一个国家的信息能力，信息产业成为国家核心竞争力的新战略高地，信息技术成为国家间竞争的核心聚焦；另一方面数字经济、数字人才成为区域经济与社会发展的重要支点，这不仅需要各类组织持续强化信息技术人才的业务能力建设，也需要更加关注业务技术人才的信息技术能力建设，从而形成立体化、多元化的新型人才体系。这是因为，作为数字化转型主体的计算机信息系统工程是一项复杂的社会和技术工程，无论是内容、规模、深度和广度，还是技术、工具、业务和流程，都在不断地发展和创新。

1.1　信息与信息化

信息是指音讯、消息、信息系统传输和处理的对象，泛指人类社会传播的一切内容。人通过获得、识别自然界和社会的不同信息来区别不同事物，得以认识和改造世界。在一切通信和控制系统中，信息是一种普遍联系的形式。信息化是指在国家宏观信息政策指导下，通过信息技术开发、信息产业的发展、信息人才的配置，最大限度地利用信息资源以满足全社会的信息需求，从而加速社会各个领域的共同发展以推进信息社会的过程。

1.1.1　信息基础

信息是物质、能量及其属性的标示的集合，是确定性的增加。它以物质介质为载体，传递和反映世界各种事物存在方式、运动状态等的表征。信息不是物质，也不是能量，它以一种普遍形式，表达物质运动规律，在客观世界中大量存在、产生和传递。

1. 信息的定义

1948 年，数学家香农（Claude E. Shannon）在题为《通信的数学理论》的论文中指出："信息是用来消除随机不定性的东西"。创造一切宇宙万物的最基本单位是信息。香农还给出了信息的定量描述，并确定了信息量的单位为比特（bit）。1 比特的信息量，在变异度为 2 的最简单情况下，就是能消除非此即彼的不确定性所需要的信息量。这里的"变异度"是指事物的变化状态空间为 2，例如大和小、高和低、快和慢等。

同时，香农将热力学中的熵引入了信息论。在热力学中，熵是系统无序程度的度量，而信息与熵正好相反，信息是系统有序程度的度量，表现为负熵，计算公式如下：

$$H = -\sum_{i=1}^{n} p(x_i) \log_2 p(x_i)$$

式中，x_i 代表 n 个状态中的第 i 个状态，$P(x_i)$ 代表出现第 i 个状态的概率，H 代表用以消除系统不确定性所需的信息量，即以比特为单位的负熵。

信息的目的是用来"消除不确定的因素"。信息由意义和符号组成，指以声音、语言、文字、图像、动画、气味等方式所表示的实际内容。信息是抽象于物质的映射集合。

2. 信息的特征

香农关于信息的定义揭示了信息的本质，同时，人们通过深入研究，发现信息还具有很多其他的特征，主要包括客观性、普遍性、无限性、动态性、相对性、依附性、变换性、传递性、层次性、系统性和转化性等。

（1）客观性。信息是客观事物在人脑中的反映，而反映的对象则有主观和客观的区别，因此，信息可分为主观信息（例如：决策、指令和计划等）和客观信息（例如：国际形势、经济发展和一年四季等）。主观信息必然要转化成客观信息，例如，决策和计划等主观信息要转化成实际行动。因此，信息具有客观性。

（2）普遍性。物质决定精神，物质的普遍性决定了信息的普遍存在。

（3）无限性。客观世界是无限的，反映客观世界的信息自然也是无限的。无限性可分为两个层次：一是无限的事物产生无限的信息，即信息的总量是无限的；二是每个具体事物或有限个事物的集合所能产生的信息也可以是无限的。

（4）动态性。信息是随着时间的变化而变化的。

（5）相对性。不同的认识主体从同一事物中获取的信息及信息量可能是不同的。

（6）依附性。信息的依附性可以从两个方面来理解：一方面，信息是客观世界的反映，任何信息必然由客观事物所产生，不存在无源的信息；另一方面，任何信息都要依附于一定的载体而存在，需要有物质的承载者，信息不能完全脱离物质而独立存在。

（7）变换性。信息通过处理可以实现变换或转换，使其形式和内容发生变化，以适应特定的需要。

（8）传递性。信息在时间上的传递就是存储，在空间上的传递就是转移或扩散。

（9）层次性。客观世界是分层次的，反映它的信息也是分层次的。

（10）系统性。信息可以表示为一种集合，不同类别的信息可以形成不同的整体。因此，可以形成与现实世界相对应的信息系统。

（11）转化性。信息的产生不能没有物质，信息的传递不能没有能量，但有效地使用信息，可以将信息转化为物质或能量。

3. 信息的质量

由于获取信息满足了人们消除不确定性的需求，因此信息具有价值，而价值的大小决定于信息的质量，这就要求信息满足一定的质量属性，主要包括精确性、完整性、可靠性、及时性、经济性、可验证性和安全性等。

（1）精确性。精确性指对事物状态描述的精准程度。

（2）完整性。完整性指对事物状态描述的全面程度，完整信息应包括所有重要事实。

（3）可靠性。可靠性指信息的来源、采集方法、传输过程是可以信任的，符合预期。

（4）及时性。及时性指获得信息的时刻与事件发生时刻的间隔长短。昨天的天气信息不论怎样精确、完整，对指导明天的穿衣并无帮助，从这个角度出发，这个信息的价值为零。

（5）经济性。经济性指信息获取、传输带来的成本在可以接受的范围之内。

（6）可验证性。可验证性指信息的主要质量属性可以被证实或者证伪的程度。

（7）安全性。安全性指在信息的生命周期中，信息可以被非授权访问的可能性，可能性越低，安全性越高。

信息应用的场合不同，其侧重面也不一样。例如，对于金融信息而言，其最重要的特性是安全性；而对于经济与社会信息而言，其最重要的特性是及时性。

4. 信息的传输模型

信息是有价值的一种客观存在，信息只有流动起来，才能体现其价值。信息的传输通过信息传输技术（通常指通信、网络等）来实现，信息的传输模型如图 1-1 所示。

图 1-1　信息传输模型

信息传输通常包括信源、编码、信道、解码、信宿和噪声等。

（1）信源。信源产生信息的实体，信息产生后，由这个实体向外传播。

（2）编码。编码是将信源产生的信息转换为适合在信道上传输的信号的过程。这一过程主要由编码器完成。编码器在信息论中泛指所有变换信号的设备，实际上就是终端机的发送部分。它包括从信源到信道的所有设备，如量化器、压缩编码器和调制器等。从信息安全的角度出发，编码器还可以包括加密解密设备。

（3）信道。信道是传送信息的通道，如 TCP/IP 网络。信道可以从逻辑上理解为抽象信道，也可以是具有物理意义的实际传送通道。TCP/IP 网络是逻辑上的概念，这个网络的物理通道可以是光纤、同轴电缆、双绞线、移动通信网络，甚至是卫星或者微波。

（4）解码。解码是编码的逆过程，它将信道中接收到的信号（原始信息与噪声的叠加）转换成信宿能接收的信号，这一过程主要由解码器完成。解码器包括解调器、译码器和数模转换器等。

（5）信宿。信宿是信息的归宿或接收者。

（6）噪声。噪声可以理解为干扰，干扰可以来自于信息系统分层结构的任何一层，当噪声携带的信息达到一定程度的时候，在信道中传输的信息可能被噪声掩盖导致传输失败。

当信源和信宿已给定，信道也已选定后，决定信息系统性能的关键就在于编码器和解码器。设计一个信息系统时，除了选择信道和设计其附属设施外，主要工作也就是设计编码和解码器。一般情况下，信息系统的主要性能指标是有效性和可靠性。有效性就是在系统中传送尽可能多的信息；而可靠性是要求信宿收到的信息尽可能地与信源发出的信息一致，或者说失真尽可能小。为了提高可靠性，可以在信息编码时增加冗余编码，犹如"重要的话说三遍"，恰当的冗余编码可以在信息受到噪声侵扰时被恢复，而过量的冗余编码将降低信道的有效性和信息传输速率。

概括起来，信息系统的基本规律应包括信息的度量、信源特性和信源编码、信道特性和信道编码、检测理论、估计理论以及密码学。

1.1.2　信息系统基础

信息系统是由相互联系、相互依赖、相互作用的事物或过程组成的具有整体功能和综合行为的统一体。在经济与社会活动中，经常使用"系统"的概念，例如，经济领域中的业务系统和金融系统，自然界中的水利系统和生态系统等。从数学角度来看，系统是一个集合，是由许多相互作用、相互依存的事物（集合元素）为了达到某个目标组成的集合。

1. 系统及其特性

研究系统的一般理论和方法，称为系统论。系统是系统论的主要研究对象，而要研究系统，首先应该认识系统的特性。系统的总体特性是系统整体上的属性，系统的这些特性通常是很难提前预测的，只有当所有子系统和元素被整合形成完全的系统之后才能表现出来。目的性、整体性、层次性、稳定性、突变性、自组织性、相似性、相关性和环境适应性是系统的主要特性。

（1）目的性。定义一个系统、组成一个系统或者抽象出一个系统，都有明确的目标或者目的，目标性决定了系统的功能。

（2）整体性。系统是一个整体，元素是为了达到一定的目的，按照一定的原则，有序地排列起来组成系统，从而产生系统的特定功能。

（3）层次性。系统是由多个元素组成的，系统和元素是相对的概念。元素是相对于它所处的系统而言的，系统是从它包含元素的角度来看的，如果研究问题的角度变一变，系统就会变成更高一级系统的元素，也称为子系统。

（4）稳定性。系统的稳定性是指受规则的约束，系统的内部结构和秩序应是可以预见的，系统的状态以及演化路径有限并能被预测，系统的功能发生作用导致的后果也是可以预估的。稳定性强的系统使得系统在受到外部作用的同时，内部结构和秩序仍然能够保持。

（5）突变性。突变性是指系统通过失稳从一种状态进入另一种状态的一种剧烈变化的过程，它是系统质变的一种基本形式。

（6）自组织性。开放系统在系统内外因素的作用下自发组织起来，使系统从无序到有序，从低级有序到高级有序。

（7）相似性。系统具有同构和同态的性质，体现在系统结构、存在方式和演化过程具有共同性。系统具有相似性的根本原因在于世界的物质系统性。

（8）相关性。元素是可分的和相互联系的，组成系统的元素必须有明确的边界，可以与其他元素区分开来。另外，元素之间是相互联系的，不是哲学上所说的那种普遍联系，而是实实在在的、具体的联系。

（9）环境适应性。系统总处在一定环境中，并与环境发生相互作用。系统和环境之间总是在发生着一定的物质和能量交换。

2. 信息系统及其特性

简单地说，信息系统就是通过对输入的数据进行加工处理，产生信息的系统。面向管理和支持生产是信息系统的显著特点，以计算机为基础的信息系统可以定义为：结合管理理论和方法，应用信息技术解决管理问题，提高生产效率，为生产或信息化过程以及管理和决策提供支撑的系统。信息系统是管理模型、信息处理模型和系统实现条件的结合，其抽象模型如图 1-2 所示。

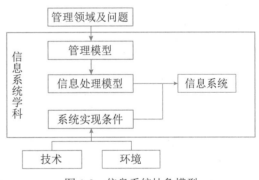

图 1-2　信息系统抽象模型

管理模型是指系统服务对象领域的专门知识，以及分析和处理该领域问题的模型，也称为对象的处理模型；信息处理模型指系统处理信息的结构和方法。管理模型中的理论和分析方法，在信息处理模型中转化为信息获取、存储、传输、加工和使用的规则；系统实现条件是指可供应用的计算机技术和通信技术、从事对象领域工作的人员，以及对这些资源的控制与融合。

广义的信息系统可以是手工的，也可以是电子化的。电子化信息系统的组成部件包括硬件、软件、数据库、网络、存储设备、感知设备、外设、人员以及把数据处理成信息的规程等。从用途类型来划分，信息系统一般包括电子商务系统、事务处理系统、管理信息系统、生产制造系统、电子政务系统、决策支持系统等。对于信息系统而言，信息系统的开放性、脆弱性和健壮性等特性会表现得比较突出。

（1）开放性。系统的开放性是指系统的可访问性。这个特性决定了系统可以被外部环境识别，外部环境或者其他系统可以按照预定的方法，使用系统的功能或者影响系统的行为。系统的开放性体现在系统有清晰描述并被准确识别和理解的接口层。

（2）脆弱性。这个特性与系统的稳定性相对应，即系统可能存在着丧失结构、功能、秩序的特性，这个特性往往是隐蔽的且不易被外界感知的。脆弱的系统一旦被侵入，整体性会被破坏，甚至面临崩溃和系统瓦解。

（3）健壮性。当系统面临干扰、输入错误和入侵等因素时，系统可能会出现非预期的状态而丧失原有功能、出现错误甚至表现出破坏功能。系统具有能够抵御出现非预期状态的特性称为健壮性，也称鲁棒性（robustness）。一般来说，具有高可用性的信息系统，会采取冗余技术、容错技术、身份识别技术和可靠性技术等来抵御系统出现非预期的状态并保持系统的稳定性。

3. 信息系统生命周期

信息系统是面向现实世界人类生产和生活中的具体应用的，是为了提高人类活动的质量、效率而存在的。信息系统的目的、性能、内部结构和秩序、外部接口、部件组成等由人来规划，它的产生、建设、运行和完善构成一个循环的过程，这个过程遵循一定的规律。另外，信息系统建设周期长、投资大、风险大，比一般技术工程有更大的难度和复杂性，其在使用过程中，随着生存环境的变化，要不断维护和修改，当它不再适应的时候就要被淘汰，由新系统代替老系统。为了工程化的需要，有必要把这些过程划分为具有典型特点的阶段，每个阶段有不同的目标和工作方法，阶段中的任务也由不同类型的人员来负责。这个过程称为信息系统的生命周期。

软件在信息系统中属于较复杂的部件，可以借用软件的生命周期来表示信息系统的生命周期。软件的生命周期通常包括：可行性分析与项目开发计划、需求分析、概要设计、详细设计、编码、测试和维护等阶段。

信息系统的生命周期可以简化为：系统规划（可行性分析与项目开发计划），系统分析（需求分析），系统设计（概要设计、详细设计），系统实施（编码、测试），系统运行和维护等阶段，如图1-3所示。

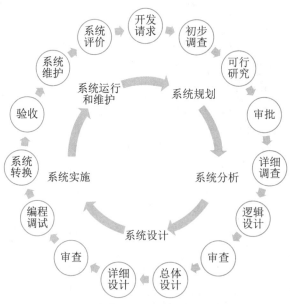

图1-3　信息系统全生命周期示意图

1）系统规划阶段

系统规划阶段的任务是对组织的环境、目标及现行系统的状况进行初步调查，根据组织目标和发展战略，确定信息系统的发展战略，对建设新系统的需求做出分析和预测，同时考虑建设新系统所受的各种约束，研究建设新系统的必要性和可能性。根据需要与可能，给出报建系统的备选方案。对这些方案进行可行性研究，写出可行性研究报告。可行性研究报告审议通过后，将新系统建设方案及实施计划编写成系统设计任务书。

2）系统分析阶段

系统分析阶段的任务是根据系统设计任务书所确定的范围，对现行系统进行详细调查，描述现行系统的业务流程，指出现行系统的局限性和不足之处，确定新系统的基本目标和逻辑功能要求，即提出新系统的逻辑模型。

系统分析阶段又称为逻辑设计阶段。这个阶段是整个系统建设的关键阶段，也是信息系统建设与一般工程项目的重要区别所在。系统分析阶段的工作成果体现在系统说明书中，这是系统建设的必备文件。它既是和用户确认需求的基础，也是下一个阶段的工作依据。因此，系统说明书既要通俗又要准确。用户通过系统说明书可以了解未来系统的功能，判断是不是所要求的系统。系统说明书一旦讨论通过，就是系统设计的依据，也是将来验收系统的依据。

3）系统设计阶段

简单地说，系统分析阶段的任务是回答系统"做什么"的问题，而系统设计阶段要回答的问题是"怎么做"。该阶段的任务是根据系统说明书中规定的功能要求，考虑实际条件，具体设计实现逻辑模型的技术方案，也就是设计新系统的物理模型。这个阶段又称为物理设计阶段，可分为总体设计（概要设计）和详细设计两个子阶段。这个阶段的技术文档是系统设计说明书。

4）系统实施阶段

系统实施阶段是将设计的系统付诸实施的阶段。这一阶段的任务包括计算机等设备的购置、安装和调试、程序的编写和调试、人员培训、数据文件转换、系统调试与转换等。这个阶段的特点是几个互相联系、互相制约的任务同时展开，必须精心安排、合理组织。系统实施是按实施计划分阶段完成的，每个阶段应写出实施进展报告。系统测试之后写出系统测试分析报告。

5）系统运行和维护阶段

系统投入运行后，需要经常进行维护和评价，记录系统运行的情况，根据一定的规则对系统进行必要的修改，评价系统的工作质量和经济效益。另外，为了便于论述针对信息系统的项目管理，信息系统的生命周期还可以简化为立项（系统规划）、开发（系统分析、系统设计、系统实施）、运维及消亡四个阶段，在开发阶段不仅包括系统分析、系统设计、系统实施，还包括系统验收等工作。如果从项目管理的角度来看，项目的生命周期又划分为启动、计划、执行和收尾四个典型阶段。

1.1.3　信息化基础

信息化是一个过程，与工业化、现代化一样，是一个动态变化的过程。信息化是指培养、发展以计算机为主的智能化工具为代表的新生产力，并使之造福于社会的历史过程。与智能化工具相适应的生产力，称为信息化生产力。信息化是以现代通信、网络、数据库技术为基础，将所研究对象各要素汇总至数据库，供特定人群生活、工作、学习、辅助决策等，是和人类息息相关的各种行为相结合的一种技术，使用该技术可以极大地提高行为的效率，并且降低成本，为推动人类社会进步提供技术支持。

1. 信息化内涵

信息化在不同的语境中有不同的含义。信息化用作名词时，通常指信息技术应用，特别是促成应用对象或领域（比如政府、企业或社会）发生转变的过程。例如，"企业信息化"不仅指在企业中应用信息技术，更重要的是通过深入应用信息技术，促进企业的业务模式、组织架构乃至经营战略发生革新或转变。信息化用作形容词时，常指对象或领域因信息技术的深入应用所达成的新形态或状态。例如，"信息化社会"指信息技术应用到一定程度后达成的社会形态，它只有充分应用信息技术才能达成。综上所述，信息化是推动经济社会发展与转型的一个历史性过程。在这个过程中，综合利用各种信息技术，支撑改善人类的各项政治、经济和社会活动，并把贯穿于这些活动中的各种数据有效、可靠地进行管理，经过符合业务需求的数据处理，形成信息资源，通过信息资源的整合与融合，促进信息交流和知识共享，形成新的经济和社会形态，推动各方面的高质量发展。

信息化的核心是要通过全体社会成员的共同努力，在经济和社会各个领域充分应用基于信息技术的先进社会生产工具（表现为各种信息系统或软硬件产品），提高信息时代的社会生产力，并推动生产关系和上层建筑的改革（表现为法律、法规、制度、规范、标准和组织结构等），使国家的综合实力、社会的文明程度和人民的生活质量全面提升。信息化的内涵主要包括：

- 信息网络体系：包括信息资源、各种信息系统和公用通信网络平台等。
- 信息产业基础：包括信息科学技术研究与开发、信息装备制造和信息咨询服务等。
- 社会运行环境：包括现代工农业、管理体制、政策法律、规章制度、文化教育和道德观念等生产关系与上层建筑。
- 效用积累过程：包括劳动者素质、国家现代化水平和人民生活质量的不断提高，精神文明和物质文明建设的不断进步等。

信息化的基本内涵给人们的启示是：信息化的主体是全体社会成员，包括政府、企业、事业、团体和个人。信息化的时域是一个长期的过程，它的空域是政治、经济、文化、军事和社会的一切领域；它的手段是基于现代信息技术的先进社会生产工具；它的途径是创建信息时代的社会生产力，推动社会生产关系及社会上层建筑的改革；它的目标是使国家的综合实力、社会的文明素质和人民的生活质量得到全面提升。我国大规模开展信息化工作已经 30 多年，已成为保障国家安全、支撑政府行政职能、维护社会和谐稳定、促进民生经济发展等各大战略层面的重要支柱。

2. 信息化体系

信息化代表了一种信息技术被高度应用，信息资源被高度共享，从而使得人的智能潜力以及社会物质资源潜力被充分发挥，个人行为、组织决策和社会运行趋于合理化的理想状态。

1997 年召开的首届全国信息化工作会议，将信息化和国家信息化定义为："信息化是指培育、发展以智能化工具为代表的新的生产力并使之造福于社会的历史过程。国家信息化就是在国家统一规划和组织下，在农业、工业、科学技术、国防及社会生活各个方面应用信息技术，深入开发、广泛利用信息资源，加速实现国家现代化进程。"国家信息化体系包括信息技术应用、信息资源、信息网络、信息技术和产业、信息化人才、信息化政策法规和标准规范 6 个要素，这 6 个要素的关系构成了一个有机的整体，如图 1-4 所示。

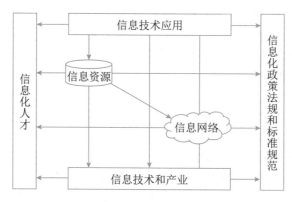

图 1-4　国家信息化体系

（1）信息资源。信息资源的开发和利用是国家信息化的核心任务，是国家信息化建设取得实效的关键，是衡量国家信息化水平的一个重要标志。

（2）信息网络。信息网络是信息资源开发和利用的基础设施，包括电信网、广播电视网和计算机网络。这三种网络有各自的形成过程、服务对象和发展模式，它们的功能有所交叉，又互为补充。

（3）信息技术应用。信息技术应用是指把信息技术广泛应用于经济和社会各个领域，它直接反映了效率、效果和效益。信息技术应用是信息化体系六要素中的龙头，是国家信息化建设的主阵地，集中体现了国家信息化建设的需求和效益。

（4）信息技术和产业。信息产业是信息化的物质基础，包括微电子、计算机、电信等产品和技术的开发、生产、销售，以及软件、信息系统开发和电子商务等。从根本上来说，国家信息化只有在相关产品和技术方面拥有雄厚的自主知识产权，才能提高综合国力。

（5）信息化人才。人才是信息化的成功之本，而合理的人才结构更是信息化人才的核心和关键。合理的信息化人才结构要求不仅要有各个层次的信息化技术人才，还要有精干的信息化管理人才，营销人才，法律、法规和情报人才。

（6）信息化政策法规和标准规范。信息化政策和法规、标准、规范用于规范和协调信息化体系各要素之间的关系，是国家信息化快速、有序、健康和持续发展的保障。

3. 信息化趋势

信息化是信息产业发展与信息技术在经济与社会各方面扩散的基础上，不断运用信息技术改造传统的经济、社会结构，通往如前所述的理想状态的一段持续的过程。随着数字化、网络化、智能化的持续深化，信息化成为重塑国家竞争优势的重要力量。信息化跟各行业、领域、业务现代化在更广范围、更深程度、更高水平上实现融合发展，新一代信息技术向各领域加速渗透，促进数字化转型步伐加快，并驱动经济与社会的高质量发展。

1）组织信息化趋势

随着计算机技术、网络技术和通信技术的发展和应用，组织信息化已成为业务价值实现、可持续化发展和提高经济与社会竞争力的重要保障。组织应该采取积极的应对措施，推动其信息化的建设进程。品牌2.0理论指出，信息化建设是品牌母体树冠部分的支持网络，庞大的品牌识别系统必须对应强大的信息化建设体系。如果信息化建设不能满足品牌识别系统的要求，品牌识别系统也将受到伤害，会自动调低到现有的信息化建设体系可以支撑的大小，这是品牌母体的自我调整过程。根据这个原理我们可以解释一种现象：为什么有的品牌进行了很好的品牌识别系统设计，初看起来是一个极具竞争力和发展前景的品牌，但却不能持久，并马上出现了负品牌效应。

各行业领域组织的信息化是国家经济与社会信息化的基础，指组织在产品的设计、开发、生产、管理、经营等多个环节中广泛利用信息技术，并大力培养信息人才，完善信息服务，加速建设组织信息系统。组织的信息化建设体现了组织在通信、网站、电子商务方面的投入情况，在客户和服务对象资源管理、质量管理体系方面的建设成就等。信息化建设日渐成为组织影响力、生产、销售、服务等各环节的核心支撑，并随着信息技术在组织中应用的不断深入，其价值显得越来越重要，未来甚至许多组织必须依托信息化建设才能生存。

组织信息化除驱动和加速组织转型升级和生产力建设外，还呈现出产品信息化、产业信息化、社会生活信息化和国民经济信息化等趋势和方向。产品信息化包含两层含义：①产品中各类信息比重日益增大、物质比重日益降低，其物质产品的特征向信息产品的特征迈进；②越来越多的产品中嵌入了智能化元器件，使产品具有越来越强的信息处理功能。产业信息化指农业、工业、服务业等传统产业广泛利用信息技术，大力开发和利用信息资源，建立各种类型的产业互联网平台和网络，实现产业内各种资源、要素的优化与重组，从而实现产业的升级。社会生活信息化指包括市场、科技、教育、军事、政务、日常生活等在内的整个社会体系采用先进的信息技术，建立各种互联网平台和网络，大力拓展人们日常生活的信息内容，丰富人们的精神生活，拓展人们的活动时空等。国民经济信息化指在经济大系统内实现统一的信息大流动，使金融、贸易、投资、计划、营销等组成一个信息大系统，生产、流通、分配、消费等经济的四个环节通过信息进一步连成一个整体。国民经济信息化是世界各国急需实现的目标。

2）国家信息化趋势

党中央、国务院一直高度重视信息化工作。2016年7月中共中央办公厅、国务院办公厅颁布的《国家信息化发展战略纲要》强调国家信息化发展战略总目标是建设网络强国，分"三步走"：第一步到2020年，核心关键技术部分领域达到国际先进水平，信息产业国际竞争力大幅提升，信息化成为驱动现代化建设的先导力量；第二步到2025年，建成国际领先的移动通信网络，根本改变核心关键技术受制于人的局面，实现技术先进、产业发达、应用领先、网络安全坚不可摧的战略目标，涌现一批具有强大国际竞争力的大型跨国网信企业；第三步到21世纪中叶，信息化全面支撑富强民主文明和谐的社会主义现代化国家建设，网络强国地位日益巩固，在引领全球信息化发展方面有更大作为。当前，我国全面部署了"构建产业数字化转型发展体系"重大任务，明确我国信息化进入加快数字化发展、建设数字中国的新阶段。

4. 国家信息化规划

《"十四五"国家信息化规划》明确了：建设泛在智联的数字基础设施体系，建立高效利用的数据要素资源体系，构建释放数字生产力的创新发展体系，培育先进安全的数字产业体系，构建产业数字化转型发展体系，构筑共建共治共享的数字社会治理体系，打造协同高效的数字政府服务体系，构建普惠便捷的数字民生保障体系，拓展互利共赢的数字领域国际合作体系和建立健全规范有序的数字化发展治理体系等重大任务。今后一段时间，我国信息化的发展重点主要聚焦在数据治理、密码区块链技术、信息互联互通、智能网联和网络安全等方面。

1）数据治理

深化数据资源调查，推进数据标准规范体系建设，制定数据采集、存储、加工、流通、交易、衍生产品等标准规范，提高数据质量和规范性。建立和完善数据管理国家标准体系和数据治理能力评估体系。聚焦数据管理、共享开放、数据应用、授权许可、安全和隐私保护、风险管控等方面，探索多主体协同治理机制。

2）密码区块链技术

着力推进密码学、共识机制、智能合约等核心技术研究，支持建设安全可控、可持续发展的底层技术平台和区块链开源社区。构建区块链标准规范体系，加强区块链技术测试和评估，制定关键基础领域区块链行业应用标准规范。开展区块链创新应用试点，聚焦金融科技、供应链服务、政务服务、商业科技等领域开展应用示范。

3）信息互联互通

打造市场化、法治化、国际化营商环境，深化电子证照、电子合同、电子发票、电子会计凭证等在政务服务、财税金融、社会管理、民生服务等重要领域的有序有效应用。推进涉企政务事项的全程网上办理，大力推进公共资源全流程电子化交易，构建覆盖全国、透明规范、互联互通、智慧监管的公共资源交易体系。

4）智能网联

遴选打造国家级车联网先导区，加快智能网联汽车道路基础设施建设和 5G-V2X 车联网示范网络建设，提升车载智能设备、路侧通信设备、道路基础设施和智能管控设施的"人、车、路、云、网"协同能力，实现 L3 级以上高级自动驾驶应用。

5）网络安全

全面加强网络安全保障体系和能力建设，深化关口前移、防患于未然的安全理念，压实网络安全责任，加强网络安全信息统筹机制建设，形成多方共建的网络安全防线。开发网络安全技术及相关产品，提升网络安全自主防御能力。全面加强网络安全保障体系和能力建设。加强网络安全核心技术联合攻关，开展高级威胁防护、态势感知、监测预警等关键技术研究，建立安全可控的网络安全软硬件防护体系。强化 5G、工业互联网、大数据中心、车联网等安全保障。完善网络安全监测、通报预警、应急响应与处置机制，提升网络安全态势感知、事件分析以及快速恢复能力。

结合国家信息化发展趋势，国家各部委将加速推进各领域信息化进程，尤其是数据赋能、5G 等新兴技术应用、数字化转型等多方面的建设。例如，国家发展和改革委员会明确了相关信息化的发展目标和方向。即政务信息化建设总体迈入以数据赋能、协同治理、智慧决策、优质服务为主要特征的融慧治理新阶段，跨部门、跨地区、跨层级的技术融合、数据融合、业务融合成为政务信息化创新的主要路径，逐步形成平台化协同、在线化服务、数据化决策、智能化监管的新型数字政府治理模式，经济调节、市场监管、社会治理、公共服务和生态环境等领域的数字治理能力显著提升，网络安全保障能力进一步增强，有力支撑国家治理体系和治理能力现代化。

1.2　现代化基础设施

基础设施包括交通、能源、水利、物流等传统基础设施以及以信息网络为核心的新型基础设施，在国家发展全局中具有战略性、基础性、先导性作用。统筹推进传统基础设施和新型基础设施建设，打造系统完备、高效实用、智能绿色、安全可靠的现代化基础设施体系，是我国当前在该领域的发展战略和导向。

1.2.1　新型基础设施建设

2018 年召开的中央经济工作会议，首次提出"加快 5G 商用步伐，加强人工智能、工业互联网、物联网等新型基础设施建设"，简称"新基建"。"新型基础设施建设"的提法由此产生，主要包括 5G 基建、特高压、城际高速铁路和城际轨道交通、新能源汽车充电桩、大数据中心、人工智能、工业互联网等七大领域。"新基建"是立足于高新科技的基础设施建设，与传统"铁公基"相对应，是结合新一轮科技革命和产业变革特征，面向国家战略需求，为经济社会的创新、协调、绿色、开放、共享发展提供底层支撑的具有乘数效应的战略性、网络型基础设施。"新基建"的内涵更丰富，更能体现数字经济的特征，能够更好地推动中国经济转型升级。

1. 概念定义

新型基础设施是以新发展理念为引领，以技术创新为驱动，以信息网络为基础，面向高质量发展需要，提供数字转型、智能升级、融合创新等服务的基础设施体系。目前，新型基础设施主要包括信息基础设施、融合基础设施、创新基础设施。

（1）信息基础设施。信息基础设施主要指基于新一代信息技术演化生成的基础设施。信息基础设施包括：①以 5G、物联网、工业互联网、卫星互联网为代表的通信网络基础设施；②以人工智能、云计算、区块链等为代表的新技术基础设施；③以数据中心、智能计算中心为代表的算力基础设施等。信息基础设施凸显"技术新"。

（2）融合基础设施。融合基础设施主要指深度应用互联网、大数据、人工智能等技术，支撑传统基础设施转型升级，进而形成的融合基础设施。融合基础设施包括智能交通基础设施和智慧能源基础设施等。融合基础设施重在"应用新"。

（3）创新基础设施。创新基础设施主要指支撑科学研究、技术开发、产品研制的具有公益属性的基础设施。创新基础设施包括重大科技基础设施、科教基础设施、产业技术创新基础设施等。创新基础设施强调"平台新"。

伴随技术革命和产业变革，新型基础设施的内涵、外延也将持续变化和演进。新型基础设施建设比传统基建内涵更加丰富、涵盖范围更广，更能体现数字经济特征，能够更好地推动经济与社会转型升级。

2. 发展重点

新型基础设施建设更加侧重于突出产业转型升级的新方向，无论是人工智能还是物联网，都体现出加快推进产业高质量发展的大趋势。我国持续加快建设新型基础设施，将重点围绕：①强化数字转型、智能升级、融合创新支撑，布局建设信息基础设施、融合基础设施、创新基础设施等新型基础设施；②建设高速泛在、天地一体、集成互联、安全高效的信息基础设施，增强数据感知、传输、存储和运算能力；③加快 5G 网络规模化部署，持续提高用户普及率，推广升级千兆光纤网络；④前瞻布局 6G 网络技术储备；⑤扩容骨干网互联节点，新设一批国际通信出入口，全面推进互联网协议第六版（IPv6）商用部署；⑥实施中西部地区中小城市基础网络完善工程；⑦推动物联网全面发展，打造支持固移融合、宽窄结合的物联接入能力；⑧加快构建全国一体化大数据中心体系，强化算力统筹智能调度，建设若干国家枢纽节点和大数据中心集群，建设 E 级和 10E 级超级计算中心；⑨积极稳妥发展工业互联网和车联网；⑩打造全球覆盖、高效运行的通信、导航、遥感空间基础设施体系，建设商业航天发射场；⑪ 加快交通、能源、市政等传统基础设施数字化改造，加强泛在感知、终端联网、智能调度体系建设；⑫ 发挥市场主导作用，打通多元化投资渠道，构建新型基础设施标准体系等。

1.2.2　工业互联网

工业互联网（Industrial Internet）是新一代信息通信技术与工业经济深度融合的新型基础设施、应用模式和工业生态，通过对人、机、物、系统等的全面连接，构建起覆盖全产业链、全价值链的全新制造和服务体系，为工业乃至产业数字化、网络化、智能化发展提供了实现途径，是第四次工业革命的重要基石。

1. 内涵和外延

工业互联网不是互联网在工业的简单应用，其具有更为丰富的内涵和外延。它既是工业数字化、网络化、智能化转型的基础设施，也是互联网、大数据、人工智能与实体经济深度融合的应用模式，同时也是一种新业态、新产业，将重塑企业形态、供应链和产业链。

从工业经济发展角度看，工业互联网为制造强国建设提供关键支撑。一是推动传统工业转型升级。通过跨设备、跨系统、跨厂区、跨地区的全面互联互通，实现各种生产和服务资源在更大范围、更高效率、更加精准地优化配置，实现提质、降本、增效、绿色、安全发展，推动制造业高端化、智能化、绿色化，大幅提升工业经济发展质量和效益。二是加快新兴产业培育壮大。工业互联网促进设计、生产、管理、服务等环节由单点的数字化向全面集成演进，加速创新方式、生产模式、组织形式和商业范式的深刻变革，催生平台化设计、智能化制造、网络化协同、个性化定制、服务化延伸、数字化管理等诸多新模式、新业态、新产业。

从网络设施发展角度看，工业互联网是网络强国建设的重要内容。一是加速网络演进升级。工业互联网促进人与人相互连接的公众互联网、物与物相互连接的物联网，向人、机、物、系统等的全面互联拓展，大幅提升网络设施的支持服务能力。二是拓展数字经济空间。工业互联网具有较强的渗透性，可以与交通、物流、能源、医疗、农业等实体经济各领域深度融合，实现产业上下游、跨领域的广泛互联互通，推动网络应用从虚拟到实体、从生活到生产的科学跨越，极大地拓展了网络经济的发展空间。

2. 平台体系

工业互联网平台体系具有四大层级，它以网络为基础，平台为中枢，数据为要素，安全为保障。

1）网络体系是基础

工业互联网网络体系包括网络互联、数据互通和标识解析三部分。网络互联实现要素之间的数据传输，包括企业外网和企业内网。典型技术包括传统的工业总线、工业以太网以及创新的时间敏感网络（TSN）、确定性网络、5G等技术。企业外网根据工业高性能、高可靠、高灵活、高安全网络需求进行建设，用于连接企业各地机构、上下游企业、用户和产品。企业内网用于连接企业内人员、机器、材料、环境和系统，主要包含信息（IT）网络和控制（OT）网络。当前，内网技术发展呈现三个特征：IT和OT正走向融合，工业现场总线向工业以太网演进，工业无线技术加速发展。数据互通是通过对数据进行标准化描述和统一建模，实现要素之间传输信息的相互理解，数据互通涉及数据传输、数据语义语法等不同层面。标识解析体系实现要素的标记、管理和定位，由标识编码、标识解析系统和标识数据服务组成，通过对物料、机器、产品等物理资源和工序、软件、模型、数据等虚拟资源分配标识编码，实现物理实体和虚拟对象的逻辑定位和信息查询，支撑跨企业、跨地区、跨行业的数据共享共用。

我国标识解析体系包括五大国家顶级节点、国际根节点、二级节点、企业节点和递归节点。国家顶级节点是我国工业互联网标识解析体系的关键枢纽，国际根节点是各类国际解析体系跨境解析的关键节点，二级节点是面向特定行业或者多个行业提供标识解析公共服务的节点，递归节点是通过缓存等技术手段提升整体服务性能、加快解析速度的公共服务节点。标识解析应用按照载体类型可分为静态标识应用和主动标识应用。静态标识应用以一维码、二维码、射频识别码（RFID）、近场通信标识（NFC）等作为载体，需要借助扫码枪、手机App等读写终端触发标识解析过程。主动标识通过在芯片、通信模组、终端中嵌入标识，主动通过网络向解析节点发送解析请求。

2）平台体系是中枢

工业互联网平台体系包括边缘层、IaaS、PaaS和SaaS四个层级，相当于工业互联网的"操作系统"，它有四个主要作用：

（1）数据汇聚。网络层面采集的多源、异构、海量数据，传输至工业互联网平台，为深度分析和应用提供基础。

（2）建模分析。提供大数据、人工智能分析的算法模型和物理、化学等各类仿真工具，结合数字孪生、工业智能等技术，对海量数据挖掘分析，实现数据驱动的科学决策和智能应用。

（3）知识复用。将工业经验知识转化为平台上的模型库、知识库，并通过工业微服务组件方式，方便二次开发和重复调用，加速共性能力沉淀和普及。

（4）应用创新。面向研发设计、设备管理、企业运营、资源调度等场景，提供各类工业App、云化软件，帮助企业提质增效。

3）数据体系是要素

工业互联网数据有三个特性：

（1）重要性。数据是实现数字化、网络化、智能化的基础，没有数据的采集、流通、汇聚、计算、分析等各类新模式就是无源之水，数字化转型也就成为无本之木。

（2）专业性。工业互联网数据的价值在于分析利用，分析利用的途径必须依赖行业知识和工业机理。制造业千行百业、千差万别，每个模型、算法背后都需要长期积累和专业队伍，只有精耕细作才能发挥数据价值。

（3）复杂性。工业互联网运用的数据来源于"研产供销服"各环节，"人机料法环"各要素，ERP、MES、PLC 等各系统。数据的维度和复杂度远超消费互联网，面临采集困难、格式各异、分析复杂等挑战。

4）安全体系是保障

工业互联网安全体系涉及设备、控制、网络、平台、工业 App、数据等多方面网络安全问题，其核心任务就是要通过监测预警、应急响应、检测评估、功能测试等手段确保工业互联网健康有序发展。与传统互联网安全相比，工业互联网安全具有三大特点：

（1）涉及范围广。工业互联网打破了传统工业相对封闭可信的环境，网络攻击可直达生产一线。联网设备的爆发式增长和工业互联网平台的广泛应用，使网络攻击面持续扩大。

（2）造成影响大。工业互联网涵盖制造业、能源等实体经济领域，一旦发生网络攻击等破坏行为，安全事件影响严重。

（3）企业防护基础弱。目前我国广大工业企业安全意识、防护能力仍然薄弱，整体安全保障能力有待进一步提升。

3. 融合应用

工业互联网融合应用推动了一批新模式、新业态孕育兴起，提质、增效、降本、绿色、安全发展成效显著，初步形成了平台化设计、智能化制造、网络化协同、个性化定制、服务化延伸、数字化管理六大类典型应用模式。

（1）平台化设计。平台化设计是依托工业互联网平台，汇聚人员、算法、模型、任务等设计资源，实现高水平高效率的轻量化设计、并行设计、敏捷设计、交互设计和基于模型的设计，变革传统设计方式，提升研发质量和效率。

（2）智能化制造。智能化制造是互联网、大数据、人工智能等新一代信息技术在制造业领域加速创新应用，实现材料、设备、产品等生产要素与用户之间的在线连接和实时交互，逐步实现机器代替人工生产，智能化代表制造业未来发展的趋势。

（3）网络化协同。网络化协同是通过跨部门、跨层级、跨企业的数据互通和业务互联，推动供应链上的企业和合作伙伴共享客户、订单、设计、生产、经营等各类信息资源，实现网络化的协同设计、协同生产、协同服务，进而促进资源共享、能力交易以及业务优化配置等。

（4）个性化定制。个性化定制是面向消费者个性化需求，通过客户需求准确获取和分析、敏捷产品开发设计、柔性智能生产、精准交付服务等，实现用户在产品全生命周期中的深度参与，是以低成本、高质量和高效率的大批量生产实现产品个性化设计、生产、销售及服务的一种制造服务模式。

（5）服务化延伸。服务化延伸是制造与服务融合发展的新型产业形态，指的是企业从原有制造业务向价值链两端高附加值环节延伸，从以加工组装为主向"制造＋服务"转型，从单纯出售产品向出售"产品＋服务"转变，具体包括设备健康管理、产品远程运维、设备融资租赁、分享制造、互联网金融等。

（6）数字化管理。数字化管理是企业通过打通核心数据链，贯通制造全场景、全过程，基于数据的广泛汇聚、集成优化和价值挖掘，优化、创新乃至重塑企业战略决策、产品研发、生产制造、经营管理、市场服务等业务活动，构建数据驱动的高效运营管理新模式。

工业互联网已延伸至众多个国民经济大类，涉及原材料、装备、消费品、电子等制造业各大领域，以及采矿、电力、建筑等实体经济重点产业，实现更大范围、更高水平、更深程度发展，形成了多样化的融合应用实践。

1.2.3　城市物联网

物联网是一个基于互联网、传统电信网等信息承载体，让所有能够被独立寻址的普通物理对象实现互联互通的网络。物联网是城市智慧化建设中非常重要的元素，它侧重于底层感知信息的采集与传输，属于城市范围内泛在网建设的重要方面。

1. 物联网与智慧城市

物联网（Internet of Things，IoT）起源于 20 世纪 90 年代末期，是指通过信息传感设备，按约定的协议，将任意物体与网络相连接，物体通过信息传播媒介进行信息交换和通信，以实现智能化识别、定位、跟踪、监管等功能。通信与识别、智能化、互联性是其主要特征。①通信与识别。一般来说，在物联网上需要安装海量的各类型传感器，每个传感器均是一个信息源，各种类型的传感器所接收到的信息在格式及内容上是不同的，因此物联网必须具备极强的识别功能。另外，物联网作为一个集信息收集、处理于一体的综合系统，其必定需要一个完善的通信系统。②智能化。与其他一些系统相比，物联网不但具备信息收集的功能，其还具备极强的信息处理功能，可对物体进行有效的智能管理，物联网通过一些设备与传感器相连接，利用云计算、智能识别等各种先进的自动化反馈技术可大范围实现对事物的智能化管控。③互联性。物联网技术的核心和基础仍是互联网，其主要是通过各类有线及无线设备与互联网相融合，将事物信息及时准确地反映出去。物联网上的传感设备可将信息定时传输，由于所要传输的信息量极大，出现了海量信息，因此在传输过程中，为了保证数据具备正确性与及时性，物联网需要适应各种类型的网络及协议。

智慧城市（Smart City）一词较早出现在 20 世纪 80 年代中期，是指在城市规划、设计、建设、管理与运营等领域中，通过物联网、云计算、大数据、空间地理信息集成等智能计算技术的应用，使得城市管理、教育、医疗、房地产、交通运输、公用事业和公众安全等城市组成的关键基础设施组件和服务更互联、高效和智能，从而为市民提供更美好的生活和工作服务，为企业创造更有利的商业发展环境，为政府赋能更高效的运营与管理机制。系统感知、传递可靠、高度智能等是智慧城市重要特征。①系统感知。更加全面、更加系统的感知是智慧城市发展的基础也是其基本特性，以使得城市中需求感知的人和物可实现相互感知，且可随时获得所需求的各种信息及数据。物联网通过一些设备与传感器相连接，可保证智慧城市内的一切动态被实时感知与协调。②传递可靠。在实现全面的互联之后，形成可靠的传递是智慧城市发展的基础特征之一，并且这使得各种信息的采集及控制能做到可靠传递。要做到可靠的信息传递，物联网的互联性必不可少。试想一下，在物联网的帮助下，各类传感器敏捷采集数据，使得整个城市的各类公开信息都能唾手可得。③高度智能。更具深度及更具智能的信息管控能力是智慧城市的又一基础特征，对系统收集到的各类信息进行快速、准确、有效的处理，并做出智能控制管理。物联网的信息收集的功能和极强的信息处理功能，可对物体进行有效的智能管理。

物联网与智慧城市特征的高度重合，证明了智慧城市是物联网集中应用的平台之一，也是物联网技术综合应用的典范，是由 N 个物联网功能单元组合而成的更大的示范工程，承载和包含着几乎所有的物联网、云计算等相关技术。通过传感技术，实现对城市管理中的能源生产、运输、转换及消耗的监测和全面感知，实时智能识别、立体感知城市能源各方面情况。

2. 城市物联网应用场景

智慧城市是物联网解决方案的主要应用场景之一。物联网在智慧城市发展中的应用关系到方方面面，从市政管理智能化、农业园林智能化、医疗智能化、楼宇智能化、交通智能化到旅游智能化及其他应用智能化等方面，均离不开物联网技术。物联网技术采集特定数据，然后数据被用于改善城市的营运，优化城市服务的效率并与市民连接。典型应用领域包括智慧物流、智能交通、智能安防、智慧能源环保、智能医疗、智慧建筑、智能家居和智能零售等。

1）智慧物流

智慧物流是新技术应用于物流行业的统称，指的是以物联网、大数据、人工智能等信息技术为支撑，在物流的运输、仓储、包装、装卸、配送等各个环节实现系统感知、全面分析及处理等功能。智慧物流的实现能大大地降低各行业的运输成本，提高运输效率，提升整个物流行业的智能化和自动化水平。智慧物流的应用场景包括三个主要方向，即仓储管理、运输监测、冷链物流等。①仓储管理。通常采用基于远距离无线电（Long Range Radio，LoRa）、窄带物联网（Narrow Band Internet of Things，NB-IoT）等传输网络的物联网仓库管理信息系统，完成收货入库、盘点、调拨、拣货、出库以及整个系统的数据查询、备份、统计、报表生产及报表管理等任务。尤其在无人仓、智能立体库、金融监管库里面有大量的物联网设备，通过物联网设备实时监控货品的状态，指引设备运营。②运输监测。实时监测货物运输中的车辆行驶情况以及货物运输情况，包括货物位置、状态环境以及车辆的油耗、油量、车速及刹车次数等驾驶行为。③冷链物流。冷链物流对温度要求比较高，温湿度传感器可将仓库、冷链车的温度实时传输到后台，便于监管。

2）智能交通

智能交通是物联网的一种重要体现形式，利用信息技术将人、车和路紧密地结合起来，改善交通运输环境、保障交通安全以及提高资源利用率。物联网技术的具体应用领域，包括智能公交车、共享单车、车联网、智慧停车以及智能红绿灯等。①智能公交车。结合公交车辆的运行特点，建设公交智能调度系统，对线路、车辆进行规划调度，实现智能排班。②共享单车。运用带有全球定位系统（Global Positioning System，GPS）或北斗、NB-IoT 模块的智能锁，通过与应用程序相连实现精准定位、实时掌控车辆状态等。③车联网。利用先进的传感器及控制技术等实现自动驾驶或智能驾驶，实时监控车辆运行状态，降低交通事故发生率。④智慧停车。通过安装地磁感应设备，连接进入停车场的智能手机，实现停车自动导航、在线查询车位等功能。⑤智能红绿灯。依据车流量、行人及天气等情况，动态调控灯信号，来控制车流，提高道路承载力。⑥汽车电子标识。采用射频识别（Radio Frequency Identification，RFID）技术，实现对车辆身份的精准识别、车辆信息的动态采集等功能。⑦充电桩。通过物联网设备实现充电桩定位、充放电控制、状态监测及统一管理等功能。⑧高速无感收费。通过摄像头识别车牌信息，根据路径信息进行收费，从而提高通行效率、缩短车辆等候时间等。

3）智能安防

传统安防对人员的依赖性比较大，非常耗费人力，而智能安防能够通过设备实现智能判断。目前，智能安防最核心的部分在于智能安防系统，该系统是对拍摄的图像进行传输与存储，并对其进行分析与处理。一个完整的智能安防系统主要包括三大部分，门禁、报警和监控，行业中主要以视频监控为主。①门禁系统。门禁系统主要以感应卡、指纹、虹膜以及面部识别等为主，有安全、便捷和高效的特点，能联动视频抓拍、远程开门、手机位置探测及轨迹分析等。②监控系统。监控系统主要以视频为主，通过视频实时监控，使用摄像头进行抓拍记录，将视频和图片进行数据存储和分析，实现实时监测并确保安全。③报警系统。报警系统主要通过报警主机进行报警，同时可以将语音模块以及网络控制模块置于报警主机中，缩短报警响应时间。

4）智慧能源环保

智慧能源环保的物联网应用主要集中在水能、电能、燃气、路灯等能源和用电装置以及井盖、垃圾桶等环保装置。如智慧井盖可以用于监测水位及其状态，智能水电表可实现远程抄表，智能垃圾桶可实现自动感应等。将物联网技术应用于传统的水、电、光能设备通过联网进行监测，从而提升利用效率，减少能源损耗。①智能水表。利用先进的 NB-IoT 技术，可实现远程采集用水量以及提供用水提醒等服务。②智能电表。自动化信息化的新型电表，具有远程监测用电情况并及时反馈等功能。③智能燃气表。通过网络技术将用气量传输到燃气集团，无须入户抄表即可实现显示燃气用量及用气时间等功能。④智慧路灯。通过给路灯搭载传感器等设备，实现远程照明控制以及故障自动报警等功能。

5）智能医疗

在智能医疗领域，新技术的应用必须以人为中心。而物联网技术是获取数据的主要途径，能有效地帮助医院实现对人和物的智能化管理。对人的智能化管理指的是通过传感器对病人的生理状态（如心跳频率、体力消耗、血压高/低等）进行监测，主要指的是通过医疗可穿戴设备将获取的数据记录到电子健康文件中，方便病人或医生查阅。对物的智能化管理指的是通过RFID 技术对医疗设备、物品进行监控与管理，实现医疗设备、用品的可视化，主要用于实现数字化医院。

6）智慧建筑

建筑是城市的基石，技术的进步促进了建筑的智能化发展，以物联网等新技术为主的智慧建筑越来越受到人们的关注。当前的智慧建筑主要体现在节能方面，用设备进行感知和数据传输从而实现远程监控，不仅能够节约能源同时也能减少楼宇人员的运维工作量。根据亿欧智库的调查，目前智慧建筑主要体现在照明用电、消防监测、智慧电梯、楼宇监测以及运用于古建筑领域的白蚁监测。

7）智能家居

智能家居指的是使用不同的方法和设备来提高人们的生活能力，使家庭变得更舒适、安全和高效。物联网应用于智能家居领域，能够对家居类产品的位置、状态和变化进行监测，通过分析其变化特征并结合人的需求，在一定程度上进行反馈。智能家居行业的发展主要分为三个阶段：单品连接、物物联动和平台集成。智能家居的发展方向首先是连接智能家居单品，然后是实现不同单品之间的联动，最后向智能家居系统平台发展。

8）智能零售

零售行业按照距离将零售分为远场零售、中场零售、近场零售三种不同的形式，三者分别以电商和商场、超市和便利店、自动售货机为代表。物联网技术可以用于近场和中场零售，且主要应用于近场零售，即无人便利店和自动（无人）售货机。智能零售通过将传统的售货机和便利店进行数字化升级与改造，打造无人零售模式。通过数据分析并充分运用门店内的客流和活动，可以为用户提供更好的服务，可以使商家提高经营效率。

1.3　产业现代化

党的十九届五中全会着眼 2035 年基本实现社会主义现代化，提出"关键核心技术实现重大突破，进入创新型国家前列"的远景目标。建设创新型国家，完善科技创新体系是关键。当前，我国经济发展正处于转型升级的关键时期，突破一系列瓶颈、解决深层次矛盾和问题的根本出路和动力在于把发展基点放在创新上，发挥科技创新在全面创新中的引领作用，通过建设科技强国，全面塑造发展新优势。

1.3.1　农业农村现代化

实现农业农村现代化是全面建设社会主义现代化国家的重大任务，需要将先进技术、现代装备、管理理念等引入农业，将基础设施和基本公共服务向农村延伸覆盖，提高农业生产效率，改善乡村面貌，提升农民生活品质，促进农业全面升级、农村全面进步、农民全面发展。

1. 农业现代化

农业现代化是用现代工业装备农业，用现代科学技术改造农业，用现代管理方法管理农业，用现代科学文化知识提高农民素质的过程；是建立高产、优质、高效农业生产体系，把农业建成具有显著经济效益、社会效益和生态效益的可持续发展的农业的过程；也是大幅度提高农业综合生产能力、不断增加农产品有效供给和农民收入的过程，同时，农业现代化又是一种手段。

农业信息化是农业现代化的重要技术手段。所谓农业信息化是指利用现代信息技术和信息系统为农业产供销及相关的管理和服务提供有效的信息支持，以提高农业的综合生产力和经营管理效率的过程；就是在农业领域全面地发展和应用现代信息技术，使之渗透到农业生产、市场、消费以及农村社会、经济、技术等各个具体环节，加速传统农业改造，大幅度地提高农业生产效率和农业生产力水平，促进农业持续、稳定、高效发展的过程。农业信息产业化是发展"一优两高"农业的需要，是农民进入市场的需要，是推进农村社会化服务的需要，是农业信息部门转变职能、自我发展的需要，是农村经济发展的必然趋势。它是以信息化的方式改造传统农业，把农业发展推进到更高阶段，实现信息时代的农业现代化。

2. 乡村振兴战略

近年来我国加快实施数字乡村战略，深入推进"互联网＋农业"，扩大农业物联网示范应用。持续推进重要农产品全产业链大数据建设，加强国家数字农业农村系统建设。实施"互联网＋"农产品出村进城工程。全面推进信息进村入户，依托"互联网＋"推动公共服务向农村延伸。"十四五"时期，我国开启全面建设社会主义现代化国家新征程，为加快农业农村现代化带来难得机遇。政策导向更加鲜明，全面实施乡村振兴战略，将为推进农业农村现代化提供有力保障。生物技术、信息技术等加快向农业农村各领域渗透，乡村产业加快转型升级，数字乡村建设不断深入，将为推进农业农村现代化提供动力支撑。

随着数字技术与农业农村的加速融合，不断涌现出新技术、新产品和新模式。推进农业农村数字化发展，重点是完善农村信息技术基础设施建设，加快数字技术推广应用，让广大农民共享数字经济发展红利。围绕数字赋能农业农村现代化建设，重点将围绕建设基础设施、发展智慧农业和建设数字乡村等方面。

（1）加强基础设施建设。一手抓新建、一手抓改造，提出推动农村千兆光网、5G、移动物联网与城市同步规划建设，提升农村宽带网络水平，推动农业生产加工和农村基础设施数字化、智能化升级。

（2）发展智慧农业。建立和推广应用农业农村大数据体系，推动物联网、大数据、人工智能、区块链等新一代信息技术与农业生产经营深度融合，建设一批数字田园、数字灌区和智慧农牧渔场，不断提高农业发展数字化水平，让农业资源利用更加合理、农业经营管理更加高效。

（3）建设数字乡村。构建线上线下相结合的乡村数字惠民便民服务体系，推进"互联网＋"政务服务向农村基层延伸，深化乡村智慧社区建设，促进农村教育、医疗、文化与数字化结合，提升乡村治理和服务的智能化、精准化水平。

1.3.2　工业现代化

"坚持自主可控、安全高效，推进产业基础高级化、产业链现代化，保持制造业比重基本稳定，增强制造业竞争优势，推动制造业高质量发展"是工业发展的重要战略。"深入实施智能制造和绿色制造工程，发展服务型制造新模式，推动制造业高端化智能化绿色化"是我国推动制造业优化升级的重点方向。

1. 两化融合

两化融合是信息化和工业化的高层次的深度结合，是指以信息化带动工业化、以工业化促进信息化，走新型工业化道路；两化融合的核心就是信息化支撑，追求可持续发展模式。信息化和工业化深度融合是信息化和工业化两个历史进程的交汇与创新，是中国特色新型工业化道路的集中体现，是新发展阶段制造业数字化、网络化、智能化发展的必由之路，是数字经济时代建设制造强国、网络强国和数字中国的结合点。信息化和工业化的融合既加速了工业化进程，也拉动了信息技术的进步。信息世界与物理世界的深度融合是未来世界发展的总趋势，两化深度融合顺应这一趋势，正在全面加速数字化转型，推动制造业企业形态、生产方式、业务模式和就业方式的根本性变革，信息化与工业化主要在技术、产品、业务、产业四个方面进行融合。也就是说，两化融合包括技术融合、产品融合、业务融合和产业衍生四个方面。

（1）技术融合。技术融合是指工业技术与信息技术的融合，产生新的技术，推动技术创新。例如，汽车制造技术和电子技术融合产生的汽车电子技术；工业和计算机控制技术融合产生的工业控制技术。

（2）产品融合。产品融合是指电子信息技术或产品渗透到产品中，增加产品的技术含量。例如，普通机床加上数控系统之后就变成了数控机床；传统家电采用了智能化技术之后就变成了智能家电；普通飞机模型增加控制芯片之后就成了遥控飞机。信息技术含量的提高使产品的附加值大大提高。

（3）业务融合。业务融合是指信息技术应用到企业研发设计、生产制造、经营管理、市场营销等各个环节，推动企业业务创新和管理升级。例如，计算机管理方式改变了传统手工台账，极大地提高了管理效率；信息技术应用提高了生产自动化、智能化程度，生产效率大大提高；网络营销成为一种新的市场营销方式，受众大量增加，营销成本大大降低。

（4）产业衍生。产业衍生是指两化融合可以催生出的新产业，形成一些新兴业态，如工业电子、工业软件、工业信息服务业。工业电子包括机械电子、汽车电子、船舶电子、航空电子等；工业软件包括工业设计软件、工业控制软件等；工业信息服务业包括工业企业 B2B 电子商务、工业原材料或产成品大宗交易、工业企业信息化咨询等。

2. 智能制造

智能制造（Intelligent Manufacturing，IM）是基于新一代信息通信技术与先进制造技术深度融合，贯穿于设计、生产、管理、服务等制造活动的各个环节，具有自感知、自学习、自决策、自执行、自适应等功能的新型生产方式。智能制造是一项重要的国家战略，也是各个国家推动新一代工业革命的关注焦点。

智能制造是一种由智能机器和人类专家共同组成的人机一体化智能系统，它在制造过程中能进行智能活动，诸如分析、推理、判断、构思和决策等。通过人与智能机器的合作共事，去扩大、延伸和部分地取代人类专家在制造过程中的脑力劳动。它把制造自动化的概念更新，扩展到柔性化、智能化和高度集成化。

智能制造的建设是一项持续性的系统工程，涵盖企业的方方面面。《智能制造能力成熟度模型》（GB/T 39116）明确了智能制造能力建设服务覆盖的能力要素、能力域和能力子域，如图 1-5 所示。

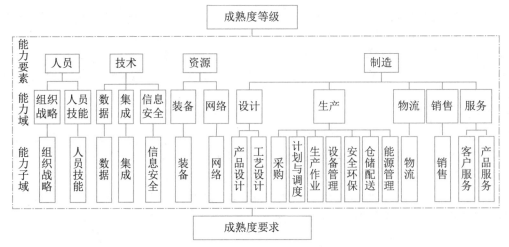

图 1-5   智能制造能力成熟度模型

能力要素提出了智能制造能力成熟度等级提升的关键方面，包括人员、技术、资源和制造。人员包括组织战略、人员技能 2 个能力域。技术包括数据、集成和信息安全 3 个能力域。资源包括装备、网络 2 个能力域。制造包括设计、生产、物流、销售和服务 5 个能力域。设计包括产品设计和工艺设计 2 个能力子域；生产包括采购、计划与调度、生产作业、设备管理、仓储配送、安全环保、能源管理 7 个能力子域；物流包括物流 1 个能力子域；销售包括销售 1 个能力子域；服务包括客户服务和产品服务 2 个能力子域。

《智能制造能力成熟度模型》（GB/T 39116）还规定了企业智能制造能力在不同阶段应达到的水平。成熟度等级分为五个等级，自低向高分别是一级（规划级）、二级（规范级）、三级（集成级）、四级（优化级）和五级（引领级）。较高的成熟度等级涵盖了低成熟度等级的要求，如图 1-6 所示。

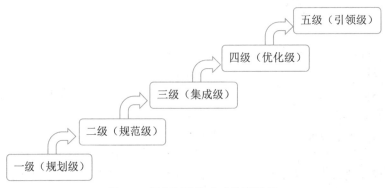

图 1-6   智能制造能力成熟度等级

- 一级（规划级）。企业应开始对实施智能制造的基础和条件进行规划，能够对核心业务活动（设计、生产、物流、销售、服务）进行流程化管理。
- 二级（规范级）。企业应采用自动化技术、信息技术手段对核心装备和业务活动等进行改造和规范，实现单一业务活动的数据共享。
- 三级（集成级）。企业应对装备、系统等开展集成，实现跨业务活动间的数据共享。
- 四级（优化级）。企业应对人员、资源、制造等进行数据挖掘，形成知识、模型等，实现对核心业务活动的精准预测和优化。
- 五级（引领级）。企业应基于模型持续驱动业务活动的优化和创新，实现产业链协同并衍生新的制造模式和商业模式。

1.3.3　服务现代化

服务现代化是使用信息技术手段，推动服务的效能提升、质量提高、风险降低和成本优化，也包括基于信息环境下的服务创新。以现代服务业为代表的服务模式变革，正在改变人们的生活模式、消费体验等。现代服务业是相对于传统服务业而言，适应现代人和现代城市发展的需求，而产生和发展起来的具有高技术含量和高文化含量的服务业。现代化服务业主要包括四大类：①基础服务（包括通信服务和信息服务）；②生产和市场服务（包括金融、物流、批发、电子商务、农业支撑服务以及中介和咨询等专业服务）；③个人消费服务（包括教育、医疗保健、住宿、餐饮、文化娱乐、旅游、房地产、商品零售等）；④公共服务（包括政府的公共管理服务、基础教育、公共卫生、医疗以及公益性信息服务等）。

1. 融合形态

以先进制造业与现代服务业融合发展为例。在工业化后期，服务业内部结构调整加快，新型业态开始出现，广告和咨询等中介服务业、房地产、旅游、娱乐等服务业发展较快，生产和生活服务业互动发展，催生了先进制造业与现代服务业的融合，主要表现出结合型融合、绑定型融合和延伸型融合。

（1）结合型融合。结合型融合是指在制造业产品生产过程中，中间投入品中服务投入所占的比例越来越大，如在产品的市场调研、产品研发、员工培训、管理咨询和销售服务的投入日益增加；同时，在服务业最终产品的提供过程中，中间投入品中制造业产品投入所占比重也越来越大，如在移动通信、互联网、金融等服务提供过程中无不依赖于大量的制造业"硬件"投入。这些作为中间投入的制造业或制造业产品，往往不出现在最终的服务或产品中，而是在服务或产品的生产过程中与之结合为一体。发展迅猛的生产性服务业，正是服务业与制造业结合型融合的产物，服务作为一种软性生产资料正越来越多地进入生产领域，促使制造业生产过程的"软化"，并对提高经济效率和竞争力产生重要影响。

（2）绑定型融合。绑定型融合是指越来越多的制造业实体产品必须与相应的服务产品绑定在一起使用，才能使消费者获得完整的功能体验。消费者对制造业产品的需求不仅仅是有形产品，而是从产品的购买、使用、维修、报废、回收全生命周期的服务保证，产品的内涵已经从单一的实体扩展到提供全面解决方案。很多制造业的产品就是为了提供某种服务而生产，如通信产品与家电等；部分制造业企业还将技术服务等与产品一同出售，如电脑与操作系统软件等。在绑定型融合过程中，服务正在引导制造业部门的技术变革和产品创新，服务的需求与供给指引着制造业的技术进步和产品开发方向，如对拍照、发电邮、听音乐等服务的需求，推动了手机由单一功能向功能更丰富的多媒体方向升级。

（3）延伸型融合。延伸型融合是指以体育文化产业、娱乐产业为代表的服务业引导周边衍生产品的生产需求，从而带动相关制造产业的共同发展。电影、动漫、体育赛事等能够带来大量的衍生品消费，包括服装、食品、玩具、装饰品、音像制品、工艺纪念品等实体产品，这些产品在文化、体育和娱乐产业周围构成一个庞大的产业链，这个产业链在为服务业供应商带来丰厚利润的同时，也给相关制造产业带来了巨大商机，从而把服务业同制造业紧密结合在一起，推动着整个连带产业共同向前发展。

2. 消费互联网

消费互联网对消费影响最明显的特点是，从商品消费逐渐向服务型消费转变，无论是经济增长还是消费升级，服务贸易的比重会越来越大，数字和服务对未来经济和生活的影响作用也会越来越突出。它是以个人为用户，以日常生活为应用场景的应用形式，满足消费者在互联网中的消费需求而生的互联网类型。消费互联网以消费者为服务中心，针对个人用户提升消费过程的体验，在人们的阅读、出行、娱乐和生活等诸多方面进行改善，让生活变得更方便、更快捷。消费互联网的本质是个人虚拟化和增强个人生活消费体验。

消费互联网依托于强大的信息与数据处理能力以及多样化的移动终端，在电子商务、社交网络、搜索引擎等行业出现规模化发展态势并形成各自的生态圈，奠定了稳定的行业发展格局。消费互联网具有的属性包括：

● 媒体属性。消费互联网是由自媒体、社会媒体以及资讯为主的门户网站。
● 产业属性。消费互联网是由在线旅行和为消费者提供生活服务的电子商务等其他组成。
这些属性影响着人们的生活方式，渗透到人们生活的各个领域，改善消费体验等。

近年来，我国以网络购物、移动支付、线上线下融合等新业态新模式为特征的新型消费迅速发展，特别是新冠疫情发生以来，传统接触式线下消费受到影响，新型消费发挥了重要作用，有效保障了居民日常生活需要。

社交网络的出现，极大地推动了社会化信息的传播效率。社交网络中每个用户实际上是一个点，一个网络上有无数的点；点与点之间相连成线，线与线之间相连成网。社交网络本身具有发散性，发散性是指信息的扩散速度。伴随社交网络出现的社交圈，并不仅仅只是发散性，还体现出一定的聚集性。社交圈会因特定的因素而聚集，从而带来了新型网络经济，如网络商城、快递、餐饮外卖、网红带货等，成就了社交网络的消费互联网的核心地位。

消费互联网不仅仅给人们带来了生活方式的变化和生活质量的提高，而且推动了社会生活的深层变革，也就是"无身份社会"的建立。互联网环境下的"无身份社会"不仅使社会活动更加快捷，还提高了经济效能，相关参与者可以不用消耗时间、精力来完成共同参与者的"身份认定"，这是因为互联网搭建了更高层级的信任校验模式，其通过数据记录、存储、整合与共享等方面的能力，实现了社会活动在一定程度上的复杂校验和过程可回溯，正是这种天然模式，进一步强化了"无身份社会"的发展进程。

数字技术在消费领域的场景应用得到了多元拓展。新冠疫情后，消费者日益习惯在数字空间进行消费、娱乐和社交，为不断拓展多元、新型的数字消费场景奠定了基础。因此，消费互联网经济未来仍有广阔前景，消费领域平台组织可以充分挖掘经济与社会潜力，增加优质产品和服务供给，并为消费者实现数字化生活方式提供高效连接，创造和普及消费新场景，培育消费新行为和新需求。同时，加快发展线下向"上"融合和线上向"下"拓展的双向消费形态。

1.4　数字中国

习近平总书记在党的十九大报告中指出：加强应用基础研究，拓展实施国家重大科技项目，突出关键共性技术、前沿引领技术、现代工程技术、颠覆性技术创新，为建设数字中国等提供有力支撑。数字中国是新时代国家信息化发展的新战略，是满足人民日益增长的美好生活需要的新举措，是驱动引领经济高质量发展的新动力，涵盖经济、政治、文化、社会、生态等各领域信息化建设，主要包括"宽带中国""互联网+"大数据、云计算、人工智能、数字经济、电子政务、新型智慧城市、数字乡村等内容。"迎接数字时代，激活数据要素潜能，推进网络强国建设，加快建设数字经济、数字社会、数字政府，以数字化转型整体驱动生产方式、生活方式和治理方式变革"成为了新时代我国信息化发展的主旋律，如图 1-7 所示。

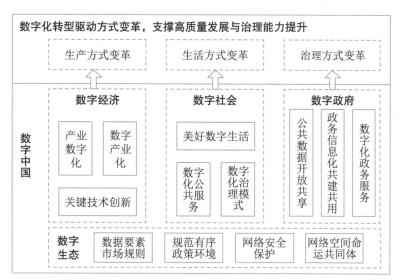

图 1-7　数字中国概览示意图

1.4.1　数字经济

数字经济是继农业经济、工业经济之后的更高级经济形态。从本质上看，数字经济是一种新的技术经济范式，它建立在信息与通信技术的重大突破的基础上，以数字技术与实体经济融合驱动的产业梯次转型和经济创新发展的主引擎，在基础设施、生产要素、产业结构和治理结构上表现出与农业经济、工业经济显著不同的新特点。

1. 新技术经济范式

1962 年库恩在其代表作《科学革命的结构》中首先对"范式"（Paradigm）进行了定义，库恩认为："范式是指那些公认的科学成就，在一段时间里为实践共同体提供典型的问题和解答"。1982 年，技术创新经济学家多西将这个概念引入技术创新之中，并提出了技术范式（Technology Paradigm）的概念，将技术范式定义为解决所选择的技术经济问题的一种模式，而这些解决问题的办法立足于自然科学的原理。从这个定义出发，云计算、人工智能、大数据等技术在与社会经济活动的融合重构中，经过技术与经济的相互促进，形成了一些相对稳定的经济新结构和新形态，如平台经济、分享经济、算法经济、服务经济、协同经济等。进而，先一步形成的经济形态触发社会其他领域的连锁变革，最终实现整个经济领域的技术经济范式转换。数字经济的技术经济范式的结构主要包括驱动力、新结构、价值创造和经济增长。

（1）驱动力。数字经济发展的驱动力机制解释了数字经济为什么会产生以及数字经济为何能持续发展。大量研究文献证实，由新一代信息技术革命而形成的智能技术群被普遍认为是数字经济发生和发展的基本驱动力。智能技术群是包括云计算、大数据、人工智能、区块链、物联网、5G、VR/AR 等众多技术的集群，并通过不同的细分技术组合驱动经济活动发生变革。多种技术的组合形成乘数效应，并在不断融合重组中创造出新的技术组件，形成新的合力。智能技术群与经济活动融合，通过复杂经济学所描绘的经济与技术互动过程，最终展现出重构旧经济并形成新经济的强大力量，从而为数字经济发展提供了源源不断的驱动力。

（2）新结构。每一次技术经济范式转换都会带来全新的经济形态和经济结构。数字经济建立在智能技术群所独有的数字化、网络化、智能化等特征的基础上，具有前所未有的新特征，如基于网络连接而产生的网络效应和用户规模经济；基于全方位数字化而使得数据成为生产要素；由智能化技术应用而产生的自治化、无人化运行特征；数字世界和实体世界融合重构了产用关系，并在经济产出方面呈现出正递增效应。

（3）价值创造。新范式代替旧范式的本质是价值观的转换。数字经济的本质是技术经济范式转换，数字经济必然要创造出全新的价值，进而改变人们的价值观念。通过技术经济范式转换，数字经济与社会要素的互动进一步构成社会技术系统，从而把影响渗透到整个社会领域。2020 年突如其来的疫情对经济和社会结构造成了前所未有的冲击，在疫情的推动下，数字经济将加速影响和改变宏微观经济结构、组织形态和运行模式，并全方位推动全社会生产关系的再重建。疫情新常态下，数字技术对经济发展和政府治理模式加速重构，数字技术与工业、教育、医疗等行业领域深度融合，并延伸出全新的应用场景。同时，数据已经成为新型生产关系里最具潜力的生产要素，不断推动技术、价值、模式的新发展，加快驱动产业、社会、治理的新变革，全面助力全社会生产关系的再重建。

（4）经济增长。新技术驱动新经济，新经济创造新价值，新价值驱动经济增长，前述三个元素构建出数字经济的基本逻辑。但经济增长并非单纯是数字经济拉动的结果，而且也是数字经济持续发展的引擎，因而也是数字经济范式结构的构成元素。随着数字经济的持续推进，在增长预期的推动下，构成经济进一步增长的投资和消费也就更加活跃，更多的新经济形态不断出现，更多的新价值不断创造，从而形成一个正反馈的闭环，最终实现持续的经济增长。

2. 主要内容构成

《数字经济及其核心产业统计分类（2021）》从"数字产业化"和"产业数字化"两个方面，确定了数字经济的基本范围，将其分为数字产品制造业、数字产品服务业、数字技术应用业、数字要素驱动业、数字化效率提升业等 5 大类。其中，前 4 大类为数字产业化部分，对应于《国民经济行业分类》中的 26 个大类、68 个中类、126 个小类，是数字经济发展的基础。第 5 大类产业数字化部分，对应于《国民经济行业分类》中的 91 个大类、431 个中类、1256 个小类，体现了数字技术将进一步与国民经济各行业进行深度渗透和广泛融合。

1）数字产业化

数字产业化是指为产业数字化发展提供数字技术、产品、服务、基础设施和解决方案，以及完全依赖于数字技术、数据要素的各类经济活动，包括电子信息制造业、电信业、软件、信息技术、互联网行业等。数字产业化也成为了数字经济基础部分。《中华人民共和国国民经济和社会发展第十四个五年规划和 2035 年远景目标纲要》提出了强调加快推动数字产业化，培育壮大人工智能、大数据、区块链、云计算、网络安全等新兴数字产业，提升通信设备、核心电子元器件、关键软件等产业水平。构建基于 5G 的应用场景和产业生态，在智能交通、智慧物流、智慧能源、智慧医疗等重点领域开展试点示范。鼓励企业开放搜索、电商、社交等数据，发展第三方大数据服务产业。促进共享经济、平台经济健康发展。

数字产业化发展重点包括：

- 云计算。加快云操作系统迭代升级，推动超大规模分布式存储、弹性计算、数据虚拟隔离等技术创新，提高云安全水平。以混合云为重点，培育行业解决方案、系统集成、运维管理等云服务产业。
- 大数据。推动大数据采集、清洗、存储、挖掘、分析、可视化算法等技术创新，培育数据采集、标注、存储、传输、管理、应用等全生命周期产业体系，完善大数据标准体系。
- 物联网。推动传感器、网络切片、高精度定位等技术创新，协同发展云服务与边缘计算服务，培育车联网、医疗物联网、家居物联网产业。
- 工业互联网。打造自主可控的标识解析体系、标准体系、安全管理体系，加强工业软件研发应用，培育形成具有国际影响力的工业互联网平台，推进"工业互联网+智能制造"产业生态建设。
- 区块链。推动智能合约、共识算法、加密算法、分布式系统等区块链技术创新，以联盟链为重点发展区块链服务平台和金融科技、供应链管理、政务服务等领域应用方案，完善监管机制。
- 人工智能。建设重点行业人工智能数据集，发展算法推理训练场景，推进智能医疗装备、智能运载工具、智能识别系统等智能产品设计与制造，推动通用化和行业性人工智能开放平台建设。

- 虚拟现实和增强现实。推动三维图形生成、动态环境建模、实时动作捕捉、快速渲染处理等技术创新，发展虚拟现实整机、感知交互、内容采集制作等设备和开发工具软件、行业解决方案。

2）产业数字化

产业数字化是指在新一代数字科技支撑和引领下，以数据为关键要素，以价值释放为核心，以数据赋能为主线，对产业链上下游的全要素数字化升级、转型和再造的过程。产业数字化作为实现数字经济和传统经济深度融合发展的重要途径是新时代背景下使用数字经济发展的必由之路和战略抉择。《中华人民共和国国民经济和社会发展第十四个五年规划和 2035 年远景目标纲要》明确提出了推进产业数字化转型，实施"上云用数赋智"行动，推动数据赋能全产业链协同转型。

产业数字化发展对经济和社会各项发展都具有重要意义。从微观看，数字化助力传统企业蝶变，再造企业质量效率新优势。传统企业迫切需要新的增长机会与发展模式；快速迭代及进阶的数字科技为传统企业转型升级带来新希望；传统产业成为数字科技应用创新的重要场景。从中观看，数字化促进产业提质增效，重塑产业分工协作新格局。提升产品生产制造过程的自动化和智能化水平；降低产品研发和制造成本，实现精准化营销、个性化服务；重塑产业流程和决策机制。从宏观看，孕育新业态新模式，加速新旧动能转换新引擎。

数字科技广泛应用和消费需求变革催生出共享经济、平台经济等新业态新模式；促进形成新一代信息技术、高端装备、机器人等新兴产业，加速数字产业化形成。产业数字化具有的典型特征包括：

- 以数字科技变革生产工具；
- 以数据资源为关键生产要素；
- 以数字内容重构产品结构；
- 以信息网络为市场配置纽带；
- 以服务平台为产业生态载体；
- 以数字善治为发展机制条件。

通过产业数字化全面推动数字时代产业体系的质量变革、效率变革、动力变革，推动新旧动能转换和高质量发展。产业数字化的理解需要兼顾社会与市场两个维度，以更加全面的视角理解其内涵本质。从社会维度看，产业数字化是建立在生产工具与生产要素变革基础上的一种社会行为；从市场维度看，产业数字化是以信息网络为市场配置纽带、以服务平台为产业生态载体的资源优化过程。数字善治是社会及市场两个维度有机融合的具体体现，其既是产业数字化发展的机制条件，也是驱动产业数字化发展的重要动力机制。

在数字经济背景下，企业逐步进入数据驱动时代。随着企业对数字技术的不断利用，各类主体在组织生产、业务重构、经营管理等方面的数字化程度日益完善，数据将成为企业各类信息汇集的载体。未来以数据驱动的业务形式将成为主流，全渠道的数据盘活将成为企业的核心竞争力。因此，数据资产有效盘活与运营，将成为数字经济时代下企业的核心竞争力。企业应加深对数据的利用水平和治理水平，通过数据积累与运营，打通企业内部不同层级、不同系统之间的数据壁垒，盘活数据资产价值，实现对内支撑业务应用和管理决策；对外加强数据服务能力输出，从而提升数据潜在价值向实际业务价值的转化率，使得企业在提升市场竞争力同时也强化了运营能力，以此获得业务的高速增长。

在国家战略层面，数字化转型已经成为支撑未来经济发展的核心驱动力。随着数字经济的蓬勃发展，产业数字化转型将形成以产业链为中心，促进产业链与创新链、供应链、要素链、资金链、政策链等相互融合发展的新场景，如图 1-8 所示。"六链融合"也将成为未来产业数字化转型的主要发展模式，基于此将彻底释放国家数字经济发展的新动能。在战略层面，要以产业链为转型基础，通过与供应链的稳定协同、与创新链的对接融合、与资金链的良性循环、与政策链的相互支撑、与要素链的互联互动，实现六链条的联动呼应，促使各链条内的数据效应、经济活力竞相迸发。在实施层面，要始终推进以科学技术为核心，发挥产业互联网效应，实现以大数据为主线、以人工智能为驱动的"数据链"穿插联动，进而释放国家层的多链协同下的数字效能。"六链融合"通过创新、政策、生产要素等赋能产业链，推动产业的升级转换，加快建设实体经济、科技创新、现代金融、人力资源协同发展的产业体系，最终开辟数字化转型的新路径。

产业链	创新链	供应链	要素链	资金链	政策链
基础研究 应用研发 产品开发 市场销售	高校 科研院所 企业研发中心 协同创新中心	国内大循环 国内国际双循环 平台经济	资金 技术 数据 人才	社会化基金 产业并购基金 国家引导基金	产业扶持 人才引进 财税政策 土地政策 区域协同 行业监管

图 1-8　"六链融合"推动产业数字化协同发展

3）数字化治理

数字化治理通常指依托互联网、大数据、人工智能等技术和应用，创新社会治理方法手段，优化社会治理模式，推进社会治理的科学化、精细化、高效化，助力社会治理现代化。数字化治理是数字经济的组成部分之一，包括但不限于多元治理，以"数字技术＋治理"为典型特征的技管结合，以及数字化公共服务等。

数字化治理的核心特征是全社会的数据互通、数字化的全面协同与跨部门的流程再造，形成"用数据说话、用数据决策、用数据管理、用数据创新"的治理机制。作为数字时代的全新治理范式，数字化治理至少包含 3 个方面的内涵：

- 对数据的治理。对数据的治理即将治理对象扩大到涵盖数据要素。作为新兴生产要素和关键的治理资源，数据要素成为大国竞争的主要领域，对数据的治理成为制定数字经济规则的重要内容，数据要素的所有权、使用权、监管权，以及信息保护和数据安全等都需要全新治理体系。
- 运用数字技术进行治理。运用数字技术进行治理即运用数字与智能技术优化治理技术体系，进而提升治理能力。大数据、人工智能等新一代数字技术，可以为国家治理进行全方位的"数字赋能"，改进治理技术、治理手段和治理模式，实现复杂治理问题的超大范围协同、精准"滴灌"、双向触达和超时空预判。

- 对数字融合空间进行治理。随着越来越多的经济社会活动搬到线上，治理场域也拓展到数字空间。未来会有越来越多的经济社会活动发生在线上，数字融合空间会以全新的方式创造经济价值、塑造社会关系，这需要适应数字融合世界的治理体系，对数字融合空间的新生事物进行有效治理。

4）数据价值化

价值化的数据是数字经济发展的关键生产要素，加快推进数据价值化进程是发展数字经济的本质要求。近年来，数据可存储与可重用呈现爆发增长、海量集聚的特点，是实体经济数字化、网络化、智能化发展的基础性战略资源。数据价值化包括但不限于数据采集、数据标准、数据确权、数据标注、数据定价、数据交易、数据流转、数据保护等。

数据价值化是指以数据资源化为起点，经历数据资产化、数据资本化阶段，实现数据价值化的经济过程。上述三个要素构成数据价值化的"三化"框架，即数据资源化、数据资产化、数据资本化。

- 数据资源化是使无序、混乱的原始数据成为有序、有使用价值的数据资源。数据资源化阶段包括通过数据采集、整理、聚合、分析等，形成可采、可见、标准、互通、可信的高质量数据资源。数据资源化是激发数据价值的基础，其本质是提升数据质量，形成数据使用价值的过程。
- 数据资产化是数据通过流通交易给使用者或者所有者带来的经济利益的过程。数据资产化是实现数据价值的核心，其本质是形成数据交换价值，初步实现数据价值的过程。
- 数据资本化主要包括两种方式，即数据信贷融资与数据证券化。数据资本化是拓展数据价值的途径，其本质是实现数据要素社会化配置。

1.4.2　数字政府

信息技术的革新改变了人们传统的工作、学习、生活和娱乐方式，同时对政府提供信息服务，公民参与政府民主决策的方式提出了挑战。利用信息技术改进政府工作及服务的效率，形成新的工作方式，这已成为各国政府所关心的问题。数字政府的出现便是其中之一。数字政府通常是指以新一代信息技术为支撑，以"业务数据化、数据业务化"为着力点，通过数据驱动重塑政务信息化管理架构、业务架构和组织架构，形成"用数据决策、数据服务、数据创新"的现代化治理模式。

1. 数字新特征

2022 年国务院印发的《关于加强数字政府建设的指导意见》提出加强数字政府建设是适应新一轮科技革命和产业变革趋势、引领驱动数字经济发展和数字社会建设、营造良好数字生态、加快数字化发展的必然要求，是建设网络强国、数字中国的基础性和先导性工程，是创新政府治理理念和方式、形成数字治理新格局、推进国家治理体系和治理能力现代化的重要举措，对加快转变政府职能，建设法治政府、廉洁政府和服务型政府意义重大。

数字政府既是"互联网＋政务"深度发展的结果，也是大数据时代政府自觉转型升级的必然，其核心目的是以人为本，实施路径是共创、共享、共建、共赢的生态体系。同时数字政府也被赋予了新的特征，包括协同化、云端化、智能化、数据化、动态化等。

- 协同化。协同化主要强调组织的互联互通，业务协同方面能实现一个跨层级、跨地域、跨部门、跨系统、跨业务的高效协同管理和服务。
- 云端化。云平台是政府数字化最基本的技术要求，政务上云是促成各地各部门由分散建设向集群或集约式规划与建设的演化过程，是政府整体转型的必要条件。
- 智能化。智能化治理是政府应对社会治理多元参与、治理环境越发复杂、治理内容多样化趋势的关键手段。
- 数据化。数据化也是现阶段数字政府建设的重点，是建立在政务数据整合共享基础上的数字化的转型。
- 动态化。动态化指数字政府是在数据驱动下动态发展和不断演进的过程。

数字政府建设的关键词主要包括：共享、互通和便利。

- 共享。推动政务数据共享，推进政务服务事项集成化办理。数字政府，数据先行。数据共享是提升政务服务效能的重要抓手。
- 互通。国家政务服务平台持续推动与各地区、各部门政务服务业务办理系统的全面对接融合，打破地域阻隔与部门壁垒，实现更大范围内的系统互联互通，有力推动了政务服务线上线下融合互通和跨地区、跨部门、跨层级协同办理。
- 便利。数字政府，利企便民。加强数字政府建设的根本目标是更好地服务企业和群众，满足人民日益增长的对美好生活的需要。

2. 主要内容

《"十四五"国家信息化规划》中提出打造协同高效的数字政府服务体系，深入推进"放管服"改革，加快政府职能转变，打造市场化、法治化、国际化营商环境，坚持整体集约建设数字政府，推动条块政务业务协同，加快政务数据开放共享和开发利用，深化推进"一网通办""跨省通办""一网统管"，畅通参与政策制定的渠道，推动国家行政体系更加完善、政府作用更好发挥、行政效率和公信力显著提升，推动有效市场和有为政府更好结合，打造服务型政府。

数字政府从面向社会大众政务服务视角来看，主要内容重点体现在"一网通办""跨省通办""一网统管"。

1）一网通办

随着互联网技术的发展，政务事项在一窗式办理的基础上，利用互联网技术将业务办理由实体大厅升级为网上大厅进行办理，各个政务部门的业务也只需要在同一个网上大厅即可办理，即"一网通办"的模式。群众可以少去甚至不去政务中心，通过网络即可将各类业务办理完成。2020 年国务院政府工作报告提出，推动更多服务事项"一网通办"，做到企业开办全程网上办理。"一网通办"是指打通不同政府部门的信息系统，群众只需操作一个办事系统就能办成不同领域的事项，解决办不完的手续、盖不完的章、跑不完的路这些"关键小事"。

"一网通办"是依托于一体化在线政务服务平台，通过规范网上办事标准，优化网上办事流程，搭建统一的互联网政务服务总门户，整合政府服务数据资源和完善配套制度等措施，推行政务服务事项网上办理，推动企业和群众线上办事只登录一次即可全网通办。"一网通办"和一窗式服务在本质上是一致的。两者均采用受办分离的模式，一窗式服务是由工作人员填报信息，"一网通办"是由个人在网上自主填写申报信息，后续均由具体业务经办部门进行审核处理。"一网通办"模式是在一窗式服务的基础上，以互联网技术为手段，逐步将原先政务大厅中办理的业务迁移至网上办事大厅进行申报。

信息共享对于"一网通办"平台的建设有着重大的意义。建立自然人库、法人库、电子证照库等基础共享库和业务数据共享库，一方面能极大地简化基础信息的录入工作，原本需要线下提供的材料，现在通过信息共享就能获得，杜绝了信息录入的错误和数据的造假；另一方面在规范数据的前提下，能够实现业务条件的智能匹配和判断，自动完成业务办理的初审甚至是最终审批。以数据的自动比对来代替人工判断，通过数据的流转来代替纸质材料的传递，在最大程度上降低工作的错误率，能够极大地提高事项审批的效率，改善用户体验。信息共享也为"一网通办"带来了更大的可行性。通过数据的共享，减少了信息录入，降低了业务自主办理难度，通过数据的智能比对与校验，使得更多的业务能在网上实现办理。

"一网通办"是政务服务发展的一个阶段性目标，在各类信息共享的基础上，能进一步优化业务流程，提升政务服务水平，提高政务服务效率。它的实现需要各部门通力合作，梳理政务服务事项，优化整个业务流程，在原有各部门业务系统的基础上进行升级改造，打破部门间的壁垒，实现深度的分工合作。

2）跨省通办

"跨省通办"是一种政务服务模式。推进政务服务"跨省通办"，是转变政府职能、提升政务服务能力的重要途径，是畅通国民经济循环、促进要素自由流动的重要支撑，对于提升国家治理体系和治理能力现代化水平具有重要作用。"跨省通办"从高频政务服务事项入手，2021年底前基本实现高频政务服务事项"跨省通办"，同步建立清单化管理制度和更新机制，逐步纳入其他办事事项，有效满足各类市场主体和广大人民群众异地办事需求。

"跨省通办"是申请人在办理地之外的省市提出事项申请或在本地提出办理其他省市事项的申请，办理模式通常可分为：

- 全程网办。全程网办指政务服务平台提供申请受理、审查决定、颁证送达等全流程、全环节网上服务，以及为申请人提供事项申报、进度查询、获取结果等全过程线上指导和辅导。
- 代收代办。代收代办指在不改变各地区原有办理事权的基础上，通过"收办分离"打破事项办理属地限制，实现事项跨省市办理。
- 多地联办。多地联办指由一地受理申请，"跨省通办"事项相关业务系统与全国一体化政务服务平台互联互通，申请材料和档案材料通过全国一体化政务服务平台共享，实现信息少填少报，对于确需纸质材料的通过邮件寄递至业务属地部门，申请人只需到一地即可办理完成跨省事项。

政务服务"跨省通办"不仅是政务服务方式的改变，更有助于实现政务服务流程的优化，从而提高政府工作效能，激发社会活力，实现让利于民。从理念上讲，政务服务"跨省通办"是坚持以群众和企业需求为导向，推进政府自身的变革。从方法上讲，政务服务"跨省通办"体现了高效协同的方法路径。政务服务"跨省通办"涉及不同政府部门事权和支出责任的重新划分，需要健全不同部门、不同层级、不同地域之间协同配合机制，形成改革的合力。从手段上讲，政务服务"跨省通办"需要以数字化为技术支撑。新一代数字技术的发展为政务服务提供了重要的技术手段和平台，也为政务服务"跨省通办"奠定了坚实基础。政务服务"跨省通办"的一个重要内涵就是要充分运用大数据、云计算、人工智能等新技术手段，优化再造业务流程，强化业务协同，加强数据融合，促进条块联通和上下联动，提升政府治理能力。

　　3）一网统管

　　"一网统管"作为新型智慧城市推进城市治理体系和治理能力现代化的重要创新模式，自被提出后已经逐步在各地落地并发挥着重要作用。"一网统管"围绕城市治理水平的提升，主要针对各类民生诉求和城市事件，用实时在线数据和各类智能方法，及时、精准地发现问题、对接需求、研判形势、预防风险，在最低层级、最早时间以相对最小成本，解决最突出问题，取得最佳综合效应，实现线上线下协同高效处置一件事。

　　"一网统管"通常从城市治理突出问题出发，以城市事件为牵引，统筹管理网格，统一城市运行事项清单，构建多级城市运行"一网统管"应用体系，推动城市管理、应急指挥、综合执法等领域的"一网统管"，实现城市运行态势感知、关键指标检测、统一事件受理、智能调度指挥、联动协同处置、监督评价考核等全流程监管。

　　"一网统管"建设通常重点强调：

* 一网。一网主要包括政务云、政务网和政务大数据中心等。
* 一屏。一屏是指通过对多个部门的数据进行整合，将城市运行情况充分反映出来。
* 联动。畅通各级指挥体系，为跨部门、跨区域、跨层级联勤联动、高效处置提供快速响应能力。
* 预警。基于多维、海量、全息数据汇集，实现城市运行体征的全量、实时掌握和智能预警。
* 创新。以管理需求带动智能化建设，以信息流、数据流推动业务流程全面优化和管理创新。

3. 能力体系

　　随着数字政府发展的不断演进，2022 年国务院印发的《关于加强数字政府建设的指导意见》进一步明确"构建协同高效的政府数字化履职能力体系"发展目标。

　　（1）强化经济运行大数据监测分析，提升经济调节能力。将数字技术广泛应用于宏观调控决策、经济社会发展分析、投资监督管理、财政预算管理、数字经济治理等方面，全面提升政府经济调节数字化水平。

　　（2）大力推行智慧监管，提升市场监管能力。充分运用数字技术支撑构建新型监管机制，加快建立全方位、多层次、立体化监管体系，实现事前事中事后全链条全领域监管，以有效监管维护公平竞争的市场秩序。

（3）积极推动数字化治理模式创新，提升社会管理能力。推动社会治理模式从单向管理转向双向互动、从线下转向线上线下融合，着力提升矛盾纠纷化解、社会治安防控、公共安全保障、基层社会治理等领域数字化治理能力。

（4）持续优化利企便民数字化服务，提升公共服务能力。持续优化全国一体化政务服务平台功能，全面提升公共服务数字化、智能化水平，不断满足企业和群众多层次多样化服务需求，打造泛在可及的服务体系。

（5）强化动态感知和立体防控，提升生态环境保护能力。全面推动生态环境保护数字化转型，提升生态环境承载力、国土空间开发适宜性和资源利用科学性，更好支撑美丽中国建设，提升生态环保协同治理能力。

（6）加快推进数字机关建设，提升政务运行效能。提升辅助决策能力。建立健全大数据辅助科学决策机制，统筹推进决策信息资源系统建设，充分汇聚整合多源数据资源，拓展动态监测、统计分析、趋势研判、效果评估、风险防控等应用场景，全面提升政府决策科学化水平。

（7）推进公开平台智能集约发展，提升政务公开水平。优化政策信息数字化发布。完善政务公开信息化平台，建设分类分级、集中统一、共享共用、动态更新的政策文件库。加快构建以网上发布为主、其他发布渠道为辅的政策发布新格局。

1.4.3　数字社会

在新一轮科技革命推动下，人类正在加速迈向数字社会。新科技革命成果不断融入生产生活，改变传统的生产生活方式，改变人们的行为方式、社会交往方式、社会组织方式和社会运行方式，深刻影响人们的思想观念和思维方式，不断创造新的产业形态、商业模式、就业形态，推动我国现代化不断向纵深发展。

1. 数字民生

随着互联网、物联网、大数据、区块链和人工智能交汇融合、集群互动形成一种呈指数级增长的信息技术体系，使得传统生产方式优化升级，在触发经济发展结构变革的同时，正以一种前所未有的势头向政治、文化、生活等民生领域延伸，将"人"与"公共服务"通过数字化的方式全面连接，将大幅提升社会整体服务效率和水平，实现数字民生。

《中华人民共和国国民经济和社会发展第十四个五年规划和 2035 年远景目标纲要》提出"聚焦教育、医疗、养老、抚幼、就业、文体、助残等重点领域，推动数字化服务普惠应用，持续提升群众获得感。推进学校、医院、养老院等公共服务机构资源数字化，加大开放共享和应用力度。推进线上线下公共服务共同发展、深度融合，积极发展在线课堂、互联网医院、智慧图书馆等，支持高水平公共服务机构对接基层、边远和欠发达地区，扩大优质公共服务资源辐射覆盖范围。加强智慧法院建设。鼓励社会力量参与'互联网＋公共服务'，创新提供服务模式和产品"。《"十四五"国家信息化规划》提出"构建普惠便捷的数字民生保障体系，坚持把实现好、维护好、发展好最广大人民根本利益作为发展的出发点和落脚点，着力以信息技术健全基本公共服务体系，改善人民生活品质，让人民群众共享信息化发展成果"。

我国在数字教育、数字医疗、数字就业、数字文旅等领域持续高速发展，涵盖内容既有

"软件"层面的体制机制建设，又有"硬件"层面的平台系统建设。数字民生建设重点通常强调普惠、赋能和利民。

（1）普惠。充分开发利用信息技术体系，扩大民生保障覆盖范围，助力普惠型民生建设，解决民生资源配置不均衡等问题。

（2）赋能。信息技术体系与民生的深度融合赋予了民生建设新动能，促进民生保障实效指数式增长，如"互联网＋教育""互联网＋养老""互联网＋交通"等。

（3）利民。信息技术体系创新拓展了公共服务场景，推动数字技术全面融入社会交往和日常生活新趋势，使民生服务日趋智慧化、便利化和人性化。

无论是打造宜居城市，还是建设美丽乡村，都离不开基于大数据的民生需求洞察，拓展民生服务渠道。数字民生体现出的正是以数字思维破解民生难题，以信息技术赋能民生治理的新时代，也是对科技助力人民幸福美好生活追求的生动诠释。

2. 智慧城市

智慧城市是运用信息通信技术，有效整合各类城市管理系统，实现城市各系统间信息资源共享和业务协同，推动城市管理和服务智慧化，提升城市运行管理和公共服务水平，提高城市居民幸福感和满意度，实现可持续发展的一种创新型城市。智慧城市从概念提出到落地实践，历经长期建设与发展，我国智慧城市建设数量持续增长。从在建智慧城市的分布来看，我国已初步形成京津冀、长三角、粤港澳、中西部四大智慧城市群。智慧城市作为一种新型城市发展形态和治理模式已被社会群体广泛认可和接受，新型智慧城市建设持续推动着城市的高质量发展，主要体现在：

- 智慧城市建设更加注重以人民为中心；
- 新技术持续赋能智慧城市的建设与发展；
- 城市治理现代化是智慧城市建设的必然要求；
- 智慧城市群区域一体化协同发展新格局逐步形成；
- 共建、共治、共享生态模式助力智慧城市高质量发展。

2020 年随着新冠疫情的蔓延，越来越多的国家开始意识到智慧城市建设的重要性，城市管理者可以借助先进的信息技术来应对危机。2020 年经济合作与发展组织（OECD）发布的《城市政策响应》报告中强调，数字化应用在疫情应急防控中起到关键作用，这促使许多城市将疫情防控系统长久地纳入到智慧城市应用场景中，用以监控和警惕公共卫生风险。同时，由于疫情变化仍具有不确定性，市政服务、医疗、办公、教育等模式的变革正在加速数字化转型。

1）基本原理

智慧城市的建设与发展遵循一定的基本原理。随着智慧城市的持续迭代升级，智慧城市已经从信息化建设与信息技术产品应用阶段，演进到了信息化与城市现代化深度融合阶段，其基本原理也在发生变化。当前，随着新一代信息技术的发展与成熟应用，智慧城市关注焦点从使用信息化应用提高工作效率，转为通过数字关系计算提高决策效能；从局部信息技术应用，转为广泛互联互通环境下的综合应用创新；从强调管理体系和规范性，转为突出主动服务与精准施策等。

随着智慧城市步入新的发展阶段，以及以数字产业化和产业数字化为主旋律的数字经济高速发展，智慧城市基本原理表现为：①强调"人民城市为人民"，以面向政府、企业、市民等主体提供智慧化的服务为主要模式；②重点强化数据治理、数字孪生、边际决策、多元融合和态势感知五个核心能力要素建设；③更加注重规划设计、部署实施、运营管理、评估改进和创新发展在内的智慧城市全生命周期管理；④目标旨在推动城市治理、民生服务、生态宜居、产业经济、精神文明五位一体的高质量发展；⑤持续推动城市治理体系与治理能力现代化水平提升，如图1-9所示。

图1-9   智慧城市参考基本原理图

该原理确立的智慧城市核心能力要素，揭示了当前及未来一段时期智慧城市发展的重心在于信息技术与社会发展的深度融合。智慧城市的五个核心能力要素密切关联且相互影响，但不可互为替代，均是开展新一阶段智慧城市整体、局部乃至具体项目建设、运行需要关注的核心能力要素。核心能力要素解释包括：

- 数据治理。数据治理围绕数据这一新的生产要素进行能力构建，包括数据责权利管控、全生命周期管理及其开发利用等。
- 数字孪生。数字孪生指围绕现实世界与信息世界的互动融合进行能力构建，包括社会孪生、城市孪生和设备孪生等，将推动城市空间摆脱物理约束，进入数字空间。
- 边际决策。边际决策指基于决策算法和信息应用等进行能力构建，强化执行端的决策能力，从而达到快速反应、高效决策的效果，满足对社会发展的敏捷需求。
- 多元融合。多元融合强调社会关系和社会活动的动态性及其融合的高效性等，实现服务可编排和快速集成，从而满足各项社会发展的创新需求。
- 态势感知。态势感知指围绕对社会状态的本质反映及模拟预测等进行能力构建，洞察可变因素与不可见因素对社会发展的影响，从而提升生活质量。

根据智慧城市参考基本原理，智慧城市建设与发展内容主要面向城市治理、惠民服务、生态宜居、产业发展等相关城市场景构建服务能力，为政府、企业、市民等提供服务。服务场景的构建，不仅仅需要技术与平台、基础设施等方面的共性技术支撑能力构建和数据要素支撑，也需要安全保障体系、运营体系的建设，同时还离不开产业环境、信息环境等环境的支撑。

2）成熟度等级

智慧城市的建设与发展过程是一个逐渐迈向更高成熟状态的长期渐进过程，是基础设施、信息资源、网络安全、体制机制、惠民服务、城市治理等各方面能力的持续提升过程。结合成熟度理论和方法，可以构建智慧城市成熟度，实现从动态评价的角度来对城市智慧化的发展阶段进行衡量。依托科学发展规律，可将智慧城市发展成熟度划分为规划级、管理级、协同级、优化级、引领级 5 个等级，如图 1-10 所示。

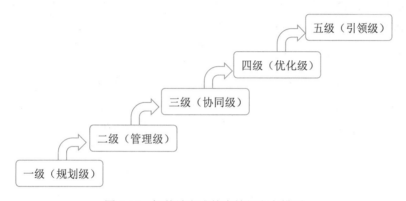

图 1-10　智慧城市成熟度等级参考模型

- 一级（规划级）。规划级应围绕智慧城市的发展进行策划，明确相关职责分工和工作机制等，初步开展数据采集和应用，确保相关活动有序开展。
- 二级（管理级）。管理级应明确智慧城市发展战略、原则、目标和实施计划等，推进城市基础设施的智能化改造，多领域实现信息系统单项应用，对智慧城市全生命周期实施管理。
- 三级（协同级）。协同级应管控智慧城市各项发展目标，实施多业务、多层级、跨领域应用系统的集成，持续推进信息资源的共享与交换，推动惠民服务、城市治理、生态宜居、产业发展等的融合创新，实现跨领域的协同改进。
- 四级（优化级）。优化级应聚焦智慧城市与城市经济社会发展深度融合，基于数据与知识模型实施城市经济、社会精准化治理，推动数据要素的价值挖掘和开发利用，推进城市竞争力持续提升。
- 五级（引领级）。引领级应构建智慧城市敏捷发展能力，实现城市物理空间、社会空间、信息空间的融合演进和共生共治，引领城市集群治理联动，形成高质量发展共同体。

3. 数字乡村

数字乡村是伴随网络化、信息化和数字化在农业农村经济社会发展中的应用，以及农民现代信息技能的提高而内生的农业农村现代化发展和转型进程，既是乡村振兴的战略方向，也是建设数字中国的重要内容。2019年中共中央办公厅、国务院办公厅印发《数字乡村发展战略纲要》指出：立足新时代国情农情，要将数字乡村作为数字中国建设的重要方面，加快信息化发展，整体带动和提升农业农村现代化发展。进一步解放和发展数字化生产力，注重构建以知识更新、技术创新、数据驱动为一体的乡村经济发展政策体系，注重建立层级更高、结构更优、可持续性更好的乡村现代化经济体系，注重建立灵敏高效的现代乡村社会治理体系，开启城乡融合发展和现代化建设新局面。

《数字乡村发展战略纲要》明确了到2035年，数字乡村建设取得长足进展。城乡"数字鸿沟"大幅缩小，农民数字化素养显著提升。农业农村现代化基本实现，城乡基本公共服务均等化基本实现，乡村治理体系和治理能力现代化基本实现，生态宜居的美丽乡村基本实现。到21世纪中叶，全面建成数字乡村，助力乡村全面振兴，全面实现农业强、农村美、农民富。《数字乡村发展战略纲要》明确了十项重点任务。

（1）加快乡村信息基础设施建设。主要包括大幅提升乡村网络设施水平、完善信息终端和服务供给、加快乡村基础设施数字化转型。

（2）发展农村数字经济。主要包括夯实数字农业基础、推进农业数字化转型、创新农村流通服务体系、积极发展乡村新业态。

（3）强化农业农村科技创新供给。主要包括推动农业装备智能化、优化农业科技信息服务。

（4）建设智慧绿色乡村。主要包括推广农业绿色生产方式、提升乡村生态保护信息化水平、倡导乡村绿色生活方式。

（5）繁荣发展乡村网络文化。主要包括加强农村网络文化阵地建设、加强乡村网络文化引导。

（6）推进乡村治理能力现代化。主要包括推动"互联网＋党建"、提升乡村治理能力。

（7）深化信息惠民服务。主要包括深入推动乡村教育信息化、完善民生保障信息服务。

（8）激发乡村振兴内生动力。主要包括支持新型农业经营主体和服务主体发展、大力培育新型职业农民、激活农村要素资源。

（9）推动网络扶贫向纵深发展。主要包括助力打赢脱贫攻坚战、巩固和提升网络扶贫成效。

（10）统筹推动城乡信息化融合发展。主要包括统筹发展数字乡村与智慧城市、分类推进数字乡村建设、加强信息资源整合共享与利用。

4. 数字生活

数字生活是依托互联网和一系列数字科技技术应用为基础的一种生活方式，可以方便快捷地带给人们更好的生活体验和工作便利。数字生活主要体现在生活工具数字化、生活内容数字化和生活方式数字化等方面。

（1）生活工具数字化。数字化生活时代，现代信息技术和产品成为极其重要的生活工具，人们将像享受空气、阳光、水一样享受数字化生活工具带来的舒适和便捷。根据摩尔定律和梅特卡夫定律，随着技术的不断创新与广泛扩散，其应用成本将显著下降，而其价值则显著增加。

（2）生活方式数字化。在数字社会中，借助于数字化技术，每个人的工作、学习、消费、交往、娱乐等各种活动方式都将具有典型的数字化特征，数字家庭成为未来家庭的发展趋势。体现在工作更加弹性化和自主化；终身学习与随时随地学习成为可能；网络购物跻身主流消费方式；人际交往的范围与空间无限扩大等。

（3）生活内容数字化。数字生活时代，人们工作、学习、消费和娱乐的内容具有典型的数字化特征。体现在工作内容以创造、处理和分配信息为主；学习内容个性化；信息成为重要消费内容；娱乐内容数字化等。

1.4.4　数字生态

随着新一代信息技术创新和迭代速度的明显加快，其在提高社会生产力、优化资源配置等方面的作用日益凸显。营造良好数字生态，有利于充分激发数字技术的创新活力、要素潜能、发展空间，引领和驱动经济结构调整、产业发展升级、消费需求增长、治理格局优化，为加快建设数字经济、数字社会、数字政府提供良好环境和有力支撑。特别要看到，世界主要国家均把信息化作为国家战略重点和优先发展方向，通过优化数字生态加快推动数字化转型发展。《中华人民共和国国民经济和社会发展第十四个五年规划和 2035 年远景目标纲要》指出："坚持放管并重，促进发展与规范管理相统一，构建数字规则体系，营造开放、健康、安全的数字生态"。

1. 数据要素市场

随着数字经济的快速发展，数据作为数字经济的关键要素，对我国经济高质量发展的重要作用日益凸显。数据作为生产要素参与生产，需要进行市场化配置，形成生产要素价格及其体系。数据要素价格体系的建立，又是建立在数据所有制基础上的。因此谁掌握数据资产，在一定程度上就可以影响体系建立。数据作为新型生产要素，具有劳动工具和劳动对象的双重属性。首先数据作为劳动对象，通过采集、加工、存储、流通、分析环节，具备了价值和使用价值；其次，数据作为劳动工具，通过融合应用能够提升生产效能，促进生产力发展。

数据要素市场就是将尚未完全由市场配置的数据要素转向由市场配置的动态过程，其目的是形成以市场为根本调配机制，实现数据流动的价值或者数据在流动中产生价值。数据要素市场化配置是一种结果，而不是手段。数据要素市场化配置是建立在明确的数据产权、交易机制、定价机制、分配机制、监管机制、法律范围等保障制度的基础上。未来数据要素市场的发展，需要不断动态调整以上保障制度，最终形成数据要素的市场化配置。

保障数据要素市场化配置这一结果，不同产业链环节均被赋予了独特使命。数据采集环节，关注数据采集的准确度、全面性；数据储存环节，关注数据储存安全性和调用实时性；数据加工环节，关注数据加工精度；数据流通环节是数据要素市场的核心环节，关注在保障所有者权利的前提下，进行合理合规流通；数据分析环节，关注数据深度分析挖掘；数据应用环节，关注数据作为要素在合理、充分应用中产生价值，降低生产要素获取成本及提升其赋能水平。其中，数据流通作为数据要素市场的核心环节，需要针对不同类型的数据提出不同的解决方案。充分发挥数据要素市场化配置是我国数字经济发展水平达到一定程度后的必然结果，也是数据供需双方在数据资源和需求积累到一定阶段后产生的必然现象。

数据要素市场处于高速发展阶段，各要素市场规模实现不同程度的增长，以数据采集、数据储存、数据加工、数据流通等环节为核心的数据要素市场增长尤为迅速。数据要素市场的培育将消除信息鸿沟、信任鸿沟，促进数据资源要素化体现，推进各方对数据资源的合作开发和综合利用，实现数据价值最大化，以新动能、新方向、新特征开启数据生态体系培育新征程。

《中华人民共和国国民经济和社会发展第十四个五年规划和2035年远景目标纲要》提出："建立健全数据要素市场规则。统筹数据开发利用、隐私保护和公共安全，加快建立数据资源产权、交易流通、跨境传输和安全保护等基础制度和标准规范。建立健全数据产权交易和行业自律机制，培育规范的数据交易平台和市场主体，发展数据资产评估、登记结算、交易撮合、争议仲裁等市场运营体系。加强涉及国家利益、商业秘密、个人隐私的数据保护，加快推进数据安全、个人信息保护等领域基础性立法，强化数据资源全生命周期安全保护。完善适用于大数据环境下的数据分类分级保护制度。加强数据安全评估，推动数据跨境安全有序流动"。

2. 数字营商环境

良好的营商环境是一个国家或地区经济软实力和综合竞争力的重要体现。市场化、法治化、国际化、便利化的营商环境是一个国家、一个地区经济社会高质量发展的重要因素。随着数字经济蓬勃发展，与传统的营商环境相对应，数字经济时代的新型营商环境成为广泛关注的议题。2022年1月发布的《"十四五"数字经济发展规划》提出，要持续优化数字营商环境，加速弥合数字鸿沟。

《中华人民共和国国民经济和社会发展第十四个五年规划和2035年远景目标纲要》提出："营造规范有序的政策环境。构建与数字经济发展相适应的政策法规体系。健全共享经济、平台经济和新个体经济管理规范，清理不合理的行政许可、资质资格事项，支持平台企业创新发展、增强国际竞争力。依法依规加强互联网平台经济监管，明确平台企业定位和监管规则，完善垄断认定法律规范，打击垄断和不正当竞争行为。探索建立无人驾驶、在线医疗、金融科技、智能配送等监管框架，完善相关法律法规和伦理审查规则。健全数字经济统计监测体系"。

国家工业信息安全发展研究中心2021年12月提出的全球数字营商环境评价指标体系。该评价体系包含5个一级指标：①数字支撑体系，包含普遍接入、智慧物流设施、电子支付设施；②数据开发利用与安全，包含公共数据开放、数据安全；③数字市场准入，包含数字经济业态市场准入、政务服务便利度；④数字市场规则，包含平台企业责任、商户权利与责任、数字消费者保护；⑤数字创新环境，包含数字创新生态、数字素养与技能、知识产权保护。

3. 网络安全保护

网络安全（Cyber Security）是指网络系统的硬件、软件及其系统中的数据受到保护，不因偶然的或者恶意的原因而遭受破坏、更改、泄露，系统连续可靠正常地运行，网络服务不中断。随着数字经济时代的到来，网络安全已经从一个基础的技术问题，上升到经济与社会乃至国家安全的战略问题，上升到关乎人们工作和生活的重要问题。

随着《中华人民共和国网络安全法》《中华人民共和国数据安全法》《中华人民共和国个人信息保护法》《关键信息基础设施安全保护条例》等法律法规的颁布，以及网络安全等级保护2.0标准体系的发布，使我国网络安全法律法规和制度标准更加健全。但百年变局和世纪疫情交织叠加，国际环境日趋复杂，网络霸权主义对世界和平与发展构成威胁，全球产业链供应链遭受冲击，网络空间安全面临的形势持续复杂多变。网络空间对抗趋势更加突出，大规模针对性网络攻击行为增加，安全漏洞、数据泄露、网络诈骗等风险增加。针对这些问题，需要坚持总体国家安全观和正确的网络安全观，贯彻新发展理念，构建网络安全新格局，全面加强网络安全保障体系和能力建设，主要举措包括以下 5 个方面。

（1）健全国家网络安全法律法规和制度标准。细化相关法律法规实施细则和相关指导意见，进一步完善配套标准规范体系，构建个人信息、重要领域数据资源、重要网络和信息系统安全保障体系。

（2）加强网络安全风险评估和审查。强化新技术新应用安全评估管理。建立健全关键信息基础设施保护体系，提升安全防护和维护政治安全能力。

（3）加强网络安全基础设施建设，提高网络安全综合治理能力。强化跨领域网络安全信息共享和工作协同，提升网络安全威胁发现、监测预警、应急指挥、攻击溯源能力。

（4）推动网络安全教育、技术、产业融合发展。加强网络安全宣传教育和人才培养。强化网络安全关键技术创新，提升网络安全产业综合竞争力，形成人才培养、技术创新、产业发展的良好生态。

（5）加强网络安全国际交流合作。积极参与网络安全、数据安全等国际规则和数字安全技术标准制定。深化在人才培养、技术创新、应急响应和网络犯罪打击等领域的国际合作，推动国际网络安全保障合作机制建设。

强大的网络安全产业实力是保障网络空间安全的根本和基石。习近平总书记多次就网络安全产业作出重要指示，强调"要坚持网络安全教育、技术、产业融合发展，形成人才培养、技术创新、产业发展的良性生态"，为网络安全事业高质量发展指明了方向并提供根本遵循。

1.5　数字化转型与元宇宙

随着众多信息通信新技术的迅速发展与普及应用，信息空间成长为第三空间，并与物理空间和社会空间共同构成人类社会的三元空间。新一轮科技革命与产业革命交互演进，面向组织的战略发展、业务模式、生产管理、运行管理等全方位的数字化转型，已成为数字经济时代广大组织的必选题。以云计算、大数据、人工智能等为代表的新一代信息技术发展迅猛，成为驱动组织数字化转型的关键要素。组织需要通过深化应用数字技术，打造敏捷、韧性、创新的数字化能力，重构传统业务流程和价值链，推动实现全要素、全链条、全层级的数字化转型。随着各领域数字化转型的发展和持续深化，元宇宙这一新概念也随之流行。元宇宙本质上是对现实世界的虚拟化、数字化过程，需要对内容生产、经济系统、用户体验以及实体世界内容等进行大量改造。

1.5.1　数字化转型

数字化转型（Digital Transformation）是建立在数字化转换、数字化升级基础上，进一步触及组织核心业务，以新建一种业务模式为目标的高层次转型。数字化转型是开发数字化技术及支持能力以新建一个富有活力的数字化商业模式，只有组织对其业务进行系统性、彻底的（或重大和完全的）重新定义，而不仅仅是 IT，而是对组织活动、流程、业务模式和员工能力的方方面面进行重新定义的时候，成功才会得以实现。

1. 驱动因素

从全球视角来看，当前国际社会主要矛盾聚焦在发达国家企图垄断市场、资源和技术与发展中国家的发展愿望之间的矛盾。发达国家生产力没有飞跃式发展（第四次科技革命姗姗来迟），世界范围内市场、资源开发程度越来越充分，众多发展中国家想进一步改善人民生活，进一步参与到世界市场和资源的竞争中。纵观历史，无论是国际竞争关系、产业转型升级和新经济发展，还是当前我国社会主要矛盾变化带来的新特征新要求，都有其发展规律和演进范式，即"生产力飞跃、生产要素变化、信息传播效率突破和社会'智慧主体'规模扩容的叠加，将会促使人类社会生产关系的创新变革，最终引发经济与民生的深层发展"。这个范式驱动完成了原始经济到农业经济，再到工业经济的转型过程，同样会驱动工业经济向数字经济的转型。

1）生产力飞升：第四次科技革命

科学技术是第一生产力，近代人类发展过程中，已经完成了三次科技革命，正在经历第四次科技革命，每次科技革命都对应一个科学范式，其深刻影响着世界格局的变化，是人类社会发展的根本动力，也是国际社会主要矛盾的发源地。

第一科学范式为经验范式。它偏重于经验事实的描述和明确具体的实用性的科学研究范式。在研究方法上以归纳为主，带有较多盲目性的观测和实验。第二科学范式为理论范式。它主要指偏重理论总结和理性概括，强调较高普遍的理论认识而非直接实用意义的科学研究范式。第三科学范式为模拟范式。它是一个由数据模型构建、定量分析方法以及利用计算机来分析和解决科学问题的研究范式。第四科学范式为数据密集型研究范式。它针对数据密集型科学，是由传统的假设驱动向基于科学数据进行探索的科学方法转变而生成的科学研究范式。其研究方法是基于计算机生产与实践产生的数据，按照驱动理论获得猜想与假设，完成数据自动化的计算和原理探索，即由计算机实施第一、第二、第三科学范式。第四科学范式通过新型信息技术的数据洞察，从大数据中自动化挖掘实践经验、理论原理并自行开展模拟仿真，完成基于数据的自决策和自优化，这将极大地繁荣应用科学技术。

2）生产要素变化：数据要素的诞生

数据是与土地、劳动力、资本和技术并列的主要生产要素，表明数据将会是未来社会数字化、智能化发展的重要基础。数据是一项重要的经济资源，其对经济社会的全面持续发展、经济组织转型和参与个体生活质量非常重要且不可或缺。数据记载信息，信息融合知识，知识孕育智慧，过去人们已经持续了几十年的信息化建设，人们把智慧解构成知识，把知识分解为信息，把信息拆解为数据。随着人工智能、区块链和大数据等技术的出现，过去分散在各个环节的数据，重新归集为显性信息、知识和智慧，数据的经济价值被凸显出来，因此数据对我国高质量发展的作用，与土地、设备、原材料、资本、劳动、技术同等重要，具备了单列为生产要素的现实条件。

3）信息传播效率突破：社会互联网新格局

随着科学技术的发展，各种网络服务随之而来，互联网社交网络就是其中之一。人们的日常生活逐渐从现实社交网络转移到互联网虚拟社交网络中。互联网社交网络下，人们可以跟不在身边的朋友进行面对面的交流，还可以寻找有共同爱好的陌生人。从而形成在线社区，构成了庞大的社交网络平台，为用户提供便捷交流的渠道。

社交网络信息传输具有永生性、无限性、即时性以及方向性的特征。永生性指尽管在传播过程中可以控制信息，但它并不会被破坏或者消灭。比如：收到一条信息且尚未传播该消息，但该消息实实在在地存在，信息的载体还可以继续传播。无限性是指信息可以像病毒一样无限地传播下去。即时性使社交网络信息传播的速度从通信器向接收者传播信息的时间大幅缩短，甚至可以忽略。方向性意味着信息传播具有目的性，某些信息的传播仅是为了传递给特定的人。

随着互联网的发展，在互联网上传播信息已成为信息扩散的主要渠道。互联网的特性是信息可以跨越时间和地理障碍在网络上迅速传播。

4）社会"智慧主体"规模：快速复制与"智能 +"

过去，我们认为的"智慧主体"都是自然人，复制一个"智慧主体"的难度很大，需要教育、培育、培养等众多的手段方法。同时，其周期也较为漫长，培育一个自然人的"智慧主体"，往往需要超过 20 年的时间。另外，智慧融合也需要经历漫长而复杂的交互环境以及自然环境因素等限制，都制约了社会"智慧主体"规模的扩大与繁荣，从而使互联网的节点容量出现瓶颈，随着社会的进一步演进，这种瓶颈会阻碍人类社会的高质量建设，影响人类社会的进一步发展和演进。

现在，社会的"智慧主体"已经不单纯是自然人，它可以是一个互联网账号、一台自动驾驶的汽车、一部智能手机，或者是工厂中的一套智能机器人。这些新兴"智慧主体"具有不同于自然人的全量社会化活动模式，如消费选择等，但其在数据生产、数据开发利用、劳动力贡献和决策能力等方面，具备了自然人很多关键特征，在不知不觉中已经让这些新主体参与到了人们社会活动的方方面面，乃至与自然人享有同等的社会空间，如未来某一时刻无人驾驶的汽车主体与自然人道路参与主体享有同等的道路权。

新兴的"智慧主体"具备较强的可复制性、自我修炼能力、更加广泛的连接能力和更加标准的交互手段等。新兴"智慧主体"规模和种类的快速扩张，会引发人类社会的深层次变革，改变自然人主体的劳动方式，劳动密集型的社会劳动逐步消退，智力密集型的社会劳动持续强化，自然人"智慧主体"甚至会全面退出生产制造过程领域，让自然人的竞争力聚焦在新兴"智慧主体"不会具备的领域。这个领域是以"服务"为典型代表，因为该领域会面对更加复杂的交互过程、更多的风险融合应对和情感因素管控等。

2. 基本原理

随着经济与社会的持续发展，同领域相关参与者因为数量的持续增多和发展水平趋于一致等，再加上我国处在中高速发展阶段，这些因素共同导致了经济与社会的竞争越来越充分、越来越激烈。随着我国社会主要矛盾从人民日益增长的物质文化需要同落后的社会生产之间的矛盾，转变为人民日益增长的美好生活需要和不平衡、不充分的发展之间的矛盾，以及信息时代带来的信息高效、充分且大规模传播，信息对象过程加速，乃至出现信息淹没等情况，这进一步加剧了经济与社会参与者的竞争，这表现在产品和服务的生命周期迭代越来越快，组织运行决策越来越高效，组织的转型升级周期越来越短，组织的业务发展越来越敏捷等。

传统发展视角下，组织为提升自身的竞争力，往往通过优化组织结构体系（如组织结构扁平化），提升工艺技术与装备（如应用新技术或自动化装备），降低业务成本（如人员容量、材料成本、加工成本等）等方式展开，这种优化与提升从某种程度上实现了对组织竞争力和竞争优势的保持和增强。这种发展模式下，组织通过治理和管理体系强化组织的协同性和创新力，并降低组织风险；通过减少客户个性选择来驱动业务规模化发展，以优化产品生产和服务交付成本。

数字经济时代，经济与社会竞争的进一步加剧，传统发展视角下的竞争力与竞争优势的保持和增强方法，越来越难以支撑组织的发展需求，主要体现在：

- 决策瓶颈。以组织架构构建的治理与管理体系决策效率容易遇到瓶颈，并且组织规模越大、行政层级越多、决策效率效能越容易达到瓶颈。
- 变革制约。组织变革是一项系统工程，这不仅仅包括新组织、新工艺、新产品、新营销等的策划、规划和设计等，其部署落实也是一组复杂的工作，变革的效能常常受组织文化、人员技能、技术现状等方面的制约，太多的变革一致性无法解决。
- 知识资产流失。组织研发或沉淀的各类经验，如有使用传统的知识体系（如用文档资料管理），容易随着人员流动而流失，这是因为传统知识方法需要相关人员全部掌握。
- 需求响应延迟。组织为了有效地控制成本，最常用的方法是固化管理、工艺等，通过"简单可复制"的模式，达到一致性和成本最优化，这会导致组织对客户或服务对象的个性化需求延迟满足乃至放弃满足。

组织的数字化转型就是基于组织既有的治理与管理体系、工艺路径和产品技术、服务活动定义等，打造更加高效的决策效率、更灵活的工艺调度、更多元的产品与服务技术应用和更丰富的业务模式等。数字化转型需要组织结合信息技术的开发利用，对组织完成深层次变革，可参考模型如图 1-11 所示。

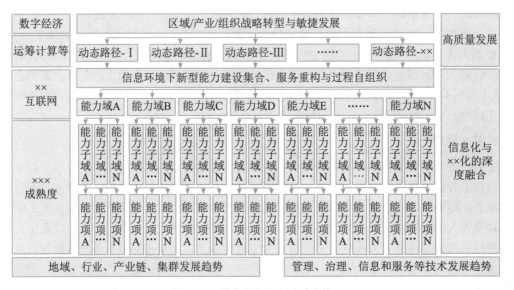

图 1-11　数字组织运行参考框架

1）能力因子定义和数字化"封装"

实施数字化转型，组织需要把各项能力和活动进行清晰的结构化并定义，形成细化的可灵活调度和编排的能力因子，这些能力因子是有层次或可组合的，如能力域、能力子域、能力项、能力分项、能力子项等，对于数字化转型不同成熟度的组织来说，主要体现在能力因子定义颗粒度、学科性和有效性等方面。

能力因子的定义可驱动组织的管理精细化，更重要的是能够实现对这些能力因子的数字化"封装"，这种封装不只是对业务流程、工艺过程和技术内容的"包装"，而是需要向具体活动的人员、技术（含内部控制等）、资源、数据、流程（过程和动作）的模块化"封装"，打造基于数据的标准化输入与输出，形成类似信息化系统中的对象、类、模块等组件。在工业类组织中体现为数字装备、数字化管理单元、数字产品等，目的是实现"智能+"。

2）基于"互联网+"的调度和决策

实施数字化转型，组织需要在既有治理与管理体系、工艺体系、服务体系、产品体系的基础上，通过使用"互联网+"的模式，将组织沉淀的各类知识经验进行数字化提炼，形成数字算法、模型和框架等，满足信息系统能够理解和使用的方式，让调度和决策脱离"自然人"，从而提高调度和决策效率及其科学性。这部分工作是数字化转型中一项持续性工作，其科技含量比较高，也是组织数字化转型中的难点，主要体现在：

- 业务融合。将知识经验形成数字化调用模式，需要业务和信息技术的充分融合，需要实施这些工作的业务人员，具备一定的数字技能，或者信息技术人员能够深入理解业务。
- 持续坚持。通过数字模式开展决策与调度活动，其开始时的效果、效率、效能并不一定理想，这就需要组织能够持续坚持，通过持续改进活动，提升数据模式的价值。
- 文化冲突。调度与决策的科学化、敏捷化，依赖组织的知识沉淀，这就需要组织解决文化冲突，引导组织成员适应数字化带来的各种变化，积极贡献知识经验，消除自我成长顾虑以及驾驭数字的"恐惧"等。
- 效果判别。通常情况下，治理和管理更加注重判断和决策的正确性，执行操作关注过程的精确性，而使用数字模式实施决策和调度时，其精确性被凸显出来，对决策和调度的数据及应用过程提出了更高的要求，需要组织投入更多的智力资源。

3）转型控制

数字化转型往往不是指一个结果的表达，而是一个持续的过程，组织需要能够有效地管控转型的过程，无论是服务组织还是工业组织，都不能一蹴而就地完成该项转型升级。组织需要充分借鉴信息化与工业化、信息化与领域现代化等深度融合的最佳实践，结合自身的实际情况，持续建设、优化和改进数字化转型过程。

3. 智慧转移

数字化转型基本原理揭示了个体智慧（知识、技能和经验等）由"自然人"个体，转移到组织智慧（计算机、信息系统等掌握的）的必要性和重要性。这种"智慧转移"也称"智慧移植"，需要经历一系列的过程才能完成，每个组织开展此类活动的模式与方法存在差异，也可以参考图 1-12 所示的"智慧转移"模型。

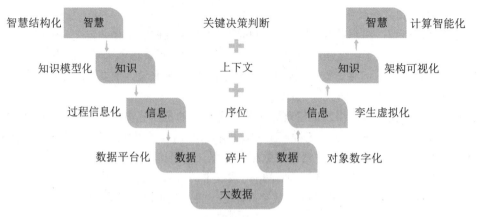

图 1-12　智慧转移的 S8D 模型

DIKW 模型很好地诠释了数据（Data）、信息（Information）、知识（Knowledge）和智慧（Wisdom）之间的关系，并揭示了他们的转化过程与方法。S8D 模型就是基于 DIKW 模型，构筑了"智慧—数据""数据—智慧"两大过程的 8 个转化活动。

1）"智慧—数据"过程

该过程通常指信息系统规划、建设、运行过程，也就是传统讲的信息化过程。该过程：①通过智慧结构化明确了业务体系层面方面的内容；②通过知识模型化定义业务活动的逻辑关系；③通过过程信息化（管理和工艺流程化）明确各执行操作系列要求；④通过数据平台化实现了数据的采集、存储和共享等。

2）"数据—智慧"过程

该过程通常指数据的开发利用和资源管理的过程，也就是人们常说的智慧化过程，重点解决基于各类组织组成对象（人员、流程、业务、工艺、装备等）"数字关系"的"脑力替代"。该过程在大数据"筑底"后，多元化数据能够被开发利用：①通过对象数字化实现对各类对象的数字化表达；②通过孪生虚拟化完成物理对象到信息空间的映射；③通过架构可视化实现业务知识模型与经验沉淀的复用和创新；④通过计算智能化实现多元条件下的调度和决策。

数据是筑底构建可计算智慧的关键，通过"智慧—数据"过程将人类智慧形成了数据表达，并通过数据流动，提高了组织业务与工作效能，实现"体力劳动替代"。接下来通过"数据—智慧"工程，在大数据的基础上，逆变数据为计算智能，完成了智慧载体由自然人到计算机和信息系统的转移，其价值不仅仅可实现智慧的在线时效（7×24 无休），更可以实现"智慧挤压"（多方法多维度综合判断）和更高级别的"智慧萃取"（新智慧的生成），进一步可以实现智慧的可复制。这一过程也是第四科学范式的基本框架，是第四次科技革命的触发逻辑。

4. 持续迭代

组织数字化转型需要在能力因子不断细化的基础上，针对能力因子的数字化转型实施迭代，可类比为整体数字化转型与局部数字转型的关系。组织每个能力因子数字化"封装"的持续迭代主要包含四项活动，即：信息物理世界（也称数字孪生，CPS）建设、决策能力边际化（Power to Edge, PtoE) 部署、科学社会物理赛博机制（Cyber-Physical-Social Systems, CPSS）构筑、数字框架与信息调制（Digital Frame and Information Modulation, DFIM）设计，如图 1-13 所示。针对能力因子的持续迭代可以从任何一项活动开始实施四项活动，形成持续迭代闭环。

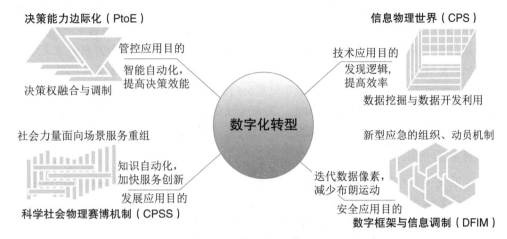

图 1-13 组织能力数字化转型及持续迭代参考模型（CPSD 模型）

1）信息物理世界建设

针对能力因子中的各类对象，实施数字孪生建设，并在此基础上加入该因子与其他因子之间的配置关系。组织可以通过该项活动实现能力因子相关数据挖掘与数据开发利用，从而发现新的技术和逻辑，提升各项工作效率。

2）决策能力边际化部署

决策能力边际化是指处置执行层面的装置和人员能够基于决策算法模型等，敏捷获得更高的决策能力（权），达到敏捷响应的效果。组织可以通过该项活动实现决策权融合与调制，达到装备智能化和提高决策效能的价值效果。

3）科学物理赛博机制构筑

科学物理赛博机制设计是在 CPS 的基础上，汇聚组织内能力因子的环境因素力量（或组织维度的外部社会力量），建设高密度数据框架，参照社会运行原理，封装、解构和重构各能力因子协同关系。组织可以通过该项活动实现对各能力因子的灵活组合机制，形成能够面对各类需求的动态调度能力。

4）数字框架与信息调制设计

组织能力因子的数字密度越高，对其可控性就越高，对应的安全可靠性也越高。组织通过优化能力因子的数字框架模型，提升数据采集获取的精准度和及时性，能够有效地提升组织对能力因子的应急与动员能力，从而具备更加可靠的已知风险管控能力和未知风险的应对能力。

1.5.2 元宇宙

元宇宙（Metaverse）是一个新兴概念，是一大批技术的集成。北京大学陈刚教授对元宇宙的定义是：元宇宙是利用科技手段进行链接与创造的，与现实世界映射与交互的虚拟世界，具备新型社会体系的数字生活空间。清华大学沈阳教授对元宇宙的定义是：元宇宙是整合多种新技术而产生的新型虚实相融的互联网应用和社会形态，它基于扩展现实技术提供沉浸式体验，以及数字孪生技术生成现实世界的镜像，通过区块链技术搭建经济体系，将虚拟世界与现实世界在经济系统、社交系统、身份系统上密切融合，并且允许每个用户进行内容生产和编辑。

中国社会科学院学者左鹏飞从时空性、真实性、独立性、连接性四个方面去交叉定义元宇宙。他指出：从时空性来看，元宇宙是一个空间维度上虚拟而时间维度上真实的数字世界；从真实性来看，元宇宙中既有现实世界的数字化复制物，也有虚拟世界的创造物；从独立性来看，元宇宙是一个与外部真实世界既紧密相连，又高度独立的平行空间；从连接性来看，元宇宙是一个把网络、硬件终端和用户囊括进来的一个永续的、广覆盖的虚拟现实系统。

1. 主要特征

随着虚拟现实、人工智能、数字孪生、云计算等关键技术逐步迭代发展，用户对更沉浸的虚拟世界有了更深入、更丰富的需求。元宇宙的流行是互联网发展到了一定的高度，也可以认为其是互联网发展的另一阶段。元宇宙的主要特征包括：

- 沉浸式体验。元宇宙的发展主要基于人们对互联网体验的需求，这种体验就是即时信息基础上的沉浸式体验。
- 虚拟身份。人们已经拥有大量的互联网账号，未来人们在元宇宙中，随着账号内涵和外延的进一步丰富，将会发展成为一个或若干个数字身份，这种身份就是数字世界的一个或一组角色。
- 虚拟经济。虚拟身份的存在就促使元宇宙具备了开展虚拟社会活动的能力，而这些活动需要一定的经济模式展开，即虚拟经济。
- 虚拟社会治理。元宇宙中的经济与社会活动也需要一定的法律法规和规则的约束，就像现实世界一样，元宇宙也需要社区化的社会治理。

总之，元宇宙作为现实世界的孪生空间和虚拟世界，其物理属性淡化，但社会属性会被强化，人们在现实社会中的大量特征和活动，都逐渐会在元宇宙中体现出来。

2. 发展演进

元宇宙作为多技术的集成融合和现实世界虚拟化，其发展一方面受到各类技术创新、发展和演进的影响，另一方面受经济与社会发展进程的约束。从互联网发展的基本规律和数字化转型进程来看，元宇宙首先会在社交、娱乐和文化领域发展，形成虚拟"数字人"，再逐步向虚拟身份方向演进，形成"数字人生"，此时的元宇宙偏向个体用户需求。但随着元宇宙中虚拟经济的发展和现实中各类组织数字化转型的深入，元宇宙向"数字组织"领域延伸，从而影响现实世界的经济与社会发展整体数字化转型升级，形成"数字生态"。之后伴随相关法律法规、标准规范的生成，网信事业的发展以及网络文明的进一步完善，元宇宙的虚拟世界形态中持续迭代，形成"数字社会治理"，实现物理空间、社会空间和信息空间三元空间的协同发展新格局。

1.6　本章练习

1. 选择题

（1）关于信息的特征，不正确的是＿＿＿＿＿＿＿。
A. 客观性、普遍性、无限性、动态性、相对性、不可存储性
B. 依附性、变换性、传递性、层次性、系统性、转化性
C. 相对性、依附性、变换性、传递性、层次性、转化性
D. 动态性、相对性、依附性、变换性、传递性、层次性

参考答案：A

（2）＿＿＿＿＿＿＿是信息的基础。
A. 数据　　　　　　　B. 知识　　　　　　　C. 事实　　　　　　　D. 概念

参考答案：A

（3）智能制造能力要素包括：＿＿＿＿＿＿＿。
A. 人员、技术、生产、资金　　　　　　B. 工艺、产品、销售、服务
C. 采购、计划、调度、生产　　　　　　D. 人员、技术、资源、制造

参考答案：D

（4）＿＿＿＿＿＿＿不是数字政府建设的关键词。
A. 共享　　　　　　　B. 互通　　　　　　　C. 便利　　　　　　　D. 交易

参考答案：D

（5）＿＿＿＿＿＿＿不是数字生活的主要体现。
A. 生活工具的数字化　　　　　　　　　B. 生活质量数字化
C. 生活内容数字化　　　　　　　　　　D. 生活方式数字化

参考答案：B

2. 思考题

（1）请阐述数字政府建设的主要特征、内容和能力体系。

参考答案：略

（2）请简述工业现代化的主要创新重点。

参考答案：略

第 2 章　信息技术发展

信息技术是研究如何获取信息、处理信息、传输信息和使用信息的技术。信息技术是在信息科学的基本原理和方法下的关于一切信息的产生、信息的传输、信息的发送、信息的接收等应用技术的总称。从信息技术的发展过程来看，信息技术在传感器技术、通信技术和计算机技术的基础上融合创新和持续发展，孕育和产生了物联网、云计算、大数据、区块链、人工智能和虚拟现实等新一代信息技术，成为支撑当今经济活动和社会生活的基石，代表着当今先进生产力的发展方向。

从宏观上讲，信息技术与信息化、信息系统是密不可分的。信息技术是实现信息化的手段，是信息系统建设的基础。信息化的巨大需求驱动信息技术高速发展，信息系统的广泛应用促进了信息技术的迭代创新。近年来，随着新一代信息技术的发展，信息及其相关的数据成为重要生产要素和战略资源，使得人们能更高效地进行资源优化配置，持续推动传统产业不断升级、社会劳动生产率的不断提升，从而带动全球信息化发展和数字化转型，新一代信息技术已成为世界各国竞相投资和重点发展的战略性产业。

2.1　信息技术及其发展

信息技术是以微电子学为基础的计算机技术和电信技术的结合而形成的，对声音、图像、文字、数字和各种传感信号的信息进行获取、加工、处理、存储、传播和使用的技术。按表现形态的不同，信息技术可分为硬技术（物化技术）与软技术（非物化技术）。前者指各种信息设备及其功能，如传感器、服务器、智能手机、通信卫星、笔记本电脑等。后者指有关信息获取与处理的各种知识、方法与技能，如语言文字技术、数据统计分析技术、规划决策技术、计算机软件技术等。

2.1.1　计算机软硬件

计算机硬件（Computer Hardware）是指计算机系统中由电子、机械和光电元件等组成的各种物理装置的总称。这些物理装置按系统结构的要求构成一个有机整体，为计算机软件运行提供物质基础。计算机软件（Computer Software）是指计算机系统中的程序及其文档，程序是计算任务的处理对象和处理规则的描述；文档是为了便于了解程序所需的阐明性资料。程序必须安装入机器内部才能工作，文档一般是给人看的，不一定安装入机器。

硬件和软件互相依存。硬件是软件赖以工作的物质基础，软件的正常工作是硬件发挥作用的重要途径。计算机系统必须要配备完善的软件系统才能正常工作，从而充分发挥其硬件的各种功能。硬件和软件协同发展，计算机软件随硬件技术的迅速发展而发展，而软件的不断发展与完善又促进了硬件的更新，两者密切交织发展，缺一不可。随着计算机技术的发展，在许多情况下，计算机的某些功能既可以由硬件实现，也可以由软件来实现。因此硬件与软件在一定意义上说没有绝对严格的界线。

1. 计算机硬件

计算机硬件主要分为：控制器、运算器、存储器、输入设备和输出设备。

1）控制器（Controller）

控制器根据事先给定的命令发出控制信息，使整个电脑指令执行过程一步一步地进行。控制器是整个计算机的中枢神经，其功能是对程序规定的控制信息进行解释并根据其要求进行控制，调度程序、数据和地址，协调计算机各部分的工作及内存与外设的访问等。

控制器的具体功能主要是：从内存中取出一条指令，并指出下一条指令在内存中的位置，对指令进行译码或测试，并产生相应的操作控制信号，以便启动规定的动作；指挥并控制 CPU、内存和输入 / 输出设备之间的数据流动方向。

2）运算器（Arithmetic Unit）

运算器的功能是对数据进行各种算术运算和逻辑运算，即对数据进行加工处理。运算器的基本操作包括加、减、乘、除四则运算，与、或、非、异或等逻辑操作，以及移位、比较和传送等操作，亦称算术逻辑部件（ALU）。计算机运行时，运算器的操作和操作种类由控制器决定，运算器接受控制器的命令而进行动作，即运算器所进行的全部操作都是由控制器发出的控制信号来指挥的。

3）存储器（Memory）

存储器的功能是存储程序、数据和各种信号、命令等信息，并在需要时提供这些信息。存储器分为：计算机内部的存储器（简称内存）和计算机外部的存储器（简称外存）。内存储器从功能上可以分为：读写存储器 RAM、只读存储器 ROM 两大类；计算机的外存储器一般有：软盘和软驱、硬盘、光盘等，以及基于 USB 接口的移动硬盘、可擦写电子硬盘（优盘）等。

计算机存储容量以字节为单位，它们是：字节 B（1Byte = 8bit）、千字节 KB（1KB = 1024B）、兆字节 MB（1MB = 1024KB）、吉字节 GB（1GB = 1024MB）、太字节 TB（1TB = 1024GB）。

4）输入设备（Input Device）

输入设备是计算机的重要组成部分，输入设备与输出设备合称为外部设备，简称外设。输入设备的作用是将程序、原始数据、文字、字符、控制命令或现场采集的数据等信息输入计算机。常见的输入设备有键盘、鼠标、麦克风、摄像头、扫描仪、扫码枪、手写板、触摸屏等。

5）输出设备（Output Device）

输出设备也是计算机的重要组成部分，它把计算机的中间结果或最后结果、机内的各种数据符号及文字或各种控制信号等信息输出出来。计算机常用的输出设备有显示器、打印机、激光印字机和绘图仪等。

2. 计算机软件

计算机软件分为系统软件、应用软件和中间件。如果把计算机比喻为一个人的话，那么硬件就表示人的身躯，而软件则表示人的思想与灵魂。一台没有安装任何软件的计算机被称为"裸机"。

1）系统软件（System Software）

系统软件是指控制和协调计算机及外部设备，支持应用软件开发和运行的系统，是无须用户干预的各种程序的集合，主要功能是调度、监控和维护计算机系统；负责管理计算机系统中各种独立的硬件，使得它们可以协调工作。系统软件使得计算机使用者和其他软件将计算机当作一个整体而不需要顾及底层每个硬件是如何工作的。

2）应用软件（Application Software）

应用软件是用户可以使用的各种程序设计语言以及用各种程序设计语言编制的应用程序的集合，分为应用软件包和用户程序。应用软件包是利用计算机为解决某类问题而设计的程序的集合，供多用户使用。用户程序是为满足用户不同领域、不同问题的应用需求而提供的软件。

3）中间件（Middleware）

中间件是处于操作系统和应用程序之间的软件。它使用系统软件所提供的基础服务（功能），衔接网络上应用系统的各个部分或不同的应用，能够达到资源共享和功能共享的目的。中间件是位于平台（硬件和操作系统）和应用之间的通用服务，这些服务具有标准的程序接口和协议。针对不同的操作系统和硬件平台，不管底层的计算机硬件和系统软件怎样更新换代，只要将中间件进行升级和更新，并保持中间件对外的接口定义不变，应用软件几乎不需要进行任何修改，从而保证了应用软件的持续稳定运行。

2.1.2　计算机网络

在计算机领域中，网络就是用物理链路将各个孤立的工作站或主机连接在一起，组成数据链路，从而达到资源共享和通信的目的。计算机网络将地理位置不同并具有独立功能的多个计算机系统通过通信设备和线路连接起来，结合网络软件（网络协议、信息交换方式及网络操作系统等）实现不同计算机资源之间的共享。

1. 通信基础

通信是指人与人、人与自然之间通过某种行为或媒体进行的信息交流与传递。电（光）通信是指由一地向另一地进行信息的传输与交换的传递过程。通信的目的是传递消息（Message）中包含的信息（Information）。连续消息是指消息的状态随时间变化而连续变化，如话音等；离散消息指消息的状态是离散的，如符号、数据等。

1）通信系统和模型

一个通信系统包括三大部分：源系统（发送端或发送方）、传输系统（传输网络）和目的系统（接收端或接收方），如图2-1所示。

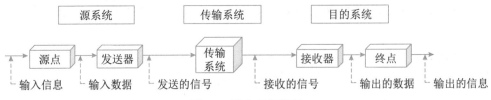

图2-1　通信系统模型

2）现代通信的关键技术

从总体上看，通信技术实际上就是通信系统和通信网的相关技术。通信系统是指点对点通信所需的全部设施，而通信网是由许多通信系统组成的多点之间能相互通信的全部设施。而现代的关键通信技术有数字通信技术、信息传输技术、通信网络技术等。

- 数字通信技术：是用数字信号作为载体来传输消息，或用数字信号对载波进行数字调制后再传输的通信方式。它可传输电报、数字数据等数字信号，也可传输经过数字化处理的语声和图像等模拟信号。
- 信息传输技术：是主要用于管理和处理信息所采用的各种技术的总称，它主要是应用计算机科学和通信技术来设计、开发、安装和实施信息系统及应用软件；它也常被称为信息和通信技术。
- 通信网络技术：是指将各个孤立的设备进行物理连接，实现人与人、人与计算机、计算机与计算机之间进行信息交换的链路，从而达到资源共享和通信的目的。

2. 网络基础

从网络的作用范围可将网络类别划分为个人局域网（Personal Area Network，PAN）、局域网（Local Area Network，LAN）、城域网（Metropolitan Area Network，MAN）、广域网（Wide Area Network，WAN）。

- 个人局域网（PAN）。个人局域网是指在个人工作的地方把属于个人的电子设备（如便携式电脑等）用无线技术连接起来的自组网络，因此也常称为无线个人局域网WPAN（Wireless PAN）。从计算机网络的角度来看，PAN是一个局域网，其作用范围通常在10m左右。
- 局域网（LAN）。局域网通常指用微型计算机或工作站通过高速通信线路相连（速率通常在10Mb/s以上），其地理范围通常为1km左右。通常覆盖一个校园、一个单位、一栋建筑物等。
- 城域网（MAN）。城域网的作用范围可跨越几个街区甚至整个城市，其作用距离约为5～50km。
- 广域网（WAN）。广域网使用节点交换机连接各主机，其节点交换机之间的连接链路一般是高速链路，具有较大的通信容量。广域网的作用范围通常为几十公里到几千公里，可跨越一个国家或一个洲进行长距离传输数据。

从网络的使用者角度可以将网络分为公用网（Public Network）与专用网（Private Network）。

- 公用网。公用网指电信公司出资建造的面向大众提供服务的大型网络，也称为公众网。
- 专用网。专用网指某个部门为满足本单位的特殊业务工作所建造的网络，这种网络不向本单位以外的人提供服务，如电力、军队、铁路、银行等均有本系统的专用网。

3. 网络设备

信息在网络中的传输主要有以太网技术和网络交换技术。网络交换是指通过一定的设备（如交换机等）将不同的信号或者信号形式转换为对方可识别的信号类型，从而达到通信目的的一种交换形式，常见的有数据交换、线路交换、报文交换和分组交换。在计算机网络中，按照交换层次的不同，网络交换可以分为物理层交换（如电话网）、链路层交换（二层交换——对 MAC 地址进行变更）、网络层交换（三层交换——对 IP 地址进行变更）、传输层交换（四层交换——对端口进行变更）（比较少见）和应用层交换。

在网络互连时，各节点一般不能简单地直接相连，而是需要通过一个中间设备来实现。按照 OSI 参考模型的分层原则，中间设备要实现不同网络之间的协议转换功能。根据它们工作的协议层的不同进行分类，网络互连设备有中继器（实现物理层协议转换，在电缆间转换二进制信号）、网桥（实现物理层和数据链路层协议转换）、路由器（实现网络层和以下各层协议转换）、网关（提供从最底层到传输层或以上各层的协议转换）和交换机等。在实际应用中，各厂商提供的设备都是多功能组合且向下兼容的，表 2-1 是对以上设备的一个总结。

表 2-1　网络互连设备

互连设备	工作层次	主要功能
中继器	物理层	对接收的信号进行再生和发送，只起到扩展传输距离的作用，其对高层协议是透明的，但使用个数有限（例如，在以太网中只能使用 4 个）
网桥	数据链路层	根据帧物理地址进行网络之间的信息转发，可缓解网络通信繁忙度，提高效率。只能够连接相同 MAC 层的网络
路由器	网络层	通过逻辑地址进行网络之间的信息转发，可完成异构网络之间的互联互通，只能连接使用相同网络层协议的子网
网关	高层（第 4～7 层）	最复杂的网络互联设备，用于连接网络层以上执行不同协议的子网
集线器	物理层	多端口中继器
二层交换机	数据链路层	是指传统意义上的交换机或多端口网桥
三层交换机	网络层	带路由功能的二层交换机
多层交换机	高层（第 4～7 层）	带协议转换的交换机

随着无线技术运用的日益广泛，目前，市面上基于无线网络的产品非常多，主要有无线网卡、无线 AP、无线网桥和无线路由器等。

4. 网络标准协议

网络协议是为计算机网络中的数据交换构建的规则、标准或约定的集合。网络协议由三个要素组成，分别是语义、语法和时序。语义是解释控制信息每个部分的含义，它规定了需要发出何种控制信息，完成的动作以及做出什么样的响应；语法是用户数据与控制信息的结构与格式，以及数据出现的顺序；时序是对事件发生顺序的详细说明。人们形象地将这三个要素描述为：语义表示要做什么，语法表示要怎么做，时序表示做的顺序。

1）OSI

国际标准化组织（ISO）和国际电报电话咨询委员会（CCITT）联合制定的开放系统互连参考模型（Open System Interconnect，OSI），其目的是为异构计算机互连提供一个共同的基础和标准框架，并为保持相关标准的一致性和兼容性提供共同的参考。OSI 采用了分层的结构化技术，从下到上共分为七层。

● 物理层。物理层包括物理连网媒介，如电缆连线连接器。该层的协议产生并检测电压以便发送和接收携带数据的信号。物理层的具体标准有RS-232、V.35、RJ-45、FDDI。

- 数据链路层。数据链路层控制网络层与物理层之间的通信。它的主要功能是将从网络层接收到的数据分割成特定的可被物理层传输的帧。数据链路层常见的协议有IEEE 802.3/2、HDLC、PPP、ATM。
- 网络层。网络层的主要功能是将网络地址（如IP地址）翻译成对应的物理地址（如网卡地址），并决定如何将数据从发送方路由到接收方。在TCP/IP协议中，网络层的具体协议有IP、ICMP、IGMP、IPX、ARP等。
- 传输层。传输层主要负责确保数据可靠、顺序、无错地从A点传输到B点。如提供建立、维护和拆除传送连接的功能；选择网络层提供最合适的服务；在系统之间提供可靠的、透明的数据传送，提供端到端的错误恢复和流量控制。在TCP/IP协议中，传输层的具体协议有TCP、UDP、SPX。
- 会话层。会话层负责在网络中的两节点之间建立和维持通信，以及提供交互会话的管理功能，如三种数据流方向的控制，即一路交互、两路交替和两路同时会话模式。常见的协议有RPC、SQL、NFS。
- 表示层。表示层如同应用程序和网络之间的翻译官，将数据按照网络能理解的方案进行格式化，这种格式化也因所使用网络的类型不同而不同。表示层管理数据的解密与加密、数据转换、格式化和文本压缩。表示层常见的协议有JPEG、ASCII、GIF、DES、MPEG。
- 应用层。应用层负责对软件提供接口以使程序能使用网络服务，如事务处理程序、文件传送协议和网络管理等。在TCP/IP协议中，常见的协议有HTTP、Telnet、FTP、SMTP。

2）IEEE 802 协议族

IEEE 802 规范定义了网卡如何访问传输介质（如光缆、双绞线和无线等），以及在传输介质上传输数据的方法，还定义了传输信息的网络设备之间连接的建立、维护和拆除的途径。遵循 IEEE 802 标准的产品包括网卡、桥接器、路由器以及其他一些用来建立局域网络的组件。IEEE 802 规范包括一系列标准的协议族，其中以太网规范 IEEE 802.3 是重要的局域网协议，内容包括：

- IEEE 802.3 　　　标准以太网　　　10Mb/s　　　　　传输介质为细同轴电缆
- IEEE 802.3u　　　快速以太网　　　100Mb/s　　　　双绞线
- IEEE 802.3z　　　千兆以太网　　　1000Mb/s　　　　光纤或双绞线

3）TCP/IP

TCP/IP 协议是互联网协议的核心。在应用层中，TCP/IP 协议定义了很多面向应用的协议，应用程序通过本层协议利用网络完成数据交互的任务，这些协议主要有：

- FTP（File Transfer Protocol，文件传输协议）是网络上两台计算机传送文件的协议，其运行在TCP之上，是通过Internet将文件从一台计算机传输到另一台计算机的一种途径。FTP的传输模式包括Bin（二进制）和ASCII（文本文件）两种，除了文本文件之外，都应该使用二进制模式传输。

- TFTP（Trivial File Transfer Protocol，简单文件传输协议）是用来在客户机与服务器之间进行简单文件传输的协议，提供不复杂、开销不大的文件传输服务。TFTP建立在UDP（User Datagram Protocol，用户数据报协议）之上，提供不可靠的数据流传输服务，不提供存取授权与认证机制，使用超时重传的方式来保证数据的到达。

- HTTP（Hypertext Transfer Protocol，超文本传输协议）是用于从WWW服务器传输超文本到本地浏览器的传送协议。它可以使浏览器更加高效，使网络的传输量减少。HTTP建立在TCP之上，它不仅保证计算机正确快速地传输超文本文档，还可以确定传输文档中的哪一部分以及哪部分内容首先显示等。

- SMTP（Simple Mail Transfer Protocol，简单邮件传输协议）建立在TCP之上，是一种提供可靠且有效传输电子邮件的协议。SMTP是建立在FTP文件传输服务上的一种邮件服务，主要用于传输系统之间的邮件信息并提供与电子邮件有关的通知。

- DHCP（Dynamic Host Configuration Protocol，动态主机配置协议）建立在UDP之上，是基于客户机/服务器结构而设计的。所有的IP网络设定的数据都由DHCP服务器集中管理，并负责处理客户端的DHCP要求；而客户端则会使用从服务器分配下来的IP环境数据。DHCP分配的IP地址可以分为三种方式：固定分配、动态分配和自动分配。

- Telnet（远程登录协议）是登录和仿真程序，其建立在TCP之上，它的基本功能是允许用户登录并进入远程计算机系统。以前，Telnet是一个将所有用户输入送到远程计算机进行处理的简单的终端程序。目前，它的一些较新的版本可以在本地执行更多的处理，可以提供更好的响应，并且减少了通过链路发送到远程计算机的信息数量。

- DNS（Domain Name System，域名系统）在Internet上的域名与IP地址之间是一一对应的，域名虽然便于人们记忆，但机器之间只能相互识别IP地址，它们之间的转换工作称为域名解析，域名解析需要由专门的域名解析服务器来完成，DNS就是进行域名解析的服务器。DNS通过对用户友好的名称来查找计算机和服务。

- SNMP（Simple Network Management Protocol，简单网络管理协议）是为了解决Internet上的路由器管理问题而提出的，它可以在IP、IPX、AppleTalk和其他传输协议上使用。SNMP是指一系列网络管理规范的集合，包括协议本身、数据结构的定义和一些相关概念。目前，SNMP已成为网络管理领域中事实上的工业标准，并被广泛支持和应用，大多数网络管理系统和平台都是基于SNMP的。

4）TCP和UDP

在OSI的传输层有两个重要的传输协议，分别是TCP（Transmisson Control Protocol，传输控制协议）和UDP（User Datagram Protocol，用户数据报协议），这些协议负责提供流量控制、错误校验和排序服务。

- TCP是整个TCP/IP协议族中最重要的协议之一，它在IP协议提供的不可靠数据服务的基础上，采用了重发技术，为应用程序提供了一个可靠的、面向连接的、全双工的数据传输服务。TCP协议一般用于传输数据量比较少且对可靠性要求高的场合。

- UDP是一种不可靠的、无连接的协议，它可以保证应用程序进程间的通信，与TCP相比，UDP是一种无连接的协议，它的错误检测功能要弱得多。可以这样说，TCP有助于提供可靠性，而UDP则有助于提高传输速率。UDP协议一般用于传输数据量大，对可靠性要求不是很高，但要求速度快的场合。

5. 软件定义网络

软件定义网络（Software Defined Network，SDN）是一种新型的网络创新架构，SDN 是网络虚拟化的一种实现方式，它可通过软件编程的形式定义和控制网络，其将网络设备的控制面与数据面分离开来，从而实现了网络流量的灵活控制，使网络变得更加智能，为核心网络及应用的创新提供了良好的平台。SDN 被认为是网络领域的一场革命，为新型互联网体系结构研究提供了新的实验途径，也极大地推动了下一代互联网的发展。

利用分层的思想，SDN 将数据与控制相分离。在控制层，包括具有逻辑中心化和可编程的控制器，可掌握全局网络信息，方便运营商和科研人员管理、配置网络和部署新协议等。在数据层，包括哑交换机（与传统的二层交换机不同，专指用于转发数据的设备），仅提供简单的数据转发功能，可以快速处理匹配的数据包，适应流量日益增长的需求。两层之间采用开放的统一接口（如 OpenFlow 等）进行交互。控制器通过标准接口向交换机下发统一标准规则，交换机仅需按照这些规则执行相应的动作即可。SDN 打破了传统网络设备的封闭性。此外，南北向和东西向的开放接口及可编程性，也使得网络管理变得更加简单、动态和灵活。

SDN 的整体架构由下到上（由南到北）分为数据平面、控制平面和应用平面，如图 2-2 所示。其中，数据平面由交换机等网络通用硬件组成，各个网络设备之间通过不同规则形成的SDN 数据通路连接；控制平面包含了逻辑上为中心的 SDN 控制器，它掌握着全局网络信息，负责各种转发规则的控制；应用平面包含着各种基于 SDN 的网络应用，用户无须关心底层细节就可以编程、部署新应用。

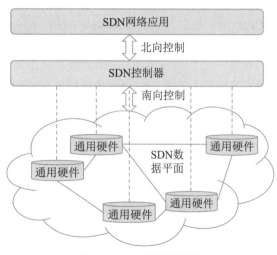

图 2-2　SDN 体系架构图

控制平面与数据平面之间通过 SDN 控制数据平面接口（Control-Data-Plane Interface，

CDPI）进行通信，它具有统一的通信标准，主要负责将控制器中的转发规则下发至转发设备，最主要应用的是 OpenFlow 协议。控制平面与应用平面之间通过 SDN 北向接口（NorthBound Interface，NBI）进行通信，而 NBI 并非统一标准，它允许用户根据自身需求定制开发各种网络管理应用。

SDN 中的接口具有开放性，以控制器为逻辑中心，南向接口负责与数据平面进行通信，北向接口负责与应用平面进行通信，东西向接口负责多控制器之间的通信。最主流的南向接口 CDPI 采用的是 OpenFlow 协议。OpenFlow 最基本的特点是基于流（Flow）的概念来匹配转发规则，每一个交换机都维护一个流表（Flow Table），依据流表中的转发规则进行转发，而流表的建立、维护和下发都是由控制器完成的。针对北向接口，应用程序通过北向接口编程来调用所需的各种网络资源，实现对网络的快速配置和部署。东西向接口使控制器具有可扩展性，为负载均衡和性能提升提供了技术保障。

6. 第五代移动通信技术

第五代移动通信技术（5th Generation Mobile Communication Technology，5G）是具有高速率、低时延等特点的新一代移动通信技术。

国际电信联盟（ITU）定义了 5G 的八大指标，与 4G 的对比如表 2-2 所示。

表 2-2　4G 与 5G 主要指标对标

指标名称	流量密度 / (Tb/s · km²)	连接数密度 / (万 · km⁻²)	时延 /ms	移动性 / (km · h⁻¹)	能效 / 倍	用户体验速率 / (b · s⁻¹)	频道效率 / 倍	峰值速率 / (Gb · s⁻¹)
4G	0.1	10	空口 10	350	1	10M	1	10
5G	10	100	空口 1	500	100	0.1 ~ 1G	3	20

5G 国际技术标准重点满足灵活多样的物联网需要。在正交频分多址（Orthogonal Frequency Division Multiple Access，OFDMA）和多入多出（Multiple Input Multiple Output，MIMO）基础技术上，5G 为支持三大应用场景，采用了灵活的全新系统设计。在频段方面，与 4G 支持中低频不同，考虑到中低频资源有限，5G 同时支持中低频和高频频段，其中中低频满足覆盖和容量需求，高频满足在热点区域提升容量的需求，5G 针对中低频和高频设计了统一的技术方案，并支持百兆 Hz 的基础带宽。为了支持高速率传输和更优覆盖，5G 采用 LDPC（一种具有稀疏校验矩阵的分组纠错码）、Polar（一种基于信道极化理论的线性分组码）新型信道编码方案、性能更强的大规模天线技术等。为了支持低时延、高可靠，5G 采用短帧、快速反馈、多层 / 多站数据重传等技术。

5G 采用全新的服务化架构，支持灵活部署和差异化业务场景。5G 采用全服务化设计和模块化网络功能，支持按需调用，实现功能重构；采用服务化描述，易于实现能力开放，有利于引入 IT 开发实力，发挥网络潜力。5G 支持灵活部署，基于 NFV/SDN 技术实现硬件和软件解耦、控制和转发分离；采用通用数据中心的云化组网，网络功能部署灵活，资源调度高效；支持边缘计算，云计算平台下沉到网络边缘，支持基于应用的网关灵活选择和边缘分流。通过网络切片满足 5G 差异化需求，网络切片是指从一个网络中选取特定的特性和功能，定制出的一个逻辑上独立的网络，它使得运营商可以部署功能、特性服务各不相同的多个逻辑网络，分别为各自的目标用户服务，目前定义了 3 种网络切片类型，即增强移动宽带、低时延高可靠、大连接物联网。

国际电信联盟（ITU）定义了 5G 的三大类应用场景，即增强移动宽带（eMBB）、超高可靠低时延通信（uRLLC）和海量机器类通信（mMTC）。增强移动宽带主要面向移动互联网流量爆炸式增长，为移动互联网用户提供更加极致的应用体验；超高可靠低时延通信主要面向工业控制、远程医疗、自动驾驶等对时延和可靠性有极高要求的垂直行业应用需求；海量机器类通信主要面向智慧城市、智能家居、环境监测等以传感和数据采集为目标的应用需求。

2.1.3　存储和数据库

存储是计算机系统的重要组成部分，一般以存储器的方式存在。存储器的主要用途是存放程序和数据，程序是计算机操作的依据，数据是计算机操作的对象。

数据库是数据的仓库，是长期存储在计算机内的有组织的、可共享的数据集合。它的存储空间很大，可以存放百万条、千万条、上亿条数据。但是数据库并不是随意地将数据进行存放，而是有一定的规则的，否则查询的效率会很低。

存储和内存技术对数据库操作产生了巨大影响。存储和数据库系统一直处于相同的发展曲线。随着时间的流逝，SQL（Structured Query Language，结构化查询语言）数据库已经从垂直可扩展的系统发展为 NoSQL（Not only SQL，非关系型）数据库，后者是水平可扩展的分布式系统。同样，存储技术已经从垂直扩展的阵列发展到水平扩展的分布式存储系统。

1. 存储技术

存储分类根据服务器类型分为封闭系统的存储和开放系统的存储。封闭系统主要指大型机等服务器。开放系统指基于包括麒麟、欧拉、UNIX、Linux 等操作系统的服务器。开放系统的存储分为内置存储和外挂存储。外挂存储根据连接方式分为直连式存储（Direct Attached Storage，DAS）和网络化存储（Fabric Attached Storage，FAS）。网络化存储根据传输协议又分为网络接入存储（Network Attached Storage，NAS）和存储区域网络（Storage Area Network，SAN）。

1）DAS（直连式存储）

DAS 也可称为 SAS（Server Attached Storage，服务器附加存储）。DAS 被定义为直接连接在各种服务器或客户端扩展接口下的数据存储设备，它依赖于服务器，其本身是硬件的堆叠，不带有任何存储操作系统。在这种方式中，存储设备是通过电缆（通常是 SCSI 接口电缆）直接到服务器的，I/O（输入 / 输出）请求直接发送到存储设备。

2）NAS（网络接入存储）

NAS 也称为网络直联存储设备或网络磁盘阵列，是一种专业的网络文件存储及文件备份设备，它是基于 LAN（局域网）的，按照 TCP/IP 协议进行通信，以文件的 I/O 方式进行数据传输。一个 NAS 里面包括核心处理器、文件服务管理工具以及一个或者多个硬盘驱动器，用于数据的存储。

3）SAN（存储区域网络）

SAN 是一种通过光纤集线器、光纤路由器、光纤交换机等连接设备将磁盘阵列、磁带等存储设备与相关服务器连接起来的高速专用子网。SAN 由三个基本的组件构成：接口（如 SCSI、光纤通道、ESCON 等）、连接设备（交换设备、网关、路由器、集线器等）和通信控制协议（如 IP 和 SCSI 等）。这三个组件再加上附加的存储设备和独立的 SAN 服务器，就构成了一个 SAN 系统。

SAN 主要包含 FC SAN 和 IP SAN 两种，FC SAN 的网络介质为光纤通道（Fibre Channel），IP SAN 使用标准的以太网。采 IP SAN 可以将 SAN 为服务器提供的共享特性以及 IP 网络的易用性很好地结合在一起，并且为用户提供了类似服务器本地存储的较高性能体验。

DAS、NAS、SAN 等存储模式之间的技术与应用对比如表 2-3 所示。

表 2-3　常用存储模式的技术与应用对比

存储系统架构	DAS	NAS	SAN
安装难易度	不一定	简单	困难
数据传输协议	SCSI/FC/ATA	TCP/IP	FC
传输对象	数据块	文件	数据块
使用标准文件共享协议	否	是（NFS/CIFS…）	否
异种操作系统文件共享	否	是	需要转换设备
集中式管理	不一定	是	需要管理工具
管理难易度	不一定	以网络为基础，容易	不一定，但通常很难
提高服务器效率	否	是	是
灾难忍受度	低	高	高，专有方案
适合对象	中小组织服务器 捆绑磁盘（JBOD）	中小组织 SOHO 族 组织部门	大型组织 数据中心
应用环境	局域网 文档共享程度低 独立操作平台 服务器数量少	局域网 文档共享程度高 异质格式存储需求高	光纤通道存储区域网 网络环境复杂 文档共享程度高 异质操作系统平台 服务器数量多
业务模式	一般服务器	Web 服务器 多媒体资料存储 文件资料共享	大型资料库 数据库等
档案格式复杂度	低	中	高
容量扩充能力	低	中	高

4）存储虚拟化

存储虚拟化（Storage Virtualization）是"云存储"的核心技术之一，它把来自一个或多个网络的存储资源整合起来，向用户提供一个抽象的逻辑视图，用户可以通过这个视图中的统一逻辑接口来访问被整合的存储资源。

存储虚拟化使存储设备能够转换为逻辑数据存储。虚拟机作为一组文件存储在数据存储的目录中。数据存储是类似于文件系统的逻辑容器。它隐藏了每个存储设备的特性，形成一个统一的模型，为虚拟机提供磁盘。存储虚拟化技术帮助系统管理虚拟基础架构存储资源，提高资源利用率和灵活性，提高应用正常运行时间。

5）绿色存储

绿色存储（Green Storage）技术是指从节能环保的角度出发，用来设计生产能效更佳的存储产品，降低数据存储设备的功耗，提高存储设备每瓦性能的技术。

绿色存储技术的核心是设计运行温度更低的处理器和更有效率的系统，生产更低能耗的存储系统或组件，降低产品所产生的电子碳化合物，其最终目的是提高所有网络存储设备的能源效率，用最少的存储容量来满足业务需求，从而消耗最低的能源。以绿色理念为指导的存储系统最终是存储容量、性能和能耗三者的平衡。

绿色存储技术涉及所有存储分享技术，包括磁盘和磁带系统、服务器连接、存储设备、网络架构及其他存储网络架构、文件服务和存储应用软件、重复数据删除、自动精简配置和基于磁带的备份技术等，可以提高存储利用率、降低建设成本和运行成本的存储技术，其目的是提高所有网络存储技术的能源效率。

2. 数据结构模型

数据结构模型是数据库系统的核心。数据结构模型描述了在数据库中结构化和操纵数据的方法，模型的结构部分规定了数据如何被描述（例如树、表等）。模型的操纵部分规定了数据的添加、删除、显示、维护、打印、查找、选择、排序和更新等操作。

常见的数据结构模型有三种：层次模型、网状模型和关系模型。层次模型和网状模型又统称为格式化数据模型。

1）层次模型

层次模型是数据库系统最早使用的一种模型，它用"树"结构表示实体集之间的关联，其中实体集（用矩形框表示）为结点，而树中各结点之间的连线表示它们之间的关联。在层次模型中，每个结点表示一个记录类型，记录类型之间的联系用结点之间的连线（有向边）表示，这种联系是父子之间的一对多的联系，这就使得层次数据库系统只能处理一对多的实体联系。每个记录类型可包含若干个字段，这里记录类型描述的是实体，字段描述实体的属性。每个记录类型及其字段都必须命名。各个记录类型、同一记录类型中各个字段不能同名。每个记录类型可以定义一个排序字段，也称码字段，如果定义该排序字段的值是唯一的，则它能唯一地标识一个记录值。

一个层次模型在理论上可以包含任意有限个记录类型和字段，但任何实际的系统都会因为存储容量或实现复杂度而限制层次模型中包含的记录类型个数和字段个数。在层次模型中，同一双亲的子女结点称为兄弟结点，没有子女结点的结点称为叶结点。层次模型的一个基本的特点是任何一个给定的记录值只能按其层次路径查看，没有一个子女记录值能够脱离双亲记录值而独立存在。

层次模型的主要优点包括：

● 层次模型的数据结构比较简单清晰；

● 层次数据库查询效率高，性能优于关系模型，不低于网状模型；

● 层次模型提供了良好的完整性支持。

层次模型的主要缺点包括：

● 现实世界中很多联系是非层次性的，不适合用层次模型表示结点之间的多对多联系；

● 如果一个结点具有多个双亲结点等，用层次模型表示这类联系就很笨拙，只能通过引入冗余数据或创建非自然的数据结构来解决；

● 对数据插入和删除操作的限制比较多，因此应用程序的编写比较复杂；

● 查询子女结点必须通过双亲结点；

● 由于结构严密，层次命令趋于程序化。

2）网状模型

现实世界中事物之间的联系更多的是非层次关系的，一个事物和另外的几个都有联系，用层次模型表示这种关系很不直观，网状模型克服了这一弊病，可以清晰地表示这种非层次关系。这种用有向图结构表示实体类型及实体间联系的数据结构模型称为网状模型。网状模型突破了层次模型不能表示非树状结构的限制，两个或两个以上的结点都可以有多个双亲结点，将有向树变成了有向图。

网状模型中以记录作为数据的存储单位。记录包含若干数据项。网状数据库的数据项可以是多值的和复合的数据。每个记录有一个唯一标识它的内部标识符，称为码（DatabaseKey，DBK），它在一个记录存入数据库时由数据库管理系统（DataBase Management System，DBMS）自动赋予。DBK 可以看作记录的逻辑地址，可作记录的"替身"或用于寻找记录。网状数据库是导航式（Navigation）数据库，用户在操作数据库时不但说明要做什么，还要说明怎么做。例如在查找语句中不但要说明查找的对象，而且要规定存取路径。

网状模型的主要优点包括：

● 能够更为直接地描述现实客观世界，可表示实体间的多种复杂联系；

● 具有良好的性能，存取效率较高。

网状模型的主要缺点包括：

● 结构比较复杂，用户不容易使用；

● 数据独立性差，由于实体间的联系本质上是通过存取路径表示的，因此应用程序在访问数据时要指定存取路径。

3）关系模型

关系模型是在关系结构的数据库中用二维表格的形式表示实体以及实体之间的联系的模型。关系模型是以集合论中的关系概念为基础发展起来的。关系模型中无论是实体还是实体间的联系均由单一的结构类型关系来表示。

关系模型允许设计者通过数据库规范化的提炼，去建立一个信息一致性的模型。访问计划和其他实现与操作细节由 DBMS 引擎来处理，而不反映在逻辑模型中。关系模型的基本原理是信息原理，即所有信息都表示为关系中的数据值。所以，关系变量在设计时是相互无关联的；反而，设计者在多个关系变量中使用相同的域，如果一个属性依赖于另一个属性，则通过参照完整性来强制这种依赖性。

关系模型的主要优点包括：

- 数据结构单一。关系模型中，不管是实体还是实体之间的联系，都用关系来表示，而关系都对应一张二维数据表，数据结构简单、清晰。
- 关系规范化，并建立在严格的理论基础上。构成关系的基本规范要求关系中每个属性不可再分割，同时关系建立在具有坚实的理论基础的严格数学概念基础上。
- 概念简单，操作方便。关系模型最大的优点就是简单，用户容易理解和掌握，一个关系就是一张二维表格，用户只需用简单的查询语言就能对数据库进行操作。

关系模型的主要缺点包括：

- 存取路径对用户透明，查询效率往往不如格式化数据模型。
- 为提高性能，必须对用户查询请求进行优化，增加了开发数据库管理系统的难度。

3. 常用数据库类型

数据库根据存储方式可以分为关系型数据库（SQL）和非关系型数据库（NoSQL）。

1）关系型数据库

网状数据库和层次数据库已经很好地解决了数据的集中和共享问题，但是在数据独立性和抽象级别上仍有很大欠缺。用户在对这两种数据库进行存取时，仍然需要明确数据的存储结构，指出存取路径。为解决这一问题，关系型数据库应运而生，它采用了关系模型作为数据的组织方式。

关系数据库是在一个给定的应用领域中，所有实体及实体之间联系的集合。关系型数据库支持事务的 ACID 原则，即原子性（Atomicity）、一致性（Consistency）、隔离性（Isolation）、持久性（Durability），这四种原则保证在事务过程当中数据的正确性。关系型数据库主要特征包括：

- 表中的行、列次序并不重要；
- 行（row）：表中的每一行又称为一条记录；
- 列（column）：表中的每一列，称为属性字段field 域；
- 主键PK（primary key）：用于唯一确定一条记录的字段外键FK域；
- 领域（domain）：属性的取值范围，如，性别只能是"男"和"女"两个值。

2）非关系型数据库

非关系型数据库是分布式的、非关系型的、不保证遵循 ACID 原则的数据存储系统。NoSQL 数据存储不需要固定的表结构，通常也不存在连接操作。在大数据存取上具备关系型数据库无法比拟的性能优势。非关系型数据库的主要特征包括：

- 非结构化的存储；
- 基于多维关系模型；
- 具有特定的使用场景。

常见的非关系数据库分为：

- 键值数据库。类似传统语言中使用的哈希表。可以通过key来添加、查询或者删除数据库，因为使用key主键访问，所以会获得很高的性能及扩展性。Key/Value模型对于信息系统来说，其优势在于简单、易部署、高并发。

- 列存储（Column-oriented）数据库。列存储数据库将数据存储在列族中，一个列族存储经常被一起查询，如人们经常会查询某个人的姓名和年龄，而不是薪资。这种情况下姓名和年龄会被放到一个列族中，薪资会被放到另一个列族中。这种数据库通常用来应对分布式存储海量数据。

- 面向文档（Document-Oriented）数据库。文档型数据库可以看作是键值数据库的升级版，允许之间嵌套键值。文档型数据库比键值数据库的查询效率更高。面向文档数据库会将数据以文档形式存储。

- 图形数据库。图形数据库允许人们将数据以图的方式存储。实体会被作为顶点，而实体之间的关系则会被作为边。比如有三个实体：Steve Jobs、Apple和Next，则会有两个Founded by的边将Apple和Next连接到Steve Jobs。

3）不同类型数据库的优缺点

关系型数据库和非关系型数据库的优缺点如表2-4所示。

表2-4　常用数据库类型优缺点

数据库类型	特点类型	描述
关系型数据库	优点	<ul><li>容易理解：二维表结构是非常贴近逻辑世界的一个概念，关系模型相对于网状、层次等其他模型来说更容易理解</li><li>使用方便：通用的SQL语言使得操作关系型数据库非常方便</li><li>易于维护：丰富的完整性（实体完整性、参照完整性和用户定义的完整性）大大降低了数据冗余和数据不一致的概率</li></ul>
	缺点	<ul><li>数据读写必须经过SQL解析，大量数据、高并发下读写性能不足（对于传统关系型数据库来说，硬盘I/O是一个很大的瓶颈）</li><li>具有固定的表结构，因此扩展困难</li><li>多表的关联查询导致性能欠佳</li></ul>
非关系型数据库	优点	<ul><li>高并发：大数据下读写能力较强（基于键值对的，可以想象成表中的主键和值的对应关系，且不需要经过SQL层的解析，所以性能非常高）</li><li>基本支持分布式：易于扩展，可伸缩（因为基于键值对，数据之间没有耦合性，所以非常容易水平扩展）</li><li>简单：弱结构化存储</li></ul>
	缺点	<ul><li>事务支持较弱</li><li>通用性差</li><li>无完整约束，复杂业务场景支持较差</li></ul>

4. 数据仓库

传统的数据库技术在联机事务处理中获得了成功，但缺乏决策分析所需的大量历史数据信息，因为传统的数据库一般只保留当前或近期的数据信息。为了满足人们对预测、决策分析的需要，在传统数据库的基础上产生了能够满足预测、决策分析需要的数据环境——数据仓库。数据仓库相关的基础概念包括：

- 清洗/转换/加载（Extract/Transformation/Load，ETL）。用户从数据源中抽取出所需的数据，经过数据清洗、转换，最终按照预先定义好的数据仓库模型，将数据加载到数据仓库中去。
- 元数据。元数据是关于数据的数据，指在数据仓库建设过程中所产生的有关数据源定义、目标定义、转换规则等相关的关键数据。同时元数据还包含关于数据含义的商业信息。典型的元数据包括：数据仓库表的结构、数据仓库表的属性、数据仓库的源数据（记录系统）、从记录系统到数据仓库的映射、数据模型的规格说明、抽取日志和访问数据的公用例行程序等。
- 粒度。粒度指数据单位中保存数据的细化或综合程度的级别。细化程度越高，粒度级就越小；相反，细化程度越低，粒度级就越大。
- 分割。结构相同的数据被分成多个数据物理单元。任何给定的数据单元属于且仅属于一个分割。
- 数据集市。数据集市指小型的、面向部门或工作组级数据仓库。
- 操作数据存储（Operation Data Store，ODS）。能支持企业日常的、全局应用的数据集合，是不同于DB的一种新的数据环境，是DW扩展后得到的一个混合形式。
- 数据模型。逻辑数据结构包括由数据库管理系统为进行有效数据库处理提供的操作和约束。
- 人工关系。人工关系指在决策支持系统环境中用于表示参照完整性的一种设计技术。

数据仓库是一个面向主题的、集成的、非易失的且随时间变化的数据集合，用于支持管理决策。常见的数据仓库的体系结构如图2-3所示。

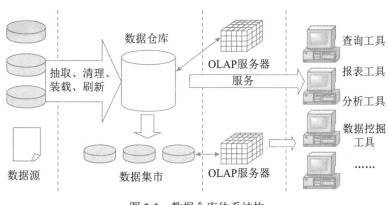

图 2-3　数据仓库体系结构

1）数据源
数据源是数据仓库系统的基础，是整个系统的数据源泉。通常包括企业内部信息和外部信息。内部信息包括存放于关系型数据库管理系统中的各种业务处理数据和各类文档数据。外部信息包括各类法律法规、市场信息和竞争对手的信息等。

2）数据的存储与管理

数据的存储与管理是整个数据仓库系统的核心。数据仓库的真正关键是数据的存储和管理。数据仓库的组织管理方式决定了它有别于传统数据库，同时也决定了其对外部数据的表现形式。要决定采用什么产品和技术来建立数据仓库的核心，则需要从数据仓库的技术特点着手分析。针对现有各业务系统的数据进行抽取、清理并有效集成，按照主题进行组织。数据仓库按照数据的覆盖范围可以分为企业级数据仓库和部门级数据仓库（通常称为数据集市）。

3）联机分析处理（OnLine Analytical Processing，OLAP）服务器

OLAP 服务器对分析需要的数据进行有效集成，按多维模型予以组织，以便进行多角度、多层次的分析，并发现趋势。其具体实现可以分为：基于关系数据库的 OLAP（Relational OLAP，ROLAP）、基于多维数据组织的 OLAP（Multidimensional OLAP，MOLAP）和基于混合数据组织的 OLAP（Hybrid OLAP，HOLAP）。ROLAP 基本数据和聚合数据均存放在 RDBMS 之中；MOLAP 基本数据和聚合数据均存放于多维数据库中；HOLAP 基本数据存放于关系数据库管理系统（Relational Database Management System，RDBMS）之中，聚合数据存放于多维数据库中。

4）前端工具

前端工具主要包括各种查询工具、报表工具、分析工具、数据挖掘工具以及各种基于数据仓库或数据集市的应用开发工具。其中数据分析工具主要针对 OLAP 服务器，报表工具、数据挖掘工具主要针对数据仓库。

2.1.4 信息安全

常见的信息安全问题主要表现为：计算机病毒泛滥、恶意软件的入侵、黑客攻击、利用计算机犯罪、网络有害信息泛滥、个人隐私泄露等。随着物联网、云计算、人工智能、大数据等新一代信息技术的广泛应用，信息安全也面临着新的问题和挑战。

1. 信息安全基础

CIA 三要素是保密性（Confidentiality）、完整性（Integrity）和可用性（Availability）三个词的缩写。CIA 是系统安全设计的目标。保密性、完整性和可用性是信息安全最为关注的三个属性，因此这三个特性也经常被称为信息安全三元组，这也是信息安全通常所强调的目标。信息安全已经成为一门涉及计算机科学、网络技术、通信技术、密码技术、信息安全技术、应用数学、数论和信息论等多种学科的综合性学科。从广义上来说，凡是涉及网络上信息的保密性、完整性、可用性、真实性和可核查性的相关技术和理论都属于信息安全的研究领域。

（1）保密性是指"信息不被泄露给未授权的个人、实体和过程，或不被其使用的特性"。简单地说，就是确保所传输的数据只被其预定的接收者读取。同时，使用什么样的方式来实现保密性以保护数据、对象、资源机密性尤为关键。加密、访问控制、信息隐写都是实现保密性的方式。机密性还涉及其他的概念、条件和方面，如敏感度、自由裁量权、危机程度、隐蔽、

保密、隐私、隔离。

（2）完整性是指"保护资产的正确和完整的特性"。简单地说，就是确保接收到的数据即是发送的数据，数据不应该被改变。完整性保证没有未授权的用户修改数据，可以从以下 3 个方面检验完整性：

- 阻止未授权主体作出的修改；
- 阻止授权主体可以做未授权的修改，比如误操作；
- 确保数据没有被改变，这需要某种方法去进行验证。

完整性还包括其他的概念、条件和方面，如准确度、真实性、不可抵赖性、责任和职责、全面性等。

（3）可用性是指"需要时，授权实体可以访问和使用的特性"。可用性确保数据在需要时可以使用。尽管传统上认为可用性并不属于信息安全的范畴，但随着拒绝服务攻击的逐渐盛行，要求数据总能保持可用性就显得十分关键了。

CIA 三要素有其局限性。CIA 三元组关注的重心在信息，虽然这是大多数信息安全的核心要素，但对于信息系统安全而言，仅考虑 CIA 是不够的。信息安全的复杂性决定了还存在其他的重要因素。CIA 给出了一个信息系统整体安全模型框架，能帮助信息化工作人员在制定安全策略时形成思路，但这并不是所有需要考虑的策略。CIA 三元组可以作为规划、实施量化安全策略的基本原则，但是我们也应该认识到它的局限性。

信息必须依赖其存储、传输、处理及应用的载体（媒介）而存在，因此针对信息系统安全可以划分为以下四个层次：设备安全、数据安全、内容安全和行为安全。

1）设备安全

信息系统设备的安全是信息系统安全的首要问题，主要包括三个方面：

- 设备的稳定性。设备在一定时间内不出故障的概率。
- 设备的可靠性。设备能在一定时间内正常执行任务的概率。
- 设备的可用性。设备随时可以正常使用的概率。

信息系统的设备安全是信息系统安全的物质基础。除了硬件设备外，软件系统也是一种设备，也要确保软件设备的安全。

2）数据安全

数据安全属性包括秘密性、完整性和可用性。很多情况下，即使信息系统设备没有受到损坏，但其数据安全也可能已经受到危害，如数据泄露、数据篡改等。由于危害数据安全的行为具有较高的隐蔽性，数据应用用户往往并不知情，因此危害性很高。

3）内容安全

内容安全是信息安全在政治、法律、道德层次上的要求。内容安全包括：信息内容在政治上是健康的；信息内容符合国家的法律法规；信息内容符合中华民族优良的道德规范等。除此之外，广义的内容安全还包括信息内容保密、知识产权保护、信息隐藏和隐私保护等诸多方面。如果数据中充斥着不健康的、违法的、违背道德的内容，即使它是保密的、未被篡改的，也不能说是安全的。

4）行为安全

数据安全本质上是一种静态的安全，而行为安全是一种动态安全，主要包括：

● 行为的秘密性。行为的过程和结果不能危害数据的秘密性。必要时，行为的过程和结果也应是秘密的。

● 行为的完整性。行为的过程和结果不能危害数据的完整性，行为的过程和结果是可预期的。

● 行为的可控性。行为的过程出现偏离预期时，能够发现、控制或纠正。

行为安全强调过程安全，体现在组成信息系统的硬件设备、软件设备和应用系统协调工作的程序（执行序列）符合系统设计的预期，这样才能保证信息系统的整体安全。

2. 加密与解密

为了保证信息的安全性，就需要采用信息加密技术对信息进行伪装，使得信息非法窃取者无法理解信息的真实含义，信息的合法拥有者可以利用特征码对信息的完整性进行校验。采用加密算法对信息使用者的身份进行认证、识别和确认，以对信息的使用进行控制。

加密技术包括两个元素：算法和密钥。密钥加密技术的密码体制分为对称密钥体制和非对称密钥体制两种。相应地，对数据加密的技术分为两类，即对称加密（私人密钥加密）和非对称加密（公开密钥加密）。对称加密以数据加密标准（Data Encryption Standard，DES）算法为典型代表，非对称加密通常以 RSA（Rivest Shamir Adleman）算法为代表。对称加密的加密密钥和解密密钥相同，而非对称加密的加密密钥和解密密钥不同，加密密钥可以公开而解密密钥需要保密。

1）对称加密技术

对称加密采用了对称密码编码技术，它的特点是文件加密和解密使用相同的密钥，即加密密钥也可以用作解密密钥，这种方法在密码学中叫作对称加密算法，对称加密算法使用起来简单快捷，密钥较短，且破译困难。

2）非对称加密技术

公开密钥密码的基本思想是将传统密码的密钥 K 一分为二，分为加密钥 Ke 和解密钥 Kd，用加密钥 Ke 控制加密，用解密钥 Kd 控制解密，这样即使是将 Ke 公开也不会暴露 Kd，也不会损害密码的安全。由于 Ke 是公开的，只有 Kd 是保密的，所以便从根本上克服了传统密码在密钥分配上的困难。当前公开密钥密码有基于大合数因子分解困难性的 RAS 密码类和基于离散对数问题困难性的 ElGamal 密码类。由于 RSA 密码既可用于加密，又可用于数字签名，安全、易懂，因此 RSA 密码已成为目前应用最广泛的公开密钥密码。

3）Hash 函数

Hash 函数将任意长的报文 M 映射为定长的 Hash 码，也称报文摘要，它是所有报文位的函数，具有错误检测能力：即改变报文的任何一位或多位，都会导致 Hash 码的改变。在实现认证过程中，发送方将 Hash 码附于要发送的报文之后发送给接收方，接收方通过重新计算 Hash 码来认证报文，从而实现保密性、报文认证以及数字签名的功能。

4）数字签名

签名是证明当事者的身份和数据真实性的一种信息。在信息化环境下，以网络为信息传输基础的事务处理中，事务处理各方应采用电子形式的签名，即数字签名（Digital Signature）。目前，数字签名已得到一些国家的法律支持。完善的数字签名体系应满足：

- 签名者事后不能抵赖自己的签名；
- 任何其他人不能伪造签名；
- 如果当事的双方关于签名的真伪发生争执，能够在公正的仲裁者面前通过验证签名来确认其真伪。

利用 RSA 密码可以同时实现数字签名和数据加密。

5）认证

认证（Authentication）又称鉴别或确认，它是证实某事是否名副其实或是否有效的一个过程。

认证和加密的区别在于：加密用以确保数据的保密性，阻止对手的被动攻击，如截取、窃听等；而认证用以确保报文发送者和接收者的真实性以及报文的完整性，阻止对手的主动攻击，如冒充、篡改、重播等。认证往往是许多应用系统中安全保护的第一道防线，因而极为重要。认证系统常用的参数有口令、标识符、密钥、信物、智能卡、指纹、视网纹等。认证和数字签名技术都是确保数据真实性的措施，但两者有着明显的区别：

- 认证总是基于某种收发双方共享的保密数据来认证被鉴别对象的真实性，而数字签名中用于验证签名的数据是公开的。
- 认证允许收发双方互相验证其真实性，不准许第三者验证，而数字签名允许收发双方和第三者验证。
- 数字签名具有发送方不能抵赖、接收方不能伪造，以及具有在公证人面前验证签名真伪的能力，帮助解决纠纷的能力，而认证则不一定具备。

3. 信息系统安全

信息系统一般由计算机系统、网络系统、操作系统、数据库系统和应用系统组成，与此对应，信息系统安全主要包括计算机设备安全、网络安全、操作系统安全、数据库系统安全和应用系统安全等。

1）计算机设备安全

保证计算机设备的运行安全是信息系统安全最重要的内容之一。除完整性、机密性和可用性外，计算机设备安全还要包括：

- 抗否认性。抗否认性是指能保障用户无法在事后否认曾经对信息进行的生成、签发、接收等行为的特性。一般通过数字签名来提供抗否认服务。
- 可审计性。利用审计方法，可以对计算机信息系统的工作过程进行详尽的审计跟踪，同时保存审计记录和审计日志，从中可以发现问题。
- 可靠性。可靠性指计算机在规定的条件下和给定的时间内完成预定功能的概率。

2）网络安全

网络作为信息的收集、存储、分配、传输、应用的主要载体，其安全对整个信息的安全起着至关重要甚至是决定性的作用。网络环境是信息共享、信息交流、信息服务的理想空间。互联网（Internet）与生俱来的开放性、交互性和分散性特征，在满足人们开放、灵活、快速地分享信息的同时，也同时带来了网络安全的相关问题。

● 信息泄露、信息污染、信息不易受控。
● 信息泄密、信息破坏、信息侵权和信息渗透。
● 网站遭受恶意攻击而导致损坏和瘫痪。

互联网是以 TCP/IP 网络协议为基础的，没有针对信息安全问题在协议层面做专门的设计，这是网络信息安全问题频繁出现且不易解决的根本原因。常见的网络威胁包括：

● 网络监听。
● 口令攻击。
● 拒绝服务（DoS）攻击及分布式拒绝服务（DDoS）攻击。
● 漏洞攻击。例如利用 Web 安全漏洞和 OpenSSL 安全漏洞实施攻击。
● 僵尸网络（Botnet）。
● 网络钓鱼（Phishing）。
● 网络欺骗。网络欺骗主要有 ARP 欺骗、DNS 欺骗、IP 欺骗、Web 欺骗、E-mail 欺骗等。
● 网站安全威胁。网站安全威胁主要有 SQL 注入攻击、跨站攻击、旁注攻击等。
● 高级持续性威胁（APT）。

3）操作系统安全

操作系统是计算机系统最基础的软件，实质上是一个资源管理系统，管理着计算机系统的各种资源，用户通过它获得对资源的访问权限。

操作系统安全是计算机系统软件安全的必要条件，若没有操作系统提供的基础安全性，信息系统的安全性是没有基础的。按照安全威胁的表现形式来划分，操作系统面临的安全威胁主要有：

● 计算机病毒。
● 逻辑炸弹。
● 特洛伊木马。
● 后门。后门指的是嵌在操作系统中的一段非法代码，渗透者可以利用这段代码侵入系统。安装后门的目的就是为了渗透。
● 隐蔽通道。隐蔽通道可定义为系统中不受安全策略控制的、违反安全策略、非公开的信息泄露路径。

4）数据库系统安全

数据库系统是存储、管理、使用和维护数据的平台。数据库安全主要指数据库管理系统安全，其安全问题可以认为是用于存储而非传输的数据的安全问题。

5）应用系统安全

应用系统安全是以计算机设备安全、网络安全和数据库安全为基础的，采取有效的防病毒、防篡改和版本检查审计，确保应用系统自身执行程序和配置文件的合法性、完整性是极其重要的安全保证措施。

当前大部分应用系统的数据管理、业务处理逻辑、结果展现控制、并发处理等都是由服务器端完成的，而服务器端的应用大部分是基于 Web 的，因此围绕 Web 的安全管理是应用系统安全最重要的内容之一。

4. 网络安全技术

网络安全技术主要包括：防火墙、入侵检测与防护、VPN、安全扫描、网络蜜罐技术、用户和实体行为分析技术等。

1）防火墙

防火墙是建立在内外网络边界上的过滤机制，内部网络被认为是安全和可信赖的，而外部网络被认为是不安全和不可信赖的。防火墙可以监控进出网络的流量，仅让安全、核准的信息进入，同时抵御企业内部发起的安全威胁。防火墙的主要实现技术有：数据包过滤、应用网关和代理服务等。

2）入侵检测与防护

入侵检测与防护技术主要有两种：入侵检测系统（Intrusion Detection System，IDS）和入侵防护系统（Intrusion Prevention System，IPS）。

入侵检测系统（IDS）注重网络安全状况的监管，通过监视网络或系统资源，寻找违反安全策略的行为或攻击迹象并发出报警。因此绝大多数 IDS 系统都是被动的。

入侵防护系统（IPS）倾向于提供主动防护，注重对入侵行为的控制。其设计宗旨是预先对入侵活动和攻击性网络流量进行拦截，避免造成损失。IPS 是通过直接嵌入到网络流量中实现这一功能的，即通过一个网络端口接收来自外部系统的流量，经过检查确认其中不包含异常活动或可疑内容后，再通过另外一个端口将它传送到内部系统中。这样一来，有问题的数据包以及所有来自同一数据流的后续数据包，都能在 IPS 设备中被清除掉。

3）虚拟专用网络（Virtual Private Network，VPN）

VPN 是依靠 ISP（Internet 服务提供商）和其他 NSP（网络服务提供商），在公用网络中建立专用的、安全的数据通信通道的技术。VPN 可以认为是加密和认证技术在网络传输中的应用。VPN 网络连接由客户机、传输介质和服务器三部分组成，VPN 的连接不是采用物理的传输介质，而是使用称之为"隧道"的技术作为传输介质，这个隧道是建立在公共网络或专用网络基础之上的。常见的隧道技术包括：点对点隧道协议（Point-to-Point Tunneling Protocol，PPTP）、第 2 层隧道协议（Layer 2 Tunneling Protocol，L2TP）和 IP 安全协议（IPSec）。

4）安全扫描

安全扫描包括漏洞扫描、端口扫描、密码类扫描（发现弱口令密码）等。安全扫描可以应用被称为扫描器的软件来完成，扫描器是最有效的网络安全检测工具之一，它可以自动检测远程或本地主机、网络系统的安全弱点以及可能被利用的系统漏洞。

5）网络蜜罐技术

蜜罐（Honeypot）技术是一种主动防御技术，是入侵检测技术的一个重要发展方向，也是一个"诱捕"攻击者的陷阱。蜜罐系统是一个包含漏洞的诱骗系统，它通过模拟一个或多个易受攻击的主机和服务，给攻击者提供一个容易攻击的目标。攻击者往往在蜜罐上浪费时间，延缓对真正目标的攻击。由于蜜罐技术的特性和原理，使得它可以对入侵的取证提供重要的信息和有用的线索，便于研究入侵者的攻击行为。

5. Web 威胁防护技术

基于 Web 的业务平台已经得到广泛应用，网络攻击者利用相关漏洞获取 Web 服务器的控制权限，轻则篡改网页内容，重则窃取重要内部数据，更为严重的则是在网页中植入恶意代码，带来严重的安全事故。当前 Web 面临的主要威胁包括：可信任站点的漏洞、浏览器和浏览器插件的漏洞、终端用户的安全策略不健全、携带恶意软件的移动存储设备、网络钓鱼、僵尸网络、带有键盘记录程序的木马等。

Web 威胁防护技术主要包括：Web 访问控制技术、单点登录技术、网页防篡改技术和 Web 内容安全等。

1）Web 访问控制技术

访问控制是 Web 站点安全防范和保护的主要策略，它的主要任务是保证网络资源不被非法访问者访问。访问 Web 站点要进行用户名、用户口令的识别与验证、用户账号的默认限制检查。只要其中任何一关未过，该用户便不能进入某站点进行访问。Web 服务器一般提供通过 IP 地址、子网或域名，用户名 / 口令，公钥加密体系 PKI（CA 认证）等访问控制方法。

2）单点登录（Single Sign On，SSO）技术

单点登录技术为应用系统提供集中统一的身份认证，实现"一点登录、多点访问"。单点登录系统采用基于数字证书的加密和数字签名技术，基于统一策略的用户身份认证和授权控制功能，对用户实行集中统一的管理和身份认证。

3）网页防篡改技术

网页防篡改技术包括时间轮询技术、核心内嵌技术、事件触发技术、文件过滤驱动技术等。

- 时间轮询技术。时间轮询技术利用网页检测程序，以轮询方式读出要监控的网页，通过与真实网页相比较来判断网页内容的完整性，对于被篡改的网页进行报警和恢复。
- 核心内嵌技术。核心内嵌技术即密码水印技术，该技术将篡改检测模块内嵌在 Web 服务器软件里，它在每一个网页流出时都进行完整性检查，对于篡改网页进行实时访问阻断，并予以报警和恢复。
- 事件触发技术。事件触发技术就是利用操作系统的文件系统或驱动程序接口，在网页文件被修改时进行合法性检查，对于非法操作进行报警和恢复。
- 文件过滤驱动技术。文件过滤技术是一种简单、高效且安全性又极高的一种防篡改技术，通过事件触发方式，对 Web 服务器所有文件夹中的文件内容，对照其底层文件属

性，经过内置散列快速算法进行实时监测；若发现属性变更，则将备份路径文件夹中的内容复制到监测文件夹的相应文件位置，使得公众无法看到被篡改页面。

4）Web 内容安全

内容安全管理分为电子邮件过滤、网页过滤、反间谍软件三项技术，这三项技术不仅对内容安全市场发展起到决定性推动作用，而且对于互联网的安全起到至关重要的保障作用。

6. 下一代防火墙

下一代防火墙（Next Generation Firewall，NGFW）是一种可以全面应对应用层威胁的高性能防火墙。通过深入洞察网络流量中的用户、应用和内容，并借助全新的高性能单路径异构并行处理引擎，NGFW 能够为组织提供有效的应用层一体化安全防护，帮助组织安全地开展业务并简化组织的网络安全架构。

随着信息系统采用 SOA 和 Web 2.0 普及使用，更多的通信量都只是通过少数几个端口及采用有限的几个协议进行，这也就意味着基于端口/协议类安全策略的关联性与效率都越来越低，传统防火墙已基本无法探测到利用僵尸网络作为传输方法的威胁。

NGFW 在传统防火墙数据包过滤、网络地址转换（NAT）、协议状态检查以及 VPN 功能的基础上，新增如下功能：

- 入侵防御系统（IPS）。NGFW的DPI功能中包含IPS。
- 基于应用识别的可视化。NGFW根据数据包的去向，阻止或允许数据包。它们通过分析第7层（应用程序层）的流量来做到这一点。传统的防火墙不具备这种能力，因为它们只分析第3层和第4层的流量。
- 智能防火墙。智能防火墙可收集防火墙外的各类信息，用于改进阻止决策或作为优化阻止规则的基础。比如利用目录集成来强化根据用户身份实施的阻止或根据地址编制黑名单与白名单。

随着云计算的深入应用，NGFW 的发展面临巨大挑战：网络边界"消失"、新型架构的涌现以及安全人员的不足等，都在驱动着 NGFW 的变革。

7. 安全行为分析技术

传统的安全产品、技术、方案基本上都是基于已知特征进行规则匹配，从而进行分析和检测。然而，以"特征"为核心的检测分析存在安全可见性盲区，如滞后效应、不能检测未知攻击、容易被绕过，以及难以适应攻防对抗的网络现实和快速变化的组织环境、外部威胁等。另一方面，大部分造成严重损坏的攻击往往来源于内部，只有管理好内部威胁，才能保证信息和网络安全。

用户和实体行为分析（User and Entity Behavior Analytics，UEBA）提供了用户画像及基于各种分析方法的异常检测，结合基本分析方法（利用签名的规则、模式匹配、简单统计、阈值等）和高级分析方法（监督和无监督的机器学习等），用打包分析来评估用户和其他实体（主机、应用程序、网络、数据库等），发现与用户或实体标准画像或行为异常的活动所相关的潜在事件。

UEBA 是一个完整的系统，涉及算法、工程等检测部分以及用户与实体风险评分排序、调查等用户交换、反馈。从架构上来看，UEBA 系统通常包括数据获取层、算法分析层和场景应用层。

8. 网络安全态势感知

网络安全态势感知（Network Security Situation Awareness）是在大规模网络环境中，对能够引起网络态势发生变化的安全要素进行获取、理解、显示并据此预测未来的网络安全发展趋势。安全态势感知不仅是一种安全技术，也是一种新兴的安全概念。它是一种基于环境的、动态、整体地洞悉安全风险的能力。安全态势感知的前提是安全大数据，其在安全大数据的基础上，进行数据整合、特征提取等，然后应用一系列态势评估算法生成网络的整体态势状况，应用态势预测算法预测态势的发展状况。并使用数据可视化技术，将态势状况和预测情况展示给安全人员，方便安全人员直观便捷地了解网络当前状态及预期的风险。

网络安全态势感知的相关关键技术主要包括：海量多元异构数据的汇聚融合技术、面向多类型的网络安全威胁评估技术、网络安全态势评估与决策支撑技术、网络安全态势可视化等。

1）海量多元异构数据的汇聚融合技术

目前，在大规模网络中，网络安全数据和日志数据由海量设备和多个应用系统产生，且这些安全数据和日志数据缺乏统一标准与关联，在此基础上进行数据分析，无法得到全局精准的分析结果。新的网络安全分析和态势感知要求对网络安全数据的分析能够打破传统的单一模式，打破表与表、行与行之间的孤立特性，把数据融合成一个整体，能够从整体上进行全局的关联分析，可以对数据整体进行高性能的处理，以及以互动的形式对数据进行多维度的裁剪和可视化。

因此需要通过海量多元异构数据的汇聚融合技术实现 PB 量级多元异构数据的采集汇聚、多维度深度融合、统一存储管理和安全共享。将采集到的多元异构数据进行清洗、归一化后，采用统一的格式进行存储和管理。通过属性融合、关系拓展、群体聚类等方式挖掘数据之间的直接或潜在的相关性，进行多维度数据融合。这样才可以为网络安全分析、态势感知与决策提供高效、稳定、灵活、全面的数据支撑。

2）面向多类型的网络安全威胁评估技术

从流量、域名、报文和恶意代码等多元数据入手，有效处理来自互联网探针、终端、云计算和大数据平台的威胁数据，分解不同类型数据中潜藏的异常行为，对流量、域名、报文和恶意代码等安全元素进行多层次的检测。通过结合聚类分析、关联分析和序列模式分析等大数据分析方法，对发现的恶意代码、域名信息等威胁项进行跟踪分析。利用相关图等相关性方法检测并扩建威胁列表，对网络异常行为、已知攻击手段、组合攻击手段、未知漏洞攻击和未知代码攻击等多种类型的网络安全威胁数据进行统计、建模与评估。

只有通过网络安全威胁评估完成从数据到信息、从信息到网络安全威胁情报的完整转化过程，网络安全态势感知系统才能做到对攻击行为、网络系统异常等的及时发现与检测，实现全貌还原攻击事件和攻击者意图，客观评估攻击投入和防护效能，为威胁溯源提供必要的线索支撑。

3）网络安全态势评估与决策支撑技术

网络安全态势评估与决策支撑技术需要以网络安全事件监测为驱动，以安全威胁线索为牵引，对网络空间安全相关信息进行汇聚融合，将多个安全事件联系在一起进行综合评估与决策支撑，实现对整体网络安全状况的判定。

对安全事件尤其是对网络空间安全相关信息进行汇聚融合后所形成针对人、物、地、事和关系的多维安全事件知识图谱，是网络安全态势评估分析的关键。

网络安全态势评估与决策支撑技术从"人"的角度评估攻击者的身份、团伙关系、行为和动机意图；从"物"的角度评估其工具手段、网络要素、虚拟资产和保护目标；从"地"的角度评估其地域、关键部位、活动场所和途径轨迹；从"事"的角度评估攻击事件的相似关系、同源关系。

4）网络安全态势可视化

网络安全态势可视化的目的是生成网络安全综合态势图，使网络安全态势感知系统的分析处理数据可视化、态势可视化。

网络安全态势可视化是一个层层递进的过程，包括数据转化、图像映射、视图变换 3 个部分。数据转化是把分析处理后的数据映射为数据表，将数据的相关性以关系表的形式存储；图像映射是把数据表转换为对应图像的结构和图像属性；视图变换是通过坐标位置、缩放比例、图形着色等方面来创建视图，并可通过调控参数，完成对视图变换的控制。

2.1.5　信息技术的发展

作为信息技术的基础，计算机软硬件、网络、存储和数据库、信息安全等都在不断发展创新，引领着当前信息技术发展的潮流。

在计算机软硬件方面，计算机硬件技术将向超高速、超小型、平行处理、智能化的方向发展，计算机硬件设备的体积越来越小、速度越来越高、容量越来越大、功耗越来越低、可靠性越来越高。计算机软件越来越丰富，功能越来越强大，"软件定义一切"概念成为当前发展的主流。

在网络技术方面，计算机网络与通信技术之间的联系日益密切，甚至是已经融为一体。面向物联网、低时延场景的 NB-IoT 和 eMTC 增强、IIoT 和 URLLC 增强技术等，将进一步得到充分发展。

在存储和数据库方面，随着数据量的不断爆炸式增长，数据存储结构也越来越灵活多样，日益变革的新兴业务需求催生数据库及应用系统的存在形式愈发丰富，这些变化均对各类数据库的架构和存储模式提出了挑战，推动数据库技术不断向着模型拓展、架构解耦的方向演进。

在信息安全方面，传统计算机安全理念将过渡到以可信计算理念为核心的计算机安全，由网络应用、普及引发的技术与应用模式的变革，正在进一步推动信息安全网络化关键技术的创新；同时信息安全标准的研究与制定，信息安全产品和服务的集成和融合，正引领着当前信息安全技术朝着标准化和集成化的方向发展。

总之，信息技术在智能化、系统化、微型化、云端化的基础上不断融合创新，促进了物联网、云计算、大数据、区块链、人工智能、虚拟现实等新一代信息技术的诞生。

2.2　新一代信息技术及应用

物联网、云计算、大数据、区块链、人工智能和虚拟现实等是新一代信息技术与信息资源充分利用的全新业态，是信息化发展的主要趋势，也是信息系统集成行业未来的主要业务范畴。

2.2.1　物联网

物联网主要解决物品与物品（Thing to Thing，T2T）、人与物品（Human to Thing，H2T）、人与人（Human to Human，H2H）之间的互连。另外，许多学者在讨论物联网时，经常会引入M2M 的概念：可以解释为人与人（Man to Man）、人与机器（Man to Machine），或机器与机器（Machine to Machine）。

1. 技术基础

物联网架构可分为三层：感知层、网络层和应用层。感知层由各种传感器构成，包括温度传感器，二维码标签、RFID 标签和读写器，摄像头，GPS 等感知终端。感知层是物联网识别物体、采集信息的来源。网络层由各种网络，包括互联网、广电网、网络管理系统和云计算平台等组成，是整个物联网的中枢，负责传递和处理感知层获取的信息。应用层是物联网和用户的接口，它与行业需求结合以实现物联网的智能应用。

物联网的产业链包括传感器和芯片、设备、网络运营及服务、软件与应用开发和系统集成。物联网技术在智能电网、智慧物流、智能家居、智能交通、智慧农业、环境保护、医疗健康、城市管理（智慧城市）、金融服务与保险业、公共安全等方面有非常关键和重要的应用。

2. 关键技术

物联网关键技术主要涉及传感器技术、传感网和应用系统框架等。

1）传感器技术

传感器是一种检测装置，它能"感受"到被测量的信息，并能将检测到的信息，按一定规律变换成为电信号或其他所需形式的信息输出，以满足信息的传输、处理、存储、显示、记录和控制等要求。它是实现自动检测和自动控制的首要环节，也是物联网获取物理世界信息的基本手段。传感器的种类很多，常用分类方法有：

- 按传感器的物理量分类，可分为位移、力、速度、温度、流量、气体成分等传感器。
- 按传感器工作原理分类，可分为电阻、电容、电感、电压、霍尔、光电、光栅热电偶等传感器。
- 按传感器输出信号的性质分类，可分为：输出为开关量（"1"和"0"或"开"和"关"）的开关型传感器；输出为模拟量的模拟型传感器；输出为脉冲或代码的数字型传感器。
- 按传感器的生产工艺分类，还可分为普通工艺传感器、微机电系统型传感器等。

射频识别技术（Radio Frequency Identification，RFID）是物联网中使用的一种传感器技术，在物联网发展中备受关注。RFID 可通过无线电信号识别特定目标并读写相关数据，而无须识别系统与特定目标之间建立机械或光学接触。RFID 是一种简单的无线系统，由一个询问器（或阅读器）和很多应答器（或标签）组成。标签由耦合元件及芯片组成，每个标签具有扩展词条唯一的电子编码，附着在物体上标识目标对象，它通过天线将射频信息传递给阅读器，阅读器就是读取信息的设备。RFID 技术让物品能够"开口说话"。这就赋予了物联网一个特性——可跟踪性，即可以随时掌握物品的准确位置及其周边环境。

2）传感网

微机电系统（Micro-Electro-Mechanical Systems，MEMS）是由微传感器、微执行器、信号处理和控制电路、通信接口和电源等部件组成的一体化的微型器件系统。其目标是把信息的获取、处理和执行集成在一起，组成具有多功能的微型系统，集成于大尺寸系统中，从而大幅地提高系统的自动化、智能化和可靠性水平。MEMS 赋予了普通物体新的"生命"，它们有了属于自己的数据传输通路、存储功能、操作系统和专门的应用程序，从而形成一个庞大的传感网。

3）应用系统框架

物联网应用系统框架是一种以机器终端智能交互为核心的、网络化的应用与服务。它将使对象实现智能化的控制，涉及 5 个重要的技术部分：机器、传感器硬件、通信网络、中间件和应用。基于云计算平台和智能网络，可以依据传感器网络获取的数据进行决策，改变对象的行为控制和反馈。

3. 应用和发展

物联网的应用领域涉及人们工作与生活的方方面面，在工业、农业、环境、交通、物流、安保等基础设施领域的应用，有效地推动了这些方面的智能化发展，使得有限的资源能更加合理地使用分配，从而提高了行业效率、效益。在家居、医疗健康、教育、金融与服务业、旅游业等与生活息息相关领域的应用，从服务范围、服务方式到服务质量等方面都有了极大改进。

2.2.2　云计算

云计算（Cloud Computing）是分布式计算的一种，指的是通过网络"云"将巨大的数据计算处理程序分解成无数个小程序，然后通过多台服务器组成的系统进行处理和分析这些小程序得到结果并返回给用户。在云计算早期，就是简单的分布式计算，解决任务分发并对计算结果进行合并。当前的云计算已经不单单是一种分布式计算，而是分布式计算、效用计算、负载均衡、并行计算、网络存储、热备份冗余和虚拟化等计算机技术混合演进并跃升的结果。

1. 技术基础

云计算是一种基于互联网的计算方式，通过这种方式将网络上配置为共享的软件资源、计算资源、存储资源和信息资源，按需求提供给网上的终端设备和终端用户。云计算也可以理解为向用户屏蔽底层差异的分布式处理架构。在云计算环境中，用户与实际服务提供的计算资源相分离，云端集合了大量计算设备和资源。

当使用云计算服务时，用户不需要配置专门的维护人员，云计算服务的提供商会为数据和服务器的安全做出相对较高水平的保护。由于云计算将数据存储在云端（分布式的云计算设备中承担计算和存储功能的部分），业务逻辑和相关计算都在云端完成，因此，终端只需要一个能够满足基础应用的普通设备即可。

按照云计算服务提供的资源层次，可以分为基础设施即服务（Infrastructure as a Service，IaaS）、平台即服务（Platform as a Service，PaaS）和软件即服务（Software as a Service，SaaS）三种服务类型。

（1）IaaS。IaaS 向用户提供计算机能力、存储空间等基础设施方面的服务。这种服务模式需要较大的基础设施投入和长期运营管理经验，但 IaaS 服务单纯出租资源的盈利能力有限。

（2）PaaS。PaaS 向用户提供虚拟的操作系统、数据库管理系统、Web 应用等平台化的服务。PaaS 服务的重点不在于直接的经济效益，而更注重构建和形成紧密的产业生态。

（3）SaaS。SaaS 向用户提供应用软件（如 CRM、办公软件等）、组件、工作流等虚拟化软件的服务，SaaS 一般采用 Web 技术和 SOA 架构，通过 Internet 向用户提供多租户、可定制的应用能力，大大缩短了软件产业的渠道链条，减少了软件升级、定制和运行维护的复杂程度，并使软件提供商从软件产品的生产者转变为应用服务的运营者。

2. 关键技术

云计算的关键技术主要涉及虚拟化技术、云存储技术、多租户和访问控制管理、云安全技术等。

1）虚拟化技术

虚拟化是一个广义术语，在计算机领域通常是指计算元件在虚拟的基础上而不是真实的基础上运行。虚拟化技术可以扩大硬件的容量，简化软件的重新配置过程。CPU 的虚拟化技术可以单 CPU 模拟多 CPU 并行，允许一个平台同时运行多个操作系统，并且应用程序都可以在相互独立的空间内运行而互不影响，从而显著提高计算机的工作效率。

虚拟化技术与多任务以及超线程技术是完全不同的。多任务是指在一个操作系统中多个程序同时并行运行，而在虚拟化技术中，则可以同时运行多个操作系统，而且每一个操作系统中都有多个程序运行，每一个操作系统都运行在一个虚拟的 CPU 或者虚拟主机上。超线程技术只是单 CPU 模拟双 CPU 来平衡程序运行性能，这两个模拟出来的 CPU 是不能分离的，只能协同工作。

容器（Container）技术是一种全新意义上的虚拟化技术，属于操作系统虚拟化的范畴，也就是由操作系统提供虚拟化的支持。容器技术将单个操作系统的资源划分到孤立的组中，以便更好地在孤立的组之间平衡有冲突的资源使用需求。使用容器技术可将应用隔离在一个独立的运行环境中，可以减少运行程序带来的额外消耗，并可以在几乎任何地方以相同的方式运行。

2）云存储技术

云存储技术是基于传统媒体系统发展而来的一种全新信息存储管理方式，该方式整合应用了计算机系统的软硬件优势，可较为快速、高效地对海量数据进行在线处理，通过多种云技术平台的应用，实现了数据的深度挖掘和安全管理。

分布式文件系统作为云存储技术中的重要组成部分，在维持兼容性的基础上，对系统复制和容错功能进行提升。同时，通过云集群管理实现云存储的可拓展性，借助模块之间的合理搭配，完成解决方案拟定解决的网络存储、联合存储、多节点存储、备份处理、负载均衡等问题。云存储的实现过程中，结合分布式的文件结构，在硬件支撑的基础上，对硬件运行环境进行优化，确保数据传输的完整性和容错性；结合成本低廉的硬件的扩展，大大降低了存储的成本。

3）多租户和访问控制管理

云计算环境下访问控制的研究是伴随着云计算的发展而发展的，访问控制管理是云计算应用的核心问题之一。云计算访问控制研究主要集中在云计算访问控制模型、基于 ABE 密码体制的云计算访问控制、云中多租户及虚拟化访问控制研究。

云计算访问控制模型就是按照特定的访问策略来描述安全系统，建立安全模型的一种方法。用户（租户）可以通过访问控制模型得到一定的权限，进而对云中的数据进行访问，所以访问控制模型多用于静态分配用户的权限。云计算中的访问控制模型都是以传统的访问控制模型为基础，在传统的访问控制模型上进行改进，使其更适用于云计算的环境。根据访问控制模型功能的不同，研究的内容和方法也不同，常见的有基于任务的访问控制模型、基于属性模型的云计算访问控制、基于 UCON 模型的云计算访问控制、基于 BLP 模型的云计算访问控制等。

基于 ABE 密码机制的云计算访问控制包括 4 个参与方：数据提供者、可信第三方授权中心、云存储服务器和用户。首先，可信授权中心生成主密钥和公开参数，将系统公钥传给数据提供者，数据提供者收到系统公钥之后，用策略树和系统公钥对文件加密，将密文和策略树上传到云服务器；然后，当一个新用户加入系统后，将自己的属性集上传给可信授权中心并提交私钥申请请求，可信授权中心针对用户提交的属性集和主密钥计算生成私钥，传给用户；最后，用户下载感兴趣的数据。如果其属性集合满足密文数据的策略树结构，则可以解密密文；否则，访问数据失败。

云中多租户及虚拟化访问控制是云计算的典型特征。由于租户间共享物理资源，并且其可信度不容易得到，所以租户之间就可以通过侧通道攻击来从底层的物理资源中获得有用的信息。此外，由于在虚拟机上要部署访问控制策略可能会带来多个租户访问资源的冲突，导致物理主机上出现没有认证的或者权限分配错误的信息流。这就要求在云环境下，租户之间的通信应该由访问控制来保证，并且每个租户都有自己的访问控制策略，使得整个云平台的访问控制变得复杂。目前，对多租户访问控制的研究主要集中在对多租户的隔离和虚拟机的访问控制方面。

4）云安全技术

云安全研究主要包含两个方面的内容，一是云计算技术本身的安全保护工作，涉及相应的数据完整性及可用性、隐私保护性以及服务可用性等方面的内容；二是借助于云服务的方式来保障客户端用户的安全防护要求，通过云计算技术来实现互联网安全，涉及基于云计算的病毒防治、木马检测技术等。

在云安全技术的研究方面，主要包含以下几个方面：

● 云计算安全性。云计算安全性主要是对于云自身以及所涉及的应用服务内容进行分析，重点探讨其相应的安全性问题，这里主要涉及如何有效实现安全隔离互联网用户数据的安全性，如何有效防护恶意网络攻击，如何提升云计算平台的系统安全性、用户接入认证以及相应的信息传输的审计与安全等方面的工作。

- 保障云基础设施的安全性。保障云基础设施的安全性主要就是如何利用相应的互联网安全基础设备的相应资源，有效实现云服务的优化，从而保障满足预期的安全防护的要求。
- 云安全技术服务。云安全技术服务的重点集中于如何保障实现互联网终端用户的安全服务工作要求，能有效实现客户端的计算机病毒防治相关服务工作。从云安全架构的发展情况来看，关键点则在于云计算服务商的安全等级不高，会造成服务用户需要具备更强的安全能力以及承担更多的管理职责。

为了提升云安全体系的能力，保障其具有较强的可靠性，云安全技术要从开放性、安全保障、体系结构的角度考虑。①云安全系统具有一定的开放性，要保障开放环境下可信认证；②在云安全系统方面，要积极采用先进的网络技术和病毒防护技术；③在云安全体系构建过程中，要保证其稳定性，以满足海量数据动态变化的需求。

3. 应用和发展

云计算经历十余年的发展，已逐步进入成熟期，涉及众多领域，发挥着越来越大的作用，"上云"将成为各类组织加快数字化转型、鼓励技术创新和促进业务增长的第一选择，甚至是前提条件。

云计算将进一步成为创新技术和最佳工程实践的重要载体和试验场。从 AI 与机器学习、IoT 与边缘计算、区块链到工程实践领域的 DevOps、云原生和 Service Mesh，都有云计算厂商积极参与、投入和推广的身影。以人工智能为例，不论是前面提到的 IaaS 中 GPU 计算资源的提供，还是面向特定领域成熟模型能力开放（如各类自然语言处理、图像识别、语音合成的 API），再到帮助打造定制化 AI 模型的机器学习平台，云计算已经在事实上成为 AI 相关技术的基础。

云计算将顺应产业互联网大潮，下沉行业场景，向垂直化、产业化纵深发展。随着通用类架构与功能的不断完善和对行业客户的不断深耕，云计算自然渗透进入更多垂直领域，提供更贴近行业业务与典型场景的基础能力。以金融云为例，云计算可针对金融保险机构特殊的合规和安全需要，提供物理隔离的基础设施，还可提供支付、结算、风控、审计等业务组件。

多云和混合云将成为大中型组织的刚需，得到更多重视与发展。当组织大量的工作负载部署在云端，新的问题则会显现：①虽然云端已经能提供相当高的可用性，但为了避免单一供应商出现故障时的风险，关键应用仍须架设必要的技术冗余；②当业务规模较大时，从商业策略角度看，也需要避免过于紧密的厂商绑定，以寻求某种层面的商业制衡和主动权。

云的生态建设重要性不断凸显，成为影响云间竞争的关键因素。当某个云发展到一定规模和阶段之后，恐怕不能仅仅考虑技术和产品，同样重要的是建立和培养具有生命力的繁荣生态和社区，此为长久发展之道。云生态的另一个重要方面是面向广大开发者、架构师和运维工程师的持续输出、培养和影响。只有赢得广大技术人员的关注和喜爱，才能赢得未来的云计算市场。

综上所述，"创新、垂直、混合、生态"这四大趋势，将伴随云计算走向繁荣。云计算历史性地对 IT 硬件资源与软件组件进行了标准化、抽象化和规模化，某种意义上颠覆和重构了 IT 业界的供应链，是当前新一代信息技术发展的巨大革新与进步。

2.2.3 大数据

大数据（Big Data）指无法在一定时间范围内用常规软件工具进行捕捉、管理和处理的数据集合，是需要新处理模式才能具有更强的决策力、洞察发现力和流程优化能力的海量、高增长率和多样化的信息资产。

1. 技术基础

大数据是具有体量大、结构多样、时效性强等特征的数据，处理大数据需要采用新型计算架构和智能算法等新技术。大数据从数据源到最终价值实现一般需要经过数据准备、数据存储与管理、数据分析和计算、数据治理和知识展现等过程，涉及的数据模型、处理模型、计算理论以及与其相关的分布计算、分布存储平台技术、数据清洗和挖掘技术、流式计算和增量处理技术、数据质量控制等方面的研究。

一般来说，大数据的主要特征包括：数据海量、数据类型多样、数据价值密度低、数据处理速度快等。

- 数据海量。大数据的数据体量巨大，从TB级别跃升到PB级别（1PB=1024TB）、EB级别（1EB=1024PB），甚至达到ZB级别（1ZB=1024EB）。
- 数据类型多样。大数据的数据类型繁多，一般分为结构化数据和非结构化数据。相对于以往便于存储的以文本为主的结构化数据，非结构化数据越来越多，包括网络日志、音频、视频、图片、地理位置信息等，这些多类型的数据对数据的处理能力提出了更高要求。
- 数据价值密度低。数据价值密度的高低与数据总量的大小成反比。以视频为例，一部1小时的视频，在连续不间断的监控中，有用数据可能仅有一两秒。如何通过强大的机器算法更迅速地完成数据的价值"提纯"，成为目前大数据背景下亟待解决的难题。
- 数据处理速度快。为了从海量的数据中快速挖掘数据价值，一般要求要对不同类型的数据进行快速处理，这是大数据区别于传统数据挖掘的最显著特征。

2. 关键技术

大数据技术作为信息化时代的一项新兴技术，技术体系处在快速发展阶段，涉及数据的处理、管理、应用等多个方面。从总体上说，大数据技术架构主要包含大数据获取技术、分布式数据处理技术和大数据管理技术，以及大数据应用和服务技术。

1）大数据获取技术

大数据获取的研究主要集中在数据采集、整合和清洗三个方面。数据采集技术实现数据源的获取，然后通过整合和清理技术来提升数据质量。

数据采集技术主要是通过分布式爬取、分布式高速高可靠性数据采集、高速全网数据映像技术，从网站上获取数据信息。除了网络中包含的内容之外，对于网络流量的采集可以使用DPI 或 DFI 等带宽管理技术进行处理。

数据整合技术是在数据采集和实体识别的基础上，实现数据到信息的高质量整合。数据整合技术需要建立多源多模态信息集成模型、异构数据智能转换模型、异构数据集成的智能模式抽取和模式匹配算法、自动容错映射和转换模型及算法、整合信息的正确性验证方法、整合信息的可用性评估方法等。

数据清洗技术一般根据正确性条件和数据约束规则，清除不合理和错误的数据，对重要的信息进行修复，保证数据的完整性。数据清洗技术需要建立数据正确性语义模型、关联模型和数据约束规则、数据错误模型和错误识别学习框架、针对不同错误类型的自动检测和修复算法、错误检测与修复结果的评估模型和评估方法等。

2）分布式数据处理技术

分布式计算是随着分布式系统的发展而兴起的，其核心是将任务分解成许多小的部分，分配给多台计算机进行处理，通过并行工作的机制，达到节约整体计算时间，提高计算效率的目的。目前，主流的分布式计算系统有 Hadoop、Spark 和 Storm。Hadoop 常用于离线的、复杂的大数据处理，Spark 常用于离线的、快速的大数据处理，而 Storm 常用于在线的、实时的大数据处理。

大数据分析技术主要指改进已有数据挖掘和机器学习技术；开发数据网络挖掘、特异群组挖掘、图挖掘等新型数据挖掘技术；创新基于对象的数据连接、相似性连接等大数据融合技术；突破用户兴趣分析、网络行为分析、情感语义分析等面向领域的大数据挖掘技术。

大数据挖掘就是从大量、不完全、有噪声、模糊、随机的实际应用数据中，提取隐含在其中的、人们事先不知道的、但又是潜在有用的信息和知识的过程。目前，大数据的挖掘技术也是一个新型的研究课题，国内外研究者从网络挖掘、特异群组挖掘、图挖掘等新型数据挖掘技术展开，重点突破基于对象的数据连接、相似性连接、可视化分析、预测性分析、语义引擎等大数据融合技术，以及用户兴趣分析、网络行为分析、情感语义分析等面向领域的大数据挖掘技术。

3）大数据管理技术

大数据管理技术主要集中在大数据存储、大数据协同和安全隐私等方面。

大数据存储技术主要有三个方面。①采用 MPP 架构的新型数据库集群，通过列存储、粗粒度索引等多项大数据处理技术和高效的分布式计算模式，实现大数据存储。②围绕 Hadoop 衍生出相关的大数据技术，应对传统关系型数据库较难处理的数据和场景，通过扩展和封装 Hadoop 来实现对大数据存储、分析的支撑。③基于集成的服务器、存储设备、操作系统、数据库管理系统，实现具有良好的稳定性、扩展性的大数据一体机。

多数据中心的协同管理技术是大数据研究的另一个重要方向。通过分布式工作流引擎实现工作流调度和负载均衡，整合多个数据中心的存储和计算资源，从而为构建大数据服务平台提供支撑。

大数据安全隐私技术的研究，主要是在数据应用和服务过程中，尽可能少损失数据信息的同时最大化地隐藏用户隐私，从而实现数据安全和隐私保护的需求。

4）大数据应用和服务技术

大数据应用和服务技术主要包含分析应用技术和可视化技术。

大数据分析应用主要是面向业务的分析应用。在分布式海量数据分析和挖掘的基础上，大数据分析应用技术以业务需求为驱动，面向不同类型的业务需求开展专题数据分析，为用户提供高可用、高易用的数据分析服务。

可视化通过交互式视觉表现的方式来帮助人们探索和理解复杂的数据。大数据的可视化技术主要集中在文本可视化技术、网络（图）可视化技术、时空数据可视化技术、多维数据可视化和交互可视化等。

3. 应用和发展

大数据像水、矿石、石油一样，正在成为新的资源和社会生产要素，从数据资源中挖掘潜在的价值，成为当前大数据时代研究的热点。如何快速对数量巨大、来源分散、格式多样的数据进行采集、存储和关联分析，从中发现新知识、创造新价值、提升创新能力，是大数据应用价值的重要体现。

（1）在互联网领域，网络的广泛应用和社交网络已深入到社会工作、生活的方方面面，海量数据的产生、应用和服务一体化，每个人都是数据的生产者、使用者和受益者。从大量的数据中挖掘用户行为，反向传输到业务领域，可以支持更准确的社会营销和广告，可直接增加业务的收入，促进业务的发展。同时，随着数据的大量产生、分析和应用，数据本身已成为可以交易的资产，大数据交易和数据资产化成为当前具有价值的领域和方向。

（2）在政府的公共数据领域，结合大数据的采集、治理和集成，将各个部门搜集的企业信息进行剖析和共享，能够发现管理上的纰漏，提高执法水平，增进财税增收和加大市场监管程度，大大改变政府管理模式、节省政府投资、增强市场管理，提高社会治理水平、城市管理能力和人民群众的服务能力。

（3）在金融领域，大数据征信是重要的应用领域。通过大数据的分析和画像，能够实现个人信用和金融服务的结合，从而服务于金融领域的信任管理、风控管理、借贷服务等，为金融业务提供有效支撑。

（4）在工业领域，结合海量的数据分析，能够为工业生产过程提供准确的指导，如在航运大数据领域，能够使用大数据对将来航路的国际贸易货量进行预测分析，预知各个口岸的热度；能够利用天气数据对航路的影响进行分析，提供相关业务的预警、航线的调整和资源的优化调配方案，避免不必要的亏损。

（5）在社会民生领域，大数据的分析应用能够更好地为民生服务。以疾病预测为例，基于大数据的积累和智能分析，能够透视人们搜索流感、肝炎、肺结核等信息的时间和地点分布，结合气温变化、环境指数、人口流动等因素建立预测模型，能够为公共卫生治理人员提供多种传染病的趋势预测，帮助其提早进行预防部署。

2.2.4　区块链

"区块链"概念于 2008 年在《比特币：一种点对点电子现金系统》中被首次提出，并在比特币系统的数据加密货币体系中成功应用，已成为政府、组织和学者等重点关注和研究的热点。区块链技术具有去中心化存储、隐私保护、防篡改等特点，提供了开放、分散和容错的事务机制，给金融及其监管机构、科技创新、社会发展等领域带来了深刻的变革。

1. 技术基础

区块链概念可以理解为以非对称加密算法为基础，以改进的默克尔树（Merkle Tree）为数据结构，使用共识机制、点对点网络、智能合约等技术结合而成的一种分布式存储数据库技术。

区块链分为公有链（Public Blockchain）、联盟链（Consortium Blockchain）、私有链（Private Blockchain）和混合链（Hybrid Blockchain）四大类。

（1）公有链。公有链是网络中任何人都可以随时访问的区块链系统，通常被认为是完全去中心化、匿名性高和数据不可篡改的区块链。

（2）联盟链。联盟链为若干企业或机构共同管理的区块链，参与者要事先进行注册认证，因此相对于公有链来说，联盟链的参与节点较少。数据由认证后的参与者共同记录和维护，这类节点拥有读取数据的权限。

（3）私有链。私有链是一种由某个组织或某个用户控制的区块链，控制参与节点个数的规则很严格，因此交易速度极快，隐私等级更高，不容易遭受攻击，相比于公有链系统有更高的安全性，但去中心化程度被极大削弱。

（4）混合链。混合链是公有链和私有链的混合体，结合了公有链和私有链的特性。混合链允许用户决定区块链的参与成员，以及交易是否可以被公开，因此混合区块链是可定制的，所以它的混合架构通过利用私有区块链的限制访问来确保隐私，同时保持了公共区块链的完整性、透明度和安全性。

一般来说，区块链具有以下特征：

● 多中心化。链上数据的验证、核算、存储、维护和传输等过程均依赖分布式系统结构，运用纯数学方法代替中心化组织机构在多个分布式节点之间构建信任关系，从而建立去中心化的、可信的分布式系统。

● 多方维护。激励机制可确保分布式系统中的所有节点均可参与数据区块的验证过程，并通过共识机制选择特定节点，将新产生的区块加入到区块链中。

● 时序数据。区块链运用带有时间戳信息的链式结构来存储数据信息，为数据信息添加时间维度的属性，从而可实现数据信息的可追溯性。

● 智能合约。区块链技术能够为用户提供灵活可变的脚本代码，以支持其创建新型的智能合约。

● 不可篡改。在区块链系统中，因为相邻区块间后序区块可对前序区块进行验证，若篡改某一区块的数据信息，则需递归修改该区块及其所有后序区块的数据信息，且须在有限的时间内完成，然而每一次哈希的重新计算代价是巨大的，因此可保障链上数据的不可篡改性。

● 开放共识。在区块链网络中，每台物理设备均可作为该网络中的一个节点，任意节点可自由加入且拥有一份完整的数据库拷贝。

● 安全可信。数据安全可通过基于非对称加密技术对链上数据进行加密来实现，分布式系统中各节点通过区块链共识算法所形成的算力来抵御外部攻击，保证链上数据不被篡改和伪造，从而具有较高的保密性、可信性和安全性。

2. 关键技术

从区块链的技术体系视角看，区块链基于底层的数据基础处理、管理和存储技术，以区块数据的管理、链式结构的数据、数字签名、哈希函数、默克尔树、非对称加密等，通过基于 P2P 网络的对称式网络，组织节点参与数据的传播和验证，每个节点均会承担网络路由、验证区块数据、传播区块数据、记录交易数据、发现新节点等功能，包含传播机制和验证机制。为保障区块链应用层的安全，通过激励层的发行机制和分配机制，在整个分布式网络的节点以最高效率的方式达成共识。

1）分布式账本

分布式账本是区块链技术的核心之一。分布式账本的核心思想是：交易记账由分布在不同地方的多个节点共同完成，而且每一个节点保存一个唯一、真实账本的副本，它们都可以参与监督交易的合法性，同时也可以共同为其作证；账本里的任何改动都会在所有的副本中被反映出来，反应时间会在几分钟甚至是几秒内，而且由于记账节点足够多，理论上除非所有的节点被破坏，整个分布式账本系统是非常稳健的，从而保证了账目数据的安全性。

分布式账本技术能够保障资产的安全性和准确性，具有广泛的应用场景，特别在公共服务领域，能够重新定义政府与公民在数据分享、透明度和信任意义上的关系，目前已经广泛应用到金融交易、政府征税、土地所有权登记、护照管理、社会福利等领域。

2）加密算法

区块数据的加密是区块链研究和关注的重点，其主要作用是保证区块数据在网络传输、存储和修改过程中的安全。区块链系统中的加密算法一般分为散列（哈希）算法和非对称加密算法。

散列算法也叫数据摘要或者哈希算法，其原理是将一段信息转换成一个固定长度并具备以下特点的字符串：如果某两段信息是相同的，那么字符也是相同的；即使两段信息十分相似，但只要是不同的，那么字符串将会十分杂乱、随机并且两个字符串之间完全没有关联。典型的散列算法有 MD5、SHA 和 SM3，目前区块链主要使用 SHA256 算法。

非对称加密算法是由对应的一对唯一性密钥（即公开密钥和私有密钥）组成的加密方法。任何获悉用户公钥的人都可用用户的公钥对信息进行加密，与用户实现安全信息交互。由于公钥与私钥之间存在的依存关系，只有用户本身才能解密该信息，任何未受授权用户甚至信息的发送者都无法将此信息解密。常用的非对称加密算法包括 RSA、ElGamal、D-H、ECC（椭圆曲线加密算法）等。

3）共识机制

在区块链的典型应用——数字货币中，面临着一系列相关的安全和管理问题，例如：如何防止诈骗？区块数据传输到各个分布式节点的先后次序如何控制？如何应对传输过程中数据的丢失问题？节点如何处理错误或伪造的信息？如何保障节点之间信息更新和同步的一致性？这些问题就是所谓的区块链共识问题。

区块链共识问题需要通过区块链的共识机制来解决。在互联网世界中，共识主要是计算机和软件程序协作一致的基本保障，是分布式系统节点或程序运行的基本依据。共识算法能保证分布式的计算机或软件程序协作一致，对外系统的输入输出做出正确的响应。

区块链的共识机制的思想是：在没有中心点总体协调情况下，当某个记账节点提议区块数据增加或减少，并把该提议广播给所有的参与节点，所有节点要根据一定的规则和机制，对这一提议是否能够达成一致进行计算和处理。

目前，常用的共识机制主要有 PoW、PoS、DPoS、Paxos、PBFT 等。根据区块链不同应用场景中各种共识机制的特性，共识机制的分析可基于以下几个维度：

- 合规监管。合规监管指是否支持超级权限节点对全网节点和数据进行监管。
- 性能效率。性能效率指交易达成共识被确认的效率。
- 资源消耗。资源消耗指共识过程中耗费的 CPU、网络输入输出、存储等资源。
- 容错性。容错性指防攻击、防欺诈的能力。

3. 应用和发展

从区块链技术研究层面看：①在共识机制方面，如何解决公有链、私有链、联盟链的权限控制、共识效率、约束、容错率等方面的问题，寻求针对典型场景的、具有普适性的、更优的共识算法及决策将是研究的重点。②在安全算法方面，目前采用的算法大多数是传统的安全类算法，存在潜在的"后门"风险，算法的强度也需要不断升级；另外，管理安全、隐私保护、监管缺乏以及新技术（如量子计算）所带来的安全问题需要认真对待。③在区块链治理领域，如何结合现有信息技术治理体系的研究，从区块链的战略、组织、架构以及区块链应用体系的各个方面，研究区块链实施过程中的环境与文化、技术与工具、流程与活动等问题，进而实现区块链的价值，开展相关区块链的审计，是区块链治理领域需要核心关注的问题。④在技术日益成熟的情况下，研究区块链的标准化，也是需要重点考虑的内容。

从区块链技术应用层面看，区块链在发展过程中，必然会面临各种制约其发展的问题和障碍，特别是在安全、效率、资源和博弈方面有待深入的研究和讨论，未来的区块链应用和发展将聚焦以下 3 个方面。

（1）区块链将成为互联网的基础协议之一。本质上，互联网同区块链一样，也是个去中心化的网络，并没有一个"互联网的中心"存在。不同的是，互联网是一个高效的信息传输网络，并不关心信息的所有权，没有内生的、对有价值信息的保护机制；区块链作为一种可以传输所有权的协议，将会基于现有的互联网协议架构，构建出新的基础协议层。从这个角度看，区块链（协议）会和传输控制协议 / 因特网互联协议（TCP/IP）一样，成为未来互联网的基础协议，构建出一个高效的、去中心化的价值存储和转移网络。

（2）区块链架构的不同分层将承载不同的功能。类似 TCP/IP 协议栈的分层结构，人们在统一的传输层协议之上，发展出了各种各样的应用层协议，最终构建出了今天丰富多彩的互联网。未来区块链结构也将在一个统一的、去中心化的底层协议基础上，发展出各种各样应用层协议。

（3）区块链的应用和发展将呈螺旋式上升趋势。如同互联网的发展一样，在发展过程中会经历过热甚至泡沫阶段，并以颠覆式的技术改变和融合传统产业。区块链作为数字化浪潮下一个阶段的核心技术，其周期将比大多数人预想得要长，而最终影响的范围和深度也会远远超出大多数人的想象，最终将会构建出多样化生态的价值互联网，从而深刻改变未来商业社会的结构和每个人的生活。

2.2.5　人工智能

人工智能是指研究和开发用于模拟、延伸和扩展人类智能的理论、方法、技术及应用系统的一门技术科学。这一概念自 1956 年被提出后，已历经半个多世纪的发展和演变。21 世纪初，随着大数据、高性能计算和深度学习技术的快速迭代和进步，人工智能进入新一轮的发展热潮，其强大的赋能性对经济发展、社会进步、国际政治经济格局等产生了重大且深远的影响，已成为引领新一轮科技革命和产业变革的重要驱动力量，是推动人类进入智能时代的核心和重要抓手。

1. 技术基础

人工智能从产生到现在，其发展历程经历了以下 6 个阶段。

（1）起步发展期。1956 年至 20 世纪 60 年代初。人工智能概念提出后，相继取得了一批令人瞩目的研究成果，如机器定理证明、跳棋程序等，掀起人工智能发展的第一个高潮。

（2）反思发展期。20 世纪 60 年代至 70 年代初。人工智能发展初期的突破性进展大幅提升了人们对人工智能的期望，人们开始尝试更具挑战性的任务，并提出了一些不切实际的研发目标。然而接二连三的失败和预期目标的落空，使人工智能的发展走入低谷。

（3）应用发展期。20 世纪 70 年代初至 80 年代中。20 世纪 70 年代出现的专家系统模拟人类专家的知识和经验解决特定领域的问题，实现了人工智能从理论研究走向实际应用、从一般推理策略探讨转向运用专门知识的重大突破，推动人工智能走入应用发展的新高潮。

（4）低迷发展期。20 世纪 80 年代中至 90 年代中。随着人工智能应用规模的不断扩大，专家系统存在的应用领域狭窄、缺乏常识性知识、知识获取困难、推理方法单一、缺乏分布式功能、难以与现有数据库兼容等问题逐渐暴露出来。

（5）稳步发展期。20 世纪 90 年代中至 2010 年。由于网络技术特别是互联网技术的发展，加速了人工智能的创新研究，促使人工智能技术进一步走向实用化。

（6）蓬勃发展期。2011 年至今。随着大数据、云计算、互联网、物联网等信息技术的发展，泛在感知数据和图形处理器等计算平台推动以深度神经网络为代表的人工智能技术飞速发展，并取得相关的技术突破，迎来爆发式增长的新高潮。

从当前的人工智能技术进行分析可知，在技术研究方面主要聚焦在热点技术、共性技术和新兴技术三个方面。其中以机器学习为代表的基础算法的优化改进和实践，以及迁移学习、强化学习、多核学习和多视图学习等新型学习方法是研究探索的热点；自然语言处理相关的特征提取、语义分类、词嵌入等基础技术和模型研究，以及智能自动问答、机器翻译等应用研究也取得诸多的成果；以知识图谱、专家系统为逻辑的系统化分析也在不断地取得突破，大大拓展了人工智能的应用场景，对人工智能未来的发展具有重要的潜在影响。

2. 关键技术

人工智能的关键技术主要涉及机器学习、自然语言处理、专家系统等技术，随着人工智能应用的深入，越来越多新兴的技术也在快速发展中。

1）机器学习

机器学习是一种自动将模型与数据匹配，并通过训练模型对数据进行"学习"的技术。机器学习的研究主要聚焦在机器学习算法及应用、强化学习算法、近似及优化算法和规划问题。其中常见的学习算法主要包含回归、聚类、分类、近似、估计和优化等基础算法的改进和研究，迁移学习、多核学习和多视图学习等强化学习方法，是当前的研究热点。

神经网络是机器学习的一种形式，该技术出现在 20 世纪 60 年代，并用于分类型应用程序。它根据输入、输出、变量权重或将输入与输出关联的"特征"来分析问题。它类似于神经元处理信号的方式。深度学习是通过多等级的特征和变量来预测结果的神经网络模型，得益于当前计算机架构更快的处理速度，这类模型有能力应对成千上万个特征。与早期的统计分析形式不同，深度学习模型中的每个特征通常对于人类观察者而言意义不大，这导致的结果就是该模型的使用难度很大且难以解释。深度学习模型使用一种称为反向传播的技术，通过模型进行预测或对输出进行分类。强化学习是机器学习的另外一种方式，指机器学习系统制订了目标而且迈向目标的每一步都会得到某种形式的奖励。

机器学习模型是以统计为基础的，而且应该将其与常规分析进行对比以明确其价值增量。它们往往比基于人类假设和回归分析的传统"手工"分析模型更准确，但也更复杂和难以解释。相比于传统的统计分析，自动化机器学习模型更容易创建，而且能够揭示更多的数据细节。

2）自然语言处理

自然语言处理（Natural Language Processing，NLP）是计算机科学领域与人工智能领域中的一个重要方向。它致力于研究实现人与计算机之间使用自然语言进行有效通信的各种理论和方法。自然语言处理是一门融语言学、计算机科学、数学于一体的科学。因此，这一领域的研究将涉及自然语言，即人们日常使用的语言，所以它与语言学的研究有着密切的联系，但又有重要的区别。自然语言处理并不是一般地研究自然语言，而在于研制能有效地实现自然语言通信的计算机系统，特别是其中的软件系统。因而它是计算机科学的一部分。

自然语言处理主要应用于机器翻译、舆情监测、自动摘要、观点提取、文本分类、问题回答、文本语义对比、语音识别、中文 OCR 等方面。

自然语言处理，即实现人机间自然语言通信、自然语言理解和自然语言生成是十分困难的，造成困难的根本原因是自然语言文本和对话的各个层次上广泛存在着各种各样的歧义性或多义性。自然语言处理主要解决的核心问题是信息抽取、自动文摘 / 分词、识别转化等，用于解决内容的有效界定、消歧和模糊性、有瑕疵的或不规范的输入、语言行为理解和交互。当前，深度学习技术是自然语言处理的重要支撑，在自然语言处理中需应用深度学习模型，如卷积神经网络、循环神经网络等，通过对生成的词向量进行学习，以完成自然语言分类、理解的过程。

3）专家系统

专家系统是一个智能计算机程序系统，通常由人机交互界面、知识库、推理机、解释器、综合数据库、知识获取等 6 个部分构成，其内部含有大量的某个领域专家水平的知识与经验，它能够应用人工智能技术和计算机技术，根据系统中的知识与经验，进行推理和判断，模拟人类专家的决策过程，以便解决那些需要人类专家处理的复杂问题。简而言之，专家系统是一种模拟人类专家解决领域问题的计算机程序系统。

在人工智能的发展过程中，专家系统的发展已经历了三个阶段，正向第四代过渡和发展。第一代专家系统以高度专业化、求解专门问题的能力强为特点。但在体系结构的完整性、可移植性、系统的透明性和灵活性等方面存在缺陷，求解问题的能力弱。第二代专家系统属单学科专业型、应用型系统，其体系结构较完整，移植性方面也有所改善，而且在系统的人机接口、解释机制、知识获取技术、不确定推理技术、增强专家系统的知识表示和推理方法的启发性、通用性等方面都有所改进。第三代专家系统属多学科综合型系统，采用多种人工智能语言，综合采用各种知识表示方法和多种推理机制及控制策略，并开始运用各种知识工程语言、骨架系统及专家系统开发工具和环境来研制大型综合专家系统。

当前人工智能的专家系统研究已经进入到第四个阶段，主要研究大型多专家协作系统、多种知识表示、综合知识库、自组织解题机制、多学科协同解题与并行推理、专家系统工具与环境、人工神经网络知识获取及学习机制等。

3. 应用和发展

经过 60 多年的发展，人工智能在算法、算力（计算能力）和算料（数据）等方面取得了重要突破，正处于从"不能用"到"可以用"的技术拐点，但是距离"很好用"还有诸多瓶颈。实现从专用人工智能向通用人工智能的跨越式发展，既是下一代人工智能发展的必然趋势，也是研究与应用领域的重大挑战，是未来应用和发展的趋势。

（1）从人工智能向人机混合智能发展。借鉴脑科学和认知科学的研究成果是人工智能的一个重要研究方向。人机混合智能旨在将人的作用或认知模型引入到人工智能系统中，提升人工智能系统的性能，使人工智能成为人类智能的自然延伸和拓展，通过人机协同更加高效地解决复杂问题。

（2）从"人工＋智能"向自主智能系统发展。当前人工智能领域的大量研究集中在深度学习，但是深度学习的局限是需要大量人工干预，比如人工设计深度神经网络模型、人工设定应用场景、人工采集和标注大量训练数据、用户需要人工适配智能系统等，非常费时费力。因此，科研人员开始关注减少人工干预的自主智能方法，提高机器智能对环境的自主学习能力。

（3）人工智能将加速与其他学科领域交叉渗透。人工智能本身是一门综合性的前沿学科和高度交叉的复合型学科，研究范畴广泛而又异常复杂，其发展需要与计算机科学、数学、认知科学、神经科学和社会科学等学科深度融合。借助于生物学、脑科学、生命科学和心理学等学科的突破，将机理变为可计算的模型，人工智能将与更多学科深入地交叉渗透。

（4）人工智能产业将蓬勃发展。随着人工智能技术的进一步成熟以及政府和产业界投入的日益增长，人工智能应用的云端化将不断加速，全球人工智能产业规模在未来 10 年将进入高速增长期。"人工智能＋X"的创新模式将随着技术和产业的发展日趋成熟，对生产力和产业结构产生革命性影响，并推动人类进入普惠型智能社会。

（5）人工智能的社会学将提上议程。为了确保人工智能的健康可持续发展，使其发展成果造福于民，需要从社会学的角度系统全面地研究人工智能对人类社会的影响，制定完善人工智能法律法规，规避可能的风险，旨在"以有利于整个人类的方式促进和发展友好的人工智能"。

2.2.6　虚拟现实

自从计算机创造以来，计算机一直是传统信息处理环境的主体，这与人类认识空间及计算机处理问题的信息空间存在不一致的矛盾，如何把人类的感知能力和认知经历及计算机信息处理环境直接联系起来，是虚拟现实产生的重大背景。如何建立一个能包容图像、声音、化学气味等多种信息源的信息空间，将其与视觉、听觉、嗅觉、口令、手势等人类的生活空间交叉融合，虚拟现实的技术应运而生。

1. 技术基础

虚拟现实（Virtual Reality，VR）是一种可以创立和体验虚拟世界的计算机系统（其中虚拟世界是全体虚拟环境的总称）。通过虚拟现实系统所建立的信息空间，已不再是单纯的数字信息空间，而是一个包容多种信息的多维化的信息空间（Cyberspace），人类的感性认识和理性认识能力都能在这个多维化的信息空间中得到充分发挥。要创立一个能让参与者具有身临其境感，具有完善交互作用能力的虚拟现实系统，在硬件方面，需要高性能的计算机软硬件和各类先进的传感器；在软件方面，主要是需要提供一个能产生虚拟环境的工具集。

虚拟现实技术的主要特征包括沉浸性、交互性、多感知性、构想性和自主性。

（1）沉浸性。沉浸性指让用户成为并感受到自己是计算机系统所创造环境中的一部分。虚拟现实技术的沉浸性取决于用户的感知系统，当使用者感知到虚拟世界的刺激时，包括触觉、味觉、嗅觉、运动感知等，便会产生思维共鸣，造成心理沉浸，感觉如同进入真实世界。

（2）交互性。交互性指用户对模拟环境内物体的可操作程度和从环境得到反馈的自然程度。使用者进入虚拟空间，相应的技术让使用者跟环境产生相互作用，当使用者进行某种操作时，周围的环境也会做出某种反应。

（3）多感知性。多感知性表示计算机技术应该拥有很多感知方式，比如听觉、触觉、嗅觉等。理想的虚拟现实技术应该具有一切人类所具有的感知功能。

（4）构想性。构想性也称想象性，使用者在虚拟空间中可以与周围物体进行互动，可以拓宽认知范围，创造客观世界不存在的场景或不可能发生的环境。

（5）自主性。自主性指虚拟环境中物体依据物理定律动作的程度。如当受到力的推动时，物体会向力的方向移动、翻倒或从桌面落到地面等。

随着虚拟现实技术的快速发展，按照其"沉浸性"程度的高低和交互程度的不同，虚拟现实技术已经从桌面虚拟现实系统、沉浸式虚拟现实系统、分布式虚拟现实系统等，向着增强式虚拟现实系统（Augmented Reality，AR）和元宇宙的方向发展。

2. 关键技术

虚拟现实的关键技术主要涉及人机交互技术、传感器技术、动态环境建模技术和系统集成技术等。

（1）人机交互技术。虚拟现实中的人机交互技术与传统的只有键盘和鼠标的交互模式不同，是一种新型的利用 VR 眼镜、控制手柄等传感器设备，能让用户真实感受到周围事物存在的一种三维交互技术，将三维交互技术与语音识别、语音输入技术及其他用于监测用户行为动作的设备相结合，形成了目前主流的人机交互手段。

（2）传感器技术。VR 技术的进步受制于传感器技术的发展，现有的 VR 设备存在的缺点与传感器的灵敏程度有很大的关系。例如 VR 头显（即 VR 眼镜）设备过重、分辨率低、刷新频率慢等，容易造成视觉疲劳；数据手套等设备也都有延迟大、使用灵敏度不够的缺陷，所以传感器技术是 VR 技术更好地实现人机交互的关键。

（3）动态环境建模技术。虚拟环境的设计是 VR 技术的重要内容，该技术是利用三维数据建立虚拟环境模型。目前常用的虚拟环境建模工具为计算机辅助设计（Computer Aided Design，CAD），操作者可以通过 CAD 技术获取所需数据，并通过得到的数据建立满足实际需要的虚拟环境模型。除了通过 CAD 技术获取三维数据，多数情况下还可以通过视觉建模技术或者两者相结合来更有效地获取数据。

（4）系统集成技术。系统集成（System Integration，SI）是通过各种技术整合手段将各个分离的信息和数据集成到统一的系统中。VR 系统中的集成技术包括信息同步、数据转换、模型标定、识别和合成等技术，由于 VR 系统中储存着许多的语音输入信息、感知信息以及数据模型，因此 VR 系统中的集成技术就变得非常重要。

3. 应用和发展

虚拟现实技术已经取得了一定的应用和发展，当前的技术趋势和方向主要聚焦在以下 4 个方面。

（1）硬件性能优化迭代加快。轻薄化、超清化加速了虚拟现实终端市场的迅速扩大，开启了虚拟现实产业爆发增长的新空间，虚拟现实设备的显示分辨率、帧率、自由度、延时、交互性能、重量、眩晕感等性能指标日趋优化，用户体验感不断提升。

（2）网络技术的发展有效助力其应用化的程度。泛在网络通信和高速的网络速度，有效提升了虚拟现实技术在应用端的体验。借助于终端轻型化和移动化 5G 技术，高峰值速率、毫秒级的传输时延和千亿级的连接能力，降低了对虚拟现实终端侧的要求。

（3）虚拟现实产业要素加速融通。技术、人才多维并举，虚拟现实产业核心技术不断取得突破，已形成较为完整的虚拟现实产业链条。虚拟现实产业呈现出从创新应用到常态应用的产业趋势，在舞台艺术、体育智慧观赛、新文化弘扬、教育、医疗等领域普遍应用。"虚拟现实＋商贸会展"成为未来的新常态、"虚拟现实＋工业生产"是企业数字化转型的新动能、"虚拟现实＋智慧生活"大大提升了未来智能化的生活体验、"虚拟现实＋文娱休闲"成为新型信息消费模式的新载体等。

（4）新技术驱动新商业。元宇宙等新兴概念为虚拟现实技术带来了"沉浸和叠加""激进和渐进""开放和封闭"等新的商业理念，大大提升了其应用价值和社会价值，将逐渐改变人们所习惯的现实世界物理规则，以全新方式激发产业技术创新，以新模式、新业态等方式带动相关产业跃迁升级。

2.3　新一代信息技术发展展望

近年来，我国新一代信息技术不断突破，信息技术产业蓬勃发展，产业规模迅速扩大，产业结构不断优化，对经济社会发展和人民生活质量提高的引擎作用不断强化，信息技术产业已发展成为推动国民经济高质量发展的先导性、战略性和基础性产业。

2021 年 12 月，国家发布了《"十四五"国家信息化规划》，该规划明确指出，"十四五"时期，信息化进入加快数字化发展、建设数字中国的新阶段，为未来信息技术的发展指明了方向。

（1）泛在智能的网络连接设施将是网络技术的发展重点，能够实现网络、应用、终端向下一代互联网平滑演进升级，物联数通的新型感知基础设施将会成为国家战略的组成部分，云网一体化建设发展将实现云计算资源和网络设施有机融合，算力和算法中心的构建将提供低时延、高可靠、强安全边缘计算能力。

（2）大数据技术将继续成为未来发展主流，以数据资源开发利用、共享流通、全生命周期治理和安全保障为重点，建立完善数据要素资源体系，激发数据要素价值，提升数据要素赋能作用，数据治理技术、数据应用和服务技术、数据安全技术将会进一步加强。

（3）新一代信息技术的持续创新将会成为国家战略，坚持创新在国家信息化发展中的核心地位，把关键核心技术自立自强作为数字中国的战略支撑，面向世界科技前沿、面向经济主战场、面向国家重大需求、面向人民生命健康，深入实施创新驱动发展战略，构建以技术创新和制度创新双轮驱动、充分释放数字生产力的创新发展体系。

（4）从信息化技术转向数字化技术，将是未来国家、社会、产业数字化转型的重要支撑。关键软硬件技术的突破将持续引领技术的发展前沿，先进专用芯片生态、协同优化计算机软硬件生态、完善开源移动生态将会成为未来信息化生态的基础。

（5）新一代信息技术将继续深入与产业结合，引领产业数字化转型发展。互联网、大数据、人工智能等同各产业深度融合，推进产业数字化和绿色化协同转型，发展现代供应链，提高全要素生产率，促进节能减排，有力提升经济质量效益和核心竞争力，将成为技术发展的重要落脚点和支撑点。

（6）新一代信息技术的发展，将有效支撑社会治理现代化的发展，从而有效地构建共建、共治、共享的数字社会治理体系。深化大数据、人工智能等信息技术在立体化智能化社会治安防控体系、一体化智慧化公共安全体系、平战结合的应急信息化安全体系的应用，将会有效推进新型智慧城市的高质量发展。

（7）新一代信息技术的融合发展，将会打造协同高效的数字政府服务体系，提升党政机关信息化建设水平，推动政务数据共享流通，推进"一网通办"让群众办事更便捷，打造市场化法治化国际化营商环境。

（8）信息技术发展落脚点将更加聚焦"以信息技术健全基本公共服务体系，改善人民生活品质，让人民群众共享信息化发展成果"。数字教育，普惠数字医疗，数字社保、就业和人力资源服务，数字文旅和体育服务将会成为信息技术价值的重要价值体现。

（9）提升信息技术的国际竞争力，积极参与全球网络空间治理体系改革，推动"数字丝绸之路"高质量发展，数字领域国际规则研究制定、多层次的全球数字合作伙伴关系构建、高质量引进来、高水平走出去将会成为信息技术竞争力的重要体现。

（10）信息技术有序发展的治理体系是基础，网络安全、信息安全、数据安全的监管技术，数字技术应用审查机制、监管法律体系、网络安全保障体系和技术能力的建设将会成为技术和管理融合的重要方向。

综上，未来的信息技术将继续成为引领产业发展的重要引擎，加快建设宽带、泛在、融合、安全的信息网络基础设施，推动新一代移动通信、下一代互联网核心设备和智能终端的研发及产业化，促进物联网、云计算的研发和示范应用，发展集成电路、新型显示、高端软件、高端服务器等核心基础产业，提升软件服务、网络增值服务等信息服务能力，加快重要基础设施智能化改造、大力发展数字虚拟等技术，将会是未来技术的主要发展方向。

2.4 本章练习

1. 选择题

（1）关于信息与信息化相关概念的描述不正确的是_____。

    A. 信息技术是研究如何获取信息、处理信息、传输信息和使用信息的技术

    B. 信息技术是信息系统的前提和基础，信息系统是信息技术的应用和体现

    C. 信息、信息化以及信息系统都是信息技术发展不可或缺的部分

    D. 信息技术是在信息科学的基本原理和方法下的关于一切信息的产生、信息的传输、信息的转化等应用技术的总称

参考答案：D

（2）_____不属于信息系统安全层次。

    A. 设备安全　　　　B. 数据安全　　　　C. 内容安全　　　　D. 人员安全

参考答案：D

（3）_____不属于新一代信息技术与信息资源充分利用的全新业态，是信息化发展的主要趋势，也是信息系统集成行业今后面临的主要业务范畴。

    A. 局域网　　　　　B. 云计算　　　　　C. 大数据　　　　　D. 区块链

参考答案：A

（4）关于云计算的描述不正确的是_____。

    A. 云计算可以通过网络连接，用户通过网络接入"云"中并获得有关的服务，"云"内节点之间也通过内部的网络相连

    B. 云计算可以快速、按需、弹性服务，用户可以按照实际需求迅速获取或释放资源，并可以根据需求对资源进行动态扩展

    C. 按照云计算服务提供的资源层次，可以分为基础设施即服务和平台即服务两种服务类型

    D. 云计算是一种基于并高度依赖 Internet，用户与实际服务提供的计算资源相分离，集合了大量计算设备和资源，并向用户屏蔽底层差异的分布式处理架构

参考答案：C

（5）区块链有以下几种特性：多中心化、多方维护、时序数据、智能合约、开放共识、安全可信和_____。

　　A. 可回溯性　　　　　B. 不可篡改　　　　　C. 周期性　　　　　D. 稳定性

参考答案：B

（6）虚拟现实技术的主要特征包括：沉浸性、交互性、多感知性、构想性和_____。

　　A. 自主性　　　　　B. 抗否认性　　　　　C. 可审计性　　　　　D. 可靠性

参考答案：A

2. 思考题

（1）请简述 OSI 七层参考模型。

参考答案：略

（2）请简述常见的网络安全技术。

参考答案：略

（3）非关系数据库是什么，其基本特征是什么？

参考答案：略

（4）请简述射频识别（Radio Frequency Identification，RFID）技术。

参考答案：略

（5）请概述云计算的主要服务模式有哪些。

参考答案：略

（6）请简述大数据相关的分布式数据处理技术。

参考答案：略

（7）请简述区块链的共识机制。

参考答案：略

（8）什么是深度学习？

参考答案：略

（9）请简述当前信息技术的发展趋势。

参考答案：略

第3章 信息技术服务

信息技术服务（Information Technology Service，IT 服务）通常是指供方为需方提供如何开发、应用信息技术的服务，以及供方以信息技术为手段提供支持需方业务活动的服务。在新时代 IT 服务持续融合创新的环境下，IT 服务突破了单纯的供方为需方提供服务的限制，IT 服务的内涵定义为：组织为达成用户期望的结果，利用信息技术为用户交付价值的活动。

IT 服务是随着信息技术的发展和信息技术在各行业的深入应用而产生的一种新兴业态，是数字经济的重要内容之一，是现代信息服务业的重要组成部分。IT 服务是信息技术与服务的结合，既具有服务的特征，又具有信息技术的独特特征。

3.1 内涵与外延

随着网络的快速发展，包括互联网的泛化以及数据要素的驱使等，使其上的应用能够通过多种终端与个人紧密结合，创造和改变了众多组织及个人的应用习惯和业务模式等，为服务提供了新的实现手段，也赋予了服务更多的内涵，除软硬件技术支持服务、服务外包、IT 咨询、IT 培训等服务外，以新媒体、社交网络、数据开发等为代表的新领域开始蓬勃发展，IT 服务走向多元化发展模式，深度影响产业经济发展和社会治理改革等。

3.1.1 服务的特征

服务是一种通过提供必要的手段和方法，满足服务接受者需求的"过程"，其外延是指具备服务本质的一切服务，例如餐饮服务、零售服务、IT 服务等。服务的特征包括：无形性、不可分离性、可变性和不可储存性等。

（1）无形性。无形性指服务在很大程度上是抽象的和无形的。需方在购买之前一般无法看到、感觉到或触摸到，例如理发、听音乐会、到海边度假等。这一特性使得服务不容易向需方展示或沟通交流，因此需方难以评估其质量。

（2）不可分离性。不可分离性又叫同步性，指生产和消费是同时进行的，如照相、理发等。这一特性表明，需方只有参与到服务的生产过程中才能享受到服务。这一特性决定了服务质量管理对服务供方的重要性，其服务的态度和水平直接决定了需方对该项服务的满意度。因此，服务人员的筛选、培训和报酬标准等，对实现高标准的服务质量至关重要。

（3）可变性。可变性也叫异质性，指服务的质量水平会受到相当多因素的影响，因此会经常变化。服务以人为中心，由于人与人的文化、修养、技术水平等存在差异，同一服务的品质会因操作者不同而不同；即使是同一操作者，由于时间、地点与心态的变化，服务质量也会随之变化。

（4）不可储存性。不可储存性也叫易逝性、易消失性，指服务无法被储藏起来以备将来使用、转售、延时体验或退货等。

3.1.2　IT服务的内涵

按照国务院发展研究中心的相关研究成果定义，信息服务包括信息传输服务、IT 服务和信息内容服务。在国家统计局最新修订的《国民经济行业分类》（GB/T 4754）中，已将 IT 服务划分为一个国民经济行业大类。在中国经济增长方式转变，产业结构优化升级，IT 应用不断深化，特别是在数字中国、数字经济、数字政府、数字化转型等的背景下，IT 服务新业态与技术创新不断涌现（如车联网、工业互联网、自媒体等），为 IT 服务业发展带来更多新的机遇和挑战。IT 服务除了具备服务的基本特征，还具备本质特征、形态特征、过程特征、阶段特征、效益特征、内部关联性特征、外部关联性特征等方面的内涵。

（1）本质特征。IT 服务的组成要素包括人员、过程、技术和资源。就 IT 服务而言，通常情况下是由具备匹配的知识、技能和经验的人员，合理运用资源，并通过规定过程向需方提供 IT 服务。

（2）形态特征。常见服务形态有 IT 咨询服务、设计与开发服务、信息系统集成服务、数据处理和运营服务、智能化服务及其他 IT 服务等。

（3）过程特征。IT 服务从项目级、组织级、量化管理级、数字化运营等逐步发展，是从计算机单机应用、网络应用、综合管理的逐步提升，具有连续不断和可持续发展的特征。

（4）阶段特征。由于 IT 的发展永无止境，信息基础设施和经济、市场环境的变迁，IT 服务也无终极目标。IT 服务是全方位的，无论需方还是供方都需要根据自身需要抓重点。分层次、分阶段地推进 IT 服务，提高 IT 的有效利用。

（5）效益特征。IT 服务的发展不同于以往对产品的技术改造，其效益的概念完全不同。通过对产品生产线的技术改造，提高质量、增加产能，其效果往往是单方面的，且容易显现。而 IT 服务的发展是服务系统进行深度开发和广泛利用，从整体上提高组织核心竞争力和管理水平，其效益是多方面的。

（6）内部关联性特征。IT 服务不仅依赖于技术创新，更依赖于业务模式创新。保持技术创新和业务模式创新的相互促进、有机融合，实现 IT 服务人才结构优化，建立 IT 服务管理规范，将从机制上为 IT 服务的发展创造条件。

（7）外部关联性特征。IT 服务依赖于国民经济和良性竞争的市场环境的形成，依赖于社会信息网络的不断进步，依赖于政府相应的政策支撑、配套人才的培养和产业链上下游组织 IT 应用的逐渐完善。

3.1.3　IT服务的外延

在各行业加速数字化转型的形势下，随着新一代信息技术的快速发展和应用，IT 服务的外延得到很大的拓展。新形势下，IT 服务包括基础服务、技术创新服务、数字化转型服务等。

（1）基础服务。基础服务指面向 IT 的基础类服务，主要包括咨询设计、开发服务、集成实施、运行维护、云服务和数据中心等。

（2）技术创新服务。技术创新服务指面向新技术加持下的新业态新模式的服务，主要包含智能化服务、数字服务、数字内容处理服务和区块链服务等。

（3）数字化转型服务。数字化转型服务指支撑和服务组织数字化服务开展和创新融合业务发展的服务，主要包括数字化转型成熟度推进服务、评估评价服务、数字化监测预警服务等。

（4）业务融合服务。业务融合服务指信息技术及其服务与各行业融合的服务，如面向政务、广电、教育、应急、业财等行业。

3.1.4　IT服务业的特征

IT 服务业具有高知识和高技术含量、高集群性、服务过程的交互性、服务的非独立性、知识密集性、产业内部呈金字塔分布、法律和契约的强依赖性以及声誉机制等特征。

（1）高知识和高技术含量。IT 服务业的提供者是生产过程中的专家组，多以技术资本、知识资本、人力资本为主要投入，产出中有密集的知识要素，因此 IT 服务业把日益专业化的技术、知识加入服务过程中，具有人力资源、技术、知识密集的特点。IT 服务业需要向需方转移高度专业化的知识，这是其区别于其他服务业的一个显著特征。

（2）高集群性。IT 服务业在其空间上具有很高的集群性。IT 服务业的出现和发展都集中在大型中心城市。其中，中心城市具有及时准确的宏观政策、完善的基础设施、高智力的人力资源及发达的人力资源市场，这些因素为 IT 服务业发展提供了良好的条件。

（3）服务过程的交互性。需方参与服务过程，IT 服务业不仅提供显性知识，还提供隐性知识，要实现隐性知识的传播需要通过专业人员与需方间进行大量的互动过程才能完成。

（4）服务的非独立性。IT 服务业提供的是满足需方需求的解决方案，往往涉及多个领域的知识，许多 IT 服务业与高等院校、科研机构形成联盟，相互合作。因此除了自身具备的知识技术外，IT 服务业会将其他行业机构的技术与成果进行整合，这是 IT 服务业比较突出的特征。

（5）知识密集性。IT 服务提供过程中的交互活动依赖个人的专业知识，因此，个人知识成为 IT 服务业的关键性资源，IT 服务业间的竞争更多是人才竞争。没有高素质人才，IT 服务业就成了无本之木。IT 服务业的从业人员需要具备完整的知识结构、丰富的专业知识和实践经验，方能满足需方的需求，帮助需方制定与实施完善的、适宜的解决方案。

（6）产业内部呈金字塔分布。IT 服务产品差异性比较大，具有资金需求小、成本低、标准化程度不足等特点，因此进入壁垒相对较低。现代服务业内部结构呈金字塔分布，存在少数大型的组织和多数小型的组织。

（7）法律和契约的强依赖性。IT 服务业在提供服务的供方与接受服务的需方间主要以签订服务协议或者契约的形式来确定相关服务事项，从而在双方间形成一种委托代理关系。因此，IT 服务业与法律和契约之间具有较强的依赖关系。

（8）声誉机制。IT 服务业的生产和消费，由于空间和时间上的不可分性，使接受服务的需方事先无法观察到服务的质量，因此需方主要根据供方的声誉来确定对服务的支付意愿。反映供方声誉和质量的证明是决定选取和使用方面的重要因素，因此声誉机制对 IT 服务业的服务业务发展起着决定性作用。

3.2　原理与组成

2009 年在工业和信息化部软件服务业司的指导下，我国组建了 IT 服务标准工作组，全面推动国家 IT 服务标准建设，形成了 IT 服务标准库（Information Technology Service Standards，

ITSS）。ITSS 是一套体系化 IT 服务标准库，全面规范了 IT 服务产品及其组成要素，是我国 IT 服务最佳实践的总结和提升，也是我国从事 IT 服务开发、供应、推广和应用各类组织创新成果的固化。经过十多年的持续建设，ITSS 已经发布了包含国家标准、行业标准和社团标准等在内的百余项标准，是我国标准化和可信赖 IT 服务的主要指导依据。

3.2.1　IT服务原理

ITSS 给出了 IT 服务的基本原理，由能力要素、生存周期要素、管理要素组成，如图 3-1 所示。能力要素由人员（People）、过程（Process）、技术（Technology）和资源（Resource）组成，简称 PPTR。IT 服务生命周期由四个阶段组成，分别是战略规划（Strategy&planning）、设计实现（Design&implementation）、运营提升（Operation& promotion）、退役终止（Retirement &termination），简称为 SDOR。为了保证每个生命周期阶段及其过程的实施，需要通过监督提供保障，通过管理提供支撑。

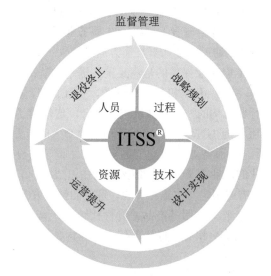

图 3-1　ITSS 基本原理

3.2.2　组成要素

ITSS 定义了 IT 服务由人员、过程、技术和资源组成，并对这些服务的组成要素进行标准化。另外，就 IT 服务而言，通常情况下是由具备匹配的知识、技能和经验的人员，合理运用资源，并通过规定的过程向需方提供服务。

1. 人员

人员是指 IT 服务生命周期中各类满足要求的人才的总称，ITSS 规定了提供 IT 服务的各类人员应具备的知识、经验和技能要求，目的是指导 IT 服务提供商根据岗位职责和管理要求"正确选人"。

一般而言，针对咨询设计、集成实施、运行维护和运营等典型的 IT 服务，所需要的人员包括项目经理（如系统集成项目经理、服务项目经理）、系统分析师、架构设计师、系统集成工程师、信息安全工程师、系统评测工程师、服务工程师、服务定价师、客户经理和日常服务人员等，如图 3-2 所示。

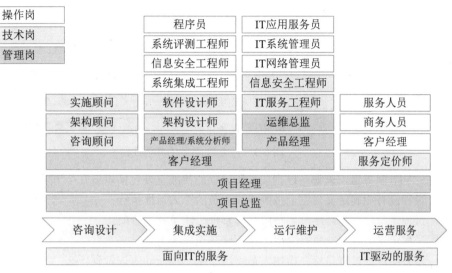

图 3-2　IT 服务所需要的人员

目前，针对 IT 服务人员，使得服务供方常面临如下挑战：

● 人员知识、技能和经验评估难；

● 不同人员交付同一服务的质量不一致；

● 人才流动率高，很难建设稳定的服务团队；

● 人才招聘难，很难形成合理的人力资源池；

人员专业化的必要性：

● 有助于建立与服务发展相适应的人才队伍，保障服务工作的连续性和稳定性；

● 有助于改进和完善人才培养模式，提高人才培养质量；

● 有助于优化人力资源管理，提高管理效率和降低管理成本。

2. 过程

过程是通过合理利用必要的资源，将输入转化为输出的一组相互关联和结构化的活动，是提高管理水平和确保服务质量的关键要素。ITSS 根据咨询设计、集成实施、运行维护等各种类型的 IT 服务，规定了应建立的过程和各个过程应实现的关键绩效指标（KPI），确保供方能"正确做事"。通过按照 ITSS 要求建立简洁、高效和协调的过程，能有效地将人员、技术和资源要素连接起来，指导服务人员按规定的方式方法正确地做事。

过程作为 IT 服务的核心要素之一，有明确的目标，可重复和可度量。各类 IT 服务的典型过程如图 3-3 所示。

图 3-3　各类 IT 服务的典型过程

对各类 IT 服务组织来说，过程要素所面临的挑战主要包括以下几个方面：

● 过程没有明确定义，完全按照操作人员的个人习惯执行；
● 过程定义不清晰，不具备按照过程管理思路执行的价值；
● 过程定义太复杂，执行效率严重下降甚至影响运营；
● 没有明确的过程目标，操作人员不清楚每一项活动应该做到什么；
● 对过程没有监督，不清楚过程的稳定性；
● 对过程没有考核，不能得到持续改进。

过程规范化的必要性主要包括以下几个方面：

● 确保过程可重复和可度量；
● 有效控制因未明确定义而引发的潜在风险；
● 通过对过程进行评价和度量，可持续提升过程的效率；
● 通过过程实现规范化管理，可持续提高服务质量；
● 通过规范化的过程管理，提高效率，减少人员和成本的投入。

3. 技术

技术是指交付满足质量要求的 IT 服务应使用的技术或应具备的技术能力，以及提供 IT 服务所必须的分析方法、架构和步骤。技术要素确保 IT 服务供方能"高效做事"，是提高 IT 服务质量方面重点考虑的要素，主要通过自有核心技术的研发和非自有核心技术的学习借鉴，持续提升提供服务过程中发现问题和解决问题的能力。

在提供服务过程中，可能面临各种问题、风险以及新技术和前沿技术应用所提出的新要求，供方应根据需方要求或技术发展趋势，具备发现和解决问题、风险控制、技术储备以及研发、应用新技术和前沿技术的能力。针对咨询设计、集成实施、运行维护等 IT 服务，常用的技术如图 3-4 所示。

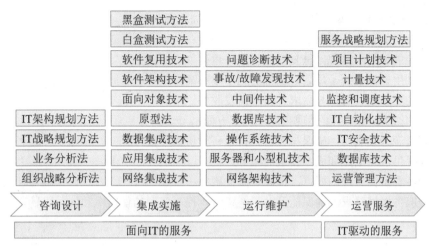

图 3-4　IT 服务常用的技术

对服务供需双方来说，技术要素所面临的挑战主要包括：

● 为满足组织的目标和需求，组织对 IT 技术的依赖程度越来越高；

● 激烈的市场竞争使得组织对技术的要求越来越高；

● 低成本、高效率的服务需求，对组织的技术研发和使用能力提出了更高的要求。

技术体系化的必要性主要体现在以下几个方面：

● 提高服务质量，降低服务成本；

● 减少人员流失带来的损失；

● 及时应用和推广成熟技术；

● 做好新技术的研发和储备；

● 在提供服务中使用一致的技术标准。

4. 资源

资源是指提供 IT 服务所依存和产生的有形及无形资产，如咨询服务供方为满足需方的需求，提供咨询服务所必须具备的知识、经验和工具等。资源要素确保供方能"保障做事"，主要由人员、过程和技术要素中被固化的成果和能力转化而成，同时又对人员、过程和技术要素提供有力的支撑和保障。

根据所提供的 IT 服务类型的不同，所需要的资源也不尽相同，但可以对其进行汇总。例如，咨询设计服务和 IT 运维服务所使用的资源包括知识库、工具库、专家库、备件库和服务台。常见的 IT 服务资源如图 3-5 所示。

图 3-5　常见的 IT 服务资源

对于各类服务组织来说，资源要素所面临的挑战主要包括：

- 忽略资源的价值，投入不够，导致资源不足；
- 对资源的使用不重视，重复投资现象严重；
- 缺乏利用资源的统一规划，资源的利用率不高；
- 资源的更新不及时，与需求、技术研发脱节。

资源系统化的必要性主要体现在以下几个方面：

- 统筹资源开发利用，确保与运营、技术研发协调一致；
- 确保提供满足质量和成本要求的服务；
- 明确各类资源管理的要点，提高资源使用率；
- 结合服务发展需求，确保能及时更新资源，提高资源的使用率和使用质量。

3.3 服务生命周期

IT 服务生命周期是指 IT 服务从战略规划、设计实现、运营提升到退役终止的演变，如图 3-6 所示。IT 服务生命周期的引入，改变了 IT 服务在不同阶段相互割裂、独立实施的局面。同时，通过连贯的逻辑体系，以战略规划为指引，设计实现为准绳，通过服务运营实现价值转化，直至服务的退役终止。同时伴随着监督管理的不断完善，将服务中的不同阶段的不同过程有机整合为一个井然有序、良性循环的整体，使服务质量得以不断改进和提升。

图 3-6 ITSS 定义的 IT 服务生命周期

（1）战略规划。战略规划是指从组织战略出发，以需求为中心，参照 ITSS 对 IT 服务进行战略规划，为 IT 服务的设计实现做好准备，以确保提供满足供需双方需求的 IT 服务。

（2）设计实现。设计实现是指依据战略规划，定义 IT 服务的体系结构、组成要素、要素特征以及要素之间的关联关系，建立管理体系、部署专用工具以及服务解决方案。

（3）运营提升。运营提升是指根据服务实现情况，采用过程方法实现业务运营与 IT 服务运营相融合，评审 IT 服务满足业务运营的情况以及自身缺陷，提出优化提升策略和方案，对 IT 服务进行进一步的规划。

（4）退役终止。退役终止是指对趋近于退役期的 IT 服务进行残余价值分析，规划新的 IT 服务部分或全部替换原有的 IT 服务，对没有可利用价值的 IT 服务停止使用。

IT 服务的相关方在 IT 服务生命周期的各个阶段设定服务目标，在服务质量、运营效率和业务连续性方面不断改进和提升，并能够有效识别、选择和优化服务的有效性，提高绩效，为组织做出更优的决策提供指导。

3.3.1　战略规划

战略规划是从业务战略出发，以需求为中心，对 IT 服务进行全面系统的战略规划，为服务的设计实现做好准备，以确保提供满足需求的服务。战略规划阶段需要根据组织业务战略、运营模式及业务流程的特点，确定所需要的服务组件和关键要素，对组织结构及团队建设、管理过程、技术需求及开发、资源等进行全面系统的规划。

1. 规划活动

服务战略规划是组织整个 IT 服务发展和能力体系建设的首要之事。在该阶段，需要考虑服务目录、组织架构和管理体系、指标体系和服务保障体系，以及内部评估机制等。

（1）基于组织的 IT 服务发展目标和业务规划，确保可以提供良好稳定的 IT 服务，可以结合自身业务能力、客户需求以及内外部环境策划服务目录。服务目录定义了服务供方所提供服务的全部种类以及服务目标，这些服务包括正在提供的和能够提供的内容。

（2）需规划如何建立相应的组织架构和服务保障体系来支持服务目录所列出服务内容的实施。组织架构与提供的服务内容密切相关，不同的组织架构在管控、成本、创新和效能方面存在巨大差异，需要根据组织总体战略目标和组织治理架构确立，组织架构稳定的周期相对较长，不会频繁调动，这就需要确保一定时期内对 IT 服务能力的支撑情况。通常可以通过两种方式实现：一是在定义服务内容的时候，参照了组织当前的组织结构；二是根据业务目标确定服务内容以后，设立或优化组织当前的组织架构。

（3）在适合的组织架构基础上，组织需要根据总体的治理理念和思想，确定必要的制度保障，固化对 IT 服务保障能力。这里的制度体系包括组织级的制度，如质量、财务、安全、职业健康、人力资源、商务等；也要包括 IT 服务本身的制度，如行为规范、数据质量等。对人员、资源、技术和过程四要素所涉及的策划内容，也应包含在服务保障体系之中。同时，结合组织整体的质量管理要求，应建立 IT 服务能力审核、监督和检查计划。

（4）对于任何 IT 服务，服务绩效都可以通过绩效指标来衡量，通过制定服务指标体系，作为衡量 IT 服务实施的绩效，检查供方是否达到目标。建立服务指标体系，大致可以包括：

- 制定各项IT服务目标，如质量目标、过程目标、能力目标和财务目标等；
- 制定目标实施的检查机制（包括评估、检查、报告、测量等方法）并测量其有效性，注意必要时需要对目标进行变更；

- 制定服务实施结果的测量指标，例如与目标的偏离度、客户满意度调查等可以适当地考虑相关的测量、评估工具。

战略规划阶段的关键成功因素主要包括：

- 确保全面考虑业务战略、团队建设、管理过程、技术研发、资源储备的战略规划；
- 确保战略规划的内容和结果得到决策层、管理层的承诺和支持；
- 确保战略规划的内容和结果得到相关干系人的理解和支持；
- 对战略规划的内容和结果进行测量、分析、评审和改进。

如果组织未进行有效的战略规划，那么仓促而就的 IT 服务难以满足组织业务发展和满足客户的真正需求，很可能造成服务质量低下、IT 服务可用性低、预算超支或 IT 系统功能丧失等。

2. 规划报告

战略规划报告是战略规划阶段的核心成果之一，主要针对已确定的服务目录、服务级别和业务需求来确立相应的组织架构、服务保障体系和能力要素建设等，进而保持相应的业务能力、IT 服务能力和资源能力，确保实际的 IT 服务能够满足服务目录和服务级别的要求，保证在总体战略指导下有计划性地组织、建设、调整和配比各项能力，满足当前和未来的 IT 服务需求。

战略规划报告的目标主要包括：

- 确保经过业务需求和成本合理分析的IT服务能力管理；
- 确保战略规划和实施在要求时间内满足当前和将来IT服务的需求，避免因为资源能力缺乏、发展预期产生的技术以及人员准备不足等而造成的突发事件；
- 识别需要监测的IT服务内容，定义监测方法和可测量的能力指标；
- 保证能够及时识别服务能力的不足，并且及时设计并采取相应的纠正措施弥补不足；
- 采集能力数据，对资源的能力参数进行监控，产生监控数据记录和报告；
- 定期生成战略实施报告，对能力监控数据进行总结和评估；
- 对服务战略定期进行检查评审、维护和改进，不断提高IT服务质量和效能水平，并调整以适应不断发展的IT服务能力需求。

战略规划报告的确立、发布和实施常遵循的原则主要包括：

- 必须遵从政策法规的要求，满足相应的法规和过程、技术标准、行业规范以及指导组织意见；
- 关键业务优先级原则：有限的能力要素必须保证关键业务过程的支持和恢复；
- 风险管理原则：树立风险无处不在的意识，有效地分析和管理风险；
- 面向体系化的管理原则：制定和实施完善的能力管理，并遵从过程进行活动和管理；
- 质量管理原则：遵循计划、实施、检查、改进的质量管理周期过程；
- 成本合理原则：能力要素总是有限的，尤其对于能力管理，更要考虑做到成本和能力的平衡、需求与提供之间的平衡；
- 战略规划过程中，组织治理、运维交付、质量管理、人力资源管理、技术研发等部门应共同参与。

服务战略应涵盖方面主要包括：

- IT服务的整体战略、发展方针以及阶段性目标策划；
- 对需方的需求预测；
- 对于人员、资源、技术和过程的能力进行预测和规划；
- 对现有服务人员、资源、技术、过程能力进行评估、优化、改进和计划性储备；
- 规定定期形成能力监控和分析报告；
- 对外部服务能力进行规划以及对将来需求的预测；
- 规定监控对外部提供服务的实施能力及其SLA达成能力等参数；
- 依据服务战略及标准的要求建立相适应的指标体系；
- 依据服务战略及标准的要求建立计划和指标体系的考核方法及考核准则；
- 规定IT服务能力管理的管理指标、考核体系和配套的管理制度，具有明确的量化指标，包括人员绩效考评、服务项目管理考评、服务交付指标等方面；
- 规定服务保障体系，具有服务保障制度、岗位设置和匹配岗位需求的人员技术能力。

3.3.2　设计实现

设计实现是在战略规划的基础上，采用过程方法来策划和实施服务设计，并基于健全的IT服务项目组织结构和规范化的项目管理，执行战略规划和服务设计所确定的方针、策略和方案，部署新的服务或变更的服务，包括落实新的组织结构、运行新的或变更后的管理体系、建设支撑服务运营的工具系统、提供有效的资源保障等。

1. 服务设计

组织需要基于业务战略、运营模式及业务流程特点，设计与开发满足业务发展需求的服务，以确保服务提供及服务管理过程满足需方的需求，在进行服务设计的过程中，需要考虑的主要因素包括以下几个方面：

- 客户对IT服务的相关要求；
- 基于信息服务分类（参考GB/T 29264—2012）确定的管理方法；
- 组织所确定的关于服务的关键要求；
- 服务设计活动的特性、周期和复杂性；
- 组织承诺遵守的标准或行业准则；
- 所设计的IT服务的特性以及失败的潜在后果；
- 客户和其他相关方对服务设计过程期望的控制程度；
- 服务设计过程所需的内部和外部资源；
- 设计过程中的组织方式，包括人员和各小组的职责和权限。

为确保服务设计活动有序且高效，组织需要对服务设计过程进行适当的控制，主要包括以下几个方面：

- 服务设计活动完成的结果是明确定义的，并且应便于后续服务的交接和提供，以及相关的监视和测量；

- 服务设计过程中遇到的问题必须在服务交付和运营之前得到有效处置；
- 遵循在战略规划所确定的服务设计准则和流程；
- 服务设计的输出结果满足相关的目标和约束条件；
- 在整个服务设计过程及后续任何对服务的变更设计中，保持适当的变更控制和配置管理。

服务设计的输出通常会形成文档化信息，主要包括：

- 服务的名称、适用范围和交付内容；
- 完成服务部署所需的组织方式；
- 对服务质量的度量指标或服务级别定义；
- 服务交付验收标准；
- 服务交付方式及交付物成果说明；
- 服务的计量和计费方式。

组织在服务设计过程中，需要注意识别和控制风险，主要包括：技术风险、管理风险、成本风险和不可预测风险等。

（1）技术风险。技术风险包括技术工具的确认、技术支持过程的确认、技术要求的变更、关键技术人员的变更等。

（2）管理风险。管理风险包括资源及预算是否到位、服务范围是否可控、服务边界是否清晰、服务内容是否充分满足需方需求、服务终止标准是否可衡量可达到等。

（3）成本风险。成本风险包括人力、技术、工具及设备、环境、服务管理等成本是否可控。

（4）不可预测风险。不可预测风险包括火灾、自然灾害、重大信息安全事件等。

2. 服务部署

服务部署是衔接服务设计与服务运营的中间活动。根据服务设计和可用于实施的服务设计方案，落实设计和开发服务，建立服务管理过程和制度规范并完成服务交付等。服务实施不仅可以对某一项目具体描述的服务需求进行部署实施，也可以对整体服务要求做相应的部署实施，将服务设计中的所有要素完整地导入组织环境，为服务运营打下基础。服务部署的主要内容和活动包括以下几个方面：

- 确定服务交付所需的组织结构、人员能力或资格、职责和权限；
- 确保所需资金、设备设施、信息资源和供方资源的可用性和连续性；
- 确定与组织内部和外部服务相关人沟通的过程并保持相关记录；
- 评价新的或变更的服务对 IT 服务管理体系的影响，确保 IT 服务管理体系的有效性；
- 必要时获得表述部署活动的操作程序或作业指导书；
- 建立部署计划，确保部署活动可被跟踪、验证，并且在必要的情况下可回退；
- 识别、记录与部署活动有关的预期偏差和风险，适宜时采取纠正措施；
- 确定可监视和测量的服务部署移交过程和要求，例如：文件信息移交、知识移交、技能移交、基线移交和模拟环境移交。

服务部署的目标是协调组织组成服务的所有组件，以及与之有关的其他个人、部门或组织，在满足设计环节的要求和限制的前提下，在可接受的时间、成本和质量标准内，确保服务目标和服务需求在组织环境里得到满足；在部署实施期间，确保需方、IT 终端用户及服务团队等各方面的满意度，服务目标和服务需求与需方的业务组织、业务流程顺利衔接，服务目标和服务需求实现以后是可以正常运转且可以被有效管理的，同时使需方对其有更明确的、合理的期望。通常情况下，部署实施可分为计划、启动、执行和交付四个阶段。

组织制定的服务部署计划内容，通常包括以下几个方面：

- 服务部署的实施主体及相关方的责任和权限；
- 服务部署过程中的沟通机制，包括与相关方的沟通；
- 所需资金、设备设施、信息资源的可用性和连续性；
- 对服务部署过程中所需的组织结构、人员能力或资格有明确的要求；
- 服务部署的风险评估与应对措施；
- 服务部署成功的验证标准；
- 服务部署过程的实施内容，必要时获取表述部署活动的操作程序或作业指导书。

组织在服务部署过程中，需要注意识别和控制风险，主要包括：

- 评价新的或变更的服务对服务管理体系的影响，确保服务管理体系的有效性。
- 对新的或变更的服务进行评审，评审内容包括时间、地点、实施步骤、人员、技术、资源的安排，新的或变更的服务对现有服务提供的风险及风险应对措施，新的或变更的服务成功部署验证标准、失败的应对措施等。保持评价过程的相关记录。
- 制定标准部署活动的操作程序或作业指导书，可以被相关人员访问及使用。
- 识别、记录与部署活动有关的预期偏差和风险，包括新的或者变更的服务对现有服务、现有生产运营环境、相关干系人和部署实现目标等产生的影响。
- 通过进行测试或者试运行，以减少过程风险和对生产运营环境的影响，如进行压力测试、用户测试、应急演练等。
- 对服务部署过程的风险评估并制定合理的应对措施，确保服务部署过程的完成。

服务部署的关键成功因素主要包括：

- 确定可度量的里程碑和交付物以及交付物的验收标准；
- 对服务资源的准确预测并确保资源的可用性和连续性；
- 管理和统一服务相关干系人的期望；
- 服务目标清晰；
- 形成标准操作程序或作业指导书。

3.3.3　运营提升

服务运营是根据服务部署情况，采用过程方法全面管理基础设施、服务过程、人员和业务连续性，实现业务运营与 IT 服务运营融合。服务运营阶段的内容包括业务运营和 IT 运营，对服务支持系统进行监控，识别、分类并报告服务支持系统的异常、缺陷和故障，以及对系统的运行使用提供支持。

从整个 IT 服务生命周期来看，服务运营阶段通常占服务整体生命周期的比重为 80% 左右，不仅影响组织的运行效率和效益，也影响需方对服务的感知及供需双方未来合作的连续性。服务运营阶段的目的是通过高效的业务关系管理、人员管理、过程管理、技术管理、质量管理以及信息安全管理等，提供优质、可靠、安全性高、需方满意度高的服务，实现需方与供方的双赢。服务运营的关键成功因素主要包括：

- 服务交付结果满足业务运营需求；
- 服务促进了需方业务价值的提升；
- 服务质量的一致性及标准化能力；
- 全面跟踪和理解需方需求变更；
- 具有有效运行的知识管理体系；
- 具有有效信息安全管理方法、手段和工具。

1. 运营活动

组织根据服务部署情况，全面管理服务运营的要素，持续监督与测量服务，控制服务的变更以及服务运营的风险，以确保服务的正常运行，相关活动主要包括：

- 根据服务部署的成果，持续实施管理活动，输出符合要求的服务；
- 建立正式的、非正式的沟通渠道，获取用户的反馈并保留相关记录文档；
- 持续控制服务范围、服务级别协议、关键里程碑、交付物要求等；
- 建立服务运营的投诉管理机制，包括投诉接收、处理、反馈及相关记录等；
- 建立服务交付成果及交付质量评价机制，并分析和记录；
- 与外部供方明确技术要求、资源要求、质量要求、交付时间要求等。

2. 要素管理

组织对主要人员、技术、资源、过程等服务运营相关要素进行持续管理。要素管理的相关活动主要包括：

- 根据岗位职责的要求完成人员细化管理并开展培训，通过绩效考核制度确保人员具备应有的能力；
- 采用适宜的手段对服务涉及的技术进行管理，包括前瞻性研究、知识显性化管理、自主研发或购买能提高服务效率或效果的工具、技术评估和优化等；
- 有效提供、配置、评估、优化和维护各类资源，确保资源的合理利用；
- 对服务过程实施监控、测量、评估和考核，并对服务过程产生的记录文件进行有效管理。

3. 监督与测量

组织需要对服务运营的目标和计划达成状况进行监督、测量、分析和评价。监督和测量的相关活动主要包括：

- 确定测量的方式、标准、频率、时间及地点；
- 采用适宜的手段监督服务的过程和结果，包括建立监督组织和岗位职责，建立服务相关阈值或基线，采用适宜的工具或手段采集数据，建立预警或提示机制，建立纠正措施的

　　启动机制等；
- 对测量结果进行分析，提出改进建议；
- 定期根据分析和改进成果评价服务。

4. 风险控制

　　组织需要通过风险控制对服务运营做出正确的决策，实现服务运营的目标。风险控制的相关活动主要包括：
- 识别服务运营中人员、资源、技术和过程的风险和机遇；
- 识别可能导致服务中断的风险，制定应对措施，确保服务连续性；
- 对服务运营中的风险采用必要的措施，降低对服务运营的影响；
- 控制风险，对服务级别协议的完成情况进行监视，对不达标条款进行分析，提出解决方案，转移、回避或者接受风险。

3.3.4　退役终止

　　组织因某种因素制约，不再继续提供某项服务时，可进行服务终止操作，服务终止应及时通知需方及相关方，做好服务终止风险控制，处理好终止后的事务。

　　组织如果要终止服务，往往需要有书面的服务终止计划，其主要内容通常包括：
- 终止适用的条件；
- 终止的目标与成功要素；
- 其他各方执行流程的控制；
- 所有相关各方的角色与职责，如需方、外部供方和内部团队；
- 约束、风险与问题；
- 里程碑和交付物；
- 活动分解和每个活动的描述；
- 约定的服务终止与责任终止的完成标准；
- 服务对需方不再有效的时间和服务终止的时间；
- 要终止的服务和其他服务之间的接口将如何由其他服务处理；
- 安排信息安全审查，包括敏感信息的删除等；
- 确保任何悬而未决的事件、问题、用户请求和变更请求的具体内容已与需方达成共识，与需方的协议包括由此产生的任何行动。

　　组织需要做好服务终止确认文件的收集、资金、人力资源、基础设施、信息资源的回收确认，做好数据清理和资源释放，做好需方和相关方应履行的事项。还需要协商所有数据、文件和系统组件的所有权。如果需要，协商访问数据或其他服务组件的安排，并计划和实施。组织在数据归档、处置和转让时须满足法律法规及相关方要求。

　　组织需要建立服务终止的风险列表，并对风险等级进行评估，对风险等级较高的风险应制定应对措施方案。风险列表可包括数据风险、业务连续性风险、法律法规风险、信息安全风险等。

3.4 服务标准化

标准化伴随 IT 服务的发展与成熟，从 20 世纪 80 年代发展至今，IT 服务相关标准不断丰富并与其他相关标准相互融合。IT 服务标准化具备规范价值、经济价值和社会价值等，其规范价值体现在使整个行业提供服务的活动规范化；其社会价值主要体现在各类组织提升了服务质量、避免了质量低劣、解决了质量问题纠纷，有助于化解社会矛盾与提升社会信用度等；其经济价值主要体现在提升组织自身的服务效率效能，节约服务交付成本，提升组织品牌，繁荣服务市场等。

3.4.1 服务产业化

IT 服务的产业化进程分为产品服务化、服务标准化和服务产品化三个阶段。

（1）产品服务化。软硬件服务化已成为 IT 产业发展的主要方向之一，特别是云计算、物联网、移动互联网等新模式、新技术的不断出现，改变了软硬件的营销、生产和交付模式。软件即服务、平台即服务、基础设施即服务等业态的出现，促使软硬件组织以产品为基础向服务转型。

（2）服务标准化。标准化是确保服务实现专业化、规模化的前提，也是规范服务的重要手段。在服务标准化的过程中，标准化的核心作用是确定服务的范围和内容，规范组成服务的各种要素，从而为服务的规模化生产和消费奠定基础。

（3）服务产品化。产品化是实现产业化的前提和基础，只有需方对服务产品达到一致认识的前提下，服务的规模化生产和消费才能成为可能。

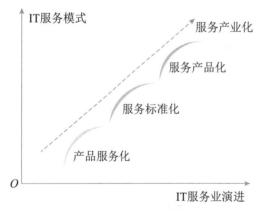

图 3-7 IT 服务产业化

总的来说，产品服务化是前提，服务标准化是保障，服务产品化是趋势。三者之间的关系如图 3-7 所示。

1. 产品服务化

在传统意义上，产品的含义是能够提供给市场，被人们使用和消费，并能满足人们某种需求的任何有形的物品；而服务在传统意义上则是指为他人做事，并使他人从中受益的一种有偿或无偿的活动，通常不以实物形式而以提供劳动的形式满足他人或组织的某种特殊需要。

IT 服务相关的产品包括硬件、软件等在不断发展，IT 产品在技术、质量方面不断地改进提升，但产品的同质化状况也日益严重，市场竞争也更多地体现在为需方提供的服务上，通过为需方提供量身定制的个性化、差异化的服务，增加供方为需方带来的价值。在此背景下，产品的含义也逐步从单纯的有形产品扩展到基于产品的增值服务，有形产品本身只是作为传递服务的载体或者平台，这种趋势就是产品服务化。

产品服务化的特征主要包括以下几个方面：

- 产品服务化是以产品为主线，服务依附于产品而存在；
- 产品服务化在服务过程中，常对服务没有明确的考核；
- 产品与服务是不可分割的两部分，两者往往融合在一起。

产品服务化的价值可以分别从需方和供方角度来看。

（1）从需方的角度。产品的交付和使用是为了有效支撑需方业务运营，一般是通过供方为需方提供服务来实现的，包括以产品本身和增值服务方式提供的服务，从而实现产品的作用和价值的最大化。

（2）从供方的角度。新产品或新的解决方案，需要通过研发和应用的有效互动来持续改进，并在提供服务的过程中不断提升产品，在为需方创造价值的同时，实现供方的发展战略。

2. 服务标准化

随着 IT 应用的快速成长，IT 服务的供方和需方逐渐意识到服务标准化将成为服务的核心能力。服务标准化主要是基于服务生命周期的管理，针对服务过程、规范以及相关制度进行统一规定、统一度量标准，实现服务可复制交付。

服务标准化的特征主要包括以下几方面：

- 建立了标准的过程、实施规范以及相关制度；
- 具有明确的有形化产出物描述及相关模板；
- 实施服务的过程有记录，此记录可进行追溯且可审计；
- 建立完善的服务质量考核指标体系。

服务标准化的价值分别从供方和需方角度来看：

- 从供方的角度：服务标准化使服务规模化成为可能；
- 从需方的角度：在接受服务的过程中更有效地获得满足需求的服务。

3. 服务产品化

随着组织对 IT 的依赖，IT 服务需求不断增加，并从附属于硬件和软件的从属地位中逐渐独立出来，成为增长速度最快的领域。但是，由于服务的无形性、不可存储性等特殊性，如何衡量 IT 服务质量和成本、评价服务绩效已成为 IT 服务发展过程中的关键技术难题。因此，需要借鉴针对传统产品的方式，实现服务产品化，即将所提供的服务通过可衡量的质量要求、可视化的服务体系、清晰的服务定价机制和统一的服务标准来体现，形成具有特定属性的服务产品，并具有产品规范化、可视化、数字化特性。

服务产品化的特征主要包括：

- 服务产品化具有清晰的服务目录；
- 具有独立的价值、明确的功能和性能指标；
- 对具体的服务有相应的服务级别要求；
- 对服务有明确的考核指标；
- 对服务产品实施全生命周期管理。

服务产品化的价值可以分别从供方和需方角度来看。

（1）从服务需方角度。服务产品化之后，需方能够以产品组合的形式定制规范化服务，具有清晰的标准、预期的服务质量和服务收益。

（2）从服务供方的角度。将服务进行产品化，能够满足需方不同阶段的服务需求，以产品的方式对需方提供统一、规范的服务交付内容、交付过程及交付界面，有效地提升了服务的工作效率和服务级别协议的达成率，使需方得到统一、规范、专业的服务，获得更大的满意度。

3.4.2 服务标准

ITSS 在工业和信息化部、国家标准化管理委员会的指导下，在各方共同努力下，开创了政府指导、企业主体、应用牵引、国际同步、产学研用共同推进的标准化工作局面，破解了标准化工作重研制、轻应用、无反馈的难题，提出了以 IT 服务基本原理为核心、整体布局、分类分级、协调优化、持续改进的标准体系建设的新方法。ITSS 在政策规划制定、产业转型升级、行业统计制度建设、企业服务能力提升、IT 服务关键支撑工具和产品研发等方面发挥了重要作用。ITSS 既是一套成体系和综合配套的标准库，又是 IT 服务的方法论，通过最佳实践的总结、标准化提炼等实现 IT 服务相关方的可信赖。

1. 建设目标

经过多年的建设与发展，ITSS 的建设目标主要聚焦在支撑国家战略、引导产业高质量发展、促进新技术应用创新、指导 IT 服务业务升级、确保标准化工作有序开展等方面。

（1）支撑国家战略。标准是国家竞争力的基本要素，是国际交往的技术语言和国际贸易的技术依据。ITSS 体系的建设与发展，需要始终坚持以国家战略为纲领，更好支撑"数字化发展""建设数字中国""新发展格局""自主创新"等国家战略部署。

（2）引领产业高质量发展。ITSS 体系的建设与发展，应致力于引领产业的高质量发展。信息技术服务业产业结构升级持续加快，智能化服务、数据服务、区块链服务等新产业形态蓬勃发展，ITSS 体系建设应从标准化角度助力产业链贯通和产业生态打造，着力构建 IT 服务领域的新发展格局，引领和推动信息技术服务的高质量发展。

（3）促进新技术创新应用。ITSS 体系的建设与发展，应从标准化的角度引领新技术融合创新。传统基础服务呈现智能化发展趋势，建立 IT 服务关键技术体系，开展相关标准研制工作，需要引领信息技术创新导向，促进新技术在业务上的创新应用。

（4）指导 IT 服务业务升级。ITSS 体系的建设与发展，应全面、客观反映 IT 服务的基础和转型升级进展，固化业界最佳实践和认知水平成果，分享 IT 服务标准化领域的研究成果和实践经验，为 IT 服务的转型升级和有序发展奠定坚实基础。

（5）确保标准化工作有序开展。ITSS 体系应直观地规定标准体系中需要制定的标准及其彼此之间的关联关系，有效支持以上原则的实施，有效规避标准化目标不明确、方向不清晰等问题，指导和统筹协调相关部门标准体系构建工作，确保成体系、成系统地开展标准研制工作。

2. 价值定位

ITSS 对 IT 服务相关方来讲，将带来质量、成本、效能和风险等方面的潜在收益。

对 IT 服务需方的价值收益主要包括：提升服务质量、优化服务成本、强化服务效能、降低服务风险等。

（1）提升服务质量。通过量化和监控用户满意度，需方可以更好地控制和提升用户满意度，从而有助于全面提升服务质量。

（2）优化服务成本。不可预测的支出往往导致服务成本频繁变动，同时也意味着难以持续控制并降低服务成本，通过使用 ITSS，将有助于量化服务成本，从而达到优化成本的目的。

（3）强化服务效能。通过 ITSS 实施标准化的服务，有助于更合理地分配和使用服务，让所获得的服务能够得到最充分、最合理的使用。

（4）降低服务风险。通过 ITSS 实施标准化的服务，也就意味着更稳定、更可靠的服务，降低业务中断风险，并可以有效避免被服务供方绑定。

对 IT 服务供方的价值收益主要包括：提升服务质量、优化服务成本、强化服务效能、降低服务风险等。

（1）提升服务质量。供需双方基于同一标准衡量服务质量，可使供方：

● 通过ITSS来提升服务质量；

● 提升的服务质量被需方认可，直接转换为经济效益。

（2）优化服务成本。ITSS 使供方可以将多项服务成本从组织内成本转换成社会成本，比如初级服务工程师培养、客户 IT 教育等。这种转变一方面降低了供方的成本，另一方面为供方的工作快速发展提供了可能。

（3）强化服务效能。服务标准化是服务产品化的前提，服务产品化是服务产业化的前提。ITSS 让供方实现服务的规模化成为可能。

（4）降低服务风险。通过依据 ITSS 引入监理、服务质量评价等第三方服务，可降低服务项目实施风险；部分服务成本从组织内转换到组织外，可降低组织运营风险。

3. 体系框架

ITSS 的内容即为依据其原理制定的一系列标准，是一套完整的 IT 服务标准体系。标准体系是一种由标准组成的系统，为了实现系统化的目标而必须具备一整套具有内在联系的、科学的有机整体。标准体系内部各标准按照一定的结构进行逻辑组合，而不是杂乱无章地堆积，它是一个概念系统，是由人为组织制定的标准形成的人工系统。标准体系结构是指标准系统内各标准内在有机联系的表现方式。形成标准体系的主要方式有层次和并列两种：层次是指一种方向性的等级顺序，彼此存在着制约关系和隶属关系；并列是指同一层次内各类或各标准之间存在的方式和秩序，ITSS 标准体系通过并列方式列出各类和各项标准。

1）体系建立原则

ITSS 标准体系的建立原则主要包括目标明确，整体性强，整个体系是有序的，并具有开放性、动态性特点等。

● 目标性。任何标准体系的建立有其明确的目标。建立ITSS体系的目标是按照科学的分类体系指导IT服务标准化工作成体系、成系统地开展，解决IT服务发展过程中的共性技术问题，从而降低服务和技术的研究、生产、使用或消费、维护乃至管理的成本和风险，使标准化工作发挥最佳效益。

● 整体性。现代标准化以标准的整体性为特征。构成标准体系的各标准并不是独立的要素，标准之间相互联系、相互作用、相互约束、相互补充，从而构成一个完整统一体。

● 有序性。标准体系是一个相当复杂的系统，包含为数众多的标准，体系内部各标准不是杂乱无章的堆积，整个标准体系的结构层次应该是有序的。标准体系结构应具备合理的标准层级、时间序列和数量比例。标准体系结构层次的有序性是由系统中各层次要素之间的依从关系决定的。上一层是对下一层的抽象（归纳），而下一层又是上一层的具体化。

● 开放性与动态性。标准是科学技术和生产水平的综合反映，科学技术不断发展，生产水平也不断提高，所以标准也要不断提高水平、拓宽领域、完善更新。这就决定了标准体系必须随着科学技术和生产力的发展而不断发展。

因此，标准体系既不是封闭的，也不是绝对静止的。任何标准体系总是处于某种环境之中，总是要同环境之间进行相互作用和交换信息，并且不断地调整或淘汰那些不适用的要素，及时补充新的要素，使标准体系处于不断改进的过程。

2）ITSS 5.0

ITSS 5.0 标准体系框架是在数字中国建设、产业高质量发展、新发展格局构建以及自主创新的国家战略和市场需求的双轮驱动下，以基础服务标准为底座，以通用标准和保障标准为支柱，以技术创新服务标准和数字化转型服务标准为引领，共同支撑业务融合的实现。ITSS 5.0的体系框架如图3-8所示。

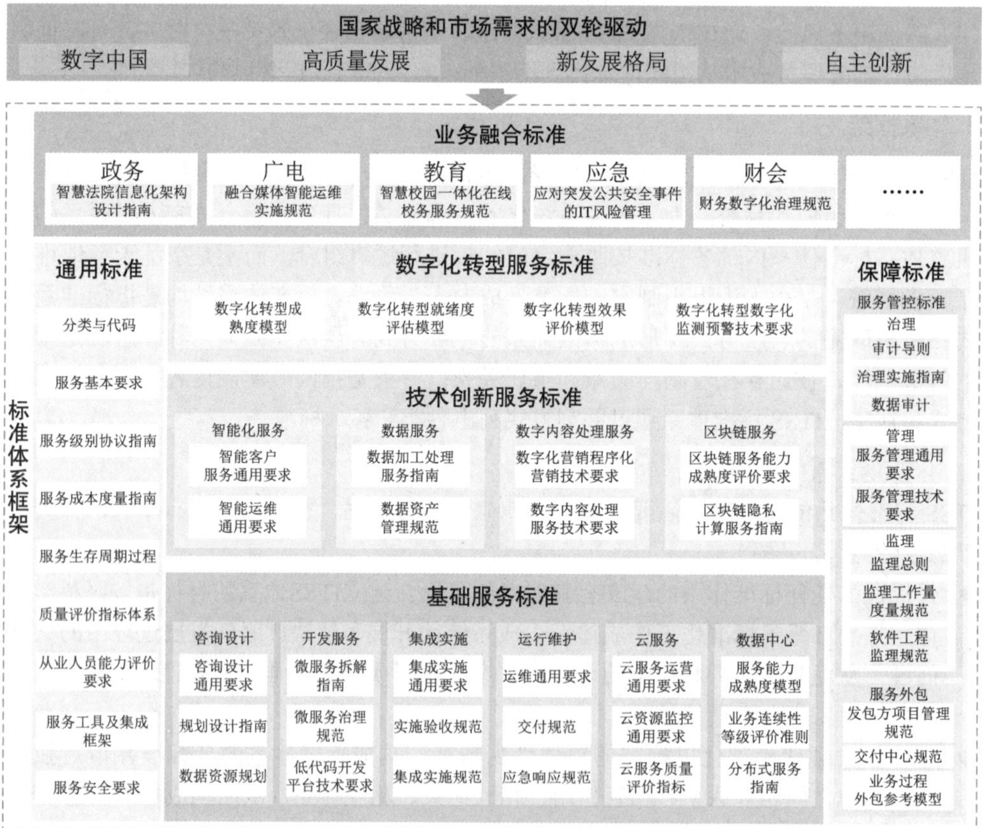

图3-8　ITSS 5.0 体系框架图

ITSS 5.0 的主要内容包括：

- 通用标准。通用标准是指适用于所有IT服务的共性标准，主要包括IT服务的业务分类和服务原理、服务质量评价方法、服务基本要求、服务从业人员能力要求、服务成本度量和服务安全等。
- 保障标准。保障标准是指对IT服务提出保障要求的标准，主要包括服务管控标准和外包标准。服务管控标准是指通过对IT服务的治理、管理和监理活动和要求，以确保IT服务管控的权责分明、经济有效和服务可控；服务外包标准则对组织通过外包形式获取服务所应采取的业务和管理措施提出要求。
- 基础服务标准。基础服务标准是指面向IT服务基础类服务的标准，包括咨询设计、开发服务、集成实施、运行维护、云服务、数据中心等标准。
- 技术创新服务标准。技术创新服务标准是指面向新技术加持下的新业态新模式的标准，包含智能化服务、数据服务、数字内容处理服务和区块链服务等标准。
- 数字化转型服务标准。数字化转型服务标准是支撑和服务组织数字化转型服务开展和创新融合业务发展的标准，包含数字化转型成熟度模型、就绪度评估、效果评估、中小企业指南、数字化监测预警等标准规范和要求。
- 业务融合标准。业务融合标准是指支撑IT服务与各行业融合的标准，包括面向政务、广电、教育、应急、财会等行业建立具有行业特点的信息技术服务相关的标准。

3.5　服务质量评价

《信息技术服务 质量评价指标体系》（GB/T 33850）中，定义IT服务质量为："信息技术服务的固有特性满足要求的程度"。IT服务质量的若干特性在服务生命周期中得以表现出来。例如，在规划设计阶段，服务质量特性更多体现在对服务本身的各种规定，服务本身的内容及其实现的功能等方面。因此，在IT服务本身的规划和设计过程中，需要组织在服务资源、服务能力和服务投入等方面进行策划和设计；而在服务部署实施及服务运营阶段，服务质量更多体现在服务交付过程中的各种特性中，即为了实现服务对象满意而进行的服务交互活动。因此，在服务交付时，服务相关方在一定条件下，以交互方式实现服务价值。相关方的互动与沟通、服务的提供与体验等构成服务质量形成的基础。

3.5.1　相关方模型

IT服务涉及服务的开发、提供和消费等环节，并涉及服务的需方、供方和第三方等服务相关方，在特定条件下的服务交互过程，如图 3-9 所示。服务需方负责提出服务质量需求，作为整个服务质量衡量或评价的基准，服务质量需求通常情况下是以供需双方签订的服务级别协议体现，服务需方有时也行使服务质量评价的职能；服务供方负责提供满足服务质量需求的服务，同时在提供服务过程中，有职责和义务配合服务需方和第三方开展质量监督和评价工作，以及开展内部质量监督和评价；第三方通常是受服务需方或服务供方的委托，以中立的视角参照服务质量需求，应用服务质量评价工具，对整个服务过程的服务质量进行客观评价。

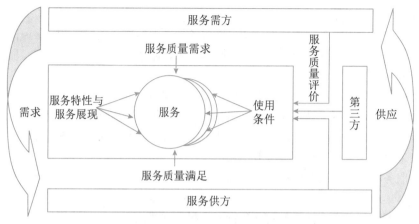

图 3-9　服务质量相关方模型

3.5.2　互动模型

服务的需方和供方之间是通过服务质量特性来进行互动的，如图 3-10 所示。在需方部分，期望质量也就是需方对供方服务所提出的服务质量要求，感知质量就是供方在提供服务过程中被需方感受到的服务质量。这二者都将通过服务质量特性的评价指标去量化体现。其中期望质量与感知质量的差异将影响到服务需方满意度，期望质量大于感知质量，服务需方不满意；期望质量小于或等于感知质量，服务需方满意。在供方部分，服务质量特性决定于服务供方的服务要素质量和服务生产质量应满足的服务质量要求。服务要素质量涉及人员、过程、技术、资源等方面。服务生产质量就是供方提供服务的过程，覆盖了服务的全生命期。服务要素质量支撑服务生产质量，服务生产质量依赖服务要素质量并通过服务质量特性的评价影响需方的感知质量。

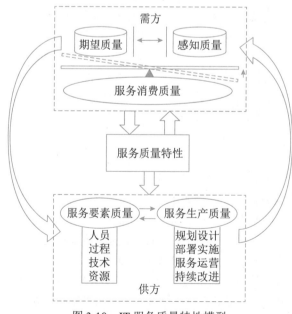

图 3-10　IT 服务质量特性模型

3.5.3 质量模型

《信息技术服务 质量评价指标体系》（GB/T 33850）定义了 IT 服务质量模型，如图 3-11 所示。质量模型用于定义服务质量的各项特性，分为 5 大类：安全性、可靠性、响应性、有形性和友好性。每个大类服务质量特性进一步细分为若干子特性。这些特性和子特性适用于定义各类 IT 服务的评价指标。

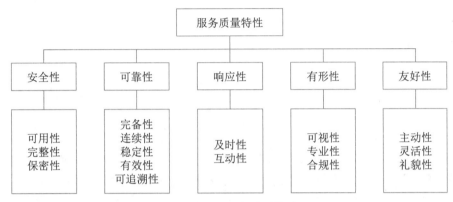

图 3-11 IT 服务质量模型

（1）安全性。IT 服务供方在服务过程中保障需方的信息安全的程度。子特性包括：
- 可用性。确保授权用户对信息的正常使用不应被异常拒绝，在必要时能及时地访问和使用的程度。
- 完整性。确保供方在服务提供过程中管理的需方信息不被非授权篡改、破坏和转移的程度。
- 保密性。确保供方在服务提供过程中不泄露信息给非授权的用户或实体的程度。

（2）可靠性。IT 服务供方在规定条件下和规定时间内履行服务协议的程度。子特性包括：
- 完备性。供方所提供的服务是否具备了服务协议中承诺的所有功能的程度。
- 连续性。确保服务协议在任何情况下都能得到满足的程度，致力于将风险降低至合理水平以及在业务中断以后进行业务恢复两个方面。
- 稳定性。供方所提供的服务能够稳定地达到服务协议约定的要求的程度。
- 有效性。供方按照服务协议要求对服务请求进行解决的程度。
- 可追溯性。供方在服务过程中涉及的活动应具有原始的完整记录，实现有据可查的程度。

（3）响应性。IT 服务供方按照服务协议要求及时受理需方服务请求的程度。子特性包括：
- 及时性。供方按照服务协议要求对服务请求响应快慢的程度。
- 互动性。供方通过建立适宜的互动沟通机制保障供需双方进行信息交换的程度。

（4）有形性。IT 服务供方通过实体证据展现其服务的程度。这些实体证据通常包括人员形象、服务设施、服务流程、服务工具及服务交付物等。子特性包括：
- 可视性。供方向需方以可见的方式展现其服务的程度。

- 专业性。供方在服务过程中展现出的规范性、标准性和先进性的程度。
- 合规性。供方提供的 IT 服务遵循标准、约定或法规以及类似规定的程度。

（5）友好性。IT 服务供方设身处地为需方着想和对需方给予特别关注的程度。子特性包括：

- 主动性。供方主动感知需方需求并积极采取措施保障服务提供的能力。
- 灵活性。供方应对需方需求变化的能力。
- 礼貌性。供方在服务提供过程中展现的服务语言、行为和态度规范化的能力。

3.6　服务发展

当前，世界正在经历百年未有的大变局，新一轮科技革命和产业变革深入发展，IT 服务业发展日趋复杂，机遇和挑战均有新的变化。一方面，IT 服务业面临严峻的外部环境。国际环境日趋复杂，全球经济发展不稳定性、不确定性明显增加，新冠疫情等"黑天鹅"事件频发，数字化转型下的行业分化变革加速，IT 服务业传统的商业与盈利模式受到严重挑战。另一方面，IT 服务业面临巨大的发展机遇。国内大循环为主体、国内国际双循环的新发展格局正加速形成，数字经济迅猛发展，数字技术创新日新月异，围绕云、物联网、数据资产等领域不断涌现出新的 IT 服务形态。我国经济的转型和发展以及新业态的出现给 IT 服务业带来了大量的新机会。

3.6.1　发展环境

党的十九届五中全会提出"发展战略性新兴产业，推动互联网、大数据、人工智能等同各产业深度融合"，并要求"加快数字化发展。发展数字经济，推进数字产业化和产业数字化，推动数字经济和实体经济深度融合，打造具有国际竞争力的数字产业集群"。强调"加强数字社会、数字政府建设，提升公共服务、社会治理等数字化智能化水平"。该规划的颁布为我国 IT 服务业高质量发展指明了方向，IT 服务业将继续通过新一代信息技术，支持各行业间的数字化转型，全面助力数字中国建设。除此之外，国家多部委和地方政府纷纷发布了有关数字经济发展的政策文件，政策规划正在引领 IT 服务业发展达到新的高度。

随着全球数字化的加速渗透，数字经济蓬勃发展。特别是面对新冠疫情等影响，数字经济展现出强大的发展韧性，实现逆势增长，为世界经济复苏、增长注入重要动力，数字经济已成为引领全球经济与推动经济高质量发展的重要引擎。我国超大规模的市场优势为数字经济发展提供了广阔而丰富的应用场景。数字经济在实现自身快速发展的同时，也成为推动传统产业升级改造的重要引擎。各行业纷纷将业务从线下搬到线上或尽量将业务能够同线上和线下进行深度融合，加快向数字化、网络化、智能化转型升级的步伐。IT 服务作为信息技术和实体经济深度融合的黏合剂与推进剂，数字经济蓬勃发展的浪潮为 IT 服务创造了更加广阔的发展空间。

全球新一轮科技革命和产业革命加速发展，新一代的信息基础设施、分布式的计算能力、丰富多样的应用场景等共同驱动 IT 服务持续保持高速创新演进态势。以 5G、人工智能、物联网、大数据为代表的新一代信息技术逐步普及并成熟，驱动了云服务、数据服务、智能化服务等新兴 IT 服务的快速发展，带来了 IT 服务新的业务增长点和发展新机遇。IT 服务创新能力显著提升，产业基础得到夯实巩固，产业链现代化水平明显提高，更高水平的产业生态重构基本形成。

3.6.2　发展现状与趋势

1. 产业规模持续增长

在国家政策、市场需求和产业资金不断改善和发展的驱动下，国内 IT 服务业继续呈现平稳向好发展态势，收入快速增长，增速高于软件业整体水平。作为数字经济的重要组成，IT 服务产业规模预期将保持持续增长。一是我国 IT 服务业的发展具有天然的优势，经济体量庞大，用户数量多，各行各业都在开展数字化转型，巨大的市场规模牵引着我国 IT 服务业快速发展。二是 IT 服务业是带动经济复苏的主要力量。受国际局势影响，全球主要经济体的经济受到极大冲击，而 IT 服务业体现出强大的发展韧性和发展潜力，成为拉动国内经济的重要引擎。三是当今世界正经历百年未有之大变局，新一轮科技革命和产业变革深入发展，国际环境日趋复杂，经济全球化遭遇逆流。复杂的国际形势倒逼我国加快提升 IT 服务发展的自主创新能力。四是国家、地区等发布了众多重要政策，为 IT 服务业发展营造了良好的发展环境。

2. 传统服务加速转型升级

传统的 IT 服务，如信息技术咨询规划、软硬件设计与开发、系统集成、运行维护服务在新技术的加持下，为满足市场需求，加快转型升级。

咨询设计服务方面，由信息化工程咨询服务逐步转变为业务数字化转型咨询服务。随着信息化与业务深度融合，单纯的信息化工程咨询服务已不能满足客户需求，如何通过信息化促进业务融合与提升，推动业务数字化转型成为当前咨询服务的新方向。咨询设计服务从以业务需求为出发点规划信息化工程，转变为深入组织业务痛点构建前瞻性业务模型，从战略流程组织架构入手，通过数字化规划，提出引领组织业务数字化转型的方案。

开发服务方面，由传统瀑布开发模式向微服务开发模式转变。随着业务迭代加速、协同需求增大以及云应用开发部署普及，以微服务开发框架进行业务组件开发的服务模式逐渐成为主流。微服务围绕业务组件创建应用，可灵活地进行开发、管理和加速。业务组件提供服务接口和管理界面，实现不同应用集成，为应用提供服务，有效改善现有系统之间的调用效率，满足业务系统的快速开发和迭代升级。

信息系统集成实施服务方面，从基础软硬件集成服务，向基础设施搭建、数据整合与共享、应用重构和上云部署等全栈式集成服务转变。近年来，信息系统建设的集约整合和共享共用要求不断提高，信息系统上云以及大系统、大平台、大数据的建设模式可以集约化利用资源并系统性打破信息孤岛。与此同时，产业数字化带来的应用与数据集成不断向细分领域、高端技术延展，用户群体的集成需求更加丰富和多层次，信息系统集成实施服务逐步从基础软硬件集成发展为向用户提供一体化解决方案为主的集成服务，即全面实现数据共享、业务系统整合的全栈式信息系统集成服务。

运行维护服务方面，由基于人员、流程、资源和技术的传统运维模式向由基于知识、数据、算法、算力的智能运维模式转变。随着人工智能、大数据、云计算等技术的飞速发展，运维服务面临信息系统技术架构日趋复杂、运维对象规模快速增长、告警信息海量涌现、业务需求快速迭代等困难，智能运维应运而生。智能运维是人工智能在运行维护领域的应用，更关注知识、数据、算法、算力的应用，是"数据驱动的运维"，具备能感知、会描述、自学习、会诊断、可决策、自执行、自适应等特征，极大地降低了运维成本，提高了运维效率。

3. 新模式新业态不断涌现

数字化转型过程中，5G、云计算、区块链、人工智能、数字孪生、北斗通信等新一代信息技术的应用，为IT服务提供了新的实现手段，同时赋予了其更多的内涵，促使数据服务、区块链服务、数字内容处理服务、数字化转型服务等新兴IT服务的不断涌现与迅猛发展。服务模式也由传统的人·月方式、项目方式扩展到云订阅、在线调用等数字化方式。IT服务业态与技术创新不断涌现，让IT服务业走向多元化发展模式。

数据逐渐成为重点服务对象和重要服务资源。一方面数据呈现爆发增长、海量集聚的发展态势，以业务数据作为服务对象的数据服务产业迎来重要的爆发期。数据服务产品不断涌现，数据与实体经济各产业领域加速融合，覆盖数据采集、存储、处理、分析、应用和可视化的数据服务以及推动数据加快流通交易的数据资产评估服务产业格局不断完善。另一方面，服务数据已经成为服务资源的重要组成部分，如何合理、有效、科学地利用服务数据是实现IT服务本身数字化、智能化、网络化协同的关键。

区块链服务助力营造安全可信发展环境。区块链有利于建立公开透明的信任机制，在隐私保护方面有匿名化的独特优势，已在防伪溯源、供应链管理、司法存证、政务数据共享、民生服务等领域涌现了一批有代表性的应用。规范和提升基于区块链的服务，对构建安全可信环境、防范应用风险、完善区块链产业生态具有重要意义。产业界正持续开展区块链服务模式的探索，推动建立安全可信的数字经济新规则与新秩序。

数字内容服务运用信息技术进行数字化并加以整合运用，向用户提供数字化的图像、字符、影像、语音等信息产品与服务的新兴IT服务。直播电商、云展会等数字化营销手段的出现，提供了线上服务。

业务驱动的数字化转型服务成为新的服务类型。数字化转型服务是一种新型的IT服务业态，其核心是通过协同组织推进关键数字技术在业务中的创新应用，通过"上云用数赋智"构建平台业务模式等，激活组织业务中的数据要素，为组织的业务转型赋能。

4. 自主创新能力进一步加强

基础软硬件是所有IT服务的基础。近年来，在政策鼓励和应用牵引下，国内涌现出一批优秀的从事基础软硬件研发的技术型组织，我国自主产品逐步实现从"可用"到"好用"，再到"突破创新"的转变，建立了满足基本应用需求的产业链条。集成厂商和软件开发商已逐步开始兼容自主系统，部分软硬件进入自主研发阶段，芯片、操作系统、中间件和应用软件领域乘势而起，通过对IT软硬件的重构，建立我国自主可控的IT服务产业生态，提升我国IT服务"双链"的稳定性和竞争力，实现信创技术群体跃升和融合发展。

然而，与国际主流基础软硬件相比，我国软硬件产品的性能、可靠性、兼容性等仍有待进一步提升，标准化程度不高导致基础 IT 服务，如设计开发、集成实施、运维服务等，周期长、难度大、服务质量不可控；同时，基础软硬件的短板会导致 IT 技术创新服务和业务融合 IT 服务发展受限；再如，制造行业软件与国产基础软硬件的适配等方面存在众多问题。因此，提升我国基础软硬件的自主创新能力仍是 IT 服务发展的重要内容。

5. 复合型人才需求旺盛

我国 IT 服务产业人才供给能力不断提升。据工业和信息化部公布数据显示，软件和 IT 服务业从业人数稳步增加，工资总额加快增长。然而，我国 IT 服务与业务领域融合的复合型人才缺口仍然较大，复合型人才和高技能人才紧缺，部分领域人才培养不能满足产业发展需求。例如，融合金融学、数学、信息计算科学等多门学科的金融科技，培养新型金融科技人才适应不断发展变化的金融新环境迫在眉睫。再如，信息技术应用创新的从业人员缺口大，核心技术人才尤其缺乏，导致核心技术攻关能力受限，设计开发、集成服务周期长。

6. 发展与安全长期共存

从国际情况来看，加强本土信息技术产业的扶持成为了世界各国发展主基调。美国政府持续通过"实体清单"等手段对我国企业全方位打压，同时借助政策引导，加强本土产业能力建设。欧盟出台相关政策，积极引导本土产业界加大对信息技术和数据产业的投入创新，同时借助规范市场规则打造新时期欧洲 IT 产业发展竞争力。

从国内情况来看，"十四五"规划提出坚持总体国家安全观，实施国家安全战略，维护和塑造国家安全，把安全发展贯穿国家发展各领域和全过程，防范和化解影响我国现代化进程的各种风险，筑牢国家安全屏障。IT 服务产业作为国家战略科技力量和重要基础设施重要性突出，安全发展也必须贯穿全过程。

危机中寻新机，变局中开新局。在"十四五"规划的建议指导下，加快数字化发展，建设数字中国，在数字基建、信息消费等需求推动下，产业数字化和数字产业化的加速升级将持续为我国 IT 服务产业发展培育新的增长点，IT 服务产业的稳步前行也将为我国数字经济体系建设贡献力量。

3.7　服务集成与实践

随着云计算、云原生、工业互联网等平台化业务模式的实践与发展，为满足社会、企业等具体业务场景或数字化转型需求，以信息系统平台为基础的多元服务融合集成，已成为信息系统集成发展的方向之一。服务集成是在传统意义上信息系统集成关注技术融合的基础上，更加强调数据融合共享条件下的"敏态"集成能力建设，是信息系统软硬件面向"稳态"集成后，面向各行业领域数字化转型和服务化发展的新型实践。服务集成以包含信息系统软件在内的"服务产品"为集成对象，以量化的服务水平管理为抓手，以跨组织、跨团队的服务动态融合为关注焦点，以服务交付管理为项目管理主要内容，以服务绩效和服务价值为集成成果评价关键点。

服务集成活动的基本方法，如图 3-12 所示。

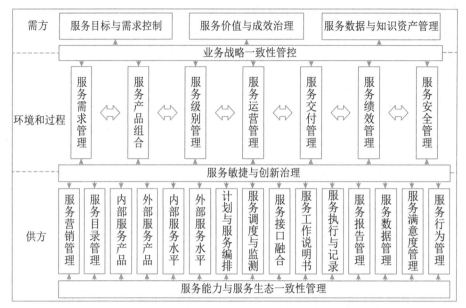

图3-12　服务集成活动基本方法示意图

服务集成基于服务核心四要素：需方、供方、环境和过程，与单项服务活动相比，多元服务的集成更加关注通过业务战略一致性管控（服务集成价值与需方发展战略的深度融合）、服务敏捷与创新、服务能力与服务生态一致性建设，满足需方复杂需求（尤其是隐性需求）以及具备弹性的价值与成效要求等，这就需要供方通过服务数据共享交换、人才团队融合、计划和调度能力的强化等手段，确保内外部服务能力的一体化融合以及面向服务项目或场景的一致性行动等。服务集成涉及多个供方团队或组织，因此服务数据和知识资产的管理也成为服务集成的重要关注点。

3.7.1　实践背景

某城市为提升区域交通治理与管理水平，优化区域交通与城市配送等交通环境，以及改善城市居民出行、停车等交通体验，充分发挥城市公共空间针对交通的动、静态载体能力，策划提出了包含区域车联网新技术、智慧停车新思路、低速无人快递新模式、数字交通治理概念等城市交通环境更新项目需求，并期望以此带动区域经济的发展，包括城市影响力提升、产业链级的招商引资以及相关数字经济高质量发展等，命名为"某市城市交通空间综合开发项目"。为此，该城市成立了专门的平台公司，并为该公司筹集了必要的启动资金，计划投资额12亿元人民币，由该平台公司主导开展相关项目建设和服务集成工作，政府侧也建立了由多部门共同构成的指导委员会，共同驱动该项区域发展战略。

1. 集成目标

该实践集成目标主要包括区域发展、产业衍生、社会运营、高效建设等方面。

在区域发展方面，项目主要聚焦在城市可持续竞争力、经济与社会发展两个方面，主要包括：①落实国家相关战略需求，包括数字中国、智慧城市、数字经济和车联网等试点示范，从而使城市在国家新时期长期战略中进一步锁定发展新机遇；②提升城市治理体系与治理能力现代化，提升民生服务水平，优化数字营商环境，从而支撑城市的高质量发展；③全面利用城市基础设施与环境升级建设的契机，优化区域产业结构，大力发展数字经济等方面，打造出新型智慧城市产业生态。

在产业衍生方面，项目主要聚焦在智能硬件产品、信息服务和数据加工三个方面，主要包括：①车联网与道边停车感知等相关软硬件产品的产业导入、提升和产业链建设等；②培育出能够贯彻技术、产品、运营、终端服务全链条融合创新的产业生态模式，以及相关的服务组织等；③聚焦产业竞争力建设，培育和打造相关产业独角兽企业和龙头企业分支机构等。

在社会运营方面，项目主要聚焦在可持续运营、合理的投资收益两个方面，主要包括：①确立无人驾驶与低速无人快递、智慧公共停车等相关产业化投资模式，形成"引导资金＋社会资本"共同改善城市环境投资的成熟框架与方法；②构建新型基础设施建设与运营融合的全过程模型，提炼边建设、边运营探索的项目开发方法；③打造"政府引导、社会化参与"的城市基础环境改善与经济融合发展的多元共治共享样板，沉淀城市居民数字素养提升和系统化城市运营新方法。

在高效建设方面，项目主要聚焦在建设合规、技术标准明确、施工有机协同、系统稳定可靠四个方面，主要包括：①面对城市更新与改造建设关联施工领域多、既有资源利用复杂、施工难度大等特点，需要在保障安全与合规的情况下正确施工；②面对大量新技术、新系统等，既需要满足各领域标准规范，又要做好技术的融合与集成；③面对交通相关基础设施智能控制的高性能与高可靠要求，做好智能控制与可靠控制的组合应用，避免时延、可用性等技术因素带来的城市交通运维问题。

2. 需求分析

服务自身具备无形性、可变性、不可存储性、不可分离性等特点，服务需求往往面临较大的弹性，因此服务集成需求的可变性空间变得更大，这就需要把服务需求在项目前期阶段就要进行有效识别、分析、推演，并定义其控制方法和管理过程。相对一般信息系统项目来说，服务需求的弹性往往来自于隐性需求，且在期望与感知过程中不断变化。多元化服务需方相关人员往往对需求起关键性决定因素，因此全面识别服务需方对服务集成项目至关重要，对该项目而言，识别的服务需方主要包括：政府城市治理与管理人员（含执法人员）、各类自治组织、城市居民、社会运营机构等。

服务隐性需求的显性化是服务集成项目过程中持续关注的重点，就该项目而言，启动阶段确立的显性需求及其指标控制如表 3-1 所示。

表 3-1　某市城市交通空间综合开发项目启动阶段需求分析与指标示例

需求方	关键需求	指标控制		
		2020 年	2021 年	2022 年
政府机构	车联网覆盖率	≥ 30%	≥ 70%	≥ 85%
	路侧停车电子化率	≥ 50%	≥ 80%	100%
	招商引资及产业服务产值 / 基础投资额（引导资金）	≥ 1 倍	≥ 20 倍	≥ 30 倍
	公共道路违章停车下降	≥ 10%	≥ 20%	≥ 30%
	……	……	……	……

（续表）

需求方	关键需求	指标控制		
		2020 年	2021 年	2022 年
自治组织	群众路侧停车满意度	≥ 85%	≥ 90%	≥ 95%
	城市公共停车场接入率	≥ 30%	≥ 80%	≥ 95%
	特殊群体路侧停车优惠管理接口	电子表格	自治组织客户端	居民自助客户端
	……	……	……	……
城市居民	公共停车信息获取率	≥ 25%	≥ 75%	≥ 90%
	路侧停车最长等待时间	≤ 10 分钟	≤ 8 分钟	≤ 2 分钟
	交通通行效率提升	≥ 5%	≥ 10%	≥ 20%
	……	……	……	……
社会运营机构	无人配送通达社区率	≥ 25%	≥ 60%	≥ 80%
	无人驾驶接入可用性	≥ 90%	≥ 95%	≥ 99%
	……	……	……	……

3. 需求控制

服务集成是一项复杂的系统工程，多元可变促使服务集成难度的提升，也容易陷入"复杂创新黑洞"，也就是虽然技术、产品、管理等可行，但原理创新、技术创新、服务创新、模式创新等错综交织带来的巨大项目及社会成本，导致项目陷入某种困境。因此，服务集成往往采用如下原则开展：

- 以稳态发展规律，推演创新实施路径；
- 以成熟实践方法，保驾创新融合内容；
- 以合规评估评测，确立创新核心价值；
- 以多元专家参与，支撑创新建设优化。

基于上述原则，该项目确立的具体治理理论和方法如表 3-2 所示。

表 3-2　某市城市交通空间综合开发项目治理理论与方法示例

领域	治理理论与方法
推演与演进	智慧城市、城市数字化转型等发展成熟度和演进规律
	智慧交通建设与演进规律
	新型基础设施建设与发展规律
	……
最佳实践	信息技术服务标准、方法论与最佳实践
	信息惠民与信息消费标准、方法论与最佳实践
	社会科学技术工程方法论与最佳实践
	……

（续表）

领域	治理理论与方法
合规与评测	信息化工程项目管理
	信息化工程监理与评测
	财务升级与 IT 审计
	……
专家资源	多元专家融合服务体系方法
	多领域专家协同创新平台
	科技成果转化工程
	……

服务集成项目往往涉及众多知识领域、工程思维模式以及动态分析与决策能力等，因此，服务集成项目往往需要配备"全过程咨询服务"这一服务内容，从而确保项目各类目标、方法、思想和要求等能够有效地进行发布与传达，这种服务尤其对项目隐性需求和隐性知识的继承起着重要的作用，这也恰巧是服务集成所重点关注的内容。

3.7.2 服务产品与组合

服务集成是对组织内、外部多领域服务产品（内容）的有机融合，该过程结合了组织内外部"产品服务化、服务产品化"的进程和成果，也是相关知识与能力重组、再造和创新的过程。

1. 服务供应业务域识别

服务供应业务域的识别与软硬件系统集成的架构层次识别类似，重点不是对具体（服务）产品的识别以及价值与指标确认，而是采用系统工程的分阶段模式与信息系统全生命过程管理体系，对需要参与服务集成的业务类型或组织类型进行识别和分析。考虑到服务产品的个性化与"非标"（与信息系统标准化软硬件相比）特点，服务供应业务域的识别全面性与有效性及其逻辑关系搭建方法与模式，对服务集成项目与活动来说都至关重要，其影响服务项目组织的搭建及服务融合的有效性等，往往对不同的服务集成项目，采用不同的识别方法和特定的关系模式。

就该项目而言，其采用的服务供应业务域识别模式如图 3-13 所示。

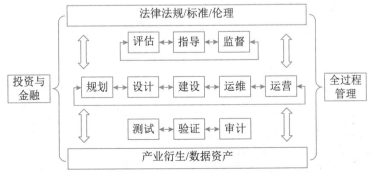

图 3-13 某市城市交通空间综合开发项目服务供应业务域识别模型

该模型以信息系统及其服务创新的全生命周期为基础，定义规划、设计、建设、运维和运营相关服务供应业务域；该项目涉及城市发展和居民利益与感受，按照治理基本方法，定义了评估、指导和监督服务供应业务域；同时该项目关联较多的创新和动态过程等，定义了测试、验证和审计服务供应业务域，并明确了验证涵盖了社会化参与的验证需求等；考虑到该项目的复杂性和融合创新性等，定义了全过程管理服务供应业务域；基于该项目涉及无人驾驶、低速无人快递等内容，在法律法规、标准的基础上，定义了伦理相关的服务供应业务域；又考虑到该项目涉及投融资、招商引资以及过程资金共管等情况，定义了投资与金融服务供应业务域；基于项目带动的数字经济发展需求等，定义了产业衍生、数字资产服务供应业务域。

2. 服务产品定义与组合

服务产品是具备标准化输入输出接口、服务水平控制的一组服务活动、服务资源集合，是实施服务集成的基本单元，是进行服务编排、计划与调度的基础。服务产品与一般信息系统软硬件产品有所区别，其行业或产业标准化程度不高，往往是服务供方自行定义其内容、范围、模式、成果、接口等，这是由于服务固有的可变性及个性化等因素造成。服务产品的颗粒度及内容标准化程度，与服务集成的梳理实施关系紧密。服务产品定义和组合是服务集成项目进入实施阶段前的重要工作，并伴随整个服务集成全生命周期。针对该项目，确立的服务产品定义与组合如表 3-3 所示。

表 3-3　某市城市交通空间综合开发项目服务产品定义与组合示例

业务域	服务产品（组）	产品（组）概述	组合基本原则/要求
金融/投资	投资管理	对政府引导资金、建设资金等进行管理以及发展基金的筹措等	政府指定的平台公司全权实施
	资金管理	对项目建设资金、运营基础资金进行第三方管理以及多方共管提供服务	具备支持平台公司参与资金共管的银行机构
	……	……	……
法律法规、标准与伦理	法律法规	为集成项目的立项、招采、合同、人员等提供法律服务，为伦理或运营突破提供法律建议等	与地方政府一起，实现满足新型服务、智能社会伦理等相关政策与法规的创新融合
	标准	为项目标准制定、发布和应用提供支撑，为项目标准拓展为社团、地方、行业、国家标准提供支撑等	能够与全过程管理和关键建设机构形成互动
	伦理	持续跟踪项目的社会化运营，提供伦理审查支持、伦理验证与创新等支持	能够综合开发利用社会科学技术等，并与法律法规及标准组织具备协同基础
	……	……	……

（续表）

业务域	服务产品（组）	产品（组）概述	组合基本原则 / 要求
规划	顶层规划	从整体视角，对项目涉及的资金、技术、运营、经济发展、惠民等内容进行规划，对整体项目集成模式进行整体策划等	与平台公司及全过程管理相关活动能够有效衔接和支撑
	智慧停车专项规划	从城市发展、居民便捷出行等视角，对路侧停车、公共停车场的建设、运营和管理等进行整体规划	继承顶层规划的要求，并与整体规划形成互动与融合
	……	……	……
设计	工程设计	对车辆网、路侧停车的土木工程、弱电工程等进行专业化设计	能够充分理解车联网等新型技术与发展模式，并能够对既有基础环境进行测绘等
	信息系统设计	对停车管理、车联网管理与调度等信息系统进行设计	能够与工程设计及各类规划服务进行有机融合
	运营管理设计	对项目关联和衍生的运营体系进行设计，包括车联网运营、停车运营等	能够与平台公司及社会化运营机构等进行有效衔接
	……	……	……
全过程管理	项目管理辅助及监理	为平台公司提供项目全生命周期辅助管理，包括技术创新、商业谈判、过程管理等，并通过监理活动确保项目从策划到各项具体活动实施的一致性	能够充分理解项目涉及的目标、价值、意义和边界等，与平台公司及各类参与者形成良性互动融合
	专家管理服务	聚合综合类、技术类、运营类、服务类的多元化专家资源，为项目各项活动提供专家服务	与平台公司及项目管理辅助机构形成良性互动融合
	……	……	……
……	……	……	……

在该阶段的服务产品定义活动往往不能达到项目实施所需要的服务产品颗粒度，其主要作为服务选型与服务机构确立的基本来源，需要结合服务机构具体的服务产品进一步细化，形成服务详细产品清单（树），并伴随项目全生命周期，持续迭代更新。

3. 服务接口标准与控制

服务接口的价值作用与信息系统相关软硬件接口类似，都是各类产品共享交换、融合集成的基础，但服务接口的内容范围与形式有其特定属性，按照信息技术服务标准（ITSS）基本原理定义的服务基本要素包括：人员、过程、技术和资源，服务接口也要至少涵盖这些内容，同时考虑到服务持续提升及可变融合，通常也会涵盖服务机构的服务能力管理相关内容。

就该项目而言，定义的接口类型主要包括咨询服务接口、专家服务接口、工程建设服务接口、信息系统开发服务接口等。咨询服务接口标准内容如表3-4所示。

表 3-4　某市城市交通空间综合开发项目咨询服务接口标准示例

服务类型	要素	接口内容及标准
咨询服务	人员	服务负责人：服务供方高级管理人员 服务商务负责人：服务供方营销人员或项目负责人 服务产品负责人：服务供方服务研发负责人或项目负责人 服务日常管理人员：服务供方项目负责人 服务交付负责人：服务供方实施团队负责人或技术负责人 服务研发负责人：服务供方研发负责人或技术负责人 服务质量负责人：服务供方质量体系负责人或交付负责人 服务团队人员：服务人员、服务时间、技能覆盖等信息 ……
	过程	服务接入规范：包括服务入口、服务响应流程及指标等 服务管理规范：包括内外部服务级别管理、服务人员管理等流程与指标等 服务交付规范：包括例行操作、响应支持、评估优化等规范与指标等 服务行为规范：包括人员行为、安全治理等规范和指标等 服务报告规范：包括报告计划、报告模板、报告存储等规范与指标等 ……
	技术	服务研发：服务研发体系、研发方向、研发方法等接口与规范 服务验证：服务测试环境、验证方法、参照标准等接口与规范 ……
	资源	服务管理平台：服务编排信息接口、服务调度信息接口等规范 服务运营平台：服务计量信息接口、服务计费信息接口等规范 服务知识库平台：知识库共享接口、知识重组与再造信息接口等规范 ……
	能力管理	服务战略与策划接口等规范 服务沟通与交互接口等规范 服务检查与改进接口等规范 ……

服务接口控制是服务集成的重要活动，是控制服务风险、提升服务质量、服务一体化融合的主要支点，对服务接口的控制重点关注服务弹性、敏捷性、可变性等内容。服务接口控制可以参照国家标准《信息技术服务 质量评价指标体系》（GB/T 33850）相关规定进行设计和部署，从安全性、可靠性、响应性、有形性和有效性等结果性指标，管理、调整和优化服务接口控制方法。

就该项目而言，其服务接口控制的内容主要包括：

● 服务供方能力管理及能力要素变更；
● 服务质量态势感知；
● 服务需求、服务产品组合、服务运营、服务成本变更；
● 服务研发、创新联动、模式变革等。

该项目建立了服务接口控制委员会和专门服务接口管理人员，负责服务接口有效性、一致性和变更控制等。

3.7.3　项目组织与里程碑计划

服务集成通常是跨服务供方组织的一项活动，这就对服务组织建设和进度控制提出了更高的要求，服务不可存储与不可分离等固有特性（服务供应与消费是同时进行的）又导致服务活动结果的不可逆，因此在服务项目组织设计和实施进度控制时，需要尽量强化服务实施前的设计和定义，充分考虑服务互补能力及进度控制手段。

1. 项目组织

针对该项目的目标和特点，定义的项目组织体系如图 3-14 所示。

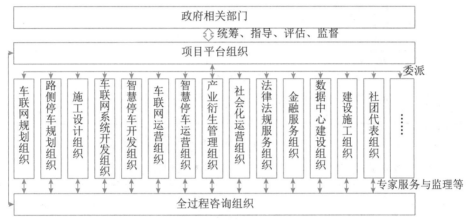

图 3-14　某市城市交通空间综合开发项目组织体系

该项目由政府有关部门发起，并组建项目平台组织（公司），由平台组织聚合和委派各类服务组织参与项目的策划、建设和运营等活动。考虑到该项目服务集成的复杂性以及管控难度等，平台组织引入了全过程咨询组织，提供面向所有领域的专家咨询服务、项目代管及监理等活动。

政府相关组织的责任分工界面举例如表 3-5 所示。

表 3-5　某市城市交通空间综合开发项目政府相关组织分工界面

阶段	主要分工
启动	明确城市交通空间综合开发的发展方向、目标和战略步骤等 准备开发与引导资金并筹建平台组织（公司） 明确项目涉及的主管部门以及相关部门协同机制 ……
建设	协调交通空间治理与管理有关部门 支撑法律法规、政策和标准的制定与修订，以及发布实施等 评估、指导、监督项目各项工作的开展 ……
运营	开展伦理审查及社会风险控制等 开展数字经济评估及招商引资对接等 协调解决居民反映的问题及居民满意度跟踪等 ……

平台组织（公司）的责任分工界面举例如表 3-6 所示。

表 3-6　某市城市交通空间综合开发项目平台组织（公司）分工界面

阶段	主要分工
启动	组织资源开展策划、社会调研、技术与服务选型等 进一步深化业务需求，明确需求的关键点，定义需求控制机制与措施等 开展项目顶层规划与专项规划等 ……
建设	协调指导深化设计，总体把控项目进度和项目质量，协调政府相关部门配合 依托内外部资源，成立专项业务转型升级、技术与工程建设工作组 协调业务梳理，确定业务需求，确认并验证建设内容等 ……
运营	策划运营方向，明确运营的目标与价值导向等 确认项目信息资产运营方案，协调组织项目运营各项资源 评估、验证社会化运营方案，监督管理社会化运营活动 ……

信息系统、工程与技术承建组织的责任分工界面举例如表 3-7 所示。

表 3-7　某市城市交通空间综合开发项目信息系统、工程与技术承建组织分工界面

阶段	主要分工
启动	服务目录、服务水平管理、解决方案与技术方案准备 根据项目的基本需求，定义服务相关的人员、流程、技术和资源等内容 明确服务接口，配合调研，提供技术支持 ……
建设	开展与自身相关的项目详细需求调研分析，做好项目服务、技术方案设计和功能模块设计 做好服务接口管理，清晰定义相关的服务工作说明书等 按照设计方案开展软件开发、系统部署、工程建设实施和服务交付等工作 配合标准体系执行，配合专家技术论证 ……
运营	提供社会化运营服务或为社会化运营服务提供技术保障和工作配合 根据需求做好运营、应用、技术和信息资源管理的迭代升级 持续深化运营所需的计量与记录能力，包括数据准确度、计量记录颗粒度等 ……

全过程咨询管理组织的责任分工界面举例如表 3-8 所示。

表 3-8　某市城市交通空间综合开发项目全过程咨询管理组织分工界面

阶段	主要分工
启动	定义专家资源需求，构建专家资源库，明确专家参与项目模式与方法等 协助开展项目策划和项目建设前期准备工作，参与项目顶层规划和专项规划等 实施项目合作伙伴比选、建设模式研究、需求调研、可行性分析、辅助项目招标等 ……

（续表）

阶段	主要分工
建设	指导方案设计，做好设计方案成果质量把控和专家评审论证 制定项目标准规范体系，包括数据标准制定、系统标准制定、运营标准制定等 开展项目建设过程监理服务和评估评价工作，监督评估项目质量进度 ……
运营	协助定义服务运营的计量单位及运营组合方案等 针对整体运营、信息资源运营等提供方案咨询等 对项目相关运营活动，提供能力成熟度及程度评价评估等 ……

该项目根据项目目标、业务需求以及组织体系的责任分工等内容，组建了项目管理中心作为项目管理的核心机构，该中心接受政府侧成立的项目指导与协同委员会的统筹、指导、评估和监督等，中心负责人由平台组织（公司）负责人担任，设置若干中心副主任，分别由资深专家代表、全过程咨询服务负责人、投资与招商引资负责人、关键技术负责人以及运营策划负责人等担任，组织架构如图 3-15 所示。

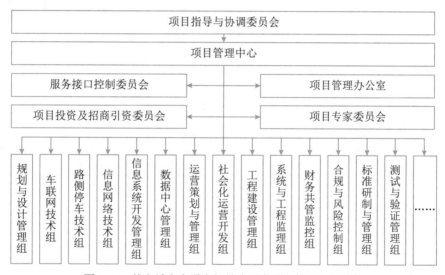

图 3-15　某市城市交通空间综合开发项目管理组织架构

该组织架构下部分团队的主要定位说明如下：

- 项目指导与协调委员会：统筹、评估、指导和监督项目各项活动，并为项目提供政策制定和公共资源协调等。
- 项目管理中心：负责项目各项活动的策划、计划、实施和监控等工作，也是项目建设与运营的最高决策与协调机构，由多领域服务组织的负责人共同构成。
- 服务接口控制委员会：承担服务集成的协调、管理与控制，确保服务集成的有序、有机和融合，同时负责服务需求和服务交付变更控制等。

- 项目管理办公室：实施项目日常管理活动，包括章程制定、会议组织、活动监督、项目资源协调等。
- 项目投资与招商引资委员会：定义项目投资计划，实施投资管理，面向社会化运营和公共服务的招商引资等。
- 项目专家委员会：负责专家资源的需求识别、邀请，专家服务的使用与管理，专家知识资源的科技转化与导入等。
- 财务共管监控组：对纳入资金共管的资金使用和拨付使用进行条件验证，保障共管账户的资金安全等。

2. 项目里程碑计划

该项目采用统一规划、分段实施的模式展开，针对面向城市基础设施与环境更新的工程部分，以及面向社会化运营部分，采用先试点、再推广的模式，项目关键里程碑定义和计划如表 3-9 所示。

表 3-9　某市城市交通空间综合开发项目里程碑计划示例

领域	里程碑定义	计划控制		
		2020 年	2021 年	2022 年
策划规划设计	项目可研及可行性论证	完成	—	—
	项目顶层规划及专项规划	顶层规划 车联网、路侧停车等专项规划	无人低速驾驶、停车运营专项规划	社会化衍生专项规划
	信息系统与建设工程设计	完成	—	—
	……	……	……	……
建设施工	车联网设施铺设及路口改造完工率	≥ 30%	≥ 70%	≥ 85%
	路侧停车改造及电子设备安装率	≥ 50%	≥ 80%	100%
	……	……	……	……
信息系统开发部署	车辆网管理平台	完成	—	—
	智慧停车管理平台	完成	—	—
	公共停车场计入率	≥ 30%	≥ 80%	≥ 95%
	……	……	……	……
运营	无人驾驶接入项目	1 个	8 个	15 个
	无人低速递送接入项目	1 个	3 个	5 个
	招商引资社会化运营项目	1 个	10 个	30 个
	……	……	……	……
……	……	……	……	……

3.7.4　项目风险识别与控制

该服务集成项目具备社会影响大、参与组织多元、各类创新众多等特点，且可借鉴与参考的项目案例比较少，项目的风险与合规控制存在较大难度，尤其是数字经济与商业探索、车联网技术与产品成熟度、伦理识别与创新等方面。

1. 模式探索与技术创新

无论是对技术研究来说，还是对城市级应用来说，城市交通空间综合开发相关的技术、管理和商业模式都是新生事物，尤其是车联网技术，其技术与产品的成熟度还在逐步提升阶段。在这种情况下，采用精准招采、逐步建设实施的项目模式，无法适应这种复杂创新项目的推进，这也是很多服务集成项目面临的共性问题，这就需要采用满足服务可变性特征的新型项目模式推进相关工作，从而避免服务需求与内容变化带来的各类商业和合规风险。

为应对模式探索和技术创新等带来服务复杂集成风险，该项目主要采取了四项关键措施：①引入全过程咨询服务作为所有服务集成活动的第三方角色，赋予其参与项目规划、辅助项目管理、开展项目监理和落实评估评价等职能，通过这种项目模式，确保所有参与服务集成的供方，能够在项目目标、实施进程、质量管理等方面保持一致和韧性；②采用边试点、边建设、边推广的项目推进模式，即在一个可控范围内和信息系统基本功能框架下，验证项目创新和服务创新的可行性，确保技术、管理和模式具备可落地和可操作性，并逐步扩大范围直到所有内容达到成熟度要求后，再进行全域建设和推广，避免大规模建设、直接全面推广可能带来的创新"黑洞"；③采用财务共管的模式确保资金安全，即通过招采服务供方后，相关资金进入平台组织（公司）、全过程管理组织、开发与建设组织等多方共管的资金账号，根据项目实际执行情况和资金拨付规则，兑付服务供方资金，从而避免服务可变性带来的项目团队间的信任"障碍"；④建设服务接口控制委员会，通过该委员会的决策机制、管理办法和协同活动等，确保参与项目的多元服务组织能够应对各类项目变化带来的风险。

2. 咨询规划与专家服务

咨询规划与专家服务是服务集成项目中对隐性需求满足关联较强的服务内容，因此容易出现项目预期不一致、服务结果难以预测、服务过程无法控制等风险。该项目针对这类风险，一方面强化对服务供方服务能力成熟度的管控，另一方面加强了在此类服务中范围、进度、人力资源和交付内容等方面的应对措施。

（1）范围风险。项目范围涉及大量隐性需求，可能导致合作双方对项目范围的认知产生分歧。若双方的分歧较大，不能达成一致，则必然会造成效率低下，影响服务质量。针对此类风险的该项目应对措施定义为：在现状评估完成之后，结合实际需求，由全过程咨询组织牵头相关服务组织，共同研讨后续工作开展的内容、措施、步骤、计划等，并根据具体工作开展情况随时调整工作方法。

（2）进度风险。服务集成对最终目标实现明确的时间段要求，各类服务之间又往往存在较强的关联关系，一旦某部分工作的实施出现延误，势必影响其他工作包的实施，影响咨询服务交付质量乃至影响整个项目的实施进度。针对此类风险该项目定义的措施主要包括：

- 在各咨询规划与专家服务的人员分配上，尽最大可能根据知识领域和创新需求细分服务板块，每个板块任命一名负责人，落实责任到人，同时保证定期召开沟通会议。
- 尽量提前各服务工作包的执行，为服务工作包之间的对接留出尽可能多的时间。

- 服务工作包间有人员交叉时应尽可能协调避开同一人的工作时间交叉重叠。

（3）人力资源风险。人员是开展此类服务的关键要素，人员能力、资源容量、人员变更等都可能引发项目风险。针对此类风险该项目定义的措施主要包括：

- 在服务接口定义时明确服务人员的基本要求。
- 控制进入项目并承担角色的各类人员满足服务所需的能力要求和项目要求。
- 对实际参与项目的相关人员的能力进行定期评估，包括具体服务主责方和关联方，必要时由服务主责方对相关人员进行培训。
- 由全过程咨询组织配备专家资源参与具体服务活动，并由其储备人员资源池，当出现不可抗力导致服务主责方人员匮乏时，进行能力和容量补充。

（4）交付内容风险。此类服务交付内容往往包括现场和远程的交流访谈、指导辅导、撰写与文件审查等，任何局部的交付质量都可能会影响整体项目推进，乃至导致项目建设部分内容的偏离。针对此类风险该项目定义的措施主要包括：

- 周期性召开交付团队会议，通过会议确保交付团队成员信息的一致性，纠正可能存在的质量偏差等。
- 通过关键成果的复审，确保各项交付成果的有效性，由全过程咨询组织进行总体质量成果复审，重点成果将请领域内的专家资源进行复核。

3.8　本章练习

1. 选择题

（1）_____不属于服务典型特征。

　　A. 无形性　　　　　B. 不可分离性　　　　C. 价值性　　　　D. 可变性

参考答案：C

（2）IT 服务组成要素包括：_____。

　　A. 人员、过程、技术、资源

　　B. 组织、人员、服务、质量

　　C. 领导力、治理、管理、操作

　　D. 服务台、事件管理、问题管理、配置管理

参考答案：A

（3）IT 服务生命周期包括：_____。

　　A. 策划、交付、验收、回顾

　　B. 策划、实施、检查、改进

　　C. 规划设计、部署实施、服务运营

　　D. 战略规划、设计实现、运营提升、退役终止

参考答案：D

（4）不属于 IT 服务产业化重点活动的是_____。

　　A. 产品服务化　　　B. 服务数字化　　　C. 服务标准化　　　D. 服务产品化

参考答案： B

（5）不属于 IT 服务标准建设目标的是＿＿＿＿＿＿＿。

  A. 支撑国家战略   B. 引导产业高质量发展

  C. 开拓国际服务市场   D. 促进 IT 服务创新

参考答案： C

2. 思考题

（1）请简述 IT 服务发展现状和趋势。

参考答案： 略

（2）请简述 ITSS 中定义的 IT 服务基本原理。

参考答案： 略

第 4 章　信息系统架构

电气和电子工程师协会（Institute of Electrical and Electronics Engineers，IEEE）认为系统的架构是构成一个系统的基础组织结构，包括系统的组件构成、组件间的相互关系、系统和其所在环境的关系，以及指导架构设计和演进的相关准则。如果该系统范畴包括了整个组织的系统，架构就定义了组织级信息系统架构的方向、结构、关系、原则和标准等。

信息系统架构是指体现信息系统相关的组件、关系以及系统的设计和演化原则的基本概念或特性。信息系统集成项目涉及的架构通常有系统架构、数据架构、技术架构、应用架构、网络架构、安全架构等类型，组织级的信息系统集成架构向上承载了组织的发展战略和业务架构，向下指导着信息系统具体方案的实现，发挥着承上启下的中坚作用。该层级架构需要根据组织的战略目标、运营模式和信息化程度来确定，并且紧密支持业务价值的实现。

4.1　架构基础

架构的本质是决策，是在权衡方向、结构、关系以及原则各方面因素后进行的决策。信息系统项目可基于项目建设的指导思想、设计原则和建设目标等展开各类架构的设计。

4.1.1　指导思想

满足一个组织战略实现、匹配信息系统发展阶段的信息系统集成目标的方法有很多，路径也很多元，这就需要在开展信息系统集成架构设计时明确相应的指导思想，从而最大程度地确保集成的有效性和价值性等。指导思想是开展某项工作所必须遵循的总体原则、要求和方针等，站在宏观的角度、总体的高度指示引导工作的进行，通过指导思想的贯彻实施，推动项目多元参与者能保持集成关键价值的一致性理解，从而减少不必要的矛盾与冲突。

举例　某城市社会保险智慧治理中心建设的指导思想，定义为：以习近平新时代中国特色社会主义思想为指导，全面贯彻党的二十大精神，坚持以人民为中心的发展思想，坚持一切为了人民、一切依靠人民，始终把人民放在心中最高位置、把人民对美好生活的向往作为奋斗目标，适应新时代社会保险事业改革发展需要，聚焦社会保险工作的重要领域和关键环节，统筹规划、创新驱动、数据赋能，全面开展城市智慧人社治理中心建设，推动新时期智慧社会保险体系、创新体系和能力建设，不断提升社会保险治理能力和服务水平，为新时代社会保险事业高质量发展提供强有力的信息化支撑，推动实现城市治理体系和治理能力的现代化。

4.1.2　设计原则

各个组织的业务战略、运营模式、信息化与数字化远景不同，其架构规划的设计原则也必将有所不同。所遵循的原则，体现在组织的信息化与数字化总体架构指导思想之下。一组良好的原则是建立在组织的信念和价值观上，并以组织能理解和使用的语言（显性知识方式）表达。设计原则为架构和规划决策、政策、程序和标准制定，以及矛盾局势的解决提供了坚实的基础。原则不需要多，要面向未来，并得到相关方高级管理人员的认可、拥护和坚持。太多的原则会降低架构的灵活性，许多组织倾向于只界定更高级别原则，并通常将数目限制在 4～10 项。

举例　某城市社会保险智慧治理中心建设的设计原则包括：坚持以人为本、坚持创新引领、坚持问题导向、坚持整体协同、坚持安全可控、坚持科学实施等。

（1）坚持以人为本。坚持以人民为中心的发展思想，紧扣群众的服务需求和服务体验，以群众满不满意、答不答应、高不高兴作为工作的目标，通过城市社会保险智慧治理中心建设，支撑构建群众满意的城市社会保险公共服务体系。

（2）坚持创新引领。综合利用互联网+、大数据+、智能+、物联网+、5G+、AI+、GIS+等主流技术，以机制改革、模式创新、数据驱动、技术赋能为动力，建设社会保险智慧治理中心，推进城市社会保险现代化治理体系和治理能力的现代化。

（3）坚持问题导向。将破解制约城市社会保险事业发展的重点、难点、痛点问题作为建设城市社会保险智慧治理中心的着力点，找准突破口、增强针对性、突出全局性，提高服务标准化、专业化、协同化水平和治理智能化、精准化、科学化水平。

（4）坚持整体协同。城市社会保险智慧治理中心建设，必须围绕城市社会保险系统的全局工作，从制度衔接、政策配套、部门联动、业务协同、数据共享多个维度着手，打造业务与技术、内部与外部、横向与纵向、线上与线下融合的社会保险智慧治理新体系，形成支撑新时期社会保险高质量发展新动力。

（5）坚持安全可控。城市社会保险智慧治理中心建设，必须正确处理创新发展与保障安全的关系，强化信息安全和个人隐私保护，健全多层次的社会保险风险防控体系，夯实可靠、可用、可持续的信息化支撑能力。

（6）坚持科学实施。按照城市社会保险智慧中心的总体规划和建设方案，厘清社会保险智慧治理中心建设与金保工程整体建设的边界、关系与侧重点，充分运用现有信息化基础设施和应用系统，统筹规划、精心实施，注重可落地、可操作、可考核，确保某城市社会保险智慧治理中心建设的效能得以充分释放。

4.1.3　建设目标

建设目标是指集成建设的最终目的，达到什么样的效果，为什么而服务，是一种概念性的方针，通常相关方高层领导提出的构想、愿景等便是建设目标。信息系统集成架构服务于各项建设目标的达成，各项业务目标都是为建设目标而服务的。

举例　某城市社会保险智慧治理中心的建设目标，定义为：基于新时期社会保险事业职能使命与发展方向，按照"放管服"改革要求，依据新公共管理理论，综合运用互联网+、大数据+、智能+、物联网+、5G+、AI+、GIS+ 等现代思维与主流技术，以业务治理、综合治理、大数据治理为抓手。到某年，初步建成泛连、开放、融合、联动、智能、在线、可视、安全的城市社会保险智慧治理中心，全面提高城市社会保险系统的经办服务能力、智能监管能力、风险防控能力、决策分析能力、全域联动能力，推动构建全国领先的社会保险智能治理体系、智控风险体系、智联业务体系、智惠群众体系，树立城市治理行业新标杆，创建社会保险治理全国新范式，为推进新时期城市社会保险事业高质量发展提供新动能，助力提升城市治理科学化、精细化、智能化水平。

4.1.4 总体框架

框架是用于规划、开发、实施、管理和维持架构的概念性结构，框架对架构设计是至关重要的。框架将组织业务内容的关注度进行了合理的分离，以角色为出发点从不同视角展示组织业务的内容。框架为架构设计提供了一张路线图，引导和帮助架构设计达到建设起一个先进、高效且适用架构的目标。

信息系统体系架构总体参考框架由四个部分组成，即战略系统、业务系统、应用系统和信息基础设施。这四个部分相互关联，并构成与管理金字塔相一致的层次，如图 4-1 所示。战略系统处在第一层，其功能与战略管理层次的功能相似，一方面向业务系统提出创新、重构与再造的要求，另一方面向应用系统提出集成的要求。业务系统和应用系统同在第二层，属于战术管理层，业务系统在业务处理流程的优化上对组织进行管理控制和业务控制，应用系统则为这种控制提供有效利用信息和数据实现的手段，并提高组织的运行效率。信息基础设施处在第三层，是组织实现信息化、数字化的基础部分，相当于运行管理层，它为应用系统和战略系统提供计算、传输、数据等支持，同时也为组织的业务系统实现重组提供一个有效的、灵活响应的技术与管理支持平台。

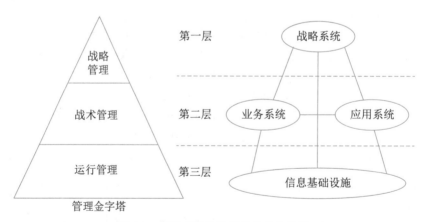

图 4-1　信息系统体系架构的总体框架

1. 战略系统

战略系统是指组织中与战略制定、高层决策有关的管理活动和计算机辅助系统。在信息系统架构（Information System Architecture，ISA）中战略系统由两个部分组成，其一是以信息技术为基础的高层决策支持系统，其二是组织的战略规划体系。在 ISA 中设立战略系统有两重含义：一是它表示信息系统对组织高层管理者的决策支持能力；二是它表示组织战略规划对信息系统建设的影响和要求。通常组织战略规划分成长期规划和短期规划两种，长期规划相对来说比较稳定，如调整产品结构等；短期规划一般是根据长期规划的目的而制订，相对来说，容易根据环境、组织运作情况而改变，如决定新产品的类型等。

2. 业务系统

业务系统是指组织中完成一定业务功能的各部分（物质、能量、信息和人）组成的系统。组织中有许多业务系统，如生产系统、销售系统、采购系统、人事系统、会计系统等，每个业务系统由一些业务过程来完成该业务系统的功能，例如会计系统常包括应付账款、应收账款、开发票、审计等业务过程。业务过程可以分解成一系列逻辑上相互依赖的业务活动，业务活动的完成有先后次序，每个业务活动都有执行的角色，并处理相关数据。当组织调整发展战略为了更好地适应内外部发展环境（如部署使用信息系统）等的时候，往往会开展业务过程重组。业务过程重组是以业务流程为中心，打破组织的职能部门分工，对现有的业务过程进行改进或重新组织，以求在生产效率、成本、质量、交货期等方面取得明显改善，提高组织的竞争力。

业务系统在 ISA 中的作用是：对组织现有业务系统、业务过程和业务活动进行建模，并在组织战略的指导下，采用业务流程重组（Business Process Reengineering，BPR）的原理和方法进行业务过程优化重组，并对重组后的业务领域、业务过程和业务活动进行建模，从而确定出相对稳定的数据，以此相对稳定的数据为基础，进行组织应用系统的开发和信息基础设施的建设。

3. 应用系统

应用系统即应用软件系统，指信息系统中的应用软件部分。对于组织信息系统中的应用软件（应用系统），一般按完成的功能可包含：事务处理系统（Transaction Processing System，TPS）、管理信息系统（Management Information System，MIS）、决策支持系统（Decision Support System，DSS）、专家系统（Expert System，ES）、办公自动化系统（Office Automation System，OAS）、计算机辅助设计 / 计算机辅助工艺设计 / 计算机辅助制造、制造执行系统（Manufacturing Execution System，MES）等。对于其中的 MIS 又可按所处理的业务再细分为子系统：销售管理子系统、采购管理子系统、库存管理子系统、运输管理子系统、财务管理子系统、人事管理子系统等。

无论哪个层次上的应用系统，从架构的角度来看，都包含两个基本组成部分：内部功能实现部分和外部界面部分。这两个基本部分由更为具体的组成成分及组成成分之间的关系构成。界面部分是应用系统中相对变化较多的部分，主要由用户对界面形式要求的变化引起。在功能实现部分，相对来说，处理的数据变化较小，而程序的算法和控制结构的变化较多，主要由用户对应用系统功能需求的变化和对界面形式要求的变化引起。

4. 信息基础设施

组织信息基础设施是指根据组织当前业务和可预见的发展趋势及对信息采集、处理、存储和流通的要求，构筑由信息设备、通信网络、数据库、系统软件和支持性软件等组成的环境。这里可以将组织信息基础设施分成三部分：技术基础设施、信息资源设施和管理基础设施。

（1）技术基础设施。技术基础设施由计算机设备、网络、系统软件、支持性软件、数据交换协议等组成。

（2）信息资源设施。信息资源设施由数据与信息本身、数据交换的形式与标准、信息处理方法等组成。

（3）管理基础设施。管理基础设施指组织中信息系统部门的组织架构、信息资源设施管理人员的分工、组织信息基础设施的管理方法与规章制度等。

技术基础设施由于技术的发展和组织系统需求的变化，在信息系统的设计、开发和维护中面临的变化因素较多，并且由于实现技术的多样性，完成同一功能有多种实现方式。信息资源设施在系统建设中的相对变化较小，无论组织完成何种功能，业务流程如何变化，都要对数据和信息进行处理，它们中的大部分不随业务改变而改变。管理基础设施相对变化较多，这是组织为了适应环境的变化和满足竞争的需要，尤其在我国向市场经济转型升级的阶段，经济政策的出台或改变、业务模式改革等，将在很大程度上造成组织规章制度、管理方法、人员分工以及组织架构的改变。

上面只是对信息基础设施中的三个基本组成部分的相对稳定与相对变化程度的总体说明，在技术基础设施、信息资源设施、管理基础设施中都有相对稳定的部分和相对易变的部分，不能一概而论。

4.2　系统架构

信息系统架构是一种体系结构，它反映了一个组织信息系统的各个组成部分之间的关系，以及信息系统与相关业务、信息系统与相关技术之间的关系。

4.2.1　架构定义

随着技术的进步，信息系统的规模越来越大，复杂程度越来越高，系统的结构显得越来越重要。对于大规模的复杂系统来说，对总体的系统结构设计比起对计算算法和数据结构的选择已经变得更重要。在这种情况下，人们认识到系统架构的重要性，设计并确定系统整体结构的质量成为了重要的议题。系统架构对于系统开发时所涉及的成熟产品与相关的组织整合问题具有非常重要的作用，而系统架构师正是解决这些问题的专家。系统架构作为集成技术框架规范了开发和实现系统所需技术层面的互动，作为开发内容框架影响了开发组织和个人的互动，因此，技术和组织因素也是系统架构要讨论的主要话题。在系统开发项目中，系统架构师是项目的总设计师，是组织生产新产品、新技术体系的构建者，是目前系统开发中急需的高层次技术人才。

信息系统架构伴随技术的发展和信息环境的变化，一直处于持续演进和发展中，不同的视角对其定义也不尽相同，常见的定义主要有：①软件或计算机系统的信息系统架构是该系统的一个（或多个）结构，而结构由软件元素、元素的外部可见属性及它们之间的关系组成。②信息系统架构为软件系统提供了一个结构、行为和属性的高级抽象，由构成系统元素的描述、这些元素的相互作用、指导元素集成的模式及这些模式约束组成。③信息系统架构是指一个系统的基础组织，它具体体现在系统的构件、构件之间、构件与环境之间的关系，以及指导其设计和演化的原则上。前两个定义都是按"元素—结构—架构"这一抽象层次来描述的，它们的基本意义相同。该定义中的"软件元素"是指比"构件"更一般的抽象，元素的"外部可见属性"是指其他元素对该元素所做的假设，如它所提供的服务、性能特征等。

对信息系统架构的定义描述，可以从以下 6 个方面进行理解：

（1）架构是对系统的抽象，它通过描述元素、元素的外部可见属性及元素之间的关系来反映这种抽象。因此，仅与内部具体实现有关的细节是不属于架构的，即定义强调元素的"外部可见"属性。

（2）架构由多个结构组成，结构是从功能角度来描述元素之间的关系的，具体的结构传达了架构某方面的信息，但是个别结构一般不能代表大型信息系统架构。

（3）任何软件都存在架构，但不一定有对该架构的具体表述文档。即架构可以独立于架构的描述而存在。如文档已过时，则该文档不能反映架构。

（4）元素及其行为的集合构成架构的内容。体现系统由哪些元素组成，这些元素各有哪些功能（外部可见），以及这些元素间如何连接与互动。即在两个方面进行抽象：在静态方面，关注系统的大粒度（宏观）总体结构（如分层）；在动态方面，关注系统内关键行为的共同特征。

（5）架构具有"基础"性：它通常涉及解决各类关键重复问题的通用方案（复用性），以及系统设计中影响深远（架构敏感）的各项重要决策（一旦贯彻，更改的代价昂贵）。

（6）架构隐含有"决策"，即架构是由架构设计师根据关键的功能和非功能性需求（质量属性及项目相关的约束）进行设计与决策的结果。不同的架构设计师设计出来的架构是不一样的，为避免架构设计师考虑不周，重大决策应经过评审。特别是架构设计师自身的水平是一种约束，不断学习和积累经验才是摆脱这种约束走向优秀架构师的必经之路。

在设计信息系统架构时也必须考虑硬件特性和网络特性，因此，信息系统架构与系统架构二者间的区别其实不大。但是，在大多情况下，架构设计师在软件方面的选择性较之硬件方面，其自由度大得多。因此，使用"信息系统架构"这一术语，也表明了一个观点：架构设计师通常将架构的重点放在软件部分。

将信息系统架构置于经济与社会背景中进行观察，可以发现信息系统架构对组织非常重要，主要体现在：①影响架构的因素。软件系统的项目干系人（客户、用户、项目经理、程序员、测试人员、市场人员等）对软件系统有不同的要求、开发组织（项目组）不同的人员知识结构、架构设计师的素质与经验、当前的技术环境等方面都是影响架构的因素。这些因素通过功能性需求、非功能性需求、约束条件及相互冲突的要求，影响架构设计师的决策，从而影响架构。②架构对上述诸因素具有反作用，例如，影响开发组织的结构。架构描述了系统的大粒度（宏观）总体结构，因此可以按架构进行分工，将项目组分为几个工作组，从而使开发有序；影响开发组织的目标，即成功的架构为开发组织提供了新的商机，这归功于系统的示范性、架构的可复用性及团队开发经验的提升，同时，成功的系统将影响客户对下一个系统的要求等。

4.2.2　架构分类

信息系统架构通常可分为物理架构与逻辑架构两种：物理架构是指不考虑系统各部分的实

际工作与功能架构，只抽象地考察其硬件系统的空间分布情况。逻辑架构是指信息系统各种功能子系统的综合体。

1. 物理架构

按照信息系统在空间上的拓扑关系，其物理架构一般分为集中式与分布式两大类。

1）集中式架构

集中式架构是指物理资源在空间上集中配置。早期的单机系统是最典型的集中式架构，它将软件、数据与主要外部设备集中在一套计算机系统之中。由分布在不同地点的多个用户通过终端共享资源组成的多用户系统，也属于集中式架构。

集中式架构的优点是资源集中，便于管理，资源利用率较高。但是随着系统规模的扩大，以及系统的日趋复杂，集中式架构的维护与管理越来越困难，常常也不利于调动用户在信息系统建设过程中的积极性、主动性和参与感。此外，资源过于集中会造成系统的脆弱，一旦核心资源出现异常，容易使整个系统瘫痪。

2）分布式架构

随着数据库技术与网络技术的发展，分布式架构的信息系统开始产生，分布式系统是指通过计算机网络把不同地点的计算机硬件、软件、数据等资源联系在一起，实现不同地点的资源共享。各地的计算机系统既可以在网络系统的统一管理下工作，也可以脱离网络环境利用本地资源独立运作。由于分布式架构适应了现代组织管理发展的趋势，即组织架构朝着扁平化、网络化方向发展，分布式架构成为信息系统的主要模式。

分布式架构的主要特征是：可以根据应用需求来配置资源，提高信息系统对用户需求与外部环境变化的应变能力，系统扩展方便，安全性好，某个节点所出现的故障不会导致整个系统停止运作。然而由于资源分散，且又分属于各个子系统，系统管理的标准不易统一，协调困难，不利于对整个资源的规划与管理。

分布式架构又可分为一般分布式与客户端 / 服务器模式。一般分布式系统中的服务器只提供软件、计算与数据等服务，各计算机系统根据规定的权限存取服务器上的数据与程序文件。客户端 / 服务器架构中，网络上的计算机分为客户端与服务器两大类。服务器包括文件服务器、数据库服务器、打印服务器等；网络节点上的其他计算机系统则称为客户端。用户通过客户端向服务器提出服务请求，服务器根据请求向用户提供经过加工的信息。

2. 逻辑架构

信息系统的逻辑架构是其功能综合体和概念性框架。由于信息系统种类繁多，规模不一，功能上存在较大差异，其逻辑架构也不尽相同。

对于一个生产组织的管理信息系统，从管理职能角度划分，包括采购、生产、销售、人力资源、财务等主要功能的信息管理子系统。一个完整的信息系统支持组织的各种功能子系统，使得每个子系统可以完成事务处理、操作管理、管理控制与战略规划等各个层次的功能。在每个子系统中可以有自己的专用文件，同时可以共享信息系统中各类数据，通过网络与数据等规范接口实现子系统之间的联系。与之相类似，每个子系统有各自的应用程序，也可以调用服务于各种功能的公共程序以及系统模型库中的模型等。

3. 系统融合

从不同的角度，人们可对信息系统进行不同的分解。在信息系统研制和集成建设的过程中，最常见的方法是将信息系统按职能划分成一个个职能子系统，然后逐个研制、开发和建设。显然，即使每个子系统的性能均很好，并不能确保系统的优良性能，切不可忽视对整个系统的全盘考虑，尤其是对各个子系统之间的相互关系应做充分的考虑。因此，在信息系统开发与集成建设中，强调各子系统之间的协调一致性和整体性。要达到这个目的，就必须在构造信息系统时注意对各种子系统进行统一规划，并对各子系统进行整体融合。常见的融合方式包括横向融合、纵向融合和纵横融合。

（1）横向融合。横向融合是指将同一层次的各种职能与需求融合在一起，例如，将运行控制层的人事和工资子系统综合在一起，使基层业务处理一体化。

（2）纵向融合。纵向融合是指把某种职能和需求的各个层次的业务组织在一起，这种融合沟通了上下级之间的联系，如组织分支机构会计系统和整体组织会计系统融合在一起，它们都有共同之处，能形成一体化的处理过程。

（3）纵横融合。纵横融合是指主要从信息模型和处理模型两个方面来进行综合，做到信息集中共享，程序尽量模块化，注意提取通用部分，建立系统公用数据体系和一体化的信息处理系统。

4.2.3　一般原理

在信息系统中使用体系架构一词，不如使用计算机体系架构、网络体系架构和数据体系架构那么显而易见。这是因为信息系统是基于计算机、通信网络等现代化工具和手段，服务于信息处理的人机系统，不仅包括了计算机、网络和数据等，并且还包含了大量人的因素，因此对信息系统架构的研究比计算机体系架构、网络体系架构、数据体系架构要复杂得多。

信息系统架构指的是在全面考虑组织的战略、业务、组织、管理和技术的基础上，着重研究组织信息系统的组成成分及成分之间的关系，建立起多维度分层次的、集成的开放式体系架构，并为组织提供具有一定柔性的信息系统及灵活有效的实现方法。

对于每个具体的组织，其管理方式、运作模式、组织形式、机构大小、工作习惯、经营策略都各不相同，反映在信息系统的建设、软硬件产品的选择、系统环境的构造、用户界面的形式、数据库的要求，以及程序的编制都不一样。随着社会的变革、组织的发展、技术的进步等，不仅要求信息系统具有较强的适应性，即在环境变化的情况下，系统的变化能达到最小，而且要求信息系统具有对自身进行改进、扩充和完善的能力，同时不影响组织的正常运转，对组织不造成风险。虽然软件工程在软件开发方法学、软件工具与软件工程环境，以及软件工程管理方法学上都取得了很大进展，极大地提高了软件的生产率与可靠性，实现了软件产品的优质高产；随着云计算、物联网等新技术的成熟度应用，信息系统基础设施的弹性、柔性、韧性和敏捷等都得到了大幅提升，但是，对信息系统柔性化需求没有实质性的改变。

一个事物对环境的变化具有适应能力，意味着该事物能根据环境变化进行适当的改变，这种改变可能是局部的、表面的，也可能是全局的、本质的。事物改变自己的程度与环境的变化程度，以及环境变化对事物产生的压力程度有关。事物之所以具有适应能力，是因为该事物中存在着一些基本部分，无论外界环境怎样变化，这些基本部分始终不变，另外还存在一些可随环境变化而变化的部分。对于不同的事物，不变的部分和变化的部分所占的比例是不同的。

因此，这里认为架构包含两个基本部分：组成成分和组成成分之间的关系。在外界环境方式变化时架构中组成成分和关系有些可能是不变的，有些则可能要产生很大的变化。在信息系统中，分析出相对稳定的组成成分与关系，并在相对稳定部分的支持下，对相对变化较多的部分进行重新组织，以满足变化的要求，就能够使得信息系统对环境的变化具有一定的适应能力，即具有一定的柔性，这就是信息系统架构的基本原理。

4.2.4　常用架构模式

常用架构模式主要有单机应用模式、客户端 / 服务器模式、面向服务架构（SOA）模式、组织级数据交换总线等。

1. 单机应用模式

准确地讲，单机应用（Standalone）系统是最简单的软件结构，是指运行在一台物理机器上的独立应用程序。当然，该应用可以是多进程或多线程的。

在信息系统普及之前的时代，大多数软件系统其实都是单机应用系统。这并不意味着它们简单，实际情况是这样的系统有时更加复杂，因为软件技术最初普及时，多数行业只是将软件技术当作辅助手段来解决自己专业领域的问题，其中大多都是较深入的数学问题或图形图像处理算法的实现。

有些系统非常庞大，可多达上百万行代码，而这些程序当时可都是一行行写出来的。这样一个大型的软件系统，要有许多个子系统集成在一个图形界面上执行，并可在多种平台下运行，如 Linux、UNIX、Windows 等。而这些软件系统，从今天的软件架构上来讲，是很简单、很标准的单机系统。当然至今，这种复杂的单机系统还有很多，它们大多都是专业领域的产品，如计算机辅助设计领域的 CATIA、Pro/Engineer、AutoCAD，还有在图片处理与编辑领域大家熟悉的 Photoshop、CorelDRAW 等。

软件架构设计较为重要的应用领域就是信息系统领域，即以数据处理（数据存储、传输、安全、查询、展示等）为核心的软件系统。

2. 客户端 / 服务器模式

客户端 / 服务器模式（Client/Server）是信息系统中最常见的一种结构。C/S 概念可理解为基于 TCP/IP 协议的进程间通信 IPC 编程的"发送"与"反射"程序结构，即 Client 方向 Server 方发送一个 TCP 或 UDP 包，然后 Server 方根据接收到的请求向 Client 方回送 TCP 或 UDP 数据包，目前 C/S 架构非常流行，下面介绍四种常见的客户端 / 服务器的架构。

1）两层 C/S

两层 C/S，其实质就是 IPC 客户端 / 服务器结构的应用系统体现。两层 C/S 结构通俗地说就是人们常说的"胖客户端"模式。在实际的系统设计中，该类结构主要是指前台客户端＋后台数据库管理系统。

在两层 C/S 结构中，前台界面＋后台数据库服务的模式最为典型，传统的很多数据库前端开发工具（如 PowerBuilder、Delphi、VB）等都是用来专门制作这种结构的软件工具。两层 C/S 结构实际上就是将前台界面与相关的业务逻辑处理服务的内容集成在一个可运行单元中了。

2）三层 C/S 与 B/S 结构

三层 C/S 结构，其前台界面送往后台的请求中，除了数据库存取操作以外，还有很多其他业务逻辑需要处理。三层 C/S 的前台界面与后台服务之间必须通过一种协议（自开发或采用标准协议）来通信（包括请求、回复、远程函数调用等），通常包括以下几种：

- 基于TCP/IP协议，直接在底层Socket API基础上自行开发。这样做一般只适合需求与功能简单的小型系统。
- 首先建立自定义的消息机制（封装TCP/IP与Socket编程），然后前台与后台之间的通信通过该消息机制来实现。消息机制可以基于XML，也可以基于字节流（Stream）定义。虽然是属于自定义通信，但是它可以基于此构建大型分布式系统。
- 基于RPC编程。
- 基于CORBA/IIOP协议。
- 基于Java RMI。
- 基于J2EE JMS。
- 基于HTTP协议，比如浏览器与Web服务器之间的信息交换。这里需要指出的是HTTP不是面向对象的结构，面向对象的应用数据会被首先平面化后进行传输。

目前最典型的基于三层 C/S 结构的应用模式便是人们最熟悉、较流行的 B/S（Brower/Server，浏览器 / 服务器）模式。

Web 浏览器是一个用于文档检索和显示的客户应用程序，并通过超文本传输协议 HTTP（Hyper Text Transfer Protocol）与 Web 服务器相连。该模式下，通用的、低成本的浏览器节省了两层结构的 C/S 模式客户端软件的开发和维护费用。这些浏览器大家都很熟悉，包括 MS Internet Explorer、Mozilla FireFox 等。

Web 服务器是指驻留于因特网上某种类型计算机的程序。当 Web 浏览器（客户端）连到服务器上并请求文件或数据时，服务器将处理该请求并将文件或数据发送到该浏览器上，附带的信息会告诉浏览器如何查看该文件（即文件类型）。服务器使用 HTTP 进行信息交流，可称为 HTTP 服务器。

人们每天都在 Web 浏览器上进行各种操作，这些操作中绝大多数其实都是在 Web 服务器上执行的，Web 浏览器只是将人们的请求以 HTTP 协议格式发送到 Web 服务器端或将返回的查询结果显示而已。当然，驻留 Web 浏览器与服务器的硬件设备可以是位于 Web 网络上的两台相距千里的计算机。

应该强调的是 B/S 模式的浏览器与 Web 服务器之间的通信仍然是 TCP/IP，只是将协议格式在应用层进行了标准化。实际上 B/S 是采用了通用客户端界面的三层 C/S 结构。

3）多层 C/S 结构

多层 C/S 结构一般是指三层以上的结构，在实践中主要是四层，即前台界面（如浏览器）、

Web 服务器、中间件（或应用服务器）及数据库服务器。多层客户端 / 服务器模式主要用于较有规模的组织信息系统建设，其中中间件一层主要完成以下几个方面的工作：

- 提高系统可伸缩性，增加并发性能。在大量并发访问发生的情况下，Web 服务器处理的并发请求数可以在中间件一层得到更进一步的扩展，从而提高系统整体并发连接数。
- 中间件/应用层专门完成请求转发或一些与应用逻辑相关的处理，具有这种作用的中间件一般可以作为请求代理，也可作为应用服务器。中间件的这种作用在J2EE的多层结构中比较常用，如BEA WebLogic、IBM WebSphere等提供的EJB容器，就是专门用以处理复杂组织逻辑的中间件技术组成部分。
- 增加数据安全性。在网络结构设计中，Web服务器一般都采用开放式结构，即直接可以被前端用户访问，如果是一些在公网上提供服务的应用，则Web服务器一般都可以被所有能访问与联网的用户直接访问。因此，如果在软件结构设计上从Web服务器就可以直接访问组织数据库是不安全的。因此，中间件的存在，可以隔离Web服务器对组织数据库的访问请求：Web服务器将请求先发给中间件，然后由中间件完成数据库访问处理后返回。

4）模型 - 视图 - 控制器模式

模型 - 视图 - 控制器（Model-View-Controller，MVC）的概念在目前信息系统设计中非常流行，严格来讲，MVC 实际上是上述多层 C/S 结构的一种常用的标准化模式，或者可以说是从另一个角度去抽象这种多层 C/S 结构。

在 J2EE 架构中，View 表示层指浏览器层，用于图形化展示请求结果；Controller 控制器指 Web 服务器层，Model 模型层指应用逻辑实现及数据持久化的部分。目前流行的 J2EE 开发框架，如 JSF、Struts、Spring、Hibernate 等及它们之间的组合，如 Struts+Spring+Hibernate（SSH）、JSP+Spring+Hibernate 等都是面向 MVC 架构的。另外，PHP、Perl、MFC 等语言都有 MVC 的实现模式。

MVC 主要是要求表示层（视图）与数据层（模型）的代码分开，而控制器则可以用于连接不同的模型和视图来完成用户的需求。从分层体系的角度来讲，MVC 的层次结构，其控制器与视图通常处于 Web 服务器一层，而根据"模型"有没有将业务逻辑处理分离成单独服务处理，MVC 可以分为三层或四层体系结构。

3. 面向服务架构（SOA）模式

上面所论述的客户端 / 服务器模式，无论多少层的 C/S 软件结构，对外来讲，都只是一个单结点应用（无论它由多少个不同层的"服务"相互配合来完成其功能），具体表现为一个门户网站、一个应用系统等。而多个单点应用相互通信的多服务结构也是一种信息系统常用的架构模式。

1）面向服务架构

如果两个多层 C/S 结构的应用系统之间需要相互进行通信，那么就产生了面向服务架构（Service Oriented Architecture，SOA）。在 SOA 的概念中，将由多层服务组成的一个结点应用看作是一个单一的服务。在 SOA 的定义里，对"服务"的概念进行的广义化，即它不是指计算机层面的一个 Daemon（守护进程），而是指向提供一组整体功能的独立应用系统。所谓独立应用系统是指无论该应用系统由多少层服务组成，去掉任何一层，它都将不能正常工作，对外可以是一个提供完整功能的独立应用。这个特征便可以将面向服务架构与多层单服务体系完全区分开来。

两个应用之间一般通过消息来进行通信，可以互相调用对方的内部服务、模块或数据交换和驱动交易等。在实践中，通常借助中间件来实现 SOA 的需求，如消息中间件、交易中间件等。面向服务架构在实践中又可以具体分为异构系统集成、同构系统聚合、联邦体系结构等。

2）Web Service

面向服务架构体现在 Web 应用之间，就成为了 Web Service，即两个互联网应用之间可以相互向对方开放一些内部"服务"（这种服务可以理解为功能模块、函数、过程等）。目前，Web 应用对外开放其内部服务的协议主要有 SOAP 与 WSDL，具体资料可以查阅相关标准。

Web Service 是面向服务架构的一个最典型、最流行的应用模式，但除了由 Web 应用为主而组成的特点以外，Web Service 最主要的应用是一个 Web 应用向外提供内部服务，而不像传统意义上 SOA 那样有更加丰富的应用类型。

3）面向服务架构的本质

面向服务架构的本质是消息机制或远程过程调用（RPC）。虽然其具体的实现底层并不一定是采用 RPC 编程技术，但两个应用之间的相互配合确实是通过某种预定义的协议来调用对方的"过程"实现的，这与前节所讲多层架构的单点应用系统中，两个处于不同层的运行实例相互之间通信的协议类型基本是相同的。

4. 组织级数据交换总线

实践中，还有一种较常用的架构，即组织级数据交换总线，即不同的组织应用之间进行信息交换的公共通道。这种架构在大型组织不同应用系统进行信息交换时使用较普遍，在国内，主要是信息化、数字化程度较高的组织采用此种结构，其他的许多组织虽然也有类似的需求，但大多都仍处于局部信息化、数字化阶段，没有达到"组织数据交换总线"的层次。

关于数据总线本身，其实质应该是一个称之为连接器的软件系统（Connector），它可以基于中间件（如：消息中间件或交易中间件）构建，也可以基于 CORBA/IIOP 协议开发，主要功能是按照预定义的配置或消息头定义，进行数据（data）、请求（request）或回复（response）的接收与分发。

从理论上来讲，组织级数据交换总线可以同时具有实时交易与大数据量传输的功能，但在实践中，成熟的企业数据交换总线主要是为实时交易而设计的，而对可靠的大数据量级传输需求往往要单独设计。如果采用 CORBA 为通信协议，交换总线就是对象请求代理（ORB），也被称为"代理（Agent）体系"。另外，在交换总线上挂接的软件系统，有些也可以实现代理的功能，各代理之间可以以并行或串行的方式进行工作，通过挂接在同一交换总线上的控制器来协调各代理之间的活动。

4.2.5　规划与设计

信息系统规划与设计因为组织的业务类型不同而各异，还要结合组织的发展阶段和数字化转型成熟度，不同阶段和成熟度条件下，其系统集成架构和设计导向差异较大。

1. 集成架构演进

对任何组织来说，其信息系统集成架构随其业务发展、数字化转型成熟度和信息技术发展等持续演进和变化。以工业企业为例，其集成架构演进常为：以应用功能为主线架构、以平台能力为主线架构和以互联网为主线架构。采用不同的主线架构，本质上取决于企业业务发展的程度，表现为企业数字化转型的成熟度。

1）以应用功能为主线架构

对于中小型工业企业或者处于信息化、数字化发展初级阶段的工业企业来说，其信息系统集成建设的主要目标是提高工作效能、降低业务风险。同时，受制于自身信息化队伍和人才的不足，以及业务体系对信息化、数字化理解得不深入等，企业往往采用"拿来主义"来构建其信息系统，即直接采购成套且成熟的应用软件，并基于应用软件的运行需求，建设相关的基础设施。

企业发展在该阶段重点关注的是组织职能的细化分工以及行业最佳实践的导入。因此组织的信息化建设往往以部门或职能为单元，核心关注点是信息系统的软件功能，如财务管理、设备管理、资产管理等，从而进行信息系统规划、设计、部署和运行等。同时，通过成套软件的部署，强化自身的管理或工艺水平等。应用软件或模块间的集成融合，主要通过系统的软件接口来完成。企业往往采用统一规划、分步实施的方式进行，即需要什么功能，部署上线什么功能，如图 4-2 所示。

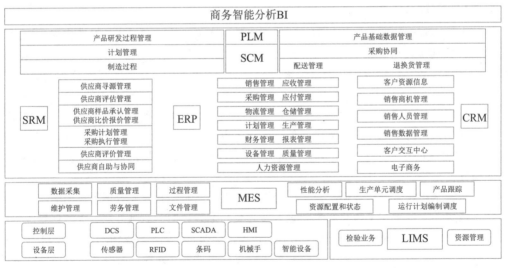

图 4-2　以应用功能为主线的工业企业信息系统集成架构

2）以平台能力为主线架构

随着工业企业发展，其组织规模和数字化转型能力成熟度往往会得到持续提升，企业会逐步从直接获取行业最佳实践，逐步进入自主知识沉淀和自主创新的发展时期。企业个性化、特色化得到快速发展，同时企业也会更加关注各业务体系的融合协同，需要信息系统能够基于数据进行共享等，提升数据集成的灵活性和便捷性。这种情况下，以成套软件标准功能为基础的应用主线架构，往往无法满足企业的需求，大多数企业开始加强以平台化为基础，应用功能灵活可快速定制的新型系统集成架构，即以平台能力为主线系统集成架构，如图 4-3 所示。

以平台能力为主线的系统集成架构起源于云计算技术的发展和云服务的逐步成熟。其核心理念是将"竖井式"信息系统各个组成部分，转化为"平层化"建设方法，包括数据采集平层化、网络传输平层化、应用中间件平层化、应用开发平层化等，并通过标准化接口和新型信息技术，实现信息系统的弹性、敏捷等能力建设。通过平台化架构支撑的信息系统应用，可以结合专题建设或独立配置（或少量开发），快速得到企业需求的应用系统功能，从而突破成套软件商在个性化软件定制方面的不足。

图 4-3　以平台能力融合为主线系统集成架构

在具体实践中，企业的架构转型是一个持续的过程。企业会将成熟度高、少变化的应用继续使用成套软件部署模式，对新型的、多变化的应用采用平台化架构，最终保持两种架构并存（也称双态 IT，即敏态与稳态融合）或全部转换到平台化架构中。

3）以互联网为主线架构

当企业发展到产业链或生态链阶段，或者成为复杂多元的集团化企业，以平台能力为主线的架构往往也无法满足企业需求，企业开始寻求向以互联网为主线的系统集成架构方向转移或过渡。这是因为企业需要包容集团分支机构、生态伙伴或产业链伙伴等，发展水平或数字化转型能力成熟度水平存在不一致的情况。在以平台能力为主线的架构中，全集团、生态链或产业链都使用相同的信息系统功能模块，会因各机构的管理或工艺水平差异造成相关系统模块无法满足各单位的实际需求的情况。比如采购管理，在数字化转型成熟度较高的企业中，其管理颗粒度往往比较细致，每一种物料编码的获取与定义都有可能使用独立的管理流程，然而数字化转型成熟度相对较低的企业，其物料编码采用直接分配（乃至不关注物料编码）的方法，过高的管理要求反倒成为了相关机构的负担。

以互联网为主线的系统集成架构，强调将各信息系统功能最大限度地 App 化（微服务），如把采购管理中的编码管理作为一项 App 存在，如图 4-4 所示。通过 App 的编排与组合，生成可以适用各类成熟度的企业应用。面向具体工业企业场景，其 App 的组合模式与方法，可以借助面向不同组织的能力成熟度控制来定义实施（可具体到能力项的成熟度）。因为所有组织的相关管理处于同一个信息系统中，数据的互通和共享等，也可以基于成熟度等级控制来进行，比如采购管理的编码管理过程数据，可以在相同等级的组织间实现共享，而缺乏物料编码管理控制的组织，可以与更高水平或同等水平组织共享物料采购、物料信息等。

以互联网为主线的系统集成架构，整合应用了更多的新一代信息技术及其应用创新，比如区块链与 App 编排的融合应用、数字化能力封装与成熟度发展过程的融合应用、边缘计算与人工智能的融合应用、广域物联网技术应用、云原生技术的应用等。形象的比喻，就是把组织的各项业务职能和工艺活动等进行细化拆分，并实施数字化封装，从而通过云、边、端的融合，实现对职能或工艺活动的动态重组和编排，达到对不同成熟度组织的适配以及组织各项能力的敏捷组合与弹性变革。

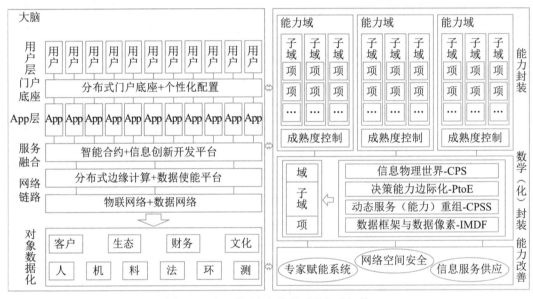

图 4-4　以互联网为主线的系统集成架构

2. TOGAF 架构开发方法

TOGAF（The Open Group Architecture Framework）是一种开放式企业架构框架标准，它为标准、方法论和企业架构专业人员之间的沟通提供一致性保障。

1）TOGAF 基础

TOGAF 由国际组织 The Open Group 制定。该组织于 1993 年开始应客户要求制定系统架构标准，在 1995 年发表 TOGAF 架构框架。TOGAF 的基础是美国国防部的信息管理技术架构（Technical Architecture For Information Management，TAFIM）。它是基于一个迭代（Iterative）的过程模型，支持最佳实践和一套可重用的现有架构资产。它可用于设计、评估并建立适合的企业架构。在国际上，TOGAF 已经被验证，可以灵活、高效地构建企业 IT 架构。

该框架旨在通过以下四个目标帮助企业组织和解决所有关键业务需求：

- 确保从关键利益相关方到团队成员的所有用户都使用相同语言。这有助于每个人以相同的方式理解框架、内容和目标，并让整个企业在同一页面上打破任何沟通障碍。
- 避免被"锁定"到企业架构的专有解决方案。只要该企业在内部使用TOGAF而不是用于商业目的，该框架就是免费的。
- 节省时间和金钱，可以更有效地利用资源。
- 实现可观的投资回报（ROI）。

TOGAF 反映了企业内部架构能力的结构和内容，TOGAF 9 版本包括六个组件：

- 架构开发方法。这部分是TOGAF的核心，它描述了TOGAF架构开发方法（Architecture Development Method，ADM），ADM是一种开发企业架构的分步方法。
- ADM指南和技术。这部分包含一系列可用于应用ADM的指南和技术。
- 架构内容框架。这部分描述了TOGAF内容框架，包括架构工件的结构化元模型、可重用架构构建块（ABB）的使用以及典型架构可交付成果的概述。
- 企业连续体和工具。这部分讨论分类法和工具，用于对企业内部架构活动的输出进行分类和存储。
- TOGAF参考模型。这部分提供了两个架构参考模型，即TOGAF技术参考模型（TRM）和集成信息基础设施参考模型（III-RM）。
- 架构能力框架。这部分讨论在企业内建立和运营架构实践所需的组织、流程、技能、角色和职责。

TOGAF 框架的核心思想是：

- 模块化方法。TOGAF标准采用模块化结构。
- 内容框架。TOGAF标准包括了一个遵循架构开发方法（ADM）所产出的结果更加一致的内容框架。TOGAF内容框架为架构产品提供了详细的模型。
- 扩展指南。TOGAF标准的一系列扩展概念和规范为大型组织的内部团队开发多层级集成架构提供支持，这些架构均在一个总体架构治理模式内运行。
- 架构风格。TOGAF标准在设计上注重灵活性，可用于不同的架构风格。

TOGAF 的关键是架构开发方法，它是一个可靠的、行之有效的方法，能够满足商务需求的组织架构。

2）ADM 方法

架构开发方法（ADM）为开发企业架构所需要执行的各个步骤以及它们之间的关系进行了详细的定义，同时它也是 TOGAF 规范中最为核心的内容。一个组织中的企业架构发展过程可以看成是其企业连续体从基础架构开始，历经通用基础架构和行业架构阶段而最终达到组织特定架构的演进过程，而在此过程中用于对组织开发行为进行指导的正是架构开发方法。由此可见，架构开发方法是企业连续体得以顺利演进的保障，而作为企业连续体在现实中的实现形式或信息载体，企业架构资源库也与架构开发方法有着千丝万缕的联系。企业架构资源库为架构开发方法的执行过程提供了各种可重用的信息资源和参考资料，而企业架构开发方法中各步骤所产生的交付物和制品也会不停地填充和刷新企业架构资源库中的内容，因此在刚开始执行企业架构开发方法时，各个企业或组织常常会因为企业架构资源库中内容的缺乏和简略而举步维艰，但随着一个又一个架构开发循环的持续进行，企业架构资源库中的内容日趋丰富和成熟，从而企业架构的开发也会越发明快。

ADM 方法是由一组按照架构领域的架构开发顺序排列成一个环的多个阶段构成。通过这些开发阶段的工作，设计师可以确认是否已经对复杂的业务需求进行了足够全面的讨论。TOGAF 中最为著名的一个 ADM 架构开发的全生命周期模型见图 4-5。此模型将 ADM 全生命周期划分为预备阶段、需求管理、架构愿景、业务架构、信息系统架构（应用和数据）、技术架构、机会和解决方案、迁移规划、实施治理、架构变更治理等十个阶段，这十个阶段是反复迭代的过程。

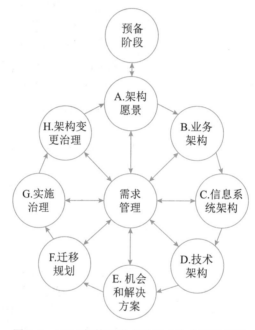

图 4-5　ADM 架构开发方法的全生命周期模型

ADM 方法被迭代式应用在架构开发的整个过程中、阶段之间和每个阶段内部。在 ADM 的全生命周期中，每个阶段都需要根据原始业务需求对设计结果进行确认，这也包括业务流程中特有的一些阶段。确认工作需要对企业的覆盖范围、时间范围、详细程度、计划和里程碑进行重新审议。每个阶段都应该考虑到架构资产的重用。

因此，ADM 便形成了 3 个级别的迭代概念：

● 基于ADM整体的迭代。用一种环形的方式来应用ADM方法，表明了在一个架构开发工作阶段完成后会直接进入随后的下一个阶段。

● 多个开发阶段间的迭代。在完成了技术架构阶段的开发工作后又重新回到业务架构开发阶段。

● 在一个阶段内部的迭代。TOGAF支持基于一个阶段内部的多个开发活动，对复杂的架构内容进行迭代开发。

ADM 各个开发阶段的主要活动见表 4-1 所示。

表 4-1　ADM 架构设计方法各阶段主要活动

ADM 阶段	ADM 阶段内的活动
预备阶段	为实施成功的企业架构项目做好准备，包括定义组织机构、特定的架构框架、架构原则和工具
需求管理	完成需求的识别、保管和交付，相关联的 ADM 阶段则按优先级顺序对需求进行处理；TOGAF 项目的每个阶段都是建立在业务需求之上并且需要对需求进行确认
阶段 A：架构愿景	设置 TOGAF 项目的范围、约束和期望。创建架构愿景，包括：定义利益相关者，确认业务上下文环境，创建架构工作说明书，取得上级批准等
阶段 B：业务架构；阶段 C：信息系统架构（应用和数据）；阶段 D：技术架构	从业务、信息系统和技术三个层面进行架构开发，在每一个层面分别完成以下活动：开发基线架构描述，开发目标架构描述，执行差距分析
阶段 E：机会和解决方案	进行初步实施规划，并确认在前面阶段中确定的各种构建块的交付物形式，确定主要实施项目，对项目分组并纳入过渡架构，决定途径（制造 / 购买 / 重用、外包、商用、开源），评估优先顺序，识别相依性
阶段 F：迁移规划	对阶段 E 确定的项目进行绩效分析和风险评估，制订一个详细的实施和迁移计划
阶段 G：实施治理	定义实施项目的架构限制，提供实施项目的架构监督，发布实施项目的架构合同，监测实施项目以确保符合架构要求
阶段 H：架构变更治理	提供持续监测和变更管理的流程，以确保架构可以响应企业的需求并且将架构对于业务的价值最大化

4.2.6　价值驱动的体系结构

系统存在的目的是为利益相关方创造价值。然而，这种理想往往无法完全实现。当前开发方法给利益相关方、架构师和开发人员提供的信息是不完全和不充分的。这里介绍两个概念：价值模型和体系结构策略。它们似乎在许多开发过程中被遗忘，但创造定义完善的价值模型可以为提高折中方案的质量提供指导，特别是那些部署到不同环境中且用户众多的系统。

1. 模型概述

开发建设有目的的系统，其目的是为其利益相关者创造价值。在大多数情况下，这种价值被认为是有利的，因为这些利益相关者在其他系统中扮演着重要角色。同样，这些其他系统也是为了为其利益相关者创造价值。系统的这种递归特性是分析和了解价值流的一个关键。价值模型核心的特征可以简化为三种基本形式：价值期望值、反作用力和变革催化剂。

（1）价值期望值。价值期望值表示对某一特定功能的需求，包括内容（功能）、满意度（质量）和不同级别质量的实用性。例如，汽车驾驶员对汽车以 60 公里每小时的速度进行急刹车的快慢和安全性有一种价值期望值。

（2）反作用力。系统部署实际环境中，实现某种价值期望值的难度，通常期望越高难度越大，即反作用力。例如，汽车以 60 公里每小时的速度进行紧急刹车的结果取决于路面类型、路面坡度和汽车重量等。

（3）变革催化剂。变革催化剂表示环境中导致价值期望值发生变化的某种事件，或者是导致不同结果的限制因素。

反作用力和变革催化剂称为限制因素，这三个统称为价值驱动因素。如果系统旨在有效满足其利益相关者的价值模型要求，那么它就需要能够识别和分析价值模型。

一般方法，如用例方案和业务 / 营销需求，都是通过聚焦于与系统进行交互的参与者的类型开始的，这种方法有如下 4 个突出的局限性。

（1）对参与者的行为模型关注较多，而对其中目标关注较少。

（2）往往将参与者固化地分成几种角色，其中每个角色所在的个体在本质上都是相同的（例如，商人、投资经理或系统管理员）。

（3）往往忽略限制因素之间的差别（例如，纽约的证券交易员和伦敦的证券交易员是否相同，市场开放交易与每天交易是否相同）。

（4）结果简单。要求得到满足或未得到满足，用例成功完成或未成功完成。

这种方法有一个非常合乎逻辑的实际原因，它使用顺序推理和分类逻辑，因此易于教授和讲解，并能生成一组易于验证的结果。

2. 结构挑战

体系结构挑战是因为一个或多个限制因素，使得满足一个或多个期望值变得更困难。在任何环境中，识别体系结构挑战都涉及评估。

（1）哪些限制因素影响一个或多个期望值。

（2）如果知道了影响，它们满足期望值更容易（积极影响）还是更难（消极影响）。

（3）各种影响的影响程度如何，在这种情况下，简单的低、中和高三个等级通常就已经够用了。

评估必须在体系结构挑战自己的背景中对其加以考虑。虽然跨背景平均效用曲线是可能的，但对于限制因素对期望值的影响不能采用同样的处理方法。例如，假设 Web 服务器在两种情况下提供页面：一种情况是访问静态信息，如参考文献，它们要求响应时间为 1 ～ 3s；另一种情况是访问动态信息，如正在进行的体育项目的个人得分表，其响应时间为 3 ～ 6s。

两种情况都有 CPU、内存、磁盘和网络局限性。不过，当请求量增加 10 或 100 倍时，这两种情况可能遇到大不相同的可伸缩性障碍。对于动态内容，更新和访问的同步成为重负载下的一个限制因素。对于静态内容，重负载可以通过频繁缓存读写来克服。

制定系统的体系结构策略始于：

（1）识别合适的价值背景并对其进行优先化。

（2）在每一背景中定义效用曲线和优先化期望值。

（3）识别和分析每一背景中的反作用力和变革催化剂。

（4）检测限制因素使其满足期望值变难的领域。

最早的体系结构决策产生最大价值才有意义。有几个标准可用于优先化体系结构，建议对重要性、程度、后果和隔离等进行权衡。

（1）重要性。受挑战影响的期望值的优先级有多高，如果这些期望值是特定于不多的几个背景，那么这些背景的相对优先级如何。

（2）程度。限制因素对期望值产生了多大影响。

（3）后果。大概多少种方案可供选择，这些方案的难度或有效性是否有很大差异。

（4）隔离。对最现实的方案的隔离情况如何。

影响越广，该因素的重要性越高。一旦体系结构挑战的优先级确定之后，就要确定处理最高优先级挑战的方法。尽管体系结构样式和模式技术非常有用，不过在该领域中，在问题和解决方案领域的经验仍具有无法估量的价值。应对的有效方法源于技能、洞察力、奋斗和辛勤的工作。这个论断千真万确，不管问题是关于科学、行政管理还是软件体系结构。

当制定了应对高优先级的方法之后，体系结构策略就可以表达出来了。架构师会分析这组方法的，并给出一组关于组织、操作、可变性和演变等领域的指导原则。

（1）组织。如何系统性地组织子系统和组件？它们的组成和职责是什么？系统如何部署在网络上？都有哪些类型的用户和外部系统？它们位于何处，是如何连接的？

（2）操作。组件如何交互？在哪些情况下通信是同步的，在哪些情况下是异步的？组件的各种操作是如何协调的？何时可以配置组件或在其上运行诊断？如何检测、诊断和纠正错误条件？

（3）可变性。系统的哪些重要功能可以随部署环境的变化而变化？对于每一功能，哪些方案得到支持？何时可以做出选择（例如，编译、链接、安装、启动或在运行时）？各个分歧点之间有什么相关性？

（4）演变。为了支持变更同时保持其稳定性，系统是如何设计的？哪些特定类型的重大变革已在预料之中？应对这些变更有哪些可取的方法？

总之，体系结构策略就像帆船的舵和龙骨，可以确定方向和稳定性。它应该是简短的、高标准的方向陈述，必须能够被所有利益相关者所理解，并应在系统的整个生命周期内保持相对稳定。

3. 模型与结构的联系

价值模型有助于了解和传达关于价值来源的重要信息。它解决一些重要问题，如价值如何流动，期望值和外部因素中存在的相似性和区别，系统要实现这些价值有哪些子集。架构师通过分解系统产生一般影响的力，特定于某些背景的力和预计随着时间的推移而变化的力，以实现这些期望值。价值模型和软件体系结构的联系是明确而又合乎逻辑的，可以用以下 9 点来表述。

（1）软件密集型产品和系统的存在是为了提供价值。

（2）价值是一个标量，它融合了对边际效用的理解和诸多不同目标之间的相对重要性，目标折中是一个极其重要的问题。

（3）价值存在于多个层面，其中某些层面包含了目标系统，并将其作为一个价值提供者。用于这些领域的价值模型包含了软件体系结构的主要驱动因素。

（4）该层次结构中高于上述层面的价值模型可以导致其下层价值模型发生变化。这是制定系统演化原则的一个重要依据。

（5）对于每一个价值群，价值模型都是同类的。暴露于不同环境条件的价值背景具有不同的期望值。

（6）对于满足不同价值背景需要，系统的开发赞助商有着不同的优先级。

（7）体系结构挑战是由环境因素在某一背景中对期望的影响引起的。

（8）体系结构方法试图通过首先克服最高优先级体系结构挑战来实现价值的最大化。

（9）体系结构策略是通过总结共同规则、政策和组织原则、操作、变化和演变从最高优先级体系结构方法综合得出的。

4.3　应用架构

应用架构的主要内容是规划出目标应用分层分域架构，根据业务架构规划目标应用域、应用组和目标应用组件，形成目标应用架构逻辑视图和系统视图。从功能视角出发，阐述应用组件各自及应用架构整体上，如何实现组织的高阶 IT 需求，并描述主要目标应用组件之间的交互关系。

4.3.1　基本原则

常用的应用架构规划与设计的基本原则有：业务适配性原则、应用聚合化原则、功能专业化原则、风险最小化原则和资产复用化原则。

（1）业务适配性原则。应用架构应服务和提升业务能力，能够支撑组织的业务或技术发展战略目标，同时应用架构要具备一定的灵活性和可扩展性，以适应未来业务架构发展所带来的变化。

（2）应用聚合化原则。基于现有系统功能，通过整合部门级应用，解决应用系统多、功能分散、重叠、界限不清晰等问题，推动组织集中的"组织级"应用系统建设。

（3）功能专业化原则。按照业务功能聚合性进行应用规划，建设与应用组件对应的应用系统，满足不同业务条线的需求，实现专业化发展。

（4）风险最小化原则。降低系统间的耦合度，提高单个应用系统的独立性，减少应用系统间的相互依赖，保持系统层级、系统群组之间的松耦合，规避单点风险，降低系统运行风险，保证应用系统的安全稳定。

（5）资产复用化原则。鼓励和推行架构资产的提炼和重用，满足快速开发和降低开发与维护成本的要求。规划组织级共享应用成为基础服务，建立标准化体系，在组织内复用共享。同时，通过复用服务或者组合服务，使架构具有足够的弹性以满足不同业务条线的差异化业务需求，支持组织业务持续发展。

4.3.2　分层分组

对应用架构进行分层的目的是要实现业务与技术分离，降低各层级之间的耦合性，提高各层的灵活性，有利于进行故障隔离，实现架构松耦合。应用分层可以体现以客户为中心的系统服务和交互模式，提供面向客户服务的应用架构视图。对应用分组的目的是要体现业务功能的分类和聚合，把具有紧密关联的应用或功能内聚为一个组，可以指导应用系统建设，实现系统内高内聚，系统间低耦合，减少重复建设。图 4-6 给出了某城市社会保险智慧治理中心的应用架构示意。

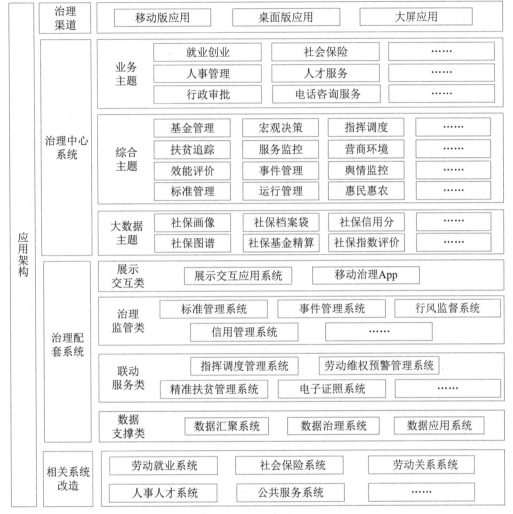

图 4-6　某城市社会保险智慧治理中心的应用架构示意

　　某城市社会保险智慧治理中心应用系统规划为治理渠道、治理中心系统、治理配套系统及相关系统改造四大类。

　　（1）治理渠道。应用根据不同的使用群体提供移动版应用、桌面版应用及大屏应用。移动版应用主要为各级管理者提供各类重要主题、热门主题、业务主题及大数据主题的可视化视图、重要指标监控、指数分析、绩效评价、趋势分析、指挥调度等应用功能，实现治理中心不同应用场景下社会保障发展事业数据、营商环境指数和相关报告的同步查阅。桌面版应用面向某城市社会保险各业务领域及信息部门管理人员，提供社会保险领域的综合主题、各业务领域的业务主题及大数据主题的人本化服务、可视化监管、智能化监督、科学化决策、在线化指挥等应用功能，实现指挥调度、会议会商、任务分发、协查协办、专项整治等不同应用场景的智慧治理。大屏应用面向某城市社会保险各级领导及部门管理人员，提供各类重要主题、热门主题、业务主题及大数据主题的重要指标监控、决策分析、绩效评价、趋势分析等可视化呈现。

（2）治理中心系统。治理中心系统主要集中展示交互三大类主题，其中业务主题包括就业创业、社会保险、劳动维权、人事管理、人才服务、人事和职业考试、行政审批、电话咨询服务、社会保障卡等。综合主题包括宏观决策、指挥调度、廉政风控、基金管理、事业发展、营商环境、扶贫追踪、服务监控、舆情监控、行风监督、效能评价、事件管理、电子证照、标准管理、惠民惠农等。大数据主题包括社保画像、社保档案袋、社保信用分、社保地图、社保图谱、社保基金精算、社保指数评价、社保全景分析等。

（3）治理配套系统。治理配套系统为本项目智慧治理中心提供四大类应用，其中数据支撑类应用包括数据汇聚系统、数据治理系统、数据应用系统。联动服务类应用包括指挥调度管理系统、精准扶贫管理系统、劳动维权预警管理系统、电子证照系统、用户画像系统。治理监管类应用包括标准管理系统、行风监督系统、信用管理系统、基金精算分析系统、服务效能评价系统。展示交互类应用包括移动治理 App。

（4）相关系统改造。相关系统改造主要涉及与本次智慧治理中心相关主题的数据汇聚、展现、交互等关联的劳动就业系统、社会保险系统、劳动关系系统、人事人才系统、公共服务系统、风险防控系统等的改造。

4.4 数据架构

数据架构描述了组织的逻辑和物理数据资产以及相关数据管理资源的结构。数据架构的主要内容涉及数据全生命周期之下的架构规划，包括数据的产生、流转、整合、应用、归档和消亡。数据架构关注数据所处的生命周期环节中数据被操作的特征和数据类型、数据量、数据技术处理的发展、数据的管控策略等数据领域的相关概念。

4.4.1 发展演进

作为信息系统架构的组成，数据架构在不同时代其形态也是不一样，它是随着信息技术的不断发展而向前演进，主要经历了单体应用架构时代、数据仓库时代和大数据时代等。

1. 单体应用架构时代

在信息化早期（20 世纪 80 年代），信息化初步建设，信息系统以单体应用为主，例如：早期的财务软件、OA 办公软件等。这个时期数据管理的概念还在萌芽期，数据架构比较简单，主要就是数据模型、数据库设计，满足系统业务使用即可。

2. 数据仓库时代

随着信息系统的使用，系统的数据也逐步积累起来。这时候，人们发现数据对组织是有价值的，但是割裂的系统导致了大量信息孤岛的产生，严重影响了组织对数据的利用。于是，一种面向主题的、集成的、用于数据分析的全新架构诞生了，它就是数据仓库。

与传统关系数据库不同，数据仓库系统的主要应用是 OLAP，支持复杂的分析操作，侧重决策支持，并且提供直观易懂的查询结果。这个阶段，数据架构不仅关注数据模型，还关注数据的分布和流向。

3. 大数据时代

大数据技术的兴起，让组织能够更加灵活高效地使用自己的数据，从数据中提取出更多重要的价值。与此同时，在大数据应用需求的驱动下，各类大数据架构也在不断发展和演进着，从批处理到流处理，从大集中到分布式，从批流一体到全量实时。

4.4.2　基本原则

数据架构的设计原则是在遵循架构设计通用原则的情况下，有数据架构自身的特殊考虑。合理的数据架构设计应该是解决以下问题：功能定位合理性问题，面向未来发展的可扩展性问题，处理效率高效或者说高性价比的问题，数据合理分布和数据一致性问题。

1. 数据分层原则

首先，组织数据按照生命周期就是分层次的，因此数据分层原则更多应该解决的是层次定位合理性的问题。在给每个层次进行定位的同时，对每个层次的建设目标、设计方法、模型、数据存储策略及对外服务原则进行一定的约束性定义和控制。

2. 数据处理效率原则

合理的数据架构需要解决数据处理效率的问题。所谓的数据处理效率并不是追求高效率，而是追求合理，因为所有的数据存储和处理都是有代价的。换句话讲：数据处理效率的问题也可以说是解决满足数据处理效率要求的成本合理化的问题。

数据处理的代价主要就是数据存储与数据变迁的成本，在实践中，真正影响数据处理效率的是大规模的原始数据的存储与处理。在这些原始明细数据的加工、处理、访问的过程中，尽量减少明细数据的冗余存储和大规模的搬迁操作，可以提升数据处理效率。

3. 数据一致性原则

合理的数据架构能够有效地支持数据管控体系，很多的数据不一致性是因为数据架构不合理所导致的。其中，最大的原因就是数据在不同层次分布中的冗余存储以及按照不同业务逻辑的重复加工。因此，如何在数据架构中减少数据重复加工和冗余存储，是保障数据一致性的关键所在。

4. 数据架构可扩展性原则

数据架构设计的可扩展性原则可以从以下角度来保障：
- 基于分层定位的合理性原则之上。只有清晰的数据层次定位，以及每个数据层次合理的模型和存储技术策略，才能更好地保证数据架构在未来支持新增业务类型、新增数据整合要求、新增数据应用要求的过程中的可扩展性。
- 架构的可扩展性需要对数据存储模型和数据存储技术也进行考虑。

5. 服务于业务原则

合理的数据架构、数据模型、数据存储策略，最终目标都是服务于业务。例如，社会保险快速的业务流程运转以及高效而且精准的业务决策支持，是社会保险行业两方面的业务目标。因此，有时候在面临满足某种业务特殊目标的时候，可以为了业务的体验放弃之前的某些原则。

4.4.3 架构举例

图 4-7 给出了某城市社会保险智慧治理中心的数据架构示意。

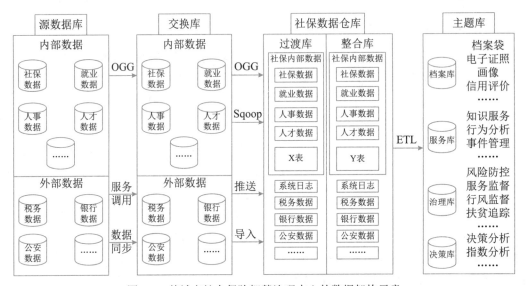

图 4-7　某城市社会保险智慧治理中心的数据架构示意

本项目采用集中式的数据资源管理模式建设全市统一的数据中心，汇聚全市就业、社保、劳动关系等社会保险内部各类数据资源，以及银行、税务、公安等外部数据资源。按照统一的技术规范、数据编码和格式标准，进行数据清洗整合、数据建模、数据挖掘，构建社会保险数据仓库，并根据治理主体应用需求，从数据仓库中抽取归集相关数据，形成保险档案、公共服务、监控治理、决策分析等专题库。主要数据资源库包括源数据库、交换库、过渡库、整合库、主题库等。

（1）源数据库。源数据库是某城市社会保险智慧治理中心所需数据的源端，包括社保数据、就业数据、劳动关系数据、人事人才数据等社会保险内部数据以及银行、税务、公安等外部部门数据。

（2）交换库。利用 OGG 等同步工具或通过数据同步、服务调用等方式将源端的数据库同步到交换数据库中，采用数据同步或者镜像的方式，降低对源数据库的影响。

（3）过渡库。通过 OGG For Bigdata 抽取变量数据、Sqoop 抽取、推送、导入等方式抽取交换库中的数据，存储于 Hadoop 平台中的过渡库中，以便提高大批量数据处理性能。

（4）整合库。对过渡库的数据进行对照、转换、清洗、聚集，按照统一的库表结构存储在整合库中，为各主题库提供增量数据源和全量数据源。

（5）主题库。主题库即服务库，根据治理主题应用需求，从整合库中提取所需数据，为治理应用和可视化展现提供支撑。

4.5　技术架构

技术架构是承载组织应用架构和数据架构的基础，它是一个由多个功能模块组成的整体，描述组织业务应用实现所采用的技术体系或组合，以及支持应用系统部署所需的基础设施和环境等。技术架构需要统筹考虑和统一规划，缺乏总体策略和思路的 IT 技术架构会导致投资的严重浪费和建设的时间延误等，总体功能败于最弱的环节，使 IT 成为业务发展的瓶颈。

4.5.1　基本原则

在构建信息系统技术架构时，组织需要充分考虑技术及其应用创新的各类关联因素，选择或组合使用最合适的技术组合，并充分考虑组织现状、IT 现状、组织战略、IT 治理等各类因素。技术架构的设计往往需要遵循以下原则。

1. 成熟度控制原则

一直以来，信息技术都是高速发展和快速迭代的，新型信息技术及其应用模式层出不穷，组织在选择使用何种技术及其组合作为技术架构的主要组成部分时，需要充分考虑信息技术的生命周期，优先使用成熟度较高但还处在活跃期的信息技术。如果需要使用新型信息技术，就需要组织相关技术人员持续跟踪这些技术，包括技术及其应用的成熟情况，以及新技术可能带来的安全漏洞和结构性风险等。

2. 技术一致性原则

信息系统技术架构设计过程中，应尽量减少技术异构，充分发挥技术及其组合的一致性，比如统一使用云环境（云开发、云中间件、云安全等）。在运用技术一致性原则时，也包括同一类型技术的版本控制问题，尽量在所有信息系统中，只用相同的技术版本。

3. 局部可替换原则

考虑到信息系统的发展与演进等，我们在迭代更新信息技术架构时，需要考虑既有技术的使用、重用或再创新等情况，但这些技术需要进行标记和特殊关注，明确这些技术在组织信息系统环境中的生命周期管理与控制等。即使是利用新技术开展技术架构设计的时候，也要考虑某种技术是否长期使用，如果这些技术退役，对信息系统会造成什么影响，哪些技术可以用于替代该技术等。

4. 人才技能覆盖原则

信息技术的价值发挥离不开相关人力资源的配合，需要组织相关技术人员能够对信息技术充分掌握，方可将信息技术进行最优化应用。因此，组织在开展信息技术架构设计时，关注组织可用信息技术人才对各类技术的驾驭能力，尤其是需要利用相关技术进行应用创新的领域。这里的人才可以是组织本身的人才，也可以是组织相关合作伙伴的人才（这类人才需要组织关注其可用性情况）。

5. 创新驱动原则

组织在设计信息系统架构时，要充分挖掘技术的创新价值，重点是对组织发展（包括治理、管理、业务等）能够形成促进乃至引领作用的技术，要将这些技术作为技术架构的关键纽带或骨架，完善周边技术或技术组合等。

4.5.2 架构举例

图 4-8 给出了某城市社会保险智慧治理中心的技术架构示意。

图 4-8　某城市社会保险智慧治理中心的技术架构示意

本项目采用当今先进成熟的技术架构和路线，保障某城市社会保险智慧治理中心的先进性、高效性、可靠性和可扩展性。技术架构按照分类分层法进行设计，包括技术标准、基础支撑、应用框架技术、应用集成技术、数据集成技术、数据分析技术和运维技术 7 部分。

（1）技术标准。某城市社会保险智慧治理中心技术架构遵循 J2EE、HTML5、CSS3、SQL、Shell、XML/JSON、HTTP、FTP、SM2、SM3、JavaScript 等国际和国内通用标准。

（2）基础支撑。依托 5G 网络、物联网为本项目提供基础网络支撑；依托应用中间件为本项目提供应用部署支撑；依托分布式缓存、内存数据库、MPP 数据库、事务数据库为本项目提供基础数据存储支撑；依托 Hadoop 平台为本项目提供分布式存储和计算环境支撑；依托搜索引擎、规则引擎组件为治理应用提供技术组件支撑。

（3）应用框架技术。应用框架技术是应用系统开发需要严格遵循并采用的技术。应用框架采用分层设计，包括访问接入层、交互控制层、业务组件层、资源访问层。

（4）应用集成技术。应用集成技术包括单点登录、服务总线（ESB）、流程引擎、消息队列等技术，支撑各应用系统之间的整合集成。

（5）数据集成技术。数据集成技术包括 ETL 工具、数据同步复制工具、数据标引、SQL/存储过程、MapReduce/Spark 计算引擎等技术，为某城市社会保险智慧治理中心的数据采集、数据清洗、数据转换、数据加工、数据挖掘等工作提供技术支撑。

（6）数据分析技术。数据分析包括 BI 引擎、报表引擎、GIS 引擎、图表组件、3D 引擎、多维建模引擎以及 AI 算法包、数据挖掘算法包等大数据技术，为社保地图、远程指挥调度、全景分析、宏观决策、监控监督等应用的可视化提供技术支撑。

（7）运维技术。运维技术包括操作留痕、故障预警、能效监测、日志采集、漏洞扫描、应用监控、网络分析等技术，支撑应用系统的规范化运维。

4.6　网络架构

网络是信息技术架构中的基础，不仅是用户请求和获取 IT 信息资源服务的通道，同时也是信息系统架构中各类资源融合和调度的枢纽。特别是云计算、大数据和移动互联网技术飞速发展的今天，网络更加成为实现这些技术跨越的重要环节。因此网络架构的设计在信息系统架构中有着举足轻重的地位。

4.6.1　基本原则

整个基础架构的设计原则都是围绕基础架构本身能够提供更加高质量的服务，为应用系统减轻定制化负担和实现更优的商用化选型灵活性。网络作为整个基础架构的基础，这些设计原则更强调突出高可靠性、高安全性、高性能、可管理性、平台化和架构化等方面。

（1）高可靠性。网络作为底层资源调度和服务传输的枢纽和通道，其对高可靠性的要求自然不言而喻。

（2）高安全性。信息系统的安全性不能仅靠应用级的安全保障，网络也必须能够提供基础的安全防护，底层的身份鉴别、访问控制、入侵检测能力等需要能够为应用提供重要的安全保障。

（3）高性能。随着云计算和虚拟化技术等的发展，网络不仅仅是服务传递的通道，更是提供服务所需资源调度的枢纽，因此网络性能和效率是提供更优服务质量的保证。

（4）可管理性。随着互联网思维深入到各个 IT 发展领域，能够提供良好用户体验的敏捷开发方式逐渐在各行业系统占据主流，这对底层基础架构的快速部署、辅助业务上线提出了挑战，因此网络的可管理性不仅是指网络自身管理，更指基于业务部署策略的网络快速调整和管控。

（5）平台化和架构化。作为底层基础资源的网络需要以开阔的视野，适应未来应用架构的变化，网络自身能够更加弹性，做到按需扩展，以适应未来不同业务规模的变化和发展。

4.6.2　局域网架构

局域网指计算机局部区域网络，是一种为单一组织所拥有的专用计算机网络。其特点包括：①覆盖地理范围小，通常限定在相对独立的范围内，如一座建筑或集中建筑群内（通常在 2.5km 内）；②数据传输速率高（一般在 10Mb/s 以上，典型 1Gb/s，甚至 10Gb/s）；③低误码率

（通常在10^{-9}以下），可靠性高；④支持多种传输介质，支持实时应用。就网络拓扑而言，有总线、环形、星形、树状等类型。从传输介质来说，包含有线局域网和无线局域网等。局域网通常由计算机、交换机、路由器等设备组成。

从计算机诞生出现局域网到今天，局域网经历了若干年的演进。随着业务场景的多样化，以及业务对网络要求的不断提升，局域网已从早期只提供二层交换功能的简单网络发展到如今不仅提供二层交换功能，还提供三层路由功能的复杂网络。

1. 单核心架构

单核心局域网通常由一台核心二层或三层交换设备充当网络的核心设备，通过若干台接入交换设备将用户设备（如用户计算机、智能设备等）连接到网络中，如图4-9所示。

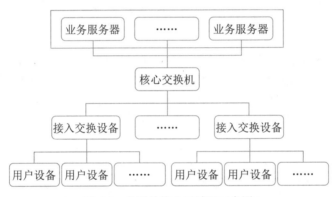

图4-9　典型单核心局域网示意图

此类局域网可通过连接核心网交换设备与广域网之间的互联路由设备（边界路由器或防火墙）接入广域网，实现业务跨局域网的访问。单核心网具有如下特点：

- 核心交换设备通常采用二层、三层及以上交换机；如采用三层以上交换机可划分成VLAN，VLAN内采用二层数据链路转发，VLAN之间采用三层路由转发；
- 接入交换设备采用二层交换机，仅实现二层数据链路转发；
- 核心交换设备和接入设备之间可采用100M/GE/10GE（1GE=1Gb/s）等以太网连接。

用单核心构建网络，其优点是网络结构简单，可节省设备投资。需要使用局域网的分项组织接入较为方便，直接通过接入交换设备连接至核心交换设备空闲接口即可。其不足是网络地理范围受限，要求使用局域网的分项组织分布较为紧凑；核心网交换设备存在单点故障，容易导致网络整体或局部失效；网络扩展能力有限；在局域网接入交换设备较多的情况下，对核心交换设备的端口密度要求高。

作为一种变通，对于较小规模的网络，采用此网络架构的用户设备也可直接与核心交换设备互联，进一步减少投资成本。

2. 双核心架构

双核心架构通常是指核心交换设备采用三层及以上交换机。核心交换设备和接入设备之间可采用100M/GE/10GE等以太网连接，如图4-10所示。

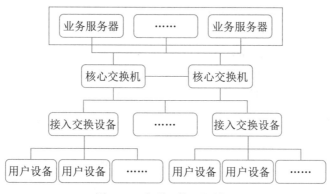

图 4-10　典型双核心局域网

网络内划分 VLAN 时，各 VLAN 之间访问需通过两台核心交换设备来完成。网络中仅核心交换设备具备路由功能，接入设备仅提供二层转发功能。

核心交换设备之间互联，实现网关保护或负载均衡。核心交换设备具备保护能力，网络拓扑结构可靠。在业务路由转发上可实现热切换。接入网络的各部门局域网之间互访，或访问核心业务服务器，有一条以上路径可选择，可靠性更高。

需要使用局域网的专项组织接入较为方便，直接通过接入交换设备连接至核心交换设备空闲接口即可。设备投资相比单核心局域网高。对核心交换设备的端口密度要求较高。所有业务服务器同时连接至两台核心交换设备，通过网关保护协议进行保护，为用户设备提供高速访问。

3. 环形架构

环形局域网是由多台核心交换设备连接成双 RPR（Resilient Packet Ring）动态弹性分组环，构建网络的核心。核心交换设备通常采用三层或以上交换机提供业务转发功能，如图 4-11 所示。

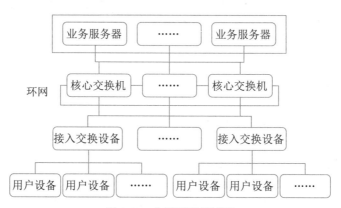

图 4-11　典型环形局域网

典型环形局域网网络内各 VLAN 之间通过 RPR 环实现互访。RPR 具备自愈保护功能，节省光纤资源；具备 MAC 层 50ms 自愈时间的能力，提供多等级、可靠的 QoS 服务、带宽公平机制和拥塞控制机制等。RPR 环双向可用。网络通过两根反向光纤组成环形拓扑结构，节点在环上可从两个方向到达另一节点。每根光纤可同时传输数据和控制信号。RPR 利用空间重用技术，使得环上的带宽得以有效利用。

通过 RPR 组建大规模局域网时，多环之间只能通过业务接口互通，不能实现网络直接互通。环形局域网设备投资比单核心局域网的高。核心路由冗余设计实施难度较高，且容易形成环路。此网络通过与环上的交换设备互联的边界路由设备接入广域网。

4. 层次局域网架构

层次局域网（或多层局域网）由核心层交换设备、汇聚层交换设备和接入层交换设备以及用户设备等组成，如图 4-12 所示。

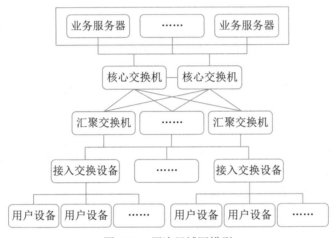

图 4-12　层次局域网模型

层次局域网模型中的核心层设备提供高速数据转发功能；汇聚层设备提供的充足接口实现了与接入层之间的互访控制，汇聚层可提供所辖的不同接入设备（部门局域网内）业务的交换功能，减轻对核心交换设备的转发压力；接入层设备实现用户设备的接入。层次局域网网络拓扑易于扩展。网络故障可分级排查，便于维护。通常，层次局域网通过与广域网的边界路由设备接入广域网，实现局域网和广域网业务的互访。

4.6.3　广域网架构

通俗来讲，广域网是将分布于相比局域网络更广区域的计算机设备连接起来的网络。广域网由通信子网与资源子网组成。通信子网可以利用公用分组交换网、卫星通信网和无线分组交换网来构建，将分布在不同地区的局域网或计算机系统互连起来，实现资源子网的共享。

广域网属于多级网络，通常由骨干网、分布网、接入网组成。在网络规模较小时，可仅由骨干网和接入网组成。在广域网规划时，需要根据业务场景及网络规模来进行三级网络功能的选择。例如规划某省银行广域网，设计骨干网，如支持数据、语音、图像等信息共享，为全银行系统提供高速、可靠的通信服务；设计分布网，提供数据中心与各分行、支行的数据交换，提供长途线路复用和主干访问；设计接入网，提供各分支行与各营业网点的数据交换时采用访问路由方式，实现网点线路复用和终端访问。

1. 单核心广域网

单核心广域网通常由一台核心路由设备和各局域网组成，如图 4-13 所示。核心路由设备采用三层及以上交换机。网络内各局域网之间访问需要通过核心路由设备。

图 4-13　单核心广域网

网络中各局域网之间不设立其他路由设备。各局域网至核心路由设备之间采用广播线路，路由设备与各局域网互联接口属于对应局域网子网。核心路由设备与各局域网可采用 10M/100M/GE 以太接口连接。该类型网络结构简单，节省设备投资。各局域网访问核心局域网以及相互访问的效率高。新的部门局域网接入广域网较为方便，只要核心路由设备留有端口即可。不过，核心路由设备存在单点故障容易导致整网失效的风险。网络扩展能力欠佳，对核心路由设备端口密度要求较高。

2. 双核心广域网

双核心广域网通常由两台核心路由设备和各局域网组成，如图 4-14 所示。

双核心广域网模型，其主要特征是核心路由设备通常采用三层及以上交换机。核心路由

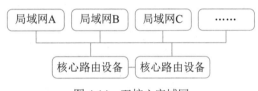

图 4-14　双核心广域网

设备与各局域网之间通常采用 10M/100M/GE 等以太网接口连接。网络内各局域网之间访问需经过两台核心路由设备，各局域网之间不存在其他路由设备用于业务互访。核心路由设备之间实现网关保护或负载均衡。各局域网访问核心局域网以及它们相互访问可有多条路径选择，可靠性更高，路由层面可实现热切换，提供业务连续性访问能力。在核心路由设备接口有预留情况下，新的局域网可方便接入。不过，设备投资较单核心广域网高。核心路由设备的路由冗余设计实施难度较高，容易形成路由环路。网络对核心路由设备端口密度要求较高。

3. 环形广域网

环形广域网通常是采用三台以上核心路由器设备构成路由环路，用以连接各局域网，实现广域网业务互访，如图 4-15 所示。

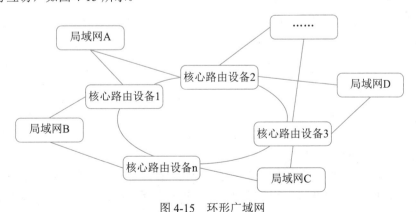

图 4-15　环形广域网

环形广域网的主要特征是核心路由设备通常采用三层或以上交换机。核心路由设备与各局域网之间通常采用 10M/100M/GE 等以太网接口连接。网络内各局域网之间访问需要经过核心路由设备构成的环。各局域网之间不存在其他路由设备进行互访。核心路由设备之间具备网关保护或负载均衡机制，同时具备环路控制功能。各局域网访问核心局域网或互相访问有多条路径可选择，可靠性更高，路由层面可实现无缝热切换，保证业务访问连续性。

在核心路由设备接口有预留情况下，新的部门局域网可方便接入。不过，设备投资比双核心广域网高，核心路由设备的路由冗余设计实施难度较高，容易形成路由环路。环形拓扑结构需要占用较多端口，网络对核心路由设备端口密度要求较高。

4. 半冗余广域网

半冗余广域网是由多台核心路由设备连接各局域网而形成的，如图 4-16 所示。其中，任意核心路由设备至少存在两条以上连接至其他路由设备的链路。如果任何两个核心路由设备之间均存在链接，则属于半冗余广域网特例，即全冗余广域网。

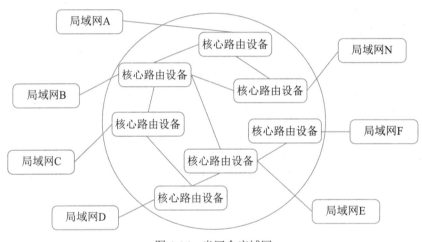

图 4-16　半冗余广域网

半冗余广域网的主要特征是结构灵活、扩展方便。部分网络核心路由设备可采用网关保护或负载均衡机制或具备环路控制功能。网络结构呈网状，各局域网访问核心局域网以及相互访问存在多条路径，可靠性高。路由层面的路由选择较为灵活。网络结构适合于部署 OSPF 等链路状态路由协议。不过，网络结构零散，不便于管理和排障。

5. 对等子域广域网

对等子域网络是通过将广域网的路由设备划分成两个独立的子域，每个子域路由设备采用半冗余方式互连。两个子域之间通过一条或多条链路互连，对等子域中任何路由设备都可接入局域网络，如图 4-17 所示。

对等子域广域网的主要特征是对等子域之间的互访以对等子域之间互连链路为主。对等子域之间可做到路由汇总或明细路由条目匹配，路由控制灵活。通常，子域之间链路带宽应高于子域内链路带宽。域间路由冗余设计实施难度较高，容易形成路由环路，或存在发布非法路由风险。对域边界路由设备的路由性能要求较高。网络中路由协议主要以动态路由为主。对等子域适合于广域网可以明显划分为两个区域且区域内部访问较为独立的场景。

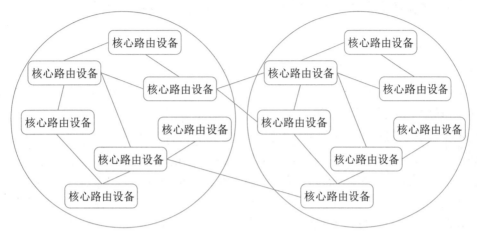

图 4-17　对等子域广域网

6. 层次子域广域网

层次子域广域网结构是将大型广域网路由设备划分成多个较为独立的子域，每个子域内路由设备采用半冗余方式互连，多个子域之间存在层次关系，高层次子域连接多个低层次子域。层次子域中任何路由设备都可以接入局域网，如图 4-18 所示。

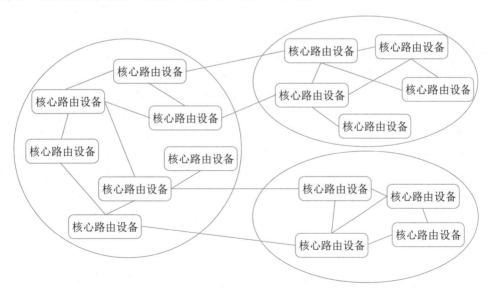

图 4-18　层次子域广域网

层次子域的主要特征是层次子域结构具有较好扩展性。低层次子域之间互访需要通过高层次子域完成。域间路由冗余设计实施难度较高，容易形成路由环路，存在发布非法路由的风险。

子域之间链路带宽须高于子域内链路带宽。对用于域互访的域边界路由设备的路由转发性能要求较高。路由设备路由协议主要以动态路由为主，如 OSPF 协议。层次子域与上层外网互连，主要借助高层子域完成；与下层外网互连，主要借助低层子域完成。

4.6.4 移动通信网架构

移动通信网为移动互联网提供了强有力的支持，尤其是 5G 网络为个人用户、垂直行业等提供了多样化的服务。5G 常用业务应用方式包括：5GS（5G System）与 DN（Data Network，数据网络）互联、5G 网络边缘计算等。

1. 5GS 与 DN 互连

5GS 在为移动终端用户（User Equipment，UE）提供服务时，通常需要 DN 网络，如 Internet、IMS（IP Media Subsystem）、专用网络等互连来为 UE 提供所需的业务。各式各样的上网、语音、AR/VR、工业控制和无人驾驶等 5GS 中 UPF 网元作为 DN 的接入点。5GS 和 DN 之间通过 5GS 定义的 N6 接口互连，如图 4-19 所示。

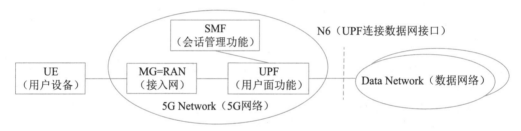

图 4-19　5G 网络与 DN 网络连接关系

5G Network 属于 5G 范畴，包括若干网络功能实体，如 AMF/SMF/PCF/ NRF/NSSF 等。简洁起见，图中仅标示出了与用户会话密切相关的网络功能实体。

在 5GS 和 DN 基于 IPv4/IPv6 互连时，从 DN 来看，UPF 可看作是普通路由器。相反从 5GS 来看，与 UPF 通过 N6 接口互连的设备，通常也是路由器。换言之，5GS 和 DN 之间是一种路由关系。UE 访问 DN 的业务流在它们之间通过双向路由配置实现转发。就 5G 网络而言，把从 UE 流向 DN 的业务流称之为上行（UL，UpLink）业务流；把从 DN 流向 UE 的业务流称为下行（DL，DownLink）业务流。UL 业务流通过 UPF 上配置的路由转发至 DN；DL 业务流通过与 UPF 邻近的路由器上配置的路由转发至 UPF。

此外，从 UE 通过 5GS 接入 DN 的方式来说，存在两种模式：透明模式和非透明模式。

1）透明模式

在透明模式下，5GS 通过 UPF 的 N6 接口直接连至运营商特定的 IP 网络，然后通过防火墙（Firewall）或代理服务器连至 DN（即外部 IP 网络），如 Internet 等。UE 分配由运营商规划的网络地址空间的 IP 地址。UE 在向 5GS 发起会话建立请求时，通常 5GS 不触发向外部 DN-AAA 服务器发起认证过程，如图 4-20 所示。

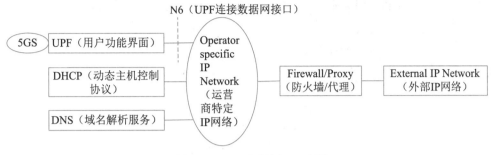

图 4-20　UE 透明接入 5G 网络

在此模式下，5GS 至少为 UE 提供一个基本 ISP 服务。对于 5GS 而言，它只需提供基本的隧道 QoS 流服务即可。UE 访问某个 Intranet 网络时，UE 级别的配置仅在 UE 和 Intranet 网络之间独立完成，这对 5GS 而言是透明的。

2）非透明模式

在非透明模式下，5GS 可直接接入 Intranet/ISP 或通过其他 IP 网络（如 Internet）接入 Intranet/ISP。如 5GS 通过 Internet 方式接入 Intranet/ISP，通常需要在 UPF 和 Intranet/ISP 之间建立专用隧道来转发 UE 访问 Intranet/ISP 的业务。UE 被指派属于 Intranet/ISP 地址空间的 IP 地址。此地址用于 UE 业务在 UPF、Intranet/ISP 中转发，如图 4-21 所示。

图 4-21　UE 通过 5GS 非透明接入 DN 原理图

综上所述，UE 通过 5GS 访问 Intranet/ISP 的业务服务器，可基于任何网络如 Internet 等来进行，即使不安全也无妨，在 UPF 和 Intranet/ISP 之间可基于某种安全协议进行数据通信保护。至于采用何种安全协议，由移动运营商和 Intranet/ISP 提供商之间协商确定。

作为 UE 会话建立的一部分，5GS 中 SMF 通常通过向外部 DN-AAA 服务器（如 Radius, Diameter 服务器）发起对 UE 进行认证。在对 UE 认证成功后，方可完成 UE 会话的建立，之后 UE 才可访问 Internet/ISP 的服务。

2. 5G 网络边缘计算

5G 网络改变以往以设备、业务为中心的导向，倡导以用户为中心的理念。5G 网络在为用户提供服务的同时，更注重用户的服务体验 QoE（Quality of Experience）。其中 5G 网络边缘计算能力的提供正是为垂直行业赋能、提升用户 QoE 的重要举措之一。

5G 网络的边缘计算（Mobile Edge Computing，MEC）架构如图 4-22 所示，支持在靠近终端用户 UE 的移动网络边缘部署 5G UPF 网元，结合在移动网络边缘部署边缘计算平台（Mobile Edge Platform，MEP），为垂直行业提供诸如以时间敏感、高带宽为特征的业务就近分流服务。

于是，一来为用户提供极佳服务体验，二来降低了移动网络后端处理的压力。

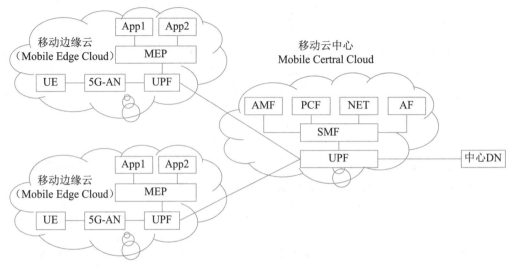

图 4-22　5G 网络边缘计算架构

运营商自有应用或第三方应用 AF（Application Function）通过 5GS 提供的能力开放功能网元 NEF（Network Exposure Function），触发 5G 网络为边缘应用动态地生成本地分流策略，由 PCF（Policy Charging Function）将这些策略配置给相关 SMF，SMF 根据终端用户位置信息或用户移动后发生的位置变化信息动态实现 UPF（即移动边缘云中部署的 UPF）在用户会话中插入或移除，以及对这些 UPF 分流规则的动态配置，达到用户访问所需业务的极佳效果。

另外，从业务连续性来说，5G 网络可提供 SSC 模式 1（在用户移动过程中用户会话的 IP 接入点始终保持不变），SSC 模式 2（用户移动过程中网络触发用户现有会话释放并立即触发新会话建立），SSC 模式 3（用户移动过程中在释放用户现有会话之前先建立一个新的会话）供业务提供者 ASP（Application Service Provider）或运营商选择。

4.6.5　软件定义网络

见本书第 2 章 2.1.2 节的第 5 小节。

4.7　安全架构

在当今以计算机、网络、软件和数据为载体的数字服务，几乎成为人类社会生产与生活等赖以生存关键基础。与之而来的计算机犯罪呈现指数上升趋势，因此，信息安全保障显得尤为重要，而满足这些诉求，离不开好的安全架构设计。安全保障以风险和策略为基础，在信息系统的整个生命周期中，安全保障应包括技术、管理、人员和工程过程的整体安全，以及相关组织机构的健全等。当前，信息与数字技术存在多重威胁，我们要从系统的角度考虑整体安全防御方法。

4.7.1　安全威胁

目前，组织将更多的业务托管于混合云之上，保护用户数据和业务变得更加困难，本地基础设施和多种公、私有云共同构成的复杂环境，使得用户对混合云安全有了更高的要求。这种普及和应用将会产生两方面的效应：①各行各业的业务运转几乎完全依赖于计算机、网络和云存储，各种重要数据如政府文件、档案、银行账目、企业业务和个人信息等将全部依托计算机、网络的存储、传输；②人们对计算机的了解更加全面，有更多的计算机技术被较高层的人非法利用，他们采用种种手段对信息资源进行窃取或攻击。目前，信息系统可能遭受到的威胁可总结为以下 4 个方面，如图 4-23 所示。

对于信息系统来说，威胁可以是针对物理环境、通信链路、网络系统、操作系统、应用系统以及管理系统等方面。物理安全威胁是指对系统所用设备的威胁，如自然灾害、电源故障、操作系统引导失败或数据库信息丢失、设备被盗/被毁造成数据丢失或信息泄露；通信链路安全威胁是指在传输线路上安装窃听装置或对通信链路进行干扰；网络安全威胁是指由于互联网的开放性、国际化的特点，人们很容易通过技术手段窃取互联网信息，对网络形成严重的安全威胁；操作系统安全威胁是指对系统平台中的软件或硬件芯片中植入威胁，如"木马"和"陷阱门"、BIOS 的万能密码；应用系统安全威胁是指对于网络服务或用户业务系统安全的威胁，也受到"木马"和"陷阱门"的威胁；管理系统安全威胁是指由于人员管理上疏忽而引发人为的安全漏洞，如通过人为地拷贝、拍照、抄录等手段盗取计算机信息。

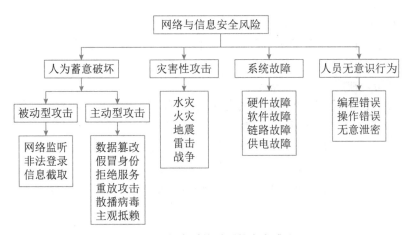

图 4-23　信息系统受到的安全威胁

具体来讲，常见的安全威胁有：信息泄露、破坏信息的完整性、拒绝服务、非法访问、窃听、业务流分析、假冒、旁路控制、授权侵犯、特洛伊木马、陷阱门、抵赖、重放、计算机病毒、人员渎职、媒体废弃、物理侵入、窃取、业务欺骗等。

（1）信息泄露。信息被泄露或透露给某个非授权的实体。

（2）破坏信息的完整性。数据被非授权地进行增删、修改或破坏而受到损失。

（3）拒绝服务。对信息或其他资源的合法访问被无条件地阻止。

（4）非法访问（非授权访问）。某一资源被某个非授权的人或非授权的方式使用。

（5）窃听。用各种可能的合法或非法的手段窃取系统中的信息资源和敏感信息。例如对通信线路中传输的信号进行搭线监听，或者利用通信设备在工作过程中产生的电磁泄漏截取有用信息等。

（6）业务流分析。通过对系统进行长期监听，利用统计分析方法对诸如通信频度、通信的信息流向、通信总量的变化等态势进行研究，从而发现有价值的信息和规律。

（7）假冒。通过欺骗通信系统（或用户）达到非法用户冒充成为合法用户，或者特权小的用户冒充成为特权大的用户的目的。黑客大多是采用假冒进行攻击。

（8）旁路控制。攻击者利用系统的安全缺陷或安全性上的脆弱之处获得非授权的权利或特权。例如，攻击者通过各种攻击手段，发现原本应保密但是却又暴露出来的一些系统"特性"。利用这些"特性"，攻击者可以绕过防线守卫者侵入系统的内部。

（9）授权侵犯。被授权以某一目的使用某一系统或资源的某个人，却将此权限用于其他非授权的目的，也称作"内部攻击"。

（10）特洛伊木马。软件中含有一个察觉不出的或者无害的程序段，当它被执行时，会破坏用户的安全。这种应用程序称为特洛伊木马（Trojan Horse）。

（11）陷阱门。在某个系统或某个部件中设置了"机关"，使得当提供特定的输入数据时，允许违反安全策略。

（12）抵赖。这是一种来自用户的攻击，例如，否认自己曾经发布过的某条消息或伪造一份对方来信等。

（13）重放。所截获的某次合法的通信数据备份，出于非法的目的而被重新发送。

（14）计算机病毒。所谓计算机病毒，是一种在计算机系统运行过程中能够实现传染和侵害的功能程序。一种病毒通常含有两个功能：一种功能是对其他程序产生"感染"；另外一种是引发损坏功能或者是一种植入攻击的能力。

（15）人员渎职。一个授权人为了钱或利益、或由于粗心而将信息泄露给一个非授权的人。

（16）媒体废弃。信息被从废弃的磁盘或打印过的存储介质中获得。

（17）物理侵入。侵入者通过绕过物理控制而获得对系统的访问。

（18）窃取。重要的安全物品，如令牌或身份卡被盗。

（19）业务欺骗。某一伪系统或系统部件欺骗合法用户或系统自愿地放弃敏感信息。

4.7.2　定义和范围

安全架构是在架构层面聚焦信息系统安全方向上的一种细分。安全性体现在信息系统上，通常的系统安全架构、安全技术体系架构和审计架构可组成三道安全防线。

（1）系统安全架构。系统安全架构指构建信息系统安全质量属性的主要组成部分以及它们之间的关系。系统安全架构的目标是如何在不依赖外部防御系统的情况下，从源头打造自身的安全。

（2）安全技术体系架构。安全技术体系架构指构建安全技术体系的主要组成部分以及它们之间的关系。安全技术体系架构的任务是构建通用的安全技术基础设施，包括安全基础设施、安全工具和技术、安全组件与支持系统等，系统性地增强各部分的安全防御能力。

（3）审计架构。审计架构指独立的审计部门或其所能提供的风险发现能力，审计的范围主要包括安全风险在内的所有风险。

人们在系统设计时，通常要识别系统可能会遇到的安全威胁，通过对系统面临的安全威胁和实施相应控制措施进行合理的评价，提出有效合理的安全技术，形成提升信息系统安全性的安全方案，是安全架构设计的根本目标。在实际应用中，安全架构设计可以从安全技术的角度考虑，如加密解密、网络安全技术等。

4.7.3　整体架构设计

构建信息安全保障体系框架应包括技术体系、组织机构体系和管理体系等三部分。也就是说，人、管理和技术手段是信息安全架构设计的三大要素，而构建动态的信息与网络安全保障体系框架是实现系统安全的保障。

1. WPDRRC 模型

针对网络安全防护问题，各个国家曾提出了多个网络安全体系模型和架构，比如 PDRR（Protection/Detection/Reaction/Recovery，防护 / 检测 / 响应 / 恢复）模型、P2DR 模型（Policy/Protection/Detection/Response，安全策略 / 防护 / 检测 / 响应）。WPDRRC（Waring/Protect/Detect/React/Restore/Counterattack）是我国信息安全专家组提出的信息系统安全保障体系建设模型。WPDRRC 是在 PDRR 信息安全体系模型的基础上前后增加了预警和反击功能。

在 PDRR 模型中，安全的概念已经从信息安全扩展到了信息保障，信息保障内涵已超出传统的信息安全保密，它是保护（Protect）、检测（Detect）、反应（React）、恢复（Restore）的有机结合。PDRR 模型把信息的安全保护作为基础，将保护视为活动过程，用检测手段来发现安全漏洞，及时更正。同时采用应急响应措施对付各种入侵，在系统被入侵后，要采取相应的措施将系统恢复到正常状态，这样才能使信息的安全得到全方位的保障，该模型强调的是自动故障恢复能力。

WPDRRC 模型有六个环节和三大要素。六个环节包括：预警（W）、保护（P）、检测（D）、响应（R）、恢复（R）和反击（C），它们具有较强的时序性和动态性，能够较好地反映出信息系统安全保障体系的预警能力、保护能力、检测能力、响应能力、恢复能力和反击能力。三大要素包括：人员、策略和技术。人员是核心，策略是桥梁，技术是保证。落实在 WPDRRC 的六个环节的各个方面，将安全策略变为安全现实。

（1）预警（W）。预警主要是指利用远程安全评估系统提供的模拟攻击技术，来检查系统可能存在的被利用的薄弱环节，收集和测试网络与信息的安全风险所在，并以直观的方式进行报告，提供解决方案的建议。在经过分析后，分解网络与信息的风险变化趋势和严重风险点，从而有效降低网络与信息的总体风险，保护关键业务和数据。

（2）防护（P）。防护通常是通过采用成熟的信息安全技术及方法，来实现网络与信息的安全。主要内容有加密机制、数字签名机制、访问控制机制、认证机制、信息隐藏和防火墙技术等。

（3）检测（D）。检测是通过检测和监控网络以及系统，来发现新的威胁和弱点，强制执行安全策略。在这个过程中采用入侵检测、恶意代码过滤等技术，形成动态检测的制度、奖励报告协调机制，提高检测的实时性。主要内容有入侵检测、系统脆弱性检测、数据完整性检测和攻击性检测等。

（4）响应（R）。响应是指在检测到安全漏洞和安全事件之后必须及时做出正确的响应，从而把系统调整到安全状态。为此需要相应的报警、跟踪和处理系统，其中处理包括了封堵、隔离、报告等能力。主要内容有应急策略、应急机制、应急手段、入侵过程分析和安全状态评估等。

（5）恢复（R）。恢复是指当前网络、数据、服务受到黑客攻击并遭到破坏或影响后，通过必要技术手段，在尽可能短的时间内使系统恢复正常。主要内容有容错、冗余、备份、替换、修复和恢复等。

（6）反击（C）。反击是指采用一切可能的高新技术手段，侦察、提取计算机犯罪分子的作案线索与犯罪证据，形成强有力的取证能力和依法打击手段。

网络安全体系模型经过多年发展，形成了 PDP、PPDR、PDRR、MPDRR 和 WPDRRC 等模型，这些模型在信息安全防范方面的功能更加完善，表 4-2 给出网络安全体系模型安全防范功能对照表。

表 4-2　安全防范功能对照表

模型 / 覆盖	预警	保护	检测	响应	恢复	反击	管理
PDP	无	有	有	有	无	无	无
PPDR	无	有	有	有	无	无	无
PDRR	无	有	有	有	有	无	无
MPDRR	无	有	有	有	有	无	有
WPDRRC	有	有	有	有	有	有	有

2. 架构设计

信息系统的安全需求是任何单一安全技术都无法解决的，要设计一个信息安全体系架构，应当选择合适的安全体系结构模型。信息系统安全设计重点考虑两个方面：一是系统安全保障体系；二是信息安全体系架构。

1）系统安全保障体系

安全保障体系是由安全服务、协议层次和系统单元三个层面组成，且每层都涵盖了安全管理的内容。系统安全保障体系设计工作主要考虑以下几点：

- 安全区域策略的确定。根据安全区域的划分，主管部门应制定针对性的安全策略。如定时审计评估、安装入侵检测系统、统一授权、认证等。
- 统一配置和管理防病毒系统。主管部门应当建立整体防御策略，以实现统一的配置和管理。网络防病毒的策略应满足全面性、易用性、实时性和可扩展性等方面要求。
- 网络与信息安全管理。在网络安全中，除了采用一些技术措施之外，还需加强网络与信息安全管理，制定有关规章制度。在相关管理中，任何的安全保障措施，最终要落实到具体的管理规章制度以及具体的管理人员职责上，并通过管理人员的工作得到实现。详见本书8.1节。

2）信息安全体系架构

通过对信息系统应用的全面了解，按照安全风险、需求分析结果、安全策略以及网络与信息的安全目标等方面开展安全体系架构的设计工作。具体在安全控制系统，可以从物理安全、系统安全、网络安全、应用安全和安全管理等 5 个方面开展分析和设计工作。

- 物理安全。保证计算机信息系统各种设备的物理安全是保障整个网络系统安全的前提。物理安全是保护计算机网络设备、设施以及其他媒体免受地震、水灾、火灾等环境事故以及人为操作失误或错误及各种计算机犯罪行为导致的破坏过程。物理安全主要包括：环境安全、设备安全、媒体安全等。
- 系统安全。系统安全主要是指对信息系统组成中各个部件的安全要求。系统安全是系统整体安全的基础。它主要包括网络结构安全、操作系统安全和应用系统安全等。
- 网络安全。网络安全是整个安全解决方案的关键。它主要包括访问控制、通信保密、入侵检测、网络安全扫描和防病毒等。
- 应用安全。应用安全主要是指多个用户使用网络系统时，对共享资源和信息存储操作所带来的安全问题。它主要包括资源共享和信息存储两个方面。
- 安全管理。安全管理主要体现在三个方面：制定健全的安全管理体制，构建安全管理平台，增强人员的安全防范意识。

3. 设计要点

网络与信息安全架构设计可以参照各类架构模型，结合组织的具体战略、实际现状和预期目标等，细致开展相关工作。

1）系统安全设计要点

系统安全设计要点主要包括以下几个方面。

- 网络结构安全领域重点关注网络拓扑结构是否合理，线路是否冗余，路由是否冗余和防止单点失败等。
- 操作系统安全重点关注两个方面：①操作系统的安全防范可以采取的措施，如：尽量采用安全性较高的网络操作系统并进行必要的安全配置，关闭一些不常用但存在安全隐患的应用，使用权限进行限制或加强口令的使用等。②通过配备操作系统安全扫描系统对操作系统进行安全性扫描，发现漏洞，及时升级等。
- 应用系统安全方面重点关注应用服务器，尽量不要开放一些不经常使用的协议及协议端口，如文件服务、电子邮件服务器等。可以关闭服务器上的如HTTP、FTP、Telnet等服务。可以加强登录身份认证，确保用户使用的合法性。

2）网络安全设计要点

网络安全设计要点主要包括以下几个方面。

- 隔离与访问控制要有严格的管制制度，可制定比如《用户授权实施细则》《口令及账户管理规范》《权限管理制定》等一系列管理办法。

- 通过配备防火墙实现网络安全中最基本、最经济、最有效的安全措施。通过防火墙严格的安全策略实现内外网络或内部网络不同信任域之间的隔离与访问控制，防火墙可以实现单向或双向控制，并对一些高层协议实现较细粒度的访问控制。

- 入侵检测需要根据已有的、最新的攻击手段的信息代码对进出网段的所有操作行为进行实时监控、记录，并按制定的策略实施响应（阻断、报警、发送E-mail）。从而防止针对网络的攻击与犯罪行为。入侵检测系统一般包括控制台和探测器（网络引擎），控制台用作制定及管理所有探测器（网络引擎），网络引擎用作监听进出网络的访问行为，根据控制台的指令执行相应行为。

- 病毒防护是网络安全的必要手段，由于在网络环境下，计算机病毒有不可估量的威胁性和破坏力。网络系统中使用的操作系统（如Windows系统），容易感染病毒，因此计算机病毒的防范也是网络安全建设中应该考虑的重要环节之一，反病毒技术包括预防病毒、检测病毒和杀毒三种。

3）应用安全设计要点

应用安全设计要点主要包括以下两个方面。

- 资源共享要严格控制内部员工对网络共享资源的使用，在内部子网中一般不要轻易开放共享目录，否则会因为疏忽而在员工间交换信息时泄露重要信息。对有经常交换信息需求的用户，在共享时也必须加上必要的口令认证机制，即只有通过口令的认证才能允许访问数据。

- 信息存储是指对于涉及秘密信息的用户主机，使用者在应用过程中应该做到尽量少开放一些不常用的网络服务。对数据服务器中的数据库做安全备份。通过网络备份系统可以对数据库进行远程备份存储。

4）安全管理设计要点

安全管理设计要点主要包括以下几个方面。

- 制定健全安全管理体制将是网络安全得以实现的重要保证，可以根据自身的实际情况制定如安全操作流程、安全事故的奖罚制度以及任命安全管理人员全权负责监督和指导。

- 构建安全管理平台将会降低许多因为无意的人为因素而造成的风险。构建安全管理平台可从技术上进行防护，如组成安全管理子网、安装集中统一的安全管理软件、网络设备管理系统以及网络安全设备统一管理软件等，通过安全管理平台实现全网的安全管理。

- 应该经常对单位员工进行网络安全防范意识的培训，全面提高员工的整体安全方法意识。

4. 架构示例

图 4-24 给出一种面向组织运维管理系统的安全架构。这里的安全控制系统是指能提供一种高度可靠的安全保护手段的系统，可以最大限度地避免相关设备的不安全状态，防止恶性事故的发生或在事故发生后尽可能地减少损失，保护生产装置及最重要的人身安全。

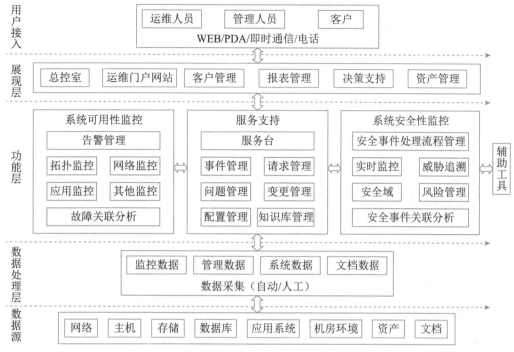

图 4-24　某组织运维管理系统安全架构示例

该架构采用了传统的层次化结构，分为数据层、功能层和展现层。数据层主要对组织数据进行统一管理，按数据的不同安全特性进行存储、隔离与保护等。功能层是系统安全防范的主要核心功能，包括可用性监控、服务支持和安全性监控。可用性监控主要实现网络安全、系统安全和应用安全中的监控能力；服务支持中的业务过程包含了安全管理设计，实现安全管理环境下的运维管理的大多数功能；安全性监控主要针对系统中发现的任何不安全现象进行相关处理，涵盖了威胁追溯、安全域审计评估、授权、认证等，以及风险分析与评估等。展现层主要完成包含安全架构的使用、维护、决策等在内的用户各种类型应用功能实现。

4.7.4　网络安全架构设计

建立信息系统安全体系的目的，就是将普遍性安全原理与信息系统的实际相结合，形成满足信息系统安全需求的安全体系结构，网络安全体系是信息系统体系的核心之一。

1. OSI 安全架构

OSI（Open System Interconnection/Reference Mode，OSI/RM）是由国际标准化组织制定的开放式通信系统互联模型（ISO 7498-2），国家标准 GB/T 9387.2《信息处理系统　开放系统互联基本参考模型　第 2 部分：安全体系结构》等同于 ISO 7498-2。OSI 目的在于保证开放系统进程与进程之间远距离安全交换信息。这些标准在参考模型的框架内建立起一些指导原则与约束条件，从而提供了解决开放互联系统中安全问题的一致性方法。

OSI 定义了 7 层协议，其中除第 5 层（会话层）外，每一层均能提供相应的安全服务。实际上，最适合配置安全服务的是在物理层、网络层、传输层及应用层上，其他层都不宜配置安全服务。OSI 开放系统互联安全体系的 5 类安全服务包括鉴别、访问控制、数据机密性、数据完整性和抗抵赖性。OSI 定义分层多点安全技术体系架构，也称为深度防御安全技术体系架构，它通过以下三种方式将防御能力分布至整个信息系统中。

1）多点技术防御

在对手可以从内部或外部多点攻击一个目标的前提下，多点技术防御通过对以下多个核心区域的防御达到抵御所有攻击方式的目的。

- 网络和基础设施：为了确保可用性，局域网和广域网需要进行保护以抵抗各种攻击，如拒绝服务攻击等。为了确保机密性和完整性，需要保护在这些网络上传送的信息以及流量的特征以防止非故意的泄露。
- 边界：为了抵御主动的网络攻击，边界需要提供更强的边界防御，例如流量过滤和控制以及入侵检测。
- 计算环境：为了抵御内部、近距离的分布攻击，主机和工作站需要提供足够的访问控制。

2）分层技术防御

即使最好的可得到的信息保障产品也有弱点，其最终结果将使对手能找到一个可探查的脆弱性，一个有效的措施是在对手和目标间使用多个防御机制。为了减少这些攻击成功的可能性和对成功攻击的可承担性，每种机制应代表一种唯一的障碍，并同时包括保护和检测方法。例如，在外部和内部边界同时使用嵌套的防火墙并配合入侵检测就是分层技术防御的一个实例。

3）支撑性基础设施

支撑性基础设施为网络、边界和计算环境中信息保障机制运行基础的支撑性基础设施，包括公钥基础设施以及检测和响应基础设施。

- 公钥基础设施：提供一种通用的联合处理方式，以便安全地创建、分发和管理公钥证书和传统的对称密钥，使它们能够为网络、边界和计算环境提供安全服务。这些服务能够对发送者和接收者的完整性进行可靠验证，并可以避免在未获授权的情况下泄露和更改信息。公钥基础设施必须支持受控的互操作性，并与各用户团体所建立的安全策略保持一致。
- 检测和响应基础设施：能够迅速检测并响应入侵行为。它也提供便于结合其他相关事件观察某个事件的"汇总"功能。另外，它也允许分析员识别潜在的行为模式或新的发展趋势。

这里必须注意的是，信息系统的安全保障不仅仅依赖于技术，还需要非技术防御手段。一个可接受级别的信息保障依赖于人员、管理、技术和过程的综合。

2. 认证框架

鉴别（Authentication）的基本目的是防止其他实体占用和独立操作被鉴别实体的身份。鉴别提供了实体声称其身份的保证，只有在主体和验证者的关系背景下，鉴别才是有意义的。鉴别有两个重要的关系背景：①实体由申请者来代表，申请者与验证者之间存在着特定的通信关系（如实体鉴别）；②实体为验证者提供数据项来源。鉴别的方式主要基于以下 5 种。

- 已知的，如一个秘密的口令。

- 拥有的，如IC卡、令牌等。
- 不改变的特性，如生物特征。
- 相信可靠的第三方建立的鉴别（递推）。
- 环境（如主机地址等）。

鉴别信息是指申请者要求鉴别到鉴别过程结束所生成、使用和交换的信息。鉴别信息的类型有交换鉴别信息、申请鉴别信息和验证鉴别信息。在某些情况下，为了产生交换鉴别信息，申请者需要与可信第三方进行交互。类似地，为了验证交换鉴别信息，验证者也需要同可信第三方进行交互。在这种情况下，可信第三方持有相关实体的验证 AI，也可能使用可信第三方来传递交换鉴别信息，实体也可能需要持有鉴别可信第三方中所使用的鉴别信息。

鉴别服务分为以下阶段：安装阶段、修改鉴别信息阶段、分发阶段、获取阶段、传送阶段、验证阶段、停活阶段、重新激活阶段、取消安装阶段。

（1）在安装阶段，定义申请鉴别信息和验证鉴别信息。

（2）在修改鉴别信息阶段，实体或管理者申请鉴别信息和验证鉴别信息变更（如修改口令）。

（3）在分发阶段，为了验证交换鉴别信息，把验证鉴别信息分发到各实体（如申请者或验证者）以供使用。

（4）在获取阶段，申请者或验证者可得到为鉴别实例生成特定交换鉴别信息所需的信息，通过与可信第三方进行交互或鉴别实体间的信息交换可得到交换鉴别信息。例如，当使用联机密钥分配中心时，申请者或验证者可从密钥分配中心得到一些信息，如鉴别证书。

（5）在传送阶段，在申请者与验证者之间传送交换鉴别信息。

（6）在验证阶段，用验证鉴别信息核对交换鉴别信息。

（7）在停活阶段，将建立一种状态，使得以前能被鉴别的实体暂时不能被鉴别。

（8）在重新激活阶段，使在停活阶段建立的状态将被终止。

（9）在取消安装阶段，实体从实体集合中被拆除。

3. 访问控制框架

访问控制（Access Control）决定开放系统环境中允许使用哪些资源，在什么地方适合阻止未授权访问的过程。在访问控制实例中，访问可以是对一个系统（即对一个系统通信部分的一个实体）或对一个系统内部进行的。图 4-25 和图 4-26 说明了访问控制的基本功能。

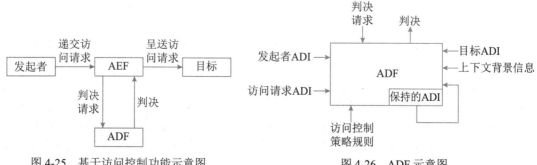

图 4-25　基于访问控制功能示意图　　　　　　图 4-26　ADF 示意图

ACI（访问控制信息）是用于访问控制目的的任何信息，其中包括上下文信息。ADI（访问控制判决信息）是在做出一个特定的访问控制判决时可供 ADF 使用的部分（或全部）ACI。ADF（访问控制判决功能）是一种特定功能，它通过对访问请求、ADI 以及该访问请求的上下文使用访问控制策略规则而做出访问控制判决。AEF（访问控制实施功能）确保只有对目标允许的访问才由发起者执行。

涉及访问控制的有发起者、AEF、ADF 和目标。发起者代表访问或试图访问目标的人和基于计算机的实体。目标代表被试图访问或由发起者访问的，基于计算机或通信的实体。例如，目标可能是 OSI 实体、文件或者系统。访问请求代表构成试图访问部分的操作和操作数。

当发起者请求对目标进行特殊访问时，AEF 就通知 ADF 需要一个判决来做出决定。为了作出判决，给 ADF 提供了访问请求（作为判决请求的一部分）和下列几种访问控制判决信息（ADI）。

- 发起者ADI（ADI由绑定到发起者的ACI导出）；
- 目标ADI（ADI由绑定到目标的ACI导出）；
- 访问请求ADI（ADI由绑定到访问请求的ACI导出）。

ADF 的其他输入是访问控制策略规则（来自 ADF 的安全域权威机构）和用于解释 ADI 或策略的必要上下文信息。上下文信息包括发起者的位置、访问时间或使用中的特殊通信路径等。基于这些输入，以及以前判决中保留下来的 ADI 信息，ADF 可以做出"允许或禁止发起者试图对目标进行访问"的判决。该判决传递给 AEF，然后 AEF 允许将访问请求传给目标或采取其他合适的行动。

在许多情况下，由发起者对目标的逐次访问请求是相关的。应用中的一个典型例子是在打开与同层目标的连接应用进程后，试图用相同（保留）的 ADI 执行几个访问，对一些随后通过连接进行通信的访问请求，可能需要给 ADF 提供附加的 ADI 以允许访问请求，在另一些情况下，安全策略可能要求对一个或多个发起者与一个或多个目标之间的某种相关访问请求进行限制，这时，ADF 可能使用与多个发起者和目标有关的先前判决中所保留的 ADI 来对特殊访问请求作出判决。

如果得到 AEF 的允许，访问请求只涉及发起者与目标的单一交互。尽管发起者和目标之间的一些访问请求是完全与其他访问请求无关的，但常常是两个实体进入一个相关的访问请求集合中，如质询应答模式。在这种情况下，实体根据需要同时或交替地变更发起者和目标角色，可以由分离的 AEF 组件、ADF 组件和访问控制策略对每一个访问请求执行访问控制功能。

4. 机密性框架

机密性（Confidentiality）服务的目的是确保信息仅仅是对被授权者可用。由于信息是通过数据表示的，而数据可能导致关系的变化（如文件操作可能导致目录改变或可用存储区域的改变），因此信息能通过许多不同的方式从数据中导出。例如，通过理解数据的含义（如数据的值）导出；通过使用数据相关的属性（如存在性、创建的数据、数据大小、最后一次更新的日期等）进行导出；通过研究数据的上下文关系，即通过那些与之相关的其他数据实体导出；通过观察数据表达式的动态变化导出。

信息的保护是确保数据被限制于授权者获得，或通过特定方式表示数据来获得，这种保护方式的语义是，数据只对那些拥有某种关键信息的人才是可访问的。有效的机密性保护，要求必要的控制信息（如密钥和 RCI 等）是受到保护的，这种保护机制和用来保护数据的机制是不同的（如密钥可以通过物理手段保护等）。

在机密性框架中用到被保护的环境和被交叠保护的环境两个概念。在被保护环境中的数据，可通过使用特别的安全机制（或多个机制）保护，在一个被保护环境中的所有数据以类似方法受到保护。当两个或更多的环境交叠的时候，交叠中的数据能被多重保护。可以推断，从一个环境移到另一个环境的数据的连续保护必然涉及交叠保护环境。

数据的机密性可以依赖于所驻留和传输的媒体，因此，存储数据的机密性能通过使用隐藏数据语义（如加密）或将数据分片的机制来保证。数据在传输中的机密性能通过禁止访问的机制，通过隐藏数据语义的机制或通过分散数据的机制得以保证（如跳频等）。这些机制类型能被单独使用或者组合使用。

1）通过禁止访问提供机密性

通过禁止访问的机密性能通过在 ITU-T Rec.812 或 ISO/IEC 10181-3 中描述的访问控制获得，以及通过物理媒体保护和路由选择控制获得。通过物理媒体保护的机密性保护，可以采取物理方法，保证媒体中的数据只能通过特殊的有限设备才能检测到，数据机密性只有通过确保授权的实体才能有效实现这种机制。通过路由选择控制的机密性保护目的是防止被传输数据项表示的信息未授权而泄露，在这一机制下只有可信和安全的设施才能路由数据，以达到支持机密性服务的目的。

2）通过加密提供机密性

这种机制的目的是防止在传输或存储中的数据泄露。加密机制分为基于对称的加密机制和基于非对称加密的机密机制。除了以上两种机密性机制外，还可以通过数据填充、通过虚假事件（如把在不可信链路上交换的信息流总量隐藏起来），通过保护 PDU 头和通过时间可变域提供机密性。

5. 完整性框架

完整性（Integrity）框架的目的是通过阻止威胁或探测威胁，保护可能遭到不同方式危害的数据完整性和数据相关属性完整性。所谓完整性，就是数据不以未经授权方式进行改变或损毁的特征。

完整性服务有几种分类方式：根据防范的违规分类，违规操作分为未授权的数据修改、未授权的数据创建、未授权的数据删除、未授权的数据插入和未授权的数据重放。依据提供的保护方法，分为阻止完整性损坏和检测完整性损坏。依据是否支持恢复机制，分为具有恢复机制的和不具有恢复机制的。

由于保护数据的能力与正在使用的媒体有关，对于不同的媒体，数据完整性保护机制是有区别的，可概括为以下两种情况。

（1）阻止对媒体访问的机制。包括物理隔离的不受干扰的信道、路由控制、访问控制。

（2）用以探测对数据或数据项序列的非授权修改的机制。未授权修改包括未授权数据创建、数据删除以及数据重放。而相应的完整性机制包括密封、数字签名、数据重复（作为对抗其他类型违规的手段）、与密码变换相结合的数字指纹和消息序列号。

按照保护强度，完整性机制可分为：

- 不做保护；
- 对修改和创建的探测；
- 对修改、创建、删除和重复的探测；
- 对修改和创建的探测并带恢复功能；
- 对修改、创建、删除和重复的探测并带恢复功能。

6. 抗抵赖性框架

抗抵赖（Non-repudiation）服务包括证据的生成、验证和记录，以及在解决纠纷时进行的证据恢复和再次验证。框架所描述的抗抵赖服务的目的是提供有关特定事件或行为的证据。事件或行为本身以外的其他实体可以请求抗抵赖服务。抗抵赖服务可以保护的行为实例有发送 X.400 消息，在数据库中插入记录，请求远程操作等。

当涉及消息内容的抗抵赖服务时，为提供原发证明，必须确认数据原发者身份和数据完整性。为提供递交证明，必须确认接收者身份和数据完整性。在某些情况下，还可能需要涉及上下文信息（如日期、时间、原发者 / 接收者的地点等）的证据。抗抵赖服务提供下列可在试图抵赖的事件中使用的设备：证据生成、证据记录、验证生成的证据、证据的恢复和重验。纠纷可以在纠纷两方之间直接通过检查证据解决，也可能不得不通过仲裁者解决，由仲裁者评估并确定是否发生过有纠纷的行为或事件。

抗抵赖由 4 个独立的阶段组成，分别为：证据生成，证据传输、存储及恢复，证据验证和解决纠纷。

（1）证据生成。在这个阶段中，证据生成请求者请求证据生成者为事件或行为生成证据。卷入事件或行为中的实体称为证据实体，其卷入关系由证据建立。根据抗抵赖服务的类型，证据可由证据实体，或与可信第三方的服务一起生成，或者单独由可信第三方生成。

（2）证据传输、存储及恢复。在这个阶段，证据在实体间传输或将证据从存储器取出或将证据存储至存储器。

（3）证据验证。在这个阶段，证据在证据使用者的请求下被证据验证者验证。本阶段的目的是在出现纠纷的事件中，让证据使用者确信被提供的证据确实是充分的。可信第三方服务也可参与，以提供验证该证据的信息。

（4）解决纠纷。在解决纠纷阶段，仲裁者有解决双方纠纷的责任。

4.7.5　数据库系统安全设计

近年来，跨网络的分布系统急速发展。在数据库系统中，数据的集中管理产生了多用户存取特性，数据库的安全问题可以说已经成为信息系统最为关键的问题。尤其是，电子政务中所涉及的数据库密级更高、实时性要求更强，因此，有必要根据其特殊性完善安全策略。这些安全策略应该能保证数据库中的数据不会被有意地攻击或无意地破坏，不会发生数据的外泄、丢失和毁损，保证数据库系统安全的完整性、机密性和可用性。从数据库管理系统的角度而言，要解决数据库系统的运行安全和信息安全，采取的安全策略一般为用户管理、存取控制、数据加密、审计跟踪和攻击检测等。

针对数据库系统安全，我们需重点关注完整性设计。数据库完整性是指数据库中数据的正确性和相容性。数据库完整性由各种各样的完整性约束来保证，因此可以说数据库完整性设计就是数据库完整性约束的设计。数据库完整性约束可以通过数据库管理系统（Database Management System，DBMS）或应用程序来实现，基于 DBMS 的完整性约束作为模式的一部分存入数据库中。

1. 数据库完整性设计原则

在实施数据库完整性设计时，需要把握以下 7 个基本原则。

（1）根据数据库完整性约束的类型确定其实现的系统层次和方式，并提前考虑对系统性能的影响。一般情况下，静态约束应尽量包含在数据库模式中，而动态约束由应用程序实现。

（2）实体完整性约束和引用完整性约束是关系数据库最重要的完整性约束，在不影响系统关键性能的前提下需尽量应用。用一定时间和空间来换取系统的易用性是值得的。

（3）要慎用目前主流 DBMS 都支持的触发器功能，一方面，由于触发器的性能开销较大；另一方面，触发器的多级触发难以控制，容易产生错误，非用不可时，最好使用 Before 型语句级触发器。

（4）在需求分析阶段就必须制定完整性约束的命名规范，尽量使用有意义的英文单词、缩写词、表名、列名及下画线等组合，使其易于识别和记忆。如果使用 CASE 工具，一般有默认的规则，可在此基础上修改使用。

（5）要根据业务规则对数据库完整性进行细致的测试，以尽早排除隐含的完整性约束间的冲突和对性能的影响。

（6）要有专职的数据库设计小组，自始至终负责数据库的分析、设计、测试、实施及早期维护。数据库设计人员不仅负责基于 DBMS 的数据库完整性约束的设计实现，还要负责对应用软件实现的数据库完整性约束进行审核。

（7）应采用合适的 CASE 工具来降低数据库设计各阶段的工作量。好的 CASE 工具能够支持整个数据库的生命周期，这将使数据库设计人员的工作效率得到很大提高，同时也容易与用户沟通。

2. 数据库完整性的作用

数据库完整性对于数据库应用系统非常关键，其作用主要体现在以下 5 个方面。

（1）数据库完整性约束能够防止合法用户使用数据库时，向数据库中添加不合语义的数据内容。

（2）利用基于 DBMS 的完整性控制机制来实现业务规则，易于定义，容易理解，而且可以降低应用程序的复杂性，提高应用程序的运行效率。同时，由于 DBMS 的完整性控制机制是集中管理的，因此比应用程序更容易实现数据库的完整性。

（3）合理的数据库完整性设计，能够同时兼顾数据库的完整性和系统的效能。例如装载大量数据时，只要在装载之前临时使基于 DBMS 的数据库完整性约束失效，此后再使其生效，就能保证既不影响数据装载的效率又能保证数据库的完整性。

（4）在应用软件的功能测试中，完善数据库完整性有助于尽早发现应用软件的错误。

（5）数据库完整性约束可分为 6 类：列级静态约束、元组级静态约束、关系级静态约束、列级动态约束、元组级动态约束和关系级动态约束。动态约束通常由应用软件来实现。不同 DBMS 支持的数据库完整性基本相同，某常用关系型数据库系统支持的基于 DBMS 的完整性约束，如表 4-3 所示。

表 4-3　某数据库系统支持的基于 DBMS 的完整性约束

支持的完整性约束	对应的完整性约束类型	备注
非空约束（Not Null）	列级静态约束	
唯一码约束（Unique Key）	列级静态约束 元组级静态约束	通过唯一性索引来实现
主键约束（Primary Key）	关系级静态约束	
引用完整性约束（Referential）	关系级静态约束	可定义 5 种不同的动作，Restrict、Set to Null、Set to Default、Cascade、No Action
检查约束（Check）	列级静态约束 元组级静态约束	可定义在列上或表上
通过触发器来实现的约束	全部 6 类完整性的要求	关系级动态约束可以通过调用包含事务的存储过程来实现，如果出现性能问题，需要改由应用软件来实现

3. 数据库完整性设计示例

一个好的数据库完整性设计，首先需要在需求分析阶段确定要通过数据库完整性约束实现的业务规则。然后在充分了解特定 DBMS 提供的完整性控制机制的基础上，依据整个系统的体系结构和性能要求，遵照数据库设计方法和应用软件设计方法，合理选择每个业务规则的实现方式。最后，认真测试，排除隐含的约束冲突和性能问题。基于 DBMS 的数据库完整性设计大体分为需求分析阶段、概念结构设计阶段和逻辑结构设计阶段。

1）需求分析阶段

经过系统分析员、数据库分析员和用户的共同努力，确定系统模型中应该包含的对象，如人事及工资管理系统中的部门、员工和经理等，以及各种业务规则。

在完成寻找业务规则的工作之后，确定要作为数据库完整性的业务规则，并对业务规则进行分类。其中作为数据库模式一部分的完整性设计按概念结构设计阶段和逻辑结构设计阶段的过程进行，而由应用软件来实现的数据库完整性设计将按照软件工程的方法进行。

2）概念结构设计阶段

概念结构设计阶段是将依据需求分析的结果转换成一个独立于具体 DBMS 的概念模型，即实体关系图（Entity-Relationship Diagram，ERD）。在概念结构设计阶段就要开始数据库完整性设计的实质阶段，因为此阶段的实体关系将在逻辑结构设计阶段转化为实体完整性约束和引用完整性约束，到逻辑结构设计阶段将完成设计的主要工作。

3）逻辑结构设计阶段

此阶段就是将概念结构转换为某个 DBMS 所支持的数据模型，并对其进行优化，包括对关系模型的规范化等。此时，依据 DBMS 提供的完整性约束机制，对尚未加入逻辑结构中的完整性约束列表，逐条选择合适的方式加以实现。

在逻辑结构设计阶段结束时，作为数据库模式一部分的完整性设计也就基本完成了。每种业务规则都可能有好几种实现方式，应该选择对数据库性能影响最小的一种，有时需通过实际测试来决定。

4.7.6　安全架构设计案例分析

以某基于混合云的工业安全架构设计为例。

跨区域的安全生产管理是大型集团企业面临的主要生产问题。大型企业希望可以通过云计算平台实现异地的设计、生产、制造、管理和数据处理等，并确保企业内部生产的安全、保密和数据的完整。

目前，混合云架构往往被大型企业所接受。混合云融合了公有云和私有云，是近年来云计算的主要模式和发展方向。我们知道私有云主要是面向企业用户，出于安全考虑，企业更愿意将数据存放在私有云中，但是同时又希望可以获得公有云的计算资源，在这种情况下混合云被越来越多地采用，它将公有云和私有云进行混合和匹配，以获得最佳的效果，这种个性化的解决方案，达到了既省钱又安全的目的。

从企业对混合云的需求来看，企业要想将内部服务器与一个或多个混合云架构融合在一起，从技术上讲是一种挑战，想简单地增加一段代码是无法将虚拟服务器与公有云对接起来的，这涉及潜在的数据迁移、安全问题，以及建立应用与混合云架构映射等问题。因此，要分析企业究竟想在混合云架构中放什么，哪些必须保留在混合云架构内部，哪些可以放到混合云中，实际上混合云架构大量数据都是开放的，所有 Web 页面以及公司公共站点上的大多数数据都可以放在公有混合云架构上，需求时能够进行扩展以应对日常的负载模式。

图 4-27 给出了大型企业采用混合云技术的安全生产管理系统的架构，企业由多个跨区域的智能工厂和公司总部组成，公司总部负责相关业务的管理、协调和统计分析，而每个智能工厂负责智能产品的设计与生产制造。智能工厂内部采用私有云实现产品设计、数据共享和生产集成等，公司总部与智能工厂间采用公有云实现智能工厂间、智能工厂与公司总部间的业务管理、协调和统计分析等。整个安全生产管理系统架构由四层组成，即设备层、控制层、设计管理层和应用层。设备层主要是指用于智能工厂生产产品所需的相关设备，包括智能传感器、工业机器人和智能仪器。控制层主要是指智能工厂生产产品所需要建立的一套自动控制系统，控制智能设备完成生产工作，包括数据采集与监视控制系统（SCADA）、集散控制系统（DCS）、现场总线控制系统（FCS）、顺序控制系统（PLC）和人机接口（HMI）等。设计管理层是指智能工厂各种开发、业务控制和数据管理功能的集合，实现数据集成与应用，包括：企业生产信息化管理系统（MES）、计算机辅助设计 / 工程 / 制造（CAD/CAE/CAM）等（统称 CAX）、供应链管理（SCM）、企业资源计划管理（ERP）、客户关系管理（CRM）、商业智能分析（BI）和产品生命周期管理系统（PLM）。应用层主要是指在云计算平台上进行信息处理，主要涵盖两个核心功能：一是"数据"，

应用层需要完成数据的管理和数据的处理；二是"应用"，仅仅管理和处理数据还远远不够，必须将这些数据与行业应用相结合，本系统主要包括定制业务、协同业务和产品服务等。

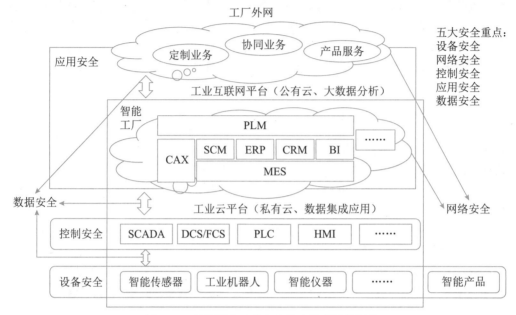

图 4-27　基于混合云的安全生产管理系统架构

在设计基于混合云的安全生产管理系统中，需要重点考虑 5 个方面的安全问题。设备安全、网络安全、控制安全、应用安全和数据安全。

（1）设备安全。设备安全是指企业（单位）在生产经营活动中，将危险、有害因素控制在安全范围内，以及减少、预防和消除危害所配置的装置（设备）和采用的设备。安全设备对于保护人类活动的安全尤为重要。设备安全的保障技术主要包括维护、保养和检测等。

（2）网络安全。网络安全是指网络系统的硬件、软件及其系统中的数据受到保护，不因偶然的或者恶意的原因而遭受到破坏、更改、泄露，系统连续可靠正常地运行。网络安全的保障技术主要包括防火墙、入侵检测系统部署、漏洞扫描系统和网卡杀毒产品部署等。

（3）控制安全。控制安全主要包括三种措施，其一是减少和消除生产过程中的事故，保证人员健康安全和财产免受损失；其二是生产过程中涉及的计划、组织、监控、调节和改进等一系列致力于安全所进行的管理活动，包括安全法规、安全技术和工业卫生等；其三是减少甚至消除事故隐患，尽量把事故消灭在萌芽状态。控制安全的保障技术主要包括冗余、容错、（降级）备份、容灾等。

（4）应用安全。应用安全，顾名思义就是保障应用程序使用过程和结果的安全。简而言之，就是针对应用程序或工具在使用过程中可能出现计算、传输数据的泄露和失窃，通过其他安全工具或策略来消除隐患。应用安全的保障技术主要包括服务器报警策略、用户密码策略、用户安全策略、访问控制策略和时间策略等。

（5）数据安全。数据安全是指通过采取必要措施，确保数据处于有效保护和合法利用的状态，以及具备保障持续安全状态的能力。要保证数据处理的全过程的安全，就得保证数据在收集、存储、使用、加工、传输、提供和公开等的每一个环节内的安全。数据安全的保障技术主要包括对立的两方面：一是数据本身的安全，主要是指采用现代密码算法对数据进行主动保护，如数据保密、数据完整性、双向强身份认证等；二是数据防护的安全，主要是采用现代信息存储手段对数据进行主动防护，如通过磁盘阵列、数据备份、异地容灾等手段保证数据的安全。本系统的数据安全主要分布于各层之间数据交换过程和公有云的数据存储安全。

4.8　云原生架构

"云原生"来自于 Cloud Native 的直译，拆开来看，Cloud 就是指其应用软件和服务是在云端而非传统意义上的数据中心。Native 代表应用软件从一开始就是基于云环境，专门为云端特性而设计，可充分利用和发挥云环境的弹性与分布式优势，最大化释放云环境生产力。

4.8.1　发展概述

对于信息化和数字化水平不高的组织而言，组织内部 IT 建设常以"烟筒"模式比较多，即每项职能（部门）的每个应用都相对独立，如何管理与分配资源成了难题。大多数都基于 IDC 设施独自向上构建，需要单独分配基础设施资源，这就造成资源被大量占用且难以被共享。但是上云之后，由于云服务组织提供了统一的基础设施即服务（Infrastructure as a Service，IaaS）能力和云服务等，大幅提升了组织 IaaS 层的复用程度，CIO 或者 IT 主管自然而然想到 IaaS 以上层的系统也需要被统一，使资源、产品可被不断复用，从而能够进一步降低组织运营成本。

对于开发而言，传统的 IT 架构方式，将开发、IT 运营和质量保障等过程分别设置，各自独立，开发与运行或运营之间存在着某种程度的"鸿沟"，开发人员希望基础设施更快响应，运行管理及运营人员则要求系统的可靠性和安全性，而业务需求则是更快地将更多的特性发布给最终用户使用。这种模式被称为"瀑布式流程"开发模式，一方面造成了开发上下游的信息不对称，另一方面拉长了开发周期和调整难度。但是随着用户需求的快速增加和产品迭代周期的不断压缩，原有的开发流程不再适合现实的需求，这时开发建设组织引入了一种新的开发模式——敏捷开发。但是，敏捷开发只是解决了软件开发的效率和版本更新的速度，还没有和运维管理等有效打通。出于协调开发和运维的"信息对称"问题，开发者又推出了一套新的方法——DevOps。DevOps 可以看作是开发、技术运营和质量保障三者的交集，促进它们之间的沟通、协作与整合，从而提高开发周期和效率。而云原生的容器、微服务等技术正是为 DevOps 提供了很好的前提条件，保证 IT 软件开发实现 DevOps 开发和持续交付的关键应用。换句话说，能够实现 DevOps 和持续交付，已经成为云原生技术价值不可分割的内涵部分，这也是无论互联网巨头，还是众多中小应用开发组织和个人，越来越多选择云原生技术和工具的原因。

现在数以亿计的高并发流量都得益于云原生技术的快速弹性扩容来实现。而对于企业而言，选择云原生技术，也就不仅仅是降本增效的考虑，而且还能为企业创造过去难以想象的业务承载量，对于企业业务规模和业务创新来说，云原生技术都正在成为全新的生产力工具。过去企业看重的办公楼、厂房、IT 设施等有形资产，其重要性也逐渐被这些云端数字资产所超越，企业正通过云原生构建一个完整的数字孪生的新体系，而这才是云原生技术的真正价值所在。

各类信息系统开发建设面临的问题往往指向一个共同点，那就是新时代需要新的技术架构，来帮助组织应用能够更好地利用云计算和云服务的优势，充分释放云计算的技术红利，让业务更敏捷、成本更低的同时又可伸缩性更灵活，而这些正好就是云原生架构专注解决的技术点。

对于整个云计算产业的发展来说，云原生区别于早先的虚拟机阶段，也完成了一次全新的技术生产力变革，是从云技术的应用特性和交付架构上进行了创新性的组合，能够极大地释放云计算的生产能力。此外，云原生的变革从一开始自然而然地与开源生态走在了一起，也意味着云原生技术从一开始就选择了一条"飞轮进化"式的道路，通过技术的易用性和开放性实现快速增长的正向循环，又通过不断壮大的应用实例来推动了组织业务全面上云和自身技术版图的不断完善。云原生所带来的种种好处，对于组织的未来业务发展的优势，已经成为众多组织的新共识。可以预见，更多组织在经历了这一轮云原生的变革之痛后，能够穿越组织的原有成长周期，跨越到数字经济的新赛道，在即将到来的全面数字新时代更好地开发业务。

开源项目的不断更新和逐步成熟，也促使各组织在 AI、大数据、边缘、高性能计算等新兴业务场景不断采用云原生技术来构建创新解决方案。大量组织尝试使用容器替换现有人工智能、大数据的基础平台，通过容器更小粒度的资源划分、更快的扩容速度、更灵活的任务调度，以及天然的计算与存储分离架构等特点，助力人工智能、大数据在业务性能大幅提升的同时，更好地控制成本。各云服务商也相继推出了对应的容器化服务，比如某云服务商的 AI 容器、大数据容器、深度学习容器等。

云原生技术与边缘计算相结合，可以比较好地解决传统方案中轻量化、异构设备管理、海量应用运维管理的难题，如目前国内最大的边缘计算落地项目——国家路网中心的全国高速公路取消省界收费站项目，就使用了基于云原生技术的边缘计算解决方案，解决了 10 多万异构设备管理、30 多万边缘应用管理的难题。主流的云计算厂商也相继推出了云原生边缘计算解决方案，如某云服务商的云智能边缘平台（IEF）等。

云原生在高性能计算（High Performance Computing，HPC）领域的应用呈现出快速上升的势头。云原生在科研及学术机构、生物、制药等行业率先得到应用，例如中国科学院上海生命科学研究院、中国农业大学、华大基因、未来组、欧洲核子研究中心等组织都已经将传统的高性能计算业务升级为云原生架构。为了更好地支撑高性能计算场景，各云服务商也纷纷推出面向高性能计算专场的云原生解决方案。

云原生与商业场景的深度融合，不仅为各行业注入了发展与创新的新动能，也促使云原生技术更快发展、生态更加成熟，主要表现为以下几点。

（1）从为组织带来的价值来看，云原生架构通过对多元算力的支持，满足不同应用场景的个性化算力需求，并基于软硬协同架构，为应用提供极致性能的云原生算力；基于多云治理和边云协同，打造高效、高可靠的分布式泛在计算平台，并构建包括容器、裸机、虚机、函数等多种形态的统一计算资源；以"应用"为中心打造高效的资源调度和管理平台，为企业提供一键式部署、可感知应用的智能化调度，以及全方位监控与运维能力。

（2）通过最新的 DevSecOps 应用开发模式，实现了应用的敏捷开发，提升业务应用的迭代速度，高效响应用户需求，并保证全流程安全。对于服务的集成提供侵入和非侵入两种模式辅助企业应用架构升级，同时实现新老应用的有机协同，立而不破。

（3）帮助企业管理好数据，快速构建数据运营能力，实现数据的资产化沉淀和价值挖掘，并借助一系列 AI 技术，再次赋能给企业应用，结合数据和 AI 的能力帮助企业实现业务的智能升级。

（4）结合云平台全方位组织级安全服务和安全合规能力，保障组织应用在云上安全构建，业务安全运行。

4.8.2　架构定义

从技术的角度，云原生架构是基于云原生技术的一组架构原则和设计模式的集合，旨在将云应用中的非业务代码部分进行最大化的剥离，从而让云设施接管应用中原有的大量非功能特性（如弹性、韧性、安全、可观测性、灰度等），使业务不再有非功能性业务中断困扰的同时，具备轻量、敏捷、高度自动化的特点。由于云原生是面向"云"而设计的应用，因此，技术部分依赖于传统云计算的 3 层概念，即基础设施即服务（IaaS）、平台即服务（PaaS）和软件即服务（SaaS）。

云原生的代码通常包括三部分：业务代码、三方软件、处理非功能特性的代码。其中"业务代码"指实现业务逻辑的代码；"三方软件"是业务代码中依赖的所有三方库，包括业务库和基础库；"处理非功能特性的代码"指实现高可用、安全、可观测性等非功能性能力的代码。三部分中只有业务代码是核心，是给业务真正带来价值的，另外两个部分都只算附属物。但是，随着软件规模的增大、业务模块规模变大、部署环境增多、分布式复杂性增强等，使得今天的软件构建变得越来越复杂，对开发人员的技能要求也越来越高。云原生架构相比传统架构进了一大步，从业务代码中剥离大量非功能性特性到 IaaS 和 PaaS 中，从而减少业务代码开发人员的技术关注范围，通过云服务商的专业性提升应用的非功能性能力。具备云原生架构的应用可以最大程度利用云服务和提升软件交付能力，进一步加快软件开发。

1. 代码结构发生巨大变化

云原生架构产生的最大影响就是让开发人员的编程模型发生了巨大变化。今天大部分编程语言中，都有文件、网络、线程等元素，这些元素为充分利用单机资源带来好处的同时，也提升了分布式编程的复杂性。因此大量框架、产品涌现，来解决分布式环境中的网络调用问题、高可用问题、CPU 争用问题、分布式存储问题等。

在云环境中，"如何获取存储"变成了若干服务，包括对象存储服务、块存储服务和文件存储服务。云不仅改变了开发人员获得这些存储能力的界面，还在于云服务解决了分布式场景中的各种挑战，包括高可用挑战、自动扩缩容挑战、安全挑战、运维升级挑战等，应用的开发人员不用在其代码中处理节点宕机前如何把本地保存的内容同步到远端的问题，也不用处理当业务峰值到来时如何对存储节点进行扩容的问题，而应用的运维人员不用在发现"零日漏洞（zero-day）"安全问题时紧急对三方存储软件进行升级。

云把三方软硬件的能力升级成了服务，开发人员的开发复杂度和运维人员的运维工作量都得到极大降低。显然，如果这样的云服务用得越多，那么开发和运维人员的负担就越少，组织在非核心业务实现上从必须的负担变成了可控支出。在一些开发能力强的组织中，对这些三方软硬件能力的处理往往是交给应用框架（或者说组织内自己的中间件）来做的。在新时代云服务商提供了更全面的服务，使得所有软件组织都可以由此获益。

这些使得业务代码的开发人员技能栈中，不再需要掌握文件及其分布式处理技术，不再需要掌握各种复杂的网络技术，从而让业务开发变得更敏捷、更快速。

2. 非功能性特性大量委托

任何应用都提供两类特性：功能性特性和非功能性特性。功能性特性是真正为业务带来价值的代码，比如建立客户资料、处理订单、支付等。即使是一些通用的业务功能特性，比如组织管理、业务字典管理、搜索等也是紧贴业务需求的。非功能性特性是没有给业务带来直接业务价值，但通常又是必不可少的特性，比如高可用能力、容灾能力、安全特性、可运维性、易用性、可测试性、灰度发布能力等。

云计算虽然没有解决所有非功能性问题，但确实有大量非功能性，特别是分布式环境下复杂非功能性问题，被云计算解决了。以大家最头疼的高可用为例，云计算在多个层面为应用提供了解决方案等，如虚拟机、容器和云服务等。

（1）虚拟机。当虚拟机检测到底层硬件发生异常时，自动帮助应用做热迁移，迁移后的应用不需重新启动而仍然具备对外服务的能力，应用本身及其使用用户对整个迁移过程都不会有任何感知。

（2）容器。有时应用所在的物理机是正常的，只是应用自身的问题（比如 bug、资源耗尽等）而无法正常对外提供服务。容器通过监控检查探测到进程状态异常，从而实施异常节点的下线、新节点上线和生产流量的切换等操作，整个过程自动完成而无须运维人员干预。

（3）云服务。如果应用把"有状态"部分都交给了云服务（如缓存、数据库、对象存储等），加上全局对象的持有小型化或具备从磁盘快速重建能力，由于云服务本身是具备极强的高可用能力，那么应用本身会变成更薄的"无状态"应用，高可用故障带来的业务中断会降至分钟级；如果应用是 $N：M$（N 台客户端中的每一台都可以访问到 M 台服务器）的对等架构模式，那么结合负载均衡产品可获得很强的高可用能力。

3. 高度自动化的软件交付

软件一旦开发完成，需要在组织内外部各类环境中部署和交付，以将软件价值交给最终用户。软件交付的困难在于开发环境到生产环境的差异，以及软件交付和运维人员的技能差异，填补这些差异往往需要一大堆安装手册、运维手册和培训文档等。容器以一种标准的方式对软件打包，容器及相关技术则帮助屏蔽不同环境之间的差异，进而基于容器做标准化的软件交付。

对自动化交付而言，还需要一种能够描述不同环境的工具，让软件能够"理解"目标环境、交付内容、配置清单并通过代码去识别目标环境的差异，根据交付内容以"面向终态"的方式完成软件的安装、配置、运行和变更。

基于云原生的自动化软件交付相比较当前的人工软件交付是一个巨大的进步。以微服务为例，应用微服务化以后，往往被部署到成千上万个节点上，如果系统不具备高度的自动化能力，任何一次新业务的上线，都会带来极大的工作量挑战，严重时还会导致业务变更超过上线窗口而不可用。

4.8.3　基本原则

云原生架构本身作为一种架构，也有若干架构原则作为应用架构的核心架构控制面，通过遵从这些架构原则可以让技术主管和架构师在做技术选择时不会出现大的偏差。关于云原生架构原则，立足不同的价值视角或技术方向等有所不同，常见的原则主要包括服务化、弹性、可观测、韧性、所有过程自动化、零信任、架构持续演进等原则。

1. 服务化原则

当代码规模超出小团队的合作范围时，就有必要进行服务化拆分了，包括拆分为微服务架构、小服务（MiniService）架构等，通过服务化架构把不同生命周期的模块分离出来，分别进行业务迭代，避免迭代频繁模块被慢速模块拖慢，从而加快整体的进度和提升系统稳定性。同时服务化架构以面向接口编程，服务内部的功能高度内聚，模块间通过公共功能模块的提取增加软件的复用程度。

分布式环境下的限流降级、熔断隔仓、灰度、反压、零信任安全等，本质上都是基于服务流量（而非网络流量）的控制策略，所以云原生架构强调使用服务化的目的还在于从架构层面抽象化业务模块之间的关系，标准化服务流量的传输，从而帮助业务模块进行基于服务流量的策略控制和治理，不管这些服务是基于什么语言开发的。

2. 弹性原则

大部分系统部署上线需要根据业务量的估算，准备一定规模的各类软硬件资源，从提出采购申请，到与供应商洽谈、软硬件资源部署、应用部署、性能压测，往往需要好几个月甚至一年的周期，而这期间如果业务发生了变化，重新调整也非常困难。弹性则是指系统的部署规模可以随着业务量的变化而自动伸缩，无须根据事先的容量规划准备固定的硬件和软件资源。好的弹性能力不仅缩短了从采购到上线的时间，让组织不用关注额外软硬件资源的成本支出（包括闲置成本），降低了组织的 IT 成本，更关键的是当业务规模面临海量突发性扩张的时候，不再因为既有软硬件资源储备不足而"说不"，保障了组织收益。

3. 可观测原则

大部分组织的软件规模都在不断增长，原来单机可以对应用做完所有调试，但在分布式环境下需要对多个主机上的信息做关联，才可能回答清楚服务为什么离线，哪些服务违反了其定义的服务等级目标（Service Level Objective，SLO），目前的故障影响哪些用户，最近这次变更对哪些服务指标带来了影响等问题，这些都要求系统具备更强的可观测能力等。可观测性与监控、业务探活、应用性能检测（Application Performance Monitor，APM）等系统提供的能力不同，可观测性是在云这样的分布式系统中，主动通过日志、链路跟踪和度量等手段，使得一次点击背后的多次服务调用的耗时、返回值和参数都清晰可见，甚至可以下钻到每次三方软件调用、SQL 请求、节点拓扑、网络响应等，这样的能力可以使运维、开发和业务人员实时掌握软件运行情况，并结合多个维度的数据指标，获得关联分析能力，不断对业务健康度和用户体验进行数字化衡量和持续优化。

4. 韧性原则

当业务上线后，最不能接受的就是业务不可用，让用户无法正常使用软件，影响体验和收入。韧性代表了当软件所依赖的软硬件组件出现各种异常时，软件表现出来的抵御能力，这些异常通常包括硬件故障、硬件资源瓶颈（如 CPU/ 网卡带宽耗尽）、业务流量超出软件设计能力、影响机房工作的故障和灾难、软件漏洞（bug）、黑客攻击等对业务不可用带来致命影响的因素。

韧性从多个维度诠释了软件持续提供业务服务的能力，核心目标是提升软件的平均无故障时间（Mean Time Between Failure，MTBF）。从架构设计上，韧性包括服务异步化能力、重试 / 限流 / 降级 / 熔断 / 反压、主从模式、集群模式、AZ（Availability Zones，可用区）内的高可用、单元化、跨 region（区域）容灾、异地多活容灾等。

5. 所有过程自动化原则

技术往往是把"双刃剑"，容器、微服务、DevOps、大量第三方组件的使用等，在降低分布式复杂性和提升迭代速度的同时，因为整体增大了软件技术栈的复杂度和组件规模，所以不可避免地带来了软件交付的复杂性，如果这里控制不当，应用就无法体会到云原生技术的优势。通过 IaC（Infrastructure as Code）、GitOps、OAM（Open Application Model）、Kubernetes Operator 和大量自动化交付工具在 CI/CD 流水线中的实践，一方面标准化组织内部的软件交付过程，另一方面在标准化的基础上进行自动化，通过配置数据自描述和面向终态的交付过程，让自动化工具理解交付目标和环境差异，实现整个软件交付和运维的自动化。

6. 零信任原则

零信任安全针对传统边界安全架构思想进行了重新评估和审视，并对安全架构思路给出了新建议。其核心思想是，默认情况下不应该信任网络内部和外部的任何人 / 设备 / 系统，需要基于认证和授权重构访问控制的信任基础，如 IP 地址、主机、地理位置、所处网络等均不能作为可信的凭证。零信任对访问控制进行了范式上的颠覆，引导安全体系架构从"网络中心化"走向"身份中心化"，其本质诉求是以身份为中心进行访问控制。

零信任第一个核心问题就是身份（Identity），赋予不同的实体不同的身份，解决是谁在什么环境下访问某个具体的资源的问题。在研发、测试和运维等微服务场景下，身份及其相关策略不仅是安全的基础，更是众多（包括资源、服务、环境等）隔离机制的基础；在用户访问组织内部应用的场景下，身份及其相关策略提供了即时的接入服务。

7. 架构持续演进原则

信息技术及其业务应用的演进速度非常快，很少有一开始就清晰定义了架构并在整个软件生命周期里面都适用，相反往往还需要对架构进行一定范围内的重构，因此云原生架构本身也必须是一个具备持续演进能力的架构，而不是一个封闭式架构。除了增量迭代、目标选取等因素外，还需要考虑组织（例如架构控制委员会）层面的架构治理和风险控制，特别是在业务高速迭代情况下的架构、业务、实现平衡关系。云原生架构对于新建应用而言的架构控制策略相对容易选择（通常是选择弹性、敏捷、成本的维度），但对于存量应用向云原生架构迁移，则需要从架构上考虑遗留应用的迁出成本 / 风险和到云上的迁入成本 / 风险，以及技术上通过微服务 / 应用网关、应用集成、适配器、服务网格、数据迁移、在线灰度等应用和流量进行细颗粒度控制。

4.8.4　常用架构模式

云原生架构有非常多的架构模式，不同的组织环境、业务场景和价值定位等，通常采用不同的架构模式，常用的架构模式主要有服务化架构、Mesh 化架构、Serverless、存储计算分离、分布式事务、可观测、事件驱动等。

1. 服务化架构模式

服务化架构是新时代构建云原生应用的标准架构模式，要求以应用模块为颗粒度划分一个软件，以接口契约（例如 IDL）定义彼此业务关系，以标准协议（HTTP、gRPC 等）确保彼此的互联互通，结合领域模型驱动（Domain Driven Design，DDD）、测试驱动开发（Test Driven Development，TDD）、容器化部署提升每个接口的代码质量和迭代速度。服务化架构的典型模式是微服务和小服务模式，其中小服务可以看作是一组关系非常密切的服务的组合，这组服务会共享数据。小服务模式通常适用于非常大型的软件系统，避免接口的颗粒度太细而导致过多的调用损耗（特别是服务间调用和数据一致性处理）和治理复杂度。

通过服务化架构，把代码模块关系和部署关系进行分离，每个接口可以部署不同数量的实例，单独扩缩容，从而使得整体的部署更经济。此外，由于在进程级实现了模块的分离，每个接口都可以单独升级，从而提升了整体的迭代效率。但也需要注意，服务拆分导致要维护的模块数量增多，如果缺乏服务的自动化能力和治理能力，会让模块管理和组织技能不匹配，反而导致开发和运维效率的降低。

2. Mesh 化架构模式

Mesh（网格）化架构是把中间件框架（如 RPC、缓存、异步消息等）从业务进程中分离，让中间件的软件开发工具包（Software Development Kit，SDK）与业务代码进一步解耦，从而使得中间件升级对业务进程没有影响，甚至迁移到另外一个平台的中间件也对业务透明。分离后在业务进程中只保留很"薄"的 Client 部分，Client 通常很少变化，只负责与 Mesh 进程通信，原来需要在 SDK 中处理的流量控制、安全等逻辑由 Mesh 进程完成。整个架构如图 4-28 所示。

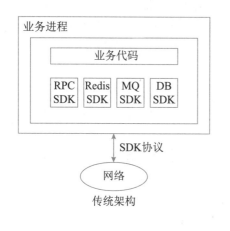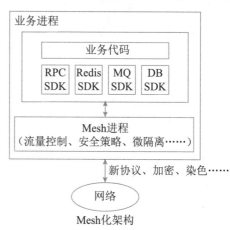

图 4-28　Mesh 化架构

实施 Mesh 化架构后，大量分布式架构模式（如熔断、限流、降级、重试、反压、隔仓等）都由 Mesh 进程完成，即使在业务代码的制品中并没有使用这些三方软件包；同时获得更好的安全性（比如零信任架构能力等），按流量进行动态环境隔离，基于流量做冒烟/回归测试等。

3. Serverless 模式

Serverless（无服务器）将"部署"这个动作从运维中"收走"，使开发者不用关心应用运行地点、操作系统、网络配置、CPU 性能等。从架构抽象上看，当业务流量到来 / 业务事件发生时，云会启动或调度一个已启动的业务进程进行处理，处理完成后云自动会关闭 / 调度业务进程，等待下一次触发，也就是把应用的整个运行都委托给云。

Serverless 并非适用任何类型的应用，因此架构决策者需要关心应用类型是否适合于Serverless 运算。如果应用是有状态的，由于 Serverless 的调度不会帮助应用做状态同步，因此云在进行调度时可能导致上下文丢失；如果应用是长时间后台运行的密集型计算任务，会无法发挥 Serverless 的优势；如果应用涉及频繁的外部 I/O（包括网络或者存储，以及服务间调用等），也因为繁重的 I/O 负担、时延大而不适合。Serverless 非常适合于事件驱动的数据计算任务、计算时间短的请求 / 响应应用、没有复杂相互调用的长周期任务。事件驱动架构图如图 4-29 所示。

图 4-29　事件驱动架构

4. 存储计算分离模式

分布式环境中的 CAP（一致性：Consistency；可用性：Availability；分区容错性：Partition tolerance）困难主要是针对有状态应用，因为无状态应用不存在 C（一致性）这个维度，因此可以获得很好的 A（可用性）和 P（分区容错性），因而获得更好的弹性。在云环境中，推荐把各类暂态数据（如 session）、结构化和非结构化持久数据都采用云服务来保存，从而实现存储计算分离。但仍然有一些状态如果保存到远端缓存，会造成交易性能的明显下降，比如交易会话数据太大、需要不断根据上下文重新获取等，这时可以考虑通过采用时间日志＋快照（或检查点）的方式，实现重启后快速增量恢复服务，减少不可用对业务的影响时长。

5. 分布式事务模式

微服务模式提倡每个服务使用私有的数据源，而不是像单体这样共享数据源，但往往大颗粒度的业务需要访问多个微服务，必然带来分布式事务问题，否则数据就会出现不一致。架构师需要根据不同的场景选择合适的分布式事务模式。

（1）传统采用 XA（eXtended Architecture）模式，虽然具备很强的一致性，但是性能差。

（2）基于消息的最终一致性通常有很高的性能，但是通用性有限。

（3）TCC（Try-Confirm-Cancel）模式完全由应用层来控制事务，事务隔离性可控，也可以做到比较高效；但是对业务的侵入性非常强，设计开发维护等成本很高。

（4）SAGA 模式（指允许建立一致的分布式应用程序的故障管理模式）与 TCC 模式的优缺点类似但没有 Try 这个阶段，而是每个正向事务都对应一个补偿事务，也使开发维护成本高。

（5）开源项目 SEATA 的 AT 模式非常高性能，无代码开发工作量，且可以自动执行回滚操作，同时也存在一些使用场景限制。

6. 可观测架构

可观测架构包括 Logging、Tracing、Metrics 三个方面，Logging 提供多个级别（verbose/debug/warning/error/fatal）的详细信息跟踪，由应用开发者主动提供；Tracing 提供一个请求从前端到后端的完整调用链路跟踪，对于分布式场景尤其有用；Metrics 则提供对系统量化的多维度度量。

架构决策者需要选择合适的、支持可观测的开源框架（比如 Open Tracing、Open Telemetry 等），并规范上下文的可观测数据规范（例如方法名、用户信息、地理位置、请求参数等），规划这些可观测数据在哪些服务和技术组件中传播，利用日志和 Tracing 信息中的 spanid/traceid，确保进行分布式链路分析时有足够的信息进行快速关联分析。

由于建立可观测性的主要目标是对服务 SLO（Service Level Objective）进行度量，从而优化 SLA（Service Level Agreement，服务水平协议），因此架构设计上需要为各个组件定义清晰的 SLO，包括并发度、耗时、可用时长、容量等。

7. 事件驱动架构

事件驱动架构（Event Driven Architecture，EDA）本质上是一种应用 / 组件间的集成架构模式。事件和传统的消息不同，事件具有 Schema，所以可以校验 Event 的有效性，同时 EDA 具备 QoS 保障机制，也能够对事件处理失败进行响应。事件驱动架构不仅用于（微）服务解耦，还可应用于下面的场景中。

（1）增强服务韧性。由于服务间是异步集成的，也就是下游的任何处理失败甚至宕机都不会被上游感知，自然也就不会对上游带来影响。

（2）CQRS（Command Query Responsibility Segregation，命令查询的责任分离）。把对服务状态有影响的命令用事件来发起，而对服务状态没有影响的查询才使用同步调用的 API 接口；结合 EDA 中的 Event Sourcing 机制可以用于维护数据变更的一致性，当需要重新构建服务状态时，把 EDA 中的事件重新"播放"一遍即可。

（3）数据变化通知。在服务架构下，往往一个服务中的数据发生变化，另外的服务会感兴趣，比如用户订单完成后，积分服务、信用服务等都需要得到事件通知并更新用户积分和信用等级。

（4）构建开放式接口。在 EDA 下，事件的提供者并不用关心有哪些订阅者，不像服务调用——数据的产生者需要知道数据的消费者在哪里并调用它，因此保持了接口的开放性。

（5）事件流处理。应用于大量事件流（而非离散事件）的数据分析场景，典型应用是基于 Kafka 的日志处理。

（6）基于事件触发的响应。在 IoT 时代大量传感器产生的数据，不会像人机交互一样需要等待处理结果的返回，天然适合用 EDA 来构建数据处理应用。

4.8.5　云原生案例

某快递公司作为发展最为迅猛的物流组织之一，一直积极探索技术创新赋能商业增长之路，以期达到降本提效的目的。目前，该公司日订单处理量已达千万量级，亿级别物流轨迹处理量，每天产生数据已达到 TB 级别，使用 1300+ 个计算结点来实时处理业务。过往该公司的核心业务应用运行在 IDC 机房，原有 IDC 系统帮助该公司安稳度过早期业务快速发展期。但伴随着业务体量指数级增长，业务形式愈发多元化。原有系统暴露出不少问题，传统 IOE 架构、各系统架构的不规范、稳定性、研发效率都限制了业务高速发展的可能。软件交付周期过长，大促保障对资源的特殊要求难实现、系统稳定性难以保障等业务问题逐渐暴露。在与某云服务商进行多次需求沟通与技术验证后，该公司最终确定云原生技术和架构实现核心业务搬迁上云。

1. 解决方案

该公司核心业务系统原架构基于 VMware+Oracle 数据库进行搭建。随着搬迁上云，架构全面转型为基于 Kubernetes 的云原生架构体系。其中，引入云原生数据库并完成应用基于容器的微服务改造是整个应用服务架构重构的关键点。

（1）引入云原生数据库。通过引入 OLTP 跟 OLAP 型数据库，将在线数据与离线分析逻辑拆分到两种数据库中，改变此前完全依赖 Oracle 数据库的现状。满足在处理历史数据查询场景下 Oracle 数据库所支持实际业务需求的不足。

（2）应用容器化。伴随着容器化技术的引进，通过应用容器化有效解决了环境不一致的问题，确保应用在开发、测试、生产环境的一致性。与虚拟机相比，容器化提供了效率与速度的双重提升，让应用更适合微服务场景，有效提升产研效率。

（3）微服务改造。由于过往很多业务是基于 Oracle 的存储过程及触发器完成的，系统间的服务依赖也需要 Oracle 数据库 OGG（Oracle Golden Gate）同步完成。这样带来的问题就是系统维护难度高且稳定性差。通过引入 Kubernetes 的服务发现，组建微服务解决方案，将业务按业务域进行拆分，让整个系统更易于维护。

2. 架构确立

综合考虑某快递公司实际业务需求与技术特征，该企业确定的上云架构如图 4-30 所示。

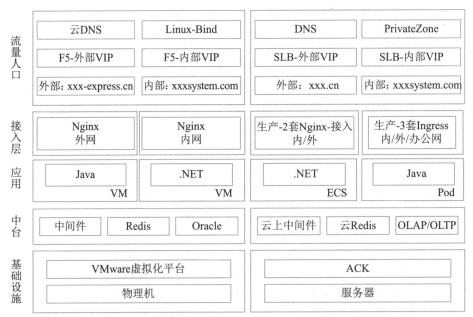

图 4-30　某快递公司核心业务上云架构示意图

1）基础设施

全部计算资源取自某云服务商上的裸金属服务器。相较于一般云服务器（ECS），Kubernetes搭配服务器能够获得更优性能及更合理的资源利用率。且云上资源按需取量，对于拥有大型促销活动等短期大流量业务场景的某公司而言极为重要。相较于线下自建机房、常备机器云上资源随取随用。在大型促销活动结束后，云上资源使用完毕后即可释放，管理与采购成本更低。

2）流量接入

云服务商提供两套流量接入，一套是面向公网请求，另外一套是服务内部调用。域名解析采用云 DNS 及 PrivateZone。借助 Kubernetes 的 Ingress 能力实现统一的域名转发，以节省公网SLB 的数量，提高运维管理效率。

3）平台层

基于 Kubernetes 打造的云原生 PaaS 平台优势明显突出，主要包括：

- 打通DevOps闭环，统一测试、集成、预发、生产环境；
- 天生资源隔离，机器资源利用率高；
- 流量接入可实现精细化管理；
- 集成了日志、链路诊断、Metrics平台；
- 统一APIServer接口和扩展，支持多云及混合云部署。

4）应用服务层

每个应用都在 Kubernetes 上面创建单独的一个 Namespace，应用和应用之间实现资源隔离。通过定义各个应用的配置 YAML 模板，当应用在部署时直接编辑其中的镜像版本即可快速完成版本升级，当需要回滚时直接在本地启动历史版本的镜像快速回滚。

5）运维管理

线上 Kubernetes 集群采用云服务商托管版容器服务，免去了运维 Master 结点的工作，只需要制定 Worker 结点上线及下线流程即可。同时业务系统均通过阿里云的 PaaS 平台完成业务日志搜索，按照业务需求投交扩容任务，系统自动完成扩容操作，降低了直接操作 Kubernetes 集群带来的业务风险。

3. 应用效益

该公司通过云原生架构的使用，其应用效益主要体现在成本、稳定性、效率、赋能业务等方面。

（1）成本方面。使用公有云作为计算平台，可以让企业不必因为业务突发性的增长需求，而一次性投入大量资金成本用于采购服务器及扩充机柜。在公共云上可以做到随用随付，对于一些创新业务想做技术调研十分便捷，用完即释放，按量付费。另外，云产品都免运维自行托管在云端，有效节省人工运维成本，让企业更专注于核心业务。

（2）稳定性方面。云上产品提供至少 5 个 9（99.999%）以上的 SLA 服务确保系统稳定，通常比自建系统稳定性高很多。在数据安全方面，云上数据可以轻松实现异地备份，云服务商数据存储体系下的归档存储产品具备高可靠、低成本、安全性、存储无限等特点，让企业数据更安全。

（3）效率方面。借助与云产品的深度集成，研发人员可以完成一站式研发与运维工作。从业务需求立项及开发到回归验证，再到发布测试及部署上线，整个集成活动耗时可缩短至分钟级。排查问题方面，研发人员直接选择所负责的应用，并通过集成的 SLS 日志控制台快速检索程序的异常日志进行问题定位，免去了登录机器查日志的麻烦。

（4）赋能业务方面。云服务商提供超过 300 种的云上组件，组件涵盖计算、AI、大数据、IoT 等诸多领域。研发人员开箱即用，有效节省业务创新带来的技术成本。

4.9 本章练习

1. 选择题

（1）信息系统架构通常有_____。

  A. 系统架构、数据架构、技术架构、应用架构、网络架构、安全架构

  B. 系统架构、数据架构、技术架构、网络架构、安全架构、云原生架构

  C. 系统架构、数据架构、技术架构、应用架构、网络架构、安全架构、云原生架构

  D. 数据架构、技术架构、应用架构、网络架构、安全架构、云原生架构

参考答案：C

（2）常用的应用架构设计原则有_____。

  A. 业务适配性原则、应用聚合化原则、功能专业化原则、风险最小化原则和资产复用化原则

  B. 业务适配性原则、应用聚合化原则、功能专业化原则、风险最小化原则

  C. 业务适配性原则、应用聚合化原则、功能专业化原则和资产复用化原则

  D. 业务适配性原则、功能专业化原则、风险最小化原则和资产复用化原则

参考答案：A

（3）常用的数据架构设计原则有_____。

  A. 数据分层原则、数据处理效率原则、保障数据一致性原则、服务于业务原则

  B. 数据分层原则、保障数据一致性原则、保证数据架构可扩展性原则

  C. 数据分层原则、数据处理效率原则、保障数据一致性原则

  D. 数据分层原则、数据处理效率原则、保障数据一致性原则、保证数据架构可扩展性原则、服务于业务原则

参考答案：D

（4）WPDRRC 信息安全体系架构模型有_____个环节和_____大要素。

  A. 6，3   B. 5，3   C. 4，3   D. 6，2

参考答案：A

（5）云原生架构原则有_____。

  A. 弹性原则、可观测原则、所有过程自动化原则、零信任原则、架构持续演进原则

  B. 服务化原则、弹性原则、所有过程自动化原则、零信任原则、架构持续演进原则

C. 服务化原则、弹性原则、可观测原则、韧性原则、所有过程自动化原则、零信任原则、架构持续演进原则

D. 服务化原则、弹性原则、可观测原则、韧性原则、零信任原则、架构持续演进原则

参考答案：C

（6）框架是一个用于_____架构的概念结构。

A. 规划、开发、实施、管理和维持　　　　B. 规划、开发、实施和管理

C. 规划、实施、管理和维持　　　　　　　D. 开发、实施、管理和维持

参考答案：A

（7）云原生的主要架构模式有_____。

A. 服务化架构模式、存储计算分离模式、分布式事务模式、可观测架构、事件驱动架构

B. 服务化架构模式、Mesh 化架构模式、Serverless 模式、存储计算分离模式、分布式事务模式

C. 服务化架构模式、Mesh 化架构模式、Serverless 模式、分布式事务模式、可观测架构、事件驱动架构

D. 服务化架构模式、Mesh 化架构模式、Serverless 模式、存储计算分离模式、分布式事务模式、可观测架构、事件驱动架构

参考答案：D

（8）OSI 开放系统互联安全体系包括以下_____类安全服务。

A. 访问控制、数据机密性、数据完整性和抗抵赖性

B. 鉴别、访问控制、数据机密性和数据完整性

C. 鉴别、访问控制、数据机密性、数据完整性和抗抵赖性

D. 鉴别、数据机密性、数据完整性和抗抵赖性

参考答案：C

（9）架构的本质是决策，是在权衡_____等各方面因素后进行的决策。信息系统项目可基于项目建设的指导思想、设计原则和建设目标展开各类架构的设计。

A. 方向、策略、关系以及原则　　　　　　B. 方向、结构、关系以及原则

C. 方向、结构、方针以及原则　　　　　　D. 方向、结构、关系以及文化

参考答案：B

2. 思考题

（1）云原生架构原则有哪些，请简述？

参考答案：略

（2）常用的数据架构设计原则有哪些，请简述？

参考答案：略

第 5 章　软件工程

20 世纪 60 年代以前，计算机刚刚投入实际使用，软件设计往往只是为了一个特定的应用而在指定的计算机上进行设计和编制，采用密切依赖于计算机的机器代码或汇编语言，软件规模比较小，文档资料通常也不存在，很少使用系统化的开发方法，设计软件往往等同于编制程序，基本上是个人设计、个人使用、个人操作、自给自足的私人化的软件生产方式。

20 世纪 60 年代中期，大容量、高速度计算机的出现，使计算机的应用范围迅速扩大，软件开发量急剧增长，软件系统的规模越来越大，复杂程度越来越高，软件可靠性问题也越来越突出。1968 年，软件危机（Software Crisis）的概念被首次提出，具体表现为软件开发进度难以预测、软件开发成本难以控制、软件功能难以满足用户期望、软件质量无法保证、软件难以维护、软件缺少适当的文档资料等，为解决软件危机，软件工程概念诞生。

5.1　软件工程定义

软件工程是指应用计算机科学、数学及管理科学等原理，以工程化的原则和方法来解决软件问题的工程，其目的是提高软件生产率、提高软件质量、降低软件成本。电气与电子工程师协会（Institute of Electrical and Electronics Engineers，IEEE）对软件工程的定义是：将系统的、规范的、可度量的工程化方法应用于软件开发、运行和维护的全过程及上述方法的研究。计算机科学家 Fritz Bauer 给出的软件工程的定义是：建立并使用完善的工程化原则，以较经济的手段获得能在实际机器上有效运行的可靠软件的一系列方法。

软件工程由方法、工具和过程 3 个部分组成。软件工程使用的方法是完成软件项目的技术手段，它支持整个软件生命周期；软件工程使用的工具是人们在开发软件的活动中智力和体力的扩展与延伸，它自动或半自动地支持软件的开发和管理，支持各种软件文档的生成；软件工程中的过程贯穿于软件开发的各个环节，是指为获得软件产品，在软件工具的支持下由软件工程师完成的一系列软件工程活动。管理人员在软件工程过程中，要对软件开发的质量、进度、成本进行评估、管理和控制，包括人员组织、计划跟踪与控制、成本估算、质量保证和配置管理等。

5.2　软件需求

软件需求是指用户对系统在功能、行为、性能、设计约束等方面的期望。根据 IEEE 的软件工程标准词汇表，软件需求是指用户解决问题或达到目标所需的条件或能力，是系统或系统部件要满足合同、标准、规范或其他正式规定文档所需具有的条件或能力，以及反映这些条件或能力的文档说明。

5.2.1　需求的层次

简单地说，软件需求就是系统必须完成的事和必须具备的品质。需求是多层次的，包括业务需求、用户需求和系统需求，这 3 个不同层次的需求从目标到具体，从整体到局部，从概念到细节。

1. 业务需求

业务需求是指反映组织机构或用户对系统、产品高层次的目标要求，从总体上描述了为什么要达到某种效应，组织希望达到什么目标。通常来自项目投资人、购买产品的客户、客户单位的管理人员、市场营销部门或产品策划部门等。通过业务需求可以确定项目视图和范围，项目视图和范围文档把业务需求集中在一个简单、紧凑的文档中，该文档为以后的设计开发工作奠定了基础。

2. 用户需求

用户需求描述的是用户的具体目标，或用户要求系统必须能完成的任务和想要达到的结果，这构成了用户原始需求文档的内容。也就是说，用户需求必须能够体现某种系统产品将给用户带来的业务价值，描述了用户能使用系统来做什么。通常采取用户访谈和问卷调查等方式，对用户使用的场景进行整理，从而建立用户需求。

3. 系统需求

系统需求是从系统的角度来说明软件的需求，包括功能需求、非功能需求和约束等。功能需求也称为行为需求，它规定了开发人员必须在系统中实现的软件功能，用户利用这些功能来完成任务，满足业务需要。功能需求通常是通过系统特性的描述表现出来的。所谓特性，是指一组逻辑上相关的功能需求，表示系统为用户提供某项功能（服务），使用户的业务目标得以满足。非功能需求描述了系统展现给用户的行为和执行的操作等，它包括产品必须遵从的标准、规范和合约，是指系统必须具备的属性或品质，又可细分为软件质量属性（例如易用性、可维护性、效率等）和其他非功能需求。约束是指对开发人员在软件产品设计和构造上的限制，常见的有设计约束和过程约束。例如，必须采用安全可靠的自主知识产权的数据库系统，必须运行在开源操作系统之下等。

5.2.2　质量功能部署

质量功能部署（Quality Function Deployment，QFD），即通过多种角度对产品的特点进行描述，从而反映产品功能，是一种将用户要求转化成软件需求的技术，其目的是最大限度地提升软件工程过程中用户的满意度。为了达到这个目标，QFD 将软件需求分为 3 类，分别是常规需求、期望需求和意外需求。

（1）常规需求。用户认为系统应该做到的功能或性能，实现得越多，用户会越满意。

（2）期望需求。用户想当然认为系统应具备的功能或性能，但并不能正确描述自己想要得到的这些功能或性能需求。如果期望需求没有得到实现，会让用户感到不满意。

（3）意外需求。意外需求也称为兴奋需求，是用户要求范围外的功能或性能（但通常是软件开发人员很乐意赋予系统的技术特性），实现这些需求用户会更高兴，但不实现也不影响其购买的决策。意外需求是控制在开发人员手中的，开发人员可以选择实现更多的意外需求，以便得到高满意、高忠诚度的用户，也可以（出于成本或项目周期的考虑）选择不实现任何意外需求。

5.2.3　需求获取

需求获取是确定和理解不同的项目干系人对系统的需求和约束的过程。需求获取是一件看上去很简单、做起来却很难的事情。需求获取是否科学、准备充分，对获取到的结果影响很大，因为用户往往很难给出完整正确的原始需求，也很难想象出未来的软件应该提供哪些功能，以解决自己的业务问题。因此，需求获取的过程中，只有与用户有效合作、得到软件人员的协助、进行多次沟通讨论才能成功确认需求。常见的需求获取方法包括用户访谈、问卷调查、采样、情节串联板、联合需求计划等。

需求获取是开发者、用户之间为了定义新系统而进行的交流，需求获取是获得系统必要的特征，或者是获得用户能接受的、系统必须满足的约束。如果双方所理解的领域内容在系统分析、设计过程出现问题，通常在开发过程的后期才会被发现，将会使整个系统交付延迟，或者上线的系统无法或难以使用，最终导致项目失败。例如，遗漏的需求或理解错误的需求。

5.2.4　需求分析

在需求获取阶段获得的需求是杂乱的，是用户对新系统的期望和要求，这些要求有重复的地方，也有矛盾的地方，这样的要求是不能作为软件设计的基础的。一个好的需求应该具有无二义性、完整性、一致性、可测试性、确定性、可跟踪性、正确性、必要性等特性。因此，需要分析人员把杂乱无章的用户要求和期望转化为用户需求，这就是需求分析的工作。

需求分析将提炼、分析和审查已经获取到的需求，以确保所有的项目干系人都明白其含义，并找出其中的错误、遗漏或其他不足的地方。需求分析的关键在于对问题域的研究与理解。为了便于理解问题域，现代软件工程方法所推荐的做法是对问题域进行抽象，将其分解为若干个基本元素，然后对元素之间的关系进行建模。

1. 结构化分析

结构化分析（Structured Analysis，SA）方法给出一组帮助系统分析人员产生功能规约的原理与技术，其建立模型的核心是数据字典。围绕这个核心，有 3 个层次的模型，分别是数据模型、功能模型和行为模型（也称为状态模型）。在实际工作中，一般使用实体关系图（E-R 图）表示数据模型，用数据流图（Data Flow Diagram，DFD）表示功能模型，用状态转换图（State Transform Diagram，STD）表示行为模型。E-R 图主要描述实体、属性，以及实体之间的关系；DFD 从数据传递和加工的角度，利用图形符号通过逐层细分描述系统内各个部件的功能和数据在它们之间传递的情况，来说明系统所完成的功能；STD 通过描述系统的状态和引起系统状态转换的事件，来表示系统的行为，指出作为特定事件的结果将执行哪些动作（例如处理数据等）。结构化分析通常包含以下几个步骤：

- 分析业务情况，做出反映当前物理模型的DFD；
- 推导出等价的逻辑模型的DFD；
- 设计新的逻辑系统，生成数据字典和基元描述；
- 建立人机接口，提出可供选择的目标系统物理模型的DFD；
- 确定各种方案的成本和风险等级，据此对各种方案进行分析；
- 选择一种方案；
- 建立完整的需求规约。

1）DFD 需求建模方法

DFD 需求建模方法也称为过程建模和功能建模方法。DFD 建模方法的核心是数据流，从应用系统的数据流着手，以图形方式刻画和表示一个具体业务系统中的数据处理过程和数据流。DFD 建模方法首先抽象出具体应用的主要业务流程，然后分析其输入，例如其初始的数据有哪些，这些数据从哪里来，将流向何处，又经过了什么加工，加工后又变成了什么数据，这些数据流最终将得到什么结果。通过对系统业务流程的层层追踪和分析，把要解决的问题清晰地展现及描述出来，为后续的设计、编程及实现系统的各项功能打下基础。DFD 方法由以下 4 种基本元素（模型对象）组成：数据流、处理/加工、数据存储和外部项。

- 数据流（Data Flow）：用一个箭头描述数据的流向，箭头上标注的内容可以是信息说明或数据项。
- 处理（Process）：表示对数据进行的加工和转换，在图中用矩形框表示。指向处理的数据流为该处理的输入数据，离开处理的数据流为该处理的输出数据。
- 数据存储：表示用数据库形式（或者文件形式）存储的数据，对其进行的存取分别以指向或离开数据存储的箭头表示。
- 外部项：也称为数据源或者数据终点。描述系统数据的提供者或者数据的使用者，如教师、学生、采购员、某个组织或部门或其他系统，在图中用圆角框或者平行四边形框表示。

建立 DFD 图的目的是描述系统的功能需求。DFD 方法利用应用问题域中数据及信息的提供者与使用者、信息的流向、处理和存储这 4 种元素描述系统需求，建立应用系统的功能模型。具体的建模过程及步骤如下：

（1）明确目标，确定系统范围。首先要明确目标系统的功能需求，并将用户对目标系统的功能需求完整、准确、一致地描述出来，然后确定模型要描述的问题域。虽然在建模过程中这些内容是逐步细化的，但必须自始至终保持一致、清晰和准确。

（2）建立顶层 DFD 图。顶层 DFD 图表达和描述了将要实现的系统的主要功能，同时也确定了整个模型的内外关系，表达了系统的边界及范围，也构成了进一步分解的基础。

（3）构建第一层 DFD 分解图。根据应用系统的逻辑功能，把顶层 DFD 图中的处理分解成多个更细化的处理。

（4）开发 DFD 层次结构图。对第一层 DFD 分解图中的每个处理框做进一步分解，在分解图中要列出所有的处理及其相关信息，并要注意分解图中的处理与信息包括父图中的全部内容。分解可采用以下原则：保持均匀的模型深度；按困难程度进行选择；如果一个处理难以确切命名，可以考虑对它重新分解。

（5）检查确认 DFD 图。按照规则检查和确定 DFD 图，以确保构建的 DFD 模型是正确的、一致的，且满足要求。具体规则包括：父图中描述过的数据流必须要在相应的子图中出现，一个处理至少有一个输入流和一个输出流，一个存储必定有流入的数据流和流出的数据流，一个数据流至少有一端是处理端，模型图中表达和描述的信息是全面的、完整的、正确的和一致的。

经过以上过程与步骤后，顶层图被逐层细化，同时也把面向问题的术语逐渐转化为面向现实的解法，并得到最终的 DFD 层次结构图。层次结构图中的上一层是下一层的抽象，下一层是上一层的求精和细化，而最后一层中的每个处理都是面向一个具体的描述，即一个处理模块仅描述和解决一个问题。

2）数据字典的应用

数据字典（Data Dictionary）是一种用户可以访问的记录数据库和应用程序元数据的目录。数据字典是指对数据的数据项、数据结构、数据流、数据存储、处理逻辑等进行定义和描述，其目的是对数据流图中的各个元素做出详细的说明。简而言之，数据字典是描述数据的信息集合，是对系统中使用的所有数据元素定义的集合。

数据字典最重要的作用是作为分析阶段的工具。任何字典最重要的用途都是供人查询，在结构化分析中，数据字典的作用是给数据流图上的每个元素加以定义和说明。换句话说，数据流图上所有元素的定义和解释的文字集合就是数据字典。数据字典中建立的严密一致的定义，有助于改进分析员和用户的通信与交互。数据字典主要包括数据项、数据结构、数据流、数据存储、处理过程等几个部分。

- 数据项：数据流图中数据块的数据结构中的数据项说明。数据项是不可再分的数据单位。对数据项的描述通常包括数据项名、数据项含义说明、别名、数据类型、长度、取值范围、取值含义及与其他数据项的逻辑关系等。其中，"取值范围""与其他数据项的逻辑关系"定义了数据的完整性约束条件，是设计数据检验功能的依据。若干个数据项可以组成一个数据结构。
- 数据结构：数据流图中数据块的数据结构说明。数据结构反映了数据之间的组合关系。一个数据结构可以由若干个数据项组成，也可以由若干个数据结构组成，或由若干个数据项和数据结构混合组成。对数据结构的描述通常包括数据结构名、含义说明和组成（数据项或数据结构）等。
- 数据流：数据流图中流线的说明。数据流是数据结构在系统内传输的路径。对数据流的描述通常包括数据流名、说明、数据流来源、数据流去向、组成（数据结构）、平均流量、高峰期流量等。其中，"数据流来源"说明该数据流来自哪个过程，即数据的来源；"数据流去向"说明该数据流将到哪个过程去，即数据的去向；"平均流量"是指在单位时间（每天、每周、每月等）里的传输次数；"高峰期流量"则是指在高峰时期的数据流量。
- 数据存储：数据流图中数据块的存储特性说明。数据存储是数据结构停留或保存的地方，也是数据流的来源和去向之一。对数据存储的描述通常包括数据存储名、说明、编号、流入的数据流、流出的数据流、组成（数据结构）、数据量、存取方式等。其中，"数据量"是指每次存取多少数据，每天（或每小时、每周等）存取几次等信息；"存取方式"指出是批处理还是联机处理，是检索还是更新，是顺序检索还是随机检索等；"流入的数据流"要指出其来源；"流出的数据流"要指出其去向。

- 处理过程：数据流图中功能块的说明。数据字典中只需要描述处理过程的说明性信息，通常包括处理过程名、说明、输入（数据流）、输出（数据流）、处理（简要说明）等。其中，"简要说明"中主要说明该处理过程的功能及处理要求。功能是指该处理过程用来做什么（并不是怎样做）；处理要求包括处理频度要求（如单位时间里处理多少事务、多少数据量）和响应时间要求等，这些处理要求是后续物理设计的输入及性能评价的标准。

2. 面向对象分析

面向对象的分析（Object-Oriented Analysis，OOA）方法能正确认识其中的事物及它们之间的关系，找出描述问题域和系统功能所需的类和对象，定义它们的属性和职责，以及它们之间所形成的各种联系。最终产生一个符合用户需求，并能直接反映问题域和系统功能的 OOA 模型及其详细说明。

面向对象分析与结构化分析有较大的区别。OOA 所强调的是在系统调查资料的基础上，针对 OO 方法所需要的素材进行的归类分析和整理，而不是对管理业务现状和方法的分析。OOA 模型由 5 个层次（主题层、对象类层、结构层、属性层和服务层）和 5 个活动（标识对象类、标识结构、定义主题、定义属性和定义服务）组成。在这种方法中定义了两种对象类之间的结构，分别是分类结构和组装结构。分类结构就是所谓的一般与特殊的关系；组装结构则反映了对象之间的整体与部分的关系。

1）OOA 的基本原则

OOA 的基本原则主要包括抽象、封装、继承、分类、聚合、关联、消息通信、粒度控制和行为分析。

- 抽象：是从许多事物中舍弃个别的、非本质的特征，抽取共同的、本质性的特征。抽象是形成概念的必要手段。抽象是面向对象方法中使用最为广泛的原则。抽象原则包括过程抽象和数据抽象两个方面。过程抽象是指任何一个完成确定功能的操作序列，其使用者都可以把它看作一个单一的实体，尽管实际上它可能是由一系列更低级的操作完成的。数据抽象是根据施加于数据之上的操作来定义数据类型，并限定数据的值只能由这些操作来修改和观察。数据抽象是 OOA 的核心原则，它强调把数据（属性）和操作（服务）结合为一个不可分的系统单位（对象），对象的外部只需要知道它做什么，而不必知道它如何做。

- 封装：把对象的属性和服务结合为一个不可分的系统单位，并尽可能隐蔽对象的内部细节。这个概念也经常用于从外部隐藏程序单元的内部表示。

- 继承：特殊类的对象拥有其对应的一般类的全部属性与服务，称作特殊类对一般类的继承。在OOA中运用继承原则，在特殊类中不再重复地定义一般类中已定义的内容，但是在语义上，特殊类却自动地、隐含地拥有一般类（以及所有更上层的一般类）中定义的全部属性和服务。继承原则的好处是能够使系统模型比较简练、清晰。

- 分类：把具有相同属性和服务的对象划分为一类，用类作为这些对象的抽象描述。分类原则实际上是抽象原则运用于对象描述时的一种表现形式。
- 聚合：又称组装，其原则是把一个复杂的事物看成若干比较简单的事物的组装体，从而简化对复杂事物的描述。
- 关联：关联是人类思考问题时经常运用的思想方法，即通过一个事物联想到另外的事物。能使人发生联想的原因是事物之间确实存在着某些联系。
- 消息通信：这一原则要求对象之间只能通过消息进行通信，而不允许在对象之外直接地存取对象内部的属性。通过消息进行通信是由于封装原则而引起的。在OOA中要求用消息连接表示出对象之间的动态联系。
- 粒度控制：一般来讲，人在面对一个复杂的问题域时，不可能在同一时刻既能纵观全局，又能洞察秋毫。因此需要控制自己的视野，即考虑全局时，注意其大的组成部分，暂时不考虑具体的细节，考虑某部分的细节时则暂时撇开其余的部分。这就是粒度控制原则。
- 行为分析：现实世界中事物的行为是复杂的，由大量的事物所构成的问题域中，各种行为往往相互依赖、相互交织。

2）OOA 的基本步骤

OOA 大致遵循如下 5 个基本步骤：

- 确定对象和类：这里所说的对象是对数据及其处理方式的抽象，它反映了系统保存和处理现实世界中某些事物的信息的能力。类是多个对象的共同属性和方法集合的描述，它包括如何在一个类中建立一个新对象的描述。
- 确定结构：结构是指问题域的复杂性和连接关系。类成员结构反映了泛化-特化关系，整体-部分结构反映整体和局部之间的关系。
- 确定主题：主题是指事物的总体概貌和总体分析模型。
- 确定属性：属性就是数据元素，可用来描述对象或分类结构的实例，可在图中给出，并在对象的存储中指定。
- 确定方法：方法是在收到消息后必须进行的一些处理方法，即方法要在图中定义，并在对象的存储中指定。对于每个对象和结构来说，那些用来增加、修改、删除和选择的方法本身都是隐含的（虽然它们是要在对象的存储中定义的，但并不在图上给出），而有些则是显示的。

5.2.5　需求规格说明书

软件需求规格说明书（Software Requirement Specification，SRS）是在需求分析阶段需要完成的文档，是软件需求分析的最终结果，是确保每个要求得以满足所使用的方法。编制该文档的目的是使项目干系人与开发团队对系统的初始规定有一个共同的理解，使之成为整个开发工作的基础。SRS 是软件开发过程中最重要的文档之一，任何规模和性质的软件项目都不应该缺少。

在国家标准《计算机软件文档编制规范》（GB/T 8567）中，提供了一个 SRS 的文档模板和编写指南，其中规定 SRS 应该包括范围、引用文件、需求、合格性规定、需求可追踪性、尚未解决的问题、注解和附录。

（1）范围：包括 SRS 适用的系统和软件的完整标识，（若适用）包括标识号、标题、缩略词语、版本号和发行号；简述 SRS 适用的系统和软件的用途，描述系统和软件的一般特性；概述系统开发、运行和维护的历史；标识项目的投资方、需方、用户、承建方和支持机构；标识当前和计划的运行现场；列出其他有关的文档；概述 SRS 的用途和内容，并描述与其使用有关的保密性和私密性的要求；说明编写 SRS 所依据的基础。

（2）引用文件：列出 SRS 中引用的所有文档的编号、标题、修订版本和日期，还应标识不能通过正常的供货渠道获得的所有文档的来源。

（3）需求：这一部分是 SRS 的主体部分，详细描述软件需求。具体可以分为以下项目：所需的状态和方式、需求概述、需求规格、软件配置项能力需求、软件配置项外部接口需求、软件配置项内部接口需求、适应性需求、保密性和私密性需求、软件配置项环境需求、计算机资源需求（包括硬件需求、硬件资源利用需求、软件需求和通信需求）、软件质量因素、设计和实现约束、数据、操作、故障处理、算法说明、有关人员需求、有关培训需求、有关后勤需求、包装需求和其他需求，以及需求的优先次序和关键程度。

（4）合格性规定：这一部分定义一组合格性的方法，对于第（3）部分中的每个需求指定所使用的方法，以确保需求得到满足。合格性方法包括演示、测试、分析、审查和特殊的合格性方法（例如，专用工具、技术、过程、设施和验收限制等）。

（5）需求可追踪性：这一部分包括从 SRS 中每个软件配置项的需求到其涉及的系统（或子系统）需求的双向可追踪性。

（6）尚未解决的问题：如果有必要，可以在这一部分说明软件需求中尚未解决的遗留问题。

（7）注解：包含有助于理解 SRS 的一般信息（例如，背景信息、词汇表、原理等）。这一部分应包含理解 SRS 所需要的术语和定义，所有缩略语和它们在 SRS 中的含义的字母序列表。

（8）附录：提供那些为便于维护 SRS 而单独编排的信息（例如，图表、分类数据等）。为便于处理，附录可以单独装订成册，按字母顺序编排。

另外，国家标准《计算机软件需求规格说明规范》（GB/T 9385）中也给出了一个详细的 SRS 写作大纲，可以作为 SRS 写作的参考之用。

资深软件工程师都知道，当以 SRS 为基础进行后续开发工作时，如果在开发后期或在交付系统之后才发现需求存在问题，这时修补需求错误就需要做大量的工作。相对而言，在系统分析阶段，检测 SRS 中的错误所采取的任何措施都将节省相当多的时间和资金。因此，有必要对于 SRS 的正确性进行验证，以确保需求符合良好特征。需求验证也称为需求确认，其活动需要确定的内容包括：

- SRS 正确地描述了预期的、满足项目干系人需求的系统行为和特征；
- SRS 中的软件需求是从系统需求、业务规格和其他来源中正确推导而来的；
- 需求是完整的和高质量的；

- 需求的表示在所有地方都是一致的；
- 需求为继续进行系统设计、实现和测试提供了足够的基础。

在实际工作中，一般通过需求评审和需求测试工作来对需求进行验证。需求评审就是对 SRS 进行技术评审，SRS 的评审是一项精益求精的技术，它可以发现那些二义性的或不确定性的需求，为项目干系人提供在需求问题上达成共识的方法。需求的遗漏和错误具有很强的隐蔽性，仅仅通过阅读 SRS，通常很难想象在特定环境下系统的行为。只有在业务需求基本明确、用户需求部分确定时，同步进行需求测试的情况下，才可能及早发现问题，从而在需求开发阶段以较低的代价解决这些问题。

5.2.6　需求变更

在当前的软件开发过程中，需求变更已经成为一种常态。需求变更的原因有很多种，可能是需求获取不完整，存在遗漏的需求，可能是对需求的理解产生了误差，也可能是业务变化导致了需求的变化等。一些需求的改进是合理的且不可避免的，要使得软件需求完全不变更基本上是不可能的。但毫无控制的变更会导致项目陷入混乱，不能按进度完成或者软件质量无法保证。

事实上，迟到的需求变更会对已进行的工作产生非常大的影响。如果不控制变更的影响范围，在项目开发过程中持续不断地采纳新功能，不断地调整资源、进度或者质量标准是极为有害的。如果每一个建议的需求变更都采用，该项目将有可能永远不能完成。软件需求文档应该精确描述要交付的产品与服务，这是一个基本的原则。为了使开发组织能够严格控制软件项目，应该确保做到仔细评估已建议的变更、挑选合适的人选对变更做出判定、变更应及时通知所有相关人员、项目要按一定的程序来采纳需求变更，以实现对变更的过程和状态进行控制。

1）变更控制过程

变更控制过程用来跟踪已建议变更的状态，以确保已建议的变更不会丢失或疏忽。一旦确定了需求基线，应该使所有已建议的变更都遵循变更控制过程。需求变更管理过程如图 5-1 所示。

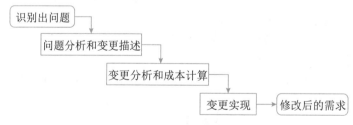

图 5-1　需求变更管理过程

- 问题分析和变更描述：当提出一份变更提议后，需要对该提议做进一步的问题分析，检查它的有效性，从而产生一个更明确的需求变更提议。
- 变更分析和成本计算：当接受该变更提议后，需要对需求变更提议进行影响分析和评估。变更成本计算应该包括该变更所引起的所有改动的成本，例如修改需求文档、相应

的设计、实现等工作成本。一旦分析完成并且被确认，应该采取是否执行这一变更的
决策。

- 变更实现：当确定执行该变更后，需要根据该变更的影响范围，按照开发的过程模型执
  行相应的变更。在计划驱动过程模型中，往往需要回溯到需求分析阶段开始，重新做对
  应的需求分析、设计和实现等步骤；在敏捷开发模型中，往往会将需求变更纳入到下一
  次迭代的执行过程中。

变更控制过程并不是给变更设置障碍。相反地，它是一个渠道和过滤器，通过它可以确保
采纳最合适的变更，使变更产生的负面影响降到最低。

2）变更策略

控制需求变更与项目其他配置的管理决策有着密切的联系。项目管理应该达成一个策略，
用来描述如何处理需求变更，而且策略应具有现实可行性。常见的需求变更策略主要包括：

- 所有需求变更必须遵循变更控制过程；
- 对于未获得批准的变更，不应该做设计和实现工作；
- 应该由项目变更控制委员会决定实现哪些变更；
- 项目风险承担者应该能够了解变更的内容；
- 绝不能从项目配置库中删除或者修改变更请求的原始文档；
- 每一个集成的需求变更必须能跟踪到一个经核准的变更请求。

目前存在很多问题跟踪工具，这些工具用来收集、存储和管理需求变更。问题跟踪工具也
可以随时按变更状态分类报告变更请求的数目和实现情况等。

3）变更控制委员会

变更控制委员会（Change Control Board，CCB）是项目所有者权益代表，负责裁定接受哪
些变更。CCB 由项目所涉及的多方成员共同组成，通常包括用户和实施方的决策人员。CCB 是
决策机构，不是作业机构，通常 CCB 的工作是通过评审手段来决定项目是否能变更，但不提出
变更方案。变更控制委员会可能包括如下方面的代表：

- 产品或计划管理部门；
- 项目管理部门；
- 开发部门；
- 测试或质量保证部门；
- 市场部或客户代表；
- 用户文档的编制部门；
- 技术支持部门；
- 桌面或用户服务支持部门；
- 配置管理部门。

变更控制委员会应该有一个总则，用于描述变更控制委员会的目的、管理范围、成员构成、
做出决策的过程及操作步骤。总则也应该说明举行会议的频度和事由等。管理范围描述该委员
会能做什么样的决策，以及哪一类决策应上报到高一级的委员会。过程及操作步骤主要包括制

定决策、交流情况和重新协商约定等。

- 制定决策。制定决策过程的描述应确认：①变更控制委员会必须到会的人数或做出有效决定必须出席的人数；②决策的方法，例如投票、一致通过或其他机制；③变更控制委员会主席是否可以否决该集体的决定等。变更控制委员会应该对每个变更权衡利弊后做出决定："利"包括节省的资金或额外的收入、增强的客户满意度、竞争优势、减少上市时间等；"弊"是指接受变更后产生的负面影响，包括增加的开发费用、推迟的交付日期、产品质量的下降、减少的功能、用户不满意度等。
- 交流情况。一旦变更控制委员会做出决策，相应的人员应及时更新请求的状态。
- 重新协商约定。变更总是有代价的，即使拒绝的变更也因为决策行为（提交、评估、决策）而耗费了资源。当项目接受了重要的需求变更时，为了适应变更情况，要与管理部门和客户重新协商约定。协商的内容可能包括推迟交付时间、要求增加人手、推迟实现尚未实现的较低优先级的需求，或者质量上进行调整等。

5.2.7　需求跟踪

需求跟踪包括编制每个需求同系统元素之间的联系文档，这些元素包括其他需求、体系结构、其他设计部件、源代码模块、测试、帮助文件和文档等，是要在整个项目的工件之间形成水平可追踪性。跟踪能力信息使变更影响分析十分便利，有利于确认和评估实现某个建议的需求变更所必需的工作。

需求跟踪提供了由需求到产品实现整个过程范围的明确查阅的能力。需求跟踪的目的是建立与维护"需求—设计—编程—测试"之间的一致性，确保所有的工作成果符合用户需求。需求跟踪有正向跟踪和逆向跟踪两种方式。

- 正向跟踪：检查 SRS 中的每个需求是否都能在后继工作成果中找到对应点；
- 逆向跟踪：检查设计文档、代码、测试用例等工作成果是否都能在 SRS 中找到出处。

正向跟踪和逆向跟踪合称为"双向跟踪"。不论采用何种跟踪方式，都要建立与维护需求跟踪矩阵（表格）。需求跟踪矩阵保存了需求与后继工作成果的对应关系。跟踪能力是优秀 SRS 的一个特征，为了实现可跟踪能力，必须统一地标识出每一个需求，以便能明确地进行查阅。需求跟踪是一个要求手工操作且劳动强度很大的任务，需要组织提供支持。随着系统开发的进行和维护的执行，要保持关联信息与实际一致。跟踪能力信息一旦过时，可能再也不会重建它。在实际项目中，往往采用专门的配置管理工具来实现需求跟踪。

5.3　软件设计

软件设计的目标是根据软件分析的结果，完成软件构建的过程。其主要目的是绘制软件的蓝图，权衡和比较各种技术和实施方法的利弊，合理分配各种资源，构建新的详细设计方案和相关模型，指导软件实施工作的顺利开展。

软件设计是需求的延伸与拓展。需求阶段解决"做什么"的问题，而软件设计阶段解决"怎么做"的问题。同时，它也是系统实施的基础，为系统实施工作做好铺垫。合理的软件设计方案既可以保证软件的质量，也可以提高开发效率，确保软件实施工作的顺利进行。从方法上来说，软件设计分为结构化设计与面向对象设计。

5.3.1　结构化设计

结构化设计（Structured Design, SD）是一种面向数据流的方法，其目的在于确定软件结构。它以 SRS 和 SA 阶段所产生的 DFD 和数据字典等文档为基础，是一个自顶向下、逐层分解、逐步求精和模块化的过程。SD 方法的基本思想是将软件设计成由相对独立且具有单一功能的模块组成的结构。从管理角度讲，其分为概要设计和详细设计两个阶段。其中，概要设计又称为总体结构设计，它是开发过程中很关键的一步，其主要任务是确定软件系统的结构，将系统的功能需求进行模块划分，确定每个模块的功能、接口和模块之间的调用关系，形成软件的模块结构图，即系统结构图。在概要设计中，将系统开发的总任务分解成许多个基本的、具体的任务，而为每个具体任务选择适当的技术手段和处理方法的过程称为详细设计。详细设计的主要任务是为每个模块设计实现的细节，根据任务的不同，详细设计又可分为多种，例如，输入 / 输出设计、处理流程设计、数据存储设计、用户界面设计、安全性和可靠性设计等。

1. 模块结构

系统是一个整体，它具有整体性的目标和功能，但这些目标和功能的实现又是由相互联系的各个组成部分共同工作的结果。人们在解决复杂问题时使用的一个很重要的原则，就是将它分解成多个小问题分别处理，在处理过程中，需要根据系统总体要求，协调各业务部门的关系。在 SD 中，这种功能分解就是将系统划分为模块，模块是组成系统的基本单位，它的特点是可以自由组合、分解和变换，系统中任何一个处理功能都可以看成一个模块。

（1）信息隐藏与抽象。信息隐藏原则要求采用封装技术，将程序模块的实现细节（过程或数据等）隐藏起来，对于不需要这些信息的其他模块来说是不能访问的，使模块接口尽量简单。按照信息隐藏的原则，系统中的模块应设计成"黑盒"，模块外部只能使用模块接口说明中给出的信息，如操作和数据类型等。模块之间相对独立，既易于实现，也易于理解和维护。抽象原则要求抽取事物最基本的特性和行为，参见本章 5.2.4 小节中关于抽象的说明。

（2）模块化。在 SD 方法中，模块是实现功能的基本单位，它一般具有功能、逻辑和状态 3 个基本属性。其中，功能是指该模块"做什么"，逻辑是描述模块内部"怎么做"，状态是该模块使用时的环境和条件。在描述一个模块时，必须按模块的外部特性与内部特性分别描述。模块的外部特性是指模块的模块名、参数表和给程序乃至整个系统造成的影响；模块的内部特性则是指完成其功能的程序代码和仅供该模块内部使用的数据。对于模块的外部环境（例如，需要调用这个模块的上级模块）来说，只需要了解这个模块的外部特性就足够了，不必了解它的内部特性。而软件设计阶段，通常是先确定模块的外部特性，然后再确定它的内部特性。

（3）耦合。耦合表示模块之间联系的程度。紧密耦合表示模块之间联系非常强，松散耦合表示模块之间联系比较弱，非直接耦合则表示模块之间无任何直接联系。模块的耦合类型通常分为 7 种，根据耦合度从低到高排序如表 5-1 所示。

表 5-1　模块的耦合类型

耦合类型	描述
非直接耦合	两个模块之间没有直接关系，它们之间的联系完全是通过上级模块的控制和调用来实现的
数据耦合	一组模块借助参数表传递简单数据
标记耦合	一组模块通过参数表传递记录等复杂信息（数据结构）
控制耦合	模块之间传递的信息中包含用于控制模块内部逻辑的信息
通信耦合	一组模块共用了一组输入信息，或者它们的输出需要整合，以形成完整数据，即共享了输入或输出
公共耦合	多个模块都访问同一个公共数据环境，公共的数据环境可以是全局数据结构、共享的通信区、内存的公共覆盖区等
内容耦合	一个模块直接访问另一个模块的内部数据；一个模块不通过正常入口转到另一个模块的内部；两个模块有一部分程序代码重叠；一个模块有多个入口等

对于模块之间耦合的强度，主要依赖于一个模块对另一个模块的调用、一个模块向另一个模块传递的数据量、一个模块施加到另一个模块的控制的多少，以及模块之间接口的复杂程度等。

（4）内聚。内聚表示模块内部各代码成分之间联系的紧密程度，是从功能角度来度量模块内的联系，一个好的内聚模块应当恰好做目标单一的一件事情。模块的内聚类型通常也可以分为 7 种，根据内聚度从高到低排序如表 5-2 所示。

表 5-2　模块的内聚类型

内聚类型	描述
功能内聚	完成一个单一功能，各个部分协同工作，缺一不可
顺序内聚	处理元素相关，而且必须顺序执行
通信内聚	所有处理元素集中在一个数据结构的区域上
过程内聚	处理元素相关，而且必须按特定的次序执行
时间内聚	所包含的任务必须在同一时间间隔内执行
逻辑内聚	完成逻辑上相关的一组任务
偶然内聚	完成一组没有关系或松散关系的任务

一般来说，系统中各模块的内聚越高，则模块间的耦合就越低，但这种关系并不是绝对的。耦合低使得模块间尽可能相对独立，各模块可以单独开发和维护；内聚高使得模块的可理解性和维护性大大增强。因此，在模块的分解中应尽量减少模块的耦合，力求增加模块的内聚，遵循"高内聚、低耦合"的设计原则。

2. 系统结构图

系统结构图（Structure Chart，SC）又称为模块结构图，它是软件概要设计阶段的工具，反映系统的功能实现和模块之间的联系与通信，包括各模块之间的层次结构，即反映了系统的总体结构。在系统分析阶段，系统分析师可以采用 SA 方法获取由 DFD、数据字典和加工说明等组成的系统的逻辑模型；在系统设计阶段，系统设计师可根据一些规则，从 DFD 中导出系统初始的 SC。

详细设计的主要任务是设计每个模块的实现算法、所需的局部数据结构。详细设计的目标有两个：实现模块功能的算法要逻辑上正确；算法描述要简明易懂。详细设计必须遵循概要设计来进行。详细设计方案的更改，不得影响到概要设计方案；如果需要更改概要设计，必须经过项目经理的同意。详细设计应该完成详细设计文档，主要是模块的详细设计方案说明。设计的基本步骤如下：

- 分析并确定输入/输出数据的逻辑结构；
- 找出输入数据结构和输出数据结构中有对应关系的数据单元；
- 按一定的规则由输入、输出的数据结构导出程序结构；
- 列出基本操作与条件，并把它们分配到程序结构图的适当位置；
- 用伪码写出程序。

详细设计的表示工具有图形工具、表格工具和语言工具。

（1）图形工具。利用图形工具可以把过程的细节用图形描述出来。具体的图形有业务流程图、程序流程图、问题分析图（Problem Analysis Diagram，PAD）、NS 流程图（由 Nassi 和 Shneiderman 开发，简称 NS）等。

- 业务流程图：是一种描述管理系统内各单位、人员之间的业务关系、作业顺序和管理信息流向的图表。业务流程图的绘制是按照业务的实际处理步骤和过程进行的，它用一些规定的符号及连线表示某个具体业务的处理过程，帮助分析人员找出业务流中的不合理流向。
- 程序流程图：又称为程序框图，是使用最广泛的一种描述程序逻辑结构的工具。它用方框表示一个处理步骤，用菱形表示一个逻辑条件，用箭头表示控制流向。其优点是结构清晰，易于理解，易于修改；缺点是只能描述执行过程而不能描述有关的数据。
- NS流程图：也称为盒图或方框图，是一种强制使用结构化构造的图示工具。其具有以下特点：功能域明确，不可能任意转移控制，很容易确定局部和全局数据的作用域，很容易表示嵌套关系及模板的层次关系。
- PAD图：是一种改进的图形描述方式，可以用来取代程序流程图，比程序流程图更直观，结构更清晰。最大的优点是能够反映和描述自顶向下的历史和过程。PAD提供了 5 种基本控制结构的图示，并允许递归使用。

（2）表格工具。可以用一张表来描述过程的细节，在这张表中列出了各种可能的操作和相应的条件。

（3）语言工具。用某种高级语言来描述过程的细节，例如伪码或 PDL（Program Design Language）等。PDL 也可称为伪码或结构化语言，它用于描述模块内部的具体算法，以便开发人员之间比较精确地进行交流。语法是开放式的，其外层语法是确定的，而内层语法则不确定。外层语法描述控制结构，它用类似于一般编程语言控制结构的关键字表示，所以是确定的。内层语法描述具体操作，考虑到不同软件系统的实际操作种类繁多，内层语法因而不确定，它可以按系统的具体情况和不同的设计层次灵活选用。

- PDL的优点：可以作为注释直接插在源程序中；可以使用普通的文本编辑工具或文字处理工具产生和管理；已经有自动处理程序存在，而且可以自动由PDL生成程序代码。
- PDL的不足：不如图形工具形象直观，描述复杂的条件组合与动作间的对应关系时不如判定树清晰简单。

5.3.2 面向对象设计

面向对象设计（Object-Oriented Design，OOD）是 OOA 方法的延续，其基本思想包括抽象、封装和可扩展性，其中可扩展性主要通过继承和多态来实现。在 OOD 中，数据结构和在数据结构上定义的操作算法封装在一个对象之中。由于现实世界中的事物都可以抽象出对象的集合，所以 OOD 方法是一种更接近现实世界、更自然的软件设计方法。

OOD 的主要任务是对类和对象进行设计，这是 OOD 中最重要的组成部分，也是最复杂和最耗时的部分。其主要包括类的属性、方法，以及类与类之间的关系。OOD 的结果就是设计模型。对于 OOD 而言，在支持可维护性的同时，提高软件的可复用性是一个至关重要的问题，如何同时提高软件的可维护性和可复用性，是 OOD 需要解决的核心问题之一。在 OOD 中，可维护性的复用是以设计原则为基础的。

常用的 OOD 原则包括：

- 单职原则：一个类应该有且仅有一个引起它变化的原因，否则类应该被拆分。
- 开闭原则：对扩展开放，对修改封闭。当应用的需求改变时，在不修改软件实体的源代码或者二进制代码的前提下，可以扩展模块的功能，使其满足新的需求。
- 里氏替换原则：子类可以替换父类，即子类可以扩展父类的功能，但不能改变父类原有的功能。
- 依赖倒置原则：要依赖于抽象，而不是具体实现；要针对接口编程，不要针对实现编程。
- 接口隔离原则：使用多个专门的接口比使用单一的总接口要好。
- 组合重用原则：要尽量使用组合，而不是继承关系达到重用目的。
- 迪米特原则（最少知识法则）：一个对象应当对其他对象有尽可能少的了解。其目的是降低类之间的耦合度，提高模块的相对独立性。

在 OOD 中，类可以分为 3 种类型：实体类、控制类和边界类。

1. 实体类

实体类映射需求中的每个实体，是指实体类保存需要存储在永久存储体中的信息。例如，在线教育平台系统可以提取出学员类和课程类，它们都属于实体类。实体类通常都是永久性的，它们所具有的属性和关系是长期需要的，有时甚至在系统的整个生存期都需要。实体类对用户来说是最有意义的类，通常采用业务领域术语命名，一般来说是一个名词，在用例模型向领域模型的转换中，一个参与者一般对应于实体类。通常可以从 SRS 中的那些与数据库表（需要持久存储）对应的名词着手来找寻实体类。通常情况下，实体类一定有属性，但不一定有操作。

2. 控制类

控制类是用于控制用例工作的类，一般是由动宾结构的短语（"动词 + 名词"或"名词 + 动词"）转化来的名词。例如，用例"身份验证"可以对应于一个控制类"身份验证器"，它提供了与身份验证相关的所有操作。控制类用于对一个或几个用例所特有的控制行为进行建模，控制对象（控制类的实例）通常控制其他对象，因此，它们的行为具有协调性。

控制类将用例的特有行为进行封装，控制对象的行为与特定用例的实现密切相关，当系统执行用例的时候，就产生了一个控制对象，控制对象经常在其对应的用例执行完毕后消亡。通常情况下，控制类没有属性，但一定有方法。

3. 边界类

边界类用于封装在用例内、外流动的信息或数据流。边界类位于系统与外界的交接处，包括所有窗体、报表、打印机和扫描仪等硬件的接口，以及与其他系统的接口。要寻找和定义边界类，可以检查用例模型，每个参与者和用例交互至少要有一个边界类，边界类使参与者能与系统交互。边界类是一种用于对系统外部环境与其内部运作之间的交互进行建模的类。常见的边界类有窗口、通信协议、打印机接口、传感器和终端等。实际上，在系统设计时，产生的报表都可以作为边界类来处理。

边界类用于系统接口与系统外部进行交互，边界对象将系统与其外部环境的变更（例如，与其他系统的接口的变更、用户需求的变更等）分隔开，使这些变更不会对系统的其他部分造成影响。通常情况下，边界类可以既有属性也有方法。

5.3.3　统一建模语言

统一建模语言（Unified Modeling Language，UML）是一种定义良好、易于表达、功能强大且普遍适用的建模语言。它融入了软件工程领域的新思想、新方法和新技术，它的作用域不仅支持 OOA（面向对象分析法）和 OOD（面向对象设计），还支持从需求分析开始的软件开发的全过程。从总体上来看，UML 的结构包括构造块、规则和公共机制 3 个部分，如表 5-3 所示。

表 5-3　UML 的结构

部分	说明
构造块	UML 有 3 种基本的构造块，分别是事物（thing）、关系（relationship）和图（diagram）。事物是 UML 的重要组成部分，关系把事物紧密联系在一起，图是多个相互关联的事物的集合
规则	规则是构造块如何放在一起的规定，包括：为构造块命名；给一个名字以特定含义的语境，即范围；怎样使用或看见名字，即可见性；事物如何正确、一致地相互联系，即完整性；运行或模拟动态模型的含义是什么，即执行
公共机制	公共机制是指达到特定目标的公共 UML 方法，主要包括规格说明（详细说明）、修饰、公共分类（通用划分）和扩展机制 4 种

1. UML 中的事物

UML 中的事物也称为建模元素，包括结构事物（Structural Things）、行为事物（Behavioral Things，也称动作事物）、分组事物（Grouping Things）和注释事物（Annotational Things，也称注解事物）。这些事物是 UML 模型中最基本的 OO（面向对象）构造块，如表 5-4 所示。

表 5-4　UML 中的事物

建模元素	说明
结构事物	结构事物在模型中属于最静态的部分，代表概念上或物理上的元素。UML 有 7 种结构事物，分别是类、接口、协作、用例、活动类、构件和节点
行为事物	行为事物是 UML 模型中的动态部分，代表时间和空间上的动作。UML 有两种主要的行为事物：第一种是交互（内部活动），交互是由一组对象之间在特定上下文中，为达到特定目的而进行的一系列消息交换而组成的动作，交互中组成动作的对象的每个操作都要详细列出，包括消息、动作次序（消息产生的动作）、连接（对象之间的连接）；第二种是状态机，状态机由一系列对象的状态组成
分组事物	分组事物是 UML 模型中的组织部分，可以把它们看成盒子，模型可以在其中进行分解。UML 只有一种分组事物，称为包。包是一种将有组织的元素分组的机制。与构件不同的是，包纯粹是一种概念上的事物，只存在于开发阶段，而构件可以存在于系统运行阶段
注释事物	注释事物是 UML 模型的解释部分

2. UML 中的关系

UML 用关系把事物结合在一起，主要有 4 种关系：依赖、关联、泛化和实现。

（1）依赖（Dependency）。依赖是两个事物之间的语义关系，其中一个事物发生变化会影响另一个事物的语义。

（2）关联（Association）。关联是指一种对象和另一种对象有联系。

（3）泛化（Generalization）。泛化是一般元素和特殊元素之间的分类关系，描述特殊元素的对象可替换一般元素的对象。

（4）实现（Realization）。实现将不同的模型元素（例如，类）连接起来，其中的一个类指定了由另一个类保证执行的契约。

3. UML 2.0 中的图

UML 2.0 包括 14 种图，如表 5-5 所示。

表 5-5　UML2.0 中的图

种类	说明
类图（Class Diagram）	类图描述一组类、接口、协作和它们之间的关系。在 OO 系统的建模中，最常见的图就是类图。类图给出了系统的静态设计视图，活动类的类图给出了系统的静态进程视图
对象图（Object Diagram）	对象图描述一组对象及它们之间的关系。对象图描述了在类图中所建立的事物实例的静态快照。和类图一样，这些图给出系统的静态设计视图或静态进程视图，但它们是从真实案例或原型案例的角度建立的

（续表）

种类	说明
构件图（Component Diagram）	构件图描述一个封装的类和它的接口、端口，以及由内嵌的构件和连接件构成的内部结构。构件图用于表示系统的静态设计实现视图。对于由小的部件构建大的系统来说，构件图是很重要的。构件图是类图的变体
组合结构图（Composite Structure Diagram）	组合结构图描述类中的内部构造，包括结构化类与系统其余部分的交互点。组合结构图用于画出结构化类的内部内容。组合结构图比类图更抽象
用例图（Use Case Diagram）	用例图是用户与系统交互的最简表示形式。用例图给出系统的静态用例视图。这些图在对系统的行为进行组织和建模时是非常重要的
顺序图（Sequence Diagram，也称序列图）	顺序图也是一种交互图，它是强调消息的时间次序的交互图（Interaction Diagram）。交互图展现了一种交互，它由一组对象或参与者以及它们之间可能发送的消息构成。交互图专注于系统的动态视图
通信图（Communication Diagram）	通信图也是一种交互图，它强调收发消息的对象或参与者的结构组织。顺序图和通信图表达了类似的基本概念，但它们所强调的概念不同，顺序图强调的是时序，通信图表达的是对象之间相互协作完成一个复杂功能。在 UML 1.X 版本中，通信图称为协作图（Collaboration Diagram）
定时图（Timing Diagram，也称计时图）	定时图也是一种交互图，用来描述对象或实体随时间变化的状态或值，及其相应的时间或期限约束。它强调消息跨越不同对象或参与者的实际时间，而不只是关心消息的相对顺序
状态图（State Diagram）	状态图描述一个实体基于事件反应的动态行为，显示了该实体如何根据当前所处的状态对不同的事件做出反应。它由状态、转移、事件、活动和动作组成。状态图给出了对象的动态视图。它对于接口、类或协作的行为建模尤为重要，而且它强调事件导致的对象行为，这非常有助于对反应式系统建模
活动图（Activity Diagram）	活动图将进程或其他计算结构展示为计算内部一步步的控制流和数据流。活动图专注于系统的动态视图。它对系统的功能建模和业务流程建模特别重要，并强调对象间的控制流程。活动图在本质上是一种流程图
部署图（Deployment Diagram）	部署图描述对运行时的处理节点及在其中生存的构件的配置。部署图给出了架构的静态部署视图，通常一个节点包含一个或多个部署图
制品图（Artifact Diagram）	制品图描述计算机中一个系统的物理结构。制品包括文件、数据库和类似的物理比特集合。制品图通常与部署图一起使用。制品也给出了它们实现的类和构件
包图（Package Diagram）	包图描述由模型本身分解而成的组织单元，以及它们之间的依赖关系
交互概览图（Interaction Overview Diagram）	交互概览图是活动图和顺序图的混合物

4. UML 视图

UML 对系统架构的定义是系统的组织结构，包括系统分解的组成部分，以及它们的关联性、交互机制和指导原则等提供系统设计的信息。具体来说，就是指逻辑视图、进程视图、实现视图、部署视图和用例视图这 5 个系统视图。

（1）逻辑视图。逻辑视图也称为设计视图，它用系统静态结构和动态行为来展示系统内部的功能是如何实现的，其侧重点在于如何得到功能。它表示了设计模型中在架构方面具有重要意义的部分，即类、子系统、包和用例实现的子集。

（2）进程视图。进程视图是可执行线程和进程作为活动类的建模，它是逻辑视图的一次执行实例，描述了并发与同步结构。

（3）实现视图。实现视图对组成基于系统的物理代码的文件和构件进行建模。

（4）部署视图。部署视图把构件部署到一组物理节点上，表示软件到硬件的映射和分布结构。

（5）用例视图。用例视图是最基本的需求分析模型。它从外部角色的视角来展示系统功能。

另外，UML 还允许在一定的阶段隐藏模型的某些元素、遗漏某些元素，以及不保证模型的完整性，但模型要逐步地达到完整和一致。

5.3.4　设计模式

设计模式是前人经验的总结，它使人们可以方便地复用成功的软件设计。当人们在特定的环境下遇到特定类型的问题，采用他人已使用过的一些成功的解决方案，一方面可以降低分析、设计和实现的难度，另一方面可以使系统具有更好的可复用性和灵活性。设计模式包含模式名称、问题、目的、解决方案、效果、实例代码和相关设计模式等基本要素。

根据处理范围不同，设计模式可分为类模式和对象模式。类模式处理类和子类之间的关系，这些关系通过继承建立，在编译时刻就被确定下来，属于静态关系；对象模式处理对象之间的关系，这些关系在运行时刻变化，更具动态性。

根据目的和用途不同，设计模式可分为创建型（Creational）模式、结构型（Structural）模式和行为型（Behavioral）模式 3 种。创建型模式主要用于创建对象，包括工厂方法模式、抽象工厂模式、原型模式、单例模式和建造者模式等；结构型模式主要用于处理类或对象的组合，包括适配器模式、桥接模式、组合模式、装饰模式、外观模式、享元模式和代理模式等；行为型模式主要用于描述类或对象的交互以及职责的分配，包括职责链模式、命令模式、解释器模式、迭代器模式、中介者模式、备忘录模式、观察者模式、状态模式、策略模式、模板方法模式、访问者模式等。

5.4　软件实现

软件设计完成后，进入软件开发实现过程，在此过程中，我们需要重点关注软件配置管理、软件编码、软件测试、部署交付以及软件过程能力成熟度建设等。

5.4.1　软件配置管理

软件配置管理（Software Configuration Management，SCM）是一种标识、组织和控制修改的技术。软件配置管理应用于整个软件工程过程。在软件建立时变更是不可避免的，而变更加剧了项目中软件开发者之间的混乱。SCM 活动的目标就是标识变更、控制变更、确保变更正确实现，并向其他有关人员报告变更。从某种角度讲，SCM 是一种标识、组织和控制修改的技术，目的是使错误降为最小，并最有效地提高生产效率。

软件配置管理的核心内容包括版本控制和变更控制。

1. 版本控制（Version Control）

版本控制是指对软件开发过程中各种程序代码、配置文件及说明文档等文件变更的管理，是软件配置管理的核心思想之一。版本控制最主要的功能就是追踪文件的变更。它将什么时候、什么人更改了文件的什么内容等信息如实地记录下来。每一次文件的改变，文件的版本号都将增加。除了记录版本变更外，版本控制的另一个重要功能是并行开发。软件开发往往是多人协同作业，版本控制可以有效地解决版本的同步以及不同开发者之间的开发通信问题，提高协同开发的效率。并行开发中最常见的不同版本软件的错误（Bug）修正问题也可以通过版本控制中分支与合并的方法有效地解决。

2. 变更控制（Change Control）

变更控制的目的并不是控制变更的发生，而是对变更进行管理，确保变更有序进行。对于软件开发项目来说，发生变更的环节比较多，因此变更控制显得格外重要。项目中引起变更的因素有两个：一是来自外部的变更要求，如客户要求修改工作范围和需求等；二是开发过程中内部的变更要求，如为解决测试中发现的一些错误而修改源码，甚至改变设计。比较而言，最难处理的是来自外部的需求变更，因为 IT 项目需求变更的概率大，引发的工作量也大（特别是到项目的后期）。

软件配置管理与软件质量保证活动密切相关，可以帮助达成软件质量保证目标。软件配置管理活动包括软件配置管理计划、软件配置标识、软件配置控制、软件配置状态记录、软件配置审计、软件发布管理与交付等活动。

- 软件配置管理计划：软件配置管理计划的制订需要了解组织结构环境和组织单元之间的联系，明确软件配置控制任务；
- 软件配置标识：识别要控制的配置项，并为这些配置项及其版本建立基线；
- 软件配置控制：关注的是管理软件生命周期中的变更；
- 软件配置状态记录：标识、收集、维护并报告配置管理的配置状态信息；
- 软件配置审计：独立评价软件产品和过程是否遵从已有的规则、标准、指南、计划和流程而进行的活动；
- 软件发布管理与交付：通常需要创建特定的交付版本，完成此任务的关键是软件库。

5.4.2　软件编码

目前，人和计算机通信仍需使用人工设计的语言，也就是程序设计语言。所谓编码，就是把软件设计的结果翻译成计算机可以"理解和识别"的形式——用某种程序设计语言书写的程序。作为软件工程的一个步骤，编码是设计的自然结果，因此，程序的质量主要取决于软件设计的质量。但是，程序设计语言的特性和编码途径也会对程序的可靠性、可读性、可测试性和可维护性产生深远的影响。

（1）程序设计语言。编码的目的是实现人和计算机的通信，指挥计算机按人的意志正确工作。程序设计语言是人和计算机通信的最基本工具，程序设计语言的特性不可避免地会影响人的思维和解决问题的方式，会影响人和计算机通信的方式和质量，也会影响他人阅读和理解程序的难易程度。因此，编码之前的一项重要工作就是选择一种恰当的程序设计语言。

（2）程序设计风格。在软件生存期内，开发者经常要阅读程序。特别是在软件测试阶段和维护阶段，编写程序的人员与参与测试、维护的人员要阅读程序。因此，阅读程序是软件开发和维护过程中的一个重要组成部分，而且读程序的时间比写程序的时间还要多。这就要求编写的程序不仅自己看得懂，而且也要让别人能看懂。20 世纪 70 年代初，有人提出在编写程序时，应使程序具有良好的风格。程序设计风格包括 4 个方面：源程序文档化、数据说明、语句结构和输入 / 输出方法。应尽量从编码原则的角度提高程序的可读性，改善程序的质量。

（3）程序复杂性度量。经过详细设计后每个模块的内容都已非常具体，因此可以使用软件设计的基本原理和概念仔细衡量它们的质量。但是，这种衡量毕竟只能是定性的，人们希望能进一步定量度量软件的性质。定量度量程序复杂程度的方法很有价值，把程序的复杂度乘以适当的常数即可估算出软件中故障的数量及软件开发时的工作量。定量度量的结构可以用于比较两个不同设计或两种不同算法的优劣，程序定量的复杂程度可以作为模块规模的精确限度。

（4）编码效率。主要包括：

- 程序效率：程序的效率是指程序的执行速度及程序所需占用的内存空间。一般来说，任何对效率无重要改善，且对程序的简单性、可读性和正确性不利的程序设计方法都是不可取的。
- 算法效率：源程序的效率与详细设计阶段确定的算法的效率直接相关。在详细设计翻译转换成源程序代码后，算法效率反映为程序的执行速度和对存储容量的要求。
- 存储效率：存储容量对软件设计和编码的制约很大。因此要选择可生成较短目标代码且存储压缩性能优良的编译程序，有时需要采用汇编程序，通过程序员富有创造性的努力，提高软件的时间与空间效率。提高存储效率的关键是程序的简单化。
- I/O效率：输入/输出可分为两种类型，一种是面向人（操作员）的输入/输出，另一种是面向设备的输入/输出。如果操作员能够十分方便、简单地输入数据，或者能够十分直观、一目了然地了解输出信息，则可以说面向人的输入/输出是高效的。至于面向设备的输入/输出，主要考虑设备本身的性能特性。

5.4.3 软件测试

软件测试是在将软件交付给客户之前所必须完成的重要步骤。软件测试是使用人工或自动的手段来运行或测定某个软件系统的过程，其目的在于检验它是否满足规定的需求或弄清预期结果与实际结果之间的差别。

软件测试的目的就是确保软件的质量，确认软件以正确的方法是检查软件是否做了用户所期望的事情，所以软件测试工作主要是发现软件的错误，有效定义和实现软件成分由低层到高层的组装过程，验证软件是否满足任务书和系统定义文档所规定的技术要求，为软件质量模型的建立提供依据。软件测试不仅要确保软件的质量，还要给开发人员提供信息，以方便其为风险评估做相应的准备，重要的是软件测试要贯穿在整个软件开发过程中，保证整个软件开发的过程是高质量的。目前，软件的正确性证明尚未得到根本的解决，软件测试仍是发现软件错误（缺陷）的主要手段。根据国家标准《计算机软件测试规范》（GB/T 15532），软件测试的目的是验证软件是否满足软件开发合同或项目开发计划、系统 / 子系统设计文档、SRS、软件设计说明和软件产品说明等规定的软件质量要求。通过测试，发现软件缺陷，为软件产品的质量测量和评价提供依据。

1. 测试方法

软件测试方法可分为静态测试和动态测试。

1）静态测试

静态测试是指被测试程序不在机器上运行，只依靠分析或检查源程序的语句、结构、过程等来检查程序是否有错误，即通过对软件的需求规格说明书、设计说明书以及源程序做结构分析和流程图分析，从而找出错误。静态测试包括对文档的静态测试和对代码的静态测试。对文档的静态测试主要以检查单的形式进行，而对代码的静态测试一般采用桌前检查（Desk Checking）、代码走查和代码审查的方式。经验表明，使用这种方法能够有效地发现 30% ～ 70% 的逻辑设计和编码错误。

2）动态测试

动态测试是指在计算机上实际运行程序进行软件测试，对得到的运行结果与预期的结果进行比较分析，同时分析运行效率和健壮性能等。一般采用白盒测试和黑盒测试方法。

白盒测试也称为结构测试，主要用于软件单元测试中。它的主要思想是，将程序看作一个透明的白盒，测试人员完全清楚程序的结构和处理算法，按照程序内部逻辑结构设计测试用例，检测程序中的主要执行通路是否都能按设计规格说明书的设定进行。白盒测试方法是从程序结构方面出发对测试用例进行设计，主要用于检查各个逻辑结构是否合理，对应的模块独立路径是否正常，以及内部结构是否有效，包括控制流测试、数据流测试和程序变异测试等。另外，使用静态测试的方法也可以实现白盒测试。例如，使用人工检查代码的方法来检查代码的逻辑问题，也属于白盒测试的范畴。白盒测试方法中，最常用的技术是逻辑覆盖，即使用测试数据运行被测程序，考查对程序逻辑的覆盖程度，主要的覆盖标准有语句覆盖、判定覆盖、条件覆盖、条件 / 判定覆盖、条件组合覆盖、修正的条件 / 判定覆盖和路径覆盖等。

黑盒测试也称为功能测试，它是通过测试来检测每个功能能否正常使用。黑盒测试将程序看作一个不透明的黑盒，完全不考虑（或不了解）程序的内部结构和处理算法，根据需求规格说明书设计测试实例，并检查程序的功能是否能够按照规范说明准确无误地运行。对于黑盒测试行为必须加以量化才能够有效地保证软件的质量。黑盒测试根据 SRS 所规定的功能来设计测试用例，一般包括等价类划分、边界值分析、判定表、因果图、状态图、随机测试、猜错法和正交试验法等。

2. 测试类型

根据国家标准《计算机软件测试规范》（GB/T 15532），软件测试可分为单元测试、集成测试、确认测试、系统测试、配置项测试和回归测试等类别，如表 5-6 所示。

表 5-6   测试类型说明

测试类型	说明
单元测试	单元测试主要是对该软件的模块进行测试，测试的对象是可独立编译或汇编的程序模块、软件构件或 OO 软件中的类（统称为模块），其目的是检查每个模块能否正确地实现设计说明中的功能、性能、接口和其他设计约束等条件，发现模块内可能存在的各种差错。单元测试的技术依据是软件详细设计说明书，着重从模块接口、局部数据结构、重要的执行通路、出错处理通路和边界条件等方面对模块进行测试
集成测试	集成测试一般要对已经严格按照程序设计要求和标准组装起来的模块同时进行测试，明确该程序结构组装的正确性，发现和接口有关的问题。在这一阶段，一般采用白盒测试和黑盒测试结合的方法进行测试，验证这一阶段设计的合理性以及需求功能的实现性。集成测试的技术依据是软件概要设计文档。除应满足一般的测试准入条件外，在进行集成测试前还应确认待测试的模块均已通过单元测试
确认测试	确认测试主要用于验证软件的功能、性能和其他特性是否与用户需求一致
系统测试	系统测试的对象是完整的、集成的计算机系统，目的是在真实系统工作环境下，检测完整的软件配置项能否和系统正确连接，并满足系统 / 子系统设计文档和软件开发合同规定的要求。主要测试内容包括功能测试、性能测试、健壮性测试、安装或反安装测试、用户界面测试、压力测试、可靠性及安全性测试等。其中，最重要的工作是进行功能测试与性能测试。功能测试主要采用黑盒测试方法；性能测试主要验证软件系统在承担一定负载的情况下所表现出来的特性是否符合客户的需要。系统测试过程较为复杂，由于在系统测试阶段不断变更需求造成功能的删除或增加，从而使程序不断出现相应的更改，而程序在更改后可能会出现新的问题，或者原本没有问题的功能由于更改导致出现问题。所以，测试人员必须进行多轮回归测试。系统测试的结束标志是测试工作已满足测试目标所规定的需求覆盖率，并且测试所发现的缺陷已全部归零
配置项测试	配置项测试的对象是软件配置项，配置项测试的目的是检验软件配置项与 SRS 的一致性。配置项测试的技术依据是 SRS（含接口需求规格说明）。除应满足一般测试的准入条件外，在进行配置项测试之前，还应确认被测软件配置项已通过单元测试和集成测试
回归测试	回归测试的目的是测试软件变更之后，变更部分的正确性和对变更需求的符合性，以及软件原有的、正确的功能、性能和其他规定的要求的不损害性

3. 面向对象的测试

OO 系统的测试目标与传统信息系统的测试目标是一致的，但 OO 系统的测试策略与传统的结构化系统的测试策略有很大的不同，这种不同主要体现在两个方面，分别是测试的焦点从模块移向了类，以及测试的视角扩大到了分析和设计模型。与传统的结构化系统相比，OO 系统具有 3 个明显特征，即封装性、继承性与多态性。正是由于这 3 个特征，给 OO 系统的测试带来了一系列的困难。封装性决定了 OO 系统的测试必须考虑到信息隐蔽原则对测试的影响，以及对象状态与类的测试序列；继承性决定了 OO 系统的测试必须考虑到继承对测试充分性的影响，以及误用引起的错误；多态性决定了 OO 系统的测试必须考虑到动态绑定对测试充分性的影响，抽象类的测试及误用对测试的影响。

4. 软件调试

软件调试（排错）与成功的测试形影相随。测试成功的标志是发现了错误，根据错误迹象确定错误的原因和准确位置，并加以改正，主要依靠软件调试技术。常用的软件调试策略可以分为蛮力法、回溯法和原因排除法。

5.5　部署交付

软件开发完成后，必须部署在最终用户的正式运行环境，交付给最终用户使用，才能为用户创造价值。传统的软件工程不包括软件部署与交付，但不断增长的软件复杂度和部署所面临的风险，迫使人们开始关注软件部署。软件部署是一个复杂的过程，包括从开发商发放产品，到应用者在他们的计算机上实际安装并维护应用的所有活动。这些活动包括开发商的软件打包，组织及用户对软件的安装、配置、测试、集成和更新等。同时，需求和市场的不断变化导致软件的部署和交付不再是一劳永逸的，而是一个持续不断的过程，伴随在整个软件的开发过程中。

5.5.1　软件部署

软件部署是软件生命周期中的一个重要环节，属于软件开发的后期活动，即通过配置、安装和激活等活动来保障软件产品的后续运行。部署技术影响着整个软件过程的运行效率和投入成本，软件系统部署的管理代价占到整个软件管理开销的大部分。其中软件配置过程极大地影响着软件部署结果的正确性，应用系统的配置是整个部署过程中的主要错误来源。据 Standish Group 的统计，软件的缺陷所造成的损失，相当大的部分是由于部署的失败所引起的，可见软件部署工作的重要意义。

（1）软件部署存在着风险，这是由以下原因造成的：应用软件越来越复杂，包括许多构件、版本和变种；应用发展很快，相继两个版本的间隔很短（可能只有几个月）；环境的不确定性；构件来源的多样性等。

（2）软件部署过程的主要特征有：过程覆盖度、过程可变更性、过程间协调和模型抽象。已经提出一些抽象的软件部署模型，用于有效地指导部署过程，包括应用模型、组织模型、站点模型、产品模型、策略模型和部署模型。

（3）软件部署过程中需要关注的问题有：安装和系统运行的变更管理，构件之间的相依、协调，内容发放，管理异构平台，部署过程的可变更性，与互联网的集成和安全性。

（4）软件部署的目的是支持软件运行，满足用户需求，使得软件系统能够被直接使用并保障软件系统的正常运行和功能实现，简化部署的操作过程，提高执行效率，同时还必须满足软件用户在功能和非功能属性方面的个性化需求。

（5）软件部署模式分为面向单机软件的部署模式、集中式服务器应用部署和基于微服务的分布式部署。面向单机软件的部署模式主要适用于运行在操作系统之上的单机类型的软件，如软件的安装、配置和卸载；集中式服务器应用部署主要适用于用户访问量小（500人以下）、硬件环境要求不高的情况，诸如中小组织、高校在线学习、实训平台等；基于微服务的分布式部署主要适用于用户访问量大、并发性要求高的云原生应用，通常需要借助容器和 DevOps 技术进行持续部署与集成。

5.5.2 软件交付

传统的软件交付过程是指在编程序改代码之后，直到将软件发布给用户使用之前的一系列活动，如提交、集成、构建、部署、测试等。传统软件交付流程通常包括 4 个步骤：首先，业务人员会诞生一个软件的想法；然后，开发人员将这个想法变为一个产品或者功能；经过测试人员的测试之后提交给用户使用并产生收益；最后，运维人员参与产品或功能的后期运维。传统软件交付流程可能存在的问题包括以下 3 个方面。

（1）业务人员产生的需求文档沟通效率较低，有时会产生需求文档描述不明确、需求文档变更频繁等问题。

（2）随着开发进度的推进，测试人员的工作量会逐步增加，测试工作的比重会越来越大，而且由于测试方法和测试工具有限，自动化测试程度低，无法很好地把控软件质量。

（3）真实项目中运维的排期经常会被挤占，又因为手工运维烦琐复杂，时间和技术上的双重压迫会导致运维质量难以保证。

因为存在以上问题，所以传统的软件交付经常会出现开发团队花费大量成本开发出的功能或产品并不能满足客户需求的局面。由此可以总结出传统的软件交付存在 2 个层面的困境。

（1）从表现层来看，传统软件交付存在进度不可控、流程不可控、环境不稳定、协作不顺畅等困境；

（2）表现层的问题其实都是由底层问题引起的，从根源上来说，存在分支冗余导致合并困难，缺陷过多导致阻塞测试，开发环境、测试环境、部署环境不统一导致的未知错误，代码提交版本混乱无法回溯，等待上线周期过长，项目部署操作复杂经常失败，上线之后出现问题需要紧急回滚，架构设计不合理导致发生错误之后无法准确定位等困境。

5.5.3 持续交付

经过对传统软件交付问题的分析和总结，持续交付应运而生，持续交付是一系列开发实践方法，用来确保代码能够快速、安全地部署到生产环境中。持续交付是一个完全自动化的过程，当业务开发完成的时候，可以做到一键部署。持续交付提供了一套更为完善的解决传统软件开发流程的方案，主要体现在：

- 在需求阶段，抛弃了传统的需求文档的方式，使用便于开发人员理解的用户故事；
- 在开发测试阶段，做到持续集成，让测试人员尽早进入项目开始测试；
- 在运维阶段，打通开发和运维之间的通路，保持开发环境和运维环境的统一。

持续交付具备的优势主要包括：

- 持续交付能够有效缩短提交代码到正式部署上线的时间，降低部署风险；
- 持续交付能够自动地、快速地提供反馈，及时发现和修复缺陷；
- 持续交付让软件在整个生命周期内都处于可部署的状态；
- 持续交付能够简化部署步骤，使软件版本更加清晰；

● 持续交付能够让交付过程成为一种可靠的、可预期的、可视化的过程。

在评价互联网公司的软件交付能力的时候，通常会使用两个指标：一是仅涉及一行代码的改动需要花费多少时间才能部署上线，这是核心指标；二是开发团队是否在以一种可重复、可靠的方式执行软件交付。

目前，国内外的主流互联网组织部署周期都以分钟为单位，互联网巨头组织单日的部署频率都在 8000 次以上，部分组织达 20000 次以上。高频率的部署代表着能够更快更好地响应客户的需求。

5.5.4　持续部署

对于持续交付整体来说，持续部署非常重要。

1. 持续部署方案

容器技术是目前部署中最流行的技术，常用的持续部署方案有 Kubernetes+Docker 和 Matrix 系统两种。容器技术一经推出就被广泛地接受和应用，对比传统的虚拟机技术，其优点主要有：

● 容器技术上手简单，轻量级架构，体积很小；
● 容器技术的集合性更好，能更容易对环境和软件进行打包复制和发布。

容器技术的引入为软件的部署带来了前所未有的改进，不但解决了复制和部署麻烦的问题，还能更精准地将环境中的各种依赖进行完整的打包。

2. 部署原则

在持续部署管理的时候，需要遵循一定的原则，主要包括：

● 部署包全部来自统一的存储库；
● 所有的环境使用相同的部署方式；
● 所有的环境使用相同的部署脚本；
● 部署流程编排阶梯式晋级，即在部署过程中需要设置多个检查点，一旦发生问题可以有序地进行回滚操作；
● 整体部署由运维人员执行；
● 仅通过流水线改变生产环境，防止配置漂移；
● 不可变服务器；
● 部署方式采用蓝绿部署或金丝雀部署。

3. 部署层次

部署层次的设置对于部署管理来说也是非常重要的。首先要明确部署的目的并不是部署一个可工作的软件，而是部署一套可正常运行的环境。完整的镜像部署包括 3 个环节：Build–Ship–Run。

● Build：跟传统的编译类似，将软件编译形成RPM包或者Jar包；
● Ship：将所需的第三方依赖和第三方插件安装到环境中；
● Run：就是在不同的地方启动整套环境。

制作完成部署包之后，每次需要变更软件或者第三方依赖、插件升级的时候，不需要重新打包，直接更新部署包即可。

4. 不可变服务器

在部署原则中提到的不可变服务器原则对于部署管理来说非常重要。不可变服务器是技术逐步演化的结果。在早期阶段，软件的部署是在物理机上进行的，每一台服务器的网络、存储、软件环境都是不同的，物理机的不稳定让环境重构变得异常困难。后来逐渐发展为虚拟机部署，在虚拟机上借助流程化的部署能较好地构建软件环境，但是第三方依赖库的重构不稳定为整体部署带来了困难。现阶段使用容器部署不但继承和优化了虚拟机部署的优点，而且很好地解决了第三方依赖库的重构问题，容器部署就像一个集装箱，直接把所有需要的内容全部打包进行复制和部署。

5. 蓝绿部署和金丝雀部署

在部署原则中提到的两大部署方式分别为蓝绿部署和金丝雀部署。蓝绿部署是指在部署的时候准备新旧两个部署版本，通过域名解析切换的方式将用户使用环境切换到新版本中，当出现问题的时候，可以快速地将用户环境切回旧版本，并对新版本进行修复和调整。金丝雀部署是指当有新版本发布的时候，先让少量的用户使用新版本，并且观察新版本是否存在问题，如果出现问题，就及时处理并重新发布，如果一切正常，就稳步地将新版本适配给所有的用户。

5.5.5　部署和交付的新趋势

持续集成、持续交付和持续部署的出现及流行反映了新的软件开发模式发展趋势，表现为以下 3 个方面。

（1）工作职责和人员分工的转变。软件开发人员运用自动化开发工具进行持续集成，进一步将交付和部署扩展，而原来的手工运维工作也逐渐被分派到开发人员的手里。运维人员的工作也从重复枯燥的手工作业转化为开发自动化的部署脚本，并逐步并入开发人员的行列之中。

（2）大数据和云计算基础设施的普及与进步给部署带来新的飞跃。云计算的出现使得计算机本身也可以自动化地创建和回收，这种环境管理的范畴将进一步扩充。部署和运维工作也会脱离具体的机器和机房，可以在远端进行，部署能力和灵活性出现质的飞跃。

（3）研发运维的融合。减轻运维的压力，把运维和研发融合在一起。

5.6　软件质量管理

软件质量就是软件与明确地和隐含地定义的需求相一致的程度，更具体地说，软件质量是软件符合明确地叙述的功能和性能需求、文档中明确描述的开发标准以及所有专业开发的软件都应具有的隐含特征的程度。从管理角度出发，可以将影响软件质量的因素划分为 3 组，分别反映用户在使用软件产品时的 3 种不同倾向和观点。这 3 组分别是产品运行、产品修改和产品转移，三者的关系如图 5-2 所示。

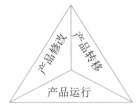

可理解性（我能理解它吗?）　　　　　　　　可移植性（我能在另一台机器上使用它吗?）
可维修性（我能修复它吗?）　　　　　　　　可再用性（我能再用它的某些部分吗?）
灵活性　　（我能改变它吗?）　　　　　　　互运行性（我能把它和另一个系统结合吗?）
可测试性（我能测试它吗?）

正确性（它按我的需要工作吗?）
健壮性（对意外环境它能适当地响应吗?）
效率　（完成预定功能时它需要的计算机资源多吗?）
完整性（它是安全的吗?）
可用性（我能使用它吗?）
风险　（能按预定计划完成它吗?）

图 5-2　影响软件质量的 3 个主要因素的关系图

　　软件质量保证（Software Quality Assurance，SQA）是建立一套有计划、有系统的方法，来向管理层保证拟定出的标准、步骤、实践和方法能够正确地被所有项目所采用。软件质量保证的目的是使软件过程对于管理人员来说是可见的，它通过对软件产品和活动进行评审和审计来验证软件是合乎标准的。软件质量保证组在项目开始时就一起参与建立计划、标准和过程。这些使软件项目满足机构方针的要求。

　　软件质量保证的关注点集中在一开始就避免缺陷的产生。质量保证的主要目标是：

● 事前预防工作，例如，着重于缺陷预防而不是缺陷检查；

● 尽量在刚刚引入缺陷时即将其捕获，而不是让缺陷扩散到下一个阶段；

● 作用于过程而不是最终产品，因此它有可能会带来广泛的影响与巨大的收益；

● 贯穿于所有的活动之中，而不是只集中于一点。

　　软件质量保证的目标是以独立审查的方式，从第三方的角度监控软件开发任务的执行，就软件项目是否正确遵循已制订的计划、标准和规程给开发人员和管理层提供反映产品和过程质量的信息和数据，提高项目透明度，同时辅助软件工程取得高质量的软件产品。

　　软件质量保证的主要作用是给管理者提供预定义的软件过程的保证，因此 SQA 组织要保证如下内容的实现：选定的开发方法被采用、选定的标准和规程得到采用和遵循、进行独立的审查、偏离标准和规程的问题得到及时的反映和处理、项目定义的每个软件任务得到实际的执行。软件质量保证的主要任务包括：SQA 审计与评审、SQA 报告、处理不合格问题。

　　（1）SQA 审计与评审。SQA 审计包括对软件工作产品、软件工具和设备的审计，评价这几项内容是否符合组织规定的标准。SQA 评审的主要任务是保证软件工作组的活动与预定的软件过程一致，确保软件过程在软件产品的生产中得到遵循。

　　（2）SQA 报告。SQA 人员应记录工作的结果，并写入报告之中，发布给相关的人员。SQA 报告的发布应遵循 3 条原则：SQA 和高级管理者之间应有直接沟通的渠道；SQA 报告必须发布给软件工程组，但不必发布给项目管理人员；在可能的情况下向关心软件质量的人发布 SQA 报告。

　　（3）处理不合格问题。这是 SQA 的一个重要的任务，SQA 人员要对工作过程中发现的问题进行处理，及时向有关人员及高级管理者反映。

5.7　软件过程能力成熟度

软件过程能力是组织基于软件过程、技术、资源和人员能力达成业务目标的综合能力，包括治理能力、开发与交付能力、管理与支持能力、组织管理能力等方面。软件过程能力成熟度是指组织在提升软件产品开发能力或软件服务能力过程中，各个发展阶段的软件能力成熟度。针对组织的软件过程能力成熟度，中国电子工业标准化技术协会发布了 T/CESA 1159《软件过程能力成熟度模型》（CSMM）团体标准。

5.7.1　成熟度模型

CSMM 定义的软件过程能力成熟度模型旨在通过提升组织的软件开发能力帮助顾客提升软件的业务价值。该模型借鉴吸收了软件工程、项目管理、产品管理、组织治理、质量管理、卓越绩效管理、精益软件开发等领域的优秀实践，为组织提供改进和评估软件过程能力的一个成熟度模型。其层次结构如图 5-3 所示。

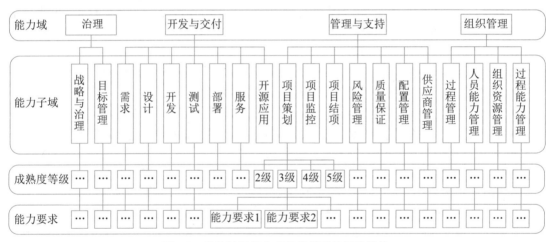

图 5-3　软件过程能力成熟度模型的层次结构

CSMM 模型由 4 个能力域、20 个能力子域、161 个能力要求组成。

（1）治理：包括战略与治理、目标管理能力子域，确定组织的战略、产品的方向、组织的业务目标，并确保目标的实现。

（2）开发与交付：包括需求、设计、开发、测试、部署、服务、开源应用能力子域，这些能力子域确保通过软件工程过程交付满足需求的软件，为顾客与利益相关方增加价值。

（3）管理与支持：包括项目策划、项目监控、项目结项、质量保证、风险管理、配置管理、供应商管理能力子域，这些能力子域覆盖了软件开发项目的全过程，以确保软件项目能够按照既定的成本、进度和质量交付，能够满足顾客与利益相关方的要求。

（4）组织管理：包括过程管理、人员能力管理、组织资源管理、过程能力管理能力子域，对软件组织能力进行综合管理。

5.7.2　成熟度等级

按照软件过程能力的成熟度水平由低到高演进发展的形势，CSMM 定义了 5 个等级，高等级是在低等级充分实施的基础之上进行的。成熟度等级的总体特征如表 5-7 所示。

表 5-7　成熟度等级的总体特征

等级	结果特征	行为特征
1 级：初始级	软件过程和结果具有不确定性	● 能实现初步的软件交付和项目管理活动 ● 项目没有完整的管理规范，依赖于个人的主动性和能力
2 级：项目规范级	项目基本可按计划实现预期的结果	● 项目依据选择和定义管理规范，执行软件开发和管理的基础过程 ● 组织按照一定的规范，为项目活动提供支持保障工作
3 级：组织改进级	在组织范围内能够稳定地实现预期的项目目标	● 在2级充分实施的基础之上进行持续改进 ● 依据组织的业务目标、管理要求以及外部监管需求，建立并持续改进组织标准过程和过程资产 ● 项目根据自身特征，依据组织标准过程和过程资产，实现项目目标，并贡献过程资产
4 级：量化提升级	在组织范围内能够量化地管理和实现预期的组织和项目目标	● 在3级充分实施的基础上使用统计分析技术进行管理 ● 组织层面认识到能力改进的重要性，了解软件能力在业务目标实现、绩效提升等方面的重要作用，在制定业务战略时可获得项目数据的支持 ● 组织和项目使用统计分析技术建立了量化的质量与过程绩效目标，支持组织业务目标的实现 ● 建立了过程绩效基线与过程绩效模型 ● 采用有效的数据分析技术，分析关键软件过程的能力，预测结果，识别和解决目标实现的问题以达成目标 ● 应用先进实践，提升软件过程效率或质量
5 级：创新引领级	通过技术和管理的创新，实现组织业务目标的持续提升，引领行业发展	● 在4级充分实施的基础上进行优化革新 ● 通过软件过程的创新提升组织竞争力 ● 能够使用创新的手段实现软件过程能力的持续提升，支持组织业务目标的达成 ● 能将组织自身软件能力建设的经验作为行业最佳案例进行推广

能力域的成熟度等级要求如图 5-4 所示。

能力子域		战略与治理	目标管理	需求	设计	开发	测试	部署	服务	开源应用	项目策划	项目监控	项目结项	风险管理	质量保证	配置管理	供应商管理	过程管理	人员能力管理	组织资源管理	过程能力管理
成熟度等级	5	5																	5		5
	4	4	4						4	4	4	4					4	4	4		4
	3	3	3	3	3	3	3	3	3	3	3	3	3	3	3	3	3	3	3	3	3
	2	2	2	2	2	2	2	2	2	2	2	2	2	2	2	2	2	2	2	2	2
	1	1	1	1	1	1	1	1	1	1	1	1	1	1	1	1	1	1	1	1	1
能力域		治理		开发与交付							管理与支持							组织管理			

图 5-4 能力域的成熟度等级要求

5.8 本章练习

1. 选择题

（1）_____不是软件需求的常用层次。

    A. 业务需求　　　　　　　　　　　B. 数据需求

    C. 用户需求　　　　　　　　　　　D. 系统需求

参考答案：B

（2）_____不属于软件需求规格说明书的内容。

    A. 业务功能　　　　　　　　　　　B. 应用系统性能

    C. 交互界面　　　　　　　　　　　D. 算法的详细过程

参考答案：D

（3）以下软件需求变更策略中，不正确的是：_____。

    A. 所有需求变更必须遵循变更控制过程

    B. 对于未获得批准的变更，不应该做设计和实现工作

    C. 应该由项目经理决定实现哪些变更

    D. 项目风险承担者应该能够了解变更的内容

参考答案：C

（4）软件过程能力成熟度分为_____级。

    A. 2　　　　　　　　B. 3　　　　　　　　C. 4　　　　　　　　D. 5

参考答案：D

（5）关于蓝绿部署的描述，正确的是：_____。

    A. 蓝绿部署是指在部署的时候准备新旧两个部署版本，通过域名解析切换的方式将用户使用环境切换到新版本中

　　B. 蓝绿部署是先让少量的用户使用新版本，并且观察新版本是否存在问题

　　C. 蓝绿部署当出现问题的时候，可以使用新版本，但业务逻辑和数据不受影响

　　D. 蓝绿部署如果出现问题，就及时处理并重新发布

参考答案：A

2. 思考题

（1）开展软件测试的时候，可用的方法都有哪些？各自的优缺点是什么？

参考答案：略

（2）软件过程能力成熟度（CSMM）中，3 级的结果特征和行为特征都包括哪些？

参考答案：略

第 6 章　数据工程

数据工程是信息系统的基础工程。数据工程围绕数据的生命周期及管理要求，研究数据从采集清洗到应用服务的全过程，为信息系统运行提供可靠的数据基础，为信息系统之间的数据共享提供安全、高效的保障，为信息系统实现互连、互通、互操作提供支撑。组织的数据工程相关能力是其建设数据要素的关键，是组织数据资源化、数据标准化、数据资产化、数据价值化的重要手段。

6.1　数据采集和预处理

有效且高质量的数据获取是组织数据要素建设的重要活动，关系到组织数据的质量基础、容量规模、价值化开发等。广泛多元的数据采集以及必要的预处理，是支撑和保障数据获取的主要活动。

6.1.1　数据采集

数据采集又称数据收集，是指根据用户需要收集相关数据的过程。采集的数据类型包括结构化数据、半结构化数据、非结构化数据。结构化数据是以关系型数据库表管理的数据；半结构化数据是指非关系模型的、有基本固定结构模式的数据，例如日志文件、XML 文档、E-mail 等；非结构化数据是指没有固定模式的数据，如所有格式的办公文档、文本、图片、HTML、各类报表、图像和音频 / 视频信息等。

数据采集的方法可分为传感器采集、系统日志采集、网络采集和其他数据采集等。

传感器采集是通过传感器感知相应的信息，并将这些信息按一定规律变换成电信号或其他所需的信息输出，从而获取相关数据，是目前应用非常广泛的一种采集方式。数据采集传感器包括重力感应传感器、加速度传感器、光敏传感器、热敏传感器、声敏传感器、气敏传感器、流体传感器、放射线敏感传感器、味敏传感器等。

系统日志采集是通过平台系统读取、收集日志文件变化。系统日志记录系统中硬件、软件和系统运行情况及问题的信息。系统日志一般为流式数据，数据量非常庞大，常用的采集工具有 Logstash、Filebeat、Flume、Fluentd、Logagent、rsyslog、syslog-ng 等。

网络采集是指通过互联网公开采集接口或者网络爬虫等方式从互联网或特定网络上获取大量数据信息的方式，是实现互联网数据或特定网络采集的主要方式。数据采集接口一般通过应用程序接口（API）的方式进行采集。网络爬虫（Web Crawler/Web Spider）是根据一定的规则来提取所需要信息的程序。根据系统结构和实现技术，网络爬虫可分为通用网络爬虫（General Purpose Web Crawler）、聚焦网络爬虫（Focused Web Crawler）、增量式网络爬虫（Incremental Web Crawler）、深层网络爬虫（Deep Web Crawler）等类型。

除此之外，还有一些其他的数据采集方式，如通过与数据服务商合作，使用特定数据采集方式获取数据。

6.1.2　数据预处理

数据的预处理一般采用数据清洗的方法来实现。数据预处理是一个去除数据集重复记录，发现并纠正数据错误，并将数据转换成符合标准的过程，从而使数据实现准确性、完整性、一致性、唯一性、适时性、有效性等。一般来说，数据预处理主要包括数据分析、数据检测和数据修正 3 个步骤，如图 6-1 所示。

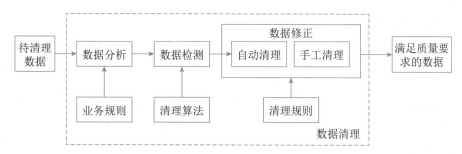

图 6-1　数据预处理的流程

（1）数据分析：是指从数据中发现控制数据的一般规则，比如字段域、业务规则等。通过对数据的分析，定义出数据清理的规则，并选择合适的算法。

（2）数据检测：是指根据预定义的清理规则及相关数据清理算法，检测数据是否正确，比如是否满足字段域、业务规则等，或检测记录是否重复。

（3）数据修正：是指手工或自动地修正检测到的错误数据或重复的记录等。

6.1.3　数据预处理方法

一般而言，需要进行预处理的数据主要包括数据缺失、数据异常、数据不一致、数据重复、数据格式不符等情况，针对不同问题需要采用不同的数据处理方法。

1. 缺失数据的预处理

数据缺失产生的原因主要分为环境原因和人为原因，需要针对不同的原因采取不同的数据预处理方法，常见的方法有删除缺失值、均值填补法、热卡填补法等。

删除缺失值是最常见的、简单有效的方法，当样本数很多的时候，并且出现缺失值的样本占整个样本的比例相对较小时，可以将有缺失值的样本直接丢弃。

均值填补法是根据缺失值的属性相关系数最大的那个属性把数据分成几个组，再分别计算每个组的均值，用均值代替缺失数值。

热卡填补法通过在数据库中找到一个与包含缺失值变量最相似的对象，然后采用相似对象的值进行数据填充。

缺失数据预处理的其他方法还有最近距离决定填补法、回归填补法、多重填补法、K- 最近邻法、有序最近邻法、基于贝叶斯的方法等。

2. 异常数据的预处理

对于异常数据或有噪声的数据，如超过明确取值范围的数据、离群点数据，可以采用分箱法和回归法来进行处理。

分箱法通过考察数据的"近邻"（即周围的值）来平滑处理有序的数据值，这些有序的值被分布到一些"桶"或"箱"中，进行局部光滑。一般而言，宽度越大，数据预处理的效果越好。

回归法用一个函数拟合数据来光滑数据，消除噪声。线性回归涉及找出拟合两个属性（或变量）的"最佳"直线，使得一个属性能够预测另一个。多线性回归是线性回归的扩展，它涉及多于两个属性，并且数据拟合到一个多维面。

3. 不一致数据的预处理

不一致数据是指具有逻辑错误或者数据类型不一致的数据，如年龄与生日数据不符。这一类数据的清洗可以使用人工修改，也可以借助工具来找到违反限制的数据，如知道数据的函数依赖关系，可以通过函数关系修改属性值。但是大部分的不一致情况都需要进行数据变换，即定义一系列的变换纠正数据，有一些商业工具可以提供数据变换的功能，例如数据迁移工具和 ETL 工具等。

4. 重复数据的预处理

数据本身存在的或数据清洗后可能会产生的重复值。重复值的存在会影响后续模型训练的质量，造成计算及存储浪费。去除重复值的操作一般最后进行，可以使用 Excel、VBA（Visual Basic 宏语言）、Python 等工具处理。

5. 格式不符数据的预处理

一般人工收集或者应用系统用户填写的数据，容易存在格式问题。一般需要将不同类型的数据内容清洗成统一类型的文件和统一格式，如将 TXT、CSV、Excel、HTML 以及 PDF 清洗成统一的 Excel 文件，将显示不一致的时间、日期、数值或者内容中有空格、单引号、双引号等情况进行格式的统一调整。

6.2　数据存储及管理

通过数据采集和预处理获得的数据，往往是组织具备较高价值的数字资源，确保这些数据得到适当的保管和管理，是数据价值化的基础，组织往往根据数据规模和数据的重要性等，采用最合适的存储介质、存储方法、管理体系、管理措施等。

6.2.1　数据存储

数据存储就是根据不同的应用环境，通过采取合理、安全、有效的方式将数据保存到物理介质上，并能保证对数据实施有效的访问。其中包含两个方面：一是数据临时或长期驻留的物理媒介；二是保证数据完整、安全存放和访问而采取的方式或行为。数据存储就是把这两个方面结合起来，提供完整的解决方案。

1. 数据存储介质

数据存储首先要解决的是存储介质的问题。存储介质是数据存储的载体，是数据存储的基础。存储介质并不是越贵越好、越先进越好，要根据不同的应用环境，合理选择存储介质。存储介质的类型主要有磁带、光盘、磁盘、内存、闪存、云存储等，其描述如表 6-1 所示。

表 6-1　常见数据存储介质的描述

介质	描述
磁带	磁带是存储成本低、容量大的存储介质，主要包括磁带机、自动加载磁带机和磁带库。其主要的缺点就是速度比较慢
光盘	光盘的全称是高密度盘（Compact Disk），常见的格式有 VCD（Video Compact Disk）和 DVD（Digital Video Disk）两种，前者能提供 700MB 左右的空间，后者容量要大得多，可提供 4.7GB ~ 60GB 的存储空间。光盘具有 3 个显著特点：一是光盘上的数据具有只读性；二是不受电磁的影响；三是光盘容易大量复制。这些特点使得光盘特别适合用来对数据进行永久性归档备份
磁盘	利用磁盘存储数据时，一般采用独立冗余磁盘阵列 RAID（Redundant Array of Independent Disks）。RAID 将数个单独的磁盘以不同的组合方式形成一个逻辑磁盘，不仅提高了磁盘读取的性能，也增强了数据的安全性
内存	内存是计算机用于存放 CPU 中的运算数据，与硬盘等外部存储器交换数据的硬件。内存的性能决定了计算机运行的稳定性、反应速率。通常来说，内存数据会在断电后丢失所有数据
闪存	闪存是一种固态技术，使用闪存芯片来写入和存储数据，具有集内存的访问速度和存储持久性于一体的特点，常作为磁盘的替代品
云存储	与将数据存储到本地硬盘驱动器或存储网络相比，云存储提供了一种可扩展的替代方案，将数据存储在异地位置，可通过公共互联网或者专用私有网络进行访问

2. 存储形式

一般而言，主要有 3 种形式来记录和存储数据，分别是文件存储、块存储和对象存储，如表 6-2 所示。

表 6-2　主要数据存储形式的描述

存储形式	描述
文件存储	文件存储也称为文件级或基于文件的存储，是一种用于组织和存储数据的分层存储方法。换言之，数据存储在文件中，文件被组织在文件夹中，文件夹则被组织在目录和子目录的层次结构下
块存储	块存储有时也称为块级存储，是一种用于将数据存储成块的技术。这些块随后作为单独的部分存储，每个部分都有唯一的标识符。对于需要快速、高效和可靠地进行数据传输的计算场景，开发人员一般倾向于使用块存储
对象存储	对象存储通常称为基于对象的存储，是一种用于处理大量非结构化数据的数据存储架构。这些数据无法轻易组织到具有行和列的传统关系数据库中，或不符合其要求，如电子邮件、视频、照片、网页、音频文件、传感器数据以及其他类型的媒体和 Web 内容（文本或非文本）

3. 存储管理

存储管理在存储系统中的地位越来越重要，例如，如何提高存储系统的访问性能，如何满足数据量不断增长的需要，如何有效地保护数据、提高数据的可用性，如何满足存储空间的共享等。存储管理的具体内容如表 6-3 所示。

表 6-3 存储管理的主要内容

管理方面	主要内容
资源调度管理	资源调度管理的功能主要是添加或删除存储节点，编辑存储节点的信息，设定某类型存储资源属于某个节点，或者设定这些资源比较均衡地存储到节点上。它包含存储控制、拓扑配置以及各种网络设备（如集线器、交换机、路由器和网桥等）的故障隔离
存储资源管理	存储资源管理是一类应用程序，它们管理和监控物理和逻辑层次上的存储资源，从而简化资源管理，提高数据的可用性。被管理的资源主要是存储硬件，如 RAID、磁带以及光盘库。存储资源管理不仅包括监控存储系统的状况、可用性、性能以及配置情况，还包括容量和配置管理以及事件报警等，从而提供优化策略
负载均衡管理	负载均衡是为了避免存储资源由于资源类型、服务器访问频率和时间不均衡造成浪费或形成系统瓶颈而平衡负载的技术
安全管理	存储系统的安全主要是防止恶意用户攻击系统或窃取数据。系统攻击大致分为两类：一类以扰乱服务器正常工作为目的，如拒绝服务（DoS）攻击、勒索病毒攻击等；另一类以入侵或破坏服务器为目的，如窃取数据、修改网页等

6.2.2 数据归档

因数据量海量增长和存储空间容量有限的矛盾，需要制定合理的数据归档方案，并及时清除过时的、不必要的数据，从而保证数据库性能的稳定。

数据归档是将不活跃的"冷"数据从可立即访问的存储介质迁移到查询性能较低、低成本、大容量的存储介质中，这一过程是可逆的，即归档的数据可以恢复到原存储介质中。数据归档策略需要与业务策略、分区策略保持一致，以确保最需要数据的可用性和系统的高性能。在开展数据归档活动时，有以下 3 点值得注意：

（1）数据归档一般只在业务低峰期执行。因为数据归档过程需要不断地读写生产数据库，这个过程将会大量使用网络，会对线上业务造成压力。

（2）数据归档之后，将会删除生产数据库的数据，将会造成数据空洞，即表空间并未及时释放，若长时间没有新的数据填充，会造成空间浪费的情况。

（3）如果数据归档影响了线上业务，一定要及时止损，结束数据归档，进行问题复盘，及时找到问题和解决方案。

6.2.3 数据备份

数据备份是为了防止由于各类操作失误、系统故障等意外原因导致的数据丢失，而将整个应用系统的数据或一部分关键数据复制到其他存储介质上的过程。这样做是为了保证当应用系统的数据不可用时，可以利用备份的数据进行恢复，尽量减少损失。

1. 备份结构

当前最常见的数据备份结构可以分为 4 种: DAS 备份结构、基于 LAN 的备份结构、LAN-FREE 备份结构和 SERVER-FREE 备份结构。具体如表 6-4 所示。

表 6-4 常见的数据备份结构的主要内容

备份结构	主要内容
DAS 备份结构	最简单的备份结构就是将备份设备（RAID 或磁带库）直接连接到备份服务器上。DAS 备份结构往往适合数据量不大、操作系统类型单一、服务器数量有限的情况
基于 LAN 的备份结构	基于 LAN 的备份结构是一种 C/S 模型,多个服务器或客户端通过局域网共享备份系统。这种结构在小型的网络环境中较为常见,用户通过备份服务器将数据备份到 RAID 或磁带机上。与 DAS 备份结构相比,这种结构最主要的优点是用户可以通过 LAN 共享备份设备,并且可以对备份工作进行集中管理。缺点是备份数据流通过 LAN 到达备份服务器,这样就和业务数据流混合在一起,会占用网络资源
LAN-FREE 备份结构	为了克服基于 LAN 备份结构的缺点,该结构将备份数据流和业务数据流分开,业务数据流主要通过业务网络进行传输,而备份数据流通过 SAN 进行传输。其主要缺点是由于备份数据流要经过应用服务器,因此会影响应用服务器提供正常的服务
SERVER-FREE 备份结构	SERVER-FREE 备份结构是 LAN-FREE 备份结构的改进。它不依赖应用服务器,而是通过第三方备份代理直接将数据从应用服务器的存储设备传送到备份设备上。第三方备份代理是一种软、硬结合的智能设备,使用网络数据管理协议（Network Data Management Protocol,NDMP）发送命令,从需要备份的应用服务器上获得需要备份数据的信息,然后通过 SAN 直接从应用服务器的存储设备将需要备份的数据读出,再存储到备份设备上

2. 备份策略

备份策略是指确定需要备份的内容、备份时间和备份方式。主要有 3 种备份策略:完全备份、差分备份和增量备份。这 3 种备份策略的对比如图 6-2 所示。

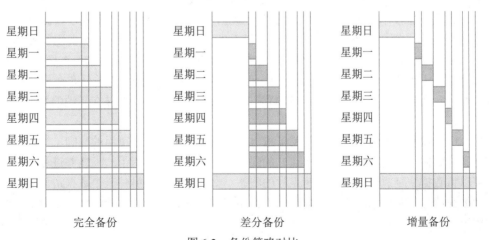

图 6-2 备份策略对比

（1）完全备份（Full Backup）：每次都对需要进行备份的数据进行全备份。当数据丢失时，用完全备份下来的数据进行恢复即可。这种备份主要有两个缺点：一是由于每次都对数据进行全备份，会占用较多的服务器、网络等资源；二是在备份数据中有大量的数据是重复的，对备份介质资源的消耗往往也较大。

（2）差分备份（Differential Backup）：每次所备份的数据只是相对上一次完全备份之后发生变化的数据。与完全备份相比，差分备份所需时间短，而且节省了存储空间。另外，差分备份的数据恢复很方便，管理员只需两份备份数据，如星期日的完全备份数据和故障发生前一天的差分备份数据，就能对系统数据进行恢复。

（3）增量备份（Incremental Backup）：每次所备份的数据只是相对于上一次备份后改变的数据。这种备份策略没有重复的备份数据，节省了备份数据存储空间，缩短了备份的时间，但是当进行数据恢复时就会比较复杂。如果其中有一个增量备份数据出现问题，那么后面的数据也就无法恢复了。因此增量备份的可靠性没有完全备份和差分备份高。

6.2.4　数据容灾

数据备份是数据容灾的基础。传统的数据备份主要采用磁带进行冷备份，备份磁带一般存放在机房中进行统一管理，一旦整个机房出现灾难，如火灾、盗窃和地震等时，这些备份磁带也随之毁灭，起不到任何容灾作用。

因此，真正的数据容灾就是要避免传统冷备份的先天不足，它在灾难发生时能全面、及时地恢复整个系统。容灾按其灾难恢复能力的高低可分为多个等级，例如，国际标准 SHARE 78 定义的容灾系统有 7 个等级，从最简单的仅在本地进行磁带备份，到将备份的磁带存储在异地，再到建立应用系统实时切换的异地备份系统。恢复时间也可以从几天到小时级到分钟级、秒级或零数据丢失等。从技术上看，衡量容灾系统有两个主要指标，即 RPO（Recovery Point Object，恢复点目标）和 RTO（Recovery Time Object，恢复时间目标），其中 RPO 代表了当灾难发生时允许丢失的数据量，而 RTO 则代表了系统恢复的时间。

数据容灾的关键技术主要包括远程镜像技术和快照技术。

（1）远程镜像技术。远程镜像技术是在主数据中心和备份中心之间进行数据备份时用到的远程复制技术。镜像是在两个或多个磁盘子系统上产生同一个数据镜像视图的数据存储过程，一个称为主镜像；另一个称为从镜像。按主从镜像所处的位置分为本地镜像和远程镜像。本地镜像的主从镜像处于同一个 RAID 中，而远程镜像的主从镜像通常分布在城域网或广域网中。由于远程镜像在远程维护数据的镜像，因此在灾难发生时，存储在异地的数据不会受到影响。

（2）快照技术。所谓快照，就是关于指定数据集合的一个完全可用的复制，该复制是相应数据在某个时间点（复制开始的时间点）的映像。快照的作用有两个：①能够进行在线数据恢复，可以将数据恢复成快照产生时间点时的状态；②为用户提供另外一个数据访问通道，比如在原数据在线运行时，利用快照数据进行其他系统的测试、应用开发验证、数据分析、数据模型训练等。

6.3 数据治理和建模

数据治理是开展数据价值化活动的基础，关注对数字要素的管控能力，覆盖组织对数据相关活动的统筹、评估、指导和监督等工作，需要重点关注元数据、数据标准化、数据质量、数据模型和数据建模等方面的内容。

6.3.1 元数据

简单来说，元数据是关于数据的数据（Data About Data）。在信息技术及其服务行业，元数据往往被定义为提供关于信息资源或数据的一种结构化数据，是对信息资源的结构化描述。其实质是用于描述信息资源或数据的内容、覆盖范围、质量、管理方式、数据的所有者、数据的提供方式等有关的信息。

1. 信息对象

元数据描述的对象可以是单一的全文、目录、图像、数值型数据以及多媒体（声音、动态图像）等，也可以是多个单一数据资源组成的资源集合，或是这些资源的生产、加工、使用、管理、技术处理、保存等过程及其过程中产生的参数的描述等。

2. 元数据体系

根据信息对象从产生到服务的生命周期中，元数据描述和管理内容的不同以及元数据作用的不同，可以将元数据分为多种类型，从最基本的资源内容描述元数据开始，到指导描述元数据的元元数据，形成了一个层次分明、结构开放的元数据体系，如图 6-3 所示。

信息内容	内容元数据
	标记数字对象内容及结构的元数据
内容对象	专门元数据
	描述单一数字对象的内容、属性及外在特征的元数据
内容对象集合	资源集合元数据
	按照科学、主题、资源类型、用户范围、生成过程、使用管理范围形成的信息资源集合的描述
对象的管理与保存	管理元数据
	数字对象加工、存档、结构、技术处理、存取、控制、版权管理以及相关系统等方面的信息描述
对象的服务服务过程服务系统	服务元数据
	数字资源服务的揭示与表现、服务过程、服务系统等方面的相关信息的描述
元数据的管理	元元数据
	对元数据的标记语言、格式语言、标识符、扩展机制、转换机制等的描述

图 6-3　元数据体系与元数据类型

元数据为数据的管理、发现和获取提供了一种实际而简便的方法。通过元数据，数据的使用者能够对数据进行详细、深入的了解，包括数据的格式、质量、处理方法和获取方法等各方面细节，可以利用元数据进行数据维护、历史资料维护等，具体作用包括描述、资源发现、组织管理数据资源、互操作性、归档和保存数据资源等，如表 6-5 所示。

表 6-5　元数据对数据使用者的作用说明

作用	说明
描述	用于描述数据的内容、覆盖范围、质量、管理方式、数据的所有者、数据的提供方式等信息，是数据与用户之间的桥梁
资源发现	元数据起到如同好的目录一样的作用，帮助用户便捷、快速地检索和确认所需要的资源
组织管理数据资源	随着基于 Web 的信息资源指数级的增长，按照用户和主题来链接信息资源的复合式网站或门户网站的作用越来越大，但是这种链接是用名称或位置硬编码在 HTML 文件中的，是一些静态的 Web 网页。利用存储在数据库中的元数据来组织动态网页，将更有效率和普遍意义，可以用软件工具为 Web 应用程序自动析取信息资源
互操作性	互操作性是不同硬件、软件平台、数据结构和接口以最少的内容和功能损失进行数据交换的能力。利用元数据描述的数据资源既可以被人类也可以被机器理解。使用良好定义的元数据语义和共享的转换协议，分布在网络上的数据资源就可以更加容易地被查找和转换，从而提高系统之间的互操作性
归档和保存数据资源	数据是脆弱的，它可能被无意识或有意识地破坏、修改，也可能由于存储介质、硬件和软件技术的变化而使得它不能使用。元数据是使数据资源保存下来，并能在将来继续被访问的关键，归档和保存数据需要特殊的数据元素来跟踪数字对象的来源（它来自何处、保护条件、保存责任等）。数据元素详细描述数字对象的物理特性和适应未来技术变化的行为

6.3.2　数据标准化

数据标准化主要为复杂的信息表达、分类和定位建立相应的原则和规范，使其简单化、结构化和标准化，从而实现信息的可理解、可比较和可共享，为信息在异构系统之间实现语义互操作提供基础支撑。数据标准化的主要内容包括元数据标准化、数据元标准化、数据模式标准化和数据分类与编码标准化。

在数据标准化活动中，要依据信息需求，并参照现行数据标准、信息系统的运行环境以及法规、政策和指导原则，在数据管理机构、专家组和开发者共同参与下，运用数据管理工具，得到注册的数据元素、物理模式和扩充的数据模型。数据标准化阶段的具体过程包括确定数据需求、制定数据标准、批准数据标准和实施数据标准。

（1）确定数据需求。本阶段将产生数据需求及相关的元数据、域值等文件。在确定数据需求时应考虑现行法规、政策，以及现行的数据标准。

（2）制定数据标准。本阶段要处理"确定数据需求"阶段提出的数据需求。如果现有的数据标准不能满足该数据需求，可以建议制定新的数据标准，也可建议修改或者封存已有的数据标准。推荐的、新的或修改的数据标准记录在数据字典中。这个阶段将产生供审查和批准的成套建议。

（3）批准数据标准。本阶段的数据管理机构对提交的数据标准建议、现行数据标准的修改或封存建议进行审查。一经批准，该数据标准将扩充或修改数据模型。

（4）实施数据标准。本阶段涉及在各信息系统中实施和改进已批准的数据标准。

6.3.3　数据质量

数据质量指在特定的业务环境下，数据满足业务运行、管理与决策的程度，是保证数据应用效果的基础。数据质量管理是指运用相关技术来衡量、提高和确保数据质量的规划、实施与控制等一系列活动。衡量数据质量的指标体系包括完整性、规范性、一致性、准确性、唯一性、及时性等。数据质量是一个广义的概念，是数据产品满足指标、状态和要求能力的特征总和。

（1）数据质量描述。数据质量可以通过数据质量元素来描述，数据质量元素分为数据质量定量元素和数据质量非定量元素。

（2）数据质量评价过程。数据质量评价过程是产生和报告数据质量结果的一系列步骤，如图 6-4 所示描述了数据质量评价过程。

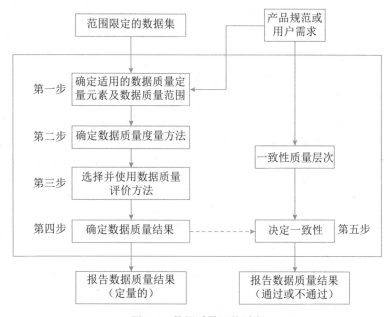

图 6-4　数据质量评价过程

（3）数据质量评价方法。数据质量评价程序是通过应用一个或多个数据质量评价方法来完成的。数据质量评价方法分为直接评价法和间接评价法。直接评价法通过将数据与内部或外部的参照信息（如理论值等）进行对比来确定数据质量，间接评价法利用数据相关信息（如对数据源、采集方法等的描述）推断或评估数据质量。

（4）数据质量控制。数据产品的质量控制分成前期控制和后期控制两大部分。前期控制包括数据录入前的质量控制、数据录入过程中的实时质量控制；后期控制为数据录入完成后的后处理质量控制与评价。

在数据质量的前期控制中，在提交成果（即数据入库）之前对所获得的原始数据与完成的工作进行检查，进一步发现和改正错误；在数据质量管理过程中，通过减少和消除误差和错误，对数据在录入过程中进行属性的数据质量控制；在数据入库后进行系统检测，设计检测模板，利用检测程序进行系统自检；在数据存储管理中，可以通过各种精度评价方法进行精度分析，为用户提供可靠的数据质量。

6.3.4　数据模型

数据模型是指现实世界数据特征的抽象，用于描述一组数据的概念和定义，是用来将数据需求从业务传递到需求分析，以及从分析师、建模师和架构师传递到数据库设计人员和开发人员的主要媒介。根据模型应用的目的不同，可以将数据模型划分为 3 类：概念模型、逻辑模型和物理模型。

1. 概念模型

概念模型也称为信息模型，它是按用户的观点来对数据和信息建模，也就是说，把现实世界中的客观对象抽象为某一种信息结构，这种信息结构不依赖于具体的计算机系统，也不对应某个具体的数据库管理系统（Database Management System，DBMS），它是概念级别的模型。概念模型的基本元素如表 6-6 所示。

表 6-6　概念模型基本元素说明

基本元素	说明
实体	客观存在的并可以相互区分的事物称为实例，而同一类型实例的抽象称为实体，如学生实体（学号、系名、住处、课程、成绩）、教师实体（工作证号、姓名、系名、教研室、职称）。实体是同一类型实例的共同抽象，不再与某个具体的实例对应。相比较而言，实例是具体的，而实体则是抽象的
属性	实体的特性称为属性。学生实体的属性包括学号、系名、住处、课程、成绩等，教师实体的属性包括工作证号、姓名、系名、教研室、职称等
域	属性的取值范围称为该属性的域。例如，性别的域是集合 {" 男 "，" 女 "}。域的元素必须是相同的数据类型
键	能唯一标识每个实例的一个属性或几个属性的组合称为键。一个实例集中有很多个实例，需要有一个标识能够唯一地识别每一个实例，这个标识就是键
关联	在现实世界中，客观事物之间是有相互关系的，这种相互关系在数据模型中表现为关联。实体之间的关联包括一对一、一对多和多对多 3 种

2. 逻辑模型

逻辑模型是在概念模型的基础上确定模型的数据结构，目前主要的逻辑模型有层次模型、网状模型、关系模型、面向对象模型和对象关系模型。其中，关系模型是目前最重要的一种逻辑数据模型。

关系模型的基本元素包括关系、关系的属性、视图等。关系模型是在概念模型的基础上构建的，因此关系模型的基本元素与概念模型中的基本元素存在一定的对应关系，具体如表 6-7 所示。

表 6-7　关系模型与概念模型的对应关系

概念模型	关系模型	说　明
实体	关系	概念模型中的实体转换为关系模型的关系
属性	属性	概念模型中的属性转换为关系模型的属性
关联	关系外键	概念模型中的关联有可能转换为关系模型的新关系，被参照关系的主键转化为参照关系的外键
-	视图	关系模型中的视图在概念模型中没有元素与之对应，它是按照查询条件从现有关系或视图中抽取若干属性组合而成的

关系模型的数据操作主要包括查询、插入、删除和更新数据，这些操作必须满足关系的完整性约束条件。关系的完整性约束包括三大类型：实体完整性、参照完整性和用户定义的完整性。其中，实体完整性、参照完整性是关系模型必须满足的完整性约束条件，用户定义的完整性是应用领域需要遵照的约束条件，体现了具体领域中的语义约束。

3. 物理模型

物理模型是在逻辑模型的基础上，考虑各种具体的技术实现因素，进行数据库体系结构设计，真正实现数据在数据库中的存放。物理模型的内容包括确定所有的表和列，定义外键用于确定表之间的关系，基于性能的需求可能进行反规范化处理等。在物理实现上的考虑，可能会导致物理模型和逻辑模型有较大的不同。物理模型的目标是用数据库模式来实现逻辑模型，以及真正地保存数据。物理模型的基本元素包括表、字段、视图、索引、存储过程、触发器等，其中表、字段和视图等元素与逻辑模型中的基本元素有一定的对应关系。

6.3.5　数据建模

通常来说，数据建模的过程包括数据需求分析、概念模型设计、逻辑模型设计和物理模型设计等。

（1）数据需求分析。数据需求分析就是分析用户对数据的需要和要求。数据需求分析是数据建模的起点，数据需求掌握的准确程度将直接影响后续阶段数据模型的质量。数据需求分析通常不是单独进行的，而是融合在整个系统需求分析的过程之中。开展需求分析时，首先要调查清楚用户的实际要求，与用户充分沟通，形成共识，然后再分析和表达这些要求与共识，最后将需求表达的结果反馈给用户，并得到用户的确认。数据需求分析采用数据流图作为工具，描述系统中数据的流动和数据变化，强调数据流和处理过程。

（2）概念模型设计。经过需求分析阶段的充分调查，得到了用户数据应用需求，但是这些应用需求还是现实世界的具体需求，应该首先把它们抽象为信息世界的结构，下一步才能更好地、更准确地用某个 DBMS 来实现用户的这些需求。将需求分析得到的结果抽象为概念模型的过程就是概念模型设计，其任务是确定实体和数据及其关联。

（3）逻辑模型设计。概念模型独立于机器，更抽象，从而更加稳定，但是为了能够在具体的 DBMS 上实现用户的需求，还必须在概念模型的基础上进行逻辑模型的设计。由于现在的 DBMS 普遍采用关系模型结构，因此逻辑模型设计主要指关系模型结构的设计。关系模型由一组关系模式组成，一个关系模式就是一张二维表，逻辑模型设计的任务就是将概念模型中的实体、属性和关联转换为关系模型结构中的关系模式。

（4）物理模型设计。经过概念模型设计和逻辑模型设计，数据模型设计的核心工作基本完成，如果要将数据模型转换为真正的数据库结构，还需要针对具体的 DBMS 进行物理模型设计，使数据模型走向数据存储应用环节。物理模型考虑的主要问题包括命名、确定字段类型和编写必要的存储过程与触发器等。

6.4　数据仓库和数据资产

随着"数字中国"等国家战略持续深化，以及各类组织数字化转型的全面实施和持续推进，数据资产逐步成为各类组织的重要资产类型，也是组织高质量发展和可持续竞争优势建设的关键。

6.4.1　数据仓库

数据仓库是一个面向主题的、集成的、随时间变化的、包含汇总和明细的、稳定的历史数据集合。数据仓库通常由数据源、数据的存储与管理、OLAP 服务器、前端工具等组件构成。

（1）数据源。数据源是数据仓库系统的基础，是整个系统的数据源泉，通常包括企业的内部信息和外部信息。内部信息包括存放于关系型数据库管理系统中的各种业务处理数据和各类文档数据；外部信息包括各类法律法规、市场信息和竞争对手的信息等。

（2）数据的存储与管理。数据的存储与管理是整个数据仓库系统的核心。数据仓库真正的关键是数据的存储和管理。数据仓库的组织管理方式决定了它有别于传统数据库，同时也决定了其对外部数据的表现形式。要决定采用什么产品和技术来建立数据仓库的核心，则需要从数据仓库的技术特点着手分析。针对现有各业务系统的数据，进行抽取、清理，并有效集成，按照主题进行组织。数据仓库按照数据的覆盖范围可以分为企业级数据仓库和部门级数据仓库（通常称为数据集市）。

（3）OLAP（On-Line Analysis Processing，联机分析处理）服务器。对分析需要的数据进行有效集成，按多维模型予以组织，以便进行多角度、多层次的分析，并发现趋势。其具体实现可以分为：ROLAP（关系数据的关系在线分析处理）、MOLAP（多维在线分析处理）和 HOLAP（混合在线分析处理）。ROLAP 基本数据和聚合数据均存放在 RDBMS 之中；MOLAP 基本数据和聚合数据均存放于多维数据库中；HOLAP 基本数据存放于 RDBMS 之中，聚合数据存放于多维数据库中。

（4）前端工具。前端工具主要包括各种查询工具、报表工具、分析工具、数据挖掘工具以及各种基于数据仓库或数据集市的应用开发工具。其中，数据分析工具主要针对 OLAP 服务器，报表工具、数据挖掘工具主要针对数据仓库。

6.4.2　主题库

主题库建设是数据仓库建设的一部分。主题库是为了便利工作、精准快速地反映工作对象全貌而建立的融合各类原始数据、资源数据等，围绕能标识组织、人员、产权、财务等的主题对象，长期积累形成的多种维度的数据集合。例如，人口主题库、土地主题库、企业主题库、产权主题库、财务主题库、组织主题库等。由于每类主题对象具有不同的基本属性、不同的业务关注角度，因此每类主题对象具有不同的描述维度。主题库建设可采用多层级体系结构，即数据源层、构件层、主题库层。

（1）数据源层。数据源层存放数据管理信息的各种管理表和数据的各类数据表。

（2）构件层。构件层包括基础构件和组合构件。基础构件包括用户交互相关的查询数据、展现数据和存储数据构件，以及数据维护相关的采集数据、载入数据和更新数据构件。组合构件由基础构件组装而成，能够完成相对独立的复杂功能。

（3）主题库层。按业务需求通过构建组合，形成具有统一访问接口的主题库。

6.4.3　数据资产管理

数据资产管理（Data Asset Management，DAM）是指对数据资产进行规划、控制和提供的一组活动职能，包括开发、执行和监督有关数据的计划、政策、方案、项目、流程、方法和程序，从而控制、保护、交付和提高数据资产的价值。数据资产管理须充分融合政策、管理、业务、技术和服务等，从而确保数据资产保值增值。在数字时代，数据是一种重要的生产要素，把数据转化成可流通的数据要素，重点包含数据资源化、数据资产化两个环节。

（1）数字资源化。通过将原始数据转变为数据资源，使数据具备一定的潜在价值，是数据资产化的必要前提。数据资源化以数据治理为工作重点，以提升数据质量、保障数据安全为目标，确保数据的准确性、一致性、时效性和完整性，推动数据内外部流通。

（2）数据资产化。通过将数据资源转变为数据资产，使数据资源的潜在价值得以充分释放。数据资产化以扩大数据资产的应用范围、显性化数据资产的成本与效益为工作重点，并使数据供给端与数据消费端之间形成良性反馈闭环。

在数据资产化之后，将关注数据资产的流通、数据资产的运营、数据价值评估等流程和活动，为数据价值的实现提供支撑。

数据资产流通是指通过数据共享、数据开放或数据交易等流通模式，推动数据资产在组织内外部的价值实现。数据共享是指打通组织各部门间的数据壁垒，建立统一的数据共享机制，加速数据资源在组织内部流动。数据开放是指向社会公众提供易于获取和理解的数据。对于政府而言，数据开放主要是指公共数据资源开放；对于企业而言，数据开放主要是指披露企业运行情况、推动政企数据融合等。数据交易是指交易双方通过合同约定，在安全合规的前提下，开展以数据或其衍生形态为核心的交易行为。

数据资产运营是指对数据服务、数据流通情况进行持续跟踪和分析，以数据价值管理为参考，从数据使用者的视角出发，全面评价数据应用效果，建立科学的正向反馈和闭环管理机制，促进数据资产的迭代和完善，不断适应和满足数据资产的应用和创新。

数据价值评估是数据资产管理的关键环节，是数据资产化的价值基线。狭义的数据价值是指数据的经济效益；广义的数据价值是在经济效益之外，考虑数据的业务效益、成本计量等因素。数据价值评估是指通过构建价值评估体系，计量数据的经济效益、业务效益、投入成本等活动。

6.4.4　数据资源编目

数据资源编目是实现数据资产管理的重要手段。数据资源目录体系设计包括概念模型设计和业务模型设计等，概念模型设计明确数据资源目录的构成要素，通过业务模型设计规范数据资源目录的业务框架。数据资源目录的概念模型由数据资源目录、信息项、数据资源库、标准规范等要素构成。

（1）数据资源目录。数据资源目录是站在全局视角对所拥有的全部数据资源进行编目，以便对数据资源进行管理、识别、定位、发现、共享的一种分类组织方法，从而达到对数据的浏览、查询、获取等目的。数据资源目录分为资源目录、资产目录和服务目录3个层面。

- 资源目录：能够准确浏览组织所记录或拥有的线上、线下原始数据资源的目录，如电子文档索引、数据库表、电子文件、电子表格、纸质文档等。
- 资产目录：对原始数据资源进行标准化处理，识别数据资产及其信息要素，包括基本信息、业务信息、管理信息和价值信息等，按照分类、分级，登记到数据资产目录中。
- 服务目录：是基于资源和资产目录，对特定的业务场景以信息模型、业务模型等形式对外提供的可视化共享数据目录。服务目录主要分为两类：一类是指标报表、分析报告等数据应用，可以直接使用；另一类是共享接口，提供鉴权、加密、计量、标签化等功能，并对接外部系统。服务目录应以应用场景为切入，以应用需求为导向进行编制。

（2）信息项。信息项是将各类数据资源（如表、字段）以元数据流水账的形式清晰地反映出来，以便更好地了解、掌握和管理数据资源。信息项需要通过数据标识符挂接到对应的数据目录。信息项常分为数据资源信息项、数据资产信息项和数据服务信息项3种类型。

- 数据资源信息项：是记录原始数据资源的元数据流水账，是对原始数据资源的定义描述。
- 数据资产信息项：是记录经过一系列处理后所形成的主题数据资源、基础数据资源的元数据流水账，是对数据资产的定义描述。
- 数据服务信息项：是记录需要对外提供数据应用、数据接口两类数据服务的元数据流水账，是对数据服务的定义描述。

（3）数据资源库。数据资源库是存储各类数据资源的物理数据库，常分为专题数据资源库、主题数据资源库和基础数据资源库。

（4）标准规范。数据资源目录体系标准规范包括数据资源元数据规范、编码规范、分类标准等相关标准。元数据规范描述数据资源所必须具备的特征要素；编码规范规定了数据资源目录相关编码的表示形式、结构和维护规则；分类标准规范了数据资源分类的原则和方法。

6.5　数据分析及应用

数据的分析及应用是数据要素价值实现环节的重要活动，是组织实施数据驱动发展的基础，通常涉及数据集成、数据挖掘、数据服务和数据可视化等。

6.5.1　数据集成

数据集成就是将驻留在不同数据源中的数据进行整合，向用户提供统一的数据视图，使得用户能以透明的方式访问数据。其中，"数据源"主要是指不同类别的 DBMS，以及各类 XML 文档、HTML 文档、电子邮件、普通文件等结构化、半结构化和非结构化数据。这些数据源具有存储位置分散、数据类型异构、数据库产品多样等特点。

数据集成的目标就是充分利用已有数据，在尽量保持其自治性的前提下，维护数据源整体上的一致性，提高数据共享利用效率。实现数据集成的系统称为数据集成系统，它为用户提供了统一的数据源访问接口，用于执行用户对数据源的访问请求。典型的数据集成系统模型如图 6-5 所示。

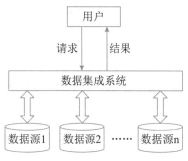

图 6-5　数据集成系统模型

（1）数据集成方法。数据集成的常用方法有模式集成、复制集成和混合集成，具体描述为：

- 模式集成：也叫虚拟视图方法，是人们最早采用的数据集成方法，也是其他数据集成方法的基础。其基本思想是：在构建集成系统时，将各数据源共享的视图集成为全局模式（Global Schema），供用户透明地访问各数据源的数据。全局模式描述了数据源共享数据的结构、语义和操作等，用户可直接向集成系统提交请求，集成系统再将这些请求处理并转换，使之能够在数据源的本地视图上被执行。

- 复制集成：将数据源中的数据复制到相关的其他数据源上，并对数据源的整体一致性进行维护，从而提高数据的共享和利用效率。数据复制可以是整个数据源的复制，也可以是仅对变化数据的传播与复制。数据复制的方法可减少用户使用数据集成系统时对异构数据源的访问量，提高系统的性能。

- 混合集成：该方法为了提高中间件系统的性能，保留虚拟数据模式视图为用户所用，同时提供数据复制的方法。对于简单的访问请求，通过数据复制方式，在本地或单一数据源上实现访问请求；而对数据复制方式无法实现的复杂的用户请求，则用模式集成方法。

（2）数据访问接口。常用的数据访问接口标准有 ODBC、JDBC、OLE DB 和 ADO，具体描述为：

- ODBC（Open Database Connectivity）：ODBC是当前被业界广泛接受的、用于数据库访问的应用程序编程接口（API），它以X/Open和ISO/IEC 的调用接口规范为基础，并使用结构化查询语言（SQL）作为其数据库访问语言。ODBC 由应用程序接口、驱动程序管理器、驱动程序和数据源4个组件组成。

- JDBC（Java Database Connectivity）：JDBC是用于执行 SQL语句的 Java 应用程序接口，它由Java语言编写的类和接口组成。JDBC是一种规范，其宗旨是各数据库开发商为 Java 程序提供标准的数据库访问类和接口。使用JDBC能够方便地向任何关系数据库发送 SQL语句。同时，采用 Java 语言编写的程序不必为不同的系统平台、不同的数据库系统开发不同的应用程序。

- OLE DB（Object Linking and Embedding Database）：OLE DB是一个基于组件对象模型（Component Object Model，COM）的数据存储对象，能提供对所有类型数据的操作，甚至能在离线的情况下存取数据。

- ADO（ActiveX Data Objects）：ADO是应用层的接口，它的应用场合非常广泛，不仅可用在 VC、VB、Delphi 等高级编程语言环境，还可用在Web开发等领域。ADO使用简单，易于学习，已成为常用的实现数据访问的主要手段之一。ADO是COM 自动接口，几乎所有数据库工具、应用程序开发环境和脚本语言都可以访问这种接口。

（3）Web Services 技术。Web Services 技术是一个面向访问的分布式计算模型，是实现 Web 数据和信息集成的有效机制。它的本质是用一种标准化方式实现不同服务系统之间的互调或集成。它基于 XML、SOAP（Simple Object Access Protocol，简单对象访问协议）、WSDL（Web Services Description Language，Web 服务描述语言）和 UDDI（Universal Description，Discovery，and Integration，统一描述、发现和集成协议规范）等协议，开发、发布、发现和调用跨平台、跨系统的各种分布式应用。其三要素 WSDL、SOAP 和 UDDI 及其组成如图 6-6 所示。

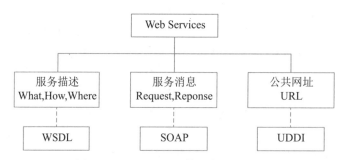

图 6-6　Web Services 的 3 个组成部分

- WSDL：WSDL是一种基于XML格式的关于Web服务的描述语言，主要目的在于 Web Services 的提供者将自己的 Web 服务的所有相关内容（如所提供的服务的传输方式、服务方法接口、接口参数、服务路径等）生成相应的文档，发布给使用者。使用者可以通过这个WSDL文档，创建相应的 SOAP请求（request）消息，通过HTTP 传递给 Web Services 提供者；Web 服务在完成服务请求后，将 SOAP返回（response）消息传回请求者，服务请求者再根据 WSDL文档将 SOAP返回消息解析成自己能够理解的内容。

- SOAP：SOAP是消息传递的协议，它规定了Web Services 之间是怎样传递信息的。简单地说，SOAP规定了：①传递信息的格式为 XML，这就使 Web Services 能够在任何平台上，用任何语言进行实现；②远程对象方法调用的格式，规定了怎样表示被调用对象以及调用的方法名称和参数类型等；③参数类型和 XML 格式之间的映射，这是因为，被调用的方法有时候需要传递一个复杂的参数，怎样用XML来表示一个对象参数，也是SOAP所定义的范围；④异常处理以及其他的相关信息。

- UDDI：UDDI是一种创建注册服务的规范。简单地说，UDDI用于集中存放和查找WSDL描述文件，起着目录服务器的作用，以便服务提供者注册发布Web Services，供使用者查找。

（4）数据网格技术。数据网格是一种用于大型数据集的分布式管理与分析的体系结构，目标是实现对分布、异构的海量数据进行一体化存储、管理、访问、传输与服务，为用户提供数据访问接口和共享机制，统一、透明地访问和操作各个分布、异构的数据资源，提供管理、访问各种存储系统的方法，解决应用所面临的数据密集型网格计算问题。数据网格的透明性体现为：

- 分布透明性：用户感觉不到数据是分布在不同的地方的；
- 异构透明性：用户感觉不到数据的异构性，感觉不到数据存储方式的不同、数据格式的不同、数据管理系统的不同等；
- 数据位置透明性：用户不用知道数据源的具体位置，也没有必要了解数据源的具体位置；
- 数据访问方式透明性：不同系统的数据访问方式不同，但访问结果相同。

6.5.2　数据挖掘

数据挖掘是指从大量数据中提取或"挖掘"知识，即从大量的、不完全的、有噪声的、模糊的、随机的实际数据中，提取隐含在其中的、人们不知道的、却是潜在有用的知识，它把人们从对数据的低层次的简单查询，提升到从数据库挖掘知识，提供决策支持的高度。数据挖掘是一门交叉学科，其过程涉及数据库、人工智能、数理统计、可视化、并行计算等多种技术。

数据挖掘与传统数据分析存在较大的不同，主要表现在以下 4 个方面。

（1）两者分析对象的数据量有差异。数据挖掘所需的数据量比传统数据分析所需的数据量大。数据量越大，数据挖掘的效果越好。

（2）两者运用的分析方法有差异。传统数据分析主要运用统计学的方法手段对数据进行分析；而数据挖掘综合运用数据统计、人工智能、可视化等技术对数据进行分析。

（3）两者分析侧重有差异。传统数据分析通常是回顾型和验证型的，通常分析已经发生了什么；而数据挖掘通常是预测型和发现型的，预测未来的情况，解释发生的原因。

（4）两者成熟度不同。传统数据分析由于研究较早，其分析方法相当成熟；而数据挖掘除基于统计学等方法外，部分方法仍处于发展阶段。

数据挖掘的目标是发现隐藏于数据之后的规律或数据间的关系，从而服务于决策。数据挖掘常见的主要任务包括数据总结、关联分析、分类和预测、聚类分析和孤立点分析。

（1）数据总结。数据总结的目的是对数据进行浓缩，给出它的总体综合描述。通过对数据的总结，将数据从较低的个体层次抽象总结到较高的总体层次上，从而实现对原始数据的总体把握。传统的、也是最简单的数据总结方法是利用统计学中的方法计算出各个数据项的和值、均值、方差、最大值、最小值等基本描述统计量，还可以利用统计图形工具，对数据制作直方图、散点图等。

（2）关联分析。数据库中的数据一般都存在着关联关系，也就是说，两个或多个变量的取值之间存在某种规律性。关联分析就是找出数据库中隐藏的关联网，描述一组数据项的密切度或关系。有时并不知道数据库中数据的关联是否存在精确的关联函数，即使知道也是不确定的，因此关联分析生成的规则带有置信度，置信度度量了关联规则的强度。

（3）分类和预测。使用一个分类函数或分类模型（也常称作分类器），根据数据的属性将数据分派到不同的组中，即分析数据的各种属性，并找出数据的属性模型，确定哪些数据属于哪些组，这样就可以利用该模型来分析已有数据，并预测新数据将属于哪个组。

（4）聚类分析。当要分析的数据缺乏描述信息，或者无法组织成任何分类模型时，可以采用聚类分析。聚类分析是按照某种相近程度度量方法，将数据分成一系列有意义的子集合，每一个集合中的数据性质相近，不同集合之间的数据性质相差较大。统计方法中的聚类分析是实现聚类的一种手段，它主要研究基于几何距离的聚类。人工智能中的聚类是基于概念描述的。概念描述就是对某类对象的内源进行描述，并概括这类对象的有关特征。概念描述又分为特征性描述和区别性描述，前者描述某类对象的共同特征，后者描述非同类对象之间的区别。

（5）孤立点分析。数据库中的数据常有一些异常记录，与其他记录存在着偏差。孤立点分析（或称为离群点分析）就是从数据库中检测出偏差。偏差包括很多潜在的信息，如分类中的反常实例、不满足规则的特例、观测结果与模型预测值的偏差等。

数据挖掘流程一般包括确定分析对象、数据准备、数据挖掘、结果评估与结果应用 5 个阶段，如图 6-7 所示，这些阶段在具体实施中可能需要重复多次。为完成这些阶段的任务，需要不同专业人员参与其中，专业人员主要包括业务分析人员、数据挖掘人员和数据管理人员。

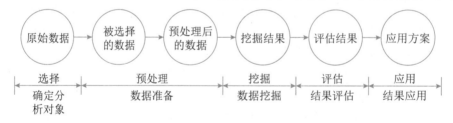

图 6-7   数据挖掘流程图

（1）确定分析对象。定义清晰的挖掘对象，认清数据挖掘的目标是数据挖掘的第一步。数据挖掘的最后结果往往是不可预测的，但要探索的问题应该是可预见、有目标的。在开始数据挖掘之前，最基础的就是理解数据和实际的业务问题，对目标有明确的定义。

（2）数据准备。数据准备是保证数据挖掘得以成功的先决条件，数据准备在整个数据挖掘过程中占有重要比重。数据准备包括数据选择和数据预处理，具体描述为：

● 数据选择：在确定挖掘对象之后，搜索所有与挖掘对象有关的内部和外部数据，从中选出适合于数据挖掘的部分。

● 数据预处理：选择后的数据通常不完整、有噪声且不一致，这就需要对数据进行预处理。数据预处理包括数据清理、数据集成、数据变换和数据归约。

（3）数据挖掘。数据挖掘是指运用各种方法对预处理后的数据进行挖掘。然而任何一种数据挖掘算法，不管是统计分析方法、神经网络，还是遗传算法，都不是万能的。不同的社会或商业问题，需要用不同的方法去解决。即使对于同一个社会或商业问题，也可能有多种算法。这个时候就需要运用不同的算法，构建不同的挖掘模型，并对各种挖掘模型进行评估。数据挖掘过程细分为模型构建过程和挖掘处理过程，具体描述为：

- 模型构建：挖掘模型是针对数据挖掘算法而构建的。建立一个真正适合挖掘算法的挖掘模型是数据挖掘成功的关键。模型的构建可通过选择变量、从原始数据中构建新的预示值、基于数据子集或样本构建模型、转换变量等步骤来实现。
- 挖掘处理：挖掘处理是对所得到的经过转化的数据进行挖掘，除了完善与选择合适的算法需要人工干预外，其余工作都可由分析工具自动完成。

（4）结果评估。当数据挖掘出现结果后，要对结果进行解释和评估。具体的解释与评估方法一般根据数据挖掘操作结果所制定的决策成败来定，但是管理决策分析人员在使用数据挖掘结果之前，希望能够对挖掘结果进行评价，以保证数据挖掘结果在实际应用中的成功率。

（5）结果应用。数据挖掘的结果经过决策人员的许可，才能实际运用，以指导实践。将通过数据挖掘得出的预测模式和各个领域的专家知识结合在一起，构成一个可供不同类型的人使用的应用程序。也只有通过对分析知识的应用，才能对数据挖掘的成果做出正确的评价。

6.5.3　数据服务

数据服务主要包括数据目录服务、数据查询与浏览及下载服务、数据分发服务。

（1）数据目录服务。数据目录服务是用来快捷地发现和定位所需数据资源的一种检索服务，是实现数据共享的重要基础功能服务之一。由于专业、领域、主管部门、分布地域和采用技术的不同，数据资源呈现的是海量、多源、异构和分布的特点。对于需要共享数据的用户来说，往往存在不知道有哪些数据、不知道想要的数据在哪里、不知道如何获取数据等困难。

（2）数据查询与浏览及下载服务。数据查询、浏览和下载是网上数据共享服务的重要方式，用户使用数据的方式有查询数据和下载数据两种。数据查询与浏览服务一般通过关键字检索来进行。用户通过输入关键字或选择相应的领域及学科，对数据进行快速定位，得到相应的数据集列表。数据下载服务是指用户提出数据下载要求，在获得准许的情况下，直接通过网络获得数据的过程。对于需要数据下载的用户来说，首先需要查询数据目录，获得目标数据集的信息，然后到指定的网络位置进行下载操作。

（3）数据分发服务。数据分发是指数据的生产者通过各种方式将数据传送到用户的过程。通过分发，能够形成数据从采集、存储、加工、传播向使用流动，实现数据的价值。数据分发服务的核心内容包括数据发布、数据发现、数据评价等。数据发布是指数据生产者可以将已生产和标准化的数据传送到一个数据分发体系中，为用户发现、评价做好基础的准备工作。数据发布的内容包括元数据、数据本身、用于数据评价的信息及其他相关信息。数据发现是指用户通过分发服务系统搜索到所需数据相关信息的过程，可通过数据目录服务来实现。数据评价指用户对数据的内容进行判断和评定，以此判断数据是否符合自己的要求。

6.5.4　数据可视化

数据可视化（Data Visualization）的概念来自科学计算可视化。数据可视化主要运用计算机图形学和图像处理技术，将数据转换成图形或图像在屏幕上显示出来，并能进行交互处理，它涉及计算机图形学、图像处理、计算机辅助设计、计算机视觉及人机交互技术等多个领域，是一门综合性的学科，具体如图 6-8 所示。

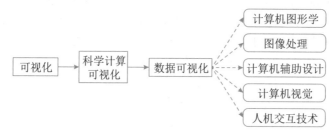

图 6-8　数据可视化

由于所要展现数据的内容和角度不同，可视化的表现方式也多种多样，主要可分为 7 类：一维数据可视化、二维数据可视化、三维数据可视化、多维数据可视化、时态数据可视化、层次数据可视化和网络数据可视化。具体如表 6-8 所示。

表 6-8　常见数据可视化表现方式

表现方式	说明
一维数据可视化	一维数据就是简单的线性数据，如文本或数字表格、程序源代码都属于一维数据。一维数据可视化取决于数据大小和用户想用数据来处理什么任务
二维数据可视化	在数据可视化中，二维数据是指由两种主要描述属性构成的数据。如一个物体的宽度和高度、一个城市的平面地图、建筑物的楼层平面图等都是二维数据可视化的实例。最常见的二维数据可视化就是地理信息系统（Geographic Information System，GIS）
三维数据可视化	三维数据比二维数据更进了一层，它可以描述立体信息。三维数据可以表示实际的三维物体，因此可视化的许多应用是三维可视化。物体通过三维可视化构成计算机模型，供操作及试验，以此预测真实物体的实际行为
多维数据可视化	在可视化环境中，多维数据所描述事物的属性超过三维，为了实现可视化，往往需要降维
时态数据可视化	时态数据实际上是二维数据的一种特例，即二维中有一维是时间轴。它以图形方式显示随着时间变化的数据，是可视化信息最常见、最有用的方式之一
层次数据可视化	层次数据，即树形数据，其数据内在结构特征为：每个节点都有一个父节点（根节点除外）。节点分兄弟节点（拥有同一个父节点的节点）和子节点（从属该节点的节点）。拥有这种结构的数据很常见，如商业组织、计算机文件系统和家谱图都是按树形结构排列的层次数据
网络数据可视化	网络数据指与任意数量的其他节点有关系的节点的数据。网络数据中的节点不受与它有关系的其他节点数量的约束（不同于层次节点有且只有一个父节点），网络数据没有固有的层次结构，两个节点之间可以有多条连接路径，也就是说节点间关系的属性和数量是可变的

6.6　数据脱敏和分类分级

数据的广泛应用（尤其是跨组织应用）需要确保数据隐私得到保护，这不仅仅涉及个人隐私数据，也包括组织隐私数据，这就需要各类组织对其管理、存储和使用的各类数据进行数据脱敏，并依托适当的分类分级，使数据相关活动能够在确保数据安全和隐私保护的前提下进行。

6.6.1　数据脱敏

数据使用常常需要经过脱敏化处理，即对数据进行去隐私化处理，实现对敏感信息的保护，这样既能够有效利用数据，又能保证数据使用的安全性。数据脱敏就是一项重要的数据安全防护手段，它可以有效地减少敏感数据在采集、传输、使用等环节中的暴露，进而降低敏感数据泄露的风险，确保数据合规。

1. 敏感数据

敏感数据又称隐私数据，或者敏感信息。《中华人民共和国保守国家秘密法》规定，敏感信息是指不当使用或未经授权被人接触或修改后，会产生不利于国家和组织的负面影响和利益损失，或不利于个人依法享有的个人隐私的所有信息。

敏感数据可以分为个人敏感数据、商业敏感数据、国家秘密数据等。目前的日常应用中，常见的敏感数据有姓名、身份证号码、地址、电话号码、银行账号、邮箱地址、所属城市、邮编、密码类（如账户查询密码、取款密码、登录密码等）、组织机构名称、营业执照号码、交易日期、交易金额等。

为了更加有效地管理敏感数据，通常会对敏感数据的敏感程度进行划分，例如，可以把数据密级划分为 5 个等级，分别是 L1（公开）、L2（保密）、L3（机密）、L4（绝密）和 L5（私密）。

2. 数据脱敏

数据脱敏是对各类数据所包含的自然人身份标识、用户基本资料等敏感信息进行模糊化、加扰、加密或转换后形成无法识别、无法推算演绎、无法关联分析原始用户身份标识等的新数据，这样就可以在非生产环境（开发、测试、外包、数据分析等）、非可控环境（跨组织或团队数据应用）、生产环境、数据共享、数据发布等环境中安全地使用脱敏后的真实数据集。

加强数据脱敏建设，建立数据脱敏制度，完善和制定生产数据使用管理制度，并明确生产数据中敏感信息数据字典规范和生产数据申请、提取、安全预处理、使用、清理、销毁等环节的处理流程，有助于提高生产数据使用管理规范化、制度化水平，防范生产数据泄露等安全隐患，完善信息科技风险管理体系。

3. 数据脱敏方式

数据脱敏方式包括可恢复与不可恢复两类。可恢复类指脱敏后的数据可通过一定的方式，恢复成原来的敏感数据，此类脱敏规则主要指各类加解密算法规则。不可恢复类指脱敏后的数据被脱敏的部分使用任何方式都不能恢复，一般可分为替换算法和生成算法两类。

数据脱敏方式主要由应用场景决定，例如，对于发布数据场景，既要考虑直接表示信息，又要非表示信息，防止通过推算演绎、关联分析等手段，定位到用户身份。

4. 数据脱敏原则

数据脱敏通常需要遵循一系列原则，从而确保组织开展数据活动以及参与这些活动的人员能够在原则的指引下，实施相关工作。数据脱敏原则主要包括算法不可逆原则、保持数据特征原则、保留引用完整性原则、规避融合风险原则、脱敏过程自动化原则和脱敏结果可重复原则等。

- 算法不可逆原则：是指除一些特定场合存在可恢复式数据复敏需求外，数据脱敏算法通常应当是不可逆的，必须防止使用非敏感数据推断、重建敏感原始数据。
- 保持数据特征原则：是指脱敏后的数据应具有原数据的特征，因为它们仍将用于开发或测试场合。带有数值分布范围、具有指定格式（如信用卡号前4位指代银行名称）的数据，在脱敏后应与原始信息相似。姓名和地址等字段应符合基本的语言认知，而不是无意义的字符串。在要求较高的情形下，还要求具有与原始数据一致的频率分布、字段唯一性等。
- 保留引用完整性原则：是指数据的引用完整性应予以保留，如果被脱敏的字段是数据表主键，那么相关的引用记录必须同步更改。
- 规避融合风险原则：是指应当预判非敏感数据集多源融合可能造成的数据安全风险。对所有可能生成敏感数据的非敏感字段同样进行脱敏处理。例如，在病人诊治记录中，为隐藏姓名与病情的对应关系，将"姓名"作为敏感字段进行变换。但是，如果能够凭借某"住址"的唯一性推导出"姓名"，则需要将"住址"一并变换。
- 脱敏过程自动化原则：是指脱敏过程必须能够在规则的引导下自动化进行，才能达到可用性要求，更多的是强调不同环境的控制功能。
- 脱敏结果可重复原则：是指在某些场景下，对同一字段脱敏的每轮计算结果都相同或者都不同，以满足数据使用方可测性、模型正确性、安全性等指标的要求。

6.6.2 数据分类

数据分类是根据内容的属性或特征，将数据按一定的原则和方法进行区分和归类，并建立起一定的分类体系和排列顺序。

数据分类有分类对象和分类依据两个要素。分类对象由若干个被分类的实体组成，分类依据取决于分类对象的属性或特征。任何一种信息都有多种多样的属性特征，这些属性特征有本质和非本质属性特征之别。分类应以相对最稳定的本质属性为依据，但是对具有交叉、双重或多重本质属性特征的信息进行分类，除了需要符合科学性、系统性等原则外，还应符合交叉性、双重或多重性的原则。

数据分类是数据保护工作中的关键部分之一，是建立统一、准确、完善的数据架构的基础，是实现集中化、专业化、标准化数据管理的基础。数据分类具有多种视角和维度，其主要目的是便于数据管理和使用。数据处理者进行数据分类时，应优先遵循国家、行业的数据分类要求，如果所在行业没有行业数据分类规则，也可从组织经营维度进行数据分类。

6.6.3 数据分级

数据分级是指按照数据遭到破坏（包括攻击、泄露、篡改、非法使用等）后对国家安全、社会秩序、公共利益以及公民、法人和其他组织的合法权益（受侵害客体）的危害程度，对数据进行定级，主要是为数据全生命周期管理进行的安全策略制定。

数据分级常用的分级维度有按特性分级、基于价值（公开、内部、重要核心等）、基于敏感程度（公开、秘密、机密、绝密等）、基于司法影响范围（境内、跨区、跨境等）等。

从国家数据安全角度出发，数据分级基本框架分为一般数据、重要数据、核心数据 3 个级别，如表 6-9 所示。数据处理者可在基本框架定级的基础上，结合行业数据分类分级规则或组织生产经营需求，考虑影响对象、影响程度两个要素进行分级。

表 6-9 数据分级参考表

本级别	影响对象			
	国家安全	公共利益	个人合法权益	组织合法权益
核心数据	一般危害、严重危害	严重危害		
重要数据	轻微危害	一般危害、轻微危害		
一般数据	无危害	无危害	无危害、轻微危害、一般危害、严重危害	无危害、轻微危害、一般危害、严重危害

6.7 本章练习

1. 选择题

（1）_____不属于需要进行数据预处理的促成因素。

    A. 数据缺失   B. 数据不一致   C. 数据安全   D. 数据重复

参考答案：C

（2）衡量容灾系统或能力的主要指标是：_____。

    A. 远程镜像技术   B. RTO/RPO   C. 异地容灾   D. 数据备份策略

参考答案：B

（3）_____不属于常见的数据质量评价过程。

    A. 确定使用的数据质量定量元素及数据质量范围

    B. 确定数据质量度量方法

    C. 确定数据质量评价的第三方组织

    D. 选择并使用数据治理评价方法

参考答案：C

（4）关于数据集成定义的描述较为准确的是：_____。

    A. 通过应用软件接口，将不同系统的数据进行共享

    B. 将不同表单中的结构化数据融合为一个表单

    C. 通过网络或数据标准，实现数据的共享与交换

D. 将驻留在不同数据源中的数据进行整合

参考答案：D

（5）为了更加有效地管理敏感数据，通常会对敏感数据的敏感程度进行划分，以下属于常见程度划分的是：_____。

A. L1（公开）、L2（保密）、L3（机密）、L4（绝密）、L5（私密）

B. L1（个人）、L2（组织）、L3（商业）、L4（技术）、L5（国家）

C. L1（公共）、L2（保密）、L3（机密）、L3（加密）、L5（绝密）

D. L1（互联网）、L2（局域网）、L3（保密网）、L4（专网）、L5（绝密网）

参考答案：A

2. 思考题

（1）常见的数据预处理方法有哪些？

参考答案：略

（2）数据的标准化包含哪些主要阶段？

参考答案：略

（3）数据模型分为哪些主要类别？

参考答案：略

（4）数据挖掘与传统数据分析有哪些差别？

参考答案：略

（5）数据脱敏的主要原则是什么？

参考答案：略

第 7 章　软硬件系统集成

计算机软硬件系统集成是根据组织治理、管理、业务、服务等场景化需求，优选各种信息技术和产品等，将各个分离的"信息孤岛"连接成为一个完整、可靠、经济和有效的整体，并使之能彼此协调工作，发挥整体效益，达到整体优化的目的。系统集成一般可以分为软件集成、硬件集成、网络集成、数据集成和业务应用集成等。通常，系统集成也就是将计算机软件、硬件、网络通信、信息安全、业务应用、数据管理等技术和产品集成为能够满足特定需求的信息系统。系统的软硬件集成活动也是一系列跨设备与系统等组件边界的融合活动，需要突破这些系统组件内部的"安全信任"机制，并通过技术手段，实现跨组件间的新的、动态的"安全信任"关系，这往往需要商用密码的深入应用。

7.1　系统集成基础

目前，我国在多年发展信息产业、推广信息技术应用的基础上，开始全面启动国民经济和社会信息化、现代化建设。随着信息技术的飞速发展，数字经济、数字社会、数字政府、数字化转型、高质量发展也越来越深入到社会各阶层。这对系统集成的相关参与者来说，无论是集成服务组织，还是需求建设组织，都提出了新的要求。系统集成服务组织在为其客户提供完整解决方案的同时，不仅要在技术上实现客户的场景化需求，还要对客户投资的实用性、适宜性和有效性等进行分析，往往还要为相关人员能力建设及信息技术持续应用创新提供可靠的服务。这就需要系统集成服务组织不仅要具有场景化咨询、工程设计、施工、培训、后期运维支持和服务的能力，还应具备从技术规范化到项目管理科学化等多方面的知识。

1. 系统集成概念理解

对于什么是系统集成，有人认为系统集成只是计算机软硬件的简单搭配，没什么技术含量。有人认为系统集成就是技术问题，谈不上什么设计思想，这是对系统集成的狭义理解。随着计算机软硬件技术、网络技术和安全技术等的持续突破创新，以及信创产业的快速发展，科技自立自强已上升为国家战略，自主技术和能力被高度重视，赋予系统集成新的内涵。现在的系统集成已不只是为特定使用场景提供信息共享共治、互联互通等功能，而是通过基础设施和网络，将复杂的硬件、软件、业务、数据、信息、服务、人员有机地结合起来，以此为系统使用者最大限度地整合各种信息资源，并在满足需求的基础上，提高投资效率、管理效率、经营效率和治理能力，最终帮助建设组织获得最大的收益。系统集成是在系统工程科学方法的指导下，根据对需求场景的分析和计算机软硬件开发的技术规范等，提出系统的、整体的解决方案，同时将组成方案的硬件、软件、网络、业务、数据、人员等进行有机结合，达到满足场景需求的完整体系。由此可见，软硬件系统集成是一种系统的思想和方法，并具有工程思维，它虽然涉及软件和硬件等技术问题，但绝不仅仅是技术问题。可以说，软硬件系统集成是以信息的集成为目标，功能的集成为结构，平台的集成为基础，人员的集成为保证。只有实现了上述全方位的集成，才是满足现代新业态需求的系统集成。

2. 系统集成项目特点

一般来说，软硬件系统集成项目属于典型的多学科合作项目，一般需要多种学科的配合，如在地理信息系统（GIS）、卫星导航系统（GPS）等系统集成过程中，需要地理信息技术、电子技术、无线射频技术等。系统集成服务组织要向客户提供具有针对性的整合应用解决方案，这就要求系统集成商除了要有 IT 方面的技术之外，还必须要有较丰富的行业经验。在系统集成项目中，由于场景的不同特点和需求，每一个系统集成项目往往都不完全一样，因此需要一定量的量身定做，带有一些非标准的问题，通常每一个项目也都可以带来新意，这也是系统集成项目的特点。

典型的系统集成项目具备以下特点：

- 集成交付队伍庞大，且往往连续性不是很强；
- 设计人员高度专业化，且需要多元化的知识体系；
- 涉及众多承包商或服务组织，且普遍分散在多个地区；
- 通常需要研制或开发一定量的软硬件系统，尤其是信创产品和信创系统的适配与系统优化；
- 通常采用大量新技术、前沿技术，乃至颠覆性技术；
- 集成成果使用越来越友好，集成实施和运维往往变得更加复杂。

3. 信创与系统集成发展

"十四五"以来，国家持续强调科技自立自强在国家发展中的战略支撑作用，核心技术是国之重器，需要立足自主创新、自立自强。《求是》杂志 2022 年三次发表习近平总书记关于"科技强国"的文章，强调科技攻关实现高水平自立自强的发展主线。党的二十大报告中，再次重申了发展信创产业实现关键领域信息技术自主可控的重要性。信创作为数据安全、网络安全的基础，其不仅是新基建的重要组成部分，也是各行各业数字化升级的"发动机"，同时也是我国强化网络安全与信息安全的重要手段。通过应用牵引与产业培育，目前国产信息技术软硬件基础设施产品综合能力不断提升，操作系统、数据库等基础软件在应用场景中实现了可用、能用和好用。

国家标准《信息安全技术 关键信息基础设施安全保护要求》（GB/T 39204）给出了"关键信息基础设施行业"（简称"关基行业"）的定义，即公共通信和信息服务、能源、交通、水利、金融、公共服务、电子政务、国防科技等重要行业和领域，以及其他一旦遭到破坏、丧失功能或者数据泄露，可能严重危害国家安全、国计民生、公共利益的信息设施。因此，通信、能源、交通、金融、电子政务等基础领域要加快推进行业信创进程。目前，我国在信息系统建设和信创产业发展方面也取得了巨大成绩，积累了宝贵经验。

信创的相关集成相对于传统系统集成来说，需要关注以下几方面：①由于技术与产品创新或原创较多，每种技术与产品所处的成熟度不同，这就需要集成服务商一方面充分把握好技术与产品的选型，另一方面基于技术与产品的生命周期情况，与对应的应用场景做好匹配融合；

②信创技术产品往往迭代周期比较快，也会带来标准化程度困扰，这就需要集成服务组织充分理解并认知到这个问题，基于场景化需求程度、层次等的不同，合理使用处于快速迭代期的信创技术与产品；③信创技术与产品因为具有较强的自主可控能力，因此在面向场景化应用中，可以充分调动技术与产品厂商，进行场景化技术与产品创新，从而获得更好的经济与社会效益，并进一步驱动信创技术与产品发展。

7.2　基础设施集成

信息系统基础设施通常包括以局域网、互联网、5G、物联网、工业互联网和卫星互联网等为代表的通信网络基础设施，以人工智能、云计算和区块链为代表的新技术基础设施，以及以数据中心和超算中心等为代表的计算基础设施。信息系统基础设施从不同的维度有不同的划分方法，如可分为弱电系统、网络系统、数据中心等。

7.2.1　弱电工程

弱电一般指交流 220V、50Hz 以下的用电，是电力应用按照电力输送功率的强弱进行划分的一种方式，信息系统涉及的弱电工程非常多，包括电话通信系统、计算机局域网系统、音乐 / 广播系统、有线电视信号分配系统、视频监控系统、消防报警系统和楼宇自控系统等多种应用场景。

（1）电话通信系统。电话通信系统用来实现电话（包括三类传真机、可视电话等）通信功能，通常采用星形拓扑结构，使用三类（或以上）非屏蔽双绞线，传输信号的频率在音频范围内。

（2）计算机局域网系统。计算机局域网系统用来实现各种数据传输的网络基础，根据使用场景不同，可分为办公网、生产网、工控网、保密网、研发网等，通常采用星形拓扑结构，使用五类或以上的非屏蔽双绞线，传输数字信号，传输速率可达 100 Mb/s 以上。计算机网络系统是弱电系统运用比较广泛的工程内容。

（3）音乐 / 广播系统。音乐 / 广播系统通过安装在现场（如商场、车站、走廊、办公区域等处）的扬声器、收音器等，对现场进行音乐播放或语音广播。通常采用多路总线结构，使用铜芯绝缘导线，传输由功率放大器输出的定压的音频信号，以驱动现场扬声器发声等。

（4）有线电视信号分配系统。有线电视信号分配系统是将有线电视信号均匀地分配到建筑物（群）内各用户点，通常采用分支器、分配器进行信号分配，为了减少信号失真和衰减，使各用户点信号质量达到规范规定的要求，其布线通常采用树形结构，使用 75Ω 射频同轴电缆，传输多路射频信号，且随建筑物的形式及用户点分布的不同而不同。

（5）视频监控系统。视频监控系统是通过安装在现场（如数据中心、商场、车站、社区等处）的摄像机、防盗探测器等设备，对建筑物的各出入口和一些重要场所进行监视，可对异常情况进行报警。视频信号的传输通常采用星形结构，使用视频同轴电缆或光纤，控制信号的传输采用总线结构，使用铜芯绝缘缆线。随着网络技术与设备的大量普及，传统的闭路视频监控系统逐步被网络视频监控系统替代。网络视频监控系统通常是指用于安防监控和远程监控领域特定应用的网络监控系统，它使用户能够通过 IP 网络实现视频监控、视频图像记录和相关的报警管理。

（6）消防报警系统。消防报警系统由火灾报警、消防联动系统、消防广播系统、火警对讲电话系统等部分组成。火灾报警及消防联动系统通过设置在建筑物内各处的火灾探测器、手动报警装置等对现场情况进行监测，当有报警信号时，根据接收到的信号，按照事先设定的程序，联动相应的设备，以控制火势蔓延，其信号传输往往采用多路总线结构。对于重要消防设备（如消防泵、喷淋泵、正压风机、排烟风机等）的联动控制信号的传输，有时采用星形结构，信号的传输使用铜芯绝缘缆线（有的产品要求使用双绞线）。消防广播系统用于在发生火灾时指挥现场人员安全疏散，通常采用多路总线结构，信号传输使用铜芯绝缘导线（该系统可与音乐/广播系统合用）。火警对讲电话系统用于指挥现场消防人员进行灭火工作，通常采用星形和总线两种结构，信号传输使用屏蔽线。

（7）出入口控制系统/一卡通系统。出入口控制系统/一卡通系统使用计算机、智能卡门锁、读卡器等设备，对各出入口状态进行设置、监视、控制和记录等，实现对建筑物各出入口统一管理，保证大楼安全，其拓扑结构和传输介质因产品或场景需求而异。

（8）停车收费管理系统。停车收费管理系统通过安装在车辆出入口地面下的感应线圈，感应车辆的出入，通过人工/半自动/全自动收费管理系统，实现收费和控制电动栏杆的启闭等。该系统布线仅限于车场的出入口处，每一个出入口由一台控制器控制，控制器可以独立工作，也可以与上位管理计算机联网，其布线结构和传输介质因产品或场景需求而异。

（9）楼宇自控系统。楼宇自控系统通过与现场控制器相连的各种检测和执行器件，对大楼内外的各种环境参数以及楼内各种设备（如空调、给排水、照明、供配电、电梯等设备）的工作状态进行检测、监视和控制，并通过计算机网络连接各现场控制器，对楼内的资源和设备进行合理分配和管理，达到舒适、便捷、节省、可靠的目的。楼宇自控系统不同厂家的产品所采用的通信协议各不相同，其现场总线和控制总线的拓扑结构和传输介质也就不同。

（10）智能化系统。智能化系统指的是由现代通信与信息技术、计算机网络技术、行业技术、智能控制技术汇集而成的，针对某一领域或场景应用的智能集合。随着信息技术的不断发展，其技术含量及复杂程度也越来越高，智能化的概念开始逐渐渗透到各行各业以及人们生活中的方方面面，相继出现了智能住宅小区、智能医院、智能楼宇等，都以智能化建筑为基点生发开来。因此我们通常提到的智能化系统，都是指智能化建筑系统。

此外，弱电工程还有电视会议系统、屏幕显示系统、扩声系统、巡更系统、楼宇对讲系统、三表（水、电、气表）自动抄表系统等。因此，不同功能的建筑物需要设置的弱电系统各不相同。在弱电工程实际工作中，设计者通常从线路集成（共享）、网络集成、功能集成和软件界面集成等方面来考虑各弱电系统间的集成应用。

总之，弱电工程是一项技术性较强的系统工程，要真正做好一个建筑弱电系统的集成，不仅要求弱电工程师对各弱电系统产品的功能、技术参数以及施工、安装、调试等有比较深的掌握，还要对建筑的给排水系统、供配电系统、通风空调系统、照明系统、电梯系统等有比较全面的了解。同时，由于建筑弱电系统涉及通信、计算机、控制以及显示等多项技术含量高、更新发展快的现代化高新技术，所以在系统集成的具体实施过程中，在很多技术性比较强的细节问题的解决上，还需要各方面的专业技术人员的支持、合作和融合创新。

7.2.2　网络集成

网络系统集成就是在网络工程中，根据场景化应用的需要，运用技术、管理等手段，将网络基础设施、网络设备、网络系统软件、网络基础服务系统以及计算机硬件设备、软件系统、应用软件等组织集成为一体，使之能组建成为一个完整、可靠、经济、安全、高效的计算机网络系统的全过程。从技术角度来看，网络系统集成是将计算机技术、网络技术、控制技术、通信技术、应用系统开发技术、建筑装修等技术综合运用到网络工程中的一门综合技术。网络集成工程一般包括项目前期方案，线路、弱电等施工，网络设备架设，各种系统架设和网络后期维护等项目建设和信息技术服务工作。

计算机网络系统集成通常比较复杂，特别是大型网络系统更是如此，因为网络集成不仅涉及技术问题，而且涉及组织的管理问题。从技术角度讲，网络集成不仅涉及不同厂家的网络设备和管理软件，也会涉及异构和异质网络系统的互联问题。从管理角度讲，每个组织的管理方式和管理思想千差万别，实现向网络化管理的转变会面临许多人为的因素。因此，在实际网络集成项目中需结合组织的实际情况，通过建立网络系统集成的体系框架来指导网络系统建设是相当关键的问题。计算机网络集成的一般体系框架通常包括网络传输子系统、交换子系统、网管子系统和安全子系统等。

1. 传输子系统

传输是网络的核心，是网络信息的"公路"和"血管"。传输线路带宽的高低不仅体现了网络的通信能力，也体现了网络的现代化水平。并且，传输介质在很大程度上也决定了通信的质量，从而直接影响到网络协议。目前主要的传输介质分为无线传输介质和有线传输介质两大类。常用的无线传输介质主要包括无线电波、微波、红外线等，常用的有线传输介质主要包括双绞线、同轴电缆、光纤等。

2. 交换子系统

网络按所覆盖的区域可分为局域网、城域网和广域网，因此，网络交换也可以分为局域网交换技术、城域网交换技术和广域网交换技术。

（1）局域网交换技术。局域网可分为共享式局域网和交换式局域网两种。共享式局域网通常是共享高速传输介质，例如以太网（包括快速以太网和千兆以太网等）、令牌环（Token Ring）、FDDI 等；交换式局域网是指以数据链路层的帧或更小的数据单元（称为信元）为交换单位，以硬件交换电路构成的交换设备。交换式网络具有良好的扩展性和很高的信息转发速度，能适应不断增长的网络应用的需要。

（2）城域网交换技术。城域网是在一个城市范围内所建立的计算机通信网。由于采用具有有源交换元件的局域网技术，网络中传输时延较小，它的传输媒介主要是光缆。城域网的典型应用即为宽带城域网，就是在城市范围内，以 IP 和 ATM 电信技术为基础，以光纤作为传输媒介，集数据、语音、视频服务于一体的高带宽、多功能、多业务接入的多媒体通信网络。作为城市最重要的基础设施之一，城市信息网络正变得越来越重要。

（3）广域网交换技术。广域网是连接不同地区局域网或城域网计算机通信的远程网。通常跨接很大的物理范围，所覆盖的范围从几十公里到几千公里，它能连接多个地区、城市和国家，或横跨几个洲，并能提供远距离通信，形成国际性的远程网络。广域网并不等同于互联网，一般所指的互联网属于一种公共型的广域网。广域网的主要技术有：

- 电路交换：是指通过由中间节点建立的一条专用通信线路来实现两台设备的数据交换。例如，电话网就是采用电路交换技术。电路交换的优点是，一旦建立起通信线路，通信双方能以恒定的传输速率传输数据，而且时延小；其缺点是通信线路的利用率较低。
- 报文交换：是指通信双方无专用线路，而是以报文为单位交换数据，通过节点的多次"存储转发"将发方报文传送到目的地。报文交换的优点是通信线路的利用率较高，缺点是报文传输时延较大。
- 分组交换：是指将数据划分成固定长度的分组（长度远小于报文），然后进行"存储转发"，从而实现更高的通信线路利用率、更短的传输时延和更低的通信费用。
- 混合交换：主要是指同时使用电路交换技术和分组交换技术。典型的应用是ATM交换技术。

3. 安全子系统

由于网络的发展，安全问题一直是网络研究和应用关注的热点。网络安全主要关注的内容包括：

- 使用防火墙技术，防止外部侵犯。防火墙技术主要有分组过滤技术、代理服务器和应用网关等。
- 使用数据加密技术，防止任何人从通信信道窃取信息。目前主要的加密技术包括对称加密算法（如DES）和非对称加密算法（如RSA）。
- 访问控制，主要是通过设置口令、密码和访问权限保护网络资源。

4. 网管子系统

网络是一种动态结构。随着组织规模的扩大和改变，网络也会跟着扩大和改变。配置好网络以后，必须对其进行有效的管理，确保网络能连续不断地满足组织的需要。对于任何网管子系统来说，关键的任务便是保证网络良好地运行。由于网络规模的扩大，通常会出现网络"瓶颈"问题，使系统的速度放慢。网管的职责便是找出瓶颈并解决它。

5. 服务子系统

网络服务是网络应用最核心的问题。带宽再高的网络，如果没有好的网络服务，就不能发挥网络的效益。网络服务主要包括互联网服务、多媒体信息检索、信息点播、信息广播、远程计算和事务处理以及其他信息服务等。

7.2.3　数据中心集成

数据中心集成通常包括数据中心基础设施、通信机房、计算中心、数据处理中心、分布式计算、电信设备、网络和安全设备等集成环境。在数据中心集成建设中，机房建设或改造是基础的工程，机房建设或改造包括网络中心机房、高性能计算机机房和相关辅助机房的建设、改造和装修，此外还包括机房 UPS 电源、空调、接地和防雷工程及其他配套设施（如弱电工程）等。

1. 机柜集成

在数据中心集成项目中，机房设备必不可少，而机柜又是其中的主要设备之一。项目工作人员在安装机柜之前，首先对机房可用空间进行规划，考虑设备的散热和设备维护，同时明确机柜安装流程。具体机柜集成安装工作包括安装前的准备工作（如场地划线、机柜及其附件拆箱等工作）、按照机柜安装流程进行施工（如机柜摆放、强电线与弱电线等固定电线，强电线通常是指机箱电源线的用电电线，弱电线通常是指网线、电话线等）以及机柜安装后的调试等。

2. 服务器集成

服务器是系统集成中的关键设备。服务器的作用就是向工作站提供处理器、内存、磁盘、打印机、软件数据等资源和服务，并负责协调管理这些资源。服务器集成工作就是要把服务器设备按项目实施方案及其安装顺序安装到机柜中，并基于项目实施方案或系统设计方案中的服务器系统设计进行服务器操作系统调试。在服务器集成实施工作之前，需要熟悉项目实施方案中的服务器设计方案，包括网络拓扑、服务器应用设计、服务器资源划分、服务器运行要求等。针对网络服务器，由于网络服务器要同时为网络上所有的用户服务，因此要求网络服务器具有较高的性能，包括较快的处理速度、较大的内存、较大的磁盘容量和高可靠性。根据网络的应用情况和规模，网络服务器可选用高配置微机、工作站、小型机、超级小型机和大型机等。选择网络服务器时要考虑以下因素：① CPU 的速度和数量；②内存容量和性能；③总线结构和类型；④磁盘容量和性能；⑤容错性能；⑥网络接口性能；⑦服务器软件等。

3. 存储集成

存储集成实施通常与服务器集成相辅相成，存储设备集成时要考虑以下因素：①磁盘阵列空间和类型；②配置硬盘的数量；③ RAID 控制器结构；④支持 RAID 0、RAID 1、RAID 5 或更多类型；⑤ IOPS 读写性能和数据传输能力；⑥满足高可靠性，配置冗余热插拔的电源、风扇等。同时，基于互联网技术的发展和信息化的广泛应用，云存储越来越普及，云存储的应用领域也越来越广。云集成存储通常是指将数据分层和 / 或隐藏在基于云端的存储技术。

4. 网络设备集成

网络设备集成工作通常基于软硬件集成项目中的网络规划与设计，进行设备上架和连接，并完成网络测试。网络规划与设计内容包括拓扑规划、设备安装部署设计、网络规划等。其中，网络规划通常又包括 WAN 规划、LAN 规划、IP 地址规划、路由规划、无线规划、网管规划、服务规划和安全规划等。网络设备通常包括核心交换机、汇聚交换机、接入交换机、路由器、中继器、集线器、网关、网桥等。

5. 安全设备集成

数据中心是组织信息环境最重要的部位之一，是信息化的神经中枢，数据中心的设计、集成实施和建设应具备满足业务需求和安全管理要求的安全性，同时还要保持充足的带宽和系统可靠性。安全设备集成工作主要为围绕网络安全建设规划方案，对防火墙系统、网络入侵防御系统、网络入侵检测系统、病毒过滤网关、漏洞扫描、主机监控与审计、网络安全审计、数据库审计、日志审计系统、Web 应用防护、网页防篡改、安全管理平台、堡垒机以及 VPN 系统等安全系统和设备进行集成实施安装部署和测试工作。

7.3　软件集成

软件是实现信息系统运行、互联互通、数据计算与管理的基础载体，是信息系统集成的直接执行者，面向场景化的业务信息系统，需要基础软件和应用软件的充分融合，也需要基础软件之间、应用软件之间高效能、高质量的集成。

7.3.1　基础软件集成

操作系统、数据库、中间件等作业驱动计算机运行的关键组件，是信息系统集成的重点关注内容，随着计算机及网络性能的大幅提升和新型技术的成熟应用，尤其是随着计算机系统走向云化和互联网化，各类基础软件的结构、功能、用途等都持续发生变化，总体来说，朝着更加便捷、高效集成的方向发展。

1. 操作系统

操作系统（Operating System，OS）是计算机系统中最基本，也是最为重要的基础性系统软件，它是一组主管并控制计算机操作、运用和运行硬件、软件资源以及提供公共服务来组织用户交互的相互关联的系统软件程序。

1）分类与功能

操作系统种类繁多，根据运行的环境，操作系统可以分为桌面操作系统、服务器操作系统、手机操作系统、嵌入式操作系统等。从功能角度分析，分别有批处理操作系统、实时操作系统、分时操作系统、网络操作系统、分布式操作系统等。批处理操作系统是最早的操作系统类型之一，它的主要功能是批量执行一系列事先编写好的作业。用户将作业提交给操作系统，系统按顺序执行并输出结果；实时操作系统主要应用于对时间敏感的系统，如航空航天、工业自动化等领域，可分为硬实时系统和软实时系统；分时操作系统是为多用户和多任务而设计的操作系统，它可以同时为多个用户提供服务，每个用户的任务在时间上交替执行，给用户一种同时独占计算机的感觉；网络操作系统是为网络环境而设计的操作系统，它提供了一组管理网络资源和服务的功能，使得多个计算机可以协同工作、共享资源；分布式操作系统是一种多台计算机协同工作的操作系统，它将计算和存储任务分布到多台计算机上，以提高整个系统的性能和可靠性。目前我国自主研发的操作系统主要有中标麒麟、银河麒麟、深度 Deepin、华为鸿蒙等，各类组织都在深度参与操作系统的开发、适配和应用，进一步激发和繁荣我国在该领域的发展。

操作系统集成是围绕其主要功能开展安装部署和性能优化工作，操作系统功能主要包括以下几个方面：

- 进程管理：其工作主要是进程调度，在单用户单任务的情况下，处理器仅为一个用户的一个任务所独占，进程管理的工作十分简单。但在多道程序或多用户的情况下，组织多个作业或任务时，就要解决处理器的调度、分配和回收等问题。
- 存储管理：分为存储分配、存储共享、存储保护、存储扩张等功能。
- 设备管理：具有设备分配、设备传输控制、设备独立性等功能。
- 文件管理：具有文件存储空间管理、目录管理、文件操作管理、文件保护等功能。
- 作业管理：负责处理用户提交的任何要求。

2）网络操作系统

网络操作系统是一种可代替一般操作系统的软件程序，是网络环境的心脏和灵魂，是向网络计算机提供服务的特殊操作系统。信息系统通过网络实现互相传递数据与各种消息，结构上可分为服务器及客户端。服务器的主要功能是管理服务器和网络上的各种资源和网络设备的共用，加以统合并管控流量，避免瘫痪；客户端具备接收服务器所传递的数据来运用的功能，以便让客户端可以清楚地搜索所需的资源。因此，网络操作系统的主要任务是调度和管理网络资源，为网络用户提供统一、透明使用网络资源的手段。网络资源主要包括网络服务器、工作站、打印机、网桥、路由器、交换机、网关、共享软件和应用软件等。网络操作系统的基本功能包括：

- 数据共享：数据是网络最主要的资源，数据共享是网络操作系统最核心的功能。
- 设备共享：网络用户共享比较昂贵的设备，例如激光打印机、大屏幕显示器、绘图仪、大容量磁盘等。
- 文件管理：管理网络用户读/写服务器文件，并对访问操作权限进行协调和控制。
- 名字服务：网络用户注册管理，通常由域名服务器完成。
- 网络安全：防止非法用户对网络资源的操作、窃取、修改和破坏。
- 网络管理：包括网络运行管理和网络性能监控等。
- 系统容错：防止主机系统因故障而影响网络的正常运行，通常采用UPS电源监控保护、双机热备份、磁盘镜像和热插拔等技术措施。
- 网络互联：将不同的网络互联在一起，实现彼此间的通信与资源共享。
- 应用软件：支持电子邮件、数据库、文件服务等各种网络应用。

3）分布式操作系统

分布式操作系统是为分布计算系统配置的操作系统。它在资源管理、通信控制和操作系统的结构等方面都与其他操作系统有较大的区别。由于分布式操作系统的资源分布于系统的不同计算机上，操作系统对用户的资源需求不能像一般操作系统那样采用等待有资源时直接分配的简单做法，而是要在系统的各台计算机上搜索，找到所需资源后才可进行分配。对于有些资源，如具有多个副本的文件，还必须考虑一致性等。所谓一致性，是指若干用户对同一个文件所同时读出的数据是一致的。为了保证一致性，操作系统须控制文件的读、写、操作等，使得多个用户可同时读一个文件，而任一时刻最多只能有一个用户在修改文件。分布式操作系统的通信功能类似于网络操作系统。分布式操作系统不像网络分布得很广，且分布式操作系统还要支持并行处理，因此它提供的通信机制和网络操作系统提供的有所不同，它要求通信速度更高、稳定性更强。分布式操作系统的结构也不同于其他操作系统，它分布于系统的各台计算机上，能并行地处理用户的各种需求，有较强的容错能力。

4）虚拟化与安全

操作系统虚拟化作为容器的核心技术，得到了研究者的广泛关注。操作系统虚拟化技术允许多个应用在共享同一主机操作系统（Host OS）内核的环境下隔离运行，主机操作系统为应用提供一个个隔离的运行环境，即容器实例。操作系统虚拟化技术架构可以分为容器实例层、容器管理层和内核资源层。操作系统虚拟化与传统虚拟化最本质的不同在于，传统虚拟化需要安装客户机操作系统（Guest OS）才能执行应用程序，而操作系统虚拟化通过共享的宿主机操作系统来取代客户机操作系统。

随着计算机网络与应用技术的不断发展，计算机信息系统安全问题越来越引起人们的关注。信息系统一旦遭受破坏，用户及单位将遭受重大的损失。对信息系统进行有效的保护，是我们必须面对和解决的迫切课题，而操作系统安全在计算机系统整体安全中至关重要，做好操作系统安全加固和优化服务是实现信息系统安全的关键环节。当前，对操作系统安全构成威胁的问题主要有系统漏洞、脆弱的登录认证方式、访问控制问题、计算机病毒、木马、系统后门、隐蔽通道、恶意程序和代码感染等。加强操作系统安全加固工作也是整个信息系统安全的基础。

目前，在信创产业快速发展的大势之下，信创操作系统将迅速崛起。操作系统的集成工作，主要是基于项目实施方案（系统部署方案），围绕操作系统安装、资源分配、系统管理等项目任务，开展集成实施交付工作，以及基于信创环境的操作系统应用的适配、测试、验证和性能调优等工作。

2. 数据库

数据库是按照数据结构来组织、存储和管理数据的仓库，是一个长期存储在计算机内的、有组织的、可共享的、统一管理的大量数据的集合。数据库管理系统是为管理数据库而设计的计算机软件系统，一般具有存储、截取、安全保障、备份等基础功能。因此，数据库管理系统是数据库系统的核心组成部分，主要完成对数据库的操作与管理功能，实现数据库对象的创建，以及数据库存储数据的查询、添加、修改与删除操作和数据库的用户管理、权限管理等。数据库管理系统安全直接关系到整个数据库系统的安全。

分布式数据库是数据库技术与分布式技术的一种结合。分布式数据库技术是指把在地理意义上分散的各个数据库节点，但在计算机系统逻辑上又是属于同一个系统的数据结合起来的一种数据库技术。既有着数据库间的协调性，也有着数据的分布性。分布式数据库系统并不注重系统的集中控制，而是注重每个数据库节点的自治性。此外，为了让程序员能够在编写程序时减轻工作量，并减少系统出错的可能性，一般都完全不考虑数据的分布情况，这样就使得系统数据的分布情况一直保持着透明性。

数据库的集成工作，主要是基于项目实施方案（包括数据库建设方案或数据库设计），围绕数据库系统安装、数据库创建、数据库迁移、数据库备份与恢复、数据库管理等项目任务，开展集成实施交付工作，以及基于信创环境的数据库应用的适配、测试、验证和性能调优等工作。

3. 中间件

中间件是基础软件的一大类，属于可复用软件的范畴。顾名思义，中间件处于操作系统软件与用户的应用软件的中间，即中间件在操作系统、网络和数据库之上，应用软件的下层，它总的作用是为处于自己上层的应用软件提供运行与开发的环境，帮助用户灵活、高效地开发和集成复杂的应用软件。

1）中间件的功能

中间件是独立的系统级软件，连接操作系统层和应用程序层，将不同操作系统提供的应用接口标准化，协议统一化，屏蔽具体操作的细节。通常来看，中间件一般提供通信支持、应用支持、公共服务等功能。

- 通信支持。中间件为其所支持的应用软件提供平台化的运行环境，该环境屏蔽底层通信之间的接口差异，实现互操作，所以通信支持是中间件最基本的功能。早期应用与分布式中间件交互的主要通信方式为远程调用和消息。通信模块中，远程调用通过网络进行通信，通过支持数据的转换和通信服务，从而屏蔽不同的操作系统和网络协议。远程调用提供基于过程的服务访问，只为上层系统提供非常简单的编程接口或过程调用模型。消息提供异步交互的机制。

- 应用支持。中间件的目的是服务上层应用，提供应用层不同服务之间的互操作机制。中间件为上层应用开发提供统一的平台和运行环境，并封装不同操作系统提供的API接口，向应用系统提供统一的标准接口，使应用系统的开发和运行与操作系统无关，实现其独立性。中间件的松耦合的结构、标准的封装服务和接口、有效的互操作机制，都给应用结构化和开发方法提供了有力的支持。

- 公共服务。公共服务是对应用软件中的共性功能或约束的提取。将这些共性的功能或者约束分类实现，并支持复用，作为公共服务提供给应用程序使用。通过提供标准、统一的公共服务，可减少上层应用的开发工作量，缩短应用的开发时间，并有助于提高应用软件的开发效率和质量。

2）中间件的分类

中间件技术的发展，经历了面向过程的分布式计算技术、面向对象的分布式计算技术、面向 Agent（代理）的分布式计算技术等多个阶段。中间件产品通常分为事务式中间件、过程式中间件、面向消息的中间件、面向对象中间件、交易中间件、Web 应用服务器等。

- 事务式中间件：又称为事务处理管理程序，是当前应用最广泛的中间件之一，其主要功能是提供联机事务处理所需的通信、并发访问控制、事务控制、资源管理、安全管理、负载平衡、故障恢复和其他必要的服务。事务式中间件支持大量客户进程的并发访问，具有极强的扩展性。由于事务式中间件具有可靠性高、极强的扩展性等特点，它主要应用于金融、电信、电子商务、电子政务等拥有大量客户的行业和领域。

- 过程式中间件：又称为远程过程调用中间件。过程式中间件一般从逻辑上分为两部分：客户机和服务器。客户机和服务器是一个逻辑概念，既可以运行在同一计算机上，也可以运行在不同的计算机上，甚至客户机和服务器底层的操作系统也可以不同。客户机和服务器之间的通信可以使用同步通信，也可以采用线程式异步调用。所以过程式中间件有较好的异构支持能力，简单易用。但由于客户机和服务器之间采用访问连接，所以在易剪裁性和容错性等方面有一定的局限性。

- 面向消息的中间件：简称为消息中间件，它是一类以消息为载体进行通信的中间件，利用高效可靠的消息机制，来实现不同应用间大量的数据交换。按其通信模型的不同，消息中间件的通信模型有两类：消息队列和消息传递。通过这两种通信模型，不同应用之间的通信和网络的复杂性脱离，摆脱对不同通信协议的依赖，可以在复杂的网络环境中高可靠、高效率地实现安全的异步通信。消息中间件的非直接连接，支持多种通信规程，达到多个系统之间的数据共享和同步。

- 面向对象中间件：又称为分布对象中间件，是分布式计算技术和面向对象技术发展的结合，简称为对象中间件。分布对象模型是面向对象模型在分布异构环境下的自然拓展。面向对象中间件给应用层提供各种不同形式的通信服务，通过这些服务，上层应用对事务处理、分布式数据访问、对象管理等处理更简单易行。

- 交易中间件：是一种专门针对联机交易处理系统而设计的软件。联机交易处理系统需要处理大量的并发进程，而处理并发进程势必涉及操作系统、文件系统、编译语言、数据库系统等各类基础软件和应用软件，是一项相当复杂的任务，但这类高难度的工作可以通过采用交易中间件使之简化。使用交易中间件可以大大减少开发一个联机交易处理系统所需的编程工作量。

- Web应用服务器：是Web服务器和应用服务器相结合的产物。应用服务器中间件可以说是软件的基础设施，利用构件化技术将应用软件整合到一个确定的协同工作环境中，并提供多种通信机制、事务处理能力以及应用的开发管理功能。由于直接支持三层或多层应用系统的开发，应用服务器受到了业界的广泛欢迎，是中间件市场上的热点，J2EE架构是应用服务器方面的主流标准。

随着信息技术的应用和发展，新的应用需求、技术创新、应用领域促成了新的中间件产品的出现。如互联网中云计算技术发展的云计算中间件、物流网的中间件等，随着应用市场的需求应运而生。中间件的集成工作，主要是基于项目实施方案（服务器部署和中间件部署方案），围绕中间件安装、应用部署、中间件管理等项目任务，开展集成实施交付工作，以及基于信创环境的中间件应用的适配、测试、验证和性能调优等工作。

4. 办公软件

办公软件的应用范围很广，小到会议记录、数字化的办公，大到社会统计，都离不开办公软件的工作支撑。办公软件通常是指可以进行文字处理、表格制作、幻灯片制作、图形图像处理、简单数据库处理等工作的软件。当前，办公软件朝着操作简单化、功能细化等方向发展。另外，在有些范围和领域，如政务用的电子政务、税务用的税务系统、企业用的协同办公软件，也属于办公软件的范畴。

当前办公软件的集成工作主要涉及流式软件和版式软件。对流式文档进行处理的软件就是流式软件，其特长在于所见即所得地编辑文档。对版式文档进行处理的软件就是版式软件，其特长在于原封不动地显示、打印、分享原文件内容，不做任何改动与编辑。

金山的 WPS Office 软件就是典型的流式软件，所保存的文档就是流式文件。流式文件支持编辑，其内容是流动的，中间键入新内容将导致后面的内容"流"到下一行或下一页去。流式文件在不同的软硬件环境中，显示效果是会发生变化的，比如，同一个 Word 文档，在不同版本的 Office 软件中或者不同分辨率的计算机上，显示效果都是有所不同的，也就是"跑版"现象。

针对版式软件，当前业界有两种版式标准：一种是国际版本 PDF；另一种是国家标准 OFD。OFD 简单来说就是国家标准版式，一般应用于政务领域公文、文件等业务中。当前各类 PDF 阅读器、编辑器就是典型的版式软件，所保存的 PDF 文档就是版式文件。版式文件形成后，不可编辑和篡改正文，只能在其上附加注释印章等信息。所以，版式文档非常适合做高度严肃、版面高度精确的文档的载体，如电子公文、电子证照、电子凭据等。与流式文件相比，版式文档不会"跑版"，在任何设备上显示和打印效果是高度精确一致的。

目前，办公软件的集成工作主要是基于信创环境下的办公软件产品进行安装、管理和应用，尤其是基于信创环境办公软件的适配、测试、验证和性能调优等工作。

7.3.2　应用软件集成

随着软件工程面向对象技术和网络技术的发展，信息系统开发环境也逐步体现出从结构化到面向对象、从集中到分布、从同构到异构、从独立到集成、从辅助到智能、从异步到协同的发展趋势。应用系统的开发已从以单机为中心逐步过渡到以网络环境为中心，成千上万台个人计算机与工作站已变成全球共享的庞大的计算机信息资源。开放系统可让用户透明地应用由不同厂商制造的不同硬件平台、不同操作系统组成的异构型计算资源，在千差万别的信息资源（异构的、网络的、物理性能差别很大的、不同厂商和不同语言的信息资源）的基础上构造起信息共享的分布式系统。面对这样的趋势，必须对面向对象技术进行改进和扩展，使之符合异构网络应用的要求。就用户来说，这种软件构件能够"即插即用"，即能从所提供的对象构件库中获得合适的构件并重用；就供应商来说，这种软件构件便于用户裁剪、维护和重用。当然，应用软件集成还包括对应用软件本身上线运行的性能进行持续优化。由此可见，应用软件集成就是指，根据软件需求，把现有软件构件重新组合，以较低的成本、较高的效率实现目的要求的技术和集成方法。基于此，应用软件系统之间的集成和整合势在必行。应用软件系统集成和整合的常见方式有软件系统间以接口方式相互调用、软件系统功能完全融合在一个系统中、软件系统之间使用单点登录等，被产业界公认的解决应用集成的最佳方式是 SOA。应用软件系统集成的功能通常包括界面集成、功能集成、接口集成以及系统对应的数据集成等。

应用系统的组件化将大而全的软件分解成很多小部分，每一小部分和其他部分都是松耦合的关系。信息在应用内的组件之间的流动要非常高效，否则工作的体验和生产效率就会受到影响。因此，集成工作者做了大量工作，致力于改进组件间信息的交换。在应用软件集成领域，移动和移动工作的巨大作用鼓励越来越多的应用系统组件化。应用系统组件化的一大驱动因素是组件重用，从一个通用组件集构建出多个应用。根据业务和信息发展需要，要在应用间重用组件，应用本身的壁垒被打破，应用集成和组件集成成为趋势。组件集成工具，比如服务和消息总线或服务数据定义语言，也能够用来集成应用程序。

当前，云计算和虚拟化已经打破了应用程序或者组件和服务器资源之间的传统壁垒。服务器已经是资源池的一部分，一些服务器甚至可能在组织外的公有云上。任何功能都可能运行在任何地方，因此需要记录下来它到底在哪里运行，这样其他组件才能够找到它。以动态方式部署应用意味着在部署组件之间提供动态的链接。

应用集成随着应用开发的进化在不停演变，促使应用集成也在持续改进。敏捷运营创建出了新工具集的需求，并且这些工具已经进化为更为复杂的编排工具，来部署并且链接运行在资源池上的应用和组件。这些工具随着进化和改进，吸收了曾经是应用集成传统部分的功能。

在软件集成的大背景下，出现了有代表性的软件构件标准，如公共对象请求代理结构（Common Object Request Broker Architecture，CORBA）、COM、DCOM 与 COM+、.NET、J2EE 应用架构等标准。

1. CORBA

对象管理组织（Object Management Group，OMG）是 CORBA 规范的制定者，是由 800 多个信息系统供应商、软件开发者和用户共同构成的国际组织，建立于 1989 年。OMG 在理论上和实践上促进了面向对象软件的发展。OMG 的目的则是将对象和分布式系统技术集成为一个可相互操作的统一结构，此结构既支持现有的平台，也将支持未来的平台集成。以 CORBA 为基础，利用 JINI 技术，可以结合各类电子产品成为网络上的服务资源，使应用集成走向更广阔的应用领域，同时 Object Web 把 CORBA 的技术带入了 Internet 世界。CORBA 是 OMG 进行标准化分布式对象计算的基础。CORBA 自动匹配许多公共网络任务，例如对象登记、定位、激活、多路请求、组帧和错误控制、参数编排和反编排、操作分配等。CORBA 具有以下功能：

（1）对象请求代理（Object Request Broker，ORB）。在 CORBA 中，各个模块的相互作用都是通过对象请求代理完成的。ORB 的作用是把用户发出的请求传给目标对象，并把目标对象的执行结果返回给发出请求的用户。因此，ORB 是以对象请求的方式实现应用互操作的构架，它提供了用户与目标对象间的交互透明性，是人们能够有效使用面向对象方法开发分布式应用的基础，而 ORB 是整个参考模型的核心。

（2）对象服务。CORBA 对象服务扩展了基本的 CORBA 体系结构。它的对象服务代表了一组预先实现的、软件开发商通常需要的分布式对象，其接口与具体应用领域无关，所有分布式对象程序都可以使用。目前 CORBA 共规范定义了 15 种服务，如名录服务（Naming Service）、事件服务（Event Service）、生命周期服务（Life Cycle Service）、关系服务（Relationship Service）以及事务服务（Transaction Service）等。

（3）公共功能（Common Facility）。公共功能与对象服务的基本功能类似，只是公共功能是面向最终用户的应用。例如，分布式文档组件功能（基于 OpenDoc 的组件文档公共功能）就是公共功能的一个例子。

（4）域接口（Domain Interface）。提供与对象服务和公共功能相似的接口，但这些接口是面向特定应用领域的。这些领域包括制造业、电信、医药和金融业等。

（5）应用接口（Application Interface）。提供给应用程序开发的接口。

目前，CORBA 规范本身还处于不断发展的过程中，随着与其他相关技术的结合，CORBA 将能够为应用开发提供功能更强大的服务。

2. COM

COM 中的对象是一种二进制代码对象，其代码形式是 DLL 或 EXE 执行代码。COM 中的对象都被直接注册在 Windows 的系统库中，所以，COM 中的对象都不再是由特定的编程语言及其程序设计环境所支持的对象，而是由系统平台直接支持的对象。COM 对象可能由各种编程语言实现，并为各种编程语言所引用。COM 对象作为某个应用程序的构成单元，不但可以作为该应用程序中的其他部分，而且可以单独地为其他应用程序系统提供服务。

COM 技术要达到的基本目标是：即使对象是由不同的开发人员用不同的编程语言实现的，在开发软件系统时，仍能够有效地利用已经存在于其他已有软件系统中的对象，同时，也要使当前所开发的对象便于今后开发其他软件系统时进行重用。

为了实现与编程语言的无关性，将 COM 对象制作成二进制可执行代码，然后在二进制代码层使用这种标准接口的统一方式，为对象提供标准的互操作接口，并且由系统平台直接对 COM 对象的管理与使用提供支持。COM 具备了软件集成所需要的许多特征，包括面向对象、客户机 / 服务器、语言无关性、进程透明性和可重用性。

（1）面向对象。COM 是在面向对象的基础上发展起来的。它继承了对象的所有优点，并在实现上进行了进一步的扩充。

（2）客户机 / 服务器。COM 以客户机 / 服务器（C/S）模型为基础，且具有非常好的灵活性，如图 7-1 所示。

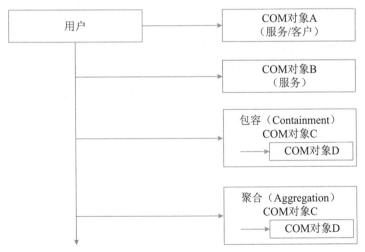

图 7-1　在 COM 应用中的 C/S 计算模型

（3）语言无关性。COM 规范的定义不依赖于特定的语言，因此，编写构件对象所使用的语言与编写用户程序使用的语言可以不同，只要它们都能够生成符合 COM 规范的可执行代码即可。

（4）进程透明性。COM 提供了 3 种类型的构件对象服务程序，即进程内服务程序、本地服务程序和远程服务程序。

（5）可重用性。可重用性是任何对象模型的实现目标，尤其对于大型的软件系统，可重用性非常重要，它使复杂的系统简化为一些简单的对象模型，体现了面向对象的思想。COM 用两种机制（包容和聚合）来实现对象的重用。对于 COM 对象的用户程序来说，它只是通过接口使用对象提供的服务，并不需要关心对象内部的实现过程。

3. DCOM 与 COM+

DCOM 作为 COM 的扩展，不仅继承了 COM 的优点，而且针对分布环境提供了一些新的特性，如位置透明性、网络安全性、跨平台调用等。DCOM 实际上是对用户调用进程外服务的一种改进，通过 RPC 协议，使用户通过网络可以以透明的方式调用远程机器上的远程服务。在调用的过程中，用户并不是直接调用远程机器上的远程服务，而是首先在本地机器上建立一个远程服务代理，通过 RPC 协议，调用远程服务机器上的存根（stub），由存根来解析用户的调用以映射到远程服务的方法或属性上。

COM+ 为 COM 的新发展或 COM 更高层次上的应用，其底层结构仍然以 COM 为基础，几乎包容了 COM 的所有内容。COM+ 倡导了一种新的概念，它把 COM 组件软件提升到应用层而不再是底层的软件结构，通过操作系统的各种支持，使组件对象模型建立在应用层上，把所有组件的底层细节留给操作系统。因此，COM+ 与操作系统的结合更加紧密。COM+ 的主要特性包括：真正的异步通信、事件服务、可伸缩性、继承并发展了 MTS 的特性、可管理和可配置性、易于开发等。

（1）真正的异步通信。COM+ 底层提供了队列组件服务，这使用户和组件有可能在不同的时间点上协同工作，COM+ 应用无须增加代码就可以获得这样的特性。

（2）事件服务。新的事件机制使事件源和事件接收方实现事件功能更加灵活，利用系统服务简化了事件模型，避免了 COM 可连接对象机制的琐碎细节。

（3）可伸缩性。COM+ 的可伸缩性来源于多个方面，动态负载平衡以及内存数据库、对象池等系统服务都为 COM+ 的可伸缩性提供了技术基础。COM+ 的可伸缩性原理上与多层结构的可伸缩特性一致。

（4）继承并发展了 MTS 的特性。从 COM 到 MTS 是一个概念上的飞跃，但实现上还欠成熟，COM+ 则完善并实现了 MTS 的许多概念和特性。

（5）可管理和可配置性。管理和配置是应用系统开发完成后的行为，在软件维护成本不断增加的今天，COM+ 应用将有助于软件厂商和用户减少这方面的投入。

（6）易于开发。COM+ 应用开发的复杂性和难易程度将决定 COM+ 的成功与否，虽然 COM+ 开发模型比以前的 COM 组件开发更为简化，但真正提高开发效率仍需要借助于一些优秀的开发工具。

COM+ 标志着组件技术达到了一个新的高度，它不再局限于一台机器上的桌面系统，而把目标指向了更为广阔的组织内部网，甚至互联网。COM+ 与多层结构模型，以及 Windows 操作系统为组织应用或 Web 应用提供了一套完整的解决方案。

4. .NET

.NET 是基于一组开放的互联网协议推出的一系列的产品、技术和服务。.NET 开发框架在通用语言运行环境的基础上，给开发人员提供了完善的基础类库、数据库访问技术及网络开发技术，开发者可以使用多种语言快速构建网络应用。.NET 开发框架如图 7-2 所示。

（1）通用语言运行环境（Common Language Runtime，CLR）处于 .NET 开发框架的底层，是该框架的基础，它为多种语言提供了统一的运行环境、统一的编程模型，大大

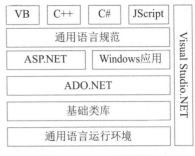

图 7-2　.NET 开发框架

简化了应用程序的发布和升级、多种语言之间的交互、内存和资源的自动管理等。

（2）基础类库（Base Class Library，BCL）给开发人员提供了一个统一的、面向对象的、层次化的、可扩展的编程接口，使开发人员能够高效、快速地构建基于下一代互联网的应用。

（3）ADO.NET 技术用于访问数据库，提供了一组用来连接到数据库、运行命令、返回记录集的类库。ADO.NET 提供了对 XML 的强大支持，为 XML 成为 .NET 中数据交换的统一格式提供了基础。

（4）ASP.NET 是 .NET 中的网络编程结构，可以方便、高效地构建、运行和发布网络应用，ASP.NET 还支持 Web 服务（Web Services）。在 .NET 中，ASP.NET 应用不再是解释脚本，而采用编译运行，再加上灵活的缓冲技术，从根本上提高了性能。

5. J2EE

J2EE 架构是使用 Java 技术开发组织级应用的一种事实上的工业标准，它是 Java 技术不断适应和促进组织级应用过程中的产物。J2EE 为搭建具有可伸缩性、灵活性、易维护性的组织系统提供了良好的机制。J2EE 的体系结构可以分为客户端层、服务器端组件层、EJB 层和信息系统层。

（1）客户端层。本层负责与用户直接交互，J2EE 支持多种客户端，所以客户端既可以是 Web 浏览器，也可以是专用的 Java 客户端。

（2）服务器端组件层。本层是为基于 Web 的应用服务的，利用 J2EE 中的 JSP 与 Java Servlet 技术，可以响应客户端的请求，并向后访问封装有商业逻辑的组件。

（3）EJB 层。本层主要封装了商业逻辑，完成企业计算，提供了事务处理、负载均衡、安全、资源连接等各种基本服务，程序在编写 EJB 时可以不关心这些基本的服务，集中注意力于业务逻辑的实现。

（4）信息系统层。信息系统层包括了组织的现有系统（包括数据库系统、文件系统），J2EE 提供了多种技术以访问这些系统，如 JDBC 访问 DBMS。

在 J2EE 规范中，J2EE 平台包括一整套的服务、应用编程接口和协议，可用于开发一般的多层应用和基于 Web 的多层应用，是 J2EE 的核心和基础。它还提供了对 EJB、Java Servlets API、JSP 和 XML 技术的全面支持等。

7.3.3　其他软件集成

其他软件集成，通常包括针对外部设备驱动的集成适配和优化、安全软件的集成部署和管

理、信息系统监控软件的集成部署和管理，以及运维软件的集成部署和管理等。

7.4　业务应用集成

随着计算机网络和互联网的发展及分布式系统的日益流行，大量异构网络及各计算机厂商推出的软、硬件产品，在分布式系统的各层次（如硬件平台、操作系统、网络协议、计算机应用），乃至不同的网络体系结构上都广泛存在着互操作问题，分布式操作和应用接口的异构性严重影响了系统间的互操作性。要实现在异构环境下的信息交互，实现系统在应用层的集成，需要研究多项新的关键技术。

如果一个业务应用系统支持位于同一层次上的各种构件之间的信息交换，那么称该系统支持互操作性。从开放系统的观点来看，互操作性指的是能在对等层次上进行有效的信息交换。如果一个开放系统提供在系统各构件之间交换信息的机制，也称该系统支持互操作性。如果一个子系统（构件或部分）可以从一个环境移植到另一个环境，称它是可移植的。因此，可移植性是由系统及其所处环境两方面的特征决定的。

集成关心的是个体和系统的所有硬件与软件之间各种人/机界面的一致性。从业务应用集合的一致表示、行为与功能的角度来看，业务应用（构件或部分）的集成化集合提供了一种一致的无缝用户界面。

业务应用集成或组织应用集成（EAI）是指将独立的软件应用连接起来，实现协同工作。借助应用集成，组织可以提高运营效率，实现工作流自动化，并增强不同部门和团队之间的协作。对业务应用集成的技术要求大致有：具有应用间的互操作性、具有分布式环境中应用的可移植性、具有系统中应用分布的透明性。

（1）具有应用间的互操作性。应用的互操作性提供不同系统间信息的有意义交换，即信息的语用交换，而不仅限于语法交换或语义交换。此外，它还提供系统间功能服务的使用功能，特别是资源的动态发现和动态类型检查。

（2）具有分布式环境中应用的可移植性。提供应用程序在系统中迁移的潜力并且不破坏应用所提供的或正在使用的服务，这种迁移包括静态的系统重构或重新安装以及动态的系统重构。

（3）具有系统中应用分布的透明性。分布的透明性屏蔽了由系统的分布所带来的复杂性。它使应用编程者不必关心系统是分布的还是集中的，从而可以集中精力设计具体的应用系统，这就大大减少了应用集成编程的复杂性。

实现上述目标的关键在于，在独立业务应用之间实现实时双向通信和业务数据流，这些应用包括本地应用和云应用，其中云应用正变得越来越多。借助互联互通的流程和数据交换，组织通常可以基于统一的用户界面或服务，协调所有基础设施和应用的各种功能。

1. 业务应用集成的优势

业务应用集成可以给组织带来重要优势，主要包括共享信息、提高敏捷性和效率、简化软件使用、降低 IT 投资和成本、优化业务流程。

（1）共享信息。跨多个独立运维系统创建统一访问点，节省信息搜索时间。不同部门的用户可以访问更新后的数据，这有助于来自不同部门的人员开展更紧密的协作。

（2）提高敏捷性和效率。简化业务流程，提高整体运营效率；利用更强大的功能和管控措施，实现更便捷的信息沟通，并提高工作效率。组织将能快速响应经济和社会变化，大幅减少意外突发事件对业务的影响。

（3）简化软件使用。组织业务应用集成能够打造一个可以访问多个业务应用的统一界面，用户将无须学习不同的软件应用。

（4）降低 IT 投资和成本。连接所有渠道和业务应用的流程，简化新旧系统的集成，减少初始和后续软件投资。

（5）优化业务流程。一键访问业务应用中的近乎实时的数据，轻松利用机器人流程自动化和其他流程优化技术，推动工作流自动化。

2. 业务应用集成的发展历程

20 世纪 80 年代，组织开始利用技术连接本地业务应用，随后，集成不同业务应用的需求应运而生。例如，早期 ERP 系统通常与会计、人力资源、分销和制造系统以及其他后端系统相集成。这些运维应用之间的集成是数据层面的，而非业务应用层面，主要依靠数据集成工具和技术集成数据库。

进入 21 世纪，基于云的软件即服务（Software as a Service，SaaS）应用问世，组织越来越清楚地意识到，人们需要采用不同的集成方法，优化新型云应用与现有本地应用之间的通信。在此之后，业务应用集成技术迅速发展，让组织能够实现这种新的混合集成，支持云应用和本地应用之间的通信和协同。

随着 API 的出现，组织能够通过互联网轻松整合数据，打破组织孤岛，利用来自更多数据源的数据获得更深入、更丰富的洞察。

3. 业务应用集成的工作原理

在信息化业务运营或日常工作开展过程中，当事件或数据发生变化时，业务应用集成会确保不同业务应用之间保持同步。业务应用集成不同于数据集成，数据集成是共享数据，并不存储数据；而业务应用集成是在功能层面将多个业务应用直接连接起来，帮助打造动态且具有高度适应性的应用和服务。

由于业务应用集成重点关注的是工作流层面的应用连接，因此需要的数据存储空间和计算时间并不多。业务应用集成既可以部署在云端，集成 SaaS、CRM 等云应用；也可以部署在受防火墙保护的本地，集成传统 ERP 系统等；还可以部署在混合环境中，集成本地业务应用和托管在专用服务器上的云应用。

业务应用集成可以帮助协调连接各种业务应用的组件，包括应用编程接口（API）、事件驱动型操作、数据映射。

（1）应用编程接口（API）。API 是定义不同软件交互方式的程序和规则，可以支持应用之间相互通信。API 利用特定的数据结构，帮助开发人员快速访问其他应用功能。

（2）事件驱动型操作。当触发器（即事件）启动一个程序或一组操作时，系统就会执行事件驱动型操作。例如，在订单提交后，进行计费并向客户开具发票；管理从 ERP 系统到 CRM

系统的"业务机会到订单"工作流。

（3）数据映射。数据映射是指将数据从一个系统映射到另一个系统，可以定义数据的交换方式，从而简化后续的数据导出、分组或分析工作。例如，用户在一个应用中填写联系信息表，那么这些信息将被映射到相邻应用的相应字段。

如今，各行各业不同规模的组织都在利用业务应用集成实现流程互联和数据交换，以提高业务效率。

7.5   本章练习

1. 选择题

（1）以下关于系统集成的说法，不正确是：_____。

    A. 系统集成是根据组织治理、管理、业务、服务等场景化需求，优选各种信息技术和产品等，并使之能彼此协调工作，达到整体优化的目的

    B. 系统集成一般可以分为软件集成、硬件集成、网络集成、数据集成和业务应用集成等

    C. 系统集成项目属于典型的多学科合作项目

    D. 系统集成是一项聚焦技术的融合活动，安全、产品、服务、人员等因素可不作为关键因素

参考答案：D

（2）_____的主要任务是调度和管理网络资源，为网络用户提供统一、透明使用网络资源的手段。

    A. 单机操作系统   B. 网络操作系统   C. 物联网操作系统   D. 分布式操作系统

参考答案：B

（3）_____的不属于存储集成过程中常见的考虑因素。

    A. 磁盘阵列空间和类型   B. RAID 控制器结构

    C. 存储产品供应商的品牌   D. IOPS 读写性能和数据传输能力

参考答案：C

（4）在应用软件集成活动中，以下不属于代表性的软件构件标准的是：_____。

    A. COBIT   B. CORBA   C. J2EE   D. COM

参考答案：A

（5）在密评的系统评估阶段，依据相关标准要求，_____不属于需要开展评估工作的方面。

    A. 物理和环境   B. 服务和流程   C. 计算和设备   D. 安全管理

参考答案：B

2. 简答题

业务应用集成的工作原理是什么？

参考答案：略

第 8 章　信息安全工程

现代社会已经进入数字时代，其突出的特点是信息的价值在很多方面超过信息处理设施，包括信息载体本身的价值，例如，一台计算机上存储和处理的信息的价值往往超过计算机本身的价值。另外，现代社会的各类组织，包括政府、企业，对信息以及信息处理设施的依赖程度也越来越大，一旦信息丢失或泄密、信息处理设施中断，很多组织的业务也就无法运营了。新时代对于信息的安全提出了更高的要求，信息安全的内涵也不断进行延伸和拓展。

8.1　信息安全管理

通常用"三分技术、七分管理"来形容管理对于各项活动的重要性。信息安全管理贯穿信息安全的全过程，也贯穿信息系统的全生命周期。信息安全管理涉及参与信息系统的各类角色在安全方面的权利、责任和义务等，覆盖安全技术使用、安全产品与系统部署、管理机制设立与监督等。

8.1.1　保障要求

网络与信息安全保障体系中的安全管理建设，通常需要满足以下 5 项原则：

（1）网络与信息安全管理要做到总体策划，确保安全的总体目标和所遵循的原则。

（2）建立相关组织机构，要明确责任部门，落实具体实施部门。

（3）做好信息资产分类与控制，达到员工安全、物理环境安全和业务连续性管理等。

（4）使用技术方法解决通信与操作的安全、访问控制、系统开发与维护，以支撑安全目标、安全策略和安全内容的实施。

（5）实施检查安全管理的措施与审计，主要用于检查安全措施的效果，评估安全措施执行的情况和实施效果。

网络安全与管理至少要成立一个安全运行组织，制定一套安全管理制度并建立一个应急响应机制。组织需要确保以下 3 个方面满足保障要求：

（1）安全运行组织应包括主管领导、信息中心和业务应用等相关部门，领导是核心，信息中心是实体，业务部门是使用者。

（2）安全管理制度要明确安全职责，制定安全管理细则，做到多人负责、任期有限、职责分离的原则。

（3）应急响应机制是主要由管理人员和技术人员共同参与的内部机制，要提出应急响应的计划和程序，提供对安全事件的技术支持和指导，提供安全漏洞或隐患信息的通告、分析和安全事件处理等相关培训。

8.1.2　管理内容

信息安全管理涉及信息系统治理、管理、运行、退役等各个方面，其管理内容往往与组织治理与管理水平，以及信息系统在组织中的作用与价值等方面相关，在 ISO/IEC 27000 系列标准中，给出了组织、人员、物理和技术方面的控制参考，这些控制参考是组织需要策划、实施和监测信息安全管理的主要内容。

1. 组织控制

在组织控制方面，主要包括信息安全策略、信息安全角色与职责、职责分离、管理职责、威胁情报、身份管理、访问控制等。

- 信息安全策略：管理者应根据业务目标发展阶段等，制定清晰的信息安全策略和特定主题的策略，从而为信息安全提供管理指导和支持，并与业务要求和相关的法律法规保持一致。安全策略需要由管理层批准、发布并传达给相关人员和利益相关方确认，并周期性地或在发生重大变化时进行评审。
- 信息安全角色与职责：需要组织根据业务发展、监督监管等各类需求，依据信息安全策略等，定义并分配信息安全管理相关的角色和职责，从而明确信息安全相关参与者（如管理者、操作者等）的权利、责任和义务内容，也需要覆盖组织的内外部安全专家等。
- 职责分离：当出现相互冲突的职责和相互冲突的责任领域时，应实施职责分离，以减少疏忽或故意误用系统的风险等。
- 管理职责：在信息安全管理过程中，管理层需要以身作则，并通过管理职能定义，要求所有人员、组织遵守既定的信息安全策略、特定主题的策略和程序等，驱动组织信息安全能力建设，并满足信息安全需求。
- 与政府机构的联系：组织的信息安全涉及政府发布的相关法律法规和标准等，甚至关系到国家安全等，因此组织需要与政府相关机构保持联系。
- 与特殊利益群体的联系：考虑到组织信息安全技术的开发利用、监督与管理、评估与评价等需求，组织需要与信息安全相关治理、管理和技术团体建立并保持联系，包括相关授权机构、安全论坛、专业协会等。
- 威胁情报：信息安全的各类威胁往往层出不穷，手段和方法千变万化。因此，组织需要持续收集和分析与信息安全威胁有关的信息，从而有效掌握威胁情报。
- 项目信息安全：组织需要将信息安全各项策略、方案、技术和行动等整合到项目管理之中，保证项目管理不会成为信息安全管理的"黑洞"，并保障项目活动中的信息安全。
- 信息和相关资产清单：组织需要明确信息安全的"保护对象"，编制和维护包括所有者在内的信息和其他相关资产清单。
- 信息和相关资产的可接受使用：为确保组织信息安全管理的有效性，应识别、确立、记录并实施处理信息和相关资产的可接受的使用规则和程序。
- 资产归还：组织应确保员工和其他相关方在劳动关系、合同或协议等发生变更、终止时，归还其所拥有的组织信息和相关资产。

- 信息分类：组织需要根据其CIA和利益相关方的要求，对信息进行分类。
- 信息标签：组织需要结合其信息分类方案，确立、发布和实施一组适当的信息标签程序及配套管理制度措施等。
- 信息传输：信息传输是信息安全风险密度较高的环节，因此，组织需要为内外部的各类信息传输制定传输规则、程序或协议等。
- 访问控制：访问控制是落实信息安全的重要手段，组织应根据业务和信息安全需求，制定和实施控制信息和相关资产物理和逻辑访问的规则等。
- 身份管理：组织需要管理系统和信息安全等各类身份的全生命周期。
- 认证信息：组织通过管理程序对认证信息的分配和管理进行控制，包括建议员工和相关人员等正确处理认证信息。
- 访问权限：组织需要依据特定主题的政策和访问控制规则，分配、审查、修改和删除对信息和相关资产的访问权限等。
- 供应商信息安全：组织需要定义、发布和实施管理程序，管理使用供应商产品或服务过程中相关的信息安全风险。
- 解决供应商协议中的信息安全问题：组织需要根据供应商关系类型，确定每类（个）相关供应商的信息安全要求，并与其达成一致。
- 管理ICT供应链中的信息安全：组织需要定义、发布和实施管理程序，管理与 ICT 产品和服务等供应链相关的信息安全风险。
- 供应商服务的监控、审查和变更管理：组织需要定期监测、评估、评审和管理供应商信息安全实践及服务交付等的变化。
- 云服务的信息安全：组织需要建立获取、使用、管理和退出云服务的管理程序，从而满足其信息安全相关要求。
- 信息安全事件管理规划和准备：组织需要定义、建立和沟通信息安全事件管理程序，从而规划和准备信息安全事件的管理。
- 信息安全事件的评估和决策：组织需要评估信息安全事件，并决定是否将其归类为信息安全事件。
- 信息安全事件响应：组织需要确保信息安全事件按照确定的程序进行响应。
- 信息安全事件总结：组织需要及时从信息安全事件中获得知识，并确保其能够用于加强和改进信息安全控制。
- 收集证据：组织需要建立、发布和实施相关程序，确保与信息安全事件有关的证据的识别、收集、获取和保存。
- 中断期间的信息安全：组织需要计划如何在系统和业务等各类活动中断期间，将信息安全保持在适当水平。
- ICT业务连续性：组织需要根据业务连续性目标和ICT连续性需求，规划、实施、维护和测试ICT的准备情况。
- 法律、法规、监管和合同要求：组织需要识别、记录与信息安全相关的法律、法规、监管和合同要求，以及组织满足这些要求的方法，并保持最新。

- 知识产权：组织需要建立、发布和实施管理程序，用来保护知识产权。
- 记录保护：组织需要建立适当的措施，从而防止记录丢失、毁坏、篡改、未经授权的访问和未经授权发布等。
- 个人身份信息的隐私和保护：组织需要根据有关法律法规和合同要求，识别并满足有关隐私保护和个人信息保护的相关要求。
- 信息安全独立审查：组织需要建立独立审查机制并实施相关审查，以确保其管理信息安全的方法及其实施（包括人员、流程和技术等）能够周期性地或在发生重大变化时进行独立审查。
- 遵守信息安全政策、规则和标准：组织需要定期评审其信息安全政策、特定主题政策、规则和标准的遵守情况及合规性等。
- 记录操作程序：组织需要记录信息处理设施的操作过程，并将其提供给需要的人员。

2. 人员控制

在人员控制方面，主要包括筛选、雇佣、信息安全意识与教育、保密或保密协议、远程办公、安全纪律等。

- 筛选：组织在全职、兼职员工招选聘或外部专家人才聘任等活动的前期阶段，需要组织对拟使用人员进行背景调查与验证，并考虑适用的法律、法规和道德规范等，且要与组织业务要求、需访问信息的分类和感知风险相适宜。
- 劳动合同与协议：组织需要在与人员相关的合同、劳动协议、聘用协议等文件中，说明人员和组织对信息安全的责任。
- 信息安全意识、教育和培训：组织和相关利益方的人员需要接受适当的信息安全意识教育和培训，并定期更新与人员工作职能相关的组织信息安全政策、主题策略和程序等。
- 惩戒程序：组织需要建立、发布和实施信息安全相关的惩戒程序，从而对违反信息安全政策的人员和其他相关利益方采取适当的惩戒行动。
- 劳动终止或变更后的责任：组织应确保相关人员在终止或变更劳动关系后，相关人员和其他相关方仍然需要保持的信息安全责任和义务得到明确、传达和执行。
- 保密或保密协议：组织需要与人员和其他相关方确定、记录、定期审查和签署能够反映组织信息安全需求的保密或保密协议。
- 远程工作：当组织相关人员远程工作时，组织需要采取适当的安全措施，保护在非组织可管控环境中所要访问、处理或存储的组织信息。
- 信息安全事件报告：组织需要为相关人员提供一种机制、手段或程序，以便使其及时通过适当渠道报告觉察到的、怀疑的或可疑的信息安全事件。

3. 物理控制

在物理控制方面，主要包括物理安全边界、物理入口、物理安全监控、防范物理和环境威胁、设备选址和保护、存储介质、布线安全和设备维护等。

- 物理安全边界：组织需要明确定义并使用安全边界，来保护包含信息和相关资产的区域，如研发大楼、数据中心等。

- 物理入门：组织需要明确并执行适当的入口控制，并对接入点或访问点进行保护。
- 办公室、房间和设施的安全：组织需要设计、实施和强化办公室、房间和设施的物理安全。
- 物理安全监控：组织需要通过适当的监控手段，持续监控涉及信息安全的各类场所是否存在未经授权的物理访问。
- 防范物理和环境威胁：组织需要设计和实施针对物理和环境威胁的保护措施，包括自然灾害和其他有意或无意的对基础设施的物理威胁等。
- 安全区域保护：组织需要设计并实施在安全区域工作的安全措施和手段等。
- 桌面和屏幕清理：组织需要制定、发布和实施桌面与电子屏幕清理规则，确保涉及信息安全的纸质文件和可移动存储介质等得到及时、可靠的清理。
- 设备选址和保护：组织需要确保涉及信息安全的设备得到安全放置和保护。
- 场外资产的安全：组织需要明确并执行适当的措施，保护非可控环境中的资产。
- 存储介质：组织需要根据信息分类方案和处理要求，在其信息获取、使用、运输和处置的整个生命周期内对存储介质进行有效管理。
- 配套设施：组织需要采取适当的技术方案或措施手段，保护信息处理设施免受电力故障和其他因辅助设施故障造成的干扰。
- 布线安全：组织需要保护承载电力、数据或辅助信息服务的电缆免受截获、干扰或损坏。
- 设备维护：组织需要建设适当的设备维护能力体系，从而有效维护设备，确保信息满足CIA需求。
- 设备安全处置或再利用：组织需要建立检测和验证包含存储介质设备的手段与措施，确保其处置或在利用之前，敏感数据、软件许可和许可软件等已被删除或安全覆盖。

4. 技术控制

在技术控制方面，主要包括用户终端设备、特殊访问权限、信息访问限制、访问源代码、身份验证、容量管理、恶意代码与软件防范、技术漏洞管理、配置管理、信息删除、数据屏蔽、数据泄露预防、网络安全和信息备份等。

- 用户终端设备：组织需要保护在终端设备上存储、处理或访问的信息。
- 特殊访问权限：组织需要尽量限制和管理特殊访问权限的分配和使用。
- 信息访问限制：组织需要根据既定的信息安全政策和特定主题访问控制政策，限制对信息和相关资产的访问。
- 访问源代码：组织需要对源代码、开发工具和软件库的读写访问等采取适当的管理措施。
- 身份验证：组织需要根据信息访问限制和特定主题的访问控制策略实施安全认证技术和程序。
- 容量管理：组织需要根据当前和预期的容量需求监测和调整资源的使用。
- 恶意代码与软件防范：组织需要对软件进行保护，采取适当的策略、手段和方法，对恶意代码与软件进行防范。

- 技术漏洞管理：组织需要及时获得使用中的信息系统的技术漏洞信息（含可疑信息），评估组织暴露于此类漏洞的情况和程度等，并采取适当措施。
- 配置管理：组织需要建立、记录、实施、监控和审查软硬件、服务和网络的配置，包括安全配置等。
- 信息删除：组织需要及时删除不再需要的信息系统、设备或任何其他存储介质中的信息。
- 数据屏蔽：组织需要根据访问控制主题政策、相关特定主题政策、业务要求等，实施数据屏蔽，并考虑适用的立法。
- 数据泄露预防：组织确立的数据泄漏预防措施需要适用于处理、存储或传输敏感信息的系统、网络和任何其他设备。
- 信息备份：组织需要按照确定的特定主题备份政策，对信息、软件和系统的备份副本进行维护和定期测试。
- 信息处理设施的冗余：组织需要根据可用性需求部署信息处理设施的冗余度。
- 日志：组织需要记录信息活动、异常、故障和其他相关事件的日志，并存储、保护和分析。
- 监控活动：组织需要监控网络、系统和应用程序的异常情况，并采取适当措施评估潜在的信息安全事件。
- 时钟同步：组织需要确保使用的信息处理系统的时钟与指定的时钟源同步。
- 特殊程序使用：组织需要限制并严格控制拥有特殊权限系统和应用程序控制的程序的使用。
- 软件安装：组织需要采取适当的程序和措施，安全管理操作系统上的软件安装。
- 网络安全：组织需要保护、管理和控制网络与网络设备，从而保护系统和应用程序中的信息。
- 网络服务的安全：组织需要确立、发布、实施和监控网络服务的安全机制、服务级别和服务要求。
- 网络隔离：组织需要根据安全需求，对信息服务组、用户组和信息系统组等在网络中进行隔离。
- 网页过滤：组织需要对外部网站的访问进行管理，从而减少面对恶意内容的可能。
- 密码使用：组织需要定义和实施有效使用密码的规则，包括密码密钥管理等。
- 开发生命周期安全：组织需要建立、发布和实施应用软件和系统的安全开发规则。
- 应用程序安全要求：组织需要在开发或获取应用程序时，识别、批准信息安全需要与要求。
- 系统安全架构和工程原理：组织需要建立、记录、维护系统工程的安全原则，并确保其应用于各种信息系统开发活动。
- 安全编码：组织需要确保软件安全编码原则有效应用于软件开发活动中。
- 安全测试：组织需要在开发全生命周期中定义和实施安全测试管理程序。

- 外包开发：组织需要指导、监控和评审与外包系统开发相关的活动。
- 开发、测试和生产环境分离：组织需要将开发、测试和生产环境分开，并对各类环境采取适当的保护措施。
- 变更管理：组织需要确保信息处理设施和信息系统的变更遵守变更管理程序。
- 测试信息：组织需要适当选择、保护和管理测试信息。
- 在审核测试期间的信息系统保护：组织的测试人员和相关管理人员需要计划并商定审核测试和其他涉及操作系统评估的保证活动。

8.1.3　管理体系

信息系统安全管理是对一个组织机构中信息系统的生存周期全过程实施符合安全等级责任要求的管理，主要包括：

- 落实安全管理机构及安全管理人员，明确角色与职责，制定安全规划；
- 开发安全策略；
- 实施风险管理；
- 制订业务持续性计划和灾难恢复计划；
- 选择与实施安全措施；
- 保证配置、变更的正确与安全；
- 进行安全审计；
- 保证维护支持；
- 进行监控、检查，处理安全事件；
- 安全意识与安全教育；
- 人员安全管理等。

在组织机构中应建立安全管理机构，不同安全等级的安全管理机构逐步建立自己的信息系统安全组织机构管理体系，参考步骤包括：①配备安全管理人员。管理层中应有一人分管信息系统安全工作，并为信息系统的安全管理配备专职或兼职的安全管理人员。②建立安全职能部门。建立管理信息系统安全工作的职能部门，或者明确指定一个职能部门监管信息安全工作，并将此项工作作为该部门的关键职责之一。③成立安全领导小组。在管理层成立信息系统安全管理委员会或信息系统安全领导小组，对覆盖全国或跨地区的组织机构，应在总部和下级单位建立各级信息系统安全领导小组，在基层至少要有一位专职的安全管理人员负责信息系统安全工作。④主要负责人出任领导。由组织机构的主要负责人出任信息系统安全领导小组负责人。⑤建立信息安全保密管理部门。建立信息系统安全保密监督管理的职能部门，或对原有保密部门明确信息安全保密管理责任，加强对信息系统安全管理重要过程和管理人员的保密监督管理。

GB/T 20269《信息安全技术 信息系统安全管理要求》提出了对信息系统安全管理体系的要求，其信息系统安全管理要素如表 8-1 所示。

表 8-1　信息系统安全管理要素一览表

类	族	管理要素
政策和制度	信息安全管理策略	安全管理目标与范围、总体安全管理策略、安全管理策略的制定、安全管理策略的发布
	安全管理规章制度	安全管理规章制度内容、安全管理规章制度的制定
	策略与制度文档管理	策略与制度文档的评审和修订、策略与制度文档的保管
机构和人员管理	安全管理机构	建立安全管理机构、信息安全领导小组、信息安全职能部门
	安全机制集中管理机构	设置集中管理机构、集中管理机构职能
	人员管理	安全管理人员配备、关键岗位人员管理、人员录用管理、人员离岗、人员考核与审查、第三方人员管理
	教育和培训	信息安全教育、信息安全专家
风险管理	风险管理要求和策略	风险管理要求、风险管理策略
	风险分析和评估	资产识别和分析、威胁识别和分析、脆弱性识别和分析、风险分析和评估要求
	风险控制	选择和实施风险控制措施
	基于风险的决策	安全确认、信息系统运行的决策
	风险评估的管理	评估机构的选择、评估机构保密要求、评估信息的管理、技术测试过程管理
环境和资源管理	环境安全管理	环境安全管理要求、机房安全管理要求、办公环境安全管理要求
	资源管理	资产清单管理、资产的分类与标识要求、介质管理、设备管理要求
运行和维护管理	用户管理	用户分类管理、系统用户要求、普通用户要求、机构外部用户要求、临时用户要求
	运行操作管理	服务器操作管理、终端计算机操作管理、便携机操作管理、网络及安全设备操作管理、业务应用操作管理、变更控制和重用管理、信息交换管理
	运行维护管理	日常运行安全管理、运行状况监控、软硬件维护管理、外部服务方访问管理
	外包服务管理	外包服务合同、外包服务商、外包服务的运行管理
	有关安全机制保障	身份鉴别机制管理要求、访问控制机制管理要求、系统安全管理要求、网络安全管理要求、应用系统安全管理要求、病毒防护管理要求、密码管理要求
	安全集中管理	安全机制集中管控、安全信息集中管理、安全机制整合要求、安全机制整合的处理方式
业务持续性管理	备份与恢复	数据备份和恢复、设备和系统的备份和冗余
	安全事件处理	安全事件划分、安全事件报告和响应
	应急处理	应急处理和灾难恢复、应急计划、应急计划的实施保障

（续表）

类	族	管理要素
监督和检查管理	符合法律要求	知晓适用的法律、知识产权管理、保护证据记录
	依从性管理	检查和改进、安全策略依从性检查、技术依从性检查
	审计及监管控制	审计控制、监管控制
	责任认定	审计结果的责任认定、审计及监管者责任的认定
生存周期管理	规划和立项管理	系统规划要求、系统需求的提出、系统开发的立项
	建设过程管理	建设项目准备、工程项目外包要求、自行开发环境控制、安全产品使用要求、建设项目测试验收
	系统启用和终止管理	新系统启用管理、终止运行管理

8.1.4　等级保护

国家市场监督管理总局、国家标准化管理委员会宣布网络安全等级保护制度 2.0 相关的国家标准正式发布，并于 2019 年 12 月 1 日开始实施。"等保 1.0"体系以信息系统为对象，确立了五级安全保护等级，并从信息系统安全等级保护的定级方法、基本要求、实施过程、测评工作等方面入手，形成了一套相对完整的、有明确标准的、涵盖了制度与技术要求的等级保护规范体系。然而，随着网络安全形势日益严峻，"等保 1.0"体系难以持续应对新时代的网络安全要求，于是"等保 2.0"体系应运而生。

"等保 2.0"将"信息系统安全"的概念扩展到了"网络安全"，其中，所谓"网络"是指由计算机或者其他信息终端及相关设备组成的按照一定的规则和程序对信息进行收集、存储、传输、交换、处理的系统。

1. 安全保护等级划分

《信息安全等级保护管理办法》将信息系统的安全保护等级分为以下 5 级。

第一级，信息系统受到破坏后，会对公民、法人和其他组织的合法权益造成损害，但不损害国家安全、社会秩序和公共利益。第一级信息系统运营、使用单位应当依据国家有关管理规范和技术标准进行保护。

第二级，信息系统受到破坏后，会对公民、法人和其他组织的合法权益产生严重损害，或者对社会秩序和公共利益造成损害，但不损害国家安全。第二级信息系统运营、使用单位应当依据国家有关管理规范和技术标准进行保护。国家信息安全监管部门对该级信息系统信息安全等级保护工作进行指导。

第三级，信息系统受到破坏后，会对社会秩序和公共利益造成严重损害，或者对国家安全造成损害。第三级信息系统运营、使用单位应当依据国家有关管理规范和技术标准进行保护。国家信息安全监管部门对该级信息系统信息安全等级保护工作进行监督、检查。

第四级，信息系统受到破坏后，会对社会秩序和公共利益造成特别严重损害，或者对国家安全造成严重损害。第四级信息系统运营、使用单位应当依据国家有关管理规范、技术标准和业务专门需求进行保护。国家信息安全监管部门对该级信息系统信息安全等级保护工作进行强制监督、检查。

第五级，信息系统受到破坏后，会对国家安全造成特别严重损害。第五级信息系统运营、使用单位应当依据国家管理规范、技术标准和业务特殊安全需求进行保护。国家指定专门部门对该级信息系统信息安全等级保护工作进行专门监督、检查。

2. 安全保护能力等级划分

《信息安全技术 网络安全等级保护基本要求》（GB/T 22239）规定了不同级别的等级保护对象应具备的基本安全保护能力。

第一级安全保护能力：应能够防护免受来自个人的、拥有很少资源的威胁源发起的恶意攻击、一般的自然灾难，以及其他相当危害程度的威胁所造成的关键资源损害，在自身遭到损害后，能够恢复部分功能。

第二级安全保护能力：应能够防护免受来自外部小型组织的、拥有少量资源的威胁源发起的恶意攻击、一般的自然灾难，以及其他相当危害程度的威胁所造成的重要资源损害，能够发现重要的安全漏洞和处置安全事件，在自身遭到损害后，能够在一段时间内恢复部分功能。

第三级安全保护能力：应能够在统一安全策略下防护免受来自外部有组织的团体、拥有较为丰富资源的威胁源发起的恶意攻击、较为严重的自然灾难，以及其他相当程度的威胁所造成的主要资源损害，能够及时发现、监测攻击行为和处置安全事件，在自身遭到损害后，能够较快恢复绝大部分功能。

第四级安全保护能力：应能够在统一安全策略下防护免受来自国家级别的、敌对组织的、拥有丰富资源的威胁源发起的恶意攻击、严重的自然灾难，以及其他相当危害程度的威胁所造成的资源损害，能够及时发现、监测攻击行为和处置安全事件，在自身遭到损害后，能够迅速恢复所有功能。

第五级安全保护能力：略。

3. "等保 2.0" 的核心内容

网络安全等级保护制度进入 2.0 时代，其核心内容包括：①将风险评估、安全监测、通报预警、案事件调查、数据防护、灾难备份、应急处置、自主可控、供应链安全、效果评价、综治考核等重点措施全部纳入等级保护制度并实施；②将网络基础设施、信息系统、网站、数据资源、云计算、物联网、移动互联网、工控系统、公众服务平台、智能设备等全部纳入等级保护和安全监管；③将互联网企业的网络、系统、大数据等纳入等级保护管理，保护互联网企业健康发展。

信息安全等级保护制度是国家在国民经济和社会信息化的发展过程中，提高信息安全保障能力和水平，维护国家安全、社会稳定和公共利益，保障和促进信息化建设健康发展的一项基本制度。实行信息安全等级保护制度，能够充分调动国家、法人和其他组织及公民的积极性，发挥各方面的作用，达到有效保护的目的，增强安全保护的整体性、针对性和实效性，使信息系统安全建设更加突出重点、统一规范、科学合理，对促进我国信息安全的发展将起到重要推动作用。

4. "等保 2.0" 的技术变更

网络安全等级保护 2.0 技术变更的内容主要包括：

● 物理和环境安全实质性变更：降低物理位置选择要求，机房可设置在建筑楼顶或地下室，但需要加强相应防水防潮措施。降低了物理访问控制要求，不再要求人员值守出入口，不再要求机房内部分区，不再对机房人员出入进行具体要求。降低了电力供应的要求，不再要求必须配备后备发电机。降低了电磁防护的要求，不再要求必须接地。降低了防盗和防破坏要求，可部署防盗系统或视频监控系统。

● 网络和通信安全实质性变更：强化了对设备和通信链路的硬件冗余要求。强化了网络访问策略的控制要求，包括默认拒绝策略、控制规则最小化策略和源目的检查要求。降低了带宽控制的要求，不再要求必须进行QoS控制。降低了安全访问路径、网络会话控制、地址欺骗防范、拨号访问权限限制等比较"古老"的控制要求。

● 设备和计算安全实质性变更：强化了访问控制的要求，细化了主体和客体的访问控制粒度要求。强化了安全审计的统一时钟源要求。强化了入侵防范的控制要求，包括终端的准入要求、漏洞测试与修复。降低了对审计分析的要求，不再要求必须生成审计报表。降低了对恶意代码防范的统一管理要求和强制性的代码库异构要求。提出了采用可信计算技术防范恶意代码的控制要求。

● 应用和数据安全实质性变更：强化了对软件容错的要求，保障故障发生时的可用性。强化了对账号和口令的安全要求，包括更改初始口令、账号口令重命名、对多余/过期/共享账号的控制。强化了安全审计的统一时钟源要求。降低了对资源控制的要求，包括会话连接数限制、资源监测、资源分配控制。降低了对审计分析的要求，不再要求必须生成审计报表。

5. "等保 2.0" 的管理变更

网络安全等级保护 2.0 管理变更的内容主要包括：

● 安全策略和管理制度实质性变更：降低了对安全管理制度的管理要求，包括版本控制、收发文管理等，其中不再要求必须由信息安全领导小组组织制度的审定。

● 安全管理机构和人员实质性变更：对安全管理和机构人员的要求整体有所降低，一方面对过细的操作层面要求进行删减，例如记录和文档的操作要求、制度的制定要求等；另一方面对岗位配备、人员技能考核等要求也有实质性的删减。强化了对外部人员的管理要求，包括外部人员的访问权限、保密协议的管理要求。

● 安全建设管理实质性变更：对安全建设管理的要求整体有所降低，一方面对过细的操作层面要求进行删减，例如不再要求由专门部门或人员实施某些管理活动，不再对某些管理制度的制定做细化要求；另一方面对安全规划管理、测试验收管理也有实质性的删减。强化了对服务供应商管理、系统上线安全测试、工程监理控制的管理要求。强化了对自行软件开发的要求，包括安全性测试、恶意代码检测、软件开发活动的管理要求。

● 安全运维管理实质性变更：对安全运维管理的要求整体有所降低，一方面对过细的操作层面要求进行删减，例如不再要求由专门部门或人员实施某些管理活动，不再对某些管理制度的制定做细化要求；另一方面对介质管理、设备管理也有实质性的删减。将原有属于监控管理和安全管理中心的内容移到了"网络和通信安全"部分。将原属于网络安全设备的部分内容移到了"漏洞和风险管理"部分。降低了对网络和系统管理的要求，包括安全事件处置管理、实施某些网络管理活动、网络接入策略控制。特别增加了漏洞和风险管理、配置管理、外包运维管理的管理要求。强化了对账号管理、运维管理、设备报废或重用的管理要求。

6. 网络安全等级保护技术体系设计通用实践

由于形态不同的等级保护对象面临的威胁有所不同，安全保护需求也有所差异，为了便于描述对不同网络安全保护级别和不同形态的等级保护对象的共性化和个性化保护，基于通用和特定应用场景，说明等级保护安全技术体系设计的内容。其中：

- 通用等级保护安全技术设计内容针对等级保护对象实行网络安全等级保护时的共性化保护需求提出。等级保护对象无论以何种形式出现，都应根据安全保护等级，实现相应级别的安全技术要求。
- 特定应用场景针对云计算、移动互联、物联网、工业控制系统的个性化保护需求提出，针对特定应用场景，实现相应网络安全保护级别的安全技术要求。

安全技术体系架构由从外到内的纵深防御体系构成。纵深防御体系根据等级保护的体系框架设计。其中：

- "物理环境安全防护"保护服务器、网络设备以及其他设备设施免遭地震、火灾、水灾、盗窃等事故导致的破坏；
- "通信网络安全防护"保护暴露于外部的通信线路和通信设备；
- "网络边界安全防护"对等级保护对象实施边界安全防护，内部不同级别定级对象尽量分别部署在相应保护等级的内部安全区域，低级别定级对象部署在高等级安全区域时应遵循"就高保护"原则；
- "计算环境安全防护"即内部安全区域将实施"主机设备安全防护"和"应用和数据安全防护"；
- "安全管理中心"对整个等级保护对象实施统一的安全技术管理。

随着国际互联网信息高速公路的畅通和国际化的信息交流，业务大范围扩展，信息安全的风险也急剧恶化。由业务应用信息系统来解决安全问题的方式已经不能胜任。由操作系统、数据库系统、网络管理系统来解决安全问题，也不能满足实际的需要，于是才不得不建立独立的信息安全系统。信息系统安全是一门新兴的工程实践课题。我们有必要加大对信息系统安全工程的研究，规范信息系统安全工程建设的过程，提高建设信息系统安全工程的成熟能力。否则，信息系统安全工程建立不合理、不科学、不到位、不标准，势必影响业务应用信息系统的正常运营，阻碍信息化的推进。

8.2　信息安全系统

信息安全保障系统一般简称为信息安全系统，它是"信息系统"的一个部分，用于保证"业务应用信息系统"正常运营。现在人们已经明确，要建立一个"信息系统"，就必须要建立一个或多个业务应用信息系统和一个信息安全系统。信息安全系统是客观的、独立于业务应用信息系统而存在的信息系统。

我们用一个"宏观"三维空间图来反映信息安全系统的体系架构及其组成，如图 8-1 所示。

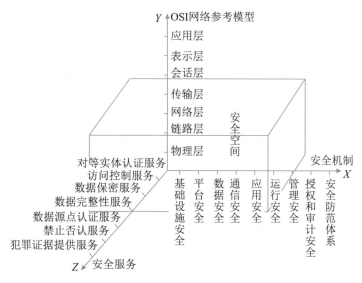

图 8-1　信息安全系统的体系架构及其组成

X 轴是"安全机制"。安全机制可以理解为提供某些安全服务，利用各种安全技术和技巧，所形成的一个较为完善的结构体系。如"平台安全"机制，实际上就是指安全操作系统、安全数据库、应用开发运营的安全平台以及网络安全管理监控系统等。

Y 轴是"OSI 网络参考模型"。信息安全系统的许多技术、技巧都是在网络的各个层面上实施的，离开网络，信息系统的安全也就失去了意义。

Z 轴是"安全服务"。安全服务就是从网络中的各个层次提供给信息应用系统所需要的安全服务支持。如对等实体认证服务、数据完整性服务、数据保密服务等。

由 *X*、*Y*、*Z* 三个轴形成的信息安全系统三维空间就是信息系统的"安全空间"。随着网络逐层扩展，这个空间不仅范围逐步加大，安全的内涵也更加丰富，具有认证、权限、完整、加密和不可否认五大要素，也叫作"安全空间"的五大属性。

8.2.1　安全机制

安全机制包含基础设施安全、平台安全、数据安全、通信安全、应用安全、运行安全、管理安全、授权和审计安全、安全防范体系等。

（1）基础设施安全。基础设施安全主要包括机房安全、场地安全、设施安全、动力系统安全、灾难预防与恢复等。

（2）平台安全。平台安全主要包括操作系统漏洞检测与修复、网络基础设施漏洞检测与修复、通用基础应用程序漏洞检测与修复、网络安全产品部署等。

（3）数据安全。数据安全主要包括介质与载体安全保护、数据访问控制、数据完整性、数据可用性、数据监控和审计、数据存储与备份安全等。

（4）通信安全。通信安全主要包括通信线路和网络基础设施安全性测试与优化、安装网络加密设施、设置通信加密软件、设置身份鉴别机制、设置并测试安全通道、测试各项网络协议运行漏洞等。

（5）应用安全。应用安全主要包括业务软件的程序安全性测试（Bug 分析）、业务交往的防抵赖测试、业务资源的访问控制验证测试、业务实体的身份鉴别检测、业务现场的备份与恢复机制检查，以及业务数据的唯一性与一致性及防冲突检测、业务数据的保密性测试、业务系统的可靠性测试、业务系统的可用性测试等。

（6）运行安全。运行安全主要包括应急处置机制和配套服务、网络系统安全性监测、网络安全产品运行监测、定期检查和评估、系统升级和补丁提供、跟踪最新安全漏洞及通报、灾难恢复机制与预防、系统改造管理、网络安全专业技术咨询服务等。

（7）管理安全。管理安全主要包括人员管理、培训管理、应用系统管理、软件管理、设备管理、文档管理、数据管理、操作管理、运行管理、机房管理等。

（8）授权和审计安全。授权安全是指以向用户和应用程序提供权限管理和授权服务为目标，主要负责向业务应用系统提供授权服务管理，提供用户身份到应用授权的映射功能，实现与实际应用处理模式相对应的、与具体应用系统开发和管理无关的访问控制机制。

（9）安全防范体系。组织安全防范体系的建立，就是使得组织具有较强的应急事件处理能力，其核心是实现组织信息安全资源的综合管理，即 EISRM（Enterprise Information Security Resource Management）。组织安全防范体系的建立可以更好地发挥以下 6 项能力，包括预警（Warn）、保护（Protect）、检测（Detect）、反应（Response）、恢复（Recover）和反击（Counter-attack），即综合的 WPDRRC 信息安全保障体系。

组织可以结合 WPDRRC 能力模型，从人员、技术、政策（包括法律、法规、制度、管理）三大要素来构成宏观的信息网络安全保障体系结构的框架，主要包括组织机构的建立、人员的配备、管理制度的制定、安全流程的明确等，并切实做好物理安全管理、中心机房管理、主机安全管理、数据库安全管理、网络安全管理、网络终端管理、软件安全管理、授权和访问控制管理、审计和追踪管理，确保日常和异常情况下的信息安全工作持续、有序地开展。

8.2.2　安全服务

安全服务包括对等实体认证服务、访问控制服务、数据保密服务、数据完整性服务、数据源点认证服务、禁止否认服务和犯罪证据提供服务等。

（1）对等实体认证服务。用于两个开放系统同等层中的实体建立链接或数据传输时，对对方实体的合法性、真实性进行确认，以防假冒。

（2）访问控制服务。访问控制是指通信双方应该能够对通信的过程、通信的内容具有不同强度的控制能力，其目的在于保护信息免于被未经授权的实体访问，这是有效和高效通信的保障。其中，访问的含义较为宽泛，对程序的读、写、修改、执行等都属于访问的范畴。访问控制可分为自主访问控制、强制访问控制、基于角色的访问控制。实现机制可以是基于访问控制属性的访问控制表、基于安全标签或用户和资源分档的多级访问控制等。

（3）数据保密服务。包括多种保密服务，为了防止网络中各系统之间的数据被截获或被非法存取而泄密，提供密码加密保护。数据保密服务可提供链接方式和无链接方式两种数据保密，同时也可对用户可选字段的数据进行保护。

（4）数据完整性服务。用以防止非法实体对交换数据的修改、插入、删除以及在数据交换过程中的数据丢失。数据完整性服务可分为：

- 带恢复功能的链接方式数据完整性；
- 不带恢复功能的链接方式数据完整性；
- 选择字段链接方式数据完整性；
- 选择字段无链接方式数据完整性；
- 无链接方式数据完整性。

（5）数据源点认证服务。用于确保数据发自真正的源点，防止假冒。

（6）禁止否认服务。用以防止发送方在发送数据后否认自己发送过此数据，接收方在收到数据后否认自己收到过此数据或伪造接收数据，由两种服务组成，即不得否认发送和不得否认接收。

（7）犯罪证据提供服务。指为违反国内外法律法规的行为或活动提供各类数字证据、信息线索等。

8.3　工程体系架构

信息安全系统工程（Information Security System Engineering，ISSE）是一门系统工程学，它的主要内容是确定系统和过程的安全风险，并且使安全风险降到最低或使其得到有效控制。

8.3.1　安全工程基础

信息安全系统工程就是要建造一个信息安全系统，它是整个信息系统工程的一部分，而且最好是与业务应用信息系统工程同步进行，而它主要是围绕"信息安全"的内容，如信息安全风险评估、信息安全策略制定、信息安全需求确定、信息安全系统总体设计、信息安全系统详细设计、信息安全系统设备选型、信息安全系统工程招投标、密钥密码机制确定、资源界定和授权、信息安全系统施工中需要注意的防泄密问题和施工中后期的信息安全系统测试、运营、维护的安全管理等问题。这些问题与用户的业务应用信息系统建设主要关注的内容完全不同。业务应用信息系统工程主要关注的是客户的需求、业务流程、价值链等的组织业务优化和改造的问题。信息安全系统建设所关注的问题恰恰是业务应用信息系统正常运营所不能缺少的。

为了进一步论述信息安全系统工程，我们需要区分几个术语，并了解它们之间的关系。如图 8-2 所示为信息系统、业务应用信息系统、信息安全系统、信息系统工程、业务应用信息系统工程、信息安全系统工程以及信息系统安全和信息系统安全工程之间的关系。

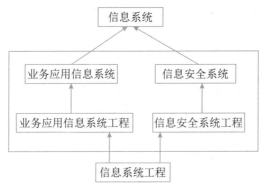

图 8-2   几个术语之间的关系

信息安全系统服务于业务应用信息系统，并与之密不可分，但两者又不能混为一谈。信息安全系统不能脱离业务应用信息系统而存在，比如，建立国税信息系统、公安信息系统、社保信息系统等，一定包含业务应用信息系统和信息安全系统两个部分。但二者的功能、操作流程、管理方式、人员要求、技术领域等都完全不同。随着信息化的深入，两者的界限也越来越明晰。

业务应用信息系统是支撑业务运营的计算机应用信息系统，如银行柜台业务信息系统、国税征收信息系统等。信息系统工程，即建造信息系统的工程，包括两个独立且不可分割的部分，即信息安全系统工程和业务应用信息系统工程。业务应用信息系统工程就是为了达到建设好业务应用信息系统所组织实施的工程，一般称为信息系统集成项目工程，它是信息系统工程的一部分。

信息安全系统工程是指为了达到建设好信息安全系统的特殊需要而组织实施的工程，它是信息系统工程的一部分。信息安全系统工程作为信息系统工程的一个子集，其安全体系和策略必须遵从系统工程的一般性原则和规律。信息安全系统工程的原理适用于系统和应用的开发、集成、运行、管理、维护和演变，以及产品的开发、交付和演变。这样，信息安全系统工程就能够在一个系统、一个产品或一个服务中得到体现。

我们讲述的是信息安全系统工程，而不是信息系统安全工程。从字面上理解，信息系统安全工程可能会被误解为安全地建设一个信息系统，而忽略了信息系统中的信息安全问题。因为信息系统可以安全地建设成一个没有信息安全子系统的信息系统，目前部分组织仍然存在这样的新建的信息系统——没有考虑信息安全的问题，或没有充分地考虑信息安全的问题，从而留下相当大的隐患。而信息安全系统工程就明白无误地确定了这个工程就是要建设一个信息安全系统。

信息安全系统的建设是在 OSI 网络参考模型的各个层面进行的，因此信息安全系统工程活动离不开其他相关工程，主要包括硬件工程、软件工程、通信及网络工程、数据存储与灾备工程、系统工程、测试工程、密码工程和组织信息化工程等。

信息安全系统建设是遵从组织所制定的安全策略进行的。而安全策略由组织和组织的客户及服务对象、集成商、安全产品开发者、密码研制单位、独立评估者和其他相关组织共同协商建立。因此，信息安全系统工程活动必须要与其他外部实体进行协调。也正是因为信息安全系统工程存在着这些与其他工程的关系接口，而这些接口又遍布各种组织，且具有相互影响，所以信息安全系统工程与其他工程相比就更加复杂。

　　信息安全系统工程应该吸纳安全管理的成熟规范部分，这些安全管理包括物理安全、计算机安全、网络安全、通信安全、输入 / 输出产品安全、操作系统安全、数据库系统安全、数据安全、信息审计安全、人员安全、管理安全和辐射安全等。

8.3.2　ISSE–CMM基础

　　信息安全系统工程能力成熟度模型（ISSE Capability Maturity Model，ISSE-CMM）是一种衡量信息安全系统工程实施能力的方法，是使用面向工程过程的一种方法。ISSE-CMM 是建立在统计过程控制理论基础上的。统计过程控制理论认为，所有成功组织的共同特点是它们都具有一整套严格定义、管理完善、可测可控的有效业务过程。ISSE-CMM 模型抽取了这样一组"好的"工程实施，并定义了过程的"能力"，主要用于指导信息安全系统工程的完善和改进，使信息安全系统工程成为一个清晰定义的、成熟的、可管理的、可控制的、有效的和可度量的学科。

　　ISSE-CMM 模型是信息安全系统工程实施的度量标准，它覆盖了：

- 全生命期，包括工程开发、运行、维护和终止；
- 管理、组织和工程活动等的组织；
- 与其他规范（如系统、软件、硬件、人的因素、测试工程、系统管理、运行和维护等）并行的相互作用；
- 与其他组织（包括获取、系统管理、认证、认可和评估组织）的相互作用。

　　ISSE-CMM 主要适用于工程组织（Engineering Organizations）、获取组织（Acquiring Organizations）和评估组织（Evaluation Organizations）。信息安全的工程组织包含系统集成商、应用开发商、产品提供商和服务提供商等，这些组织可以使用 ISSE-CMM 对工程能力进行自我评估。信息安全的获取组织包含采购系统、产品，以及从外部 / 内部资源和最终用户处获取服务的组织，这些组织可以使用 ISSE-CMM 来判别一个供应者组织的信息安全系统工程能力，识别该组织供应的产品和系统的可信任性，以及完成一个工程的可信任性。信息安全的评估组织包含认证组织、系统授权组织、系统和产品评估组织等，这些组织可以使用 ISSE-CMM 作为工作基础，以建立被评组织整体能力的信任度。

8.3.3　ISSE过程

　　一个组织的过程能力可帮助组织预见项目达到目标的能力。位于低能力级组织的项目在达到预定的成本、进度、功能和质量目标上会有很大的变化，而位于高能力组织的项目则完全相反。ISSE 过程的目的是使信息安全系统成为系统工程和系统获取过程整体的必要部分，从而有力地保证用户目标的实现，提供有效的安全措施，以满足客户和服务对象的需求，将信息系统安全的安全选项集成到系统工程中，获得最优的信息安全系统解决方案。为了使信息安全系统具有可实现性并有效力，必须把信息安全系统集成在信息系统生命周期的工程实施过程中，并与业务需求、环境需求、项目计划、成本效益、国家和地方政策、标准、指令保持一致性。这种集成过程将产生一个信息安全系统工程（ISSE）过程，这一过程能够确认、评估、消除（或控制）已知的或假定的安全威胁可能引起的系统威胁（风险），最终得到一个可以接受的安全风险等级。在系统设计、开发和运行时，应该运用科学的和工程的原理来确认和减少系统对攻击的脆弱度或敏感性。ISSE 并不是一个独立的过程，它依赖并支持系统工程和获取（保证）过程，而且是后者不可分割的一部分。

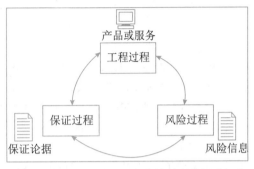

图 8-3　信息安全系统工程实施过程的组成部分

ISSE 过程的目标是提供一个框架，每个工程项目都可以对这个框架进行裁剪以符合自己特定的需求。ISSE 表现为直接与系统工程功能和事件相对应的一系列信息安全系统工程行为。ISSE 将信息安全系统工程实施过程分解为工程过程（Engineering Process）、风险过程（Risk Process）和保证过程（Assurance Process）3 个基本的部分，如图 8-3 所示。它们相互独立，但又有着有机的联系。粗略地说，在风险过程中，人们识别出所开发的产品或系统风险，并对这些风险进行优先级排序。针对风险所面临的安全问题，信息安全系统工程过程与其他工程一起来确定安全策略和实施解决方案。最后，由安全保证过程建立起解决方案的可信性，并向用户转达这种安全可信性。

1. 工程过程

信息安全系统工程过程与其他工程活动一样，是一个包括概念、设计、实现、测试、部署、运行、维护、退出的完整过程，如图 8-4 所示。在这个过程中，信息安全系统工程的实施必须紧密地与其他的系统工程组进行合作。ISSE-CMM 强调信息安全系统工程是一个大项目队伍中的组成部分，需要与其他科目工程的活动相互协调。这将有助于保证安全成为一个大项目过程中一个部分，而不是一个分离的独立部分。

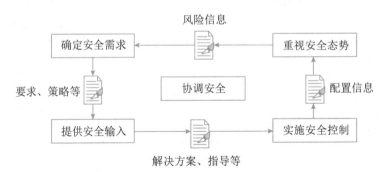

图 8-4　信息安全系统工程过程

使用上面所描述的风险管理过程的信息和关于系统需求、相关法律、政策的其他信息，信息安全系统工程就可以与用户一起来识别安全需求。一旦需求被识别，信息安全系统工程就可以识别和跟踪特定的安全需求。

对于信息安全问题，创建信息安全解决方案一般包括识别可能选择的方案，然后评估决定哪一种更可能被接受。将这个活动与工程过程的其他活动相结合，不但要解决方案的安全问题，还需要考虑成本、性能、技术风险、使用的简易性等因素。

2. 风险过程

信息安全系统工程的一个主要目标是降低信息系统运行的风险。风险就是有害事件发生的可能性及其危害后果。出现不确定因素的可能性取决于各个信息系统的具体情况。这就意味着这种可能性仅可能在某些限制条件下才可预测。此外，对一种具体风险的影响进行评估，必须要考虑各种不确定因素。因此大多数因素是不能被综合起来准确预报的。在很多情况下，不确定因素的影响是很大的，这就使得对安全的规划和判断变得非常困难。

一个有害事件由威胁、脆弱性和影响 3 个部分组成。脆弱性包括可被威胁利用的资产性质。如果不存在脆弱性和威胁，则不存在有害事件，也就不存在风险。风险管理是调查和量化风险的过程，并建立组织对风险的承受级别，它是安全管理的一个重要部分。风险管理过程如图 8-5 所示。

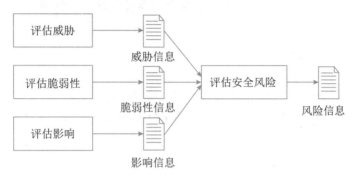

图 8-5　信息安全系统风险管理过程

安全措施的实施可以减轻风险，但无论如何，不可能消除所有威胁或根除某个具体威胁。这主要是因为消除风险所需的代价，以及与风险相关的各种不确定性。因此，必须接受残留的风险。在存在很大不确定性的情况下，由于风险度量不精确的本质特征，在怎样的程度上接受它才是恰当的，往往会成为很大的问题。ISSE-CMM 过程域包括实施组织对威胁、脆弱性、影响和相关风险进行分析的活动保证。

3. 保证过程

保证过程是指安全需求得到满足的可信程度，它是信息安全系统工程非常重要的部分。保证过程如图 8-6 所示。保证的形式多种多样。ISSE-CMM 的可信程度来自于信息安全系统工程实施过程可重复性的结果质量。这种可信性的基础是工程组织的成熟性，成熟的组织比不成熟的组织更可能产生出重复的结果。

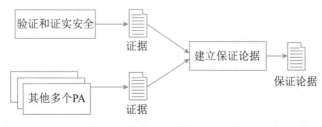

图 8-6　信息安全系统保证过程

安全保证并不能增加任何额外的对安全相关风险的抵抗能力，但它能为减少预期安全风险提供信心。安全保证也可看作安全措施按照需求运行的信心，这种信心来自于措施及其部署的正确性和有效性。正确性保证了安全措施按设计实现了需求，有效性则保证了提供的安全措施可充分地满足用户的安全需求。安全机制的强度也会发挥作用，但其作用却受到保护级别和安全保证程度的制约。

8.3.4   ISSE–CMM体系结构

ISSE-CMM 的体系结构可以在整个信息安全系统工程范围内决定信息安全工程组织的成熟性。这个体系结构的目标是落实安全策略，从管理和制度化方面突出信息安全工程的基本特征。为此，该模型采用两维设计，其中的一维是"域"（Domain），另一维是"能力"（Capability）。

1. 域维 / 安全工程过程域

域维汇集了定义信息安全系统工程的所有实施活动，这些实施活动被称为过程域。能力维代表组织能力，它由过程管理能力和制度化能力构成，这些实施活动被称作公共特性，可在广泛的域中应用。执行一个公共特性是一个组织能力的标志。通过设置这两个相互依赖的维，ISSE-CMM 在各个能力级别上覆盖了整个信息安全活动范围。

ISSE 包括 6 个基本实施，这些基本实施被组织成 11 个信息安全工程过程域，这些过程域覆盖了信息安全系统工程的所有主要领域。安全工程过程域的设计是为了满足信息安全工程组织广泛的需求。划分信息安全工程过程域的方法有许多种，典型的做法之一就是将实际的信息安全工程服务模型化，即原型法，以此创建与信息安全工程服务相一致的过程域。其他的方法如识别概念域，它们将识别的这些域形成相应的基本信息安全工程构件模块。每一个过程域包括一组表示组织成功执行过程域的目标，每一个过程域也包括一组集成的基本实施，基本实施定义了获得过程域目标的必要步骤。

一个过程域通常需要满足：

- 汇集一个域中的相关活动，以便于使用；
- 有关有价值的信息安全工程服务；
- 可在整个组织生命周期中应用；
- 能在多个组织和多个产品范围内实现；
- 能作为一个独立过程进行改进；
- 能够由类似过程兴趣组进行改进；
- 包括所有需要满足过程域目标的基本实施（Base Practices，BP）。

基本实施的特性包括：

- 应用于整个组织生命周期；
- 和其他BP互相不覆盖；
- 代表安全业界"最好的实施"；
- 不是简单地反映当前技术；

- 可在业务环境下以多种方法使用；
- 不指定特定的方法或工具。

由基本实施组成的 11 个安全工程过程域包括：PA01 实施安全控制、PA02 评估影响、PA03 评估安全风险、PA04 评估威胁、PA05 评估脆弱性、PA06 建立保证论据、PA07 协调安全、PA08 监控安全态、PA09 提供安全输入、PA10 确定安全需求、PA11 验证和证实安全。

ISSE-CMM 还包括 11 个与项目和组织实施有关的过程域：PA12 保证质量、PA13 管理配置、PA14 管理项目风险、PA15 监测和控制技术工程项目、PA16 规划技术工程项目、PA17 定义组织的系统工程过程、PA18 改进组织的系统工程过程、PA19 管理产品线的演变、PA20 管理系统工程支持环境、PA21 提供不断更新的技能和知识、PA22 与供应商的协调。

2. 能力维/公共特性

通用实施（Generic Practices，GP）由被称为公共特性的逻辑域组成。公共特性分为 5 个级别，依次表示增强的组织能力。与域维的基本实施不同的是，能力维的通用实施按其成熟性排序，因此高级别的通用实施位于能力维的高端。

公共特性设计的目的是描述在执行工作过程（即信息安全工程域）中组织特征方式的主要变化。每一个公共特性包括一个或多个通用实施。通用实施可应用到每一个过程域（ISSE-CMM 应用范畴），但第一个公共特性"执行基本实施"例外。其余公共特性中的通用实施可帮助确定项目管理好坏的程度，并可将每一个过程域作为一个整体加以改进。公共特性的成熟度等级定义如表 8-2 所示。

表 8-2 公共特性的成熟度等级定义

级　别	公共特性	通用实施
Level 1：非正规实施级	执行基本实施	- 执行过程
Level 2：规划和跟踪级	规划执行	- 为执行过程域分配足够的资源 - 为开发工作产品和/或提供过程域服务指定责任人 - 将过程域执行的方法形成标准化和/或程序化文档 - 提供支持执行过程域的有关工具 - 保证过程域执行人员获得适当的过程执行方面的培训 - 对过程域的实施进行规划
	规范化执行	- 在执行过程域中，使用文档化的规划、标准和/或程序 - 在需要的地方将过程域的工作产品置于版本控制和配置管理之下
	验证执行	- 验证过程与可用标准和/或程序的一致性 - 审计工作产品（验证工作产品遵从可适用标准和/或需求的情况）
	跟踪执行	- 用测量跟踪过程域相对于规划的态势 - 当进程严重偏离规划时采取必要的修正措施

（续表）

级　别	公共特性	通用实施
Level 3：充分定义级	定义标准化过程	● 对过程进行标准化定义 ● 对组织的标准化过程族进行裁剪
	执行已定义的过程	● 在过程域的实施中使用充分定义的过程 ● 对过程域的适当工作产品进行缺陷评审 ● 通过使用已定义过程的数据管理该过程
	协调安全实施	● 协调工程科目内部的沟通 ● 协调组织内不同组间的沟通 ● 协调与外部组间的沟通
Level 4：量化控制级	建立可测度的质量目标	● 为组织的标准化过程族的工作产品建立可测度的质量目标
	对执行情况实施客观管理	● 量化地确定已定义过程的过程能力 ● 当过程未按过程能力执行时，适当地采取修正行动
Level 5：持续改进级	改进组织能力	● 为改进过程效能，根据组织的业务目标和当前过程能力建立量化目标 ● 通过改变组织的标准化过程，从而提高过程效能
	改进过程的效能	● 执行缺陷的因果分析 ● 有选择地消除已定义过程中缺陷产生的原因 ● 通过改变已定义过程来连续地改进实施

3. 能力级别

将通用实施划分为公共特性，将公共特性划分为能力级别有多种方法。公共特性的排序得益于对现有其他安全实施的实现和制度化，特别是当实施活动有效建立时尤其如此。在一个组织能够明确地定义、裁剪和有效使用一个过程前，单独执行的项目应该获得一些过程执行方面的管理经验。例如，一个组织应首先尝试对一个项目规模评估过程后，再将其规定为这个组织的过程规范。有时，当把过程的实施和制度化放在一起考虑可以增强能力时，则无须要求严格地进行前后排序。

公共特性和能力级别无论在评估一个组织过程能力还是改进组织过程能力时都是重要的。当评估一个组织能力时，如果这个组织只执行了一个特定级别的一个特定过程的部分公共特性时，则这个组织对这个过程而言处于这个级别的最底层。例如，在 2 级能力上，如果缺乏跟踪执行公共特性的经验和能力，那么跟踪项目的执行将会很困难。如果高级别的公共特性在一个组织中实施，但其低级别的公共特性未能实施，则这个组织不能获得该级别的所有能力带来的好处。评估组织在评估一个组织个别过程能力时，应对这种情况加以考虑。

当一个组织希望改进某个特定过程能力时，能力级别的实施活动可为实施改进的组织提供一个"能力改进路线图"。基于这一理由，ISSE-CMM 的实施按公共特性进行组织，并按级别进行排序。对每一个过程域能力级别的确定，均需执行一次评估过程。这意味着不同的过程域能够或可能存在于不同的能力级别上。组织可利用这个面向过程的信息，作为侧重于这些过程改进的手段。组织改进过程活动的顺序和优先级应在业务目标里加以考虑。业务目标是使用 ISSE-

CMM 模型的主要驱动力。但是，对典型的改进活动，也存在着基本活动次序和基本的原则。这个活动次序在 ISSE-CMM 结构中通过公共特性和能力级别加以定义。能力级别代表工程组织的成熟度级别的 5 级模型如图 8-7 所示。

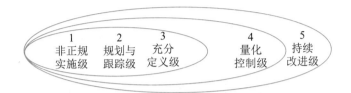

图 8-7　能力级别代表工程组织的成熟度级别的 5 级模型

5 级能力级别的重点及能力特点如表 8-3 所示。

表 8-3　能力级别的重点与能力特点

级　　别	重　　点	能力特点
1 级：非正规实施级	着重于一个组织或项目只是执行了包含基本实施的过程	必须首先做它，然后才能管理它
2 级：规划与跟踪级	着重于项目层面的定义、规划和执行问题	在定义组织层面的过程之前，先要弄清楚与项目相关的事项
3 级：充分定义级	着重于规范化地裁剪组织层面的过程定义	这个级别的能力特点可描述为，用项目中学到的最好的东西来定义组织层面的过程
4 级：量化控制级	着重于测量。测量是与组织业务目标紧密联系在一起的。尽管在以前的级别上，也把数据收集和采用项目测量作为基本活动，但只有达到高级别时，数据才能在组织层面上被应用	只有知道它是什么，才能测量它。当被测量的对象正确时，基于测量的管理才有意义
5 级：持续改进级	从前面各级的所有管理活动中获得发展的力量，并通过加强组织的文化来保持这种力量。这一方法强调文化的转变，这种转变又将使方法更有效	持续性改进的文化需要以完备的管理实施、已定义的过程和可测量的目标作为基础

8.4　本章练习

1. 选择题

（1）_____不属于 CIA 三要素。

　　A. 可靠性　　　　　B. 保密性　　　　　C. 完整性　　　　　D. 可用性

参考答案：A

（2）在 ISO/IEC 27000 系列标准中，给出了以下几方面的控制：_____。

　　A. 组织、战略、管理、实施　　　　　　B. 组织、人员、物理、技术

　　C. 人员、过程、技术、资源　　　　　　D. 机房、数据、系统、设备

参考答案：B

（3）《信息安全等级保护管理办法》将信息系统的安全保护等级分为_____。

    A. 3级   B. 4级   C. 5级   D. 6级

参考答案：C

（4）_____不属于基础设施实体安全。

    A. 机房安全   B. 场地安全   C. 动力系统安全   D. 数据安全

参考答案：D

（5）信息安全系统工程实施过程的组成部分包括：_____。

    A. 开发过程、测试过程、验收过程   B. 定义过程、实施过程、改进过程

    C. 工程过程、风险过程、保证过程   D. 治理过程、管理过程、操作过程

参考答案：C

2. 思考题

（1）对于组织来说，如何建设有效、敏捷的信息安全管理体系？

参考答案：略

（2）从组织成员或公民视角来看，信息安全意识如何培育？

参考答案：略

第 9 章　项目管理概论

9.1　PMBOK 的发展

项目管理知识体系（Project Management Body Of Knowledge，PMBOK）是由美国项目管理协会（Project Management Institute，PMI）开发的一套描述项目管理专业范围的知识体系，包含了对项目管理所需的知识、技能和工具的描述。

1981 年，PMI 组委会成立了专门的小组，开展相应的研发工作，旨在将项目管理人在项目管理过程中的优秀实践总结成标准。1983 年，该小组发表了第一份报告，报告中将项目管理的基本内容划分为范围管理、成本管理、时间管理、质量管理、人力资源管理和沟通管理六个领域，形成了后期项目管理专业化的基础内容。1984 年，PMI 组委会批准了关于进一步开发项目管理标准的项目。1987 年，该小组发表了题为"项目管理知识体系"的研究报告，并于 1996 年进行了修订，称之为"项目管理知识体系指南"，国际标准化组织（ISO）随后以该文件为框架，制定了第一个项目管理的标准，即 ISO 10006：1997《质量管理 项目管理质量指南》。

从 1996 年 PMBOK 指南的第一个版本开始，PMI 基本每 4 年更新一版 PMBOK 指南，截至 2022 年，已经出版的有 2000 年的第 2 版、2004 年的第 3 版、2008 年的第 4 版、2012 年的第 5 版、2017 年的第 6 版和 2021 年的第 7 版。

在 PMBOK 指南的发展过程中，1996 年的第 1 版、2004 年的第 3 版、2017 年的第 6 版和 2021 年的第 7 版的变化较为突出，主要的变化情况如表 9-1 所示。

表 9-1　PMBOK 指南的主要变化情况

版本	主要发展变化情况
第 1 版 （1996 年）	● 定位为指南，名为"项目管理知识体系指南" ● 表明项目管理知识体系获得了广泛认可，适用于大多数项目，实践价值和有效性获得了广泛的一致认可 ● 将项目管理定义为"将知识、技能、工具和技术应用于项目活动，以便达到或超过干系人的需要和对项目的期望" ● 采用基于过程的标准，各知识领域之间相互联系并相互作用 ● 创建了稳健而灵活的结构，同时，国际标准化组织（ISO）和其他组织也正在制定基于过程的标准
第 3 版 （2004 年）	● 首次在封面上印制了"ANSI标准"的标识 ● 正式区分了《项目的项目管理标准》和《项目管理框架和知识体系》 ● 包含了适用于多数项目的良好实践 ● 将项目管理定义为"将知识、技能、工具和技术应用于项目活动，以便达到项目要求"

（续表）

版本	主要发展变化情况
第6版 （2017年）	● 清晰地区分了ANSI标准和指南 ● 首次将敏捷内容纳入正文 ● 拓展了知识领域前言部分，包括核心概念、发展趋势和新兴实践、裁剪时需要考虑的因素，以及在敏捷或适应型环境中需要考虑的因素
第7版 （2021年）	● 从系统视角论述项目管理，在《项目管理标准》中加入了"价值交付系统"。"价值交付系统"从系统角度出发，重点关注与业务能力结合在一起的价值链，为组织的战略、价值和商业目标提供支持。"价值交付系统"强调过程的输出是为了实现项目的成果，而实现项目的成果的最终目标是将价值交付给组织及其干系人 ● 增加了8个绩效域。这些绩效域对于有效交付项目成果至关重要。绩效域所代表的项目管理系统，充分体现了组织彼此交互、相互关联且相互依赖的管理能力，这些能力只有协调一致，才能实现期望的项目成果 ● 《项目管理标准》中增加了12个项目管理原则 ● 体现了各种开发方法（预测型、适应型、混合型等）

9.2　项目基本要素

9.2.1　项目基础

项目是为创造独特的产品、服务或成果而进行的临时性工作。

1. 独特的产品、服务或成果

开展项目是为了通过可交付成果达成目标。目标是指工作所指向的结果、要取得的战略地位、要达到的目的、要获得的成果、要生产的产品或者要提供的服务。可交付成果是指在某一过程、阶段或项目完成时，形成的独特并可验证的产品、成果或服务。可交付成果可能是有形的，也可能是无形的。实现项目目标可能会产生一个或多个可交付成果。

某些项目可交付成果和活动中可能存在相同的元素，但这并不会改变项目本质上的独特性。例如，即便采用相同或相似的语言或工具，由相同的团队来开发，但每个信息系统项目仍具备独特性（例如需求、设计、运行环境、项目干系人都是独特的）。

项目可以在组织的任何层级上开展。一个项目可能只涉及一个人，也可能涉及一组人；可能只涉及一个组织单元，也可能涉及多个组织的多个单元。

下面列举一些项目的例子，例如为市场开发新的复方药，扩展导游服务，合并两家组织，改进组织内的业务流程，为组织采购和安装新的计算机硬件系统，一个地区的石油勘探，修改组织内使用的计算机软件，研发新的工艺流程，建造一座大楼等。

2. 临时性工作

项目的"临时性"是指项目有明确的起点和终点。"临时性"并不一定意味着项目的持续时间短。项目可宣告结束的情况主要包括：

- 达成项目目标；
- 不会或不能达到目标；
- 项目资金耗尽或不再获得资金支持；
- 对项目的需求不复存在（例如，客户不再要求完成项目，战略或优先级的变更致使项目终止，组织管理层下达终止项目的指示）；
- 无法获得所需的人力或物力资源；
- 出于法律或其他原因终止项目等。

虽然项目是临时性工作，但其可交付成果可能会在项目终止后依然存在。例如，国家纪念碑建设项目就是要创造一个可以流传百世的建筑。

3. 项目驱动变更

项目驱动组织进行变更。从业务价值角度看，项目旨在推动组织从一个状态转到另一个状态，从而达成特定目标，获得更高的业务价值。组织通过项目进行状态转换的过程如图 9-1 所示。在项目开始之前，组织处于"当前状态"，项目驱动变更是为了获得期望的结果，即"将来状态"。通过成功完成一个或一系列项目，组织可以实现将来状态并达成特定的目标。

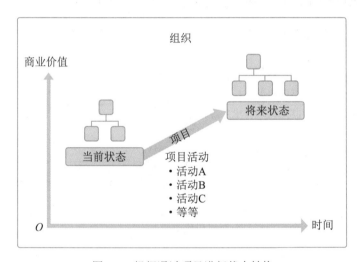

图 9-1　组织通过项目进行状态转换

4. 项目创造业务价值

业务价值是从组织运营中获得的可量化的净效益。在价值分析中，业务价值被视为回报，即以某种投入换取时间、资金、货物或无形的回报。项目的业务价值指特定项目的成果能够为干系人带来的效益。

项目带来的效益可以是有形的、无形的或两者兼而有之。有形效益的例子包括货币资产、股东权益、公共事业、固定资产、工具、市场份额等。无形效益的例子包括商誉、声誉、商标、公共利益、战略联盟、品牌认知度等。

5. 项目启动背景

促进项目创建的因素多种多样。组织领导者启动项目是为了应对影响该组织持续运营和业务战略的因素。这些因素说明了项目的启动背景，它们最终应与组织的战略目标以及各个项目的业务价值相关联。促进项目创建的因素大致可以分为4个基本类别，各类项目示例如表9-2所示。

表9-2　促成项目创建的因素

特定因素	特定因素示例	符合法律法规或社会需求	满足干系人要求或需求	创造、改进或修复产品、过程或服务	执行、变更业务或技术战略
新技术	某电子公司批准一个新项目，在计算机内存和电子技术发展的基础上，开发一种高速、廉价的小型笔记本电脑			√	√
竞争力	为保持竞争力，产品价格要低于竞争对手的产品价格，需要降低生产成本				√
材料问题	某市政桥梁的一些支撑构件出现裂缝，因此需要实施一个项目来解决问题	√		√	
政策变革	在某新政策影响下，当前某项目经费发生变更				√
市场需求	为应对汽油紧缺的情况，某汽车公司批准一个低油耗车型的研发项目		√	√	
经济变革	经济滑坡导致某当前项目优先级发生变更				√
客户要求	为了给新工业园区供电，某电力公司批准一个新变电站建设项目		√	√	
干系人需求	某干系人要求组织进行新的输出		√		
法律要求	某化工制造商批准一个项目，为妥善处理一种新的有毒材料制定指南	√			
业务过程改进	某组织实施一个运用精益六西格玛价值流图的项目			√	
战略机会或业务需求	为增加收入，某培训公司批准一个项目，开发一门新课程			√	√
社会需要	为应对传染病频发，某发展中国家的非政府组织批准一个项目，为社区建设饮用水系统和公共厕所，并开展卫生教育		√		
环境需要	为减少污染，某上市公司批准一个项目，开创电动汽车共享服务			√	√

9.2.2　项目管理

项目管理就是将知识、技能、工具与技术应用于项目活动，以满足项目的要求。通过合理地应用并整合特定的项目管理过程，项目管理使组织能够有效并高效地开展项目。

有效的项目管理能够帮助个人、群体以及组织做到以下几点：①达成业务目标；②满足干系人的期望；③提高可预测性；④提高成功的概率；⑤在适当的时间交付正确的产品；⑥解决问题和争议；⑦及时应对风险；⑧优化组织资源的使用；⑨识别、挽救或终止失败项目；⑩管理制约因素（例如范围、质量、进度、成本、资源）；⑪平衡制约因素对项目的影响（例如范围扩大可能会增加成本或延长进度）；⑫以更好的方式管理变更等。

项目管理不善或缺失可能导致：①项目超过时限；②项目成本超支；③项目质量低劣；④返工；⑤项目范围失控；⑥组织声誉受损；⑦干系人不满意；⑧无法达成目标等。

项目是组织创造价值和效益的主要方式。当今外部环境动荡不定，变化越来越快，组织领导者需要应对预算紧缩、时间缩短、资源稀缺以及技术快速变化的情况。组织为了在全球经济中保持竞争力，需要充分利用项目管理来持续创造价值和效益。

有效和高效的项目管理是一个组织的战略能力。它使组织能够做到以下几点：①将项目成果与业务目标联系起来；②更有效地展开市场竞争；③实现可持续发展；④通过适当调整项目管理计划，应对外部环境改变给项目带来的影响等。

9.2.3　项目成功的标准

确定项目是否成功是项目管理中最常见的挑战之一。

时间、成本、范围和质量等项目管理测量指标历来被视为确定项目是否成功的最重要的因素。确定项目是否成功还应考虑项目目标的实现情况。

明确记录项目目标并选择可测量的目标是项目成功的关键。主要干系人和项目经理应思考3 个问题：①怎样才算项目成功？②如何评估项目成功？③哪些因素会影响项目成功？主要干系人和项目经理应就这些问题达成共识并予以记录。

项目成功可能涉及与组织战略和业务成果交付相关的标准与目标，这些项目目标可能包括：

- 完成项目效益管理计划；
- 达到可行性研究与论证中记录的已商定的财务测量指标，这些财务测量指标可能包括净现值（NPV）、投资回报率（ROI）、内部报酬率（IRR）、回收期（PBP）和效益成本比率（BCR）；
- 达到可行性研究与论证的非财务目标；
- 组织从"当前状态"成功转移到"将来状态"；
- 履行合同条款和条件；
- 达到组织战略、目的和目标，使干系人满意；
- 可接受的客户/最终用户的采纳度；
- 将可交付成果整合到组织的运营环境中；
- 满足商定的交付质量；
- 遵循治理规则；
- 满足商定的其他成功标准或准则（例如过程产出率）等。

为了取得项目成功，项目团队必须能够正确评估项目状况，平衡项目要求，并与干系人保持积极沟通。如果项目能够与组织的战略方向持续保持一致，项目成功的概率就会显著提高。有可能一个项目从范围/进度/预算来看是成功的，但从业务角度来看并不成功，这是因为业务需求或市场环境在项目完成之前发生了变化。

9.2.4　项目、项目集、项目组合和运营管理之间的关系

1. 概述

项目管理过程、工具和技术的运用为组织达成目标奠定了坚实的基础。一个项目可以采用3种不同的模式进行管理：独立项目（不包括在项目集或项目组合中）、在项目集内、在项目组合内。如果在项目集或项目组合内管理某个项目，则项目经理需要与项目集或项目组合经理沟通与合作。

为达成组织的一系列目的和目标，可能需要实施多个项目。在这种情况下，项目可能被归入项目集中。项目集是一组相互关联且被协调管理的项目、子项目集和项目集活动，目的是获得分别管理所无法获得的利益。项目集不是大项目，大项目是指规模、影响等特别大的项目。

有些组织可能会采用项目组合，用于有效管理在任何特定的时间内同时进行的多个项目集和项目。项目组合是指为实现战略目标而组合在一起管理的项目、项目集、子项目组合和运营工作。项目组合、项目集、项目和运营在特定情况下是相互关联的，如图9-2所示。

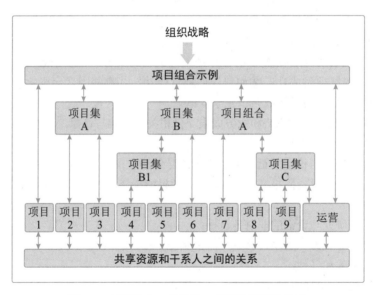

图 9-2　项目组合、项目集、项目和运营的关系

项目集管理和项目组合管理的生命周期、活动、目标、重点和效益都与项目管理不同。但是，项目组合、项目集、项目和运营通常都涉及相同的干系人，还可能需要使用同样的资源，而这可能会导致组织内出现冲突。这种情况促使组织增强内部协调，通过项目组合、项目集和项目管理达成组织内部的有效平衡。

图9-2所示的项目组合结构表明了项目集、项目、共享资源和干系人之间的关系。项目组

合能够促进这项工作的有效治理和管理，从而有助于实现组织战略和相关优先级。在开展组织和项目组合规划时，要基于风险、资金和其他考虑因素对项目组合组件进行优先级排列。项目组合有利于组织了解战略目标在项目组合中的实施情况，还能适当促进项目组合、项目集和项目治理的实施与协调。这种协调治理方式可以合理分配资源，为实现预期绩效和效益分配人力、财力和实物资源。

从组织的角度看，项目和项目集管理的重点在于以"正确"的方式开展项目集和项目，即"正确地做事"；项目组合管理则注重于开展"正确"的项目集和项目，即"做正确的事"。表 9-3 列出了项目、项目集、项目组合在定义、范围、变更、规划、管理、监督和成功等方面的比较结果。

表 9-3　项目、项目集、项目组合管理的比较结果

比较内容	项目	项目集	项目组合
定义	项目是为创造独特的产品、服务或成果而进行的临时性工作	项目集是一组相互关联且被协调管理的项目、子项目集和项目集活动，以便获得分别管理所无法获得的效益	项目组合是为实现战略目标而组合在一起管理的项目、项目集、子项目组合和运营工作的集合
范围	项目具有明确的目标。范围在整个项目生命周期中是渐进明细的	项目集的范围包括其项目集组件的范围。项目集通过确保各项目集组件的输出和成果协调互补，为组织带来效益	项目组合的组织范围随着组织战略目标的变化而变化
变更	项目经理对变更和实施过程做出预期，实现对变更的管理和控制	项目集的管理方法是，随着项目集各组件成果和/或输出的交付，在必要时接受和适应变更，优化效益实现	项目组合经理持续监督更广泛的内外部环境的变更
规划	在整个项目生命周期中，项目经理渐进明细高层级信息，将其转化为详细的计划	项目集的管理利用高层级计划，跟踪项目集组件的依赖关系和进展。项目集计划也用于在组件层级指导规划	项目组合经理建立并维护与项目组合整体有关的必要过程和沟通
管理	项目经理为实现项目目标而管理项目团队	项目集由项目集经理管理，其通过协调项目集组件的活动，确保项目集效益按预期实现	项目组合经理可管理或协调项目组合管理人员或对项目组合整体负有报告职责的项目集和项目人员
监督	项目经理监控项目开展中生产产品、提供服务或成果的工作	项目集经理监督项目集组件的进展，确保整体目标、进度计划、预算和项目集效益的实现	项目组合经理监督战略变更以及总体资源分配、绩效成果和项目组合风险
成功	项目的成功通过产品和项目的质量、时间表、预算的依从性以及客户满意度水平进行衡量	项目集的成功通过项目集向组织交付预期效益的能力以及项目集交付所述效益的效率和效果进行衡量	项目组合的成功通过项目组合的总体投资效果和实现的效益进行衡量

2. 项目集管理

项目集管理指在项目集中应用知识、技能与原则来实现项目集的目标，获得分别管理项目

集组成部分所无法实现的利益和控制。项目集组成部分指项目集中的项目和其他项目集。项目管理注重项目内部的依赖关系，以确定管理项目的最佳方法。项目集管理注重项目集组成部分之间的依赖关系，以确定管理这些项目的最佳方法。项目集的具体管理措施包括：

- 调整对项目集和所辖项目的目标有影响的组织或战略方向；
- 将项目集范围分配到项目集的组成部分；
- 管理项目集组成部分之间的依赖关系，从而以最佳方式实施项目集；
- 管理可能影响项目集内多个项目的项目集风险；
- 解决影响项目集内多个项目的制约因素和冲突；
- 解决作为组成部分的项目与项目集之间的问题；
- 在同一个治理框架内管理变更请求；
- 将预算分配到项目集内的多个项目中；
- 确保项目集及其包含的项目能够实现效益。

建立一个新的卫星通信系统就是一个项目集管理的实例，其所辖项目包括卫星与地面站的设计和建造、卫星发射以及系统整合。

3. 项目组合管理

项目组合是指为实现战略目标而组合在一起管理的项目、项目集、子项目组合和运营工作。项目组合管理是指为了实现战略目标而对一个或多个项目组合进行的集中管理。项目组合中的项目集或项目不一定存在彼此依赖或直接相关的关联关系。

项目组合管理的目的是：

- 指导组织的投资决策；
- 选择项目集与项目的最佳组合方式，以达成战略目标；
- 提供决策透明度；
- 确定团队资源分配的优先级；
- 提高实现预期投资回报的可能性；
- 集中管理所有组成部分的综合风险；
- 确定项目组合是否符合组织战略。

要实现项目组合价值的最大化，需要精心检查项目组合的各个组成部分。确定各组成部分的优先级，使最有利于组织战略目标的部分拥有所需的财力、人力和实物资源。

4. 运营管理

运营管理是另外一个领域，不属于项目管理范围。

运营管理关注产品的持续生产、服务的持续提供。运营管理使用最优资源满足客户要求，以保证组织或业务持续高效地运行。运营管理重点管理把输入（如材料、零件、能源和人力）转变为输出（如产品、服务）的过程。

5. 运营与项目管理

运营的改变可以作为某个项目的关注焦点，尤其是当项目交付的新产品或新服务将导致运营有实质性改变时。持续运营不属于项目的范畴，但是项目与运营会在产品生命周期的不同时间点存在交叉，例如：

- 在新产品开发、产品升级或提高产量时；
- 在改进运营或产品开发过程时；
- 在产品生命周期结束阶段；
- 在每个收尾阶段。

在每个交叉点，可交付成果及知识都会在项目与运营之间转移，可能是将项目资源及知识转移到运营部门，也可能是将运营资源转移至项目中。

6. 组织级项目管理和战略

项目组合、项目集和项目都需要符合组织战略，由组织战略驱动，并以如下不同的方式服务于战略目标的实现：

- 项目组合管理通过选择适当的项目集或项目，对工作进行优先级排序，并提供所需资源，与组织战略保持一致；
- 项目集管理通过对其组成部分进行协调，对它们之间的依赖关系进行控制，从而实现既定收益；
- 项目管理使组织的目标得以实现。

组织往往用战略规划引导项目投资，明确项目对实现组织战略和目标的作用。通过组织级项目管理，对项目组合、项目集和项目进行系统化管理，可以确保项目符合组织战略业务目标。组织级项目管理是指为实现战略目标，通过组织驱动因素整合项目组合、项目集和项目管理的框架。

组织级项目管理旨在确保组织开展正确的项目并合适地分配关键资源。组织级项目管理有助于确保组织的各个层级都了解组织的战略愿景、实现愿景的措施、组织目标以及可交付成果。组织级项目管理中，项目组合、项目集、项目和运营相互作用的组织环境如图 9-3 所示。

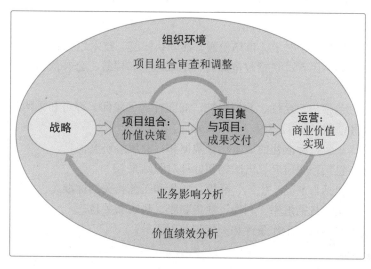

图 9-3 组织级项目管理

9.2.5 项目运行环境

项目在内部和外部环境中存在和运作，这些环境对价值交付有不同程度的影响。这些影响可能会对项目特征、干系人或项目团队产生有利、不利或中性的影响，也可能会影响规划和其他项目活动。这些影响的两大主要来源为事业环境因素和组织过程资产。

事业环境因素是指项目团队不能控制的，将对项目产生影响、限制或指令作用的各种条件。这些条件可能来自于组织的内部和 / 或外部。事业环境因素是很多项目管理过程，尤其是大多数规划过程的输入。这些因素可能会提高或限制项目管理的灵活性，并可能对项目结果产生积极或消极的影响。组织过程资产是执行组织所特有的并使用的计划、过程、政策、程序和知识库，会影响对具体项目的管理。

1. 组织内部的事业环境因素

组织内部的事业环境因素主要包括：

- 组织文化、结构和治理：包括愿景、使命、价值观、信念、文化规范、领导力风格、等级制度和职权关系、组织风格、道德和行为规范。
- 设施和资源的物理分布：包括工作地点、虚拟项目团队和共享系统。
- 基础设施：包括现有设施、设备、组织和电信通道、IT硬件、可用性和功能。
- 信息技术软件：包括进度计划软件、配置管理系统、信息系统的网络接口、协作工具和工作授权系统。
- 资源可用性：包括签订合同和采购制约因素，获得批准的供应商和分包商，以及合作协议。与人员和材料相关的可用性包括签订合同和采购制约因素，获得批准的供应商和分包商，以及时间线。
- 员工能力：包括通用和特定的专业知识、技能、能力、技术和知识等。

2. 组织外部的事业环境因素

组织外部的事业环境因素主要包括：

- 市场条件：包括竞争对手、市场份额、品牌认知度、技术趋势和商标。
- 社会和文化影响因素：包括政策导向、地域风俗和传统、公共假日和事件、行为规范、道德和观念。
- 监管环境：包括与安全性、数据保护、商业行为、雇佣、许可和采购相关的全国性和地区性法律和法规。
- 商业数据库：包括标准化的成本估算数据和行业风险研究信息。
- 学术研究：包括行业研究、出版物和标杆对照结果。
- 行业标准：包括与产品、生产、环境、质量和工艺相关的标准。
- 财务考虑因素：包括汇率、利率、通货膨胀、税收和关税。
- 物理环境因素：包括工作条件和天气相关因素等。

3. 组织过程资产

组织过程资产包括来自任何项目执行组织的，可用于执行或治理项目的任何工件、实践或知识，还包括来自组织以往项目的经验教训和历史信息。组织过程资产可能还包括完成的进度计划、风险数据和挣值数据。组织过程资产是许多项目管理过程的输入。由于组织过程资产存在于组织内部，在整个项目期间，项目团队成员可对组织过程资产进行必要的更新和增补。

组织过程资产可分成过程、政策和程序与组织知识库两大类。第一类资产的更新通常不是项目工作的一部分，而是由项目管理办公室（PMO）或项目以外的其他职能部门完成。更新工作仅须遵循与过程、政策和程序更新相关的组织政策。有些组织鼓励团队裁剪项目的模板、生命周期和核对单。在这种情况下，项目管理团队应根据项目需求裁剪这些资产。第二类资产是在整个项目期间结合项目信息进行更新的。例如，在整个项目期间会持续更新与财务绩效、经验教训、绩效指标和问题以及缺陷相关的信息。

在过程、政策和程序方面需要重点关注启动和规划、执行和监控以及收尾等阶段。

（1）启动和规划阶段需要关注的内容包括：

- 指南和标准，用于裁剪组织标准流程和程序以满足项目的特定要求；
- 特定的组织标准，例如政策（如人力资源政策、健康与安全政策、安保与保密政策、质量政策、采购政策和环境政策）；
- 产品和项目生命周期，以及方法和程序（如项目管理方法、评估指标、过程审计、改进目标、核对单、组织内使用的标准化的过程定义）；
- 模板（如项目管理计划、项目文件、项目登记册、报告格式、合同模板、风险分类、风险描述模板、概率与影响的定义、概率和影响矩阵，以及干系人登记册模板）；
- 预先批准的供应商清单和各种合同协议类型（如总价合同、成本补偿合同和工料合同）。

（2）执行和监控阶段需要关注的内容包括：

- 变更控制程序，包括修改组织标准、政策、计划和程序（或任何项目文件）所须遵循的步骤，以及如何批准和确认变更；
- 跟踪矩阵；
- 财务控制程序（如定期报告、必需的费用与支付审查、会计编码及标准合同条款等）；
- 问题与缺陷管理程序（如定义问题和缺陷控制、识别与解决问题和缺陷，以及跟踪行动方案）；
- 资源的可用性控制和分配管理；
- 组织对沟通的要求（如可用的沟通技术、许可的沟通媒介、记录保存政策、视频会议、协同工具和安全要求）；
- 确定工作优先顺序、批准工作与签发工作授权的程序；
- 模板（如风险登记册、问题日志和变更日志）；
- 标准化的指南、工作指示、建议书评价准则和绩效测量准则；
- 产品、服务或成果的核实和确认程序。

（3）收尾阶段需要关注的内容包括：收尾指南或要求（如项目终期审计、项目评价、可交付成果验收、合同收尾、资源分配，以及向生产和/或运营部门转移知识）。

在组织知识库方面，需要重点关注以下 7 个方面：

（1）配置管理知识库，包括软件和硬件组件版本以及所有执行组织的标准、政策、程序和任何项目文件的基准；

（2）财务数据库，包括人工时、实际成本、预算和成本超支等方面的信息；

（3）历史信息，如项目记录与文件、完整的项目收尾信息与文件、关于以往项目的信息等；

（4）经验教训知识库，如选择决策的结果及以往项目绩效的信息，以及从风险管理活动中获取的信息；

（5）问题与缺陷管理数据库，包括问题与缺陷的状态、控制信息、解决方案以及相关行动的结果；

（6）测量指标数据库，用来收集与提供过程和产品的测量数据；

（7）以往项目的项目档案，如范围、成本、进度与绩效测量基准，项目日历，项目进度网络图，风险登记册，风险报告以及干系人登记册。

9.2.6　组织系统

项目运行时会受到项目所在的组织结构和治理框架的影响与制约。为有效且高效地开展项目，项目经理需要了解组织内的组织机构及职责分配情况，帮助自己有效地利用其权力、影响力、能力、领导力等，以便成功完成项目。

组织内多种因素的交互影响创造出一个独特的组织系统，该组织系统会影响项目的运行，并决定了组织系统内部人员的权力、影响力、利益、能力等。组织系统的影响因素包括治理框架、管理要素和组织结构类型。

1. 治理框架

治理是在组织各层级上的组织性或结构性安排，旨在确定和影响组织成员的行为。治理是一个多维度概念，需要考虑人员、角色、结构和政策，同时需要通过数据和反馈提供指导和监督。治理框架是在组织内行使职权的框架，包括规则、政策、程序、规范、关系、系统和过程。该治理框架会对以下几方面内容产生影响：

- 组织目标的设定和实现方式；
- 风险监控和评估方式；
- 绩效优化方式。

2. 管理要素

管理要素是组织内部关键职能部门或一般管理原则的组成部分。组织根据其选择的治理框架和组织结构类型确定一般的管理要素。组织的管理要素包括：

- 部门，基于专业技能及其可用性开展工作；
- 组织授予的工作职权；
- 工作职责，用于开展组织根据技能和经验等属性合理分派的工作任务；
- 行动纪律（如尊重职权、人员和规定）；
- 统一指挥原则（如对于一项行动或活动仅由一个人发布指示）；
- 统一领导原则（如对服务于同一目标的一组活动，只能有一份计划或一个领导）；

- 组织的总体目标优先于个人目标；
- 支付合理的薪酬；
- 资源的优化使用；
- 畅通的沟通渠道；
- 在正确的时间让正确的人使用正确的材料做正确的事情；
- 公正、平等地对待所有员工；
- 明确的工作职位；
- 确保员工安全；
- 允许任何员工参与计划和实施；
- 保持员工士气。

组织会将这些管理要素分配给相应的员工，让他们负责这些管理要素的落实。员工可以在不同的组织结构中落实这些管理要素。例如，在层级式组织结构中，员工之间存在横向关系和纵向关系。纵向关系从一线管理层一直向上延伸到高级管理层。在特定的组织结构中，需要赋予员工所在层级的职责、终责和职权，才能保证员工在特定的组织结构内落实相应的管理要素。

3. 组织结构类型

组织结构的形式或类型多种多样，组织在确定本组织选取并采用哪一种组织结构类型时，需要考虑各种可变因素，不存在适用于所有组织的通用的结构类型，特定组织最终选取和采用的组织结构具有各自的独特性。几种常见的组织结构类型的特征如表 9-4 所示。

表 9-4　常见的组织结构类型的特征

组织结构类型	特征					
	工作安排人	项目经理批准	项目经理的角色	资源可用性	项目预算管理人	项目管理人员
系统型或简单型	灵活；人员并肩工作	极少或无	兼职；工作角色（如协调员）指定与否不限	极少或无	负责人或操作员	极少或无
职能（集中式）	正在进行的工作（例如，设计、制造）	极少或无	兼职；工作角色（如协调员）指定与否不限	极少或无	职能经理	兼职
多部门（职能可复制，各部门几乎不会集中）	其中之一：产品；生产过程；项目组合；项目集；地理区域；客户类型	极少或无	兼职；工作角色（如协调员）指定与否不限	极少或无	职能经理	兼职
矩阵 - 强	按工作职能，项目经理作为一个职能	中到高	全职；指定工作角色	中到高	项目经理	全职
矩阵 - 弱	按工作职能	低	兼职；作为另一项工作的组成部分，并非指定工作角色，如协调员	低	职能经理	兼职
矩阵 - 均衡	按工作职能	低到中	兼职；作为一种技能的嵌入职能，不可以指定工作角色（如协调员）	低到中	混合	兼职

组织结构类型	特征					
	工作安排人	项目经理批准	项目经理的角色	资源可用性	项目预算管理人	项目管理人员
项目导向（复合、混合）	项目	高到几乎全部	全职；指定工作角色	高到几乎全部	项目经理	全职
虚拟	网络架构，带有与他人联系的节点	低到中	全职或兼职	低到中	混合	全职或兼职
混合型	其他类型的混合	混合	混合	混合	混合	混合
PMO	其他类型的混合	高到几乎全部	全职；指定工作角色	高到几乎全部	项目经理	全职

在确定组织结构时，每个组织都需要考虑大量的因素。在最终分析中，每个因素的重要性也各不相同。综合考虑各种因素及其价值，能够帮助组织决策者选择合适的组织结构。选择组织结构时应考虑的因素主要包括：与组织目标的一致性；专业能力；控制、效率与效果的程度；明确的决策升级渠道；明确的职权线和范围；授权方面的能力；终责分配；职责分配；设计的灵活性；设计的简单性；实施效率；成本考虑；物理位置（例如集中办公、区域办公、虚拟远程办公）；清晰的沟通（例如政策、工作状态、组织愿景）等。

项目管理办公室（PMO）是项目管理中常见的一种组织结构，PMO 对与项目相关的治理过程进行标准化，并促进资源、方法论、工具和技术共享。PMO 的职责范围可大可小，小到提供项目管理支持服务，大到直接管理一个或多个项目。PMO 的具体形式、职能和结构取决于所在组织的需要。

PMO 有几种不同的类型，它们对项目的控制和影响程度各不相同，主要有支持型、控制型和指令型。

（1）支持型。支持型 PMO 担当顾问的角色，向项目提供模板、最佳实践、培训，以及来自其他项目的信息和经验教训。这种类型的 PMO 其实就是一个项目资源库，对项目的控制程度很低。

（2）控制型。控制型 PMO 不仅给项目提供支持，而且通过各种手段要求项目服从，这种类型的 PMO 对项目的控制程度中等。它可能在以下几个方面要求项目：一是采用项目管理框架或方法论；二是使用特定的模板、格式和工具；三是遵从治理框架。

（3）指令型。指令型 PMO 直接管理和控制项目。项目经理由 PMO 指定并向其报告。这种类型的 PMO 对项目的控制程度很高。

PMO 还有可能承担整个组织范围的职责，在支持战略调整和创造组织价值方面发挥重要的作用。PMO 从组织战略型项目中获取数据和信息，进行综合分析，评估高层战略目标的实现情况。PMO 在组织的项目组合、项目集、项目与组织考评体系（如平衡计分卡）之间建立联系。PMO 只是把项目进行了集中管理，它所支持和管理的项目之间不一定彼此关联。为了保证项目符合组织的业务目标，PMO 有权在每个项目的生命周期中充当重要干系人和关键决策者。PMO

可以提出建议、支持知识传递、终止项目，并根据需要采取其他行动。PMO 的一个主要职能是通过各种方式向项目经理提供支持，包括：

- 对 PMO 所辖全部项目的共享资源进行管理；
- 识别和制定项目管理方法、最佳实践和标准；
- 指导、辅导、培训和监督；
- 通过项目审计，监督项目对项目管理标准、政策、程序和模板的合规性；
- 制定和管理项目政策、程序、模板及其他共享的文件（组织过程资产）；
- 对跨项目的沟通进行协调等。

9.2.7　项目管理和产品管理

在当前复杂的项目管理环境中，项目组合、项目集、项目和产品管理等领域的相互关联性正逐渐加强。了解它们之间的关系能为项目提供有用的背景信息。

产品是指可以量化生产的工件（包括服务及其组件）。产品既可以是最终制品，也可以是组件制品。产品管理涉及将人员、数据、过程和业务系统整合，以便在整个产品生命周期中创建、维护和开发产品（或服务）。产品生命周期是指一个产品从引入、成长、成熟到衰退的整个演变过程的一系列阶段。产品管理可以在产品生命周期的任何时间点启动项目集或项目，以便为创建或增强特定组件、职能或功能提供支持，如图 9-4 所示。

初始产品开始时可以是项目集或项目的可交付物。在整个产品生命周期中，新的项目集或项目可能会增加或改进创造额外价值的特定组件、属性或功能。在某些情况下，项目集可以涵盖产品（或服务）的整个生命周期，以便更直接地管理收益并为组织创造价值。

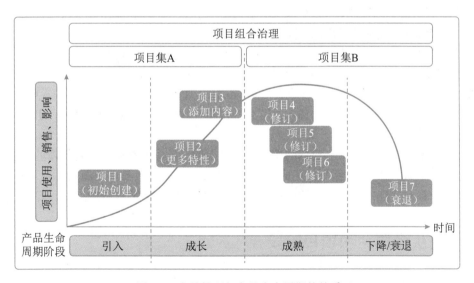

图 9-4　产品管理与产品生命周期的关系

产品管理可以表现为不同的形式，主要包括以下 3 种，即产品生命周期中包含项目集管理，产品生命周期中包含单个项目管理，以及项目集内的产品管理。

（1）产品生命周期中包含项目集管理。这种方法中，产品生命周期中包括相关项目、子项目集和项目集活动。对于规模很大或长期运作的产品，一个或多个产品生命周期阶段可能非常复杂，因此需要一系列协同运作的项目集和项目。

（2）产品生命周期中包含单个项目管理。这种方法将产品作为某个单个项目的目标来进行管理，将产品功能的开发到成熟作为持续的业务活动进行监督。这种方法根据需要特许设立单个项目，执行对产品的增强和改进，或产生其他独特成果。

（3）项目集内的产品管理。这种方法会在给定项目集的范围内应用完整的产品生命周期。为了获得产品的特定收益，项目集内也可以特许设立一系列子项目集或项目。我们可以通过应用产品管理能力（例如竞争分析、客户获取和客户代言）增强这些收益。

虽然产品管理是一个单独的领域，有自己的知识体系，但它是项目集管理和项目管理这两个领域中的一个关键整合点。可交付物中包含产品的项目集和项目会使用的一种综合方法，这种方法包含所有相关知识体系及其相关实践、方法和工件。

9.3　项目经理的角色

项目经理是指由执行组织委派，领导团队实现项目目标的个人。项目经理的报告关系依据组织结构和项目治理而定。

除了要具备项目所需的特定技能和通用管理能力外，项目经理还应具备以下特性：

- 掌握关于项目管理、商业环境、技术领域和其他方面的知识，以便有效管理特定项目；
- 具备有效领导项目团队、协调项目工作、与干系人协作、解决问题和做出决策所需的技能；
- 具备编制项目计划（包括范围、进度、预算、资源、风险计划等）、管理项目工作，以及开展陈述和报告的能力；
- 拥有成功管理项目所需的其他特性，如个性、态度、道德和领导力。

项目经理通过项目团队和其他干系人来完成工作。项目经理需要依赖重要的人际关系技能，包括领导力、团队建设、激励、沟通、影响力、决策、政治和文化意识、谈判、引导、冲突管理和教练技术等。

项目经理的成功取决于项目目标的实现。干系人的满意程度是衡量项目经理的成功的另一个标准。项目经理应处理干系人的需要、关注和期望，令有关的干系人满意。为了取得成功，项目经理应该裁减项目方法、生命周期和项目管理过程，以满足项目和产品要求。

9.4　项目生命周期和项目阶段

9.4.1　定义与特征

项目生命周期指项目从启动到完成所经历的一系列阶段，这些阶段之间的关系可以顺序、迭代或交叠进行。它为项目管理提供了一个基本框架。项目生命周期适用于任何类型的项目。

项目的规模和复杂性各不相同，但不论其大小繁简，所有项目都呈现出包含启动项目、组织与准备、执行项目工作和结束项目 4 个项目阶段的通用的生命周期结构。

通用的生命周期结构具有以下两方面的主要特征：

（1）成本与人力投入水平在开始时较低，在工作执行期间达到最高，并在项目快要结束时迅速回落。这种典型的走势如图 9-5 所示。

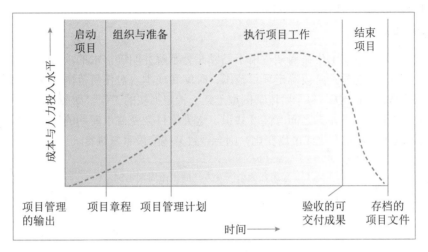

图 9-5　成本与人力投入水平随项目时间变化的情况

（2）风险与不确定性在项目开始时最大，并在项目的整个生命周期中随着决策的制定与可交付成果的验收而逐步降低；做出变更和纠正错误的成本随着项目越来越接近完成而显著增高，如图 9-6 所示。

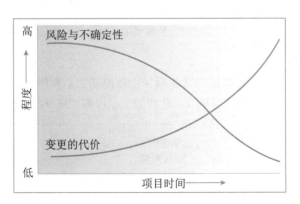

图 9-6　风险与不确定性以及变更的代价随项目时间变化的情况

上述特征在几乎所有项目生命周期中都存在，但是程度有所不同。

在通用生命周期结构的指导下，项目经理可以确定需要对哪些可交付成果施加更为有力的控制，或者哪些可交付成果完成之后才能完全确定项目范围。大型、复杂的项目尤其需要这种特别的控制。在这种情况下，项目经理需要将项目工作正式分解为若干阶段，并根据项目特点采取合适的方法进行控制。

9.4.2　生命周期类型

在项目生命周期内的一个或多个阶段，通常会对产品、服务或成果进行开发，开发生命周期可分为预测型（计划驱动型）、迭代型、增量型、适应型（敏捷型）和混合型等多种类型，采用不同的开发生命周期的项目会呈现出不同的项目生命周期的特点。

1. 预测型生命周期

采用预测型开发方法的生命周期适用于已经充分了解并明确需求的项目，又称为瀑布型生命周期。在生命周期的早期阶段确定项目范围、时间和成本，对任何范围的变更都要进行严格管理，每个阶段只进行一次，每个阶段都侧重于某一特定类型的工作，如图 9-7 所示。高度预测型项目范围变更很少、干系人之间有高度共识。这类项目会受益于前期的详细规划，但有些情况（例如增加范围、需求变化或市场变化）则会导致某些阶段重复进行。

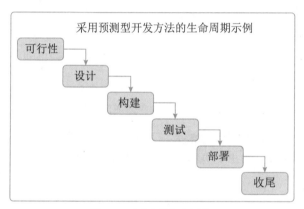

图 9-7　预测型生命周期

2. 迭代型生命周期

采用迭代型生命周期的项目范围通常在项目生命周期的早期确定，但时间及成本会随着项目团队对产品理解的不断深入而定期修改。迭代型生命周期如图 9-8 所示。

图 9-8　迭代型生命周期

3. 增量型生命周期

采用增量型生命周期的项目通过在预定的时间区间内渐进增加产品功能的一系列迭代来产出可交付成果。只有在最后一次迭代之后，可交付成果具有了必要和足够的能力，才能被视为完整的，如图 9-9 所示。

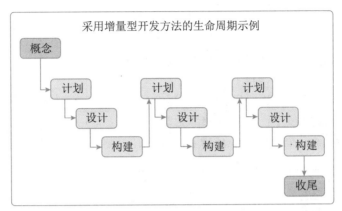

图 9-9　增量型生命周期

迭代型开发方法和增量型开发方法的区别：迭代型开发方法是通过一系列重复的循环活动来开发产品，而增量型开发方法是渐进地增加产品的功能。

4. 适应型生命周期

采用适应型开发方法的项目又称为敏捷型或变更驱动型项目，适合于需求不确定、不断发展变化的项目。在每次迭代前，项目和产品愿景的范围被明确定义和批准，每次迭代（有时称为"冲刺"）结束时，客户会对具有功能性的可交付物进行审查。在审查时，关键干系人会提供反馈，项目团队会更新项目待办事项列表，以确定下一次迭代中特性和功能的优先级，如图 9-10 所示。适应型项目生命周期的特点是先基于初始需求制定一套高层级的计划，再逐渐把需求细化到适合特定的规划周期所需的详细程度。

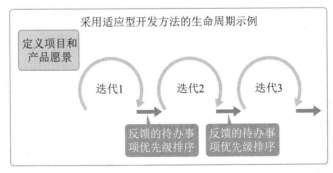

图 9-10　适应型生命周期

5. 混合型生命周期

混合型生命周期是预测型生命周期和适应型生命周期的组合。

项目生命周期具有复杂性和多维性。特定项目的不同阶段往往采用不同的生命周期，项目管理团队需要确定项目及其不同阶段最适合的生命周期。各生命周期的联系与区别如表 9-5 所示。开发生命周期需要足够灵活，才能够应对项目包含的各种因素。

表 9-5　各生命周期之间的联系与区别

预测型	迭代型与增量型	适应型
需求在开发前预先确定	需求在交付期间定期细化	需求在交付期间频繁细化
针对最终可交付成果制定交付计划，然后在项目结束时一次交付最终产品	分次交付整体项目或产品的各个子集	频繁交付对客户有价值的各个子集
尽量限制变更	定期把变更融入项目	在交付期间实时把变更融入项目
关键干系人在特定里程碑点参与	关键干系人定期参与	关键干系人持续参与
通过对基本已知的情况编制详细计划来控制风险和成本	通过用新信息逐渐细化计划来控制风险和成本	随着需求和制约因素的显现而控制风险和成本

9.5　项目立项管理

项目立项管理是对拟规划和实施的项目在技术上的先进性、适用性，经济上的合理性、效益性，实施上的可能性、风险性以及社会价值的有效性、可持续性等方面进行全面科学的综合分析，为项目决策提供客观依据的一种技术经济研究活动。一般包括项目建议与立项申请、项目可行性研究、项目评估与决策。

项目建议与立项申请、初步可行性研究、详细可行性研究、项目评估与决策是项目投资前期的 4 个阶段。在实际工作中，初步可行性研究和详细可行性研究可以依据项目的规模和繁简程度合二为一，但详细可行性研究是不可缺少的。升级改造项目只做初步和详细可行性研究，小项目一般只进行详细可行性研究。

9.5.1　项目建议与立项申请

1. 立项申请的概念

立项申请，又称为项目建议书，是项目建设单位向上级主管部门提交项目申请时所必需的文件，是该项目建设筹建单位根据国民经济的发展、国家和地方中长期规划、产业政策、生产力布局、国内外市场、所在地的内外部条件、组织发展战略等，提出的某一具体项目的建议文件，是对拟建项目提出的框架性总体设想。项目建议书是项目发展周期的初始阶段产物，是国家或上级主管部门选择项目的依据，也是可行性研究的依据。涉及利用外资的项目，在项目建议书获得批准后，方可开展后续工作。

2. 项目建议书内容

项目建议书应该包括的核心内容有：①项目的必要性；②项目的市场预测；③项目预期成果（如产品方案或服务）的市场预测；④项目建设必需的条件。

9.5.2　项目可行性研究

可行性研究是在项目建议书被批准后，对技术、经济、社会和人员等方面的条件和情况进行调查研究，对可能的技术方案进行论证，以最终确定整个项目是否可行。可行性研究是为项目决策提供依据的一种综合性的分析方法，可行性研究具有预见性、公正性、可靠性、科学性的特点。

1. 可行性研究的内容

信息系统项目进行可行性研究包括很多方面的内容，可以归纳为以下几个方面：技术可行性分析、经济可行性分析、社会效益可行性分析、运行环境可行性分析以及其他方面的可行性分析等。

1）技术可行性分析

技术可行性分析是指在当前的技术、产品条件限制下，分析能否利用现在拥有的及可能拥有的技术能力、产品功能、人力资源来实现项目的目标、功能、性能，能否在规定的时间期限内完成整个项目。

技术可行性分析一般应考虑的因素包括：

- 进行项目开发的风险：在给定的限制范围和时间期限内，能否设计出预期的系统，并实现必需的功能和性能；
- 人力资源的有效性：可以用于项目开发的技术人员队伍是否可以建立，是否存在人力资源不足、技术能力欠缺等问题，是否可以在社会上或者通过培训获得所需要的熟练技术人员；
- 技术能力的可能性：相关技术的发展趋势和当前所掌握的技术是否支持该项目的开发，是否存在支持该技术的开发环境、平台和工具；
- 物资（产品）的可用性：是否存在可以用于建立系统的其他资源，如一些设备及可行的替代产品等。

技术可行性分析往往决定了项目的方向，一旦技术人员在评估技术可行性分析时估计错误，将会出现严重的后果，造成项目根本上的失败。

2）经济可行性分析

经济可行性分析主要是对整个项目的投资及所产生的经济效益进行分析，具体包括支出分析、收益分析、投资回报分析及敏感性分析等。

（1）支出分析。信息系统项目的支出可分为一次性支出和非一次性支出两类。

- 一次性支出：包括开发费、培训费、差旅费、初试数据录入、设备购置费等；
- 非一次性支出：包括软硬件租金、人员工资及福利、水电等公用设施使用费，以及其他消耗品支出等。

（2）收益分析。信息系统项目的收益包括直接收益、间接收益及其他方面的收益等。

- 直接收益：指通过项目实施获得的直接经济效益，如销售项目产品的收入；
- 间接收益：指通过项目实施以间接方式获得的收益，如成本的降低；
- 其他收益：如知识产权、软件著作权等。

（3）投资回报分析。投资回报分析包括收益投资比、投资回收期分析。对投入产出进行对比分析，以确定项目的收益率和投资回收期等经济指标。

（4）敏感性分析。敏感性分析是指当诸如设备和软件配置、处理速度要求、系统的工作负荷类型和负荷量等关键性因素变化时，对支出和收益产生影响的估计。

3）社会效益可行性分析

项目除了需要考虑经济可行性分析外，往往还需要对项目的社会效益进行分析。尤其是针对面向公共服务领域的项目，其社会效益往往是可行性分析的关注重点。

社会效益可行性分析主要包括以下内容：

（1）对组织内部。信息系统项目往往都能为组织的发展带来一定的知识和经验沉淀，这些沉淀会夯实组织进一步发展的基础，需要充分挖掘和分析项目各项能力的效益，具体包括：

- 品牌效益：指通过项目建设、服务等为组织的知名度提升及正向特征带来的收益；
- 竞争力效益：指通过项目预期成果能够为组织在行业或领域中获得更好竞争优势的收益；
- 技术创新效益：指通过项目的建设过程中对技术矛盾或难点的攻克，为组织技术能力积累，以及产品与服务创新等方面带来的收益；
- 人员提升收益：指通过项目锻炼和人员知识、技能、经验的应用，为组织人员能力提升或骨干人员培育等方面带来的收益；
- 管理提升效益：指通过项目过程管控以及项目管理与组织管理的实践融合等，为组织的管理水平提升带来的收益。

（2）对社会发展。信息系统项目也可能成为组织履行社会责任的关键举措，这些举措可以为局部或区域社会发展带来各种进步，主要包括：

- 公共效益：指为广大群众增加信息惠民、美好生活、理念创造、知识普及、居民健康等方面带来的各种收益；
- 文化效益：指在社会精神文明建设中所发挥的积极作用，也包括网络文明方面；
- 环境效益：指在保护自然资源或生态环境方面的作用和价值；
- 社会责任感效益：指组织在履行社会责任与义务方面的收益；
- 其他收益：如提高国防能力，保障国家和社会安全等。

4）运行环境可行性分析

信息系统项目的可行性分析不同于一般项目，信息系统项目的产品大多数是一个软硬件配套的信息系统，或一套需要安装并运行在用户现场的软件、相关说明文档、管理与运行规程等。只有基础硬件运转正常可靠，软件正常使用，并达到预期的技术（功能、性能）指标、经济效益和社会效益指标，才能称信息系统项目是成功的。

运行环境是制约信息系统发挥效益的关键。因此，需要从用户的管理体制、管理方法、规章制度、工作习惯、人员素质（甚至包括人员的心理承受能力、接受新知识和技能的积极性等）、数据资源积累、基础软硬件平台等多方面进行评估，以确定软件系统在交付以后，是否能够在用户现场顺利运行。

但在实际项目中，软（硬）件的运行环境往往是需要再建立的，这就为项目运行环境可行性分析带来了不确定因素。因此，在进行运行环境可行性分析时，可以重点评估是否可以建立系统顺利运行所需要的环境，以及建立这个环境所需要进行的工作，以便可以将这些工作纳入项目计划之中。

5）其他方面的可行性分析

信息系统项目的可行性研究除了前面介绍的技术、经济、社会效益和运行环境可行性分析外，还包括诸如法律可行性、政策可行性等方面的可行性分析。

信息系统项目也会涉及合同责任、知识产权等法律方面的可行性问题。特别是在系统开发和运行环境、平台和工具方面，以及产品功能和性能方面，往往存在一些软件版权问题，是否能够购置所使用环境、工具的版权，有时也可能影响项目的建立。

此外，在可行性分析方面，还包括项目实施对社会环境、自然环境的影响，以及可能带来的社会效益分析。总之，项目的可行性分析主要包括上述几个方面的内容，但是对于具体的项目，应该根据实际情况选取重点进行可行性研究分析。

2. 初步可行性研究

1）初步可行性研究的定义

初步可行性研究一般是在对市场或者客户情况进行调查后，对项目进行的初步评估。详细可行性研究需要对项目在技术、经济、社会、运行环境、法律等方面进行深入的调查研究和分析，是一项费时、费力的工作，特别是大型的或比较复杂的项目更是如此。因此，进行初步可行性研究可以从如下几方面进行，以便衡量、决定是否开始详细可行性研究：

- 分析项目的前途，从而决定是否应该继续深入调查研究；
- 初步估计和确定项目中的关键技术及核心问题，以确定是否需要解决；
- 初步估计必须进行的辅助研究，以解决项目的核心问题，并判断是否具备必要的技术、实验、人力条件作为支持等。

2）辅助研究的目的和作用

辅助（功能）研究包括项目的一个或几个方面，但不是所有方面，并且只能作为初步可行性研究、详细可行性研究和大规模投资建议的前提或辅助。辅助研究包括：①对要设计开发的产品进行的市场研究，包括市场的需求预测及预期的市场渗透情况。②配件和投入物资的研究，包括项目使用的基本配件和投入物资的当前可获得性及预测的可获得性，以及这些配件和投入物资的目前价格和预测的价格趋势。③试验室和中间工厂的试验，根据需要进行试验，以决定具体配件是否合适，设计方案是否可行。④网络物理布局设计。⑤规模的经济性研究，一般作为技术选择研究的一个部分进行。如果牵扯到几种技术和几种市场规模，则分开进行这些研究，但研究不扩大到复杂的技术问题中去。这些研究的主要任务是在考虑各种选择的技术、投资费用、开发成本和价格之后，评价最具经济性的设计开发规模。这种研究通常对几种规模的设计开发能力进行分析，研究该项目的主要特性，并计算出每种规模的结果。⑥设备选择研究，如果项目的设备涉及的部门多，来源分散，而且成本各不相同，就要进行这种研究。一般在投资或实施阶段进行设备订货，包括准备投标、招标并对其进行评价，以及订货和交货。如果涉及巨额投资，项目的构成和经济性在极大程度上取决于设备的类型及其成本和经营成本，所选设备直接影响项目的经营效果。在这种情况下，如果得不到标准化的成本，那么设备选择研究就是必不可少的。

辅助研究的内容视研究的性质和打算研究的项目各有不同，但由于其关系到项目的关键方面，因此其结论应为随后的项目阶段指明方向。在大多数情况下，投资前的辅助研究如果在项目可行性研究之前或与项目可行性研究一起进行，其内容则构成项目可行性研究的一个必不可少的部分。如果一项基本投入可能是确定项目可行性的一个决定因素，那么应在初步可行性研究之前进行辅助研究。如果对一项具体功能的详细研究过于复杂，不能作为项目可行性研究的一部分进行，辅助研究则与项目初步可行性研究分头同时进行。如果在进行项目可行性研究的过程中发现，尽管作为决策过程一部分的初步评价可以早些开始，但比较稳妥的做法是对项目的某一方面进行更详尽的鉴别，那么就在完成该项目可行性研究之后再进行辅助研究。辅助研究的费用必须和项目可行性研究的费用一并考虑，因为这种研究的目的之一就是要在项目可行性研究阶段节省费用。

3）初步可行性研究的作用

如果对项目价值和收益等存在疑问，组织需要进行初步可行性研究来确定项目是否可行。初步可行性研究主要回答的问题包括：

- 项目进行投资建设是否具有必要性；
- 项目建设的周期是否合理且可接受；
- 项目需要的人力、财力资源等是否可接受；
- 项目的功能和目标是否可以实现；
- 项目的经济效益、社会效益是否可以保证；
- 项目从经济上、技术上是否是合理的等。

经过初步可行性研究，可以形成初步可行性研究报告，该报告虽然比详细可行性研究报告粗略，但是对项目已经有了全面的描述、分析和论证，所以初步可行性研究报告可以作为正式的文献供项目决策参考，也可以为进一步做详细可行性研究提供基础。

4）初步可行性研究的主要内容

初步可行性研究的结果及研究的主要内容基本与详细可行性研究相同，所不同的是在占有的资源、研究细节方面有较大差异。可以通过捷径来决定投资支出和生产成本中的次要组成部分，但不能决定其主要组成部分，此时必须把估计项目的主要投资支出和生产成本作为初步可行性研究的一部分。初步可行性研究的主要内容包括：

- 需求与市场预测：包括客户和服务对象需求分析预测，营销和推广分析，如初步的销售量和销售价格预测；
- 设备与资源投入分析：包括从需求、设计、开发、安装、实施到运营的所有设备与材料的投入分析；
- 空间布局：如网络规划、物理布局方案的选择；
- 项目设计：包括项目总体规划、信息系统设计和设备计划、网络工程规划等；

- 项目进度安排：包括项目整体周期、里程碑阶段划分等；
- 项目投资与成本估算：包括投资估算、成本估算、资金渠道及初步筹集方案等。

3. 详细可行性研究

详细可行性研究是在项目决策前对项目有关的技术、经济、法律、社会环境等方面的条件和情况进行详尽的、系统的、全面的调查、研究、分析，对各种可能的技术方案进行详细的论证、比较，并对项目建设完成后所可能产生的经济、社会效益进行预测和评价，最终提交的可行性研究报告将成为进行项目评估和决策的依据。

1）详细可行性研究的依据

进行详细可行性研究时，必须在国家有关法律、法规、政策、规划的前提下进行，同时还应当具备一些必需的技术资料。进行详细可行性研究工作的主要依据包括：①国民经济和社会发展的长期规划，地区的发展规划；②国家和地区的相关政策、法律、法规和制度；③项目主管部门对项目设计开发建设要求请示的批复；④项目建议书或者项目建议书批准后签订的意向性协议；⑤国家、地区、组织的信息化规划和标准；⑥市场调研分析报告；⑦技术、产品或工具的有关资料等。

2）详细可行性研究的原则

详细可行性研究应遵循以下原则：

（1）科学性原则：按客观规律办事。这是可行性研究工作必须遵循的最基本的原则。遵循这一原则要做到以下几点：①运用科学的方法和认真的态度来收集、分析和鉴别原始的数据和资料，以确保它们的真实和可靠，真实可靠的数据资料是可行性研究的基础和出发点；②要求每一项技术与经济的决定要有科学依据，是经过认真分析、计算而得出的。

（2）客观性原则：坚持从实际出发、实事求是。信息化建设项目的可行性研究，要根据信息化建设的要求与具体条件进行分析论证，进而得出可行或不可行的结论。组织需要做到以下几点：①正确地认识各种信息化建设条件，这些条件都是客观存在的，研究工作要求排除主观臆断，要从实际出发；②要实事求是地运用客观的资料做出符合科学的决定和结论；③可行性研究报告和结论必须是分析研究过程合乎逻辑的结果，而不掺杂任何主观成分。

（3）公正性原则：站在公正的立场上，不偏不倚。在信息化建设项目可行性研究的工作中，应该把国家的和人民的利益放在首位，综合考虑项目干系人的各方利益，决不为任何单位或个人而生偏私之心，不为任何利益或压力所动。实际上，只要能够坚持科学性与客观性原则，不有意弄虚作假，就能够保证可行性研究工作的正确和公正，从而为项目的投资决策提供可靠的依据。

3）详细可行性研究的方法

详细可行性研究的方法有很多，包括如经济评价法、市场预测法、投资估算法和增量净效益法等。这里主要介绍投资估算法和增量净效益法。

（1）投资估算法。投资费用一般包括固定资金及流动资金两大部分。固定资金又分为设计开发费、设备费、场地费、安装费及项目管理费等。投资估算是可行性研究中的一个重要工作，投资估算的正确与否将直接影响项目的经济效果，因此要求尽量准确。投资估算根据其进程或精确程度可分为数量性估算（即比例估算法）、研究性估算、预算性估算及投标估算等方法。

（2）增量净效益法（有无比较法）。将有项目时的成本（效益）与无项目时的成本（效益）进行比较，求得两者差额，即为增量成本（效益），这种方法称为有无比较法。有无比较法比传统的前后比较法更能准确地反映项目的真实成本和效益。因为前后比较法不考虑不上项目时组织的变化趋势，会人为地夸大或低估项目的效益。有无比较法则先对不上项目时组织的变动趋势做预测，将上项目以后的成本/效益逐年做动态比较，因此得出的结论更科学、更合理。

4）详细可行性研究的内容

详细可行性研究所涉及的内容很多，每一方面都有其处理问题的方法。详细可行性研究所涉及的主要内容和方法包括：

（1）市场需求预测。产品的需求预测是项目可行性研究的基础工作，这项工作的好坏将直接影响项目可行性研究的水平。需求和市场分析的关键因素就是对某一时间范围内项目的主要产出或成果需求量做出估计，因为一个项目是否可行，除其他因素外，主要取决于预计的销售额或收入。在任何一个特定时间，需求都是若干可变因素的函数，这些可变因素包括市场构成，来自相同（或替代）产品和服务的其他供应来源的竞争，需求的收入弹性与价格弹性，市场对社会经济形式产生的反应，经销渠道和消费增长水平等。因此，需求估计比一般想象的复杂，而且，不仅需要估计对某一具体产品或服务的需求，而且还要辨明其组成（如产品组合、服务组合）和各个部分或各消费者类别，以及其增长与敏感性所受到的社会与制度方面的限制。

（2）部件和投入的选择供应。这也是进行项目可行性研究首先应考虑的问题。项目可行性研究应包括与部件和投入需要量有关的问题，包括部件和投入的分类、部件和投入的选择与说明、部件和投入的特点等。

（3）信息系统架构及技术方案的确定。信息系统架构及其建设过程采用的技术方案是项目可行性研究中的技术选择问题，它对组织的经济效益有着直接的影响。要根据具体的技术经济条件选择"适宜技术"，并做相应的评价。采用新结构、新技术应有实验的根据，而不应采用不成熟的技术，因为工程项目的技术方案在技术上首先应是"可行"的。技术方案的选择，包括所采用的技术和开发过程。当然，它与生产规模有着密切关系。

项目可行性研究中的技术评价应反映下述几个方面：技术的先进性、技术的实用性、技术的可靠性、技术的连锁效果、技术后果的危害性等。

（4）技术与设备选择。项目可行性研究应该说明具体项目所需的技术，评价可供选择的各种技术，并按项目各组成部分的最佳结合选择最适合的技术。应估计获得这类技术所涉及的各种问题，还应说明与选择的技术相联系的具体设计和技术服务，同时选择和获得技术还必须与选择机器设备相呼应。设备选择和技术选择是相互依存的，在项目可行性研究报告中，应根据项目研发能力和所选择的技术来确定设备方面的需要。

项目可行性研究阶段的设备选择，应概略说明通过使用某种技术达到某种效果或模式所必需的设备最佳组合。在所有项目中，必须说明每一项目阶段的额定设备，并使之同下一阶段的研发能力和设备需要相联系。从投资角度来看，在符合各种功能和研发需要的条件下，设备费用要控制到最低限度。

（5）网络物理布局设计。信息系统项目的网络物理布局主要考虑场地的电气特性、基本设施（网络基础设施）和网络新技术发展等方面。

（6）投资、成本估算与资金筹措。进行项目可行性研究时应考虑投资、成本估算与资金筹措等问题，具体包括以下内容：

- 投资费用：投资费用就是固定资本与净周转资金的合计。固定资本是建设和装备一个投资项目所需的资金，除了固定投资外，还包括项目启动前的所有投资费用，诸如筹建开办费、项目可行性研究和其他咨询费、项目建设期间贷款利息、人员培训费以及试运行费用等；周转资金（或称流动资金）则相当于全部或部分经营该项目所需的资金，在项目评价阶段计算周转资金需要量很重要，应使它保持在一个合理的、必要的水平上；净周转资金则是流动资产减去短期负债，流动资产包括应收账款、存货（配件、辅助材料、供应品、包装材料、备件及小工具等）、在制品、成品和现金，短期负债主要包括应付账款（贷方）等。在不同的研究设计阶段，投资估算的精确性不同。毛估和粗估，一般可据此否定或初步肯定一个项目，估计的精度一般在 $\pm 30\%$。初步项目可行性研究要求估计的精度在 $\pm 20\%$，详细可行性研究要求估计的精度在 $\pm 10\%$，设计开发时则要达到 $\pm 5\%$。

- 资金筹措：为一个项目调拨资金，这对任何投资决定，包括对项目拟定和投资前的分析都是明显的基本先决条件。如果一个项目可行性研究没有这样的合理保证的支持，那么这项研究就没有多大用处。大多数情况下，在进行项目可行性研究之前就应该对项目筹资的可能性做出初步估计。因此，说明实际或可能的资金来源，包括自有资金、各种贷款及其偿还条件，是项目可行性研究最为基本和最为关键的内容。大型投资项目，除了自筹资金外，通常还需要一定数量的贷款。两者各占多少，要有适当的比例，因为贷款要付息，自筹资金要分红。自筹资金比例大，则盈利用来分红的就多；反之，贷款比例大，则利息负债就多。一般认为，自筹资金、贷款各占一半比较稳妥。自筹资金不足时可以多贷款，这个限额通常为 $50\% \sim 80\%$ 不等；相反，自有资金雄厚时，可以少贷款。

- 项目成本：在项目可行性研究阶段，所遇到的另一个问题就是项目活动的消耗和成本预算开支不精确，从而可能导致完全不同的结论。成本估算的精度也应当和投资估算的精度相当。成本计算要以项目计划的各种消耗和费用开支为依据，计算全部成本和单位产品的成本。大多数投资前的项目可行性研究报告只算项目总成本，这是因为作为整体估算要比计算单位产品成本简单一些。项目总成本一般划分为4类：研发成本、行政管理费、销售与分销费用、财务费用和折旧。前3类成本的总和称为经营成本。项目成本在项目可行性研究中的用途为计算盈亏，计算净周转资金的需要量，并用于财务评价。

- 财务报表：为了估计一个新建或扩建项目的资金需要，要编制一套财务报表。财务报表关系到管理决策，所以在对一个组织的财务状况分析中，必须注重所用的表格形式。只有财务报表有标准的项目和格式，才能从事有意义的对比和分析。所以财务报表的格式不应随意改变。项目可行性研究中的财务报表主要是为了向投资者说明项目编制以及随之而来的财务分析，财务报表通常包括现金流动表、净收入报表和预计资产负债表。

（7）经济评价及综合分析。进行项目可行性研究时应进行经济评价及综合分析，具体包括以下内容：

- 经济评价：经济评价分为组织经济评价和国民经济评价。①组织经济评价：对于一项投资来说，投资的准则是从投入资本取得最大的收益，因此，投资盈利率分析基本上就是要确定利润和投资的比率，同时在分析投资和利润两者之间的关系时应考虑时间因素，并对项目的整个生命周期进行总的评价。组织经济评价大致可以分为 3 个步骤：第一步，进行分析的基础准备；第二步，编制财务报表；第三步，进行经济效果计算。进行组织经济评价时可以使用静态评价方法，如投资收益率与投资回收期，但最好使用动态评价方法，如净现值法、内部收益率法、外部收益率法、动态投资回收期法以及收益/成本比值法等，以便考虑资金的时间价值。②国民经济评价：从国民经济的利害得失出发对项目所做的经济效果评估。就是将项目纳入整个国民经济系统之中，考虑对其他相关部门的影响，从国家和社会的全局出发去衡量项目在经济效果上是否可行。该评估要求比较真实地反映项目在生命周期过程中投入与产出的价值，国民经济的真正得失，因此在评估的方法及数据处理上不完全与组织经济评价相同。国民经济评价是从国家视角，评价项目对实现国家经济发展战略目标及对社会福利的实际贡献。它除了考虑项目的直接经济效果外，还要考虑项目对社会的全面的费用效益状况。与组织经济评价不同，它将工资、利息、税金作为国家收益，它所采用的产品价格为社会价格，采用的贴现率也为社会贴现率。
- 综合分析：在对项目进行了经济评价后，还需要对项目进行综合评价分析，这是因为一方面拟建项目未来所处的环境可能随时发生变化，另一方面需要分析项目的实施对整个社会以及国民经济的影响。

5）详细可行性研究报告

详细可行性研究报告视项目的规模和性质，有简有繁。编写一份关于信息系统项目的详细可行性研究报告，可以考虑从项目背景、可行性研究的结论、项目的技术背景等方面进行描述，如表 9-6 所示。

表 9-6　详细可行性研究报告结构示例

目录项	主要内容
项目背景	项目名称；项目承担单位、主管部门及客户；承担可行性研究的单位；可行性研究的工作依据；可行性研究工作的基本内容；基本术语和一些约定等
可行性研究的结论	项目的目标、规模；技术方案概述及特点；项目的建设进度计划；投资估算和资金筹措计划；项目财务和经济评价；项目综合评价结论等
项目提出的技术背景	国家、地区、行业或组织发展规划；客户业务发展及需求的原因、必要性
项目的技术发展现状	国内外的技术发展历史、现状；新技术发展趋势
编制项目建议书的过程及必要性	

（续表）

目录项	主要内容
市场情况调查分析	项目所生产产品的用途、功能、性能市场调研；市场相关（或替代）产品的调研；项目开发环境、平台、工具所需要产品的市场调研；市场情况预测
客户现行系统业务、资源、设施情况调查	客户拥有的资源（硬件、软件、数据、规章制度等）及使用情况调查；客户现行系统的功能、性能、使用情况调查；客户需求
项目总体目标	项目的目标、范围、规模、结构；技术方案设计的原则和方法；技术方案特点分析；关键技术与核心问题分析
项目实施进度计划	项目实施的阶段划分；阶段工作及进度安排；项目里程碑
项目投资估算	项目总投资概算；资金筹措方案；投资使用计划
项目组人员组成	项目组组织形式；人员构成；培训内容及培训计划
项目风险	关键技术、核心问题（攻关）的风险；项目规模、功能、性能（需求）不完全确定性分析；其他不可预见性因素分析
经济效益预测	
社会效益分析与评价	
可行性研究报告结论	可行性研究报告结论、立项建议；可行项目的修改建议和意见；不可行项目的问题及处理意见；可行性研究中的争议问题及结论
附件	

9.5.3　项目评估与决策

项目评估指在项目可行性研究的基础上，由第三方（国家、银行或有关机构）根据国家颁布的政策、法规、方法、参数和条例等，从国民经济与社会、组织业务等角度出发，对拟建项目建设的必要性、建设条件、生产条件、市场需求、工程技术、经济效益和社会效益等进行评价、分析和论证，进而判断其是否可行的一个评估过程。项目评估是项目投资前期进行决策管理的重要环节，其目的是审查项目可行性研究的可靠性、真实性和客观性，为银行的贷款决策或行政主管部门的审批决策提供科学依据。项目评估的最终成果是项目评估报告。

1. 项目评估的依据

项目评估的依据主要包括：①项目建议书及其批准文件；②项目可行性研究报告；③报送组织的申请报告及主管部门的初审意见；④项目关键建设条件和工程等的协议文件；⑤必需的其他文件和资料等。

2. 项目评估的程序

项目评估工作一般可按以下程序进行：

● 成立评估小组：进行分工，制订评估工作计划（包括评估目的、评估内容、评估方法和评估进度等）。

● 开展调查研究：收集数据资料，并对可行性研究报告和相关资料进行审查和分析。尽管大部分数据在可行性报告中已经提供，但评估单位必须站在公正的立场上，核准已有数据的可靠性，并收集补充必要的数据资料，以提高评估的准确性。

- 分析与评估：在上述工作的基础上，按照项目评估内容和要求，对项目进行技术经济分析和评估。
- 编写、讨论、修改评估报告。
- 召开专家论证会。
- 评估报告定稿并发布。

3. 项目评估的内容

项目评估主要包括以下内容：

- 项目与组织概况评估。
- 项目建设的必要性评估：评估项目是否符合国家产业政策、行业规划和地区规划，是否符合经济和社会发展需要，是否符合市场需求，是否符合组织的发展要求。
- 项目建设规模评估。
- 资源、配件、燃料及公用设施条件评估。
- 网络物理布局条件和方案评估。
- 技术和设备方案评估。
- 信息安全评估。
- 安装工程标准评估：采用标准、规范是否先进、合理，是否符合国家有关规定。
- 实施进度评估：项目的建设工期、实施进度、试运行、运营及系统转换所选择的方案及时间安排是否正确合理。
- 项目组织、劳动定员和人员培训计划评估。
- 投资估算和资金筹措：投资额估算采用的数据、方法和标准是否正确，是否考虑了汇率、税金、利息、物价上涨指数等因素。资金筹措的方法是否正确，资金来源是否正当、落实，外汇能否平衡等。
- 项目的财务经济效益评估：基本数据的选定是否可靠，主要财务经济效益指标的计算及参数选取是否正确，推荐的方案是否是"最佳方案"。
- 国民经济效益评估：在财务经济效益评估的基础上，重点对费用和效益的范围及其数值的调整是否正确进行核查。
- 社会效益评估：对促进国家或地区社会经济发展，改善生产力布局，带来的经济利益和劳动就业效果，提高国家、部门或地方的科技水平、管理水平和文化生活水平的效益和影响等进行评估。
- 项目风险评估：盈亏平衡分析、敏感性分析、项目主要风险因素及其敏感度和概率分析，项目风险的预防措施及处置方案等。

4. 项目评估报告大纲

项目评估报告大纲应包括项目概况、详细评估意见、总结和建议等内容。

（1）项目概况：包括项目基本情况；综合评估结论，即是否批准或可否贷款的结论性意见。

（2）详细评估意见。

（3）总结和建议：存在或遗留的重大问题、潜在的风险及建议等。

9.6　项目管理过程组

项目管理过程组是为了达成项目的特定目标，对项目管理过程进行的逻辑上的分组。需要注意的是，项目管理过程组不同于项目阶段，项目管理过程组是为了管理项目，针对项目管理过程进行的逻辑上的划分；项目阶段是项目从开始到结束所经历的一系列阶段，是一组具有逻辑关系的项目活动的集合，通常以一个或多个可交付成果的完成为结束的标志。

项目管理过程可分为以下 5 个项目管理过程组：

（1）启动过程组。启动过程组定义了新项目或现有项目的新阶段，启动过程组授权一个项目或阶段的开始。

（2）规划过程组。规划过程组明确项目范围、优化目标，并为实现目标制订行动计划。

（3）执行过程组。执行过程组完成项目管理计划中确定的工作，以满足项目要求。

（4）监控过程组。监控过程组跟踪、审查和调整项目进展与绩效，识别变更并启动相应的变更。

（5）收尾过程组。收尾过程组正式完成或结束项目、阶段或合同。

一个过程组的输出通常成为另一个过程组的输入，或者成为项目或项目阶段的可交付成果。例如，需要把规划过程组编制的项目管理计划和项目文件（如风险登记册、责任分配矩阵等）及其更新，提供给执行过程组作为输入。各过程组在项目阶段中的相互作用如图 9-11 所示。

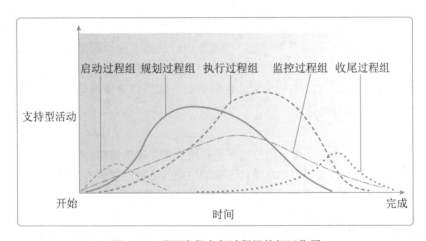

图 9-11　项目阶段中各过程组的相互作用

过程组中的各个过程会在每个阶段按需要重复开展，直到达到该阶段的完工标准。在适应型和高度适应型项目中，过程组之间相互作用的方式会有所不同。

1. 适应型项目中的过程组

1）启动过程组

在采用适应型生命周期的项目上，启动过程通常要在每个迭代期开展。适应型项目非常依赖知识丰富的干系人代表，他们要能够持续地表达需要和意愿，并不断针对新形成的可交付成果提出反馈意见。因此应该在项目开始时识别出这些关键干系人，以便在开展执行和监控过程组时与他们频繁互动，获得的反馈意见能够确保项目交付出正确的成果。同时，随着项目进展，优先级和情况的动态变化，项目制约因素和项目成功的标准也会变化。因此，需要定期开展启动过程，频繁回顾和重新确认项目章程，以确保项目在最新的制约因素内朝最新的目标推进。

2）规划过程组

在高度复杂和不确定的项目中，在采用适应型生命周期的项目上，应该让尽可能多的团队成员和干系人参与到规划过程，以便依据广泛的信息开展规划，降低不确定性。高度预测型项目范围变更很少、干系人之间有高度共识，这类项目会受益于前期的详细规划。适应型生命周期的特点是先基于初始需求制订一套高层级的计划，再逐渐把需求细化到适合特定规划周期所需的详细程度。预测型和适应型生命周期在规划阶段的主要区别在于做多少规划工作，以及什么时间做。

3）执行过程组

在敏捷型或适应型生命周期中，执行过程通过迭代对工作进行指导和管理。每次迭代都是在一个很短的固定时间段内开展工作，然后演示所完成的工作成果，有关的干系人和团队基于演示来进行回顾性审查。这种演示和审查有助于对照计划检查进展情况，确定是否有必要对项目范围、进度或执行过程做变更。进行回顾性审查有利于及时发现和讨论与执行方法有关的问题，以及提出改进建议。

虽然工作是通过短期迭代进行的，但是也需要对照长期的项目交付时间框架对其进行跟踪和管理。先在迭代期层面上追踪开发速度、成本支出、缺陷率和团队能力的走势，再汇总并推算到项目层面，来跟踪整体项目的完工绩效。高度适应型项目中，项目经理聚焦于高层级的目标，并授权团队成员作为一个小组用最能实现目标的方式自行安排具体工作，有助于团队成员高度投入，制订出切合实际的计划。

4）监控过程组

在敏捷型或适应型生命周期中，监控过程通过维护未完项的清单，对进展和绩效进行跟踪、审查和调整。针对未完成的工作项，在项目团队的协助（分析并提供有关技术依赖关系的信息）下，业务代表对未完成的工作项进行优先级排序，基于业务优先级和团队能力，提取未完项清单最前面的任务，供下一个迭代期完成。针对变更，业务代表在听取项目团队的技术意见之后，评审变更请求和缺陷报告，排列所需变更或补救的优先级，列入工作未完项清单。

这种把工作和变更列入同一张清单的做法，多应用于充满变更的项目环境。在这种项目环境中，无法把变更从原先计划的工作中分离出来，所以把变更和原先的工作整合到一张未完项清单中，便于对全部工作进行重新排序，能够为干系人管理和控制项目工作、实施变更控制和确认范围提供统一的平台。

随着排定了优先级的任务和变更从未完项清单中提取出来，并通过迭代加以完成，就可以测算已完成工作的趋势和指标、变更工作量和缺陷率。通过在短期迭代中频繁抽样，计算变更影响的数量和缺陷补救工作量，就可以对照原来的范围来考察团队能力和工作进展，进而能够基于实际的进展速度和变更影响来估算项目成本、进度和范围。

应该借助趋势图表与项目干系人分享这些指标和预测，以便沟通进展情况，共同面对问题，推动持续改进，以及管理干系人期望。

5）收尾过程组

在敏捷型或适应型生命周期中，收尾过程对工作进行优先级排序，以便首先完成最具业务价值的工作。这样，即便不得不提前关闭项目或阶段，也很可能已经创造出一些有用的业务价值。这就使得提前关闭不太像是一种归因于沉没成本的失败，而更像是提前实现收益、快速取得成功或验证某种业务概念。

2. 适应型项目中过程组之间的关系

1）以迭代方式顺序开展的项目

适应型项目往往可分解为一系列先后顺序进行的、被称为"迭代期"的阶段。在每个迭代期都要利用相关的项目管理过程。为了有效管理高度复杂且充满不确定性和变更的项目，重复开展项目管理过程组会产生管理费用。在迭代的各个阶段，所需的人力投入水平如图 9-12 所示。

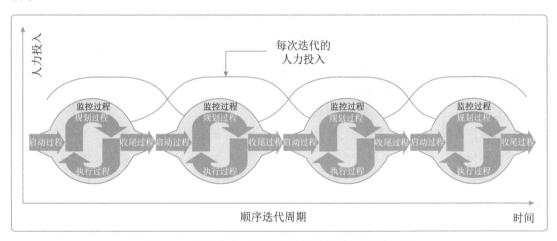

图 9-12　以迭代方式顺序开展的项目的人力投入水平

2）持续反复开展的项目

高度适应型项目往往在整个项目生命周期内持续实施所有的项目管理过程组。采用这种方法，工作一旦开始，计划就需根据新情况而改变，需要不断调整和改进项目管理计划的所有要素。这种方法中过程组之间的相互作用如图 9-13 所示。

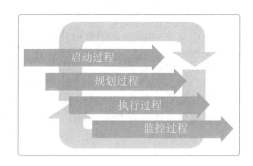

图 9-13　持续反复开展的项目中过程组之间的相互作用

9.7　项目管理原则

项目管理原则用于指导项目参与者的行为，这些原则可以帮助参与项目的组织和个人在项目执行过程中保持一致性。项目管理原则具体包括：①勤勉、尊重和关心他人；②营造协作的项目团队环境；③促进干系人有效参与；④聚焦于价值；⑤识别、评估和响应系统交互；⑥展现领导力行为；⑦根据环境进行裁剪；⑧将质量融入过程和成果中；⑨驾驭复杂性；⑩优化风险应对；⑪拥抱适应性和韧性；⑫为实现目标而驱动变革。

1. 原则一：勤勉、尊重和关心他人

项目管理者在遵守内部和外部准则的同时，应该以负责任的方式行事，以正直、关心和可信的态度开展活动，同时对其所负责的项目的财务、社会和环境影响做出承诺。

1）关键点

项目管理者在坚持"勤勉、尊重和关心他人"原则时，应该关注的关键点包括：

- 关注组织内部和外部的职责；
- 坚持诚信、关心、可信、合规原则；
- 秉持整体观，综合考虑财务、社会、技术和可持续的发展环境等因素。

2）工作内容

在组织内，项目管理者在坚持"勤勉、尊重和关心他人"原则时，需要履行的职责并做到相应的工作内容包括：

- 运营时要做到与组织及其目标、战略、愿景、使命保持一致并维持其长期价值；
- 承诺并尊重项目团队成员的参与，包括薪酬、机会获得和公平对待；
- 监督项目中使用的组织资金、材料和其他资源；
- 了解职权和职责的运用是否适当等。

在组织外部，项目管理者在坚持"勤勉、尊重和关心他人"原则时，需要履行的职责并做到相应的工作内容包括：

- 关注环境可持续性以及组织对材料和自然资源的使用；
- 维护组织与外部干系人（例如其合作伙伴和渠道）的关系；

- 关注组织或项目对市场、社会和经营所在地区的影响；
- 提升专业化行业的实践水平等。

3）职责

"勤勉、尊重和关心他人"原则反映了项目管理者对信任的理解和接受度以及产生和维持信任的行动和决定。项目管理者需要遵守明确的职责，也需要遵守隐含的职责。这些职责包括：

- 诚信：项目管理者在所有参与和沟通中都应做到诚实且合乎道德。项目管理者应该通过制定决策并在参与具体的工作活动中践行和展现个人和组织的价值观，并带领团队成员、同职级人员和其他干系人考虑他们的言行、展现同理心、进行自我反思并乐于接受反馈，从而建立信任。
- 关心：项目管理者应该密切关注自己所负责的项目相关的事务，像对待自己个人的私事一样关心项目事务。"关心"涉及与组织内部业务相关的所有事务，包括对环境和自然资源的可持续利用、对全球公众状况的关心。"关心"包括营造透明的工作环境、开放的沟通渠道以及让干系人有机会在不受惩罚或不害怕遭到报复的情况下提出意见和建议。
- 可信：项目管理者应该在组织内外明确自己的身份、角色、所在项目团队和职权，帮助投入资源、作出批准或其他的项目决策。"可信"要求主动识别个人利益与组织或客户利益之间的冲突，因为这些冲突有可能会削弱信任和信心，导致产生不道德或非法等失信行为，或者对项目造成混乱或不利后果。项目管理者应该保护项目免受此类失信行为的影响。
- 合规：项目管理者应该遵守相关的法律、规则、法规和要求，通过各种方法将合规性充分地融入项目文化。

2. 原则二：营造协作的项目团队环境

项目团队由具有多样技能、知识和经验的成员组成。协同工作的项目团队可以更有效率、更有效果地实现共同的目标。

1）关键点

项目管理者在坚持"营造协作的项目团队环境"原则时，应该关注的关键点包括：

- 项目是由项目团队交付的；
- 项目团队在组织文化和准则范围内开展工作，通常会建立自己的"本地"文化；
- 协作的项目团队环境有助于与其他组织文化和指南保持一致；
- 个人和团队的学习和发展；
- 为交付期望成果做出最佳贡献。

2）营造协作的项目团队环境涉及的因素

营造协作的项目团队环境涉及团队共识、组织结构和过程等方面的因素。这些因素支持团队成员共同工作，并通过互动产生协同效应的文化。

- 团队共识：是一套由项目团队制定的，需要大家做出承诺并共同维护的工作规范。团队共识应在项目开始时形成，随着项目团队的深入合作，所需遵守的规范和所需实施的行为会随之变化，团队共识也会不断演变。

- 组织结构：是指项目工作要素和组织过程之间的对应关系。这些结构可以基于角色、职能或职权。可提升协作水平的组织结构具备的特点包括：确定了角色和职责；将员工和供应商分配到项目团队中；有特定目标任务的正式委员会；定期评审特定主题的站会。
- 过程：项目团队会定义能够完成任务和所分配工作的过程，包括使用工作分解结构（WBS）、待办事项列表或任务板。

3）协作的项目团队文化

为了更有效地实现项目目标，项目团队在组织文化、项目性质以及所处的运营环境的影响下，会建立自己的团队文化，并对组织结构进行裁剪。营造包容和协作的环境有助于传递知识和专业技能，可使项目实现更好的成果。

澄清角色和职责可以改善团队文化。在项目团队中，特定任务可以被委派给个人，也可以由项目团队成员自行选择，需要明确与任务相关的职权、担责和职责。

- 职权：指在特定背景下有权做出相关决策、制定或改进程序、应用项目资源、支出资金或给予批准。职权是一个实体授予（包括明示授予和默示授予）另一个实体的。
- 担责：指对成果负责。担责不能由他人分担。
- 职责：指有义务开展或完成某件事。职责可与他人共同履行。

无论谁应为特定项目工作承担责任，也无论谁负有开展特定项目工作的职责，协作的项目团队都会对项目成果共同负责。

多元化的项目团队可以将不同的观点汇集起来，丰富项目环境。项目团队可以由组织内部员工、签约贡献者、志愿者或外部第三方组成。此外，一些项目团队成员是短期加入项目的，而其他成员则是更长期地参与项目。将这些人与项目团队整合起来是一种挑战。相互尊重的团队文化允许团队内部存在差异，并致力于找到有效利用差异的方法，这种文化鼓励团队成员通过有效的方式管理冲突。

协作的项目团队环境还包括实践标准、道德规范和其他准则，项目团队会考虑这些标准或指南使用的既定准则，以及如何利用这些标准或指南为工作提供支持，以避免各领域之间可能发生的冲突。

协作的项目团队环境可促进信息和个人知识的自由交流，可帮助项目成员在交付成果的同时实现共同学习和个人发展，使相关的每个人都能尽最大努力交付期望的成果。

3. 原则三：促进干系人有效参与

积极主动地让干系人参与进来，最大限度促使项目成功和客户满意。

1）关键点

项目管理者在坚持"促进干系人有效参与"原则时，应该关注以下关键点：

- 干系人会影响项目、绩效和成果；
- 项目团队通过与干系人互动来为干系人服务；

● 干系人的参与可主动地推进价值交付。

2）干系人参与的重要性

干系人是影响项目组合、项目集或项目的决策、活动或成果的个人、群体或组织。干系人包含会受到或自认为会受到项目组合、项目集和项目的决策、活动或成果影响的个人、群体或组织。干系人以积极或消极的方式直接或间接影响项目、项目绩效或成果。干系人可以影响项目的许多方面，包括范围或需求、进度、成本、项目团队、计划、成果、文化、收益、风险、质量等。

从项目开始到结束，识别、分析并主动争取干系人参与，将潜在的消极影响最小化，将积极影响最大化，有助于项目团队找到干系人普遍接受的解决方案，并帮助项目取得成功。在项目的整个生命周期内，干系人可能会参与进来，也可能会退出。此外，随着时间的推移，干系人的利益、影响或作用也会有所变化。干系人（特别是那些影响力高且对项目持不赞同或中立观点的干系人）需要有效地参与进来，以便项目团队了解他们的利益、顾虑和权利，干系人通过有效参与和支持来做出应对措施，帮助成功地实现项目成果。

项目团队本身就是项目干系人，这些干系人与其他干系人互动，理解、思考、沟通并回应他们的利益、需要和意见。

3）有效果且有效率的参与和沟通

有效果且有效率的参与和沟通包括确定干系人参与的方式、时间、频率等。沟通是参与的关键部分，深入的参与可以让他人了解自己的想法，吸收其他观点以及协同努力制定共同的解决方案。参与包括通过频繁的双向沟通建立和维持牢固的关系。鼓励通过互动会议、面对面会议、非正式对话和知识共享活动进行协作。

干系人参与在很大程度上依赖于人际关系技能，包括积极主动、正直、诚实、协作、尊重、同理心和信心。这些技能和态度可以帮助每个人适应工作和彼此适应，从而增加成功的可能性。

参与有助于项目团队发现、收集和评估信息、数据和意见，帮助形成共识和一致性，识别、调整和应对不断变化的环境，从而实现项目成果。

4. 原则四：聚焦于价值

针对项目是否符合商业目标以及预期收益和价值，进行持续评估并做出调整。

1）关键点

项目管理者在坚持"聚焦于价值"原则时，应该关注的关键点包括：

● 价值是项目成功的最终指标；
● 价值可以在整个项目进行期间、项目结束或完成后实现；
● 价值可以从定性和/或定量的角度进行定义和衡量；
● 以成果为导向，可帮助项目团队获得预期收益，从而创造价值；
● 评估项目进展并做出调整，使期望的价值最大化。

2）项目价值

价值是指某种事物的作用、重要性或实用性。价值是项目的最终成功指标和驱动因素。项目的价值具体可表现为财务收益值，也可表现为所取得的公共利益和社会收益（包括客户从项目结果中所感知到的收益）。当项目是项目集的组件时，项目的价值也可以表现为对项目集成果的贡献。

价值通过可交付物的预期成果来体现。项目的目的就是提供预期的成果，预期的成果通过有价值的解决方案来实现。可通过商业论证的方式，从定性或定量方面说明项目成果的预期价值。商业论证包含商业需要、项目理由和商业战略等要素。

- 商业需要：包含了项目有关的商业目标的详细信息，源于项目章程或其他授权文件中的业务需求，目的是满足组织、客户、合伙方或公共福利等的需要。明确说明商业需要有助于项目团队了解未来状态的商业驱动因素，并使项目团队能够识别机会或问题，从而提高项目成果的潜在价值。
- 项目理由：与商业需要相关，项目理由增加了成本效益分析和假设条件，解释了为什么商业需要值得投资，以及为什么在此时应该满足商业需要。
- 商业战略：是开展项目的原因。价值具有主观性，从某种意义上说，同一个概念对于不同的人和组织具有不同的价值，因此价值取决于组织商业战略，包含短期财务收益、长期收益和其他非财务要素。

商业需要、项目理由和商业战略一起为项目团队提供信息，帮助项目团队做出知情决策，以达到或超过预期的业务价值。

在项目生命周期内，项目可能会发生变更，项目团队需要在整个生命周期内，以不断迭代的方式对项目预期的成果进行清晰地描述、评估和更新，保证项目与商业需要保持一致，并交付预期的成果。在项目执行过程中，如果发现项目或干系人不再与商业需要保持一致，或者项目不可能提供预期的价值，组织可以选择终止项目。有时，特别是在没有预先确定范围的适应型项目中，项目团队可以与客户共同努力，确定哪些功能值得投资，哪些功能缺乏足够的价值无须增加到输出之中，从而优化价值。

3）关注预期成果

为了支持从项目中实现价值，项目团队可将重点从可交付物转到预期成果。这样做可以让项目团队实现项目的愿景或目标，而不是简单地创建特定的可交付物。可交付物可能会支持预期的项目成果，但它可能无法完全实现项目的愿景或目标。例如，客户需要某一特定的软件解决方案，该解决方案可以满足提高生产力的商业需要。软件是项目的可交付物，但软件本身并不能实现预期的生产力成果。在这种情况下，可以增加针对软件的培训这一新的可交付物，帮助实现更好的生产力成果。

5. 原则五：识别、评估和响应系统交互

从整体角度识别、评估和响应项目的内外部环境，积极地推进项目绩效。

1）关键点

项目管理者在坚持"识别、评估和响应系统交互"原则时，应该关注的关键点包括：

- 项目是由多个相互依赖且相互作用的活动域组成的一个系统；
- 需要从系统角度进行思考，整体了解项目的各个部分如何相互作用，以及如何与外部系统进行交互；

- 系统不断变化，需要始终关注内外部环境；
- 对系统交互做出响应，可以使项目团队充分利用积极的成果。

2）将系统整体性思维应用于项目

系统是一组相互作用且相互依赖的组件，它们作为一个统一的整体发挥作用。项目是一个动态环境中的多层次的实体，具有系统的各种特征。

项目可在较大的系统中运作，一个项目的交付物可以成为较大系统的某个部件。例如，一个项目可能是某一项目集的部件，而该项目集又可能是某一项目组合的部件。这些相互关联的结构称为系统体系。项目团队需要平衡由内向外和由外向内的观点，保持整个系统体系的一致性。反之，当单个项目团队开发某一可交付物的独立组件时，系统内所有组件都应有效地整合起来，项目团队需要定期互动使系统中各子系统或组件的工作保持一致。

系统还需要考虑时序要素，即随着时间的推移项目将交付或实现哪些目标或成果。例如，如果项目可交付物以增量方式发布，则每个增量都会扩展以前版本的累积成果或能力。随着项目的开展，内部和外部条件会不断变化，单个变更可能会产生多种影响。例如，在大型施工项目中，需求的变更可能会导致与主要承包商、分包商、供应商或其他方面的合同发生变更。这些变更有可能会对项目成本、进度、范围和绩效产生影响。这些变更同时会调用变更控制协议，获得外部系统中实体（如服务提供商、监管机构、金融机构和政府机构）的批准。项目生命周期内影响项目的变更随时可能出现，项目团队可以通过系统整体性思维，并持续关注内外部环境，控制变更对项目的影响，使项目与干系人期望保持一致。

3）将系统整体性思维应用于项目团队

系统整体性思维同样适用于项目团队，一个多样性的项目团队聚集在一起成为一个整体，为共同的目标而努力。这种多样性给项目团队带来了价值，同时也带来了差异，项目团队需要有效平衡差异性，帮助项目团队紧密协作。多样性的项目团队成员可以建立一种综合性的团队文化，形成共同的愿景、语言和工具集，帮助项目团队成员有效参与并体现自身价值，并支持项目系统整体的正常运行。

由于系统体系中各个系统之间的这种交互性，项目团队在开展工作时需要以下技能帮助建立系统整体性思维，应对系统的不断变化的动态特性：

- 对商业领域具有同理心；
- 关注大局的批判性思维；
- 勇于挑战假设和思维模式；
- 寻求外部审查和建议；
- 使用整合的方法、工件和实践，对项目工作、可交付物和成果达成共识；
- 使用建模和情景假设等方法，对系统动力学互动和反应进行假设；
- 主动管理整合，支持商业成果的实现等。

4）识别、评估和响应系统交互带来的收益

识别、评估和响应系统交互可以为项目带来如下好处：

- 尽早考虑项目中的不确定性和风险，寻找替代方案并预见后果；

- 具有在整个项目生命周期内调整假设和计划的能力；
- 持续提供信息和执行情况；
- 与干系人及时沟通项目计划、进展情况，并对项目未来进行预测；
- 使项目目标与客户的目标和愿景保持一致；
- 能够适应不断变化的需要，通过协同获得收益；
- 能够利用潜在的机会，并发现面临的威胁；
- 有利于整个组织的决策；
- 更全面、更明智地识别风险等。

6. 原则六：展现领导力行为

展现并调整领导力行为，为项目团队和成员提供支持。

1）关键点

项目管理者在坚持"展现领导力行为"原则时，应该关注的关键点包括：

- 有效的领导力有助于项目成功，并有助于取得积极的成果；
- 任何项目团队成员都可以表现出领导力行为；
- 领导力与职权不同；
- 有效的领导者会根据情境调整自己的风格；
- 有效的领导者会认识到项目团队成员之间的动机的差异性；
- 领导者应该在诚实、正直和道德行为规范方面展现出期望的行为。

2）有效领导力

愿景、创造力、激励、热情、鼓励和同理心，这些特质通常与领导力有关。为了实现预期成果，领导力包括对项目团队内外的个人施加影响的态度、才能、性格和行为。

有效领导力对项目至关重要。项目通常涉及多个组织、部门、职能或供应商，他们会不定期进行互动。高层领导和干系人会影响项目，这往往会造成更大程度的问题和冲突。领导力并非任何特定角色所独有。高绩效项目可能会有多名成员表现出有效的领导力技能，例如，项目经理、发起人、干系人、高级管理层甚至项目团队成员。任何开展项目工作的人员都可以展现有效的领导力特质、风格和技能，以帮助项目团队执行和交付所要求的结果。高绩效的项目会表现出一种由更多影响者组成的看似矛盾的联合体，每位影响者以互补的方式贡献领导力技能。例如，在某项目中，项目发起人说明了项目目标和优先级后，技术主管牵头开展与交付相关的讨论，在讨论过程中，参与者会陈述利弊，最终由项目经理协调并进行决策、达成共识。成功的领导力能够在各种情况下随时影响、激励、指导他人。

领导力与职权不同。职权是指组织内人员被赋予的控制地位，可以帮助高效履行其职能。通常通过正式手段（例如章程文件或指定的职务）授予某人。职权可以用来影响、激励、指导他人，或在他人未按要求或指示行事时采取措施，但职权与领导力不同。例如，某项目经理被授予了组建项目团队，并交付某项成果的职权。但项目经理仅仅拥有职权是不够的，他还需要领导力来激励团队成员处理好个人与项目集体之间的关系，激励团队实现共同的目标。

3）领导力风格

有效的领导力会借鉴并结合各种领导力风格。领导力包括专制型、民主型、放任型、指令型、参与型、自信型、支持型和共识型等。领导力风格没有好坏之分，不同的领导力风格适合于不同的环境。充分发挥不同领导力风格的独特优势，融合各种风格、持续增长技能并充分利用激励因素，任何项目团队成员或干系人，不论其角色或职位如何，都可以激励、影响、教导和培养项目团队。关于领导力风格，有以下几点需要注意：

- 在混乱无序的环境下，相比于协作型领导，指令型的领导行动力更强，解决问题更清晰、更有推动力。
- 对于拥有高度胜任和敬业员工的环境，授权型领导比集中式领导更有效。
- 当优先事项发生冲突时，民主中立的引导更有效。

4）领导力技能的培养

有效的领导力技能是可以培养的，可以通过学习提升。项目团队成员通过以下方法可以提升领导力技能：

- 让项目团队聚焦于预定的目标；
- 明确项目成果的激励性愿景；
- 为项目寻求资源和支持；
- 商榷最优路线并达成共识；
- 克服项目进展中的障碍；
- 协商并解决项目团队内部以及项目团队与干系人之间的冲突；
- 根据受众情况调整沟通风格和消息传递方式；
- 教导项目团队成员；
- 欣赏并奖励积极行为；
- 提供提高技能和未来发展的机会；
- 引导团队进行协同决策；
- 运用有效对话和积极倾听；
- 向项目团队成员赋能并向他们授予职责；
- 建立勇于担责、有凝聚力的项目团队；
- 对项目团队和干系人的观点表现出同理心；
- 对自己的偏见和行为有自我意识；
- 在项目生命周期过程中，管理和适应变革；
- 拥有通过承认错误促进快速学习的思维方式；
- 以身作则，对期望的行为进行示范等。

当项目团队成员展现出符合干系人特定需要和期望的适当领导力特质、技能和特征时，项目团队会蓬勃发展。以最佳方式与他人沟通、激励他人或者在必要时采取行动，有助于提高项目团队绩效，帮助扫清障碍，使项目取得成功。

当一个项目中有多人发挥领导力时，这种领导力可以促使大家对项目目标承担共同的责任，同时可以帮助营造健康的、充满活力的环境。在领导有方的项目中，单个项目团队、项目团队成员和干系人都会积极参与其中。每名项目团队成员都会心系项目共同的愿景，努力实现共享的成果，聚焦于交付结果。

7. 原则七：根据环境进行裁剪

根据项目的背景及其目标、干系人、治理和环境的不同应用合适的项目开发方法，使用"合适"的过程来实现预期成果，同时最大化价值，降低管理成本并提高速度。

1）关键点

项目管理者在坚持"根据环境进行裁剪"原则时，应该关注的关键点包括：

- 每个项目都具有独特性；
- 项目成功取决于适合项目的独特环境和方法；
- 裁剪应该在整个项目进展过程中持续进行。

2）裁剪的重要性

裁剪是对项目管理方法、治理和过程进行的深思熟虑的调整，使之更适合特定环境和当前项目任务。商业环境、团队规模、不确定性和项目复杂性都是裁剪项目应该考虑的因素。项目系统可以从整体角度，充分考虑其内在的相互关联的复杂特性来进行裁剪。通过使用"合适"的过程、方法、模板和工件实现项目期望的成果。裁剪是为了在管理因素的制约下将项目价值最大化，最终实现提高绩效的目标。

项目团队需要和 PMO 一起进行裁剪，在组织治理的策略下，逐一讨论每个项目，确定每个项目的交付方法，选择要使用的过程、开发方式方法和所需的工件，明确所需资源和计划实现的成果。

项目具有独特性，每个项目都处于特定的组织、客户、渠道和动态环境中，每个项目都需要裁剪，项目团队应综合判断每个项目的各种独特条件，寻找实现项目的期望成果的最适当的方法。

3）裁剪的收益

裁剪项目可以为组织带来以下收益：

- 提高创新、效率和生产力；
- 吸取经验教训，分享改进优势，并将它们应用于未来的工作或项目中；
- 采用新的实践、方法和工件，改进组织的组织过程资产和方法论；
- 通过实验探索新的成果、过程或方法；
- 有效整合多个专业背景下的优秀方法和实践；
- 提高组织对未来的适应性等。

在项目生命周期中，裁剪是一个持续迭代的过程。项目团队需要收集所有干系人的需求，了解在项目进展过程中裁剪后的方法和过程的效果，并评估其有效性，给组织增加价值。

8. 原则八：将质量融入过程和成果中

持续关注过程和成果的质量，过程和成果要符合项目目标，并与干系人提出的需求、用途和验收标准保持一致。

1）关键点

项目管理者在坚持"将质量融入过程和成果中"原则时，应该关注的关键点包括：

- 项目成果的质量要求，达到干系人期望并满足项目和产品的需求；
- 质量通过成果的验收标准来衡量；
- 项目过程的质量要求，确保项目过程尽可能适当而有效。

2）质量的内容

质量是产品、服务或成果的一系列内在特征满足需求的程度。质量包括满足客户明示的或隐含的需求的能力。项目团队需要对项目的产品、服务或成果进行测量，以确定其是否符合验收标准并满足使用要求。

质量包含如下几个方面和维度：

- 绩效：是否符合项目团队和干系人的期望？
- 一致性：是否满足使用要求，是否符合规格？
- 可靠性：在每次实施或生成时是否会具有一致的度量指标？
- 韧性：是否能够应对意外故障并快速恢复？
- 满意度：在可用性和用户体验等方面是否获得最终用户的满意？
- 统一性：相同的实施过程或生成过程是否能够产生相同的成果？
- 效率：是否能以最少的投入产生最大的输出？
- 可持续性：是否会对经济、社会和环境产生积极影响？

3）质量的测量

项目团队需要依据需求，使用度量指标和验收标准对质量进行测量，具体包括以下内容：

- 需求是为满足需要，某个产品、服务或成果必须达到的要求或具备的能力。需求（无论是明确的还是隐含的）来源于干系人、合同、组织政策、标准或监管机构。
- 度量指标和验收标准是一系列在工作说明书或其他设计文件中明确规定，并根据需要不断更新的指标，这些指标需要在验收过程中确认。

质量不仅与项目成果有关，也与生成项目成果的项目方法和活动有关。因此在关注项目成果质量的同时，也需要对项目活动和过程进行评估。因此，质量管理更加关注过程的质量，侧重于在过程中提前发现和预防错误、缺陷的发生，帮助项目团队以最适当的方式交付符合要求的成果，达到客户和干系人的要求，并使资源最小化、目标最大化，并实现如下目标：

- 快速交付成果；
- 尽早识别缺陷并采取预防措施，避免或减少返工和报废。

4）质量的收益

将质量融入过程和成果中，可以带来如下收益：

- 成果符合验收标准；
- 成果达到干系人的期望和商业目标；
- 成果缺陷最少或力求无缺陷；
- 交付及时，提高交付速度；

- 强化成本控制；
- 提高交付质量；
- 减少返工和报废；
- 减少客户投诉；
- 整合供应链资源；
- 提高生产力；
- 提高项目团队的士气和满意度；
- 提升服务交付能力；
- 改进决策；
- 持续改进过程等。

9. 原则九：驾驭复杂性

不断评估和确定项目的复杂性，使项目团队能够在整个生命周期中成功找到正确的方法应对复杂情况。

1）关键点

项目管理者在坚持"驾驭复杂性"原则时，应该关注的关键点包括：

- 复杂性是由人类行为、系统交互、不确定性和模糊性造成的；
- 复杂性可能在项目生命周期的任何时间出现；
- 影响价值、范围、沟通、干系人、风险和技术创新的因素都可能造成复杂性；
- 在识别复杂性时，项目团队需要保持警惕，应用各种方法来降低复杂性的数量及其对项目的影响。

2）复杂性的来源

项目是由相互作用、相互交互的要素组成的完整的系统。复杂性源于项目要素、项目要素之间的交互以及与其他系统和项目环境的交互。交互的性质和数量决定了项目的复杂程度。例如，项目的复杂性随着干系人的数量和类型的增多（如监管机构、国际金融机构、多个供应商、多个专业分包商或当地社区）而加深，这些干系人单独或共同对项目的复杂性造成重大影响。虽然复杂性无法控制，但项目团队可以随时调整项目活动，降低复杂性对项目的影响。

项目团队通常无法预见复杂性的出现，因为复杂性是风险、依赖性、事件或相互关系等许多因素交互形成的。很难分离出造成复杂性的特定原因。常见的复杂性来源包括：

- 人类行为：包括人的行为、举止、态度和经验，以及它们之间的相互作用。主观因素的引入也会使人类行为的复杂性加深。位于偏远地区的干系人可能地处不同的时区，讲不同的语言，遵守不同的文化规范。
- 系统行为：是项目要素内部和项目要素之间动态的相互依赖与交互的结果。例如，不同技术系统的集成可能会增加复杂性，项目系统各组件之间的交互也可能导致相互关联的风险，造成新的不可预见的问题。
- 不确定性和模糊性：不确定性是缺乏对问题、事件、目标路径和解决方案的理解和认识而导致的一种状态，是超出了现有的知识或经验的新因素引起的。模糊性是一种不清晰、不知道会发生什么情况或无法理解某种情况的状态。选项众多或不清楚哪个是最佳选项都会导致模糊性。不清晰或误导性事件、新出现的问题或主观情况也会导致模糊性。在复杂的环境中，不确定性和模糊性往往混合在一起，导致其对项目影响的概率和可能性难以确定。

- 技术创新：包括产品、服务、工作方式、流程、工具、技术、程序等的颠覆性创新。创新有助于项目产生新的解决方案，但新技术带来的不确定性也可能导致项目混乱，从而增加复杂性。

复杂性可能在项目生命周期的任何时间出现，通过持续关注项目组件和整个项目执行情况，项目团队可以时刻关注复杂性产生的迹象，识别贯穿整个项目的复杂性相关的要素。系统性思维、复杂的自适应系统、相关的项目经验，可以帮助项目团队提升驾驭复杂性的能力。

10. 原则十：优化风险应对

持续评估风险（包括机会和威胁），并采取应对措施，控制其对项目及其成果的影响（机会最大化，威胁最小化）。

1）关键点

项目管理者在坚持"优化风险应对"原则时，应该关注的关键点包括：

- 单个和整体的风险都会对项目造成影响；
- 风险可能是积极的（机会），也可能是消极的（威胁）；
- 项目团队需要在整个项目生命周期中不断应对风险；
- 组织的风险态度、偏好和临界值会影响风险的应对方式；
- 项目团队持续反复地识别风险并积极应对，需要关注的要点包括明确风险的重要性，考虑成本效益，切合项目实际，与干系人达成共识，明确风险责任人。

2）风险及应对方法

风险是一旦发生即可能对一个或多个目标产生积极或消极影响的不确定事件或条件。在整个生命周期内，项目团队应努力识别和评估项目内外部的已知和未知的风险。

项目团队应力求最大化地增加积极风险（机会），减少消极风险（威胁）。机会可以带来收益，例如缩短进度、降低成本、提高绩效、增加市场份额或提升声誉等。威胁会导致问题，例如进度延迟、成本超支、技术故障、绩效下降或声誉受损等。

项目团队需要监督项目的整体风险。项目整体风险是不确定性对项目整体的影响。整体风险源自所有不确定性，是单个风险的累积结果。项目整体风险管理的目标就是要将项目风险保持在可接受的范围内。

项目团队成员应该争取干系人参与，了解他们的风险偏好和风险临界值。风险偏好是为了获得预期的回报，组织或个人愿意承担的不确定性的程度。风险临界值是围绕目标的可接受的偏差范围，它反映了组织和干系人的风险偏好。由于风险临界值能够反映风险偏好，风险偏好和风险临界值可以帮助项目团队识别并应对项目中的风险。

风险可能存在于组织、项目组合、项目集、项目和产品中。从成本角度来看，提前采用一致的风险评估、规划风险、积极主动地管理风险，这些投入会降低风险发生概率，甚至规避风险，比风险发生后再采取措施投入的成本要低。

11. 原则十一：拥抱适应性和韧性

将适应性和韧性融入组织和项目团队的方法之中，可以帮助项目适应变革。

1）关键点

项目管理者在坚持"拥抱适应性和韧性"原则时，应该关注的关键点包括：

- 适应性是应对不断变化的能力；
- 韧性是接受冲击的能力和从挫折或失败中快速恢复的能力；
- 聚焦于成果而非某项输出，有助于增强适应性。

2）适应性和韧性

项目在生命周期的某个阶段难免会遇到挑战或障碍。如果项目团队开展项目的方法同时具备适应性和韧性，则有助于项目适应各种影响并保持生命力。

适应性和韧性是任何开展项目的人员都应具备的有益的特征。

项目会受到内外部因素（新需求、问题、干系人影响等因素）的影响，这些因素相互作用，构成了一个完整的动态系统，因此项目很少会按最初的计划执行。项目中的某些要素可能会失败或达不到预期，此时就需要项目团队重新组合、重新思考和重新规划，从整体的角度做到适应性，例如采用适当的变更控制过程，避免范围蔓延等问题。

3）提升项目团队的适应性和韧性的能力

在项目环境中，帮助提升项目团队的适应性和韧性的能力的方法包括：

- 采用较短的反馈路径；
- 持续学习和改进；
- 拥有多样性技能、文化和经验，具备在每个所需技能领域具有广博知识的主题专家；
- 定期检查和调整项目工作，识别改进机会；
- 多样化的项目团队，获得广泛丰富的经验；
- 开放、透明，促进内外部干系人参与；
- 鼓励小规模的原型法和实验，勇于尝试新方法；
- 充分运用新的思考方式和工作方式；
- 平衡工作速度和需求稳定性；
- 鼓励在组织内的开放式对话；
- 充分理解以往类似工作中所获得的学习成果；
- 积极预测多种潜在情景，为多种可能的情况做好准备；
- 延迟决策，将决策推迟到最后时刻；
- 获得管理层支持等。

在项目中保持适应性和韧性，可使项目团队在内外部环境发生变化时，能够关注项目预期的成果，帮助项目团队学习和改进，帮助项目团队从失败或挫折中快速恢复，并继续在交付价值方面取得进展。

12. 原则十二：为实现目标而驱动变革

驱动变革，使受影响者做好准备，采用新的过程并执行新的方法，完成从当前状态过渡到项目成果所带来的预期的未来状态。

1）关键点

项目管理者在坚持"为实现目标而驱动变革"原则时，应该关注的关键点包括：

- 采用结构化变革方法，帮助个人、群体和组织从当前状态过渡到未来的期望状态；
- 变革源于内部和外部的影响；
- 变革具有挑战性，并非所有干系人都接受变革；
- 在短时间内尝试过多的变革会导致变革疲劳，使变革易受抵制；
- 干系人参与、激励有助于变革顺利进行。

2）积极驱动变革

根据项目本身的定义，项目会创造新的事物，是变革推动者。项目经理需要具备独特的能力，让组织做好变革的准备。

变革管理或驱动变革是一种综合的、周期性的和结构化的方法，可使个人、群体和组织从当前状态过渡到实现期望收益的未来状态。组织中的变革可能源自内部，例如需要新的能力应对绩效差距。变革也可能源自外部，例如技术进步、人口结构变化或社会经济压力。任何类型的变革都需要经历变革的群体以及与其互动的行业具有适应或接受变革的能力。

在组织中推动变革充满了挑战，因为有些人可能天生抵制变革或厌恶风险，尤其是在具备保守型文化的组织中推行变革会更加艰难。有效的变革管理需要采用激励型策略，而不是强制型策略。积极参与，并鼓励双向沟通可营造有效变革的环境，让变革更容易被采用和接受。

项目团队成员和项目经理需要和干系人共同合作，解决抵制变革等相关的问题，提高客户成功采纳或接受变革的可能性。提倡在项目早期沟通与变革相关的愿景和目标，争取各方对变革的认同。在整个项目期间，向组织内所有层级的人员说明变革的收益和变革对工作过程的影响。

同时，项目团队成员和项目经理需要掌握变革的节奏，试图在太短的时间内进行过多的变革，会因变革饱和而受到抵制。为了加强变革效果、促进收益，项目团队成员和项目经理还需要在变革实施后开展一些活动，强化变革效果，避免再次回到变革前的初始状态。认识并解决干系人在整个项目生命周期内接受变革的需要，有助于将变革整合到项目工作中，促进项目的成功。

9.8 项目管理知识领域

除了过程组，过程还可以按知识领域进行分类。知识领域是指按所需知识内容来定义的项目管理领域，并用其所含过程、实践、输入、输出、工具和技术进行描述。

虽然知识领域相互联系，但从项目管理的角度来看，它们是分别定义的。根据美国项目管理协会出版的《项目管理知识体系指南》第 6 版，在大多数情况下，大部分项目通常使用的是 10 个知识领域，具体如下：

（1）项目整合管理：识别、定义、组合、统一和协调各项目管理过程组的各个过程和活动。

（2）项目范围管理：确保项目做且只做所需的全部工作以成功完成项目。

（3）项目进度管理：管理项目按时完成所需的各个过程。

（4）项目成本管理：使项目在批准的预算内完成而对成本进行规划、估算、预算、融资、筹资、管理和控制。

（5）项目质量管理：把组织的质量政策应用于规划、管理、控制项目和产品的质量，以满足干系人的期望。

（6）项目资源管理：识别、获取和管理所需资源以成功完成项目。

（7）项目沟通管理：确保项目信息及时且恰当地规划、收集、生成、发布、存储、检索、管理、控制、监督和最终处置。

（8）项目风险管理：规划风险管理、识别风险、开展风险分析、规划风险应对、实施风险应对和监督风险。

（9）项目采购管理：从项目团队外部采购或获取所需产品、服务或成果。

（10）项目干系人管理：识别影响或受项目影响的人员、团队或组织，分析干系人对项目的期望和影响，制定合适的管理策略来有效调动干系人参与项目决策和执行。

某些项目可能需要一个或多个其他的知识领域，例如，建造项目可能需要财务管理或安全与健康管理。表 9-7 列出了项目管理 5 个过程组和 10 个知识领域。

表 9-7　项目管理 5 个过程组和 10 个知识领域

知识领域	项目管理过程组				
	启动过程组	规划过程组	执行过程组	监控过程组	收尾过程组
项目整合管理	制定项目章程	制订项目管理计划	● 指导与管理项目工作 ● 管理项目知识	● 监控项目工作 ● 实施整体变更控制	结束项目或阶段
项目范围管理		● 规划范围管理 ● 收集需求 ● 定义范围 ● 创建WBS		● 确认范围 ● 控制范围	
项目进度管理		● 规划进度管理 ● 定义活动 ● 排列活动顺序 ● 估算活动持续时间 ● 制订进度计划		控制进度	
项目成本管理		● 规划成本管理 ● 估算成本 ● 制定预算		控制成本	

（续表）

知识领域	项目管理过程组				
	启动过程组	规划过程组	执行过程组	监控过程组	收尾过程组
项目质量管理		规划质量管理	管理质量	控制质量	
项目资源管理		● 规划资源管理 ● 估算活动资源	● 获取资源 ● 建设团队 ● 管理团队	控制资源	
项目沟通管理		规划沟通管理	管理沟通	监督沟通	
项目风险管理		● 规划风险管理 ● 识别风险 ● 实施定性风险分析 ● 实施定量风险分析 ● 规划风险应对	实施风险应对	监督风险	
项目采购管理		规划采购管理	实施采购	控制采购	
项目干系人管理	识别干系人	规划干系人参与	管理干系人参与	监督干系人参与	

9.9 价值交付系统

价值交付系统描述了项目如何在系统内运作，为组织及其干系人创造价值，包括项目如何创造价值、价值交付组件和信息流。

1. 创造价值

项目存在于组织中，包括政府机构、科研院所、企事业单位和其他组织，项目为干系人创造价值。项目可以通过以下方式创造价值：

● 创造满足客户或最终用户需要的新产品、服务或结果；
● 做出积极的社会或环境贡献；
● 提高效率、生产力、效果或响应能力；
● 推动必要的变革，以促进组织向期望的未来状态过渡；
● 维持以前的项目集、项目或业务运营所带来的收益等。

2. 价值交付组件

可以单独或共同使用多种组件（例如项目组合、项目集、项目、产品和运营）来创造价值。这些组件共同组成了一个符合组织战略的价值交付系统。价值交付系统所包含的组件如图 9-14 所示，该系统有两个项目组合，它们包含了多个项目集和项目。该系统还显示了一个包含多个项目的独立项目集以及与项目组合或项目集无关的多个独立项目。任何项目或项目集都可能会包括产品。运营可以直接支持和影响项目组合、项目集和项目以及其他业务职能，例如工资支付、供应链管理等。项目组合、项目集和项目会相互影响，也会影响运营。

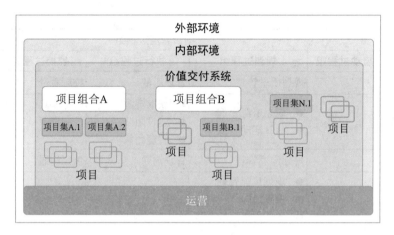

图 9-14　价值交付系统

价值交付系统是组织内部环境的一部分，该环境受政策、程序、方法论、框架、治理结构等制约。内部环境存在于更大的外部环境中，包括经济、竞争环境、法律限制等。

价值交付系统中的组件创建了用于产出成果的可交付物。成果是某一过程或项目的最终结果或后果。成果可带来收益，收益是组织实现的利益。收益继而可创造价值，而价值是具有收益作用、重要性或实用性的事物。

3. 信息流

当信息和信息反馈在所有价值交付组件之间以一致的方式共享时，价值交付系统最为有效，能够使系统与战略保持一致，这就是信息流的作用。信息流如图 9-15 所示。高层领导会与项目组合分享战略信息。项目组合与项目集和项目分享预期成果、收益和价值。项目集和项目的可交付物及其支持和维护信息一起传递给运营部门。

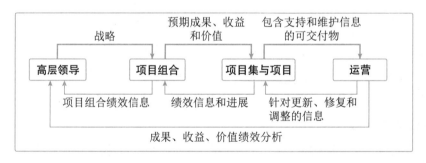

图 9-15　信息流

反之，从运营部门到项目集和项目的信息反馈表明对可交付物的调整、修复和更新。项目集和项目给项目组合提供实现预期成果、收益和价值方面的绩效信息和进展。项目组合会提供与高层领导一起对项目组合进行绩效评估的绩效信息。此外，运营部门还提供有关组织战略推进情况的信息。

9.10　本章练习

1. 选择题

（1）项目有明确的起点和终点，体现了项目的_____特性。

　　A. 独特性　　　　　B. 临时性　　　　　C. 渐进明细　　　　D. 及时性

参考答案：B

（2）项目管理不善，可能会导致的后果不包括_____。

　　A. 项目范围失控　　B. 组织声誉受损　　C. 管理制约因素　　D. 干系人不满意

参考答案：C

（3）从项目、项目集、项目组合管理的目标来看，_____注重于开展"正确"的工作，即"做正确的事"。

　　A. 项目组合管理　　B. 单个项目管理　　C. 大项目管理　　　D. 项目集管理

参考答案：A

（4）在_____组织结构中，项目经理全职指定工作角色。

　　A. 职能型　　　　　B. 平衡矩阵型　　　C. 强矩阵型　　　　D. 弱矩阵型

参考答案：C

（5）_____PMO 直接管理和控制项目。项目经理由 PMO 指定并向其报告。这种类型的 PMO 对项目的控制程度很高。

　　A. 指令型　　　　　B. 支持型　　　　　C. 控制型　　　　　D. 组合型

参考答案：A

（6）针对领导力和管理二者的区别，属于领导力的特征的是_____。

　　A. 直接利用职位权力　　　　　　　　B. 关注系统和架构

　　C. 关注可操作性的问题和问题的解决　　D. 激发信任

参考答案：D

（7）_____的特点是先基于初始需求制订一套高层级的计划，再逐渐把需求细化到适合特定的规划周期所需的详细程度。

　　A. 预测型项目生命周期　　　　　　　B. 混合型项目生命周期

　　C. 适应型项目生命周期　　　　　　　D. 瀑布型项目生命周期

参考答案：C

（8）以下关于项目建议书包含的内容，描述不正确的是_____。

　　A. 项目建设的必要性　　　　　　　　B. 项目的市场预测

　　C. 技术能力分析　　　　　　　　　　D. 项目建设必需的条件

参考答案：C

（9）在项目可行性研究工作中，技术可行性分析的关注内容不包含_____。

　　A. 进行项目开发的风险　　　　　　　B. 人力资源的有效性

　　C. 物资（产品）的可用性　　　　　　D. 投资收益的可行性

参考答案：D

第 10 章　启动过程组

启动过程组包括定义一个新项目或现有项目的一个新阶段，授权开始该项目或阶段的一组过程。启动过程组包括两个过程，分别是项目整合管理中的"制定项目章程"和项目干系人管理中的"识别干系人"。启动过程组各过程之间的关系如图 10-1 所示，各过程之间存在相互作用，工作并行开展。

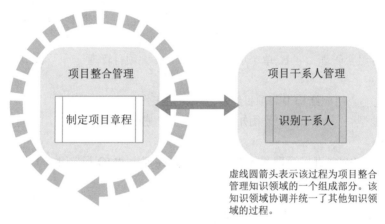

虚线圆箭头表示该过程为项目整合管理知识领域的一个组成部分。该知识领域协调并统一了其他知识领域的过程。

图 10-1　启动过程组

启动过程组的目的是协调各方干系人的期望与项目目的，告知各干系人项目范围和目标，并商讨他们对项目及相关阶段的参与将如何有助于实现其期望。在启动过程中，需要定义初步项目范围和落实初步财务资源，识别那些将相互作用并影响项目总体结果的干系人，指派项目经理（如果尚未安排）。这些信息应反映在项目章程和干系人登记册中。一旦项目章程获得批准，项目也就正式立项，同时，项目经理就有权将组织资源用于项目活动。

启动过程组的主要作用是确保只有符合组织战略目标的项目才能被立项，以及在项目开始时就认真考虑商业论证、项目效益和干系人。在一些组织中，项目经理会参与制定商业论证和分析项目效益，会帮助编写项目章程。在另一些组织中，项目的前期准备工作则由项目发起人、项目管理办公室（PMO）、项目组合指导委员会或其他干系人群体完成。图 10-2 显示了项目发起人及立项管理文件与启动过程的关系。

项目通常划分为多个阶段。一旦划分了阶段，就需要在后续阶段复审从启动过程得到的信息，以确认是否仍然有效。在每个阶段开始时重新开展启动过程，有助于保持项目符合其预定的商业需求，有助于核实项目章程、立项管理文件和成功标准，有助于复审项目干系人的影响、动机、期望和目标。

项目发起人、客户和其他干系人参与项目启动，有助于促进他们对项目成功标准达成一致，也有助于提升项目完成时可交付成果通过验收的可能性，以及在整个项目期间干系人的满意程度。

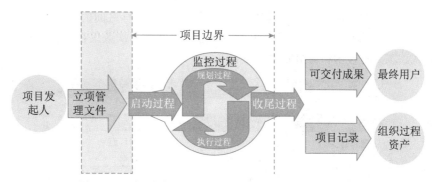

图 10-2　项目发起人及立项管理文件与启动过程的关系

启动过程组需要开展以下 13 类工作：

（1）基于事业环境因素、组织过程资产和项目的前期准备资料（包括商业论证、效益管理计划和协议），开展项目评估，来确认以前做出的关于项目可行性的商业论证结论仍然是合理可靠的；

（2）在开展项目评估时，应该广泛征求干系人的意见，并与重要干系人一起分析项目效益，确认项目仍然符合组织战略，能够为组织实现拟定的变革，创造预期的商业价值；

（3）明确为了实现变革和创造价值，项目必须在特定范围、进度、成本和质量要求下完成的关键可交付成果，这也有利于引导干系人（特别是客户）对项目抱有合理的期望；

（4）分析整体项目风险，确认整体项目风险水平是可接受的；

（5）分析项目合规性要求，制定项目合规目标；

（6）识别项目的单个项目风险类别、主要制约因素和主要假设条件；

（7）确定项目治理结构，组建项目治理委员会，并规定其权责；

（8）初选适用的项目开发方法（预测型、敏捷型或混合型）；

（9）提出项目执行的总体要求，如项目范围设计、里程碑进度计划、所需的财务资源估计；

（10）对前述所有工作的成果进行整理、分析和提炼，编制出项目章程和假设日志，在这个过程中，应该保持与干系人的良好沟通，以便大家对项目章程和假设日志的内容达成一致意见；

（11）获得项目发起人对项目章程的批准，以便项目正式立项，项目经理正式上任；

（12）向干系人分发（可召开项目启动会）已批准的项目章程，确保他们理解项目的意义和目标，以及各自的角色和职责；

（13）与已有的干系人一起，开展干系人识别和分析工作，编制出干系人登记册。

本章对启动过程组的 2 个过程——"制定项目章程"和"识别干系人"的输入输出、工具与技术进行说明时，采取以下规则进行描述：

● 省略常见的输入输出、工具与技术；

● 针对主要输入输出、重要的工具与技术进行详细阐述。

10.1　制定项目章程

制定项目章程是编写一份正式批准项目并授权项目经理在项目活动中使用组织资源的文件

的过程。本过程的主要作用包括：一是明确项目与组织战略目标之间的直接联系；二是确立项目的正式地位；三是展示组织对项目的承诺。本过程仅开展一次或仅在项目的预定义时开展。本过程的输入、工具与技术和输出如图10-3所示。

图10-3　制定项目章程过程的输入、工具与技术和输出

　　项目章程在项目执行和项目需求之间建立了联系。通过编制项目章程来确认项目是否符合组织战略和日常运营的需要。项目章程不能当作合同，在执行外部项目时，通常需要用正式的合同来达成合作协议，项目章程用于建立组织内部的合作关系，确保正确交付合同内容。项目章程授权项目经理进行项目管理过程中的规划、执行和控制，同时还授权项目经理在项目活动中使用组织资源，因此，应在规划开始之前任命项目经理，项目经理越早确认并任命越好，最好在制定项目章程时就任命。项目章程可由发起人编制，也可由项目经理与发起机构合作编制。通过这种合作，项目经理可以更好地了解项目目的、目标和预期收益，以便更有效地分配项目资源。项目章程一旦被批准，就标志着项目的正式启动。

　　项目由项目以外的机构来启动，例如发起人、项目集或项目管理办公室（PMO）、项目组合治理委员会主席或其授权代表。项目启动者或发起人应该具有一定的职权，能为项目获取资金并提供资源。

　　制定项目章程过程的主要输入为立项管理文件和协议，主要输出为项目章程和假设日志。下面进行详细介绍。

10.1.1　主要输入

1. 立项管理文件

　　立项管理阶段经批准的结果或相关的立项管理文件是用于制定项目章程的依据，一般包括项目建议书、可行性研究报告、项目评估报告等。立项管理从业务视角描述必要的信息，并且据此决定项目的期望结果是否值得所需投资。组织高层管理者通常使用立项管理文件作为决策依据。一般情况下，立项管理包含商业需求和成本效益分析，论证项目的合理性并确定项目边界。立项管理一般由市场需求、组织需要、客户要求、技术进步、法律要求、生态影响、社会需要等一个或多个因素引发。

项目章程包含来源于立项管理文件中的相关项目信息。由于立项管理文件不是项目文件，项目经理不可以对它们进行更新或修改，只可以提出相关建议。虽然立项管理文件是在项目之前制定的，但需要定期审核。

2. 协议

协议有多种形式，包括合同、谅解备忘录（MOUs）、服务水平协议（SLA）、协议书、意向书、口头协议或其他书面协议。为外部客户做项目时，通常需要签订合同。

10.1.2　主要输出

1. 项目章程

项目章程记录了关于项目和项目预期交付的产品、服务或成果的高层级信息，主要包括：

- 项目目的；
- 可测量的项目目标和相关的成功标准；
- 高层级需求；
- 高层级项目描述、边界定义以及主要可交付成果；
- 整体项目风险；
- 总体里程碑进度计划；
- 预先批准的财务资源；
- 关键干系人名单；
- 项目审批要求（例如，评价项目成功的标准，由谁对项目成功下结论，由谁签署项目结束）；
- 项目退出标准（例如，在何种条件下才能关闭或取消项目或阶段）；
- 委派的项目经理及其职责和职权；
- 发起人或其他批准项目章程的人员的姓名和职权等。

项目章程确保干系人在总体上就主要可交付成果、里程碑以及每个项目参与者的角色和职责达成共识。

项目章程示例

项目名称：CRM 软件开发。

总体里程碑进度表：2009 年 5 月 1 日开工，2009 年 11 月 5 日结束。

项目经理：李某某；联系电话：×××××××××××。

项目立项依据：公司业务经过多年的发展，公司已经拥有了大量的优质客户和一大批潜在的客户，为了稳定与发展公司的客户群，公司管理层决定开发一个 CRM 系统。

项目目标：以标准的客户关系管理理论为指导，结合公司的营销经验，在 6 个月时间里开发完成具备客户管理、市场管理、销售管理、服务管理、统计分析和 Call Center 六大功能的 CRM 客户管理软件。预算为 6 个月投入 50 万元。

项目干系人：

  i. 赵某某：项目发起人和赞助人，负责监督项目；

  ii. 李某某：项目经理，负责计划、监控项目，对项目质量负责；

  iii. 钱某某：IT部门经理，负责为项目提供适当资源和培训；

  iv. 王某某：业务接口人，负责为项目提供业务需求。

签名：（以上所有干系人签名）

2. 假设日志

假设日志用于记录整个项目生命周期中的所有假设条件和制约因素。

在项目启动之前进行可行性研究和论证时，就开始识别高层级的战略和运营假设条件与制约因素。这些假设条件与制约因素应纳入项目章程。较低层级的活动和任务假设条件在项目期间随着诸如定义技术规范、估算、进度和风险等项目活动的开展而生成。

10.2　识别干系人

项目干系人（Stakeholder）指参与项目实施活动或在项目完成后其利益会受到项目消极或积极影响的个人或组织。项目干系人也称为"利益干系人"或"利害关系者"，既包括其利益受到项目影响的个人或组织，也包括会对项目执行及其结果施加影响的个人或组织。项目团队应把干系人满意程度作为一个关键的项目目标来进行管理。

识别干系人是定期识别项目干系人，分析和记录他们的利益、参与度、相互依赖性、影响力和对项目成功的潜在影响的过程。本过程的主要作用是使项目团队能够建立对每个干系人或干系人群体的适度关注。本过程应根据需要在整个项目期间定期开展。本过程的输入、工具与技术和输出如图10-4所示。

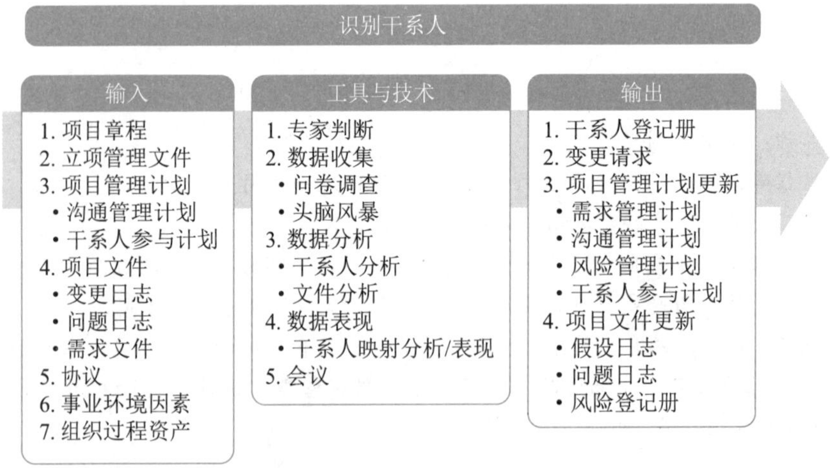

图 10-4　识别干系人过程的输入、工具与技术和输出

识别干系人不是启动阶段一次性的活动，而是在项目过程中根据需要在整个项目期间定期开展。识别干系人管理过程通常在编制和批准项目章程之前或同时首次开展，之后的项目生命周期过程中在必要时重复开展，至少应在每个阶段开始时，以及项目或组织出现重大变化时重复开展。每次重复开展识别干系人管理过程，都应通过查阅项目管理计划组件及项目文件，来识别有关的项目干系人。

项目管理者通过识别项目的干系人，明确干系人需求或其对项目的承诺，对这些需求或承诺进行有效管理，使得项目赢得更多人的支持，从而确保项目取得成功。项目干系人与项目团队、项目的关系如图 10-5 所示。

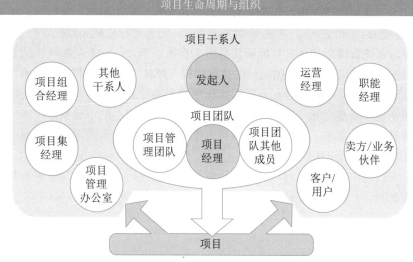

图 10-5　项目干系人与项目团队、项目的关系

在不同项目中会包含不同的项目干系人，项目干系人的职责和权限也会有所不同。项目管理者需依据项目建设目标、项目建设内容及需求等方面确定对项目存在期望、需求或对项目产生影响的干系人的类别。

在系统集成项目建设过程中，项目干系人的主要类别通常包括项目客户和用户、项目团队及成员、项目发起人、资源或职能部门、供应商，以及其他相关组织或个人等。

（1）项目客户和用户。项目客户和用户包括客户方项目负责人、项目管理部门、具体使用用户以及项目监督部门等，他们均可能对项目提出需求或期望，或对项目进展产生影响。

（2）项目团队及成员。项目团队是执行项目工作的群体，包括项目管理人员、工程技术人员及相关支持人员等。项目团队由来自不同团队的个人组成，他们拥有执行项目工作所需的专业知识或特定技能。项目团队成员负责实现项目及其他干系人的需要或期望，他们的工作成果对项目的进展产生重要影响。

（3）项目发起人。项目发起人指为项目提供资金或资源支持的个人或组织。项目发起人明确项目的建设目标，为项目提供必要的决策支持和资源协调。项目管理者明确发起人的需要，并对发起人进行有效的工作沟通和管理，这对项目的进展往往会产生重要影响。

（4）资源或职能部门。在矩阵型组织中，系统集成项目的实施可能需要研发、测试、设计等部门为其提供技术人员，需要人力资源部门为其进行人员招聘，需要采购部门协助项目完成采购工作；同时，市场、销售、PMO、法务或审计等部门可能对项目实施提出需求或期望。项目管理者在干系人识别过程中应全面识别各类干系人，从而全面管理各干系人对项目的期望和承诺。

（5）供应商。系统集成项目的实施中如果存在供应商，供应商的工作执行与交付成果将对项目存在显著影响。项目管理者需识别各方供应商作为项目的干系人，通过对供应商的工作进展与承诺进行有效管理，确保项目的成功。

（6）其他相关组织或个人。对于其他内部或外部对项目产生影响或依赖的监管部门、巡视与审计部门、上下级单位或上下游组织等对项目有决定权、产生影响、被影响、需要项目信息或为项目提供信息的组织或个人，都应识别为干系人，对其进行管理和监控。

除此之外，系统集成项目还有可能面临各方干系人。例如，一个金融机构的管理信息系统建设，组织的技术部门可能要求遵循统一的技术架构，PMO可能要求将项目成本控制在一定范围之内，运营部门要求项目建设过程遵循国家标准或金融行业规范，营销或市场部门期望项目可以作为全国示范项目进行商业推广，同时项目需满足银保监会的审计要求、法规部门提出的要求等。这些对项目的需求、期望均会对项目产生重要的影响，干系人识别过程中如果遗漏关键干系人，将对项目进展产生重大的影响。

识别干系人过程的主要输入为项目管理计划和项目文件，主要工具与技术为数据收集、数据分析和数据表现，主要输出为干系人登记册。下面进行详细介绍。

10.2.1　主要输入

1. 项目管理计划

在首次识别干系人时，项目管理计划并不存在。不过，一旦项目管理计划编制完成，其中可作为识别干系人输入的组件主要包括沟通管理计划和干系人参与计划等。

（1）沟通管理计划。沟通与干系人参与之间存在密切联系。沟通管理计划中的信息是了解项目干系人的主要依据。

（2）干系人参与计划。干系人参与计划确定有效引导干系人参与的管理策略和措施。

2. 项目文件

首次识别干系人的输入并不包括所有项目文件，要在整个项目期间定期识别干系人。项目经历启动阶段以后，将会生成更多项目文件，用于后续的项目阶段。可作为识别干系人过程输入的项目文件主要包括变更日志、问题日志和需求文件等。

（1）变更日志。变更日志可能引入新的干系人，或改变干系人与项目的现有关系的性质。

（2）问题日志。问题日志所记录的问题可能为项目带来新的干系人，或改变现有干系人的参与类型。

（3）需求文件。需求文件可以提供关于潜在干系人的信息。

10.2.2 主要工具与技术

识别干系人的工具与技术主要有数据收集、数据分析和数据表现。

1. 数据收集

适用于识别干系人过程的数据收集技术主要包括问卷调查、头脑风暴等。

（1）问卷调查。问卷调查可以包括一对一调查、焦点小组讨论，或其他大规模信息收集技术。

（2）头脑风暴。用于识别干系人的头脑风暴技术包括头脑风暴和头脑写作。头脑风暴是一种通用的数据收集和创意技术，用于向小组征求意见，如团队成员或主题专家；头脑写作是头脑风暴的改良形式，让个人参与者有时间在小组创意讨论开始前单独思考问题。信息可通过面对面小组会议收集，或在有技术支持的虚拟环境中收集。

2. 数据分析

适用于识别干系人过程的数据分析技术主要包括干系人分析和文件分析等。

（1）干系人分析。干系人分析会产生干系人清单和关于干系人的各种信息。例如，在组织内的岗位、在项目中的角色、与项目的利害关系、期望、态度（如对项目的支持程度），以及对项目信息的兴趣。干系人的利害关系组合主要包括：

- 兴趣：个人或群体会受与项目有关的决策或成果的影响。
- 权利（合法权利或道德权利）：国家的法律框架可能已就干系人的合法权利做出规定，如职业健康和安全。道德权利可能涉及保护历史遗迹或环境的可持续性。
- 所有权：人员或群体对资产或财产拥有的法定所有权。
- 知识：专业知识有助于更有效地达成项目目标和组织业务需求，或有助于了解组织的权力结构，从而有益于项目。
- 贡献：提供资金或其他资源，包括人力资源，或者以无形方式为项目提供支持，例如宣传项目目标，或在项目与组织结构及政策之间扮演缓冲角色。

（2）文件分析。评估现有项目文件及以往项目的经验教训，以识别干系人和其他支持性信息。

3. 数据表现

适用于识别干系人过程的数据表现技术是干系人映射分析和表现。干系人映射分析和表现是一种利用不同方法对干系人进行分类的技术。对干系人进行分类有助于团队与已识别的项目干系人建立关系。常见的分类方法包括作用影响方格、干系人立方体、凸显模型、影响方向和优先级排序等。

（1）作用影响方格。作用影响方格包括权力利益方格、权力影响方格等，主要是基于干系人的职权级别（权力）、对项目成果的关心程度（利益）、对项目成果的影响能力（影响）、改变项目计划或执行的能力，每一种方格都可用于对干系人进行分类。对于小型项目、干系人与项目的关系很简单的项目，或干系人之间的关系很简单的项目，这些分类模型非常实用。

（2）干系人立方体。干系人立方体是上述方格模型的改良形式。立方体把上述方格中的要素组合成三维模型，项目经理和团队可据此分析干系人并引导干系人参与项目。作为一个多维模型，它将干系人视为一个多维实体，便于分析，从而有助于沟通策略的制定。

（3）凸显模型。通过评估干系人的权力（职权级别或对项目成果的影响能力）、紧迫性（因时间约束或干系人对项目成果有重大利益诉求而导致需立即加以关注）和合法性（参与的适当性），对干系人进行分类。在凸显模型中，也可以用邻近性取代合法性，以便考察干系人参与项目工作的程度。这种凸显模型适用于复杂的干系人大型群体，或在干系人群体内部存在复杂的关系网络的情况。凸显模型可用于确定已识别干系人的相对重要性。

（4）影响方向。可以根据干系人对项目工作或项目团队本身的影响方向，对干系人进行分类。据此可以把干系人分为：

- 向上：执行组织或客户组织、发起人和指导委员会的高级管理层；
- 向下：临时贡献知识或技能的团队或专家；
- 向外：项目团队外的干系人群体及其代表，如供应商、政府机构、公众、最终用户和监管部门；
- 横向：项目经理的同级人员，如其他项目经理或中层管理人员，他们与项目经理竞争稀缺项目资源或者合作共享资源或信息。

（5）优先级排序。如果项目有大量干系人，干系人群体的成员频繁变化，干系人和项目团队之间或干系人群体内部的关系复杂，有必要对干系人进行优先级排序。

10.2.3　主要输出

干系人登记册记录关于已识别干系人的信息，主要包括身份信息、评估信息和干系人分类等。

（1）身份信息。身份信息包括姓名、组织职位、地点、联系方式，以及在项目中扮演的角色。

（2）评估信息。评估信息包括主要需求、期望、影响项目成果的潜力，以及干系人最能影响或冲击的项目生命周期阶段。

（3）干系人分类。干系人分类指用内部或外部，作用、影响、权力或利益，上级、下级、外围或横向，或者项目经理选择的其他分类模型，对干系人进行分类的结果等。

10.3　启动过程组的重点工作

启动过程组的重点工作包括项目启动会议，以及关注价值与目标。

10.3.1　项目启动会议

项目启动会议是一个项目正式启动的工作会议，因此对项目的启动工作及后续工作开展非常重要。项目启动会议通常由项目经理负责组织和召开，也标志着对项目经理责权的定义结果的正式公布。

召开项目启动会议的主要目的在于使项目各方干系人明确项目的目标、范围、需求、背景及各自的职责与权限，正式公布项目章程。项目启动会议通常包括如下5个工作步骤：

（1）确定会议目标。项目启动会议的具体目标包括建立干系人之间的初始沟通，相互了解，获得支持，对项目建设方案达成共识等。

（2）会议准备。包括审阅项目文件，召开启动准备会议，明确关键议题，编制初步计划，编制人员和组织计划，开发团队工作环境，准备会议材料等。

（3）识别参会人员。典型的项目启动会议都是由项目经理作为会议主持人，参与的人员包括项目发起人、组织高层领导、客户及用户代表、资源和职能部门负责人等干系人。

（4）明确议题。包括采用的项目开发过程、项目产出物、项目资源和进度计划等。

（5）进行会议记录。项目启动会议中需对项目的各方干系人职责、承诺事项及会议决议进行书面记录，这些会议记录可以作为档案留存，作为项目需求或承诺跟踪的依据，同时可以在项目收尾阶段进行总结和改进参考。

图 10-6 给出了某项目启动会议的会议纪要示例。

记录编号：

会议名称	项目启动会			
会议时间			主持人	
会议地点			记录人	
参会人员				
会议议程	介绍项目背景、目标、进度要求、成员和职责等。			
会议内容				
会议结论				
会后任务	序号	任务内容	负责人	时间要求	备注
	1	需求调研			
	2				
	3				

图 10-6　某项目启动会议的会议纪要示例

10.3.2　关注价值和目标

项目是组织创造价值和效益的主要方式。在当今商业环境下，组织领导者需要应对预算紧缩、时间缩短、资源稀缺以及技术快速变化的情况。商业环境动荡不定，变化越来越快。为了在全球经济中保持竞争力，公司日益广泛地利用项目管理，来持续创造商业价值。

同时，在项目启动阶段需根据项目预期价值的实现识别项目的目标，项目目标包括项目成果性目标和约束性目标。清晰、准确的项目目标有助于指导项目后续规划和实施工作。

PMI 将商业价值定义为从商业运作中获得的可量化净效益。在项目启动过程的商业分析中，商业价值可被视为回报，即以某种投入换取时间、资金、货物或无形的回报。项目的商业价值指特定项目的成果能够为项目干系人带来的效益。项目带来的效益可以是有形的、无形的或两者兼有之。

有形效益的例子包括货币资产、股东权益、公共事业、固定设施、工具和市场份额等；无形效益的例子包括商誉、品牌认知度、公共利益、商标、战略一致性和声誉等。

项目价值作为项目建设的最终衡量依据，应作为项目管理与监控的重要指导依据，在项目策划与监控过程中进行实时监控。

10.4　本章练习

1. 选择题

（1）在制定项目章程的过程中，关于章程制定活动描述不正确的是_____。

　　A. 项目章程是证明项目存在的正式书面说明和证明文件

　　B. 制定项目章程的活动可以在项目进展过程中持续完善或多次开展

　　C. 项目章程规定了项目范围，如质量、时间、成本和可交付成果的约束条件

　　D. 制定项目章程的主要作用为明确项目与组织战略目标之间的直接联系，确立项目的正式地位，并展示组织对项目的承诺

参考答案：B

（2）关于项目章程的作用和内容的描述，以下不正确的是_____。

　　A. 在执行外部项目时，通常需要用正式的合同来达成合作协议，此时不需要用项目章程来建立组织内部的合作关系

　　B. 项目章程一旦被批准，就标志着项目的正式启动

　　C. 项目应尽早确认并任命项目经理，最好在制定项目章程时就任命

　　D. 项目章程授权项目经理规划、执行和控制项目

参考答案：A

（3）项目启动会议的步骤中，通常不包含_____。

　　A. 确定会议目标　　　　　　　　　　B. 识别参会人员

　　C. 识别项目目标和价值　　　　　　　D. 进行会议记录

参考答案：C

第 11 章　规划过程组

规划过程组包括明确项目全部范围、定义和优化目标，并为实现目标制定行动方案的一组过程。规划过程组中的过程负责制订项目管理计划的各组成部分以及用于执行项目的项目文件。

规划过程组共包括 24 个过程：项目整合管理中的"制订项目管理计划"，项目范围管理中的"规划范围管理""收集需求""定义范围""创建 WBS"，项目进度管理中的"规划进度管理""定义活动""排列活动顺序""估算活动持续时间""制订进度计划"，项目成本管理中的"规划成本管理""估算成本""制定预算"，项目质量管理中的"规划质量管理"，项目资源管理中的"规划资源管理""估算活动资源"，项目沟通管理中的"规划沟通管理"，项目风险管理中的"规划风险管理""识别风险""实施定性风险分析""实施定量风险分析""规划风险应对"，项目采购管理中的"规划采购管理"，项目干系人管理中的"规划干系人参与"。规划过程组各过程之间的关系如图 11-1 所示，各过程之间存在相互作用，工作并行开展。

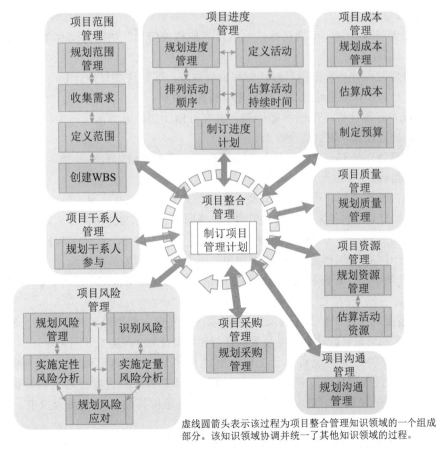

虚线圆箭头表示该过程为项目整合管理知识领域的一个组成部分。该知识领域协调并统一了其他知识领域的过程。

图 11-1　规划过程组各过程之间的关系

规划过程取决于项目本身的性质，可能需要通过多轮反馈来做进一步分析。随着收集和掌握更多的项目信息或特性，项目很可能需要进一步规划。项目生命周期中发生的重大变更，可能引发重新开展一个或多个规划过程，甚至一个或全部启动过程。这种对项目管理计划的持续精细化叫作"渐进明细"，表明项目规划和文件编制是迭代或持续开展的活动。本过程组的主要作用是确定成功完成项目或阶段的行动方案。

在规划项目、制订项目管理计划和项目文件时，项目管理团队应当适当征求干系人的意见，并鼓励干系人参与。初始规划工作完成时，经批准的项目管理计划就被视为基准。在整个项目期间，监控过程将把项目绩效与基准进行比较。

规划过程组需要开展以下15类主要工作：

（1）通过规划管理过程，编制需求管理计划、范围管理计划、进度管理计划、成本管理计划、质量管理计划、风险管理计划、资源管理计划、沟通管理计划、采购管理计划和干系人参与计划。

（2）通过制订项目管理计划过程，编制变更管理计划和配置管理计划，确定项目开发方法和项目生命周期类型。

（3）根据需求管理计划和范围管理计划，编制范围目标计划，包括项目范围说明书、工作分解结构和WBS字典。

（4）根据资源管理计划、范围目标计划以及其他相关信息，估算活动和项目所需的资源，得到资源需求。

（5）根据进度管理计划、范围目标计划和资源需求，编制进度目标计划，包括里程碑进度计划、汇总进度计划和详细进度计划，以及相应的支持材料。

（6）根据成本管理计划、范围目标计划、进度目标计划和资源需求，编制成本目标计划，包括成本估算、项目预算和项目资金需求。

（7）根据质量管理计划、范围目标计划、进度目标计划和成本目标计划，编制质量目标计划，即质量测量指标。

（8）根据范围管理计划、质量管理计划、资源管理计划，以及范围、进度、成本和质量目标计划，编制采购计划，包括采购策略、采购工作说明书、招标文件和供方选择标准等。

（9）根据风险管理计划等其他各种管理计划和其他相关信息，对已编制出的范围、进度、成本和质量目标计划及采购计划进行风险识别和分析，并制定风险应对措施。

（10）根据风险识别、分析和应对措施制定的结果，回头调整范围、进度、成本和质量目标计划及采购计划。

（11）根据需要，反复开展上述第（3）步至第（10）步，直到得到现实可行、令人满意的范围、进度、成本和质量目标计划，以及采购计划和风险计划（风险登记册）。

（12）把最终的项目范围说明书、工作分解结构和WBS字典汇编在一起，报领导和主要干系人批准，得到范围基准。把最终的里程碑进度计划和汇总进度计划报领导和其他主要干系人批准，得到进度基准。把最终的项目预算报领导和其他主要干系人批准，得到成本基准。

（13）把所有的分项管理计划和分项基准汇编在一起，形成项目管理计划，并报领导和其他主要干系人批准。把其他不属于项目管理计划的组成部分的内容（项目资金需求除外）归入"项目文件"或"采购文档"。

（14）把项目资金需求报给项目发起人，以便他据此准备和提供资金。

（15）召集项目开工会议，向干系人介绍项目计划和项目目标，获得干系人对项目的支持和参与，宣布项目正式进入执行阶段。

在编制计划的过程中，要留意并考虑项目执行组织内外部的商业环境的动态变化，考虑如何确保项目合规，如何确保项目能够实现组织变革和创造商业价值。

本章对规划过程组的 24 个过程——"制定项目管理计划""规划范围管理""收集需求""定义范围""创建 WBS""规划进度管理""定义活动""排列活动顺序""估算活动持续时间""制订进度计划""规划成本管理""估算成本""制定预算""规划质量管理""规划资源管理""估算活动资源""规划沟通管理""规划风险管理""识别风险""实施定性风险分析""实施定量风险分析""规划风险应对""规划采购管理""规划干系人参与"的输入输出、工具与技术进行说明时，采取以下规则进行描述：

- 省略常见的输入输出、工具与技术；
- 针对主要输入输出、重要的工具与技术进行详细阐述。

11.1　制订项目管理计划

制订项目管理计划是定义、准备和协调项目计划的所有组成部分，并把它们整合为一份综合项目管理计划的过程。本过程的主要作用是生成一份综合文件，用于确定所有项目工作的基础及其执行方式。本过程仅开展一次或仅在项目的预定义点开展。图 11-2 描述了本过程的输入、工具与技术和输出。

图 11-2　制订项目管理计划过程的输入、工具与技术和输出

项目管理计划确定项目的执行、监控和收尾方式，其内容会根据项目所在的应用领域和复杂程度的不同而不同。项目管理计划可以是概括的或详细的，每个组成部分的详细程度取决于

具体项目的要求。项目管理计划应基准化，即至少应规定项目的范围、时间和成本方面的基准，以便据此考核项目执行情况和管理项目绩效。在确定基准之前，可能要对项目管理计划进行多次更新，且这些更新无须遵循正式的流程。但是，一旦确定了基准，就只能通过提出变更请求、实施整体变更控制过程进行更新。在项目收尾之前，项目管理计划需要通过不断更新来渐进明细，并且这些更新需要得到控制和批准。

制订项目管理计划过程的主要输入为项目章程、其他过程的输出、事业环境因素和组织过程资产，主要输出为项目管理计划。

11.1.1　主要输入

1. 项目章程

项目团队把项目章程作为初始项目规划的起点。项目章程会根据其所包含的信息种类数量、项目的复杂程度和已知信息的不同而不同。但项目章程中至少会包含项目的高层级信息，供项目管理计划的各个组成部分进一步细化。

2. 其他知识领域规划过程的输出

创建项目管理计划需要整合诸多过程的输出。其他知识领域规划过程所输出的子计划和基准都是本过程的输入。此外，对这些子计划和基准的变更都可能导致对项目管理计划的相应更新。

3. 事业环境因素

能够影响制订项目管理计划过程的事业环境因素主要包括以下 5 个方面：

（1）政府或行业标准（如产品标准、质量标准、安全标准和工艺标准）；

（2）法律法规要求和相关制约因素，垂直市场（如建筑）和专门领域（如环境、安全、风险或敏捷软件开发）的项目管理知识体系；

（3）组织的结构、文化、管理实践和可持续性；

（4）组织治理框架（通过安排人员、制定政策和确定过程，以结构化的方式实施控制、指导和协调，以实现组织的战略和目标）；

（5）基础设施（如现有的设施和固定资产）等。

4. 组织过程资产

能够影响制订项目管理计划过程的组织过程资产主要包括以下 4 个方面：

（1）组织的标准政策、流程和程序，项目管理计划模板，变更控制程序（包括修改正式的组织标准、政策、计划、程序或项目文件，以及批准和确认变更所需遵循的步骤）；

（2）监督和报告方法、风险控制程序以及沟通要求；

（3）以往类似项目的相关信息（如范围、成本、进度与绩效测量基准，项目日历，项目进度网络图和风险登记册）；

（4）历史信息和经验教训知识库等。

11.1.2　主要输出

项目管理计划是说明项目执行、监控和收尾方式的一份文件，它整合并综合了所有知识领域的子管理计划和基准，以及管理项目所需的其他组件信息，项目管理计划的组件取决于项目的具体需求。项目管理计划组件主要包括子管理计划、基准和其他组件等。

（1）子管理计划：包括范围管理计划、需求管理计划、进度管理计划、成本管理计划、质量管理计划、资源管理计划、沟通管理计划、风险管理计划、采购管理计划、干系人参与计划。

（2）基准：包括范围基准、进度基准和成本基准。

（3）其他组件：虽然在项目管理计划过程中生成的组件会因项目而异，但是通常包括变更管理计划、配置管理计划、绩效测量基准、项目生命周期、开发方法、管理审查。

下面给出一个项目管理计划的示例。

　1. 项目名称

京华网上花店系统。

　2. 项目背景

随着互联网技术的飞速发展，互联网已经走进千家万户，"京华"鲜花店为了突破时空限制，降低交易成本，节约客户订购、支付和配送的时间，方便客户购买，决定进入电子商务网上鲜花销售市场，建立一个京华网上销售系统，利用互联网在线支付平台进行交易，实现网络营销与传统营销双通道同时运行的新型鲜花营销模式。

建设网上花店将取得以下几方面的收益：①网上销售带来销售量的增加。预计从网站运营起半年内花店收入增长 10%，一年半内销售收入增长 50%。②网上销售带来的成本节约。预计鲜花销售成本可减少 20%～30%。③品牌增值带来的收益。网上商店的运作将扩大"京华"的知名度，提升"京华"品牌，最终使"京华"成为北京地区有影响力的鲜花网上销售企业。

　3. 项目范围管理计划，范围基准

京华网上花店系统的总体目标是成为北京地区有影响力的鲜花网上销售企业，这一目标将分 3 个阶段实现。

项目的范围定为采用现有的各种网络技术，构建一个鲜花、礼品等商品多级查询、选择、订购的网上销售系统，为客户提供方便、快捷、安全的网上购物环境。

项目可交付成果包括一个网上购物商城，提供各类管理文档、开发技术文件、系统使用和用户手册，并对人员提供必要的培训。详细的可交付物说明参见 WBS 文档。

项目范围管理的方法为：

（1）范围说明书只有项目经理有权更新和发布。

（2）范围说明书是制定项目 WBS 的基础和依据。

（3）对项目范围说明书的更改或调整可能会引起合同变更，对此要慎重。

　4. 项目进度管理计划，进度基准

项目建设周期约需要 6 个月。

5. 项目成本管理计划，成本基准

项目建设预计投入 20 万元，用于平台搭建、软硬件资源购买、技术支持及管理和人员的费用。成本预算方案见下表。

成本预算方案

类别	成本项	费用
设备	服务器	23 000 元
软件	操作系统软件	5 000 元
	数据库软件	15 000 元
	防病毒软件	300 元
网站功能开发	项目人员费用	20 000 元
	应用系统开发费用	50 000 元
网站推广	网上推广	10 000 元
	网下推广	20 000 元
网站运营 / 维护	人员费用	50 000 元 / 年
	主机托管 / 网站维护	7 000 元 / 年
	国内域名 / 国际域名	600 元 / 年
合计	首年费用合计	143 300 元
	每年运营 / 维护费用	57 600 元

共计：200 900 元

6. 项目质量管理计划

项目开发过程中，按照公司制定的 CMMI 三级标准过程来进行。在里程碑会议和周例会上按照公司的软件开发质量检查表、质量评审过程进行质量审查，提出改进措施并及时进行改进。详细的质量检查表、质量检查过程标准参见公司标准。

7. 项目人力资源计划

金建文（项目经理）　　　主要负责经营策略与项目规划

蒋长敏　　　　　　　　　主要负责网站开发

邓　苗　　　　　　　　　主要负责网站的制作和维护

程智磊　　　　　　　　　主要负责市场调查和业务流程设计

8. 项目沟通计划

利用 BBS 建立一个项目共享区，所有项目干系人都通过这个共享区进行交流与沟通。项目的进展情况通过项目例会和里程碑会议进行检查与收集。项目沟通计划可根据项目实际情况进行及时调整。

9. 项目风险管理计划，风险登记册

项目实施过程中可能遇到的风险及防范措施如下。

1）技术风险

技术风险包括以下几个方面：

（1）黑客攻击，或者病毒入侵会导致网站死机或者不能访问，影响网上花店的运作。防范措施是加强病毒和入侵检测，设置好防火墙。

（2）设备硬件损坏导致网站不能访问或者数据丢失，使花店客户遭受损失。防范措施是做好数据备份以及硬件备份。

（3）开发方出现问题使开发进度缓慢导致实施进度无法跟上计划。防范措施如下：一是多方比较，慎重选择合作方；二是签订规范、合理的合同，在出现纠纷时能通过法律途径保护本网站的正当权益。

2）经营风险

经营风险包括以下几个方面：

（1）网站宣传推广效果不好，网站访问量少。防范措施是推广网站时应根据企业的自身情况选定合适的搜索引擎注册，并且隔一段时间观察排名情况，总结出哪些搜索引擎能带来实际效果。注意跟进，积累数据，为了以后的业务开展积累经验，不断改进网站推广方式。还要注意引进、结合网下的多种推广方式。

（2）由于目前企业计算机人才缺乏，对外包单位依赖较大，网站一旦出现问题只能由其解决。防范措施是加强员工在以下两个方面的技术培训：一是要求电子商务员熟悉网站各模块的操作；二是要求网络管理员熟悉网站系统的管理以及网站应用系统的程序。

（3）若项目运营得比较成功，客户量增大，客户订单增长迅速，花店接纳客户能力（快速供货能力）会受到考验。防范措施是加强与供应商的合作与联系，提高双方的反应能力，避免出现订单积压、供货链断裂的现象。

3）管理风险

管理风险包括以下几个方面：

（1）由于业务流的改变，网上花店人员对新的销售流程不熟悉导致花店动作出现混乱。防范措施是加强对花店人员的业务培训，主要是网上业务流程的培训。

（2）由于有网上与网下两种销售方式，其中的协调可能会出现问题。防范措施是统一协调，制定网上、网下的营销方案，加强各部门对网上销售业务的培训，以及准备应急的方案。

4）市场风险

可能出现多家竞争对手，使竞争激烈，导致预期销售量减少。防范措施是加强对竞争对手的分析，及时调整经营策略。

10. 项目采购计划

项目所需要的硬件和软件的采购计划如下。

（1）硬件选型方案所需设备如下表所示。

硬件选型方案

序号	名称	型号	单价	数量	金额
1	服务器	××1U 机架式	23 000.00	1	23 000.00
合计					23 000.00

（2）正版软件系统费用见下表。

软件系统费用

序号	名称	单价	数量	金额	备注
1	Linux	5 000.00	1	5 000.00	
2	南大通用	15 000.00	1	15 000.00	
3	XX 防病毒				
	XX 防火墙企业服务器版	300.00	1	300.00	
4	Oracle	5 000.00	1	5 000.00	
合计				25 300.00	

11.2 规划范围管理

规划范围管理是为记录如何定义、确认和控制项目范围及产品范围而创建范围管理计划的过程。本过程的主要作用是在整个项目期间对如何管理范围提供指南和方向。本过程仅开展一次或仅在项目的预定义点开展。图 11-3 描述了本过程的输入、工具与技术和输出。

图 11-3　规划范围管理过程的输入、工具与技术和输出

规划范围管理过程的主要输入为项目管理计划，主要输出为范围管理计划和需求管理计划。

11.2.1　主要输入

规划范围管理过程使用的项目管理计划组件主要包括：

● 质量管理计划：在项目中实施组织的质量政策、方法和标准的方式会影响管理项目和产品范围的方式。

- 项目生命周期描述：定义了项目从开始到完成所经历的一系列阶段。
- 开发方法：定义了项目是采用预测型、适应型还是混合型开发方法。

11.2.2　主要输出

1. 范围管理计划

范围管理计划是项目管理计划的组成部分，描述将如何定义、制定、监督、控制和确认项目范围。制订范围管理计划和细化项目范围始于对下列信息的分析：项目章程中的信息、项目管理计划中已批准的子计划、组织过程资产中的历史信息和相关事业环境因素。范围管理计划用于指导如下过程和相关工作：

- 制定项目范围说明书；
- 根据详细项目范围说明书创建 WBS；
- 确定如何审批和维护范围基准；
- 正式验收已完成的项目可交付成果。
- 根据项目需要，范围管理计划可以是正式或非正式的，非常详细或高度概括的。

2. 需求管理计划

需求管理计划是项目管理计划的组成部分，描述将如何分析、记录和管理项目和产品需求。需求管理计划的主要内容包括：

- 如何规划、跟踪和报告各种需求活动；
- 配置管理活动，例如，如何启动变更，如何分析其影响，如何进行追溯、跟踪和报告，以及变更审批权限；
- 需求优先级排序过程；
- 测量指标及使用这些指标的理由；
- 反映哪些需求属性将被列入跟踪矩阵等。

11.3　收集需求

收集需求是为实现目标而确定、记录并管理干系人的需要和需求的过程。本过程的主要作用是为定义产品范围和项目范围奠定基础。本过程仅开展一次或仅在项目的预定义点开展。图 11-4 描述了本过程的输入、工具与技术和输出。

让干系人积极参与需求的探索和分解工作（分解成项目和产品需求），并仔细确定、记录和管理对产品、服务或成果的需求，能直接促进项目成功。需求是指根据特定协议或其他强制性规范，产品、服务或成果必须具备的条件或能力。它包括发起人、客户和其他干系人的已量化且书面记录的需要和期望。应该足够详细地挖掘、分析和记录这些需求，并将其包含在范围基准中，在项目执行开始后对其进行测量。需求将作为后续工作分解结构（WBS）的基础，也将作为成本、进度、质量和采购规划的基础。

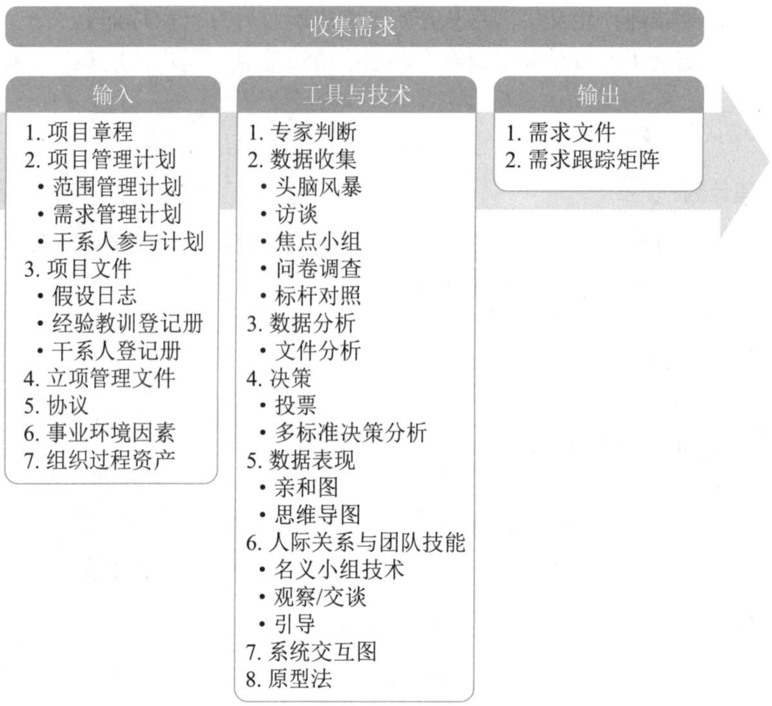

收集需求

输入	工具与技术	输出
1. 项目章程 2. 项目管理计划 •范围管理计划 •需求管理计划 •干系人参与计划 3. 项目文件 •假设日志 •经验教训登记册 •干系人登记册 4. 立项管理文件 5. 协议 6. 事业环境因素 7. 组织过程资产	1. 专家判断 2. 数据收集 •头脑风暴 •访谈 •焦点小组 •问卷调查 •标杆对照 3. 数据分析 •文件分析 4. 决策 •投票 •多标准决策分析 5. 数据表现 •亲和图 •思维导图 6. 人际关系与团队技能 •名义小组技术 •观察/交谈 •引导 7. 系统交互图 8. 原型法	1. 需求文件 2. 需求跟踪矩阵

图 11-4　收集需求过程的输入、工具与技术和输出

收集需求过程的主要输入为项目管理计划和项目文件，主要工具与技术为数据收集、数据分析、决策、数据表现、人际关系与团队技能、系统交互图和原型法，主要输出为需求文件和需求跟踪矩阵。

11.3.1　主要输入

1. 项目管理计划

收集需求过程使用的项目管理计划组件主要包括：范围管理计划、需求管理计划和干系人参与计划等。

（1）范围管理计划。范围管理计划包含如何定义和制定项目范围的信息。

（2）需求管理计划。需求管理计划包含如何收集、分析和记录项目需求的信息。

（3）干系人参与计划。从干系人参与计划中了解干系人的沟通需求和参与程度，以便评估并适应干系人对需求活动的参与程度。

2. 项目文件

可用作收集需求过程输入的项目文件主要包括假设日志、经验教训登记册和干系人登记册等。

（1）假设日志。假设日志识别了有关产品、项目、环境、干系人以及会影响需求的其他因素的假设条件。

（2）经验教训登记册。经验教训登记册提供了有效的需求收集技术，尤其针对使用敏捷或适应型产品开发方法的项目。

（3）干系人登记册。干系人登记册用于了解哪些干系人能够提供需求方面的信息，及记录干系人对项目的需求和期望。

11.3.2　主要工具与技术

1. 数据收集

可用于收集需求过程的数据收集技术主要包括头脑风暴、访谈、焦点小组、问卷调查和标杆对照等。

（1）头脑风暴。头脑风暴是一种用来产生和收集对项目需求与产品需求的多种创意的技术。

（2）访谈。访谈是通过与干系人直接交谈来获取信息的正式或非正式的方法。访谈的典型做法是向被访者提出预设和即兴的问题，并记录他们的回答。访谈经常是一个访谈者和一个被访者之间的"一对一"谈话，但也可包括多个访谈者和 / 或多个被访者。访谈有经验的项目参与者、发起人和其他高管及主题专家，有助于识别和定义所需产品可交付成果的特征和功能。访谈也可用于获取机密信息。

（3）焦点小组。焦点小组是召集预定的干系人和主题专家，了解他们对所讨论的产品、服务或成果的期望和态度。由一位受过训练的主持人引导大家进行互动式讨论。焦点小组往往比"一对一"的访谈更热烈。

（4）问卷调查。问卷调查是指设计一系列书面问题，向众多受访者快速收集信息。问卷调查方法非常适用于受众多样化、需要快速完成调查、受访者地理位置分散，并且适合开展统计分析的情况。

（5）标杆对照。标杆对照将实际或计划的产品、过程和实践与其他可比组织的实践进行比较，以便识别最佳实践，形成改进意见，并为绩效考核提供依据。标杆对照所采用的可比组织可以是内部的，也可以是外部的。

2. 数据分析

可用于收集需求过程的数据分析技术是文件分析。文件分析指审核和评估任何相关的文件信息。在此过程中，文件分析通过分析现有文件，识别与需求相关的信息来获取需求，可供分析并有助于获取需求的文件包括协议，商业计划，业务流程或接口文档，业务规则库，现行流程，市场文献，问题日志，政策、程序或法规文件（如法律、准则、法令等），建议邀请书，用例等。

3. 决策

适用于收集需求过程的决策技术主要包括投票、独裁型决策制定和多标准决策分析等。

（1）投票。投票是一种为达成某种期望结果，而对未来多个行动方案进行评估的决策技术和过程。本技术用于生成、归类和排序产品需求。

（2）独裁型决策制定。采用这种方法将由一个人负责为整个集体制定决策。

（3）多标准决策分析。该技术借助决策矩阵，用系统分析方法建立诸如风险水平、不确定性和价值收益等多种标准，以对众多创意进行评估和排序。

4. 数据表现

可用于收集需求过程的数据表现技术主要包括亲和图和思维导图等。

（1）亲和图。用来对大量创意进行分组的技术，以便进一步审查和分析。

（2）思维导图。把从头脑风暴中获得的创意整合成一张图，用以反映创意之间的共性与差异，激发新创意。

5. 人际关系与团队技能

可用于收集需求过程的人际关系与团队技能主要包括名义小组技术、观察和交谈、引导等。

（1）名义小组技术。名义小组技术是用于促进头脑风暴的一种技术，通过投票排列最有用的创意，以便进一步开展头脑风暴或优先排序。名义小组技术是一种结构化的头脑风暴形式，由以下 4 个步骤组成：

- 向集体提出一个问题或难题，每个人在沉思后写出自己的想法。
- 主持人在活动挂图上记录所有人的想法。
- 集体讨论各个想法，直到全体成员达成一个明确的共识。
- 个人私下投票决出各种想法的优先排序，通常采用 5 分制，1 分最低，5 分最高。为减少想法数量、集中关注想法，可进行数轮投票。每轮投票后，都将清点选票，得分最高者被选出。

（2）观察和交谈。观察和交谈是指直接查看个人在各自的环境中如何执行工作（或任务）和实施流程。当产品使用者难以或不愿清晰说明他们的需求时，特别需要通过观察来了解他们的工作细节。观察也称为"工作跟随"，通常由"旁站观察者"观察业务专家如何执行工作，但也可以由"参与观察者"来观察，即通过实际执行一个流程或程序，来体验该流程或程序是如何实施的，以便挖掘隐藏的需求。

（3）引导。引导与主题研讨会结合使用，把主要干系人召集在一起定义产品需求。研讨会可用于快速定义跨职能需求并协调干系人的需求差异。因为具有群体互动的特点，有效引导的研讨会有助于参与者之间建立信任、改进关系、改善沟通，从而有利于干系人达成一致意见。此外，与分别召开会议相比，研讨会能够更早发现并解决问题。

6. 系统交互图

系统交互图是对产品范围的可视化描绘，可以直观显示业务系统（过程、设备、计算机系统等）及其与人和其他系统（行动者）之间的交互方式。

7. 原型法

原型法是指在实际制造预期产品之前，先造出该产品的模型，并据此征求对需求的早期反馈。原型包括微缩产品、计算机生成的二维和三维模型、实体模型或模拟。因为原型是有形的实物，它使得干系人可以体验最终产品的模型，而不是仅限于讨论抽象的需求描述。原型法支持渐进明细的理念，需要经历从模型创建、用户体验、反馈收集到原型修改的反复循环过程。在经过足够的反馈循环之后，就可以通过原型获得足够的需求信息，从而进入设计或制造阶段。

故事板是一种原型技术，通过一系列的图像或图示来展示顺序或导航路径。故事板用于各种行业的各种项目中，如电影、广告、教学设计，以及敏捷和其他软件开发项目。在软件开发中，故事板使用实体模型来展示网页、屏幕或其他用户界面的导航路径。

11.3.3　主要输出

1. 需求文件

需求文件描述各种单一需求将如何满足项目相关的业务需求。一开始可能只有高层级的需求，然后随着有关需求信息的增加而逐步细化。只有明确的（可测量和可测试的）、可跟踪的、完整的、相互协调的，且主要干系人愿意认可的需求，才能作为基准。需求文件的格式多种多样，既可以是一份按干系人和优先级分类列出全部需求的简单文件，也可以是一份包括内容提要、细节描述和附件等的详细文件。许多组织把需求分为不同的种类，如业务解决方案和技术解决方案。前者是干系人的需要，后者是指如何实现这些干系人需要的方案。把需求分成不同的类别，有利于对需求进行进一步完善和细化。需求的类别一般包括业务需求、干系人需求、解决方案需求、过渡和就绪需求、项目需求和质量需求等。

（1）业务需求。整个组织的高层级需要，例如，解决业务问题或抓住业务机会，以及实施项目的原因。

（2）干系人需求。干系人的需要。

（3）解决方案需求。为满足业务需求和干系人需求，产品、服务或成果必须具备的特性、功能和特征。解决方案需求又可以进一步分为功能需求和非功能需求。功能需求描述产品应具备的功能，例如，产品应该执行的行动、流程、数据和交互；非功能需求是对功能需求的补充，是产品正常运行所需的环境条件或质量要求，例如，可靠性、保密性、性能、安全性、服务水平、可支持性、保留或清除等。

（4）过渡和就绪需求。如数据转换和培训需求。这些需求描述了从“当前状态”过渡到“将来状态”所需的临时能力。

（5）项目需求。项目需要满足的行动、过程或其他条件，例如里程碑日期、合同责任、制约因素等。

（6）质量需求。用于确认项目可交付成果的成功完成或其他项目需求的实现的任何条件或标准，例如，测试、认证、确认等。

2. 需求跟踪矩阵

需求跟踪矩阵是把产品需求从其来源连接到能满足需求的可交付成果的一种表格。使用需求跟踪矩阵，把每个需求与业务目标或项目目标联系起来，有助于确保每个需求都具有业务价值。需求跟踪矩阵提供了在整个项目生命周期中跟踪需求的一种方法，有助于确保需求文件中被批准的每项需求在项目结束的时候都能实现并交付。最后，需求跟踪矩阵还为管理产品范围变更提供了框架。跟踪需求的内容包括：

- 业务需要、机会、目的和目标；
- 项目目标；
- 项目范围和WBS可交付成果；
- 产品设计；

- 产品开发；
- 测试策略和测试场景；
- 高层级需求到详细需求等。

应在需求跟踪矩阵中记录每个需求的相关属性，这些属性有助于明确每个需求的关键信息。需求跟踪矩阵中记录的典型属性包括唯一标识、需求的文字描述、收录该需求的理由、所有者、来源、优先级别、版本、当前状态和状态日期。为确保干系人满意，可能需要增加一些补充属性，如稳定性、复杂性和验收标准。需求跟踪矩阵示例如图 11-5 所示。

需求跟踪矩阵								
项目名称：								
成本中心：								
项目描述：								
标识	关联标识	需求描述	业务需要、机会、目的和目标	项目目标	WBS可交付成果	产品设计	产品开发	测试案例
001	1.0							
	1.1							
	1.2							
	1.2.1							
002	2.0							
	2.1							
	2.1.1							
003	3.0							
	3.1							
	3.2							
004	4.0							
005	5.0							

图 11-5　需求跟踪矩阵示例

11.4　定义范围

定义范围是制定项目和产品详细描述的过程。本过程的主要作用是描述产品、服务或成果的边界和验收标准。本过程需要在整个项目期间多次反复开展。图 11-6 描述了本过程的输入、工具与技术和输出。

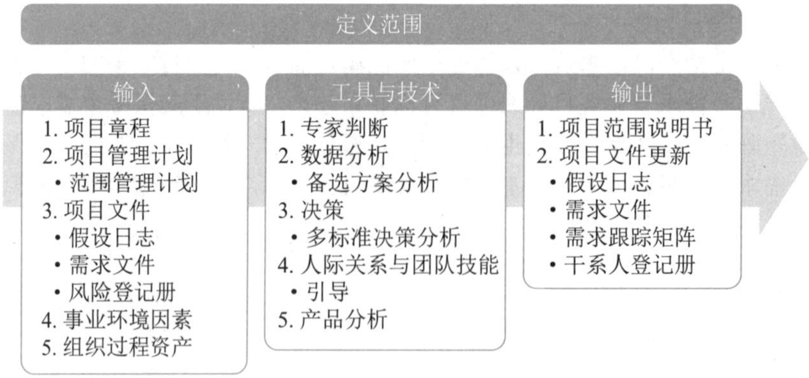

图 11-6　定义范围过程的输入、工具与技术和输出

由于在收集需求过程中识别出的所有需求未必都包含在项目中，所以定义范围过程需要从需求文件（收集需求过程的输出）中选取最终的项目需求，然后制定出关于项目及其产品、服务或成果的详细描述。准备好详细的项目范围说明书对项目成功至关重要。

应根据项目启动过程中记载的主要可交付成果、假设条件和制约因素来编制详细的项目范围说明书。在项目规划过程中，随着对项目信息了解的逐渐深入，应该更加详细、具体地定义和描述项目范围。此外，还需要分析现有风险、假设条件和制约因素的完整性，并做必要的增补或更新。

定义范围过程的主要输入为项目管理计划和项目文件，主要输出为项目范围说明书。

11.4.1　主要输入

1. 项目管理计划

定义范围过程中使用的项目管理计划组件是范围管理计划，其中记录了如何定义、确认和控制项目范围。

2. 项目文件

可用作定义范围过程输入的项目文件主要包括假设日志、需求文件和风险登记册等。

（1）假设日志。假设日志识别了有关产品、项目、环境、干系人以及会影响项目和产品范围的假设条件和制约因素。

（2）需求文件。需求文件识别了应纳入范围的需求。

（3）风险登记册。风险登记册包含了可能影响项目范围的应对策略，例如缩小或改变项目和产品范围，以规避或缓解风险。

11.4.2　主要输出

项目范围说明书是对项目范围、主要可交付成果、假设条件和制约因素的描述。它记录了整个范围（包括项目和产品范围），详细描述了项目的可交付成果，代表项目干系人之间就项目范围所达成的共识。为便于管理干系人的期望，项目范围说明书可明确指出哪些工作不属于本项目范围。项目范围说明书帮助项目团队进行更详细的规划，在执行过程中指导项目团队工作，并为评价变更请求或额外工作是否超过项目边界提供基准。

项目范围说明书描述要做和不要做的工作的详细程度，决定着项目管理团队控制整个项目范围的有效程度。详细的项目范围说明书包括的内容有产品范围描述、可交付成果、验收标准、项目的除外责任等。

（1）产品范围描述。逐步细化项目章程和需求文件中所述的产品、服务或成果特征。

（2）可交付成果。为完成某一过程、阶段或项目而必须产出的任何独特并可核实的产品、成果或服务能力，可交付成果也包括各种辅助成果，如项目管理报告和文件，对可交付成果的描述可略可详。

（3）验收标准。可交付成果通过验收前必须满足的一系列条件。

（4）项目的除外责任。识别排除在项目之外的内容。明确说明哪些内容不属于项目范围，有助于管理干系人的期望及减少范围蔓延。

虽然项目章程和项目范围说明书的内容存在一定程度的重叠，但它们的详细程度完全不同。项目章程包含高层级的信息；而项目范围说明书则是对范围组成部分的详细描述，这些组成部分需要在项目过程中渐进细化。

11.5 创建 WBS

创建工作分解结构（WBS）是把项目可交付成果和项目工作分解为较小的、更易于管理的组件的过程。本过程的主要作用是为所要交付的内容提供架构。本过程仅开展一次或仅在项目的预定义点开展。图 11-7 描述了本过程的输入、工具与技术和输出。

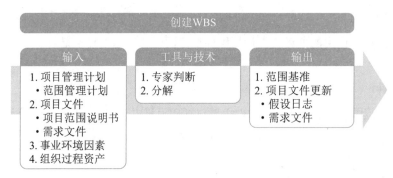

图 11-7　创建 WBS 过程的输入、工具与技术和输出

WBS 是对项目团队为实现项目目标、创建所需可交付成果而需要实施的全部工作范围的层级分解。WBS 组织并定义了项目的总范围，代表着经批准的当前项目范围说明书中所规定的工作。

WBS 最底层的组成部分称为工作包，其中包括计划的工作。工作包对相关活动进行归类，以便对工作安排进度、进行估算、开展监督与控制。在"工作分解结构"这个词语中，"工作"是指作为活动结果的工作产品或可交付成果，而不是活动本身。

创建 WBS 过程的主要输入为项目管理计划和项目文件，主要工具与技术为分解技术，主要输出为范围基准。

11.5.1　主要输入

1. 项目管理计划

创建 WBS 过程中使用的项目管理计划组件是范围管理计划。范围管理计划定义了如何根据项目范围说明书创建 WBS。

2. 项目文件

可用作创建 WBS 过程输入的项目文件主要包括项目范围说明书和需求文件等。

（1）项目范围说明书。项目范围说明书描述了需要实施的工作，以及不包含在项目中的工作。

（2）需求文件。需求文件详细描述了各种单一需求如何满足项目的业务需要。

11.5.2　主要工具与技术

分解是一种把项目范围和项目可交付成果逐步划分为更小、更便于管理的组成部分的技术。工作包是 WBS 最底层的工作，可对其成本和持续时间进行估算和管理。分解的程度取决于所需的控制程度，以实现对项目的高效管理；工作包的详细程度则因项目规模和复杂程度而异。创建 WBS 的方法多种多样，常用的方法包括自上而下的方法、使用组织特定的指南和使用 WBS 模板。自下而上的方法可用于归并较低层次组件。

1. 分解活动

要把整个项目工作分解为工作包，通常需要开展如下活动：

● 识别和分析可交付成果及相关工作；

● 确定 WBS 的结构和编排方法；

● 自上而下逐层细化分解；

● 为 WBS 组成部分制定和分配标识编码；

● 核实可交付成果分解的程度是否恰当。

如图 11-8 所示为某工作分解结构的一部分，若干分支已经向下分解到工作包层次。

图 11-8　分解到工作包的 WBS 示例

2. WBS 结构

WBS 的结构可以采用多种形式。以项目生命周期的各阶段作为分解的第二层，把产品和项目可交付成果放在第三层，这种形式的 WBS 如图 11-9 所示。以主要可交付成果作为分解的第二层，这种形式的 WBS 如图 11-10 所示。将其纳入由项目团队以外的组织开发的各种较低层次组件（如外包工作）。随后，作为外包工作的一部分，卖方须制定相应的合同 WBS。

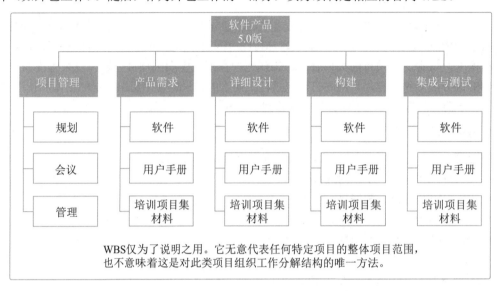

图 11-9　以项目生命周期的各阶段作为第二层的 WBS 示例

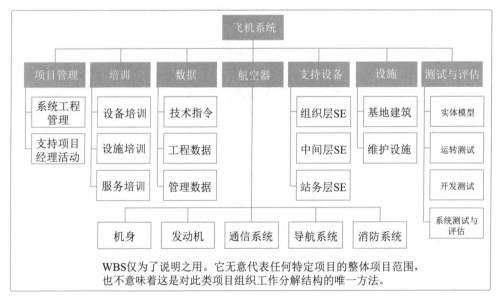

图 11-10　以主要可交付成果作为第二层的 WBS 示例

对 WBS 较高层组件进行分解，就是要把每个可交付成果或组件分解为最基本的组成部分，即可核实的产品、服务或成果。如果采用敏捷或适应型方法，可以将长篇故事分解成用户故事。WBS 可以采用提纲式、组织结构图或能说明层级结构的其他形式。通过确认 WBS 较低层组件是完成上层相应可交付成果的必要且充分的工作，来核实分解的正确性。不同的可交付成果可以分解到不同的层次。某些可交付成果只需分解到下一层，即可到达工作包的层次，而有些则需分解更多层。工作分解得越细致，对工作的规划、管理和控制就越有力。但是，过细的分解会造成管理工作的无效耗费、资源使用效率低下、工作实施效率降低，同时造成 WBS 各层级的数据汇总困难。

要在未来远期才完成的可交付成果或组件，当前可能无法分解。因而项目管理团队通常需要等待对该可交付成果或组成部分达成一致意见，才能够制定出 WBS 中的相应细节。这种技术又称为滚动式规划。

3. 注意事项

在分解的过程中，应该注意以下 8 个方面：

（1）WBS 必须是面向可交付成果的。项目的目标是提供产品或服务，WBS 中的各项工作是为提供可交付的成果服务的。WBS 并没有明确地要求重复循环的工作，但为了达到里程碑，有些工作可能要进行多次。最明显的例子是软件测试，软件必须经过多次测试后才能作为可交付成果。

（2）WBS 必须符合项目的范围。WBS 必须包括，也仅包括为了完成项目的可交付成果的活动。100% 原则（包含原则）认为，在 WBS 中，所有下一级的元素之和必须 100% 代表上一级元素。如果 WBS 没有覆盖全部的项目可交付成果，那么最后提交的产品或服务是无法让用户满意的。

（3）WBS 的底层应该支持计划和控制。WBS 是项目管理计划和项目范围之间的桥梁，WBS 的底层不但要支持项目管理计划，而且要让管理层能够监视和控制项目的进度和预算。

（4）WBS 中的元素必须有人负责，而且只由一个人负责。如果存在没有人负责的内容，那么 WBS 发布后，项目团队成员将很少能够意识到自己和其中内容上的联系。WBS 和责任人可以使用工作责任矩阵来描述。在一些参考文献中，这个规定又称为独立责任原则。

（5）WBS 应控制在 4 ～ 6 层。如果项目规模比较大，以至于 WBS 要超过 6 层，此时可以使用项目分解结构将大项目分解成子项目，然后针对子项目来做 WBS。每个级别的 WBS 将上一级的一个元素分为 4 ～ 7 个新的元素，同一级的元素的大小应该相似。一个工作单元只能从属于某个上层单元，避免交叉从属。

（6）WBS 应包括项目管理工作（因为管理是项目具体工作的一部分），也要包括分包出去的工作。

（7）WBS 的编制需要所有（主要）项目干系人的参与。各项目干系人站在自己的立场上，对同一个项目可能编制出差别较大的 WBS。项目经理应该组织他们进行讨论，以便编制出一份大家都能接受的 WBS。

（8）WBS 并非一成不变的。在完成 WBS 之后的工作中，仍然有可能需要对 WBS 进行修改。如果没有合理的范围控制，仅仅依靠 WBS 会使得后面的工作僵化。

11.5.3　主要输出

范围基准是经过批准的范围说明书、WBS 和相应的 WBS 字典，只有通过正式的变更控制程序才能进行变更，它被用作比较的基础。范围基准是项目管理计划的组成部分，包括项目范围说明书、WBS、工作包、规划包和 WBS 字典等。

（1）项目范围说明书。项目范围说明书包括对项目范围、主要可交付成果、假设条件和制约因素的描述。

（2）WBS。WBS 是对项目团队为实现项目目标、创建所需可交付成果而需要实施的全部工作范围的层级分解。工作分解结构每向下分解一层，代表对项目工作更详细的定义。

（3）工作包。WBS 的最低层级是带有独特标识号的工作包。这些标识号为进行成本、进度和资源信息的逐层汇总提供了层级结构，即账户编码。每个工作包都是控制账户的一部分，而控制账户则是一个管理控制点。在该控制点上，把范围、预算和进度加以整合，并与挣值相比较，以测量绩效。控制账户包含两个或更多工作包，但每个工作包只与一个控制账户关联。

（4）规划包。规划包是一种低于控制账户而高于工作包的工作分解结构组件，工作内容已知，但详细的进度活动未知，一个控制账户可以包含一个或多个规划包。

（5）WBS 字典。WBS 字典是针对 WBS 中的每个组件，详细描述可交付成果、活动和进度信息的文件。WBS 字典对 WBS 提供支持，其中大部分信息由其他过程创建，然后在后期添加到字典中。WBS 字典中的内容一般包括账户编码标识、工作描述、假设条件和制约因素、负责的组织、进度里程碑、相关的进度活动、所需资源、成本估算、质量要求、验收标准、技术参考文献和协议信息等。

11.6 规划进度管理

规划进度管理是为规划、编制、管理、执行和控制项目进度而制定政策、程序和文档的过程。本过程的主要作用是为如何在整个项目期间管理项目进度提供指南和方向。本过程仅开展一次或仅在项目的预定义点开展。图 11-11 描述了本过程的输入、工具与技术和输出。

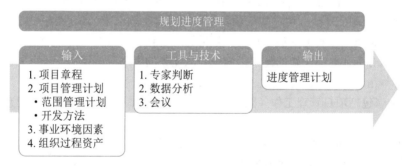

图 11-11 规划进度管理过程的输入、工具与技术和输出

规划进度管理过程的主要输入为项目管理计划，主要输出为进度管理计划。

11.6.1 主要输入

规划进度管理过程使用的项目管理计划组件主要包括范围管理计划和开发方法等。

（1）范围管理计划。范围管理计划描述如何定义和制定范围，并提供有关如何制定进度计划的信息。

（2）开发方法。产品开发方法有助于定义进度计划方法、估算技术、进度计划编制工具以及用来控制进度的技术。

11.6.2　主要输出

进度管理计划是项目管理计划的组成部分，为编制、监督和控制项目进度建立准则和明确活动要求。根据项目需要，进度管理计划可以是正式或非正式的，非常详细或高度概括的。进度管理计划的内容一般包括项目进度模型、进度计划的发布和迭代长度、精准度、计量单位、WBS、项目进度模型维护、控制临界值、绩效测量规则和报告格式等。

（1）项目进度模型。需要规定用于制定项目进度模型的进度规划方法论和工具。

（2）进度计划的发布和迭代长度。使用适应型生命周期时，应指定发布、规划和迭代的固定时间段。固定时间段指项目团队稳定地朝着目标前进的持续时间，它可以推动团队先处理基本功能，然后在时间允许的情况下再处理其他功能，从而尽可能减少范围蔓延。

（3）准确度。准确度定义了活动持续时间估算的可接受区间，以及允许的紧急情况储备。

（4）计量单位。需要规定每种资源的计量单位，例如，用于测量时间的人·时数、人·天数或周数，用于计量数量的米、升、吨、千米或立方米。

（5）WBS。工作分解结构（WBS）为进度管理计划提供了框架，保证了与估算及相应进度计划的协调性。

（6）项目进度模型维护。需要规定在项目执行期间，将如何在进度模型中更新项目状态，记录项目进展。

（7）控制临界值。需要规定偏差临界值，用于监督进度绩效。它是在需要采取某种措施前允许出现的最大差异。临界值通常用偏离基准计划中参数的某个百分数来表示。

（8）绩效测量规则。需要规定用于绩效测量的挣值管理（EVM）规则或其他规则。

（9）报告格式。需要规定各种进度报告的格式和编制频率。

11.7　定义活动

定义活动是识别和记录为完成项目可交付成果而须采取的具体行动的过程。本过程的主要作用是将工作包分解为进度活动，作为对项目工作进行进度估算、规划、执行、监督和控制的基础。本过程需要在整个项目期间开展。图 11-12 描述了本过程的输入、工具与技术和输出。

图 11-12　定义活动过程的输入、工具与技术和输出

定义活动过程的主要输入为项目管理计划，主要工具与技术为分解和滚动式规划，主要输出为活动清单、活动属性和里程碑清单。

11.7.1　主要输入

定义活动过程使用的项目管理计划组件主要包括进度管理计划和范围基准。

（1）进度管理计划。进度管理计划定义进度计划方法、滚动式规划的持续时间，以及管理工作所需的详细程度。

（2）范围基准。在定义活动时，需明确考虑范围基准中的项目 WBS、可交付成果、制约因素和假设条件。

11.7.2　主要工具与技术

定义活动过程的工具与技术主要包括分解和滚动式规划等。

1. 分解

分解是一种把项目范围和项目可交付成果逐步划分为更小、更便于管理的组成部分的技术。WBS 中的每个工作包都需分解成活动，以便通过这些活动来完成相应的可交付成果。让团队成员参与分解过程有助于得到更好、更准确的结果。WBS、WBS 字典和活动清单可依次或同时编制，其中 WBS 和 WBS 字典是制定最终活动清单的基础。活动表示完成工作包所需的投入。定义活动过程的最终输出是活动，而不是可交付成果，可交付成果是指导与管理项目工作过程的输出。

2. 滚动式规划

滚动式规划是一种迭代式的规划技术，即详细规划近期要完成的工作，同时在较高层级上粗略规划远期工作。它是一种渐进明细的规划方式，适用于工作包、规划包。因此，在项目生命周期的不同阶段，工作的详细程度会有所不同。在早期的战略规划阶段，信息尚不够明确，工作包只能分解到已知的详细水平；而后，随着了解到更多的信息，近期即将实施的工作包就可以分解到具体的活动。

11.7.3　主要输出

1. 活动清单

活动清单包含项目所需的进展活动。对于使用滚动式规划或敏捷技术的项目，活动清单会在项目进展过程中得到定期更新。活动清单包括每个活动的标识及工作范围详述，使项目团队成员知道需要完成什么工作。

2. 活动属性

活动属性是指每项活动所具有的多重属性，用来扩充对活动的描述。活动属性随着项目进展情况演进并更新。在项目初始阶段，活动属性包括唯一活动标识（ID）、WBS 标识和活动标签或名称；在活动属性编制完成时，活动属性可能包括活动描述、紧前活动、紧后活动、逻辑关系、提前量和滞后量、资源需求、强制日期、制约因素和假设条件。活动属性可用于识别开展工作的地点、编制开展活动的项目日历，以及指明相关的活动类型。活动属性还可用于编制进度计划。根据活动属性，可在报告中以各种方式对计划进度活动进行选择、排序和分类。

3. 里程碑清单

里程碑是项目中的重要时点或事件，里程碑清单列出了项目所有的里程碑，并指明每个里程碑是强制性的（如合同要求的）还是选择性的（如根据历史信息确定的）。里程碑的持续时间为零，因为它们代表的只是一个重要时间点或事件。

11.8　排列活动顺序

排列活动顺序是识别和记录项目活动之间的关系的过程。本过程的主要作用是定义工作之间的逻辑顺序，以便在既定的所有项目制约因素下获得最高的效率。本过程需要在整个项目期间开展。图 11-13 描述了本过程的输入、工具与技术和输出。

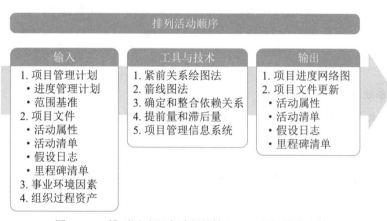

图 11-13　排列活动顺序过程的输入、工具与技术和输出

排列活动顺序过程旨在将项目活动列表转化为图表，作为发布进度基准的第一步。

除了首尾两项，每项活动都至少有一项紧前活动和一项紧后活动，并且逻辑关系适当。通过设计逻辑关系可以支持创建一个切实的项目进度计划，可能有必要在活动之间使用提前量或滞后量，使项目进度计划更为切实可行。可以使用项目管理软件、手动技术或自动技术来排列活动顺序。

排列活动顺序过程的主要输入为项目管理计划和项目文件，主要工具与技术包括紧前关系绘图法、箭线图法、提前量和滞后量，主要输出为项目进度网络图。

11.8.1　主要输入

1. 项目管理计划

排列活动顺序过程使用的项目管理计划组件主要包括进度管理计划和范围基准等。

（1）进度管理计划。进度管理计划规定了排列活动顺序的方法和准确度，以及所需的其他标准。

（2）范围基准。在排列活动顺序时，需明确考虑范围基准中的项目 WBS、可交付成果、制约因素和假设条件。

2. 项目文件

可作为排列活动顺序过程输入的项目文件主要包括假设日志、活动属性、活动清单和里程碑清单等。

（1）假设日志。假设日志所记录的假设条件和制约因素可能影响活动排序的方式、活动之间的关系，以及对提前量和滞后量的需求，并且有可能生成一个会影响项目进度的风险。

（2）活动属性。活动属性中可能描述了事件之间的必然顺序或确定的紧前或紧后关系，以及定义的提前量与滞后量，和活动之间的逻辑关系。

（3）活动清单。活动清单列出了项目所需的、待排序的全部进度活动，这些活动的依赖关系和其他制约因素会对活动排序产生影响。

（4）里程碑清单。里程碑清单中可能已经列出特定里程碑的实现日期，这可能影响活动排序的方式。

11.8.2　主要工具与技术

1. 紧前关系绘图法

紧前关系绘图法（Precedence Diagramming Method，PDM），又称前导图法，是创建进度模型的一种技术，它使用方框或者长方形（被称作节点）代表活动，节点之间用箭头连接，以显示节点之间的逻辑关系。这种网络图也被称作单代号网络图（只有节点需要编号）或活动节点图（Active On Node，AON），如图 11-14 所示。

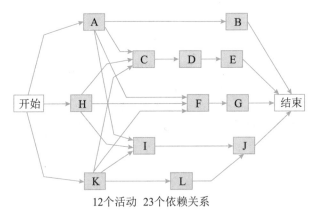

12个活动　23个依赖关系

图 11-14　前导图法（单代号网络图）

PDM 中的活动关系类型有 4 种，如图 11-15 所示。紧前活动是在进度计划的逻辑路径中，排在某个活动前面的活动。紧后活动是在进度计划的逻辑路径中，排在某个活动后面的活动。这 4 种活动关系类型的定义为：

- 完成到开始（FS）：只有紧前活动完成，紧后活动才能开始的逻辑关系。例如，只有完成装配PC硬件（紧前活动），才能开始在PC上安装操作系统（紧后活动）。
- 完成到完成（FF）：只有紧前活动完成，紧后活动才能完成的逻辑关系。例如，只有完成文件的编写（紧前活动），才能完成文件的编辑（紧后活动）。
- 开始到开始（SS）：只有紧前活动开始，紧后活动才能开始的逻辑关系。例如，只有开始地基浇灌（紧前活动），才能开始混凝土的找平（紧后活动）。
- 开始到完成（SF）：只有紧前活动开始，紧后活动才能完成的逻辑关系。例如，只有启动新的应付账款系统（紧前活动），才能关闭旧的应付账款系统（紧后活动）。

图 11-15　紧前关系绘图法（PDM）中的活动关系类型

在 PDM 图中，FS 是最常用的逻辑关系类型，SF 关系则很少使用。

在前导图法中，每项活动有唯一的活动号，每项活动都注明了预计工期（活动的持续时间）。通常，每个节点的活动会有如下几个时间：

- 最早开始时间（Earliest Start time，ES）：某项活动能够开始的最早时间；
- 最早完成时间（Earliest Finish time，EF）：某项活动能够完成的最早时间，EF=ES+工期；
- 最迟开始时间（Latest Start time，LS）：为了使项目按时完成，某项活动必须开始的最迟时间；
- 最迟完成时间（Latest Finish time，LF）：为了使项目按时完成，某项活动必须完成的最迟时间，LS=LF-工期。

这几个时间通常作为每个节点的组成部分，如图 11-16 所示。

最早开始时间	工期	最早完成时间
活动名称		
最迟开始时间	总浮动时间	最迟完成时间

图 11-16　PDM 图中的节点表示

虽然两个活动之间可能同时存在两种逻辑关系（例如 SS 和 FF），但不建议相同的活动之间存在多种关系。因此，必须做出影响最大的逻辑关系的决定。此外也不建议采用闭环的逻辑关系。

2. 箭线图法

箭线图法（Arrow Diagramming Method，ADM）是用箭线表示活动、用节点表示事件的一种网络图绘制方法，如图 11-17 所示。这种网络图也被称作双代号网络图（节点和箭线都要编号）或活动箭线图（Active On the Arrow，AOA）。

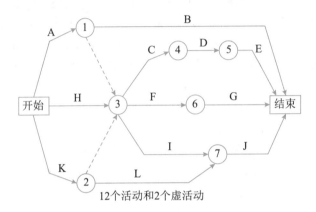

图 11-17　箭线图法（双代号网络图）

在箭线图法中，有如下 3 个基本原则：

（1）网络图中的每一项活动和每一个事件都必须有唯一的代号，即网络图中不会有相同的代号；

（2）任两项活动的紧前事件和紧后事件代号至少有一个不相同，节点代号沿箭线方向越来越大；

（3）流入（流出）同一节点的活动，均有共同的紧后活动（或紧前活动）。

为了绘图方便，在箭线图中又人为引入了一种额外的、特殊的活动，叫作虚活动（Dummy Activity），在网络图中由虚箭线表示。虚活动不消耗时间，也不消耗资源，只是为了弥补箭线图在表达活动依赖关系方面的不足。借助虚活动，我们可以更好地、更清楚地表达活动之间的关系，如图 11-18 所示。

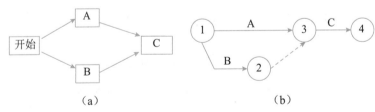

图 11-18　虚活动

注：活动 A 和 B 可以同时进行；只有活动 A 和 B 都完成后，活动 C 才能开始。

3. 提前量和滞后量

提前量是相对于紧前活动，紧后活动可以提前的时间量，提前量一般用负值表示。滞后量是相对于紧前活动，紧后活动需要推迟的时间量，滞后量一般用正值表示。例如，在新办公大楼建设项目中，景观建筑划分可以在尾工清单编制完成前 2 周开始；对于一个大型技术文档，编写小组可以在编写工作开始后 15 天，开始编辑文档草案，如图 11-19 所示。

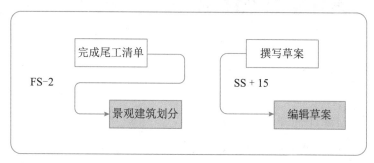

图 11-19　提前量和滞后量示例

　　项目管理团队应该明确哪些依赖关系中需要加入提前量或滞后量，以便准确地表示活动之间的逻辑关系。

11.8.3　主要输出

　　项目进度网络图是表示项目进度活动之间的逻辑关系（也叫依赖关系）的图形。图 11-20 所示是项目进度网络图的一个示例。项目进度网络图可手工或借助项目管理软件来绘制，可包括项目的全部细节，也可只列出一项或多项概括性活动。项目进度网络图应附有简要文字描述，说明活动排序所使用的基本方法。在文字描述中，还应该对任何异常的活动序列做详细说明。

　　带有多个紧前活动的活动代表路径汇聚，而带有多个紧后活动的活动则代表路径分支。带汇聚和分支的活动受到多个活动的影响或能够影响多个活动，因此存在较大风险。

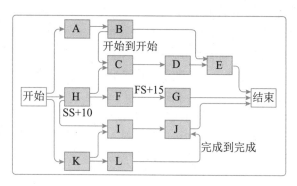

图 11-20　项目进度网络图示例

11.9　估算活动持续时间

　　估算活动持续时间是根据资源估算的结果，估算完成单项活动所需工作时段数的过程。本过程的主要作用是确定完成每个活动所需花费的时间量。本过程需要在整个项目期间开展。图 11-21 描述了本过程的输入、工具与技术和输出。

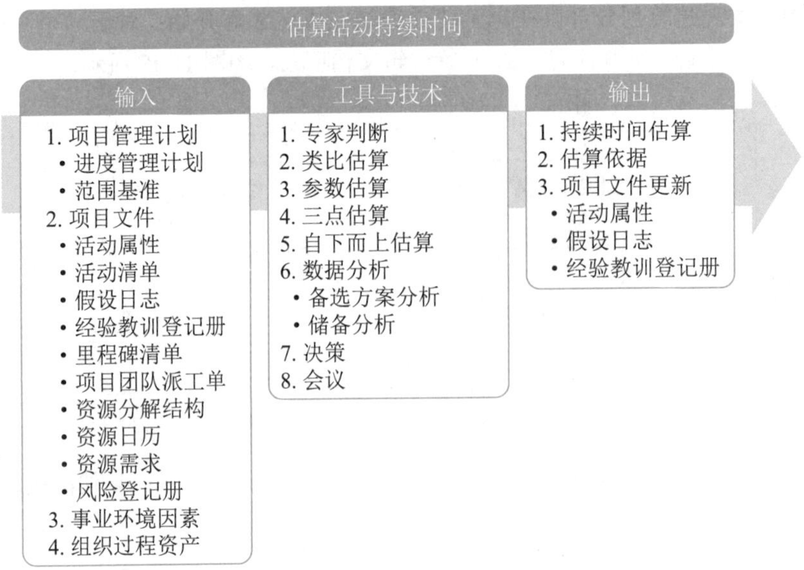

图 11-21　估算活动持续时间过程的输入、工具与技术和输出

在估算活动持续时间过程中，应该首先估算完成活动所需的工作量和计划投入该活动的资源数量，然后结合项目日历和资源日历，据此估算出完成活动所需的工作时段（即活动持续时间）。应该由项目团队中最熟悉具体活动的个人或小组提供持续时间估算所需的各种输入，对持续时间的估算也应该根据输入数据的数量和质量进行渐进明细。例如，在工程与设计项目中，随着数据越来越详细，越来越准确，持续时间估算的准确性和质量也会越来越高。

在许多情况下，预计可用的资源数量以及这些资源（尤其是人力资源）的技能熟练程度可能会决定活动的持续时间，更改分配到活动的主导性资源通常会影响持续时间，但这不是简单的"直线"或线性关系。有时候，因为工作的特性（即受到持续时间的约束、相关人力投入或资源数量），无论资源分配如何，都需要花预定的时间才能完成工作。估算活动持续时间时需要考虑的其他因素包括收益递减规律、资源数量、技术进步和员工激励等。

（1）收益递减规律。在保持其他因素不变的情况下，增加一个用于确定单位产出所需投入的因素（如资源）会最终达到一个临界点，在该点之后的产出或输出会随着增加这个因素而递减。

（2）资源数量。增加资源数量，比如资源两倍投入，但完成工作的时间不一定能缩短一半，因为投入资源可能会增加额外的风险，比如，如果增加太多活动资源，可能会因知识传递、学习曲线、额外合作等其他相关因素而造成持续时间增加。

（3）技术进步。在确定持续时间估算时，技术进步因素可能发挥重要作用。例如，通过采购最新技术，制造工厂可以提高产量，而这可能会影响持续时间和资源需求。

（4）员工激励。项目经理还需要了解拖延症和帕金森定律，前者指出，人们只有在最后一刻，即快到期限时才会全力以赴；后者指出，只要还有时间，工作就会不断扩展，直到用完所有的时间。

应该把活动持续时间估算所依据的全部数据与假设都记录在案。

估算活动持续时间过程的主要输入为项目管理计划和项目文件，主要工具与技术包括类比估算、参数估算、三点估算和自下而上估算，主要输出为持续时间估算和估算依据。

11.9.1 主要输入

1. 项目管理计划

估算活动持续时间过程使用的项目管理计划组件主要包括进度管理计划和范围基准等。

（1）进度管理计划。进度管理计划规定了用于估算活动持续时间的方法和准确度，以及所需的其他标准。

（2）范围基准。范围基准包含 WBS、WBS 字典，后者包括可能影响人力投入和持续时间估算的技术细节。

2. 项目文件

可作为估算活动持续时间过程输入的项目文件主要包括活动属性、活动清单、假设日志、经验教训登记册、里程碑清单、项目团队派工单、资源分解结构、资源日历、资源需求、风险登记册等。

（1）活动属性。活动属性可能描述了确定的紧前或紧后关系、定义的提前量与滞后量以及可能影响持续时间估算的活动之间的逻辑关系。

（2）活动清单。活动清单列出了项目所需的、待估算的全部进度活动，这些活动的依赖关系和其他制约因素会对持续时间估算产生影响。

（3）假设日志。假设日志所记录的假设条件和制约因素有可能生成一个会影响项目进度的风险。

（4）经验教训登记册。与人力投入和持续时间估算有关的经验教训登记册可以运用到项目后续阶段，以提高人力投入和持续时间估算的准确性。

（5）里程碑清单。里程碑清单中可能已经列出特定里程碑的计划实现日期，这可能影响持续时间估算。

（6）项目团队派工单。将合适的人员分派到团队，为项目配备人员。

（7）资源分解结构。资源分解结构按照资源类别和资源类型，提供了已识别资源的层级结构。

（8）资源日历。资源日历中的资源可用性、资源类型和资源性质，都会影响进度活动的持续时间。资源日历规定了在项目期间，特定的项目资源何时可用及可用多久。

（9）资源需求。估算的活动资源需求会对活动持续时间产生影响。对于大多数活动来说，所分配的资源能否达到要求，将对其持续时间有显著影响。

（10）风险登记册。单个项目风险可能影响资源的选择和可用性。

11.9.2 主要工具与技术

1. 类比估算

类比估算是一种使用相似活动或项目的历史数据，来估算当前活动或项目的持续时间或成本的技术。类比估算以过去类似项目的参数值（如持续时间、预算、规模、重量和复杂性等）为基础，来估算当前和未来项目的同类参数或指标。这是一种粗略的估算方法，有时需要根据项目复杂性方面的已知差异进行调整，在项目详细信息不足时，经常使用类比估算来估算项目持续时间。

相对于其他估算技术，类比估算通常成本较低、耗时较少，但准确性也较低。类比估算可以针对整个项目或项目中的某个部分进行，也可以与其他估算方法联合使用。如果以往活动是本质上而不是表面上类似，并且从事估算的项目团队成员具备必要的专业知识，那么类比估算的可靠性会比较高。

2. 参数估算

参数估算是一种基于历史数据和项目参数，使用某种算法来计算成本或持续时间的估算技术。它是指利用历史数据之间的统计关系和其他变量（如建筑施工中的平方英尺），来估算诸如成本、预算和持续时间等活动参数。把需要实施的工作量乘以完成单位工作量所需的工时，即可计算出持续时间。参数估算的准确性取决于参数模型的成熟度和基础数据的可靠性。参数估算可以针对整个项目或项目中的某个部分，并可以与其他估算方法联合使用。

3. 三点估算

历史数据不充分时，通过考虑估算中的不确定性和风险，可以提高活动持续时间估算的准确性。使用三点估算有助于界定活动持续时间的近似区间。

- 乐观时间（Optimistic Time，T_O）：任何事情都顺利的情况下，完成某项工作的时间；
- 最可能时间（Most Likely Time，T_M）：正常情况下，完成某项工作的时间；
- 悲观时间（Pessimistic Time，T_P）：最不利的情况下，完成某项工作的时间。

基于持续时间在三种估算值区间内的假定分布情况，可计算期望持续时间 T_E。

如果三个估算值服从三角分布，则：

$$T_E = (T_O + T_M + T_P) / 3$$

如果三个估算值服从 β 分布，则：

$$T_E = (T_O + 4T_M + T_P) / 6$$

4. 自下而上估算

自下而上估算是一种估算项目持续时间或成本的方法，通过从下到上逐层汇总 WBS 组成部分的估算而得到项目估算。如果无法以合理的可信度对活动持续时间进行估算，则应将活动中的工作进一步细化，然后估算细化后的具体工作的持续时间，接着再汇总得到每个活动的持续时间。活动之间如果存在影响资源利用的依赖关系，则应该对相应的资源使用方式加以说明，并记录在活动资源需求中。

11.9.3　主要输出

1. 持续时间估算

持续时间估算是对完成某项活动、阶段或项目所需的工作时段数的定量评估，其中并不包括任何滞后量，但可指出一定的变动区间。例如，2 周 ± 2 天，表明活动至少需要 8 天，最多不超过 12 天（假定每周工作 5 天）。

2. 估算依据

持续时间估算所需的支持信息的数量和种类，因应用领域的不同而不同。不论其详细程度如何，支持性文件都应该清晰、完整地说明持续时间估算是如何得出的。

持续时间估算的支持信息可包括：

- 关于估算依据的文件（如估算是如何编制的）；
- 关于全部假设条件的文件；
- 关于各种已知制约因素的文件；
- 对估算区间的说明（如"±10%"），以指出预期持续时间的所在区间；
- 对最终估算的置信水平的说明；
- 有关影响估算的单个项目风险的文件等。

11.10　制订进度计划

制订进度计划是分析活动顺序、持续时间、资源需求和进度制约因素，创建进度模型，从而落实项目执行和监控的过程。本过程的主要作用是为完成项目活动而制定具有计划日期的进度模型。本过程需要在整个项目期间开展。图 11-22 描述了本过程的输入、工具与技术和输出。

制订进度计划		
输入	**工具与技术**	**输出**
1. 项目管理计划	1. 进度网络分析	1. 进度基准
・进度管理计划	2. 关键路径法	2. 项目进度计划
・范围基准	3. 资源优化	3. 进度数据
2. 项目文件	4. 数据分析	4. 项目日历
・活动属性	・假设情景分析	5. 变更请求
・活动清单	・模拟	6. 项目管理计划更新
・假设日志	5. 提前量和滞后量	・进度管理计划
・估算依据	6. 进度压缩	・成本基准
・持续时间估算	7. 计划评审技术	7. 项目文件更新
・经验教训登记册	8. 项目管理信息系统	・活动属性
・里程碑清单	9. 敏捷发布规划	・假设日志
・项目进度网络图		・持续时间估算
・项目团队派工单		・经验教训登记册
・资源日历		・资源需求
・资源需求		・风险登记册
・风险登记册		
3. 协议		
4. 事业环境因素		
5. 组织过程资产		

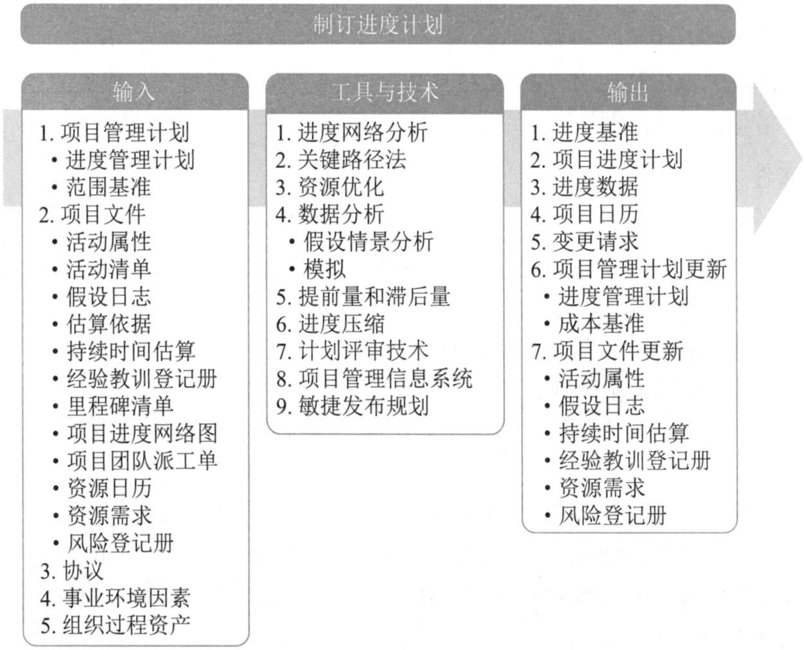

图 11-22　制订进度计划过程的输入、工具与技术和输出

制订可行的项目进度计划是一个反复进行的过程。基于获取的最佳信息，使用进度模型来确定各项目活动和里程碑的计划开始日期和计划完成日期。编制进度计划时，需要审查和修正持续时间估算、资源估算和进度储备，以制订项目进度计划，并在经批准后作为基准用于跟踪项目进度。制订进度计划包括以下 4 个关键步骤：

（1）定义项目里程碑、识别活动并排列活动顺序，以及估算活动持续时间，并确定活动的开始和完成日期；

（2）由分配至各个活动的项目人员审查其被分配的活动；

（3）项目人员确认开始和完成日期与资源日历和其他项目或任务没有冲突，从而确认计划日期的有效性；

（4）分析进度计划，确定是否存在逻辑关系冲突，以及在批准进度计划并将其作为基准之前是否需要资源平衡，并同步修订和维护项目进度模型，确保进度计划在整个项目期间一直切实可行。

制订进度计划过程的主要输入为项目管理计划和项目文件，主要工具与技术包括关键路径法、资源优化、进度压缩和计划评审技术，主要输出为进度基准、项目进度计划、进度数据和项目日历。

11.10.1　主要输入

1. 项目管理计划

制订进度计划过程使用的项目管理计划组件主要包括进度管理计划和范围基准等。

（1）进度管理计划。进度管理计划规定了用于制订进度计划的进度计划编制方法和工具，以及推算进度计划的方法。

（2）范围基准。范围说明书、WBS 和 WBS 字典包含了项目可交付成果的详细信息，供创建进度模型时借鉴。

2. 项目文件

可作为制订进度计划过程输入的项目文件主要包括活动属性、活动清单、假设日志、估算依据、持续时间估算、经验教训登记册、里程碑清单、项目进度网络图、项目团队派工单、资源日历、资源需求和风险登记册等。

（1）活动属性。活动属性提供了创建进度模型所需的细节信息。

（2）活动清单。活动清单明确了需要在进度模型中包含的活动。

（3）假设日志。假设日志所记录的假设条件和制约因素可能造成影响项目进度的单个项目风险。

（4）估算依据。持续时间估算所需的支持信息的数量和种类，因应用领域而异。不论其详细程度如何，支持性文件都应该清晰、完整地说明持续时间估算是如何得出的。

（5）持续时间估算。持续时间估算包括对完成某项活动所需的工作时段数的定量评估，用于进度计划的推算。

（6）经验教训登记册。与创建进度模型有关的经验教训登记册可以运用到项目后期阶段，以提高进度模型的有效性。

（7）里程碑清单。里程碑清单列出特定里程碑的实现日期。

（8）项目进度网络图。项目进度网络图中包含用于推算进度计划的紧前和紧后活动的逻辑关系。

（9）项目团队派工单。项目团队派工单明确了分配到每个活动的资源。

（10）资源日历。资源日历规定了在项目期间的资源可用性。

（11）资源需求。活动资源需求明确了活动所需的资源类型和数量，用于创建进度模型。

（12）风险登记册。风险登记册中记录所有已识别的会影响进度模型的风险的详细信息及特征。进度储备通过预期或平均风险影响程度，反映了与进度有关的风险信息。

11.10.2　主要工具与技术

1. 关键路径法

关键路径法用于在进度模型中估算项目的最短工期，确定逻辑网络路径的进度灵活性。关键路径法有如下 2 个规则：

（1）某项活动的最早开始时间必须相同或晚于直接指向这项活动的最早结束时间中的最晚时间。

（2）某项活动的最迟结束时间必须相同或早于该活动直接指向的所有活动的最迟开始时间的最早时间。

根据以上规则，可以计算出工作的最早完工时间。通过正向计算（从第一个活动到最后一个活动）推算出最早完工时间，步骤如下：

（1）从网络图始端向终端计算；

（2）第一个活动的开始时间为项目开始时间；

（3）活动完成时间为开始时间加持续时间；

（4）后续活动的开始时间根据前置活动的时间和搭接时间而定；

（5）多个前置活动存在时，根据最迟活动时间来定。

通过反向计算（从最后一个活动到第一个活动）推算出最晚开工和完工时间，步骤如下：

（1）从网络图终端向始端计算；

（2）最后一个活动的完成时间为项目完成时间；

（3）活动开始时间为完成时间减持续时间；

（4）前置活动的完成时间根据后续活动的时间和搭接时间而定；

（5）多个后续活动存在时，根据最早活动时间来定。

关键路径法在不考虑任何资源限制的情况下，按照以上步骤使用正向和反向推算，计算出所有活动的最早开始、最早完成、最晚开始和最晚完成时间，示例如图 11-23 所示。在这个例子中，最长的路径包括活动 A、B、F、G 和 H，因此，活动序列 A-B-F-G-H 就是关键路径，关键路径是项目中时间最长的活动顺序，决定着可能的项目最短工期。最长路径的总浮动时间通常为零。由此得到的最早和最晚的开始和完成时间并不一定就是项目进度计划，而只是把既定的参数（活动持续时间、逻辑关系、提前量、滞后量和其他已知的制约因素）输入进度模型后所得到的一种结果，表明活动可以在该时段内实施。关键路径法用来计算进度模型中的关键路径、总浮动时间和自由浮动时间。

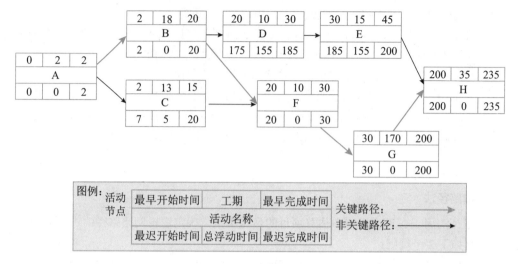

图 11-23　关键路径法示例

总浮动时间：在任一网络路径上，进度活动可以从最早开始时间推迟或拖延的时间，而不至于延误项目完成日期或违反进度制约因素，这个时间就是总浮动时间。总浮动时间的计算方法为：本活动的最迟完成时间减去本活动的最早完成时间，或本活动的最迟开始时间减去本活动的最早开始时间。

自由浮动时间：自由浮动时间就是指在不延误任何紧后活动最早开始时间或不违反进度制约因素的前提下，某进度活动可以推迟的时间量。其计算方法为：紧后活动最早开始时间的最小值减去本活动的最早完成时间。

例如，在图 11-23 中，活动 D 的总浮动时间是 155 天，自由浮动时间是 0 天。

进度网络图可能有多条关键路径。为了使网络路径的总浮动时间为零或正值，可能需要调整活动持续时间（可增加资源或缩减范围时）、逻辑关系（针对选择性依赖关系时）、提前量和滞后量，或其他进度制约因素。

2. 资源优化

资源优化是根据资源供需情况来调整进度模型的技术。资源优化用于调整活动的开始和完成日期，以调整计划使用的资源，使其等于或少于可用的资源。资源优化技术包括资源平衡和资源平滑。

1）资源平衡

为了在资源需求与资源供给之间取得平衡，根据资源制约因素对开始日期和完成日期进行调整的一种技术。如果共享资源或关键资源只在特定时间可用，数量有限，如一个资源在同一时段内被分配至两个或多个活动，就需要进行资源平衡。也可以为保持资源使用量处于均衡水平而进行资源平衡。资源平衡往往导致关键路径改变。可以用浮动时间平衡资源。因此，在项目进度计划期间，关键路径可能发生变化。

例如，在图 11-24 中，如果活动 B 和 C 都只能由工程师小王完成，那么小王在第 2 天和第

3 天需要完成 B，而第 2 天同时还需要完成 C，此时小王工作会超负荷，需要进行资源平衡，平衡后的工作安排如图 11-25 所示。

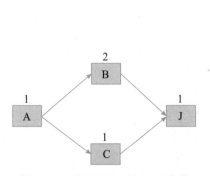

图 11-24　资源平衡示例（平衡前）

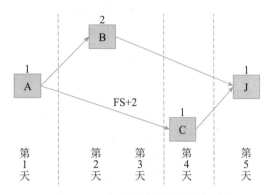

图 11-25　资源平衡示例（平衡后）

项目需要 4 天完成，做了资源平衡之后需要 5 天完成，所以资源平衡往往导致关键路径改变，而且通常是延长了关键路径。

2）资源平滑

对进度模型中的活动进行调整，从而使项目资源需求不超过预定的资源限制的一种技术。相对于资源平衡而言，资源平滑不会改变项目的关键路径，完工日期也不会延迟。也就是说，活动只在其自由和总浮动时间内延迟。但资源平滑技术可能无法实现所有资源的优化。

例如，在图 11-26 中，如果活动 B 和 D 都需要小王完成，此时第 2 天，小王需要同时完成 B 和 D，工作会超出负荷，由于关键路径为 A - B - C - F，D 不在关键路径上，可以有 1 天的总浮动时间，所以针对 D 可以利用资源平滑技术进行调整，调整后的工作安排如图 11-27 所示。

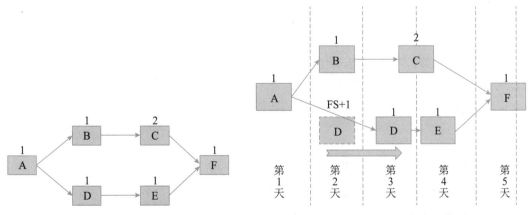

图 11-26　资源平滑示例（调整前）　　　　图 11-27　资源平滑示例（调整后）

由于 D 有 1 天的总浮动时间，我们可以通过滞后量，把 D 安排在第 3 天，避免了小王第 2 天资源负荷过大的问题，而且不影响整体工期。

3. 进度压缩

进度压缩技术是指在不缩减项目范围的前提下，缩短或加快进度工期，以满足进度制约因素、强制日期或其他进度目标。进度压缩技术包括赶工和快速跟进。

（1）赶工。通过增加资源，以最小的成本代价来压缩进度工期的一种技术。赶工的例子包括批准加班、增加额外资源或支付加急费用，据此来加快关键路径上的活动。赶工只适用于那些通过增加资源就能缩短持续时间的，且位于关键路径上的活动。但赶工并非总是切实可行的，因为它可能导致风险和 / 或成本的增加。

（2）快速跟进。快速跟进是一种进度压缩技术，将正常情况下按顺序进行的活动或阶段改为至少部分并行开展。例如，在大楼的建筑图纸尚未全部完成前就开始建地基。快速跟进可能造成返工和风险增加，所以它只适用于能够通过并行活动来缩短关键路径上的项目工期的情况。若进度加快而使用提前量通常会增加相关活动之间的协调工作，并增加质量风险。快速跟进还有可能增加项目成本。

4. 计划评审技术

计划评审技术（Program Evaluation and Review Technique，PERT），又称为三点估算技术，其理论基础是假设项目持续时间，以及整个项目完成时间是随机的，且服从某种概率分布。PERT 可以估计整个项目在某个时间内完成的概率。PERT 和 CPM 在项目进度规划中的应用非常广，下文通过实例来对此技术加以说明。

1）活动的时间估计

PERT 对各项目活动的完成时间按照 3 种不同情况进行估计：

- 乐观时间（Optimistic Time，T_O）：任何事情都顺利的情况下，完成某项工作的时间；
- 最可能时间（Most Likely Time，T_M）：正常情况下，完成某项工作的时间；
- 悲观时间（Pessimistic Time，T_P）：最不利的情况下，完成某项工作的时间。

假定 3 个估计服从 β 分布，由此可算出每个活动的期望 t_i：

$$t_i = \frac{a_i + 4m_i + b_i}{6}$$

其中：a_i 表示第 i 项活动的乐观时间，m_i 表示第 i 项活动的最可能时间，b_i 表示第 i 项活动的悲观时间。

根据 β 分布的方差计算方法，第 i 项活动的持续时间方差为：

$$\sigma_i^2 = \frac{(b_i - a_i)^2}{36}$$

例如，某政府 OA 系统的建设可分解为需求分析、设计编码、测试、安装部署 4 个活动，各个活动顺次进行，没有时间上的重叠，活动的完成时间估计如图 11-28 所示。

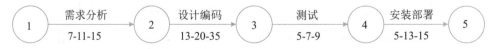

图 11-28　OA 系统工作分解和活动工期估计

各活动的期望工期、方差和标准差如下：

$$t_{需求分析} = \frac{7+4\times11+15}{6} = 11 \qquad \sigma^2_{需求分析} = \frac{(15-7)^2}{36} = 1.778 \qquad \sigma_{需求分析} = \frac{15-7}{6} = 1.333$$

$$t_{设计编码} = \frac{13+4\times20+35}{6} = 21 \qquad \sigma^2_{设计编码} = \frac{(35-13)^2}{36} = 13.445 \qquad \sigma_{设计编码} = \frac{35-13}{6} = 3.667$$

$$t_{测试} = \frac{5+4\times7+9}{6} = 7 \qquad \sigma^2_{测试} = \frac{(9-5)^2}{36} = 0.445 \qquad \sigma_{测试} = \frac{9-5}{6} = 0.667$$

$$t_{安装部署} = \frac{5+4\times13+15}{6} = 12 \qquad \sigma^2_{安装部署} = \frac{(15-5)^2}{36} = 2.778 \qquad \sigma_{安装部署} = \frac{15-5}{6} = 1.667$$

2）项目周期估算

PERT 认为整个项目的完成时间是各个活动完成时间之和，且服从正态分布。整个项目完成时间 t 的数学期望 T 和方差 σ^2 分别等于：

$$T = 11+21+7+12 = 51$$

$$\sigma^2 = 1.778+13.445+0.445+2.778 = 18.446$$

标准差为：

$$\sigma = \sqrt{\sigma^2} = \sqrt{18.446} = 4.3\text{天}$$

据此，可以得出正态分布曲线图，如图 11-29 所示。

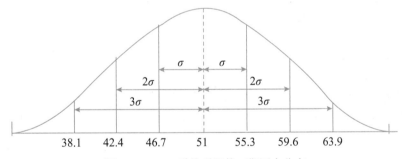

图 11-29　OA 系统项目的工期正态分布

因为图 11-29 是正态曲线，根据正态分布规律，在 $\pm\sigma$ 范围内（即在 46.7 天与 55.3 天之间）完成的概率为 68%；在 $\pm2\sigma$ 范围内（即在 42.4 天到 59.6 天之间）完成的概率为 95%；在 $\pm3\sigma$ 范围内（即在 38.1 天到 63.9 天之间）完成的概率为 99%。如果客户要求在 39 天内完成，则可完成的概率约为 0.5%，几乎为零，也就是说，项目有不可压缩的最小周期，这是客观规律。

通过查标准正态分布表，可得到整个项目在某一时间内完成的概率。例如，如果客户要求在 60 天内完成，那么可能完成的概率为：

$$P(t\leqslant60) = \Phi\left(\frac{60-T}{\sigma}\right) = \Phi\left(\frac{60-51}{4.3}\right) = 0.9817$$

如果客户要求再提前 7 天完成，则完成的概率为：

$$P(t \leqslant 53) = \Phi\left(\frac{53-T}{\sigma}\right) = \Phi\left(\frac{53-51}{4.3}\right) = 0.6808$$

11.10.3 主要输出

1. 进度基准

进度基准是经过批准的进度模型，只有通过正式的变更控制程序才能进行变更，用作与实际结果进行比较的依据。经干系人接受和批准，进度基准包含基准开始日期和基准结束日期。在监控过程中，将用实际开始和完成日期与批准的基准日期进行比较，以确定是否存在偏差。进度基准是项目管理计划的组成部分。

2. 项目进度计划

项目进度计划是进度模型的输出，为各个相互关联的活动标注了计划日期、持续时间、里程碑和所需资源等。项目进度计划中至少要包括每个活动的计划开始日期与计划完成日期。即使在早期阶段就进行了资源规划，但在未确认资源分配和计划开始与完成日期之前，项目进度计划都只是初步的。项目进度计划可以是概括的或详细的。虽然项目进度计划可以采用列表形式，但图形方式更直观，可以采用的图形方式包括横道图、里程碑图、项目进度网络图。

（1）横道图：也称为甘特图，是展示进度信息的一种图表方式。在横道图中，纵向列表示活动，横向列表示日期，用横条表示活动自开始日期至完成日期的持续时间。横道图相对易读，比较常用。

（2）里程碑图：与横道图类似，但仅标示出主要可交付成果和关键外部接口的计划开始或完成时间。

（3）项目进度网络图：通常用活动节点法绘制，没有时间刻度，纯粹显示活动及其相互关系。项目进度网络图也可以是包含时间刻度的进度网络图，称为时标图，如图 11-30 所示。

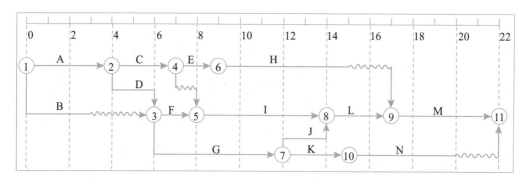

图 11-30　时标图示例

图 11-31 给出了进度计划的 3 种形式，包括里程碑进度计划（即里程碑图）、概括性进度计划（即横道图）和详细进度计划（即项目进度网络图），以及这 3 种不同层次的进度计划之间的关系。

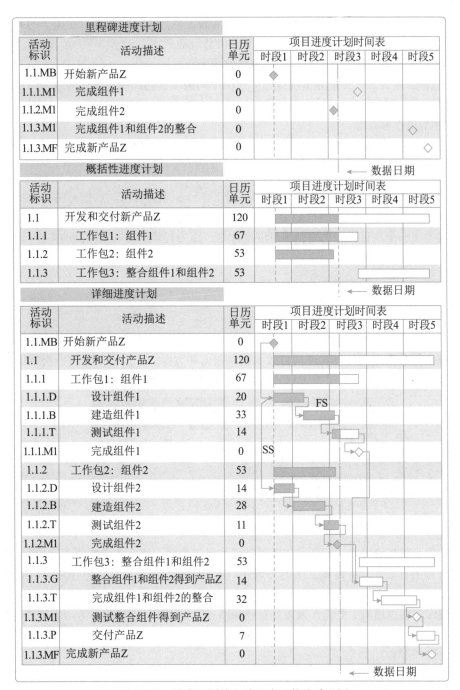

里程碑进度计划								
活动标识	活动描述	日历单元	项目进度计划时间表					
			时段1	时段2	时段3	时段4	时段5	
1.1.MB	开始新产品Z	0	◆					
1.1.1.M1	完成组件1	0			◇			
1.1.2.M1	完成组件2	0			◆			
1.1.3.M1	完成组件1和组件2的整合	0					◇	
1.1.3.MF	完成新产品Z	0						◇

←— 数据日期

概括性进度计划								
活动标识	活动描述	日历单元	项目进度计划时间表					
			时段1	时段2	时段3	时段4	时段5	
1.1	开发和交付新产品Z	120						
1.1.1	工作包1：组件1	67						
1.1.2	工作包2：组件2	53						
1.1.3	工作包3：整合组件1和组件2	53						

←— 数据日期

详细进度计划								
活动标识	活动描述	日历单元	项目进度计划时间表					
			时段1	时段2	时段3	时段4	时段5	
1.1.MB	开始新产品Z	0	◆					
1.1	开发和交付产品Z	120						
1.1.1	工作包1：组件1	67						
1.1.1.D	设计组件1	20		FS				
1.1.1.B	建造组件1	33						
1.1.1.T	测试组件1	14						
1.1.1.M1	完成组件1	0	SS		◇			
1.1.2	工作包2：组件2	53						
1.1.2.D	设计组件2	14						
1.1.2.B	建造组件2	28						
1.1.2.T	测试组件2	11						
1.1.2.M1	完成组件2	0			◆			
1.1.3	工作包3：整合组件1和组件2	53						
1.1.3.G	整合组件1和组件2得到产品Z	14						
1.1.3.T	完成组件1和组件2的整合	32						
1.1.3.M1	测试整合组件得到产品Z	0					◇	
1.1.3.P	交付产品Z	7						
1.1.3.MF	完成新产品Z	0						◇

←— 数据日期

图 11-31　进度计划的 3 种形式及其关系示例

3. 进度数据

项目进度模型中的进度数据是用以描述和控制进度计划的信息集合。进度数据至少包括进度里程碑、进度活动、活动属性，以及已知的全部假设条件与制约因素，而所需的其他数据因应用领域的不同而不同。经常可用作支持细节的信息包括：

- 按时段列出的资源需求，往往以资源直方图表示；
- 备选的进度计划，如最好情况或最坏情况下的进度计划、经资源平衡或未经资源平衡的进度计划、有强制日期或无强制日期的进度计划；
- 使用的进度储备等。

进度数据还可以包括资源直方图、现金流预测，以及订购与交付进度安排等其他相关信息。

4. 项目日历

在项目日历中规定可以开展进度活动的可用工作日和工作班次，它把可用于开展进度活动的时间段（按天或更小的时间单位划分）与不可用的时间段区分开来。在一个进度模型中，可能需要采用不止一个项目日历来编制项目进度计划，因为有些活动需要不同的工作时段。因此，可能需要对项目日历进行更新。

11.11　规划成本管理

规划成本管理是确定如何估算、预算、管理、监督和控制项目成本的过程。本过程的主要作用是在整个项目期间为如何管理项目成本提供指南和方向。本过程仅开展一次或仅在项目的预定义点开展。图11-32描述了本过程的输入、工具与技术和输出。

图11-32　规划成本管理过程的输入、工具与技术和输出

应该在项目规划阶段的早期就对成本管理工作进行规划，建立各成本管理过程的基本框架，以确保各过程的有效性及各过程之间的协调性。成本管理计划是项目管理计划的组成部分，其过程及所用工具与技术应记录在成本管理计划中。

规划成本管理过程的主要输入为项目章程和项目管理计划，主要输出为成本管理计划。

11.11.1　主要输入

1. 项目章程

项目章程规定了预先批准的财务资源，可根据项目章程确定详细的项目成本，项目章程所规定的项目审批要求，也对项目成本管理有影响。

2. 项目管理计划

规划成本管理过程使用的项目管理计划组件主要包括进度管理计划、风险管理计划等。

（1）进度管理计划。进度管理计划确定了编制、监督和控制项目进度的准则和活动，同时也提供了影响成本估算和管理的过程及控制方法。

（2）风险管理计划。风险管理计划提供了识别、分析和监督风险的方法，同时也提供了影响成本估算和管理的过程及控制方法。

11.11.2　主要输出

成本管理计划是项目管理计划的组成部分，描述将如何规划、安排和控制项目成本。成本管理过程及所用工具与技术应记录在成本管理计划中。

在成本管理计划中一般需要规定计量单位、精确度、准确度、组织程序链接、控制临界值、绩效测量规则、报告格式和其他细节等。

（1）计量单位。需要规定每种资源的计量单位，例如，用于测量时间的人·时数、人·天数或周数，用于计量数量的米、升、吨、千米或立方码，或者用货币表示的总价。

（2）精确度。根据活动范围和项目规模，设定成本估算向上或向下取整的程度（例如995.59 元取整为 1000 元）。

（3）准确度。为活动成本估算规定一个可接受的区间（如 ±10%），其中可能包括一定数量的应急储备。

（4）组织程序链接。工作分解结构为成本管理计划提供了框架，以便据此规范地开展成本估算、预算和控制。在项目成本核算中使用的 WBS 组成部分称为控制账户（CA），每个控制账户都有唯一的编码或账号，直接与执行组织的会计制度相联系。

（5）控制临界值。需要规定偏差临界值，用于监督成本绩效，它是在需要采取某种措施前，允许出现的最大差异，通常用偏离基准计划的百分数来表示。

（6）绩效测量规则。需要规定用于绩效测量的挣值管理（EVM）规则。例如，成本管理计划应该：

- 定义WBS中用于绩效测量的控制账户；
- 确定拟用的EVM技术（如加权里程碑法、固定公式法、完成百分比法等）；
- 规定跟踪方法，以及用于计算项目完工估算（EAC）的EVM公式，该公式计算出的结果可用于验证通过自下而上方法得出的完工估算。

（7）报告格式：需要规定各种成本报告的格式和编制频率。

（8）其他细节：关于成本管理活动的其他细节。具体包括：

- 对战略筹资方案的说明；
- 处理汇率波动的程序；
- 记录项目成本的程序等。

11.12　估算成本

估算成本是对完成项目工作所需资金进行近似估算的过程。本过程的主要作用是确定项目所需的资金。本过程应根据需要在整个项目期间定期开展。图 11-33 描述了本过程的输入、工具与技术和输出。

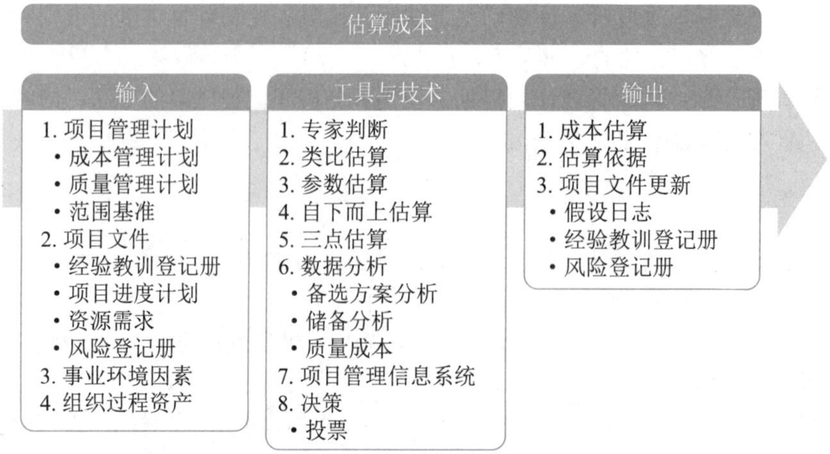

图 11-33 估算成本过程的输入、工具与技术和输出

成本估算是对完成活动所需资源的可能成本进行的量化评估，是在某特定时点根据已知信息所做出的成本预测。在估算成本时，需要识别和分析可用于启动与完成项目的备选成本方案，需要权衡备选成本方案并考虑风险，如比较自制成本与外购成本、购买成本与租赁成本及多种资源共享方案，以优化项目成本。

通常用某种货币单位进行成本估算，但有时也可采用其他计量单位，如人·时数或人·天数，以消除通货膨胀的影响，便于成本比较。

在项目过程中，应该随着更详细信息的呈现和假设条件的验证，对成本估算进行持续审查和优化。在项目生命周期中，项目估算的准确性亦将随着项目的进展而逐步提高。例如，在启动阶段可得出项目的粗略量级估算，其区间为 -25% ～ +75%；之后，随着信息越来越详细，确定性估算的区间可缩小至 -5% ～ +10%。某些组织已经制定出相应的指南，规定何时进行优化，以及每次优化所要达到的置信度或准确度。

进行成本估算，应该考虑针对项目收费的全部资源，一般包括人工、材料、设备、服务、设施，以及一些特殊的成本种类，如通货膨胀补贴、融资成本或应急成本。成本估算可在活动层级呈现，也可以通过汇总形式呈现。

估算成本过程的主要输入为项目管理计划和项目文件，主要输出为成本估算和估算依据。

11.12.1 主要输入

1. 项目管理计划

估算成本过程使用的项目管理计划组件主要包括成本管理计划、质量管理计划和范围基准。

（1）成本管理计划。成本管理计划描述了可使用的估算方法以及成本估算需要达到的准确度和精确度。

（2）质量管理计划。质量管理计划描述了项目管理团队为实现一系列项目质量目标所需的活动和资源。

（3）范围基准。范围基准包括项目范围说明书、WBS 和 WBS 字典：

- 项目范围说明书：项目范围说明书反映了因项目资金支出的周期而产生的资金制约因素，或其他财务假设条件和制约因素；
- 工作分解结构（WBS）：WBS指明了项目全部可交付成果及其各组成部分之间的相互关系；
- WBS字典：在WBS字典和相关的详细工作说明书中列明了可交付成果，并描述了为产出可交付成果，WBS各组成部分所需进行的工作。

2. 项目文件

可作为估算成本过程输入的项目文件包括经验教训登记册、项目进度计划、资源需求和风险登记册。

（1）经验教训登记册。项目早期与制定成本估算有关的经验教训可以运用到项目后期阶段，以提高成本估算的准确度和精确度。

（2）项目进度计划。进度计划包括项目可用的团队和实物资源的类型、数量和可用时间长短。如果资源成本取决于使用时间的长短，并且成本出现季节波动，则持续时间估算会对成本估算产生影响。进度计划还为包含融资成本（包括利息）的项目提供有用的信息。

（3）资源需求。资源需求明确了每个工作包或活动所需的资源类型和数量。

（4）风险登记册。风险登记册包含了已识别的并按优先顺序排列的单个项目风险的详细信息，以及针对这些风险采取的应对措施。风险登记册还提供了可用于估算成本的详细信息。

11.12.2　主要输出

1. 成本估算

成本估算包括完成项目工作可能需要的成本、应对已识别风险的应急储备。成本估算可以是汇总的或详细分列的。成本估算应覆盖项目所使用的全部资源，包括直接人工、材料、设备、服务、设施、信息技术，以及一些特殊的成本种类，如融资成本（包括利息）、通货膨胀补贴、汇率或成本应急储备。如果间接成本也包含在项目估算中，则可在活动层次或更高层次上计列间接成本。成本估算示例如图 11-34 所示。

项目名称	
项目简称	
估计所处阶段	
估计人	
估计时间	
项目交付功能个数	
估算总工作量（人·天）	
需求工作量（人·天）	
设计工作量（人·天）	
编码工作量（人·天）	
测试工作量（人·天）	
交付类工作量（人·天）	
管理类工作量（人·天）	
成本估计（万元）	
测试阶段预计发现缺陷个数	

图 11-34　成本估算示例

2. 估算依据

成本估算所需的支持信息的数量和种类因应用领域而异，不论其详细程度如何，支持性文件都应该清晰、完整地说明成本估算是如何得出的。

成本估算的支持信息可包括：

- 关于估算依据的文件（如估算是如何编制的）；
- 关于全部假设条件的文件；
- 关于各种已知制约因素的文件；
- 有关已识别的、在估算成本时应考虑的风险的文件；
- 对估算区间的说明（如"10 000元±10%"就说明了预期成本的所在区间）；
- 对最终估算的置信水平的说明等。

11.13 制定预算

制定预算是汇总所有单个活动或工作包的估算成本，建立一个经批准的成本基准的过程。本过程的主要作用是确定可据以监督和控制项目绩效的成本基准。本过程仅开展一次或仅在项目的预定义点开展。图11-35描述了本过程的输入、工具与技术和输出。

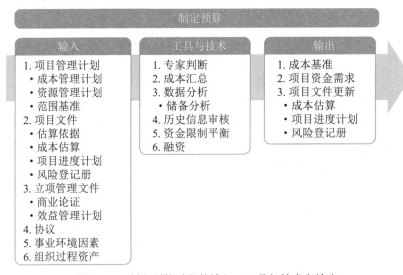

图11-35 制定预算过程的输入、工具与技术和输出

制定预算过程的主要输入为项目管理计划和项目文件，主要输出为成本基准和项目资金需求。

11.13.1 主要输入

1. 项目管理计划

制定预算过程使用的项目管理计划组件主要包括成本管理计划、资源管理计划、范围基准。

（1）成本管理计划。成本管理计划描述了如何将项目成本纳入项目预算中。

（2）资源管理计划。资源管理计划提供了有关（人力和其他资源的）费率、差旅成本估算，和其他可预见的成本信息，这些信息是估算整个项目预算时必须考虑的因素。

（3）范围基准。范围基准包括项目范围说明书、WBS 和 WBS 字典的详细信息，可用于成本估算和管理。

2. 项目文件

可作为制定预算过程输入的项目文件主要包括估算依据、成本估算、项目进度计划和风险登记册等。

（1）估算依据。在估算依据中包括基本的假设条件，例如，项目预算中是否应该包含间接成本或其他成本。

（2）成本估算。各工作包内每个活动的成本估算汇总后，即得到各工作包的成本估算。

（3）项目进度计划。项目进度计划包括项目活动、里程碑、工作包和控制账户的计划开始和完成时间。可根据这些信息，把计划成本和实际成本汇总到相应日历时段。

（4）风险登记册。应该审查风险登记册，以确定如何汇总风险应对成本。风险登记册的更新包含在项目文件更新中。

11.13.2　主要输出

1. 成本基准

成本基准是经过批准的、按时间段分配的项目预算，不包括任何管理储备，只有通过正式的变更控制程序才能变更，用作与实际结果进行比较的依据，成本基准是不同进度活动经批准的预算的总和。

项目预算和成本基准的各个组成部分如图 11-36 所示。先汇总各项目活动的成本估算及其应急储备，得到相关工作包的成本；然后汇总各工作包的成本估算及其应急储备，得到控制账户的成本；接着再汇总各控制账户的成本，得到成本基准；最后，在成本基准之上增加管理储备，得到项目预算。当出现有必要动用管理储备的变更时，则应该在获得变更控制过程的批准之后，把适量的管理储备移入成本基准中。

由于成本基准中的成本估算与进度活动直接关联，因此可按时间段分配成本基准，得到一条 S 曲线，如图 11-37 所示。对于使用挣值管理的项目，成本基准指的是绩效测量基准。

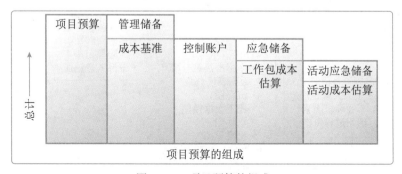

图 11-36　项目预算的组成

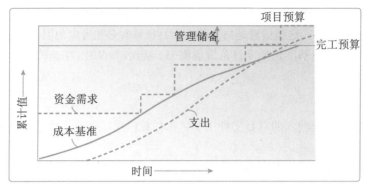

图 11-37　成本基准、支出与资金需求

2. 项目资金需求

根据成本基准，确定总资金需求和阶段性（如季度或年度）资金需求。成本基准中包括预计支出及预计债务。项目资金通常以增量的方式投入，并且可能是非均衡的，呈现出如图 11-37 所示的阶梯状。如果有管理储备，则总资金需求等于成本基准加管理储备。在资金需求文件中，也可说明资金来源。

11.14　规划质量管理

规划质量管理是识别项目及其可交付成果的质量要求和（或）标准，并书面描述项目将如何证明符合质量要求和（或）标准的过程。本过程的主要作用是在整个项目期间为如何管理和核实质量提供指南和方向。本过程仅开展一次或仅在项目的预定义点开展。图 11-38 描述了本过程的输入、工具与技术和输出。

图 11-38　规划质量管理过程的输入、工具与技术和输出

质量规划应与其他知识领域规划过程并行开展。例如，为满足既定的质量标准而对可交付成果提出变更，可能需要调整成本或进度计划，并就该变更对相关计划的影响进行详细风险分析。

规划质量管理过程的主要输入为项目管理计划和项目文件，主要工具与技术包括数据收集、数据分析、决策技术、数据表现、测试与检查的规划，主要输出为质量管理计划和质量测量指标。

11.14.1　主要输入

1. 项目管理计划

规划质量管理过程使用的项目管理计划组件主要包括需求管理计划、风险管理计划、干系人参与计划和范围基准等。

（1）需求管理计划。需求管理计划提供了识别、分析和管理需求的方法，以供质量管理计划和质量测量指标借鉴。

（2）风险管理计划。风险管理计划提供了识别、分析和监督风险的方法。将风险管理计划和质量管理计划的信息相结合，有助于成功交付产品和项目。

（3）干系人参与计划。干系人参与计划提供了记录干系人需求和期望的方法，为质量管理奠定了基础。

（4）范围基准。在确定适用于项目的质量标准和目标时，以及在确定要求质量审查的项目可交付成果和过程时，需要考虑 WBS 和项目范围说明书中记录的可交付成果。范围说明书包含可交付成果的验收标准，用以界定可能导致质量成本变化并进而导致项目成本的显著升高或降低，满足所有验收标准意味着满足干系人的需求。

2. 项目文件

可作为规划质量管理过程输入的项目文件主要包括假设日志、需求文件、需求跟踪矩阵、风险登记册和干系人登记册等。

（1）假设日志。记录与质量要求和标准合规相关的全部假设条件和制约因素。

（2）需求文件。记录项目和产品为满足干系人的期望应达到的要求，它包括针对项目和产品的质量要求，这些需求有助于项目团队规划将如何实施项目质量控制。

（3）需求跟踪矩阵。需求跟踪矩阵将产品需求连接到可交付成果，有助于确保需求文件中的各项需求都得到测试。矩阵提供了核实需求时所需测试的概述。

（4）风险登记册。风险登记册包含可能影响质量要求的各种威胁和机会的信息。

（5）干系人登记册。干系人登记册有助于识别对质量有特别兴趣或影响的干系人，尤其注重客户和项目发起人的需求和期望。

11.14.2　主要工具与技术

1. 数据收集

适用于规划质量管理过程的数据收集技术包括标杆对照、头脑风暴和访谈等。

（1）标杆对照。标杆对照是将实际或计划的项目实践或项目的质量标准与可比项目的实践进行比较，以便识别最佳实践，形成改进意见，并为绩效考核提供依据。作为标杆的项目可以来自执行组织内部或外部，或者来自同一应用领域或其他应用领域。标杆对照也允许用不同应用领域或行业的项目做类比。

（2）头脑风暴。通过头脑风暴可以向团队成员或主题专家收集数据，以制订最适合新项目的质量管理计划。

（3）访谈。访谈有经验的项目参与者、干系人和主题专家有助于了解他们对项目和产品质量的隐性和显性、正式和非正式的需求和期望。应在信任和保密的环境下开展访谈，以获得真实可信、不带偏见的反馈。

2. 数据分析

适用于规划质量管理过程的数据分析技术包括成本效益分析和质量成本等。

（1）成本效益分析。成本效益分析是用来估算备选方案优势和劣势的财务分析工具，以确定可以创造最佳效益的备选方案。成本效益分析可帮助项目经理确定规划的质量活动是否有效利用了成本。达到质量要求的主要效益包括减少返工、提高生产率、降低成本、提升干系人满意度及提升盈利能力。对每个质量活动进行成本效益分析，就是要比较其可能成本与预期效益。

（2）质量成本。与项目有关的质量成本（COQ）包含以下一种或多种成本（图 11-39 提供了各组成本的例子）：

- 预防成本：预防特定项目的产品、可交付成果或服务质量低劣所带来的成本；
- 评估成本：评估、测量、审计和测试特定项目的产品、可交付成果或服务所带来的成本；
- 失败成本（内部/外部）：因产品、可交付成果或服务与干系人需求或期望不一致而导致的成本。最优COQ能够在预防成本和评估成本之间找到恰当的投资平衡点，用于规避失败成本。

图 11-39　质量成本示例

3. 决策技术

多标准决策分析是适用于规划质量管理过程的一种决策技术，多标准决策分析工具（如优先矩阵）可用于识别关键事项和合适的备选方案，并通过一系列决策排列出备选方案的优先顺序。先对标准排序和加权，再应用于所有备选方案，计算出各个备选方案的数学得分，然后根据得分对备选方案排序。在本过程中，它有助于排定质量测量指标的优先顺序。

4. 数据表现

适用于规划质量管理过程的数据表现技术包括流程图、逻辑数据模型、矩阵图和思维导图等。

（1）流程图。流程图也称过程图，用来显示在一个或多个输入转化成一个或多个输出的过程中，所需的步骤顺序和可能分支。它通过映射水平价值链的过程细节来显示活动、决策点、分支循环、并行路径及整体处理顺序。图 11-40 展示了其中一个版本的价值链，即 SIPOC（供应商、输入、过程、输出和客户）模型。流程图有助于了解和估算一个过程的质量成本，通过工作流的逻辑分支及其相对频率来估算质量成本，这些逻辑分支细分为完成符合要求的输出而需要开展的一致性工作和非一致性工作。用于展示过程步骤时，流程图有时又被称为"过程流程图"或"过程流向图"，可帮助改进过程并识别可能出现质量缺陷或可以纳入质量检查的地方。

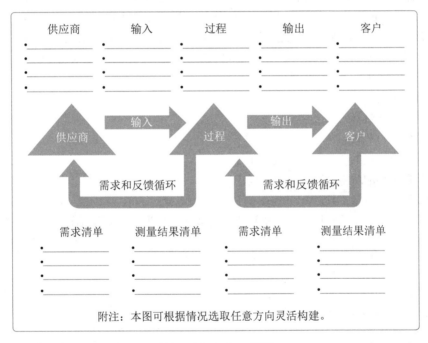

图 11-40　SIPOC 模型

（2）逻辑数据模型。逻辑数据模型把组织数据可视化，用业务语言加以描述，不依赖任何特定技术。逻辑数据模型可用于识别会出现数据完整性或其他问题的地方。

（3）矩阵图。矩阵图在行列交叉的位置展示因素、原因和目标之间的关系强弱。根据可用来比较因素的数量，项目经理可使用不同形状的矩阵图，如 L 型、T 型、Y 型、X 型、C 型和屋顶型矩阵。在规划质量管理过程中，矩阵图有助于识别对项目成功至关重要的质量测量指标。

（4）思维导图。思维导图是一种用于可视化组织信息的绘图法。质量思维导图通常是基于单个质量概念创建的，是绘制在空白页面中央的图像，之后再增加以图像、词汇或词条形式表现的想法。思维导图技术有助于快速收集项目质量要求、制约因素、依赖关系和联系。

5. 测试与检查的规划

在规划阶段，项目经理和项目团队决定如何测试或检查产品、可交付成果或服务，以满足干系人的需求和期望，以及如何满足产品的绩效和可靠性目标。不同行业有不同的测试与检查，可能包括软件项目的 α 测试和 β 测试、建筑项目的强度测试、制造和实地测试的检查，以及工程的无损伤测试。

11.14.3　主要输出

1. 质量管理计划

质量管理计划是项目管理计划的组成部分，描述如何实施适用的政策、程序和指南以实现质量目标。它描述了项目管理团队为实现一系列项目质量目标所需的活动和资源。质量管理计划可以是正式或非正式的，非常详细或高度概括的，其风格与详细程度取决于项目的具体需要。应该在项目早期就对质量管理计划进行评审，以确保决策是基于准确信息的。这样做的好处是，更加关注项目的价值定位，降低因返工而造成的成本超支金额和进度延误次数。

质量管理计划的内容一般包括：

- 项目采用的质量标准；
- 项目的质量目标；
- 质量角色与职责；
- 需要质量审查的项目可交付成果和过程；
- 为项目规划的质量控制和质量管理活动；
- 项目使用的质量工具；
- 与项目有关的主要程序，例如处理不符合要求的情况、纠正措施程序，以及持续改进程序等。

下面列举一个质量管理计划的示例。

1. 概述
介绍项目背景及本文件的作用。
2. 角色和职责

角色	姓名	职责
质量保证工程师	张三	● 制订项目的软件质量管理工作计划 ● 实施质量保证活动 ● 汇报项目开发过程问题 ● 在有需要时，定期与客户的质量人员一起审核质量保证活动的执行情况和效果 ● 向项目相关人员定期报告质量保证活动的状态和结果

（续表）

角色	姓名	职责
项目经理	李四	● 在项目计划中定义对工作产品的评审活动，按计划组织人员进行评审工作，监督评审发现的问题得到及时纠正 ● 协助质量保证工程师制订质量管理计划，并支持该计划的执行 ● 定期以及在事件驱动下，检查质量活动的状态和效果

3. 评价标准

本项目的管理需要遵循组织的过程体系规范，包括 ISO 9000，以及 CMMI3 过程评价体系。在项目实施过程中，模板的使用应符合公司和客户提出的要求。

4. 质量目标

本项目的质量目标是：客户满意度大于 95%。

5. 质量保证活动

5.1　制订质量管理计划

在计划中对项目定义的过程和产品及质量检查活动（如评审等）列出详细的检查时间、检查依据、检查频率；对问题处理机制和质量分析汇报机制，根据组织级过程定义做出详细的约定。

5.2　评价过程和产品质量

在项目进行过程中，质量保证工程师依据质量管理计划对项目过程和输出的产品的符合性与规范性做检查。

5.2.1　对过程的检查

阶段名称	过程 / 活动名称	评审标准 / 采用的检查单	评审时间 / 频率	计划工作量 / 人·时	备注
需求分析	需求分析 项目策划	需求过程检查单	一次	4	需求分析基线发布后一周内
设计	软件设计	设计过程检查单	一次	6	设计基线发布后一周内
开发	编码实现	编码过程检查单	一次	4	代码基线发布后一周内
测试及部署	产品测试	测试过程检查单	一次	4	产品验收后一周内
各阶段	项目的跟踪和监控	项目监控过程检查单	每次工程活动检查的同时	10	每次执行工程过程评审时同时执行此项评审
各阶段	配置管理	配置管理过程检查单	每次工程活动检查的同时	10	配置管理计划发布后一周内执行，且还需在定义的各基线发布后一周内执行

5.2.2   对产品的审计

阶段名称	工作产品	评审标准 / 采用的检查单	评审时间 / 频率	计划工作量 / 人·时
需求分析	《需求说明书》	组织标准工作产品检查单	工作产品完成后 3 天内	4
设计	《概要设计说明书》《详细设计说明书》《数据库设计说明书》《测试方案》	组织标准工作产品检查单	工作产品完成后 3 天内	10
开发	《测试用例》	组织标准工作产品检查单	工作产品完成后 3 天内	4
测试及部署	《测试报告》《安装部署手册》《用户手册》	组织标准工作产品检查单	工作产品完成后 3 天内	6
试运行	《试运行报告》	组织标准工作产品检查单	工作产品完成后 3 天内	2

5.3   监督及跟踪解决不符合项问题

一般而言，项目执行的不符合项要优先报告给直接责任人和项目经理，尽可能地在项目组内部解决不符合项问题。对于影响重大的问题，质量保证工程师在报告项目经理的同时，也可以抄送给高层经理，以便尽早解决问题，降低项目风险。对于项目组不能解决的问题，由质量保证工程师直接报告给高层经理，并告知质量主管和项目经理，直至问题落实。

5.4   质量分析与汇报

在评价过程或工作产品（和服务）后，质量保证工程师需要在当天提交评价的发现和结论给相关活动 / 工作产品的负责人。质量保证工程师定期编制《工作日志》，提交给项目经理、高层经理。质量保证工程师需要根据事件驱动或在每月 20 日对项目的阶段质量活动情况进行总结，生成《质量分析报告》，提交给项目经理、高层经理。需要时，质量保证工程师和高层经理进行面对面的工作汇报。定期与客户 / 客户代表的质量人员一起审核质量保证活动的执行情况和效果。

6. 测试

项目在编码工作完成后分别需要进行单元测试、集成测试和系统测试。测试人员在项目初期就介入，以便及早和详细地了解需求，从而提高测试效果。在测试过程中发现的缺陷必须及时修复，然后重新测试。只有当软件产品的缺陷情况达到公司和项目组确定的质量准则要求时，才能通过测试，并且在系统测试完成后需要提交用户进行验收测试。

软件产品具体测试内容参见相应的测试计划。

7. 工具和技术

质量保证不符合项问题和测试缺陷管理工具采用 MANTIS。

2. 质量测量指标

质量测量指标专用于描述项目或产品属性，以及控制质量过程将如何验证符合程度。质量测量指标的例子包括按时完成的任务的百分比、以 CPI 测量的成本绩效、故障率、识别的日缺陷数量、每月总停机时间、每个代码行的错误、客户满意度分数，以及测试计划所涵盖的需求的百分比（即测试覆盖度）。质量测量指标示例如表 11-1 所示。

表 11-1　质量测量指标示例

指标分类	指 标	目 标	单 位
交付质量	交付质量	≤ 0.96	缺陷数 / 千行代码
成本	工作量偏差	≤ 12	%
生产率	生产率	≥ 35	代码行 / 人·天
客户满意度	客户满意度	≥ 96	%

11.15　规划资源管理

规划资源管理是定义如何估算、获取、建设、管理和控制实物以及团队资源的过程。本过程的主要作用是根据项目类型和复杂程度确定适用于项目资源的管理方法和管理程度。本过程仅开展一次或仅在项目的预定义点开展。图 11-41 描述了本过程的输入、工具与技术和输出。

图 11-41　规划资源管理过程的输入、工具与技术和输出

资源规划用于识别和确定一种方法，以确保有足够的资源能够成功完成项目。项目资源可能包括团队成员、用品、材料、设备、服务和设施。有效的资源规划还需要考虑稀缺资源的可用性和竞争方面的问题，并编制相应的计划。

这些资源可以从组织内部资产获得，或者通过采购过程从组织外部获取。其他项目可能会在同一时间和地点竞争项目所需的相同资源，从而对项目成本、进度、风险、质量和其他项目领域造成显著影响。

规划资源管理过程的主要输入为项目管理计划和项目文件，主要工具与技术为数据表现，主要输出为资源管理计划和团队章程。

11.15.1 主要输入

1. 项目管理计划

规划资源管理过程使用的项目管理计划组件主要包括质量管理计划和范围基准等。

（1）质量管理计划。质量管理计划有助于定义项目所需的资源水平，以实现和维护已定义的质量水平并达到项目测量指标。

（2）范围基准。范围基准识别了可交付成果，决定了需要管理资源的类型和数量。

2. 项目文件

可作为规划资源管理过程输入的项目文件主要包括项目进度计划、需求文件、风险登记册、干系人登记册等。

（1）项目进度计划。项目进度计划提供了所需资源的时间轴。

（2）需求文件。需求文件指出了项目所需的资源的类型和数量，并可能影响管理资源的方式。

（3）风险登记册。风险登记册包含可能影响资源规划的各种威胁和机会的信息。

（4）干系人登记册。干系人登记册有助于识别对项目所需资源有特别兴趣或影响的那些干系人，以及会影响资源使用偏好的干系人。

11.15.2 主要工具与技术

数据表现有多种格式来记录和阐明团队成员的角色与职责，大多数格式属于层级型、矩阵型或文本型。有些项目人员安排可以在子计划（如风险、质量或沟通管理计划）中列出，无论使用什么方法来记录团队成员的角色，目的都是确保每个工作包都有明确的责任人，确保全体团队成员都清楚地理解其角色和职责。一般来说，层级型可用于表示高层级角色，而文本型则更适合用于记录详细职责。

1. 层级型

可以采用传统的组织结构图，自上而下地显示各种职位及其相互关系。

- 工作分解结构（WBS）：WBS 用来显示如何把项目可交付成果分解为工作包，有助于明确高层级的职责；
- 组织分解结构（OBS）：WBS 显示项目可交付成果的分解，而 OBS 则按照组织现有的部门、单元或团队排列，并在每个部门下列出项目活动或工作包，运营部门只需要找到其所在的 OBS 位置，就能看到自己的全部项目职责；
- 资源分解结构：资源分解结构是按资源类别和类型，对团队和实物资源的层级列表，用于规划、管理和控制项目工作，每向下一个层次都代表对资源的更详细描述，直到信息细到可以与工作分解结构（WBS）相结合，用来规划和监控项目工作。

2. 矩阵型

矩阵型展示项目资源在各个工作包中的任务分配。矩阵型图表的一个例子是职责分配矩阵（RAM），它显示了分配给每个工作包的项目资源，用于说明工作包或活动与项目团队成员之间的关系。在大型项目中，可以制定多个层次的 RAM，例如，高层次的 RAM 可定义项目团队、小组或部门负责 WBS 中的哪部分工作，而低层次的 RAM 则可在各小组内为具体活动分配角色、职责和职权。矩阵图能反映与每个人相关的所有活动，以及与每项活动相关的所有人员，它也可确保任何一项任务都只有一个人负责，从而避免职权不清。RAM 的一个例子是 RACI（执行、负责、咨询和知情）矩阵，如图 11-42 所示。图中最左边的一列表示待完成的工作（活动），分配给每项工作的资源可以是个人或小组，项目经理也可根据项目需要，选择"领导"或"资源"等适用词汇来分配项目责任。如果团队由内部和外部人员组成，RACI 矩阵对明确划分角色和职责特别有用。

RACI 矩阵	人员				
活动	张美丽	李致远	王智慧	赵先修	刘工
创建章程	A	R	I	I	I
收集需求	I	A	R	C	C
提交变更请求	I	A	R	R	C
制订测试计划	A	C	I	I	R

注：R 执行；A 负责；C 咨询；I 知情。

图 11-42　RACI 矩阵示例

3. 文本型

如果需要详细描述团队成员的职责，就可以采用文本型，文本型文件通常以概述的形式，提供诸如职责、职权、能力和资格等方面的信息，这种文件有多种名称，如职位描述、角色—职责—职权表，该文件可作为未来项目的模板，特别是在根据当前项目的经验教训对其内容进行更新之后。

11.15.3　主要输出

1. 资源管理计划

作为项目管理计划的一部分，资源管理计划提供了关于如何分类、分配、管理和释放项目资源的指南。资源管理计划可以根据项目的具体情况分为团队管理计划和实物资源管理计划。资源管理计划的内容主要包括：识别资源、获取资源、角色与职责、项目组织图、项目团队资源管理、培训、团队建设、资源控制和认可计划等。

（1）识别资源。用于识别和量化项目所需的团队和实物资源的方法。

（2）获取资源。关于如何获取项目所需的团队和实物资源的指南。

（3）角色与职责。具体包括：①角色：在项目中，某人承担的职务或分配给某人的职务，如土木工程师、商业分析师和测试协调员。②职权：使用项目资源、作出决策、签字批准、验收可交付成果并影响他人开展项目工作的权力。例如，下列事项都需要由具有明确职权的人来做决策：选择活动的实施方法，质量验收标准，以及如何应对项目偏差等。当个人的职权水平与职责相匹配时，团队成员就能最好地开展工作。③职责：为完成项目活动，项目团队成员必须履行的职责和工作。④能力：为完成项目活动，项目团队成员需具备的技能和才干。如果项目团队成员不具备所需的能力，就不能有效地履行职责。一旦发现成员能力与职责不匹配，就应主动采取措施，如安排培训、招募新成员、调整进度计划或工作范围。

（4）项目组织图。项目组织图以图形方式展示项目团队成员及其报告关系。基于项目的需要，项目组织图可以是正式或非正式的，非常详细或高度概括的。例如，一个 3000 人的灾害应急团队的项目组织图，要比仅有 20 人的内部项目的组织图详尽得多。

（5）项目团队资源管理。关于如何定义、配备、管理和最终遣散项目团队资源的指南。

（6）培训。针对项目成员的培训策略。

（7）团队建设。建设项目团队的方法。

（8）资源控制。依据需要确保实物资源充足可用，并为项目需求优化实物资源采购而采用的方法，包括有关整个项目生命周期内的库存、设备和用品管理的信息。

（9）认可计划。将给予团队成员哪些认可和奖励，以及何时给予。

2. 团队章程

团队章程是为团队创建团队价值观、共识和工作指南的文件。团队章程包括：

- 团队价值观；
- 沟通指南；
- 决策标准和过程；
- 冲突处理过程；
- 会议指南；
- 团队共识。

团队章程对项目团队成员的可接受行为确定了明确的期望，尽早认可并遵守明确的规则，有助于减少误解，提高生产力；讨论诸如行为规范、沟通、决策、会议礼仪等领域，团队成员可以了解彼此重要的价值观。由团队制定或参与制定的团队章程可发挥最佳效果，所有项目团队成员都分担责任，确保遵守团队章程中规定的规则，可定期审查和更新团队章程，确保团队始终了解团队基本规则，并指导新成员融入团队。

11.16　估算活动资源

估算活动资源是估算执行项目所需的团队资源、设施、设备、材料、用品和其他资源的类型和数量的过程。本过程的主要作用是明确完成项目所需的资源种类、数量和特性。本过程应根据需要在整个项目期间定期开展。图 11-43 描述了本过程的输入、工具与技术和输出。

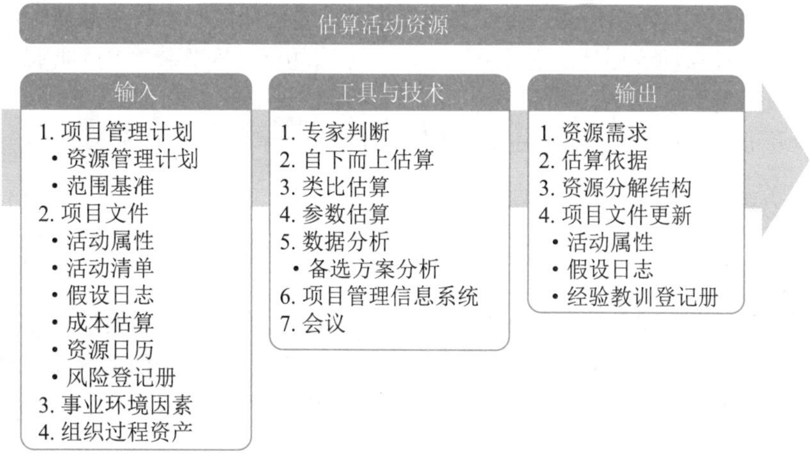

图 11-43　估算活动资源过程的输入、工具与技术和输出

估算活动资源过程与其他过程紧密相关（如估算成本过程）。例如，设计团队需要熟悉最新的系统设计技术，这些必要的知识可以通过聘请顾问、派设计人员参加技术研讨会等方式来获取。

估算活动资源过程的主要输入为项目管理计划和项目文件，主要输出为资源需求、估算依据和资源分解结构。

11.16.1　主要输入

1. 项目管理计划

估算活动资源过程使用的项目管理计划组件主要包括资源管理计划、范围基准。

（1）资源管理计划。资源管理计划定义了识别项目所需不同资源的方法，还定义了量化各个活动所需的资源以及整合这些信息的方法。

（2）范围基准。范围基准识别了实现项目目标所需的项目和产品范围，而范围决定了对团队和实物资源的需求。

2. 项目文件

可作为估算活动资源过程输入的项目文件主要包括活动属性、活动清单、假设日志、成本估算、资源日历、风险登记册等。

（1）活动属性。活动属性为估算活动清单中每项活动所需的团队和实物资源提供了数据来源，包括资源需求、强制日期、活动地点、假设条件和制约因素。

（2）活动清单。活动清单识别了需要资源的活动。

（3）假设日志。假设日志可能包含有关生产力因素、可用性、成本估算以及工作方法的信息，这些因素会影响团队和实物资源的性质和数量。

（4）成本估算。资源成本从数量和技能水平方面会影响资源选择。

（5）资源日历。资源日历识别了每种具体资源可用时的工作日、班次、正常营业的上下班时间、周末和公共假期。在规划活动期间，潜在的可用资源信息（如团队资源、设备和材料）

用于估算资源可用性。资源日历还规定了在项目期间确定的团队和实物资源何时可用、可用多久。这些信息可以在活动或项目层面建立，这考虑了诸如资源经验和/或技能水平以及不同地理位置等属性。

（6）风险登记册。风险登记册描述了可能影响资源选择和可用性的各个风险。

11.16.2　主要输出

1. 资源需求

资源需求识别了各个工作包或工作包中每个活动所需的资源类型和数量，可以汇总这些需求，以估算每个工作包、每个 WBS 分支以及整个项目所需的资源。资源需求描述的细节数量与具体程度因应用领域而异，而资源需求文件也可包含为确定所用资源的类型、可用性和所需数量所做的假设。

2. 资源分解结构

资源分解结构是资源依类别和类型的层级展现，如图 11-44 所示。资源类别包括（但不限于）人力、材料、设备和用品，资源类型则包括技能水平、要求证书、等级水平或适用于项目的其他类型。在估算活动资源过程中，资源分解结构用于指导项目的分类活动。在这一过程中，资源分解结构是一份完整的文件，用于获取和监督资源。

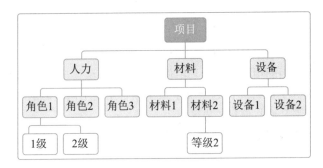

图 11-44　资源分解结构示例

3. 估算依据

资源估算所需的支持信息的数量和种类因应用领域而异。但不论其详细程度如何，支持性文件都应该清晰、完整地说明资源估算是如何得出的。

资源估算的支持信息包括：估算方法；用于估算的资源，如以往类似项目的信息；与估算有关的假设条件；已知的制约因素；估算范围；估算的置信水平；有关影响估算的已识别风险的文件等。

11.17　规划沟通管理

规划沟通管理是基于每个干系人或干系人群体的信息需求、可用的组织资产，以及具体项目的需求，为项目沟通活动制订恰当的方法和计划的过程。本过程的主要作用是为及时向干系人提供相关信息、引导干系人有效参与项目而编制书面沟通计划。本过程应根据需要在整个项目期间定期开展。图 11-45 描述了本过程的输入、工具与技术和输出。

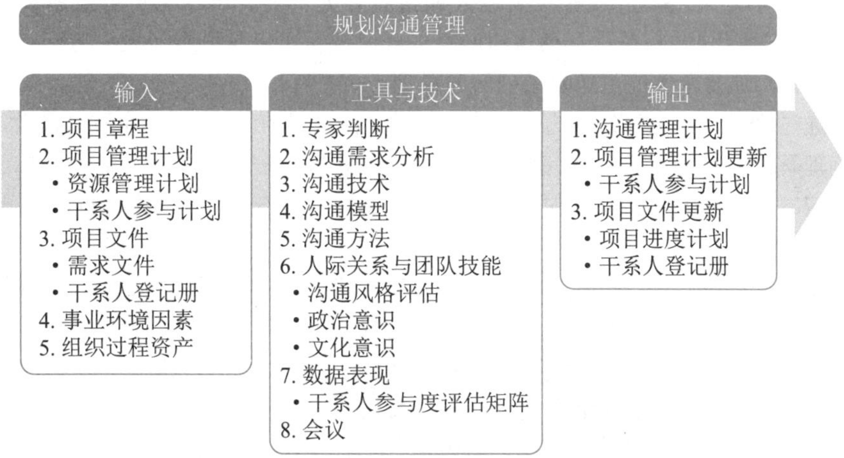

图 11-45　规划沟通管理过程的输入、工具与技术和输出

项目经理需在项目生命周期的早期，针对项目干系人多样性的信息需求，制订有效的沟通管理计划。应该在整个项目期间，定期审查本过程的成果并做必要修改，以确保其持续适用。例如，在干系人发生变化或每个新项目阶段开始时。

在大多数项目中，需要及早开展沟通的规划工作，例如在识别干系人及制订项目管理计划期间。虽然所有项目都需要进行信息沟通，但是各项目的信息需求和信息发布方式可能差别很大。此外，在本过程中，需要考虑并合理记录用来存储、检索和最终处置项目信息的方法。

规划沟通管理过程的主要输入为项目管理计划和项目文件，主要工具与技术为沟通模型和沟通方法，主要输出为沟通管理计划。

11.17.1　主要输入

1. 项目管理计划

规划沟通管理过程使用的项目管理计划组件主要包括资源管理计划和干系人参与计划。

（1）资源管理计划。资源管理计划指导如何对项目资源进行分类、分配、管理和释放。团队成员和小组可能有沟通要求，应该在沟通管理计划中列出。

（2）干系人参与计划。干系人参与计划确定了有效吸引干系人参与所需的管理策略，而这些策略通常通过沟通来落实。

2. 项目文件

可作为规划沟通管理过程输入的项目文件主要包括需求文件、干系人登记册。

（1）需求文件。需求文件可能包含项目干系人对沟通的需求。

（2）干系人登记册。干系人登记册用于规划与干系人的沟通活动。

11.17.2 主要工具与技术

1. 沟通模型

沟通模型可以是最基本的线性（发送方和接收方）沟通过程，也可以是增加了反馈元素（发送方、接收方和反馈）、更具互动性的沟通形式，甚至可以是融合了发送方或接收方的人性因素、试图考虑沟通复杂性的更加复杂的沟通模型。

作为沟通过程的一部分，发送方负责信息的传递，确保信息的清晰性和完整性，并确认信息已被正确理解；接收方负责确保完整地接收信息，正确地理解信息，并需要告知已收到或做出适当的回应。在发送方和接收方所处的环境中，都可能存在干扰有效沟通的各种噪音和其他障碍。

在跨文化沟通中，确保信息能被正确理解具有一定挑战。沟通风格的差异可能源于工作方法、年龄、国籍、专业学科、民族、种族或性别差异。不同文化的人们会以不同的语言（如技术设计文档、不同的风格）沟通，并喜欢采用不同的沟通过程和礼节。

图 11-46 所示的沟通模型展示了发送方的当前情绪、知识、背景、个性、文化和偏见会如何影响信息本身及其传递方式。类似地，接收方的当前情绪、知识、背景、个性、文化和偏见也会影响信息的接收和解读方式，导致沟通中的障碍或噪音。

此沟通模型及其强化版有助于制订人对人或小组对小组的沟通策略和计划，但不能用于制订采用其他沟通成果（如电子邮件、广播信息或社交媒体）的沟通策略和计划。

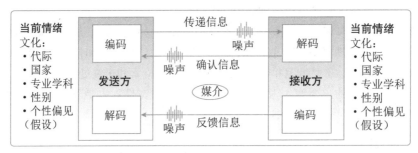

图 11-46 适用于跨文化沟通的沟通模型

2. 沟通方法

项目干系人之间用于分享信息的沟通方法主要包括：

（1）互动沟通。在两方或多方之间进行的实时多向信息交换。它使用诸如会议、电话、即时信息、社交媒体和视频会议等沟通方式。

（2）推式沟通。向需要接收信息的特定接收方发送或发布信息。这种方法可以确保信息的发送，但不能确保信息送达目标受众或被目标受众理解。在推式沟通中，可以用于沟通的有信件、备忘录、报告、电子邮件、传真、语音邮件、博客、新闻稿。

（3）拉式沟通。适用于大量复杂信息或大量信息受众的情况。它要求接收方在遵守有关安全规定的前提之下自行访问相关内容。这种方法包括门户网站、组织内网、电子在线课程、经验教训数据库或知识库。

可以采用如下不同方法来实现沟通管理计划所规定的主要的沟通需求：

- 人际沟通：个人之间交换信息，通常以面对面的方式进行；
- 小组沟通：在3～6名人员的小组内部开展；
- 公众沟通：单个演讲者面向一群人；
- 大众传播：信息发送人员或小组与大量目标受众（有时为匿名）之间只有最低程度的联系；
- 网络和社交工具沟通：借助社交工具和媒体，开展多对多的沟通。

可用于沟通的方法或成果主要包括：公告板，新闻通讯、内部杂志、电子杂志，致员工或志愿者的信件，新闻稿，年度报告，电子邮件和内部局域网，门户网站和其他信息库（适用于拉式沟通），电话交流，演示，团队简述或小组会议，焦点小组，干系人之间的正式或非正式的面对面会议，咨询小组或员工论坛，社交工具和媒体等。

11.17.3　主要输出

沟通管理计划是项目管理计划的组成部分，描述将如何规划、结构化、执行与监督项目沟通，以提高沟通的有效性。沟通管理计划主要包括：

- 干系人的沟通需求；
- 需沟通的信息，包括语言、形式、内容和详细程度；
- 上报步骤；
- 发布信息的原因；
- 发布所需信息、确认已收到，或做出回应（若适用）的时限和频率；
- 负责沟通相关信息的人员；
- 负责授权保密信息发布的人员；
- 接收信息的人员或群体，包括他们的需要、需求和期望；
- 用于传递信息的方法或技术，如备忘录、电子邮件、新闻稿，或社交媒体；
- 为沟通活动分配的资源，包括时间和预算；
- 随着项目进展（如项目不同阶段干系人社区的变化）而更新与优化沟通管理计划的方法；
- 通用术语表；
- 项目信息流向图、工作流程（可能包含审批程序）、报告清单和会议计划等；
- 来自法律法规、技术、组织政策等的制约因素等。

沟通管理计划中还包括关于项目状态会议、项目团队会议、网络会议和电子邮件等的指南和模板。如果项目要使用项目网站和项目管理软件，需要将其写入沟通管理计划。

11.18　规划风险管理

规划风险管理是定义如何实施项目风险管理活动的过程。本过程的主要作用是确保风险管理的水平、方法和可见度与项目风险程度，以及项目对组织和其他干系人的重要程度相匹配。

本过程仅开展一次或仅在项目的预定义点开展。图 11-47 描述了本过程的输入、工具与技术和输出。

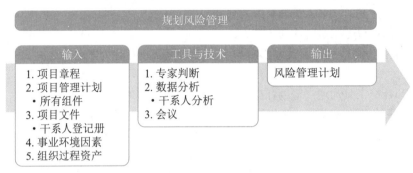

图 11-47   规划风险管理过程的输入、工具与技术和输出

规划风险管理过程的主要输入为项目管理计划和项目文件，主要输出为风险管理计划。

11.18.1   风险基本概念

项目是具有不同复杂程度的独特性工作，整个实施过程充满了风险，不仅要面对各种制约因素和假设条件，而且还要面对各干系人相互间可能的冲突和不断变化的期望。组织应有目的地、以可控方式去面对项目风险，平衡项目风险和回报，创造最好的项目价值。

每个项目都在两个层面上存在风险：一是每个项目都有会影响项目达成目标的单个风险；二是由单个风险和不确定性的其他来源联合导致的整体项目风险。项目风险管理过程同时兼顾这两个层面的风险。

项目风险会对项目目标产生负面或正面的影响，也就是威胁与机会。项目风险管理旨在利用或强化正面风险（机会），规避或减轻负面风险（威胁），负面风险可能会引发各种问题，如工期延误、成本超支、绩效不佳或声誉受损等。

1. 风险的属性

风险具有以下几方面属性：

（1）风险事件的随机性。风险事件的发生及其后果都具有偶然性，包括风险事件是否发生，何时发生，发生之后会造成什么样的后果等。许多事件的发生都遵循一定的统计规律，这种性质叫随机性。风险事件具有随机性。

（2）风险的相对性。风险总是相对项目活动主体而言的。同样的风险对于不同的主体有不同的影响。人们对于风险事件都有一定的承受能力，但是这种能力因活动、人和时间而异。对于项目风险，影响人们的风险承受能力的因素主要包括：

● 收益的大小：收益总是伴随着损失的可能性。损失的可能性和数额越大，人们希望为弥补损失而得到的收益也越大。反过来，收益越大，人们愿意承担的风险也就越大。
● 投入的大小：项目活动投入得越多，人们对成功所抱的希望也越大，愿意冒的风险也就越小。投入与愿意接受的风险大小之间的关系如图11-48所示。一般人（风险中立者）希望活动获得成功的概率随着投入的增加呈S曲线规律增加。当投入少时，人们可以接受较大的风险，即获得成功的概率不高也能接受；当投入逐渐增加时，人们就开始变得谨慎起来，希望活动获得成功的概率提高了，最好达到百分之百。图11-48还表示了另外两种人（风险规避者和冒险者）对待风险的态度。

● 项目活动主体的地位和拥有的资源：级别高的管理人员比级别低的管理人员能够承担的风险相对要大。同一风险，不同的个人或组织的承受能力也不同。个人或组织拥有的资源越多，其风险承受能力也越大。

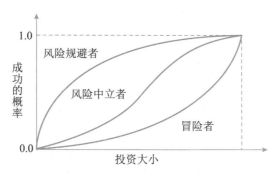

图 11-48　不同的投资者对风险的态度

2. 风险的可变性

辩证唯物主义认为，任何事情和矛盾都可以在一定条件下向自己的反面转化。这里的条件指活动涉及的一切风险因素。当这些条件发生变化时，必然会引起风险的变化。风险的可变性含义包括：风险性质的变化、风险后果的变化、出现新风险。

（1）风险性质的变化。例如，10 年前熟悉项目进度管理软件的人不多，出了问题，常常使人手足无措。那个时候使用计算机管理进度风险很大。而现在，熟悉的人多了起来，使用计算机管理进度不再是大的风险。

（2）风险后果的变化。风险后果包括后果发生的频率、收益或损失的大小。随着科学技术的发展和生产力的提高，人们认识和抵御风险事件的能力也逐渐增强，能够在一定程度上降低风险事件发生的频率并减少损失或损害。在项目管理中，加强项目班子建设，增强责任感，提高管理技能，就能避免一些风险。此外，由于信息传播技术、预测理论、方法和手段的不断完善和发展，某些项目风险现在可以较准确地预测和估计了，因而大大减少了项目的不确定性。

（3）出现新风险。随着项目或其他活动的开展，会有新的风险出现。特别是在活动主体为回避某些风险而采取行动时，另外的风险就会出现。例如，为了避免项目进度拖延而增加资源投入时，就有可能造成成本超支。有些建设项目，为了早日完成，采取边设计、边施工或者在设计中免除校核手续的办法。这样做虽然可以加快进度，但是会产生增加设计变更、降低施工质量和提高造价的风险。

3. 风险的分类

为了深入、全面地认识项目风险，并有针对性地进行管理，有必要将风险分类。分类可以从不同的角度、根据不同的标准进行。

1）按照风险后果划分

按照后果的不同，风险可划分为纯粹风险和投机风险。

- 纯粹风险：不能带来机会、无获得利益可能的风险，叫纯粹风险。纯粹风险只有两种可能的后果：造成损失和不造成损失。纯粹风险造成的损失是绝对的损失。活动主体蒙受了损失，全社会也跟着受损失。例如，某建设项目空气压缩机房在施工过程中失火，蒙受了损失。该损失不但是这个工程的，也是全社会的。没有人从中获得好处。纯粹风险总是和威胁、损失、不幸相联系。

- 投机风险：既可能带来机会、获得利益，又隐含威胁、造成损失的风险，叫投机风险。投机风险有 3 种可能的后果：造成损失、不造成损失和获得利益。投机风险如果使活动主体蒙受了损失，但全社会不一定也跟着受损失。相反，其他人有可能因此而获得利益。例如，私人投资的房地产开发项目如果失败，投资者要蒙受损失。但是发放贷款的银行却可将抵押的土地和房屋收回，等待时机转手高价卖出，不但可收回贷款，而且还有可能获得高额利润。

纯粹风险和投机风险在一定条件下可以相互转化。项目管理人员必须避免投机风险转化为纯粹风险。风险不是零和游戏。在许多情况下，涉及风险的各有关方面都要蒙受损失，无一幸免。

2）按照风险来源划分

按照风险来源或损失产生的原因可将风险划分为自然风险和人为风险。

- 自然风险：由于自然力的作用，造成财产损毁或人员伤亡的风险属于自然风险。例如，水利工程施工过程中因发生洪水或地震而造成的工程损害、材料和器材损失。

- 人为风险：指由于人的活动而带来的风险。人为风险又可以细分为行为、经济、技术、政策和组织风险等。

3）按照风险是否可管理划分

可管理的风险是指可以预测，并可采取相应措施加以控制的风险。反之，则为不可管理的风险。风险能否管理，取决于风险不确定性是否可以消除，以及活动主体的管理水平。要消除风险的不确定性，就必须掌握有关的数据、资料和其他信息。随着数据、资料和其他信息的增加以及管理水平的提高，有些不可管理的风险可以变为可管理的风险。

4）按照风险影响范围划分

风险按影响范围划分，可以分为局部风险和总体风险。局部风险影响的范围小，而总体风险影响范围大。局部风险和总体风险也是相对的。项目管理团队特别要注意总体风险。例如，项目所有的活动都有拖延的风险，但是处在关键路线上的活动一旦延误，就要推迟整个项目的完成日期，形成总体风险。而非关键路线上活动的延误在许多情况下是局部风险。

5）按照风险后果的承担者划分

项目风险，若按其后果的承担者来划分则有项目业主风险、政府风险、承包商风险、投资方风险、设计单位风险、监理单位风险、供应商风险、担保方风险和保险公司风险等。这样划分有助于合理分配风险，提高项目对风险的承受能力。

6）按照风险的可预测性划分

按风险的可预测性划分，风险可以分为已知风险、可预测风险和不可预测风险。

- 已知风险：是在认真、严格地分析项目及其计划之后就能够明确的那些经常发生的，而且其后果亦可预见的风险。已知风险发生概率高，但一般后果轻微，不严重。项目管理中已知风险的例子有项目目标不明确，过分乐观的进度计划，设计或施工变更，材料价格波动等。
- 可预测风险：是根据经验，可以预见其发生，但不可预见其后果的风险。这类风险的后果有时可能相当严重。项目管理中的例子有业主不能及时审查批准，分包商不能及时交工，施工机械出现故障，不可预见的地质条件等。
- 不可预测风险：是有可能发生，但其发生的可能性即使最有经验的人亦不能预见的风险。不可预测风险有时也称为未知风险或未识别的风险。它们是新的、以前未观察到或很晚才显现出来的风险。这些风险一般是外部因素作用的结果。例如，地震、百年不遇的暴雨、通货膨胀、政策变化等。

11.18.2　主要输入

1. 项目管理计划

在规划风险管理时，应考虑所有已批准的项目管理子计划，使风险管理计划与各计划相协调。同时，各子计划中所列出的方法论可能也会影响规划风险管理过程。

2. 项目文件

可作为规划风险管理过程输入的项目文件是关于记录干系人详细信息的文档（干系人登记册），概述了其在项目中的角色和对项目风险的态度；可用于确定项目风险管理的角色和职责，以及为项目设定的风险临界值。

11.18.3　主要输出

风险管理计划是项目管理计划的组成部分，描述如何安排与实施风险管理活动。风险管理计划的内容主要包括：风险管理策略、方法论、角色与职责、资金、时间安排、风险类别、干系人风险偏好、风险概率和影响、概率和影响矩阵、报告格式、跟踪等。

（1）风险管理策略。风险管理策略描述了用于管理本项目风险的一般方法。

（2）方法论。方法论指确定用于开展本项目风险管理的具体方法、工具及数据来源。

（3）角色与职责。角色与职责指确定每项风险管理活动的领导者、支持者和团队成员，并明确职责。

（4）资金。资金指确定开展项目风险管理活动所需的资金，并制定应急储备和管理储备的使用方案。

（5）时间安排。时间安排指确定在项目生命周期中实施项目风险管理过程的时间和频率，确定风险管理活动并将其纳入项目进度计划。

（6）风险类别。风险类别指确定对项目风险进行分类的方式。通常借助风险分解结构

（RBS）来构建风险类别。风险分解结构是潜在风险来源的层级展现，如表 11-2 所示。风险分解结构有助于项目团队考虑单个项目风险的全部可能来源，对识别风险或归类已识别风险特别有用。组织可能有适用于所有项目的通用风险分解结构，也可能针对不同类型项目使用几种不同的风险分解结构框架，或者允许项目量身定制专用的风险分解结构。如果未使用风险分解结构，组织则可能采用某种常见的风险分类框架，既可以是简单的类别清单，也可以是基于项目目标的某种类别结构。

表 11-2　风险分解结构（RBS）示例

RBS0 级	RBS1 级	RBS2 级
0 项目风险所有来源	1 技术风险	1.1 范围定义
		1.2 需求定义
		1.3 估算、假设和制约因素
		1.4 技术过程
		1.5 技术
		1.6 技术联系
		……
	2 管理风险	2.1 项目管理
		2.2 项目集 / 项目组合管理
		2.3 运营管理
		2.4 组织
		2.5 提供资源
		2.6 沟通
		……
	3 商业风险	3.1 合同条款和条件
		3.2 内部采购
		3.3 供应商与卖方
		3.4 分包合同
		3.5 客户稳定性
		3.6 合伙企业和合资企业
		……
	4 外部风险	4.1 法律
		4.2 汇率
		4.3 地点 / 设施
		4.4 环境 / 天气
		4.5 竞争
		4.6 监督
		……

（7）干系人风险偏好。应在风险管理计划中记录项目关键干系人的风险偏好。他们的风险偏好会影响规划风险管理过程的细节。特别是，应该针对每个项目目标，把干系人的风险偏好

表述成可测量的风险临界值。这些临界值不仅将联合决定可接受的整体项目风险忍受水平，而且也用于制定概率和影响定义。以后将根据概率和影响定义，对单个项目风险进行评估和排序。

（8）风险概率和影响。根据具体的项目环境，组织和关键干系人的风险偏好和临界值，来制定风险概率和影响。项目可能自行制定关于概率和影响级别的具体定义，或者用组织提供的通用定义作为基础来制定。应根据拟开展项目风险管理过程的详细程度，来确定概率和影响级别的数量，更多级别（通常为 5 级）对应于更详细的风险管理方法，更少级别（通常为 3 级）对应于更简单的方法。表 11-3 针对 3 个项目目标提供了概率和影响定义的示例。

表 11-3 概率和影响定义示例

量表	概率	+/- 对项目目标的影响		
		时间	成本	质量
很高	>70%	>6 个月	>500 万元	对整体功能影响非常重大
高	51%～70%	3～6 个月	100 万元～500 万元	对整体功能影响重大
中	31%～50%	1～3 个月	50.1 万元～100 万元	对关键功能领域有一些影响
低	11%～30%	1～4 周	10 万元～50 万元	对整体功能有微小影响
很低	1%～10%	1 周	<10 万元	对辅助功能有微小影响
零	<1%	不变	不变	功能不变

通过将影响定义为负面威胁（工期延误、成本增加和绩效不佳）和正面机会（工期缩短、成本节约和绩效改善），上表所示的量表可同时用于评估威胁和机会。

（9）概率和影响矩阵。组织可在项目开始前确定优先级排序规则，并将其纳入组织过程资产，或者也可为具体项目量身定制优先级排序规则。在常见的概率和影响矩阵中，会同时列出机会和威胁，以正面影响定义机会，以负面影响定义威胁。概率和影响可以用描述性术语（如很高、高、中、低和很低）或数值来表达。如果使用数值，就可以把两个数值相乘，得出每个风险的概率 - 影响分值，以便据此在每个优先级组别之内排列单个风险的相对优先级。图 11-49 是概率和影响矩阵的示例，其中也有数值风险评分的方法。

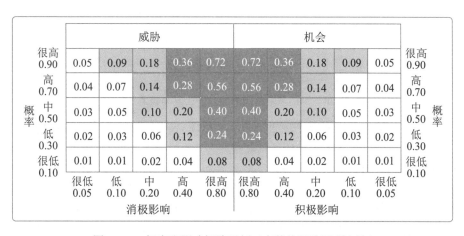

图 11-49 概率和影响矩阵示例（有数值风险评分方法）

（10）报告格式。确定将如何记录、分析和沟通项目风险管理过程的结果。在这一部分，描述风险登记册、风险报告以及项目风险管理过程的其他输出的内容和格式。

（11）跟踪。确定将如何记录风险活动，以及如何审计风险的管理过程。

11.19　识别风险

识别风险是识别单个项目风险及整体项目风险的来源，并记录风险特征的过程。本过程的主要作用是记录现有的单个项目风险及整体项目风险的来源。本过程还汇集相关信息，以便项目团队能够恰当应对已识别风险。本过程需要在整个项目期间开展。图 11-50 描述了本过程的输入、工具与技术和输出。

识别风险

输入	工具与技术	输出
1. 项目管理计划 • 需求管理计划 • 进度管理计划 • 成本管理计划 • 质量管理计划 • 资源管理计划 • 风险管理计划 • 范围基准 • 进度基准 • 成本基准 2. 项目文件 • 假设日志 • 成本估算 • 持续时间估算 • 问题日志 • 经验教训登记册 • 需求文件 • 资源需求 • 干系人登记册 3. 协议 4. 采购文档 5. 事业环境因素 6. 组织过程资产	1. 专家判断 2. 数据收集 • 头脑风暴 • 核对单 • 访谈 3. 数据分析 • 根本原因分析 • 假设条件和制约因素分析 • SWOT分析 • 文件分析 4. 人际关系与团队技能 • 引导 5. 提示清单 6. 会议	1. 风险登记册 2. 风险报告 3. 项目文件更新 • 假设日志 • 问题日志 • 经验教训登记册

图 11-50　识别风险过程的输入、工具与技术和输出

在识别风险时，要同时考虑单个项目风险及整体项目风险的来源。风险识别活动的参与者可能包括项目经理、项目团队成员、项目风险专家（若已指定）、客户、项目团队外部的主题专家、最终用户、其他项目经理、运营经理、干系人和组织内的风险管理专家。虽然这些人员通常是风险识别活动的关键参与者，但是还应鼓励所有项目干系人参与项目风险的识别工作。项目团队的参与尤其重要，以便培养和保持他们对已识别的单个项目风险、整体项目风险级别和相关风险应对措施的主人翁意识和责任感。

应采用统一的风险描述格式来描述和记录项目风险，以确保每一项风险都被清楚、明确地理解，从而为有效地分析和风险应对措施的制定提供支持。在整个项目生命周期中，单个项目风险可能随项目进展而不断变化，整体项目风险的级别也会发生变化。因此，识别风险是一个迭代的过程。迭代的频率和每次迭代所需的参与程度因情况而异，应在风险管理计划中做出相应规定。

识别风险过程的主要输入为项目管理计划和项目文件，主要工具与技术为数据收集和数据分析，主要输出为风险登记册和风险报告。

11.19.1 主要输入

1. 项目管理计划

识别风险过程使用的项目管理计划组件主要包括需求管理计划、进度管理计划、成本管理计划、质量管理计划、资源管理计划、风险管理计划、范围基准、进度基准和成本基准等。

（1）需求管理计划。需求管理计划可能指出了特别有风险的项目目标。

（2）进度管理计划。进度管理计划可能列出了受不确定性或模糊性影响的一些进度领域。

（3）成本管理计划。成本管理计划可能列出了受不确定性或模糊性影响的一些成本领域。

（4）质量管理计划。质量管理计划可能列出了受不确定性或模糊性影响的一些质量领域，或者关键假设可能引发风险的一些质量领域。

（5）资源管理计划。资源管理计划可能列出了受不确定性或模糊性影响的一些资源领域，或者关键假设可能引发风险的一些资源领域。

（6）风险管理计划。风险管理计划规定了风险管理的角色和职责，说明了如何将风险管理活动纳入预算和进度计划，并描述了风险类别。

（7）范围基准。范围基准包括可交付成果及其验收标准，其中有些可能引发风险，还包括工作分解结构，可用作安排风险识别工作的框架。

（8）进度基准。通过查看进度基准，可以找出存在不确定性或模糊性的里程碑日期和可交付成果的交付日期，或者可能引发风险的关键假设条件。

（9）成本基准。通过查看成本基准，可以找出存在不确定性或模糊性的成本估算或资金需求，或者关键假设可能引发风险的方面。

2. 项目文件

可作为识别风险过程输入的项目文件主要包括假设日志、成本估算、持续时间估算、问题日志、经验教训登记册、需求文件、资源需求、干系人登记册等。

（1）假设日志。假设日志所记录的假设条件和制约因素可能引发单个项目风险，还可能影响整体项目风险的级别。

（2）成本估算。成本估算是对项目成本的定量评估，理想情况下用区间表示，区间的大小预示着风险程度。对成本估算文件进行结构化审查，可能显示当前估算不足，从而引发项目风险。

（3）持续时间估算。持续时间估算是对项目持续时间的定量评估，理想情况下用区间表示，区间的大小预示着风险程度。对持续时间估算文件进行结构化审查，可能显示当前估算不足，从而引发项目风险。

（4）问题日志。问题日志所记录的问题可能引发单个项目风险，还可能影响整体项目风险的级别。

（5）经验教训登记册。可以查看与项目早期所识别的风险相关的经验教训，以确定类似风险是否可能在项目的剩余时间再次出现。

（6）需求文件。需求文件列明了项目需求，使团队能够确定哪些需求存在风险。

（7）资源需求。资源需求是对项目所需资源的定量评估，理想情况下用区间表示，区间的大小预示着风险程度。对资源需求文件进行结构化审查，可能显示当前估算不足，从而引发项目风险。

（8）干系人登记册。干系人登记册规定了哪些个人或小组可能参与项目的风险识别工作，还会详细说明哪些个人适合扮演风险责任人的角色。

11.19.2 主要工具与技术

1. 数据收集

适用于识别风险过程的数据收集技术主要包括头脑风暴、核对单、访谈等。

（1）头脑风暴。头脑风暴的目标是获取一份全面的项目风险来源的清单。通常由项目团队开展头脑风暴，同时邀请团队以外的多学科专家参与。可以采用自由或结构化的形式开展头脑风暴，在组织者的指引下产生各种创意。可以用风险类别（如风险分解结构）作为识别风险的框架。因为头脑风暴生成的创意并不成型，所以应该特别注意对头脑风暴识别的风险进行清晰描述。

（2）核对单。核对单是包括需要考虑的项目、行动或要点的清单。它常被用作提醒。基于从类似项目和其他信息来源积累的历史信息和知识来编制核对单。编制核对单，列出过去曾出现且可能与当前项目相关的具体项目风险，这是吸取已完成的类似项目的经验教训的有效方式。可基于已完成的项目来编制核对单，或者可采用特定行业的通用风险核对单。虽然核对单简单易用，但它不可能穷尽所有风险。所以，必须确保不要用核对单来取代所需的风险识别工作。同时，项目团队也应该注意考察未在核对单中列出的事项。此外，还应该不时地审查核对单，增加新信息，删除或存档过时信息。

（3）访谈。可通过对资深项目参与者、干系人和主题专家的访谈，来识别项目风险的来源。应该在信任和保密的环境下开展访谈，以获得真实可信、不带偏见的意见。

2. 数据分析

适用于识别风险过程的数据分析技术主要包括根本原因分析、假设条件和制约因素分析、SWOT分析和文件分析等。

（1）根本原因分析。根本原因分析常用于发现导致问题的深层原因并制定预防措施。可以用问题陈述（如项目可能延误或超支）作为出发点，来探讨哪些威胁可能导致该问题，从而识别出相应的威胁。也可以用收益陈述（如提前交付或低于预算）作为出发点，来探讨哪些机会可能有利于实现该效益，从而识别出相应的机会。

（2）假设条件和制约因素分析。每个项目及其项目管理计划的构思和开发都基于一系列的假设条件，并受一系列制约因素的限制。这些假设条件和制约因素往往都已纳入范围基准和项目估算。开展假设条件和制约因素分析，来探索假设条件和制约因素的有效性，确定其中哪些会引发项目风险。从假设条件的不准确、不稳定、不一致或不完整，可以识别出威胁，通过清除或放松会影响项目或过程执行的制约因素，可以创造出机会。

（3）SWOT 分析。这是对项目的优势、劣势、机会和威胁（简称 SWOT）进行逐个检查。在识别风险时，它会将内部产生的风险包含在内，从而拓宽识别风险的范围。首先，关注项目、组织或一般业务领域，识别出组织的优势和劣势；然后，找出组织优势可能为项目带来的机会，组织劣势可能造成的威胁，还可以分析组织优势能在多大程度上克服威胁，组织劣势是否会妨碍机会的产生。

（4）文件分析。通过对项目文件的结构化审查，可以识别出一些风险。可供审查的文件主要包括计划、假设条件、制约因素、以往项目档案、合同、协议和技术文件。项目文件中的不确定性或模糊性，以及同一文件内部或不同文件之间的不一致，都可能是项目风险的提示信号。

11.19.3　主要输出

1. 风险登记册

风险登记册记录已识别项目风险的详细信息。随着实施定性风险分析、规划风险应对、实施风险应对和监督风险等过程的开展，这些过程的结果也要记进风险登记册，取决于具体的项目变量（如规模和复杂性），风险登记册可能包含有限或广泛的风险信息。

当完成识别风险过程时，风险登记册的内容主要包括已识别风险的清单、潜在风险责任人、潜在风险应对措施清单等。

（1）已识别风险的清单。在风险登记册中，每个项目风险都被赋予一个独特的标识号。需要按照所需的详细程度对已识别风险进行描述，确保明确理解。可以使用结构化的风险描述，来把风险本身与风险原因及风险影响区分开来。

（2）潜在风险责任人。如果已在识别风险过程中识别出潜在的风险责任人，就要把该责任人记录到风险登记册中。随后将由实施定性风险分析过程进行确认。

（3）潜在风险应对措施清单。如果已在识别风险过程中识别出某种潜在的风险应对措施，就要把它记录到风险登记册中。随后将由规划风险应对过程进行确认。

根据风险管理计划规定的风险登记册格式，可能还要记录关于每项已识别风险的其他数据，包括简短的风险名称、风险类别、当前风险状态、一项或多项原因、一项或多项对目标的影响、风险触发条件（显示风险即将发生的事件或条件）、受影响的 WBS 组件，以及时间信息（风险何时识别、可能何时发生、何时可能不再相关，以及采取行动的最后期限）。

2. 风险报告

风险报告提供关于整体项目风险的信息，以及关于已识别的单个项目风险的概述信息。在项目风险管理过程中，风险报告的编制是一项渐进式的工作。随着实施定性风险分析、实施定量风险分析、规划风险应对、实施风险应对和监督风险过程的完成，这些过程的结果也需要记录在风险报告中。完成识别风险过程时，风险报告内容主要包括：

- 整体项目风险的来源，说明哪些是整体项目风险的最重要因素；
- 关于已识别的单个项目风险的概述信息，例如，已识别的威胁与机会的数量、风险在风险类别中的分布情况、测量指标和发展趋势；
- 根据风险管理计划中规定的报告要求，风险报告中可能还包含其他信息。

11.20 实施定性风险分析

实施定性风险分析是通过评估单个项目风险发生的概率和影响以及其他特征，对风险进行优先级排序，从而为后续分析或行动提供基础的过程。本过程的主要作用是重点关注高优先级的风险。本过程需要在整个项目期间开展。图 11-51 描述了本过程的输入、工具与技术和输出。

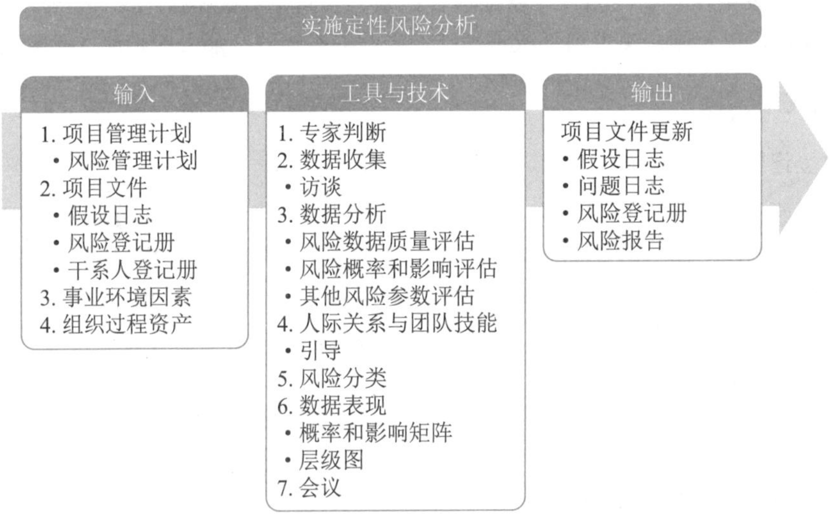

图 11-51 实施定性风险分析过程的输入、工具与技术和输出

实施定性风险分析，使用项目风险的发生概率、风险发生时对项目目标的相应影响以及其他因素，来评估已识别的单个项目风险的优先级。这种评估基于项目团队和其他干系人对风险的感知程度，因此具有主观性。所以，为了实现有效评估，就需要认清和管理本过程的关键参与者对风险所持的态度。风险主观意识会导致评估已识别风险时出现偏见，所以应该注意找出偏见并加以纠正。如果由引导者来引导本过程的开展，那么找出并纠正偏见就是该引导者的一项重要工作。同时，评估单个项目风险的现有信息的质量，也有助于澄清每个风险对项目的重要性的评估。

实施定性风险分析能为规划风险应对过程确定单个项目风险的相对优先级。本过程会为每个风险识别出责任人，以便由他们负责规划风险应对措施，并确保应对措施的实施。如果需要开展实施定量风险分析过程，那么实施定性风险分析也能为其奠定基础。根据风险管理计划的规定，在整个项目生命周期中要定期开展实施定性风险分析过程。在敏捷或适应型开发环境中，实施定性风险分析过程通常要在每次迭代开始前进行。

实施定性风险分析过程的主要输入为项目管理计划和项目文件，主要工具与技术包括数据分析、风险分类和数据表现，主要输出为更新后的风险登记册和风险报告。

11.20.1　主要输入

1. 项目管理计划

实施定性风险分析过程使用的项目管理计划的子计划是风险管理计划。本过程中需要特别注意的是风险管理的角色和职责、预算和进度活动安排，以及风险类别（通常在风险分解结构中定义）、概率和影响定义、概率和影响矩阵和干系人的风险临界值。通常已经在规划风险管理过程中把这些内容裁剪成适合具体项目的需要。如果还没有这些内容，则可以在实施定性风险分析过程中编制，并经项目发起人批准之后用于本过程。

2. 项目文件

可作为实施定性风险分析过程输入的项目文件主要包括假设日志、风险登记册和干系人登记册等。

（1）假设日志。假设日志用于识别、管理和监督可能影响项目的关键假设条件和制约因素，它们可能影响对项目风险的优先级的评估。

（2）风险登记册。风险登记册包括将在本过程评估的、已识别的项目风险的详细信息。

（3）干系人登记册。它包括可能被指定为风险责任人的项目干系人的详细信息。

11.20.2　主要工具与技术

1. 数据分析

适用于实施定性风险分析过程的数据分析技术主要包括以下几种。

（1）风险数据质量评估。风险数据是开展定性风险分析的基础。风险数据质量评估旨在评价关于单个项目风险的数据的准确性和可靠性。使用低质量的风险数据，可能导致定性风险分析对项目来说基本没用。如果数据质量不可接受，就可能需要收集更好的数据。可以开展问卷调查，了解项目干系人对数据质量各方面的评价，包括数据的完整性、客观性、相关性和及时性，进而对风险数据的质量进行综合评估。可以计算这些方面的加权平均数，将其作为数据质量的总体分数。

（2）风险概率和影响评估。风险概率评估考虑的是特定风险发生的可能性，而风险影响评估考虑的是风险对一项或多项项目目标的潜在影响，如进度、成本、质量或绩效。威胁将产生负面的影响，机会将产生正面的影响。要对每个已识别的单个项目风险进行概率和影响评估。风险评估可以采用访谈或会议的形式，参加者将依照他们对风险登记册中所记录的风险类型的熟悉程度而定。项目团队成员和项目外部资深人员应该参加访谈或会议。在访谈或会议期间，评估每个风险的概率水平及其对每项目标的影响级别。如果干系人对概率水平和影响级别的感知存在差异，则应对差异进行探讨。此外，还应记录相应的说明性细节，例如，确定概率水平或影响级别所依据的假设条件。应该采用风险管理计划中的概率和影响定义，来评估风险的概率和影响。低概率和影响的风险将被列入风险登记册中的观察清单，以供未来监控。

（3）其他风险参数评估。为了方便未来分析和行动，在对单个项目风险进行优先级排序时，项目团队还可能考虑（除概率和影响以外的）的其他风险特征包括如下几方面。

- 紧迫性：为有效应对风险而必须采取应对措施的时间段。时间短就说明紧迫性高。
- 邻近性：风险在多长时间后会影响一项或多项项目目标。时间短就说明邻近性高。
- 潜伏期：从风险发生到影响显现之间可能的时间段。时间短就说明潜伏期短。
- 可管理性：风险责任人（或责任组织）管理风险发生或影响的容易程度。如果容易管理，可管理性就高。
- 可控性：风险责任人（或责任组织）能够控制风险后果的程度。如果后果很容易控制，可控性就高。
- 可监测性：对风险发生或即将发生进行监测的容易程度。如果风险发生很容易监测，可监测性就高。
- 连通性：风险与其他单个项目风险存在关联的程度大小。如果风险与多个其他风险存在关联，连通性就高。
- 战略影响力：风险对组织战略目标潜在的正面或负面影响。如果风险对战略目标有重大影响，战略影响力就大。
- 密切度：风险被一名或多名干系人认为要紧的程度。被认为很要紧的风险，密切度就高。

考虑上述某些特征有助于进行更稳健的风险优先级排序。

2. 风险分类

项目风险可依据风险来源、受影响的项目领域，以及其他实用类别（如项目阶段、项目预算、角色和职责）来分类，确定哪些项目领域最容易被不确定性影响；风险还可以根据共同根本原因进行分类。应该在风险管理计划中规定可用于项目的风险分类方法。

对风险进行分类，有助于把注意力和精力集中到风险最可能发生的领域，或针对一组相关的风险制定通用的风险应对措施，从而有利于更有效地开展风险应对。

3. 数据表现

适用于实施定性风险分析过程的数据表现技术主要包括概率和影响矩阵、层级图等。

（1）概率和影响矩阵。概率和影响矩阵是把每个风险发生的概率和一旦发生对项目目标的影响映射起来的表格。此矩阵将概率和影响进行组合，以便于把单个项目风险划分到不同的优先级组别。基于风险的概率和影响，对风险进行优先级排序，以便未来进一步分析并制定应对措施。采用风险管理计划中规定的风险概率和影响定义，逐一对单个项目风险的发生概率及其对一项或多项项目目标的影响（若发生）进行评估。然后，基于所得到的概率和影响的组合，使用概率和影响矩阵，来为单个项目风险分配优先级别。组织可针对每个项目目标（如成本、时间和范围）制定单独的概率和影响矩阵，并用它们来评估风险针对每个目标的优先级别。组织也可以用不同的方法为每个风险确定一个总体优先级别。既可综合针对不同目标的评估结果，也可采用最高优先级别（无论针对哪个目标）作为风险的总体优先级别。

（2）层级图。如果使用了两个以上的参数对风险进行分类，那就不能使用概率和影响矩阵，而需要使用其他图形。例如，气泡图能显示三维数据。在气泡图中，把每个风险都绘制成一个气泡，并用 x 轴值、y 轴值和气泡大小来表示风险的 3 个参数。气泡图的示例如图 11-52 所示，其中，x 轴代表可监测性，y 轴代表邻近性，影响值则以气泡大小表示。

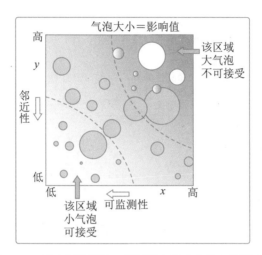

图 11-52　列出可监测性、邻近性和影响值的气泡图示例

11.20.3　主要输出

1. 风险登记册（更新）

用实施定性风险分析过程生成的新信息去更新风险登记册。风险登记册的更新内容可能包括每项单个项目风险的概率和影响评估、优先级别或风险分值、指定风险责任人、风险紧迫性信息或风险类别，以及低优先级风险的观察清单或需要进一步分析的风险。

2. 风险报告（更新）

更新后的风险报告记录最重要的单个项目风险（通常为概率和影响最高的风险）、所有已识别风险的优先级列表以及简要的结论。

11.21　实施定量风险分析

实施定量风险分析是就已识别的单个项目风险和不确定性的其他来源对整体项目目标的影响进行定量分析的过程。本过程的主要作用是量化整体项目风险，并提供额外的定量风险信息，以支持风险应对规划。本过程需要在整个项目期间开展。图 11-53 描述了本过程的输入、工具与技术和输出。

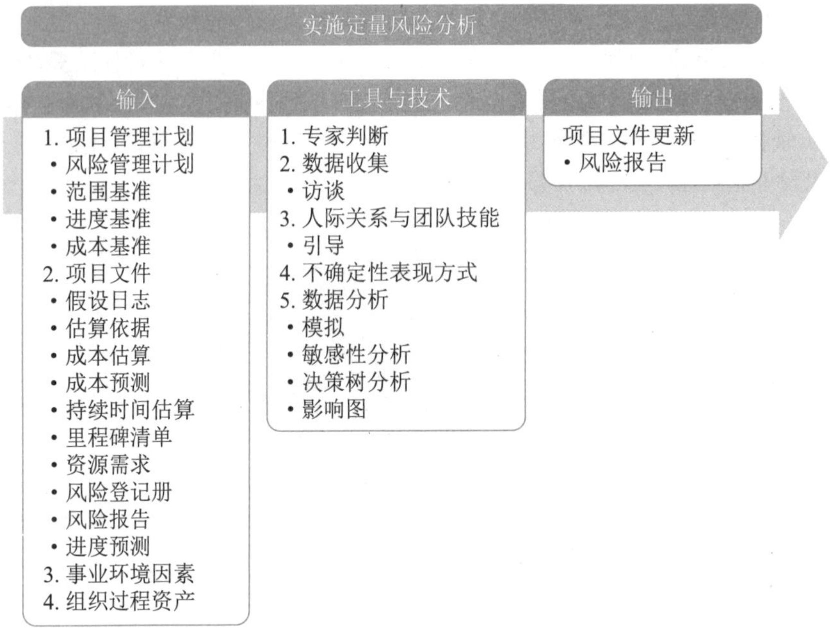

图 11-53　实施定量风险分析过程的输入、工具与技术和输出

　　并非所有项目都需要实施定量风险分析。项目风险管理计划会规定是否需要使用定量风险分析，定量分析适用于大型或复杂的项目、具有战略重要性的项目、合同要求进行定量分析的项目，或主要干系人要求进行定量分析的项目。能否开展稳健的定量分析取决于是否有关于单个项目风险和其他不确定性来源的高质量数据，以及与范围、进度和成本相关的扎实的项目基线。定量风险分析通常需要运用专门的风险分析软件，以及编制和解释风险模式的专业知识，还需要额外的时间和成本投入。

　　在实施定量风险分析过程中，要使用被定性风险分析过程评估为对项目目标存在重大潜在影响的单个项目风险的信息。实施定量风险分析过程的输出，则要用作规划风险应对过程的输入，特别是要据此为整体项目风险和关键单个项目风险推荐应对措施。定量风险分析也可以在规划风险应对过程之后开展，以分析已规划的应对措施对降低整体项目风险最大可能的有效性。

　　实施定量风险分析过程的主要输入为项目管理计划和项目文件，主要工具与技术包括不确定性表现方式和数据分析，主要输出为更新后的风险报告。

11.21.1　主要输入

1. 项目管理计划

　　实施定量风险分析过程使用的项目管理计划的组件主要包括风险管理计划、范围基准、进度基准、成本基准等。

　　（1）风险管理计划。风险管理计划确定项目是否需要使用定量风险分析，还会详述可用于分析的资源，以及预期的分析频率。

（2）范围基准。范围基准提供了对单个项目风险和其他不确定性来源的影响开展评估的起点。

（3）进度基准。进度基准提供了对单个项目风险和其他不确定性来源的影响开展评估的起点。

（4）成本基准。成本基准提供了对单个项目风险和其他不确定性来源的影响开展评估的起点。

2. 项目文件

可作为实施定量风险分析过程输入的项目文件主要包括假设日志、估算依据、成本估算、成本预测、持续时间估算、里程碑清单、资源需求、风险登记册、风险报告和进度预测等。

（1）假设日志。如果认为假设条件会引发项目风险，那么就应该把它们列作定量风险分析的输入。在定量风险分析期间，也可以建立模型来分析制约因素的影响。

（2）估算依据。开展定量风险分析时，可以把用于项目规划的估算依据反映在所建立的变量分析模型中。可能包括估算目的、分类、准确性、方法论和资料来源。

（3）成本估算。成本估算提供了对成本变化性进行评估的起始点。

（4）成本预测。成本预测包括项目的完工尚需估算（ETC）、完工估算（EAC）、完工预算（BAC）和完工尚需绩效指数（TCPI）。把这些预测指标与定量成本风险分析的结果进行比较，以确定与实现这些指标相关的置信水平。

（5）持续时间估算。持续时间估算提供了对进度变化性进行评估的起始点。

（6）里程碑清单。项目的重要阶段决定着进度目标。把这些进度目标与定量进度风险分析的结果进行比较，以确定与实现这些目标相关的置信水平。

（7）资源需求。资源需求提供了对变化性进行评估的起始点。

（8）风险登记册。风险登记册包含了用作定量风险分析输入的单个风险的详细信息。

（9）风险报告。风险报告描述了整体项目风险来源，以及当前的整体项目风险状态。

（10）进度预测。可以将预测与定量进度风险分析的结果进行比较，以确定与实现预测目标相关的置信水平。

11.21.2 主要工具与技术

1. 不确定性表现方式

要开展定量风险分析，就需要建立能反映单个项目风险和其他不确定性来源的定量风险分析模型，并为之提供输入。

如果活动的持续时间、成本或资源需求是不确定的，就可以在模型中用概率分布来表示其数值的可能区间。概率分布可能有多种形式，最常用的有三角分布、正态分布、对数正态分布、贝塔分布、均匀分布或离散分布。应该谨慎选择用于表示活动数值的可能区间的概率分布形式。

单个项目风险可以用概率分布图表示，也可以作为概率分支包括在定量分析模型中，在概率分支上添加风险发生的时间和（或）成本影响。如果风险的发生与任何计划活动都没有关系，就最适合将其作为概率分支。如果风险之间存在相关性，例如有某个共同原因或逻辑依赖关系，那么应该在模型中考虑这种相关性。其他不确定性来源也可用概率分支来表示，以描述贯穿项目的其他路径。

2. 数据分析

适用于实施定量风险分析过程的数据分析技术主要包括模拟、敏感性分析、决策树分析、影响图等。

1）模拟

在定量风险分析中，使用模型来模拟单个项目风险和其他不确定性来源的综合影响，以评估它们对项目目标的潜在影响。模拟通常采用蒙特卡洛分析。

对成本风险进行蒙特卡洛分析时，使用项目成本估算作为模拟的输入；对进度风险进行蒙特卡洛分析时，使用进度网络图和持续时间估算作为模拟的输入。开展定量成本和进度综合风险分析时，同时使用这两种输入，其输出就是定量风险分析模型。

用计算机软件数千次迭代运行定量风险分析模型。每次运行，都要随机选择输入值（如成本估算、持续时间估算或概率分支发生频率）。这些运行的输出构成了项目可能结果（如项目结束日期、项目完工成本）的区间。典型的输出包括表示模拟得到特定结果的次数的直方图，或表示获得等于或小于特定数值的结果的累积概率分布曲线（S 曲线）。蒙特卡洛成本风险分析所得到的 S 曲线示例如图 11-54 所示。

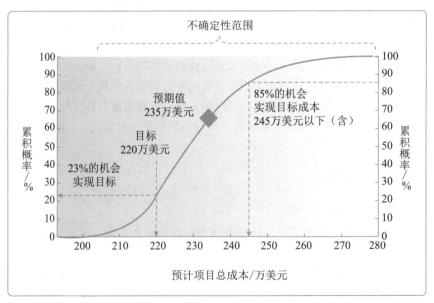

图 11-54　蒙特卡洛成本风险分析所得到的 S 曲线示例

在定量进度风险分析中，还可以执行关键性分析，以确定风险模型的哪些活动对项目关键路径的影响最大。对风险模型中的每一项活动计算关键性指标，即在全部模拟中，该活动出现在关键路径上的频率，通常以百分比表示。通过关键性分析，项目团队就能够重点针对那些对项目整体进度绩效存在最大潜在影响的活动，进行规划风险应对措施。

2）敏感性分析

敏感性分析有助于确定哪些单个项目风险或不确定性来源对项目结果具有最大的潜在影响。它在项目结果变化与定量风险分析模型中的要素变化之间建立联系。敏感性分析的结果通常用龙卷风图来表示，图中标出定量风险分析模型中的每项要素与其能影响的项目结果之间的关联系数，这些要素可包括单个项目风险、易变的项目活动，或具体的不明确性来源。每个要素按关联强度降序排列，形成典型的龙卷风形状，如图 11-55 所示。

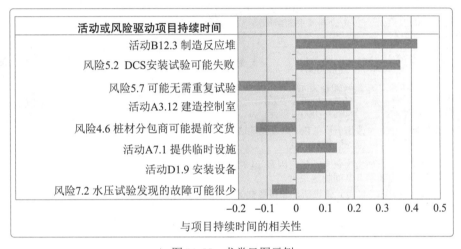

图 11-55　龙卷风图示例

3）决策树分析

用决策树在若干备选行动方案中选择一个最佳方案。在决策树中，用不同的分支代表不同的决策或事件，即项目的备选路径。每个决策或事件都有相关的成本和单个项目风险（包括威胁和机会）。决策树分支的终点表示沿特定路径发展的最后结果，可以是负面或正面的结果。在决策树分析中，通过计算每条分支的预期货币价值，就可以选出最优的路径。决策树示例如图 11-56 所示。

4）影响图

影响图是在不确定条件下进行决策的图形辅助工具。它将一个项目或项目中的一种情境表现为一系列实体、结果和影响，以及它们之间的关系和相互影响。如果因为存在单个项目风险或不确定性来源而影响图中的某些要素的不确定性，就在影响图中以区间或概率分布的形式表示这些要素；然后，借助模拟技术（如蒙特卡洛分析）来分析哪些要素对重要结果具有最大的影响。影响图分析可以得出类似于其他定量风险分析的结果，如 S 曲线图和龙卷风图。

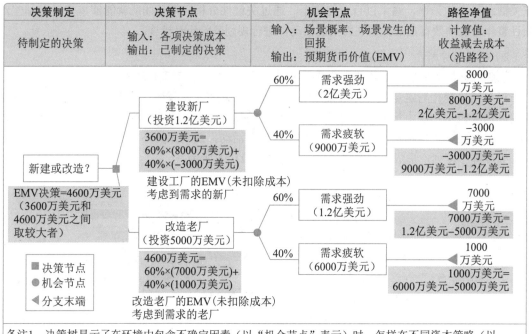

决策制定	决策节点	机会节点	路径净值
待制定的决策	输入：各项决策成本 输出：已制定的决策	输入：场景概率、场景发生的回报 输出：预期货币价值（EMV）	计算值： 收益减去成本 （沿路径）

图 11-56　决策树示例

备注1：决策树显示了在环境中包含不确定因素（以"机会节点"表示）时，怎样在不同资本策略（以"决策节点"表示）之间制定决策。

备注2：本例中，在投资1.2亿美元建设新厂和投资5000万美元改造老厂之间制定决策。两种决策都必须考虑到需求（不确定，因此以"机会节点"表示）。例如，需求强劲情况下，建设新厂可带来2亿美元的收入；如改造老厂，则可能由于产能的限制，仅可带来1.2亿美元的收入。两个分支末端都显示了收益减去成本的净效益。两个决策分支中，将所有效果叠加（见阴影区域），决定决策的整体预期货币价值（EMV）。请不要忘记考虑投资成本。阴影区域的计算表明，改造老厂的EMV较高（4600万美元），整体决策的EMV也较高。（这种选择的风险也较小，避免了最差情况下损失3000万美元的可能。）

11.21.3　主要输出

更新后的风险报告可以反映定量风险分析的结果，具体内容包括：

（1）对整体项目风险最大可能性的评估结果。整体项目风险有两种主要的测量方式：

● 项目成功的可能性：基于已识别的单个项目风险和其他不确定性来源，项目实现其主要目标（例如，既定的结束日期或中间里程碑、既定的成本目标）的概率。

● 项目固有的变化性：在开展定量分析时，可能的项目结果的分布区间。

（2）项目详细概率分析的结果。列出定量风险分析的重要输出，如 S 曲线、龙卷风图和关键性指标，以及对它们的叙述性解释。定量风险分析的详细结果主要包括：

● 所需的应急储备：以达到实现目标的特定置信水平；

● 对项目关键路径有最大影响的单个项目风险或其他不确定性来源的清单；

● 整体项目风险的主要驱动因素：即对项目结果的不确定性有最大影响的因素等。

（3）单个项目风险优先级清单。根据敏感性分析的结果，列出对项目造成最大威胁或产生最大机会的单个项目风险。

（4）定量风险分析结果的趋势。随着在项目生命周期的不同时间重复开展定量风险分析，风险的发展趋势可能逐渐清晰。发展趋势会影响风险应对措施的规划。

（5）风险应对建议。风险报告可能根据定量风险分析结果，针对整体风险的最大可能性或关键单个风险提出应对建议。这些建议将成为规划风险应对过程的输入。

11.22 规划风险应对

规划风险应对是为处理整体项目风险敞口，以及应对单个项目风险而制定可选方案、选择应对策略并商定应对行动的过程。本过程的主要作用是制定应对整体项目风险和单个项目风险的适当方法。本过程还将分配资源，并根据需要将相关活动添加进项目文件和项目管理计划。本过程需要在整个项目期间开展。图 11-57 描述了本过程的输入、工具与技术和输出。

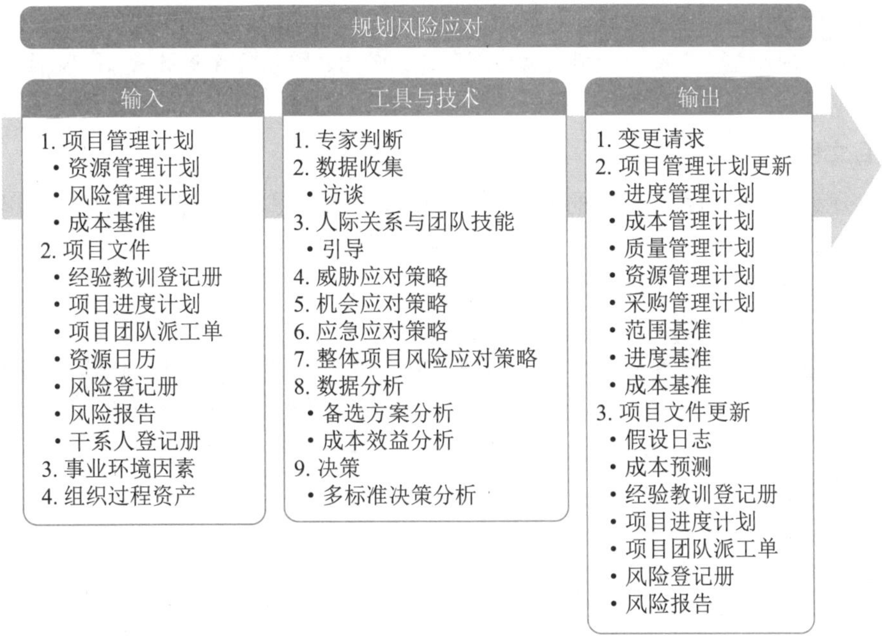

图 11-57 规划风险应对过程的输入、工具与技术和输出

输入	工具与技术	输出
1. 项目管理计划 • 资源管理计划 • 风险管理计划 • 成本基准 2. 项目文件 • 经验教训登记册 • 项目进度计划 • 项目团队派工单 • 资源日历 • 风险登记册 • 风险报告 • 干系人登记册 3. 事业环境因素 4. 组织过程资产	1. 专家判断 2. 数据收集 • 访谈 3. 人际关系与团队技能 • 引导 4. 威胁应对策略 5. 机会应对策略 6. 应急应对策略 7. 整体项目风险应对策略 8. 数据分析 • 备选方案分析 • 成本效益分析 9. 决策 • 多标准决策分析	1. 变更请求 2. 项目管理计划更新 • 进度管理计划 • 成本管理计划 • 质量管理计划 • 资源管理计划 • 采购管理计划 • 范围基准 • 进度基准 • 成本基准 3. 项目文件更新 • 假设日志 • 成本预测 • 经验教训登记册 • 项目进度计划 • 项目团队派工单 • 风险登记册 • 风险报告

针对项目团队认为足够重要的每项单个的项目风险，这些风险会对项目目标的实现造成威胁或提供机会。有效和适当的风险应对可以最小化威胁、最大化机会，并降低整体项目风险发生的可能性；不恰当的风险应对则会适得其反。项目经理也应该思考如何针对整体项目风险的当前级别做出适当的应对。

风险应对方案应该与风险的重要性相匹配，并且能够经济、有效地应对挑战，同时在当前项目背景下现实可行，获得全体干系人的同意，并由一名责任人具体负责。在项目过程中，往往需要从几套可选方案中选出最优的风险应对方案，为每个风险选择最可能有效的策略或策略组合。可用结构化的决策技术来选择最适当的应对策略。对于大型或复杂项目，可能需要以数学优化模型或实际方案分析为基础，进行备选风险应对策略经济分析。

要为实施商定的风险应对策略制定具体的应对行动。如果选定的策略并不完全有效，或者发生了已接受的风险，就需要制订应急计划。同时，也需要识别次生风险。次生风险是实施风险应对措施而直接导致的风险。

规划风险应对过程的主要输入为项目管理计划和项目文件，主要工具与技术包括威胁应对策略、机会应对策略、整体项目风险应对策略，主要输出为更新后的风险登记册和风险报告。

11.22.1　主要输入

1. 项目管理计划

规划风险应对过程使用的项目管理计划组件主要包括资源管理计划、风险管理计划和成本基准等。

（1）资源管理计划。资源管理计划有助于协调用于风险应对的资源和其他项目资源。

（2）风险管理计划。本过程会用到风险管理计划中的风险角色和职责、风险临界值。

（3）成本基准。成本基准包含了拟用于风险应对的应急资金的信息。

2. 项目文件

可作为规划风险应对过程输入的项目文件主要包括经验教训登记册、项目进度计划、项目团队派工单、资源日历、风险登记册、风险报告和干系人登记册。

（1）经验教训登记册。查看关于项目早期的风险应对的经验教训，确定类似的应对是否适用于项目后期。

（2）项目进度计划。进度计划用于确定如何同时规划风险应对活动和其他项目活动。

（3）项目团队派工单。项目团队派工单列明了可用于风险应对的人力资源。

（4）资源日历。资源日历确定了潜在的资源何时可用于风险应对。

（5）风险登记册。风险登记册包含了已识别并排序的、需要应对的单个项目风险的详细信息。每项风险的优先级有助于选择适当的风险应对措施。例如，针对高优先级的威胁或机会，可能需要采取优先措施和积极主动的应对策略；而针对低优先级的威胁和机会，可能只需要把它们列入风险登记册的观察清单部分，不必采取主动的管理措施。同时，风险登记册列出了每项风险的指定风险责任人，还可能包含在早期的项目风险管理过程中识别的初步风险应对措施。风险登记册可能还会提供有助于规划风险应对的、关于已识别风险的其他信息，包括根本原因、风险触发因素和预警信号、需要在短期内应对的风险，以及需要进一步分析的风险。

（6）风险报告。风险报告中的项目整体风险最大可能风险的当前级别，会影响风险应对策略的选择。风险报告也可能按优先级顺序列出了单个项目风险，并对单个项目风险的分布情况进行了更多分析，这些信息都会影响风险应对策略的选择。

（7）干系人登记册。干系人登记册列出了风险应对的潜在责任人。

11.22.2 主要工具与技术

1. 威胁应对策略

针对威胁，可以考虑以下 5 种备选的应对策略：上报、规避、转移、减轻和接受。

（1）上报。如果项目团队或项目发起人认为某威胁不在项目范围内，或提议的应对措施超出了项目经理的权限，就应该采用上报策略。被上报的风险将在项目集层面、项目组合层面或组织的其他相关部门加以管理，而非项目层面。项目经理确定应就威胁通知哪些人员，并向该人员或组织部门传达关于该威胁的详细信息。对于被上报的威胁，组织中的相关人员必须愿意承担应对责任，这一点非常重要。威胁通常要上报给其目标会受该威胁影响的层级。威胁一旦上报，就不再由项目团队做进一步监督，虽然仍可出现在风险登记册中供参考。

（2）规避。风险规避是指项目团队采取行动来消除威胁，或保护项目免受威胁的影响。它可能适用于发生概率较高，且具有严重负面影响的高优先级的威胁。规避策略可能涉及变更项目管理计划的某些方面，或改变会受负面影响的目标，以便于彻底消除威胁，将它的发生概率降低到零。风险责任人也可以采取措施，来分离项目目标与风险万一发生的影响。规避措施可能包括消除威胁的原因、延长进度计划、改变项目策略，或缩小范围。有些风险可以通过澄清需求、获取信息、改善沟通或取得专有技能来加以规避。

（3）转移。转移涉及将应对威胁的责任转移给第三方，让第三方管理风险并承担威胁发生的影响。采用转移策略，通常需要向承担威胁的一方支付风险转移费用。风险转移可能需要通过一系列行动才能得以实现，主要包括购买保险、使用履约保函、使用担保书、使用保证书等。也可以通过签订协议，把具体风险的归属和责任转移给第三方。

（4）减轻。风险减轻是指采取措施来降低威胁发生的概率和影响。提前采取减轻措施通常比威胁出现后尝试进行弥补更加有效。减轻措施包括采用较简单的流程，进行更多次测试，或者选用更可靠的卖方。还可能涉及原型开发，以降低从实验台模型放大到实际工艺或产品中的风险。如果无法降低概率，也许可以从决定风险严重性的因素入手，来减轻风险发生的影响。例如，在一个系统中加入冗余部件，可减轻原始部件故障所造成的影响。

（5）接受。风险接受是指承认威胁的存在。此策略可用于低优先级的威胁，也可用于无法以任何其他方式经济、有效地应对的威胁。接受策略又分为主动或被动方式。最常见的主动接受策略是建立应急储备，包括预留时间、资金或资源，以应对出现的威胁；被动接受策略则不会主动采取行动，而只是定期对威胁进行审查，确保其并未发生重大改变。

2. 机会应对策略

针对机会，可以考虑以下 5 种备选策略：上报、开拓、分享、提高和接受。

（1）上报。如果项目团队或项目发起人认为某机会不在项目范围内，或提议的应对措施超出了项目经理的权限，就应该采取上报策略。被上报的机会将在项目集层面、项目组合层面或组织的其他相关部门加以管理，而非项目层面。项目经理确定应就机会通知哪些人员，并向该人员或组织部门传达关于该机会的详细信息。对于被上报的机会，组织中的相关人员必须愿意承担应对责任，这一点非常重要。机会通常要上报给其目标会受该机会影响的层级。机会一旦上报，就不再由项目团队做进一步监督，虽然仍可出现在风险登记册中供参考。

（2）开拓。如果组织想确保把握住高优先级的机会，就可以选择开拓策略。此策略将特定机会的出现概率提高到 100%，确保其肯定出现，从而获得与其相关的收益。开拓措施可能包括：把组织中最有能力的资源分配给项目来缩短完工时间，或采用全新技术或技术升级来节约项目成本并缩短项目持续时间。

（3）分享。分享涉及将应对机会的责任转移给第三方，使其享有机会所带来的部分收益。必须仔细为已分享的机会安排新的风险责任人，让那些最有能力为项目抓住机会的人担任新的风险责任人。采用机会应对策略，通常需要向承担机会应对责任的一方支付风险费用。分享措施包括建立合伙关系、合作团队、特殊公司或合资企业分享机会。

（4）提高。提高策略用于提高机会出现的概率和影响。提前采取提高措施通常比机会出现后尝试改善收益更加有效。通过关注其原因，可以提高机会出现的概率；如果无法提高概率，也许可以针对决定其潜在收益规模的因素来提高机会发生的影响。机会提高措施包括为早日完成活动而增加资源。

（5）接受。接受机会是指承认机会的存在。此策略可用于低优先级的机会，也可用于无法以任何其他方式经济、有效地应对的机会。接受策略又分为主动或被动方式。最常见的主动接受策略是建立应急储备，包括预留时间、资金或资源，以便在机会出现时加以利用；被动接受策略则不会主动采取行动，而只是定期对机会进行审查，确保其并未发生重大改变。

3. 整体项目风险应对策略

风险应对措施的规划和实施不应只针对单个项目风险，还应针对整体的项目风险。用于应对单个项目风险的策略也适用于整体项目风险，主要包括规避、开拓、转移或分享、减轻或提高、接受。

（1）规避。如果整体项目风险有严重的负面影响，并已超出商定的项目风险临界值，就可以采用规避策略。此策略涉及采取集中行动，弱化不确定性对项目整体的负面影响，并将项目拉回到临界值以内。例如，取消项目范围中的高风险工作，就是一种整个项目层面的规避措施。如果无法将项目拉回到临界值以内，则可能取消项目。这是最极端的风险规避措施，仅适用于威胁的整体级别在当前和未来都不可接受的情况。

（2）开拓。如果整体项目风险有显著的正面影响，并已超出商定的项目风险临界值，就可以采用开拓策略。此策略涉及采取集中行动，获得不确定性对整体项目的正面影响。例如，在项目范围中增加高收益的工作，以提高项目对干系人的价值或效益；或者，也可以与关键干系人协商修改项目的风险临界值，以便将机会包含在内。

（3）转移或分享。如果整体项目风险的级别很高，组织无法有效加以应对，就可能需要让第三方代表组织对风险进行管理。若整体项目风险是负面的，就需要采取转移策略，这可能涉及支付风险费用；若整体项目风险高度正面，则由多方分享，以获得相关收益。整体项目风险的转移和分享策略主要包括：建立买方和卖方分享整体项目风险的协作式业务结构、成立合资企业或特殊目的公司，或对项目的关键工作进行分包。

（4）减轻或提高。本策略涉及变更整体项目风险的级别，以优化实现项目目标的可能性。

减轻策略适用于负面的整体项目风险，而提高策略则适用于正面的整体项目风险。减轻或提高策略包括重新规划项目、改变项目范围和边界、调整项目优先级、改变资源配置、调整交付时间等。

（5）接受。即使整体项目风险已超出商定的临界值，如果无法针对整体项目风险采取主动的应对策略，组织可能选择继续按当前的定义推动项目进展。接受策略又分为主动或被动方式。最常见的主动接受策略是为项目建立整体应急储备，包括预留时间、资金或资源，以便在项目风险超出临界值时使用；被动接受策略则不会主动采取行动，而只是定期对整体项目风险的级别进行审查，确保其未发生重大改变。

11.22.3　主要输出

1. 风险登记册（更新）

需要更新风险登记册，记录选择和商定的风险应对措施。
风险登记册的更新可能包括：
- 商定的应对策略；
- 实施所选应对策略所需要的具体行动；
- 风险发生的触发条件、征兆和预警信号；
- 实施所选应对策略所需要的预算和进度活动；
- 应急计划及启动该计划所需的风险触发条件；
- 回退计划，供风险发生且主要应对措施不足以应对时使用；
- 采取预定应对措施之后仍存在的残余风险，以及被有意接受的风险；
- 由实施风险应对措施而直接导致的次生风险。

2. 风险报告（更新）

更新风险报告，记录针对当前整体项目风险敞口和高优先级风险的经商定的应对措施，以及实施这些措施之后的预期变化。

11.23　规划采购管理

规划采购管理是记录项目采购决策，明确采购方法，识别潜在卖方的过程。本过程的主要作用是确定是否从项目外部获取货物和服务，如果是，则还要确定将在什么时间、以什么方式获取什么货物和服务。货物和服务可从执行组织的其他部门采购，或者从外部渠道采购。本过程仅开展一次或仅在项目的预定义点开展。图 11-58 描述了本过程的输入、工具与技术和输出。

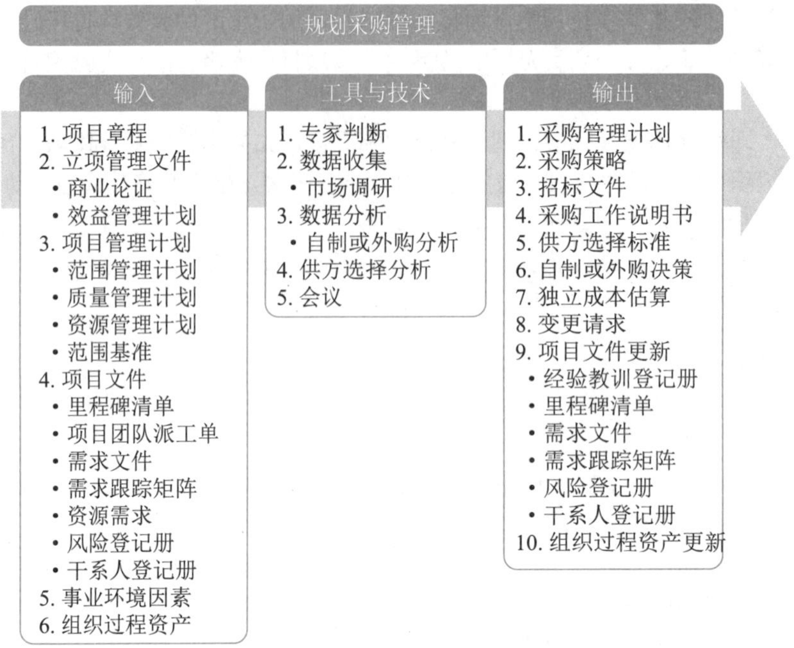

图 11-58　规划采购管理的输入、工具与技术和输出

　　应该在规划采购管理过程的早期，确定与采购有关的角色和职责。项目经理应确保在项目团队中配备具有所需采购专业知识的人员。采购过程的参与者可能包括购买部或采购部的人员，以及法务部的人员。这些人员的职责也应记录在采购管理计划中。

　　一般的采购步骤包括：

- 准备采购工作说明书（SOW）或工作大纲（TOR）；
- 准备高层级的成本估算，制定预算；
- 发布招标广告；
- 确定合格卖方的名单；
- 准备并发布招标文件；
- 由卖方准备并提交建议书；
- 对建议书开展技术（包括质量）评估；
- 对建议书开展成本评估；
- 准备最终的综合评估报告（包括质量及成本），选出中标建议书；
- 结束谈判，买方和卖方签署合同。

　　项目进度计划对规划采购管理过程中的采购策略制定有重要影响。在制定采购管理计划时所做出的决定也会影响项目进度计划。在开展制订进度计划过程、估算活动资源过程以及自制或外购决策制定时，都需要考虑这些决定。

　　规划采购管理过程的主要输入为项目管理计划和项目文件，主要输出为采购管理计划、采购策略、采购工作说明书和招标文件。

11.23.1　主要输入

1. 项目管理计划

规划采购管理过程使用的项目管理计划的组件主要包括范围管理计划、质量管理计划、资源管理计划、范围基准等。

（1）范围管理计划。范围管理计划说明如何在项目实施阶段管理承包商的工作范围等。

（2）质量管理计划。质量管理计划包含项目需要遵循的行业标准与准则。这些标准与准则应写入招标文件，如建议邀请书，并将最终在合同中引用。这些标准与准则也可用于供应商资格预审，或作为供应商甄选标准的一部分。

（3）资源管理计划。资源管理计划包括关于哪些资源需要采购或租赁的信息，以及任何可能影响采购的假设条件或制约因素。

（4）范围基准。范围基准包含范围说明书、WBS 和 WBS 字典。在项目早期，项目范围可能仍要继续演进。应该针对项目范围中已知的工作编制工作说明书（SOW）和工作大纲（TOR）。

2. 项目文件

可作为规划采购管理过程输入的项目文件主要包括里程碑清单、项目团队派工单、需求文件、需求跟踪矩阵、资源需求、风险登记册、干系人登记册等。

（1）里程碑清单。重要里程碑清单说明卖方需要在何时交付成果。

（2）项目团队派工单。项目团队派工单包含关于项目团队技能和能力的信息，以及他们可用于支持采购活动的时间。如果项目团队不具备开展采购活动的能力，则需要外聘人员或对现有人员进行培训，或者二者同时进行。

（3）需求文件。需求文件包括以下内容：一是卖方需要满足的技术要求；二是具有合同和法律意义的需求，如健康、安全、安保、绩效、环境、保险、知识产权、同等就业机会、执照、许可证，以及其他非技术要求。

（4）需求跟踪矩阵。需求跟踪矩阵将产品需求从来源连接到满足需求的可交付成果。

（5）资源需求。资源需求包含关于某些特定需求的信息，例如，可能需要采购的团队及实物资源。

（6）风险登记册。风险登记册列明风险清单，以及风险分析和风险应对规划的结果。有些风险应通过采购协议转移给第三方。

（7）干系人登记册。干系人登记册提供有关项目参与者及其项目利益的详细信息，包括监管机构、合同签署人员和法务人员。

11.23.2　主要输出

1. 采购管理计划

采购管理计划包含在采购过程中开展的各种活动。它应该记录是否要开展国际竞争性招标、国内竞争性招标、当地招标等。如果项目由外部资助，资金的来源和可用性应符合采购管理计划和项目进度计划的规定。

采购管理计划可包括以下内容：

- 如何协调采购与项目的其他工作，例如，项目进度计划的制订和控制；
- 开展重要采购活动的时间表；
- 用于管理合同的采购测量指标；
- 与采购有关的干系人角色和职责，如果执行组织有采购部，项目团队拥有的职权和受到的限制；
- 可能影响采购工作的制约因素和假设条件；
- 司法管辖权和付款货币；
- 是否需要编制独立估算，以及是否应将其作为评价标准；
- 风险管理事项，包括对履约保函或保险合同的要求，以减轻某些项目风险；
- 拟使用的预审合格的卖方（如果有）等。

根据每个项目的需要，采购管理计划可以是正式或非正式的，也可以是非常详细或高度概括的。

2. 采购策略

一旦完成自制或外购分析，并决定从项目外部渠道采购，就应制定一套采购策略。应该在采购策略中规定项目交付方法、具有法律约束力的协议类型，以及如何在采购阶段推动采购进展。

1）交付方法

对专业服务项目和建筑施工项目，应该采用不同的交付方法，具体如下：

- 专业服务项目的交付方法：主要涉及的项目类型包括买方或服务提供方不得分包、买方或服务提供方可以分包、买方和服务提供方设立合资企业、买方或服务提供方仅充当代表；
- 工业或商业施工项目的交付方法：主要涉及的项目类型包括交钥匙式、设计-建造（DB）、设计-招标-建造（DBB）、设计-建造-运营（DBO）、建造-拥有-运营-转让（BOOT）等。

2）合同支付类型

合同支付类型与项目交付方法无关，需要与采购组织的内部财务系统相协调。主要包括以下几种合同类型及其变种：总价、固定总价、成本加奖励费用、成本加激励费用、工料、目标成本及其他。

- 总价合同适用于工作类型可预知、需求能清晰定义且不太可能变更的情况；
- 成本补偿合同适用于工作不断演进、很可能变更或未明确定义的情况；
- 激励和奖励费用可用于协调买方和卖方的目标。

3）采购阶段相关信息

采购策略也可以包括与采购阶段有关的信息，这些信息可能包括：

- 采购工作的顺序安排或阶段划分，每个阶段的描述，以及每个阶段的具体目标；
- 用于监督的采购绩效指标和里程碑；

- 从一个阶段过渡到下一个阶段的标准；
- 用于追踪采购进展的监督和评估计划；
- 向后续阶段转移知识的过程。

3. 采购工作说明书

依据项目范围基准，为每次采购编制工作说明书（SOW），仅对将要包含在相关合同中的那一部分项目范围进行定义。工作说明书会充分、详细地描述拟采购的产品、服务或成果，以便潜在卖方确定是否有能力提供此类产品、服务或成果。根据采购品的性质、买方的需求，或拟采用的合同形式，工作说明书的详细程度会有较大不同。工作说明书的内容包括规格、所需数量、质量水平、绩效数据、履约期间、工作地点和其他要求。

采购工作说明书应力求清晰、完整和简练。它需要说明所需的附加服务，例如，报告绩效，或对采购品的后续运营支持。在采购过程中，应根据需要对工作说明书进行修订，直到它成为所签协议的一部分。

对于服务采购，可能会用"工作大纲（TOR）"这个术语。与采购工作说明书类似，工作大纲通常包括以下内容：

- 承包商需要执行的任务，以及所需的协调工作；
- 承包商必须达到的适用标准；
- 需要提交批准的数据；
- 由买方提供给承包商的，适用时，将用于合同履行的全部数据和服务的详细清单；
- 关于初始成果提交和审查（或审批）的进度计划。

4. 招标文件

招标文件用于向潜在卖方征求建议书。如果主要依据价格来选择卖方（如购买商业或标准产品时），通常就使用标书、投标或报价等术语；如果其他考虑因素（如技术能力或技术方法）至关重要，则通常使用建议书之类的术语。具体使用的采购术语也可能因行业或采购地点而异。根据所需的货物或服务，招标文件可以是信息邀请书、报价邀请书、建议邀请书，或其他适当的采购文件。使用不同文件的条件如下：

- 信息邀请书（RFI）：如果需要卖方提供关于拟采购货物和服务的更多信息，就使用信息邀请书。随后一般还会使用报价邀请书或建议邀请书。
- 报价邀请书（RFQ）：如果需要供应商提供关于将如何满足需求和（或）将需要多少成本的更多信息，就使用报价邀请书。
- 建议邀请书（RFP）：如果项目中出现问题且解决办法难以确定，就使用建议邀请书。这是最正式的"邀请书"文件，需要遵守与内容、时间表，以及卖方应答有关的严格的采购规则。

买方拟定的招标文件不仅应便于潜在卖方做出准确、完整的应答，还要便于买方对卖方应答进行评价。招标文件会包括规定的应答格式、相关的采购工作说明书，以及所需的合同条款。

招标文件的复杂和详细程度应与采购的价值及相关的风险相符。招标文件既需要具备足够详细的信息，以确保卖方做出一致且适当的应答，同时又要有足够的灵活度，让卖方为满足相同的要求而提出更好的建议。

11.23.3 合同类型

以项目范围为标准进行划分，可以将合同分为项目总承包合同、项目单项承包合同和项目分包合同 3 类。以项目付款方式为标准进行划分，通常可将合同分为两大类，即总价合同和成本补偿合同。另外，常用的合同类型还有混合型的工料合同。

1. 项目总承包合同

买方将项目的全过程作为一个整体发包给同一个卖方的合同。需要特别注意的是，总承包合同要求只与同一个卖方订立承包合同，但并不意味着只订立一个总合同。可以采用订立一个总合同的形式，也可以采用订立若干合同的形式。例如，在一个典型的 IT 项目中，买方与同一个卖方分别就项目的咨询论证、方案设计、硬件建设、软件开发、实施及运行维护等订立不同的合同。采用总承包合同的方式一般适用于经验丰富、技术实力雄厚且组织管理协调能力强的卖方，这样有利于发挥卖方的专业优势，保证项目的质量和进度，提高投资效益。采用这种方式，买方只需要与一个卖方沟通，容易管理与协调。

2. 项目单项承包合同

一个卖方只承包项目中的某一项或某几项内容，买方分别与不同的卖方订立项目单项承包合同。采用项目单项承包合同的方式有利于吸引更多的卖方参与投标竞争，使买方可以选择在某一单项上实力强的卖方。同时也有利于卖方专注于自身经验丰富且技术实力雄厚的部分的建设。但这种方式对于买方的组织管理协调能力提出了较高的要求。

3. 项目分包合同

经合同约定和买方认可，卖方将其承包项目的某一部分或某几部分（非项目的主体结构）再发包给具有相应资质条件的分包方，与分包方订立的合同称为项目分包合同。需要说明的是，订立项目分包合同必须同时满足以下 5 个条件：

- 经过买方认可；
- 分包的部分必须是项目非主体工作；
- 只能分包部分项目，而不能转包整个项目；
- 分包方必须具备相应的资质条件；
- 分包方不能再次分包。

分包合同涉及两种合同关系，即买方与卖方的承包合同关系，以及卖方与分包方的分包合同关系。卖方在原承包合同范围内向买方负责，而分包方与卖方在分包合同范围内向买方承担连带责任。如果分包的项目出现问题，买方既可以要求卖方承担责任，也可以直接要求分包方承担责任。

4. 总价合同

总价合同（Fixed Price Contract）为既定产品或服务的采购设定一个总价。总价合同也可以为达到或超过项目目标（例如，进度交付日期、成本和技术绩效，或其他可量化、可测量的目标）而规定财务奖励条款。卖方必须依法履行总价合同，否则，就要承担相应的违约赔偿责任。采用总价合同，买方必须准确定义要采购的产品或服务。虽然允许范围变更，但范围变更通常会导致合同价格提高。从付款的类型上来划分，总价合同又可以分为以下几种。

1）固定总价合同

固定总价（Firm Fixed Price，FFP）合同是最常用的合同类型。大多数买方都喜欢这种合同，因为采购的价格在一开始就被确定，并且不允许改变（除非工作范围发生变更）。因合同履行不好而导致的任何成本增加都由卖方承担。

2）总价加激励费用合同

总价加激励费用（Fixed Price Incentive Fee，FPIF）合同为买方和卖方都提供了一定的灵活性，它允许有一定的绩效偏差，并对实现既定目标给予财务奖励。奖励的计算方法可以有多种，但都与卖方的成本、进度或技术绩效有关。例如，规定目标工期以及提前完工的奖金。绩效目标一开始就要制定好，而最终的合同价格要待全部工作结束后根据卖方绩效加以确定。在 FPIF 合同中，要设置一个价格上限（最高限价、天花板价格），卖方必须完成工作，并且要承担高于上限的全部成本，也就是说，买方付款的总数不得超过最高限价。例如，表 11-4 是一个总价加激励费用合同的示例。

表 11-4　总价加激励费用合同示例（金额单位：万元）

项目	合同内容	实际执行情况		说　明
		A 项目	B 项目	
目标成本	10	8	13	假设买方和卖方对目标成本、目标费用、分摊比例和价格上限已达成一致
目标费用	1	1	0	
分摊比例	60：40	0.8	0	如果实际的花费比目标成本低，买方支付目标费用和激励费用（假设约定为目标成本和实际花费差价的 40%）
价格上限	12		12	买方能支付的最高限价
实际支付		9.8	12	买方实际支付的款项
实际利润		1.8	−1	卖方有可能亏本，例如，B 项目

3）总价加经济价格调整合同

如果卖方履约要跨越相当长的周期（数年），就应该使用总价加经济价格调整（Fixed Price with Economic Price Adjustment，FPEPA）合同。如果买方和卖方之间要维持多种长期关系，也可以采用这种合同类型。它是一种特殊的总价合同，允许根据条件变化（例如，通货膨胀、某些特殊商品的成本增加或降低等），以事先确定的方式对合同价格进行最终调整。FPEPA 合同可以保护买方和卖方免受外界不可控情况的影响，FPEPA 合同条款必须规定用于准确调整最终价格的、可靠的财务指数。

4）订购单

在实际工作中，还有另外一种形式的总价合同，就是订购单。当非大量采购标准化产品时，通常可以由买方直接填写卖方提供的订购单，卖方照此供货。由于订购单通常不需要谈判，所以又称为单边合同。

5. 成本补偿合同

成本补偿合同（Cost-Reimbursable Contract）向卖方支付为完成工作而发生的全部合法实际成本（可报销成本），外加一笔费用作为卖方的利润。成本补偿合同也可为卖方超过或低于预定目标而规定财务奖励条款。

成本补偿合同以卖方从事项目工作的实际成本作为付款的基础，即成本实报实销。在这种合同下，买方的成本风险最大。这种合同适用于买方仅知道要一个什么产品，但不知道具体工作范围的情况，也就是工作范围很不清楚的项目。当然，成本补偿合同也适用于买方特别信得过的卖方，想要与卖方全面合作的情况。

1）成本加固定费用合同

成本加固定费用（Cost Plus Fixed Fee，CPFF）合同为卖方报销履行合同工作所发生的一切合法成本（即成本实报实销），并向卖方支付一笔固定费用作为利润，该费用以项目初始估算成本（目标成本）的某一百分比计算。费用只能针对已完成的工作来支付，并且不因卖方的绩效而变化。除非项目范围发生变更，费用金额维持不变。这是最常用的成本补偿合同，对卖方有一定的制约作用。表 11-5 是一个成本加固定费用合同的示例。

表 11-5 成本加固定费用合同示例（金额单位：万元）

项目	合同内容	实际执行情况		说　明
		A 项目	B 项目	
目标成本	10	8	13	假设买方和卖方对目标成本和固定费用已达成一致
固定费用	1	1	1	固定费用为估算成本的 10%
总价	11			
实际支付		9	14	买方实际支付的款项
实际利润		1	1	卖方总是有正的利润

2）成本加激励费用合同

成本加激励费用（Cost Plus Incentive Fee，CPIF）合同为卖方报销履行合同工作所发生的一切合法成本（即成本实报实销），并在卖方达到合同规定的绩效目标时，向卖方支付预先确定的激励费用。

在 CPIF 合同下，如果卖方的实际成本低于目标成本，节余部分由双方按一定比例分成（例如，基于卖方的实际成本，按照 80/20 的比例分成，即买方 80%，卖方 20%）；如果卖方的实际成本高于目标成本，超过目标成本的部分由双方按比例分担（例如，基于卖方的实际成本，按照 20/80 的比例分担，即买方 20%，卖方 80%）。

在 CPIF 合同下，如果实际成本大于目标成本，卖方可以得到的付款总数为"目标成本 + 目标费用 + 买方应负担的成本超支"；如果实际成本小于目标成本，则卖方可以得到的付款总数为"目标成本 + 目标费用 - 买方应享受的成本节约"。表 11-6 是一个成本加激励费用合同的示例。

表 11-6　成本加激励费用合同示例（金额单位：万元）

项目	合同内容	实际执行情况		说　明
		A 项目	B 项目	
目标成本	10	8	13	假设买方和卖方对目标成本、目标费用和分摊比例
目标费用	1	1	1	已达成一致
分摊比例	60：40	0.8	−1.2	
实际支付		9.8	12.8	买方实际支付的款项
实际利润		1.8	−0.2	卖方有可能亏本，例如，B 项目

3）成本加奖励费用合同

成本加奖励费用（Cost Plus Award Fee，CPAF）合同为卖方报销履行合同工作所发生的一切合法成本（即成本实报实销），买方再凭自己的主观感觉给卖方支付一笔利润，完全由买方根据自己对卖方绩效的主观判断来决定奖励费用，并且卖方通常无权申诉。

6. 工料合同

工料合同（Time and Material，T&M）是指按项目工作所花费的实际工时数和材料数，按事先确定的单位工时费用标准和单位材料费用标准进行付款。这类合同适用于工作性质清楚，工作范围比较明确，但具体的工作量无法确定的项目。在这种合同下，买方承担中等程度的成本风险，即承担工作量变动的风险；而卖方则承担单价风险。因此，工料合同在金额小、工期短、不复杂的项目上可以有效使用，但在金额大、工期长的复杂项目上不适用。

工料合同是兼具成本补偿合同和总价合同的某些特点的混合型合同。在不能很快编写出准确工作说明书的情况下，经常使用工料合同来增加人员、聘请专家以及寻求其他外部支持。这类合同与成本补偿合同的相似之处在于，它们都是开口合同，合同价因成本增加而变化。在授予合同时，买方可能并未确定合同的总价值和采购的准确数量。因此，如同成本补偿合同一样，工料合同的合同价值可以增加。

很多组织会在工料合同中规定最高价格和时间限制，以防止成本无限增加。另一方面，由于合同中确定了一些参数，工料合同又与固定单价合同相似。当买卖双方就特定资源类别的价格（例如，高级工程师的小时费率或某种材料的单位费率）取得一致意见时，买方和卖方就预先设定了单位人力或材料费率（包含卖方利润）。

7. 合同类型的选择

在项目工作中，要根据项目的实际情况和外界条件的约束来选择合同类型，具体原则为：

- 如果工作范围很明确，且项目的设计已具备详细的细节，则使用总价合同。
- 如果工作性质清楚，但工作量不是很清楚，而且工作不复杂，又需要快速签订合同，则使用工料合同。
- 如果工作范围尚不清楚，则使用成本补偿合同。
- 如果双方分担风险，则使用工料合同；如果买方承担成本风险，则使用成本补偿合同；如果卖方承担成本风险，则使用总价合同。
- 如果是购买标准产品，且数量不大，则使用单边合同等。

11.23.4   合同内容

一般情况下，项目合同的具体条款由当事人各方自行约定。总的来说，应包括以下各项：

（1）项目名称。

（2）标的内容和范围。明确双方的权利与义务，这是合同的主要内容。其中的权利与义务应对等，从而体现合同的公平原则，而不应偏向其中的任何一方。

（3）项目的质量要求。通常情况下采用技术指标限定等各种方式来描述项目的整体质量标准和各部分质量标准，它是判断整个项目成败的重要依据。

（4）项目的计划、进度、地点、地域和方式。

（5）项目建设过程中的各种期限。明确卖方提交有关基础资料（例如，文档、源代码等）的期限、项目的里程碑时间，以及项目的验收时间等重要期限。需要特别注意的是，在项目执行过程中，如果出现里程碑的延误和不合格时，买方有权停止卖方的开发，转向其他卖方。

（6）技术情报和资料的保密。明确约定双方都不得向第三方泄漏对方的业务和技术上的秘密，包括买方业务上的机密（例如，商业运营方式和客户信息等），以及卖方的技术机密。为了提高保密意识，实现自我保护，双方可以另行订立一个保密合同，具体规定保密的内容和保密的期限等。

（7）风险责任的承担，明确项目的风险承担方式，是由买方承担还是由卖方承担，或者双方按比例分担。

（8）技术成果的归属。项目中产品的知识产权和所有权不同。一般来说，买方支付开发费用之后，产品的所有权将转给买方，但产品的知识产权仍然属于卖方。如果要将产品的知识产权也转给买方（或双方共同拥有），则应在合同中明确相关条款。

（9）验收的标准和方法。质量验收标准是一个关键的指标，如果双方的验收标准不一致，就会在产品验收时产生争议与纠纷。在某些情况下，卖方为了获得项目也可能将产品的功能过分夸大，使得买方对产品功能的预期过高。另外，买方对产品功能的预期可能会随着自己对产品的熟悉而提高标准。为避免此类情况的发生，清晰地规定质量验收标准是必须的，而且对双方都是有益的。

（10）价款、报酬（或使用费）及其支付方式。价款，即买方为项目建设投入的资金情况，分为总体费用和分项费用；报酬，即付给卖方的酬金。建议分期支付价款和报酬，即以某一阶段的里程碑为标志，按一定比例支付。这样，双方对项目每个阶段的实施范围，以及验收的标准进行细化，使之具有可操作性和可度量性，有利于提高项目建设的质量。同时也能充分调动卖方的积极性，并有效地保护买方的合法权益。

（11）违约金或者损失赔偿的计算方法。合同当事人双方应当根据有关规定约定双方的违约责任，以及赔偿金的计算方法和赔偿方式。对于采用分期付款方式的项目，可以明确约定每个阶段达不到验收要求所实行的违约处罚措施。

（12）解决争议的方法。该条款中应尽可能地明确在出现争议与纠纷时采取何种方式来协商解决（Negotiated Settlement）。

（13）名词术语解释。该条款主要对合同中出现的专用名词术语进行解释说明。

项目合同经当事人各方约定，还可以包括相关文档资料、项目变更的约定，以及有关技术支持服务的条款等内容作为上述基本条款的补充，也可以用附件的形式单独列出，具体如下：

- 相关文档资料：包括与履行合同有关的技术背景资料、可行性报告、技术评价报告、项目任务书、项目管理计划、相关技术标准和规范等文件。
- 项目变更的约定：项目变更的范围包括资金、需求、期限及合同等的变更，该条款应明确每一变更发生时通过何种方式处理，以减少产生争议和纠纷的可能性。
- 技术支持服务：该条款应明确由于卖方产品质量所造成的技术性问题的解决方式和是否收费等事宜。如果没有这个条款规定，就视为卖方所有的售后服务都要另行收费。

11.24　规划干系人参与

规划干系人参与是根据干系人的需求、期望、利益和对项目的潜在影响，制定项目干系人参与项目的方法的过程。本过程的主要作用是提供与干系人进行有效互动的可行计划。本过程应根据需要在整个项目期间定期开展。图 11-59 描述了本过程的输入、工具与技术和输出。

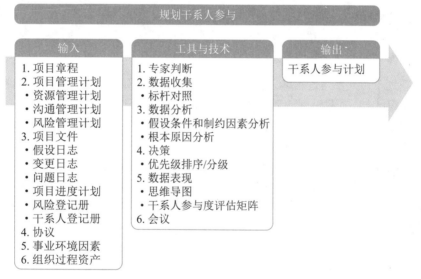

图 11-59　规划干系人参与过程的输入、工具与技术和输出

为满足项目干系人的多样性信息需求，应在项目生命周期的早期制订一份有效的计划；然后，随着干系人群体的变化，定期审查和更新该计划。在通过识别干系人过程明确最初的干系人群体之后，就应该编制第一版的干系人参与计划，然后定期更新干系人参与计划，以反映干系人群体的变化。会触发该计划更新的情况主要包括：

- 项目新阶段开始；
- 组织结构或行业内部发生变化；
- 新的个人或群体成为干系人，现有干系人不再是干系人群体的成员，或特定干系人对项目成功的重要性发生变化；

- 当其他项目过程（如变更管理、风险管理或问题管理）的输出导致需要重新审查干系人参与策略等。

上述情况都可能导致已识别干系人的相对重要性发生变化。

规划干系人参与过程的主要输入为项目管理计划和项目文件，主要工具与技术是干系人参与度评估矩阵这一数据表现技术，主要输出为干系人参与计划。

11.24.1　主要输入

1. 项目管理计划

规划干系人参与过程使用的项目管理计划组件主要包括资源管理计划、沟通管理计划和风险管理计划等。

（1）资源管理计划。资源管理计划包含团队成员及其他干系人角色和职责的信息。

（2）沟通管理计划。用于干系人管理的沟通策略以及用于实施策略的计划，既是项目干系人管理的各个过程的输入，又会收录来自这些过程的相关信息。

（3）风险管理计划。风险管理计划可能包含风险临界值或风险态度，有助于选择最佳的干系人参与策略组合。

2. 项目文件

可用作规划干系人参与过程输入的项目文件（尤其在初始规划之后）主要包括假设日志、变更日志、问题日志、项目进度计划、风险登记册和干系人登记册等。

（1）假设日志。假设日志中关于假设条件和制约因素的信息，可能与特定干系人关联。

（2）变更日志。变更日志记录了对原始项目范围的变更。变更通常与具体干系人相关联，因为干系人可能是变更请求提出者、变更请求审批者、受变更实施影响者。

（3）问题日志。为了管理和解决问题日志中的问题，需要与受影响干系人额外沟通。

（4）项目进度计划。进度计划中的活动需要与具体干系人关联，即把特定干系人指定为活动责任人或执行者。

（5）风险登记册。风险登记册包含项目的已识别风险，它通常会把这些风险与具体干系人关联，即把特定干系人指定为风险责任人或受风险影响者。

（6）干系人登记册。干系人登记册提供项目干系人的清单、分类情况和其他信息。

11.24.2　主要工具与技术

干系人参与度评估矩阵用于将干系人当前参与水平与期望参与水平进行比较，它是对干系人参与水平进行分类的方式之一，如表 11-7 所示。干系人参与水平可分为如下几种：

- 不了解型：不知道项目及其潜在影响；
- 抵制型：知道项目及其潜在影响，但抵制项目工作或成果可能引发的任何变更，此类干系人不会支持项目工作或项目成果；
- 中立型：了解项目，但既不支持，也不反对；
- 支持型：了解项目及其潜在影响，并且会支持项目工作及其成果；

● 领导型：了解项目及其潜在影响，而且积极参与，以确保项目取得成功。

表 11-7 干系人参与度评估矩阵

干系人	不了解	抵制	中立	支持	领导
干系人 1	C			D	
干系人 2			C	D	
干系人 3				D C	

在表 11-7 中，C 代表每个干系人的当前参与水平，而 D 是项目团队评估出来的、为确保项目成功所必不可少的参与水平（期望的）。应根据每个干系人的当前与期望参与水平的差距，开展必要的沟通，有效引导干系人参与项目。弥合当前与期望参与水平的差距是监督干系人参与的一项基本工作。

11.24.3 主要输出

干系人参与计划是项目管理计划的组成部分。该计划制定了干系人有效参与和执行项目决策的策略和行动。干系人参与计划可以是正式或非正式的，非常详细或高度概括的，这个基于项目的需要和干系人的期望。

干系人参与计划可主要包括调动干系人个人或群体参与的特定策略或方法。

干系人参与计划示例如表 11-8 所示。

表 11-8 干系人参与计划示例

责任相关人 ＼ 活动名称	计划时间	实际时间	最终用户	客户/代表	高层经理	中层经理	项目经理	业务/技术专家
合同评审			○					
评审技术方案建议书			○					
评审项目总体计划			○					
用户需求说明书评审			○					
软件需求说明书评审			○					
里程碑评审			○					
计划变更评审			○					
需求变更评审			○					
联调测试								
专家测试								
验收测试								
验收发布								
...								

备注：

1. 编制计划时，确定相关角色的人员以及参加时间，以"○"标识所参加的活动。

2. 进行活动时，填写实际参加时间，以"●"标识所参加的活动或者评审会议。

11.25　本章练习

1. 选择题

（1）规划范围管理的输入不包括_____。

　　A. 项目章程　　　　　　　　　　B. 项目管理计划

　　C. 范围管理计划　　　　　　　　D. 组织过程资产

参考答案：C

（2）收集需求中输入的项目文件不包括_____。

　　A. 假设日志　　　　　　　　　　B. 需求文件

　　C. 经验教训登记册　　　　　　　D. 干系人登记册

参考答案：B

（3）定义范围是制定项目和产品详细描述的过程，其主要作用是_____。

　　A. 描述产品、服务或成果的边界和验收标准

　　B. 为定义产品范围和项目范围奠定基础

　　C. 在整个项目期间对如何管理范围提供指南和方向

　　D. 定义工作之间的逻辑顺序，以便在既定的所有项目制约因素下获得最高效率

参考答案：A

（4）创建工作分解结构（WBS）过程中的输入不包括_____。

　　A. 范围基准　　　　　　　　　　B. 项目管理计划

　　C. 项目范围说明书　　　　　　　D. 需求文件

参考答案：A

（5）规划进度管理是为规划、_____和控制项目进度而制定政策、程序和文档的过程。

　　A. 编制、管理、执行　　　　　　B. 编制、管理、分解

　　C. 管理、执行、分解　　　　　　D. 编制、执行、分解

参考答案：A

（6）定义活动的主要作用是将工作包分解为进度活动，作为对项目工作进行进度估算、_____的基础。

　　A. 规划、执行、监督和控制　　　B. 规划、定义、监督和控制

　　C. 规划、执行、定义和控制　　　D. 规划、执行、监督和定义

参考答案：A

（7）_____不属于排列活动顺序的输入。

　　A. 活动属性　　　　　　　　　　B. 进度基准

　　C. 假设日志　　　　　　　　　　D. 里程碑清单

参考答案：B

（8）以下关于估算活动持续时间如何开展的描述，正确的是_____。

　　A. 仅开展一次

　　B. 仅在项目的预定义点开展

C. 仅开展一次或仅在项目的预定义点开展

D. 需要在整个项目期间开展

参考答案： D

（9）估算活动持续时间的输出不包括_____。

A. 项目管理计划   B. 项目文件更新

C. 持续时间估算   D. 估算依据

参考答案： A

（10）规划成本管理是确定如何_____和控制项目成本的过程。

A. 估算、明确、管理、监督   B. 明确、预算、管理、监督

C. 估算、预算、管理、监督   D. 估算、预算、明确、监督

参考答案： C

（11）制定预算是汇总所有单个活动或工作包的估算成本，建立一个经批准的成本基准的过程，其主要作用是_____。

A. 根据项目类型和复杂程度确定适用于项目资源的管理方法和管理程度

B. 明确完成项目所需的资源种类、数量和特性

C. 确定可据以监督和控制项目绩效的成本基准

D. 在整个项目期间为如何管理和核实质量提供指南和方向

参考答案： C

（12）估算活动资源是估算执行项目所需的团队资源，以及材料、设备和用品的类型和数量的过程，其主要作用是_____。

A. 在整个项目期间为如何管理项目成本提供指南和方向

B. 确定项目所需的资金

C. 明确完成项目所需的资源种类、数量和特性

D. 在整个项目期间为如何管理和核实质量提供指南和方向

参考答案： C

（13）规划风险管理是_____如何实施项目风险管理活动的过程。

A. 管理   B. 定义   C. 规划   D. 监督

参考答案： B

（14）识别风险是识别_____的来源，并记录风险特征的过程。

A. 单个项目风险

B. 整体项目风险

C. 单个项目风险及整体项目风险

D. 单个项目风险或整体项目风险

参考答案： C

（15）规划沟通管理的输入不包括_____。

A. 项目章程   B. 项目文件

C. 项目管理计划   D. 沟通管理计划

参考答案：D

（16）规划干系人参与是根据干系人的需求、期望、利益和对项目的潜在影响，制定项目干系人参与项目的方法的过程，其主要作用是_____。

　　A. 在整个项目期间为如何管理项目成本提供指南和方向

　　B. 确定项目所需的资金

　　C. 提供与干系人进行有效互动的可行计划

　　D. 为及时向干系人提供相关信息、引导干系人有效参与项目而编制书面沟通计划

参考答案：C

（17）规划采购管理是记录项目采购决策，_____，识别潜在卖方的过程。

　　A. 明确预算成本　　　　　　　　　　B. 明确采购方法

　　C. 明确采购目标　　　　　　　　　　D. 明确采购质量

参考答案：B

2. 思考题

（1）请根据你的理解简要叙述规划质量管理的定义及其主要作用。

参考答案：略

（2）规划质量管理的输入包含哪些？

参考答案：略

3. 案例题

某安全要求较高的智能智造园区拟建设智慧安防监控平台，计划采用 ARM 架构 CPU 芯片的通用服务器，搭载适合神经网络计算的 NPU 芯片人工智能算力卡，使用高性能计算存储架构及零信任通信加密技术，支撑园区 600 路高清摄像头的监控运行。同时开发人工智能算法，对园区周界入侵、未授权人员出入安全场所、烟雾火情等不安全情形进行主动报警。报警信息在智慧安防监控平台的驾驶舱界面予以实时展现，并通过加密无线网络实时发送到相关负责人的移动终端。

项目经理根据项目章程，参考前期相关文件、历史类似项目资料、安防行业标准、信创解决方案及 AI 技术趋势，直接明确了项目全部范围，随后确定了完成项目的行动方案。

（1）第一段中，属于规划过程组中的哪个规划？对其做简要说明。

（2）第二段中，该项目经理有哪些错误？如何改正？

参考答案：略

第 12 章　执行过程组

执行过程组包括完成项目管理计划中确定的工作，以满足项目要求的 10 个过程，包括：项目整合管理中的"指导与管理项目工作"和"管理项目知识"；项目质量管理中的"管理质量"；项目资源管理中的"获取资源""建设团队"和"管理团队"；项目沟通管理中的"管理沟通"；项目风险管理中的"实施风险应对"；项目采购管理中的"实施采购"；项目干系人管理中的"管理干系人参与"，执行过程组各子过程之间的关系如图 12-1 所示，各过程之间存在相互作用，工作并行开展。本过程组需要按照项目管理计划来协调资源，管理干系人参与，以及整合并实施项目活动。本过程组的主要作用是，根据计划执行为满足项目要求、实现项目目标所需的项目工作。执行过程组会耗费绝大多数的项目预算、资源和时间，同时开展执行过程组的过程涉及的工作，还可能会引发变更请求，一旦变更请求获得批准，则可能触发一个或多个规划过程，来修改项目管理计划、完善项目文件，甚至建立新的基准。

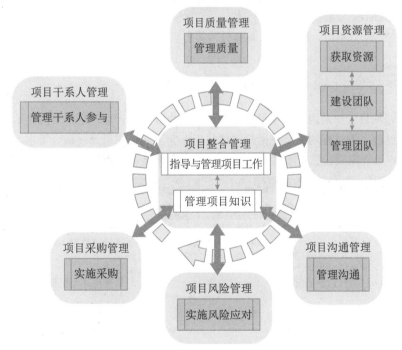

图 12-1　执行过程组各过程关系图

执行过程组需要开展以下 11 类工作。

（1）按照资源管理计划，从项目执行组织内部或外部获取项目所需的团队资源和实物资源。

（2）对于团队资源，组建、建设和管理团队。对于实物资源，将其在正确的时间分配到正确的工作上。

（3）按照采购计划开展采购活动，从项目执行组织外部获取项目所需的资源、产品或服务。

（4）领导团队按照计划执行项目工作，随时收集能真实反映项目执行情况的工作绩效数据，并完成符合范围、进度、成本和质量要求的可交付成果。

（5）开展管理质量过程相关工作，有效执行质量管理体系。

（6）执行经批准的变更请求，包括纠正措施、缺陷补救和预防措施。

（7）执行经批准的风险应对策略和措施，降低威胁对项目的影响，提升机会对项目的影响。

（8）执行沟通管理计划，管理项目信息的流动，确保干系人了解项目情况。

（9）执行干系人参与计划，维护与干系人之间的关系，引导干系人的期望，促进其积极参与和支持项目。

（10）开展管理项目知识过程相关工作，促进利用现有知识，并形成新知识，进行知识分享和知识转移，促进本项目顺利实施和项目执行组织的发展。

（11）对项目团队成员和项目干系人进行培训或辅导，促进其更好地参与项目。

本章对执行过程组的 10 个过程——"指导与管理项目工作""管理项目知识""管理质量""获取资源""建设团队""管理团队""实施风险应对""实施采购""管理沟通""管理干系人参与"的输入/输出、工具与技术进行说明时，采取以下规则进行描述：

● 省略常见的输入/输出、工具与技术；

● 针对主要输入/输出、重要的工具与技术进行详细阐述。

12.1　指导与管理项目工作

指导与管理项目工作是为实现项目目标而领导和执行项目管理计划中所确定的工作，并实施已批准变更的过程。本过程的主要作用是对项目工作和可交付成果开展综合管理，以提高项目成功的可能性。本过程需要在整个项目期间开展。图 12-2 描述本过程的输入、工具与技术和输出。

指导与管理项目工作		
输入	工具与技术	输出
1. 项目管理计划 • 任何组件 2. 项目文件 • 变更日志 • 经验教训登记册 • 里程碑清单 • 项目沟通记录 • 项目进度计划 • 需求跟踪矩阵 • 风险登记册 • 风险报告 3. 批准的变更请求 4. 事业环境因素 5. 组织过程资产	1. 专家判断 2. 项目管理信息系统 3. 会议	1. 可交付成果 2. 工作绩效数据 3. 问题日志 4. 变更请求 5. 项目管理计划更新 • 任何组件 6. 项目文件更新 • 活动清单 • 假设日志 • 经验教训登记册 • 需求文件 • 风险登记册 • 干系人登记册 7. 组织过程资产更新

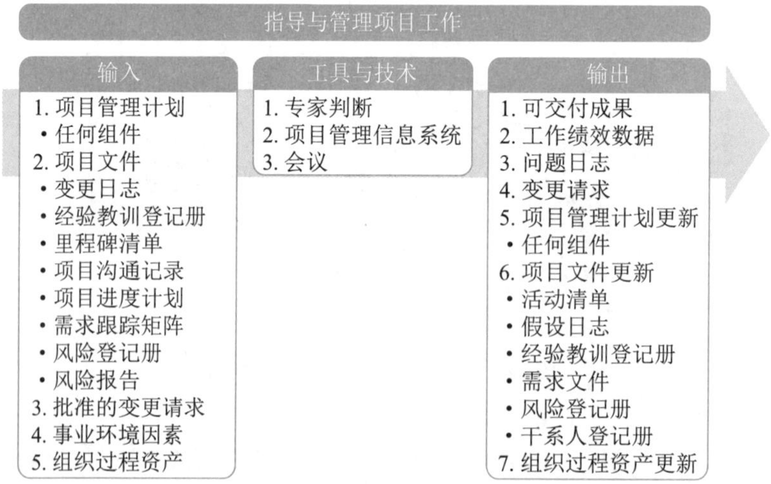

图 12-2　指导与管理项目工作过程的输入、工具与技术和输出

指导与管理项目工作包括执行项目管理计划的各种项目活动，以完成项目可交付成果并达

成既定目标，并识别必要的项目变更，提出变更请求。本过程需要分配可用资源并管理其有效使用，也需要执行因分析工作绩效数据和信息而提出的项目计划变更。指导与管理项目工作过程会受项目所在应用领域的直接影响。

项目执行阶段的开始通常由项目经理组织一次会议，项目发起人召集主要项目干系人一起参加，项目经理向主要干系人介绍项目目标与项目计划，获得他们对项目的承诺与支持，并宣布项目正式进入执行阶段。

项目经理与项目管理团队一起指导实施已计划好的项目活动，并管理项目内的各种技术接口和组织接口。指导与管理项目工作还要求回顾所有项目变更的影响，并实施已批准的变更，包括纠正措施、预防措施和（或）缺陷补救。

在指导与管理项目工作时，可以通过会议来讨论和解决项目的相关事项。参会者可包括项目经理、项目团队成员，以及与所讨论事项相关或会受该事项影响的干系人。应该明确每个参会者的角色，确保有效参会。会议类型包括（但不限于）：开工会议、技术会议、敏捷或迭代规划会议、每日站会、指导小组会议、问题解决会议、进展跟进会议以及回顾会议。

在项目执行过程中，收集工作绩效数据并传达给合适的控制过程做进一步分析。通过分析工作绩效数据，得到关于可交付成果的完成情况以及与项目绩效相关的其他细节，工作绩效数据用作监控过程组的输入，并可作为反馈输入到经验教训库，以改善未来工作的绩效。

指导与管理项目工作过程的主要输入为：项目管理计划和项目文件，主要输出为可交付成果、工作绩效数据、问题日志和变更请求。

12.1.1　主要输入

1. 项目管理计划

项目管理计划是说明项目执行、监控和收尾方式的一份文件，它整合并综合了所有子管理计划和基准，以及管理项目所需的其他信息。范围管理计划、需求管理计划、成本管理计划、进度管理计划、质量管理计划、范围基准、进度基准、成本基准等项目管理计划组件都可用作指导与管理项目工作过程的输入。

2. 项目文件

可作为指导与管理项目工作过程输入的项目文件主要包括：变更日志、经验教训登记册、里程碑清单、项目沟通记录、项目进度计划、需求跟踪矩阵、风险登记册和风险报告等。

（1）变更日志。变更日志记录所有变更请求的状态。

（2）经验教训登记册。经验教训用于改进项目绩效，以免重犯错误。登记册有助于确定针对哪些方面设定规则或指南，以使团队行动保持一致。

（3）里程碑清单。里程碑清单列出特定里程碑的计划实现日期。

（4）项目沟通记录。项目沟通记录包含绩效报告、可交付成果的状态，以及项目生成的其他信息。

（5）项目进度计划。进度计划至少包含工作活动清单、持续时间、资源，以及计划的开始与完成日期。

（6）需求跟踪矩阵。需求跟踪矩阵把产品需求连接到相应的可交付成果，有助于把关注点放在最终结果上。

（7）风险登记册。风险登记册提供可能影响项目执行的各种威胁和机会的信息。

（8）风险报告。风险报告提供关于整体项目风险来源的信息，以及关于已识别单个项目风险的概括信息。

12.1.2　主要输出

1. 可交付成果

可交付成果是在某一过程、阶段或项目完成时，必须产出的任何独特并可核实的产品、成果或服务能力。它通常是为实现项目目标而完成的有形的组成部分，并可包括项目管理计划的组成部分。

2. 工作绩效数据

工作绩效数据是在执行项目工作的过程中，从每个正在执行的活动中收集到的原始观察结果和测量值。数据通常是最低层次的细节，将交由其他过程从中提炼并形成信息。在工作执行过程中收集数据，再交由 10 大知识领域的相应的控制过程做进一步分析。

例如，工作绩效数据包括已完成的工作、关键绩效指标（KPI）、技术绩效测量结果、进度活动的实际开始日期和完成日期、已完成的故事点、可交付成果状态、进度进展情况、变更请求的数量、缺陷的数量、实际发生的成本和实际持续时间等。

3. 问题日志

在整个项目生命周期中，项目经理通常会遇到问题、差距、不一致或意外冲突。项目经理需要采取某些行动加以处理，以免影响项目绩效。问题日志是一种记录和跟进所有问题的项目文件，需要记录和跟进的内容可能包括：

- 问题类型；
- 问题提出者和提出时间；
- 问题描述；
- 问题优先级；
- 由谁负责解决问题；
- 目标解决日期；
- 问题状态；
- 最终解决情况。

某项目问题日志示例如表 12-1 所示。

表 12-1　某项目日志框架示例

| 初始信息 | | 优先级 / 严重性 | 描述 | 问题来源 / 分类 | 纠正措施 | 分析原因 | 问题发现阶段 | 问题注入阶段 | 受影响区域 | 问题跟踪人 | 目标日期 | 跟踪 / 确认结果 | | | |
#	日期											状态	日期	确认人	确认结果

问题日志可以帮助项目经理有效跟进和管理问题，确保它们得到调查和解决。作为本过程的输出，问题日志被首次创建（尽管在项目期间任何时候都可能发生问题）。在整个项目生命周期应该随同监控活动更新问题日志。

4. 变更请求

变更请求是关于修改文件、可交付成果或基准的正式提议。如果在开展项目工作时发现问题，就可提出变更请求，对项目政策或程序、项目或产品范围、项目成本或预算、项目进度计划、项目或产品结果的质量进行修改。其他变更请求包括必要的预防措施或纠正措施，用来防止以后的不利后果。任何项目干系人都可以提出变更请求，应该通过实施整体变更控制过程对变更请求进行审查和处理。变更请求可源自项目内部或外部，可能来自项目需求，也可能是法律（合同）强制要求。变更请求可能包括：

- 纠正措施：为使项目工作绩效重新与项目管理计划一致，进行的有目的的活动。
- 预防措施：为确保项目工作的未来绩效符合项目管理计划，进行的有目的的活动。
- 缺陷补救：为了修正不一致产品或产品组件进行的有目的的活动。
- 更新：对正式受控的项目文件或计划等进行的变更，以反映修改或增加的意见或内容。

某软件研发项目变更单示例如图 12-3 所示。

<table>
<tr><th colspan="10">项目变更单</th></tr>
<tr><td colspan="3">项目名称</td><td colspan="4"></td><td>项目变更单编号</td><td colspan="2"></td></tr>
<tr><td colspan="3">变更提出方</td><td colspan="4"></td><td>变更申请人</td><td colspan="2"></td></tr>
<tr><td colspan="3">提出时间</td><td colspan="4"></td><td>提出阶段</td><td colspan="2"></td></tr>
<tr><td colspan="3">变更原因类型</td><td colspan="4"></td><td>变更等级</td><td colspan="2">- -</td></tr>
<tr><td colspan="3">商务用需求变更单编号</td><td colspan="7"></td></tr>
<tr><td colspan="10">变更原因</td></tr>
<tr><td colspan="10"></td></tr>
<tr><td colspan="3">变更序号</td><td colspan="4">变更内容</td><td colspan="3">处理措施</td></tr>
<tr><td colspan="3">1</td><td colspan="4"></td><td colspan="3"></td></tr>
<tr><td colspan="3">2</td><td colspan="4"></td><td colspan="3"></td></tr>
<tr><td colspan="3">3</td><td colspan="4"></td><td colspan="3"></td></tr>
<tr><td colspan="10"></td></tr>
<tr><td colspan="10">变更影响成果物分析及跟踪</td></tr>
<tr><td>影响阶段</td><td>执行活动</td><td>影响成果物名称</td><td>是否影响</td><td>责任人</td><td>审核人</td><td>变更前版本</td><td>变更后版本</td><td>预计工作量</td><td>计划完成时间</td></tr>
<tr><td rowspan="5"></td><td></td><td></td><td>是</td><td></td><td></td><td></td><td></td><td rowspan="5"></td><td rowspan="5"></td></tr>
<tr><td></td><td></td><td></td><td></td><td></td><td></td><td></td></tr>
<tr><td></td><td></td><td></td><td></td><td></td><td></td><td></td></tr>
<tr><td></td><td></td><td>是</td><td></td><td></td><td></td><td></td></tr>
<tr><td></td><td></td><td>是</td><td></td><td></td><td></td><td></td></tr>
<tr><td colspan="6">预计工时影响（增加的工时数）</td><td colspan="4"></td></tr>
<tr><td colspan="6">预计工期影响（计划完成时间中的最晚时间）</td><td colspan="4"></td></tr>
<tr><td colspan="6">预计成本影响（平均成本法计算增加工时成本）</td><td colspan="4"></td></tr>
<tr><td colspan="6">预计质量影响（预计交付后出现的缺陷量）</td><td>变更总缺陷</td><td></td><td>交付后缺陷量</td><td></td></tr>
<tr><td colspan="6">预计客户需求满足度影响</td><td colspan="4"></td></tr>
<tr><td colspan="10">潜在风险</td></tr>
<tr><td colspan="10"></td></tr>
<tr><td colspan="10">相关人意见</td></tr>
<tr><td colspan="10"></td></tr>
<tr><td colspan="3">签字</td><td colspan="2"></td><td colspan="2">日期</td><td colspan="3"></td></tr>
<tr><td colspan="10">审批意见</td></tr>
</table>

图 12-3　项目变更单示例

12.2 管理项目知识

管理项目知识是使用现有知识并生成新知识，以实现项目目标，并且帮助组织学习的过程。本过程的主要作用是，利用已有的组织知识来创造或改进项目成果，并且使当前项目创造的知识可用于支持组织运营和未来的项目或阶段。图 12-4 描述本过程的输入、工具与技术和输出。

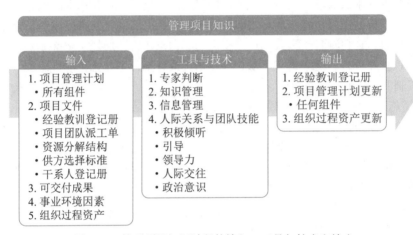

图 12-4　管理项目知识过程的输入、工具与技术和输出

从组织的角度来看，知识管理指的是确保项目团队和其他干系人的技能、经验和专业知识在项目开始之前、开展期间和结束之后都能够得到运用。知识存在于人们的思想中，我们不能强迫别人分享自己的知识或关注他人的知识。因此，知识管理最重要的环节就是营造一种相互信任的氛围，激励人们分享知识或关注他人的知识。如果不激励人们分享知识或关注他人的知识，即便最好的知识管理工具和技术也无法发挥作用。在实践中，可以联合使用知识管理工具和技术（用于人际互动）以及信息管理工具和技术（用于编撰显性知识）来分享知识。

知识管理的重点是把现有的知识条理化和系统化，以便更好地加以利用。同时，还要基于这些条理化和系统化的知识，以及对这些知识的实践来生成新的知识。知识通常分为"显性知识"（易使用文字、图片和数字进行编撰的知识）和"隐性知识"（个体知识以及难以明确表达的知识，如信念、洞察力、经验和"诀窍"）。管理项目知识的过程是要在项目环境中持续整理和利用现有的"显性知识"和"隐性知识"，并不断创造出新的知识，以便实现项目目标，促进项目执行组织持续学习。

管理项目知识的关键活动是知识分享和知识集成。项目管理要创造一个相互信任的氛围，激励大家相互分享知识。不仅要分享以数字、文字或图形方式存在的显性知识，而且要分享存在于个人头脑中的隐性知识。应明确与知识分享有关的权责，采用合适的知识分享途径和方法确保项目连续性。知识集成则是把来自不同领域、产生于不同背景的各种知识系统化。

知识管理过程通常包括：知识获取与集成、知识组织与存储、知识分享、知识转移与应用和知识管理审计。

（1）知识获取与集成。知识获取与集成是对组织内部已经存在的知识进行整理、积累或从外部获取知识的过程。显性知识获取与集成就是针对待解决的问题寻找和识别与之相关的关键性信息，并将这些信息进行提取，为形成解决方案或决策提供依据。组织显性知识获取与收集的途径一般有图书资料、内外部数据挖掘、网络搜索、营销与销售信息等。隐性知识获取方式主要有结构式访谈、行动学习标杆学习、分析学习、经验学习、综合学习和交互学习等。

（2）知识组织与存储。知识组织是以知识为对象的如整理、加工、表示、控制等一系列组织过程及其方法，其实质是以满足各类客观知识主观化需要为目的，针对客观知识的无序化状态所实施的一系列有序化组织活动。知识存储是指在组织中建立知识库，将知识存储于组织内部，知识库中包括显性知识和隐性知识。知识库是按一定要求存储在计算机中的相互关联的知识的集合，是经过分类、组织和有序化的知识集合。知识库是构造专家系统的核心和基础。构建知识库不仅是为了存储知识，更重要的目的是实现知识分享，促进组织知识流动和创新。

（3）知识分享。知识分享就是知识在人与人之间传递的过程，也就是人与人之间进行沟通的过程。知识共享定义为知识从一个个体、群体或组织向另一个个体、群体或组织转移或传播的行为。

（4）知识转移与应用。知识转移是由知识传输和知识吸收两个过程所共同组成的统一过程，只有当转移的知识保留下来，才是有效的知识转移。知识的成功转移必须完成知识传递和知识吸收两个过程，并使知识接收者感到满意。知识在组织中只有得到应用才能增加价值，知识应用决定了组织对知识的需求，是知识鉴别，创新、获取、存储和共享的参考点。

（5）知识管理审计。知识管理审计是对组织知识资产和关联的知识管理系统的评估。知识管理的审计既是组织知识管理的起点，又是组织知识管理的重点，在组织的知识管理循环中，起到了承上启下的重要作用。

知识管理的审计对象包括知识资源、安全和能力。知识资源审计是对组织知识资源进行系统、科学的考察和评估，分析组织已有的知识（知识存量）与需要的知识（知识需求），分析知识的短缺状况，针对组织的知识管理目标，提出诊断性和预测性的审计报告。知识安全审计是对组织知识资源的合理和安全使用的审计。组织知识管理的安全体系既包括知识管理系统的安全设备、软件和其他安全装置，也包括为使知识管理安全使用的安全政策、措施、策略和规章制度等。知识能力审计是对知识管理人员的素质和知识管理绩效的审计，主要包括：群体的知识管理水平是否达到当前管理的基本要求、群体的专业知识结构的合理性、人员的知识供需安排的适当性、组织主要管理人员的知识贡献与知识管理的规划是否一致、人员的知识运用能力及创新知识能力等。

管理项目知识过程的主要输入为项目管理计划、项目文件和可交付成果，主要输出为经验教训登记册。

12.2.1　主要输入

1. 项目管理计划

范围管理计划、需求管理计划、成本管理计划、进度管理计划、质量管理计划、范围基准、进度基准、成本基准等项目管理计划组件都可用作管理项目知识过程的输入。

2. 项目文件

可作为管理项目知识过程输入的项目文件主要包括：经验教训登记册、项目团队派工单、资源分解结构、供方选择标准和干系人登记册等。

（1）经验教训登记册。经验教训登记册提供了有效的知识管理实践。

（2）项目团队派工单。项目团队派工单说明了项目团队已具有的能力和经验以及可能缺乏的知识。

（3）资源分解结构。资源分解结构包含有关团队组成的信息，有助于了解团队拥有和缺乏的知识。

（4）供方选择标准。供方选择标准包含供方能力和潜能、技术专长和方法、具体的相关经验知识转移计划（包括培训计划等信息），有助于了解供方所拥有的知识。

（5）干系人登记册。干系人登记册包含已识别的干系人的详细情况，有助于了解他们可能拥有的知识。

3. 可交付成果

可交付成果是在某一过程、阶段或项目完成时，必须产出的任何独特的、可核实的产品、成果或服务能力。它通常是为实现项目目标而完成的、有形的、项目结果的组成部分，包括项目管理计划的组成部分。

12.2.2　主要输出

经验教训登记册可以包含情况的类别和描述，还可以包括与情况相关的影响、建议和行动方案。经验教训登记册可以记录遇到的挑战、问题、意识到的风险和机会，或其他适用的内容。

经验教训登记册在项目早期创建，作为本过程的输出。因此，在整个项目期间，它可以作为很多过程的输入，也可以作为输出而不断更新。参与工作的个人和团队也参与记录经验教训。可以通过视频、图片、音频或其他合适的方式记录知识，确保有效吸取经验教训。

项目或阶段结束时，应把相关信息归入经验教训知识库，成为组织过程资产的一部分。

12.3　管理质量

管理质量是把组织的质量政策用于项目，并将质量管理计划转化为可执行的质量活动的过程。本过程的主要作用是提高实现质量目标的可能性，以及识别无效过程和导致质量低劣的原因，促进质量过程改进。图 12-5 描述本过程的输入、工具与技术和输出。

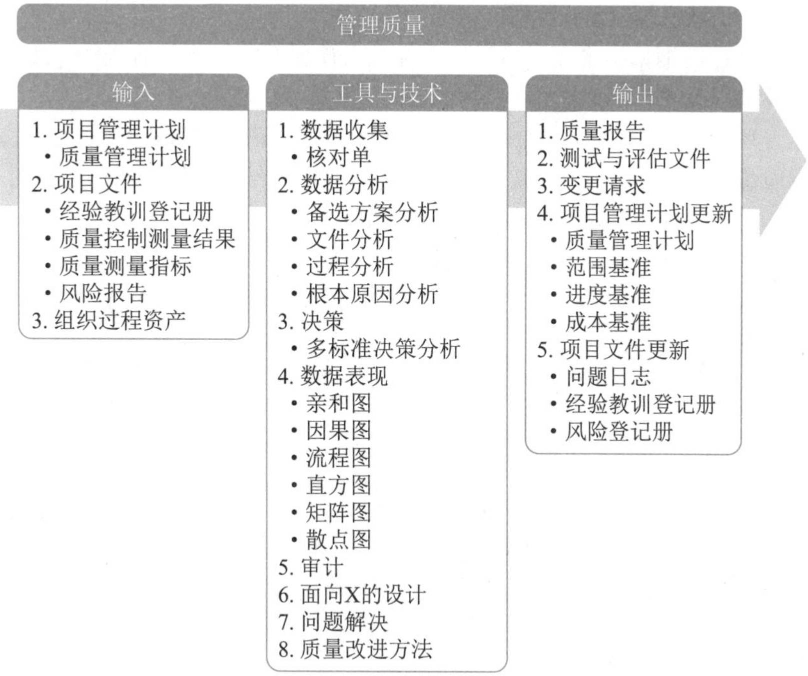

图 12-5　管理质量过程的输入、工具与技术和输出

管理质量过程执行在项目质量管理计划中所定义的一系列有计划、有系统的行动和过程，这有助于：

（1）通过执行有关产品特定方面的设计准则，设计出最优的、成熟的产品。

（2）建立信心，相信通过质量保证工具和技术（如质量审计和故障分析）可以使输出在完工时满足特定的需求和期望。

（3）确保使用质量过程并确保其使用能够满足项目的质量目标。

（4）提高过程和活动的效率与效果，获得更好的成果和绩效并提高干系人满意度。

项目经理和项目团队可以通过组织的质量保证部门或其他组织职能执行某些管理质量活动，例如故障分析、实验设计和质量改进。质量保证部门在质量工具和技术的使用方面通常拥有跨组织经验，是良好的项目资源。

管理质量是所有人的共同职责，包括项目经理、项目团队、项目发起人、执行组织的管理层，甚至是客户。所有人在管理项目质量方面都扮演一定的角色，尽管这些角色的人数和工作量不同。参与质量管理工作的程度取决于所在行业和项目管理风格。在敏捷型项目中，整个项目期间的质量管理由所有团队成员执行；但在传统项目中，质量管理通常是特定团队成员的职责。

管理质量过程的主要工作包括：

（1）执行质量管理计划中规划的质量管理活动，确保项目工作过程和工作成果达到质量测量指标及质量标准。

（2）把质量标准和质量测量指标转化成测试与评估文件，供控制质量过程使用。

（3）根据风险评估报告识别与处置项目质量目标的机会和威胁，以便提出必要的变更请求，如调整质量管理方法或质量测量指标等。

（4）根据质量控制测量结果评价质量管理绩效及质量管理体系的合理性，以便提出必要的变更请求，实现过程改进。

（5）质量管理持续优化改进，需参考已记入经验教训登记册的质量管理经验教训。

（6）根据质量管理计划、质量测量指标、质量控制测量结果、管理质量过程的实施情况等，编制质量报告，并向项目干系人报告项目质量绩效。

管理质量过程的主要输入为项目管理计划和项目文件，主要工具与技术包括数据收集、数据分析、决策、数据表现、审计、面向 X 的设计、问题解决和质量改进方法，主要输出为质量报告、测试与评估文件。

12.3.1　主要输入

1. 项目管理计划

质量管理计划是项目管理计划的组件。质量管理计划定义了项目和产品质量的可接受水平，并描述了如何确保可交付成果和过程达到这一质量水平。质量管理计划还描述了不合格产品的处理方式以及需要采取的纠正措施。

2. 项目文件

可作为管理质量过程输入的项目文件主要包括：经验教训登记册、质量控制测量结果、质量测量指标和风险报告等。

（1）经验教训登记册。项目早期与质量管理有关的经验教训，可以运用到项目后期阶段，以提高质量管理的效率与效果。

（2）质量控制测量结果。质量控制测量结果用于分析和评估项目过程和可交付成果的质量是否符合执行组织的标准或特定要求。质量控制测量结果也有助于分析这些测量结果的产生过程，以确定实际测量结果的正确程度。

（3）质量测量指标。核实质量测量指标是控制质量过程的一个环节。管理质量过程依据这些质量测量指标设定项目的测试场景和可交付成果，用作质量改进的依据。

（4）风险报告。使用风险报告识别整体项目风险，这些风险能够影响项目的质量目标。

12.3.2　主要工具与技术

1. 数据收集

核对单是一种结构化工具，通过具体列出各检查项来核实一系列步骤是否已经执行，确保在质量控制过程中规范地执行经常性任务。在管理质量过程中，可以用核对单收集数据，反映该做的事情是否已做，以及是否已做到符合要求。

2. 数据分析

数据分析包括备选方案分析、文件分析、过程分析和根本原因分析。备选方案分析用于分析多种可选的质量活动实施方案，并做出选择。文件分析用于分析质量控制测量结果、质量测试与评估结果、质量报告等，以便判断质量过程的实施情况好坏。过程分析用于把一个生产过程分解成若干环节，逐一加以分析，发现最值得改进的环节。根本原因分析用于分析导致某个或某类质量问题的根本原因。

3. 决策

多标准决策分析是借助决策矩阵，用系统分析方法建立多种标准，以对众多需要决策内容进行评估和排序。可用多标准决策分析技术来对多种质量活动实施方案进行排序，并作出选择。

4. 数据表现

数据表现中包括亲和图、因果图、流程图、直方图、矩阵图和散点图等。

（1）亲和图。亲和图用于根据其亲近关系对导致质量问题的各种原因进行归类，展示最应关注的领域，如图 12-6 所示。

图 12-6　亲和图

（2）因果图。因果图也叫鱼刺图或石川图，用来分析导致某一结果的一系列原因，有助于人们进行创造性、系统性思维，找出问题的根源。它是进行根本原因分析的常用方法，如图 12-7 所示。

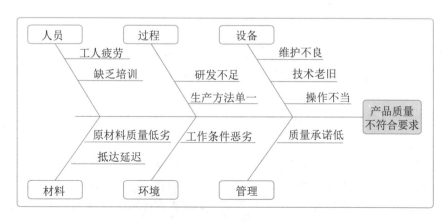

图 12-7　因果图

（3）流程图。流程图展示了引发缺陷的一系列步骤，用于完整地分析某个或某类质量问题产生的全过程。

（4）直方图。直方图是一种显示各种问题分布情况的柱状图。每个柱子代表一个问题，柱子的高度代表问题出现的次数。直方图可以展示每个可交付成果的缺陷数量、缺陷成因的排列、各个过程的不合规次数，或项目与产品缺陷的其他表现形式。

（5）矩阵图。矩阵图在行列交叉的位置展示因素、原因和目标之间的关系强弱。根据可用来比较因素的数量，有图12-8所示的六种常用的矩阵图。

● 屋顶形：用于表示同属一组变量的各个变量之间的关系。
● L形：通常为倒L形。用于表示两组变量之间的关系。
● T形：用于表示一组变量分别与另两组变量的关系。后两组变量之间没有关系。
● X形：用于表示四组变量之间的关系。每组变量同时与其他两组有关系。
● Y形：用于表示三组变量之间的两两关系。每两组变量之间都有关系。
● C形：用于表示三组变量之间的关系。三组变量同时有关系。

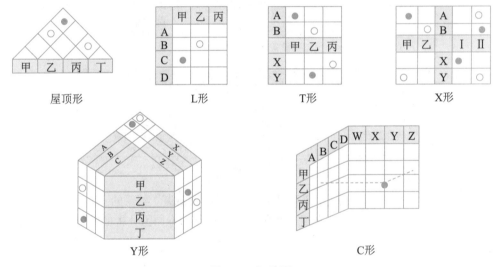

图 12-8　矩阵图

（6）散点图。散点图是一种展示两个变量之间的关系的图形，它能够展示两支轴的关系，一般一支轴表示过程、环境或活动的任何要素，另一支轴表示质量缺陷。散点图一般用 x 轴表示自变量，y 轴表示因变量，定量地显示两个变量之间的关系，是最简单的回归分析工具。所有数据点的分布越靠近某条斜线，两个变量之间的关系就越密切，如图12-9所示。

5. 审计

审计是用于确定项目活动是否遵循了组织和项目的政策、过程与程序的一种结构化且独立的过程。质量审计是在对质量管理活动进行独立的、结构化的审查，以便总结质量管理方面的经验教训。质量审计通常由项目外部的团队开展，如组织内部审计部门、项目管理办公室或组织外部的审计师。质量审计目标一般包括：

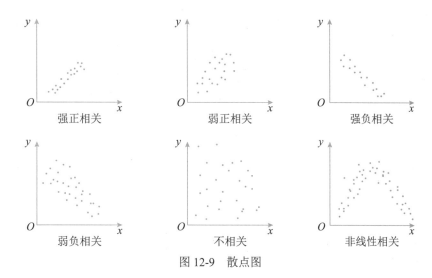

图 12-9　散点图

- 识别全部正在实施的良好及最佳实践；
- 识别所有违规做法、差距及不足；
- 分享所在组织和（或）行业中类似项目的良好实践；
- 积极、主动地提供协助，以改进过程的执行，从而帮助团队提高生产效率；
- 强调每次审计都应对组织经验教训知识库的积累做出贡献。

6. 面向 X 的设计

面向 X 的设计中的 X 既可以是卓越（excellence）的意思，也可以是产品的某种特性，如可靠性、可用性、安全性和经济性。前者追求整个产品在整个生命周期中的最优化，后者重点改进产品的某个特性。使用面向 X 的设计可降低成本、改进质量、提高绩效和客户满意度。

7. 问题解决

问题解决是指用结构化的方法从根本上解决在控制质量过程或质量审计中发现的质量管理问题。从定义问题、识别根本原因，到形成备选解决方案、选择最好的方案，再到实施选定的方案、核实解决效果。

8. 质量改进方法

在管理质量过程中，要基于过程分析的结果，用质量改进方法去做过程改进。过程改进旨在使生产过程更加顺畅、稳定，减少生产过程中的浪费及降低产品缺陷率。可以用来做过程改进的方法有很多，如戴明环、六西格玛、精益生产和精益六西格玛等。

12.3.3　主要输出

1. 质量报告

质量报告可能是图形、数据或定性文件，其中包含的信息可帮助其他过程和部门采取纠正措施，以实现项目质量目标。质量报告的信息可以包含团队上报的质量管理问题，针对过程、项目和产品的改善建议、纠正措施建议，以及在控制质量过程中发现的情况的概述。

2. 测试与评估文件

可基于行业需求和组织模板创建测试与评估文件。它们是控制质量过程的输入，用于评估质量目标的实现情况。这些文件可能包括专门的核对单（又称检查单）和详尽的需求跟踪矩阵。某项目需求说明书检查单示例如图 12-10 所示。

用户需求说明书检查单

检查人：　　　　检查日期：　　　　工作产品标识：

分类	序号	检查项	检查结果	不符合描述	解决人	解决日期	解决方案	问题状态	问题跟踪
格式	1	命名是否符合文档标识规范？	Y						
	2	是否选用项目要求的模板版本？	Y						
	3	格式是否符合模板的要求？	Y						
	4	引用的参考资料是否都正确？	Y						
精确性	1	是否每一项需求都描述清晰，前后一致，没有歧义？	Y						
	2	不存在一个需求项多处存在的情况	Y						
	3	叙述的需求还可以被分为几个不同的需求？	Y						
一致性	1	是否描述了完整的原始需求和标准规范，保持一致	Y						
可测试性	1	是否实现了测试人员可测试性的要求？	Y						
易于管理的	1	按照定义的原则和标准对需求项划分了优先级	Y						
	2	对需求项之间的依赖关系进行明确描述？	Y						
可验证性	1	每项需求是否能通过设计测试用例或其他的验证方法来确定产品是否确实按需求实现了？	Y						
质量属性	1	是否明确了验收标准？	Y						
非功能性	1	是否合理地确定了安全和保密等方面的考虑？	N						
	2	是否根据实际情况，确定数据容量？	Y						
	3	是否根据实际情况，确定系统最终输出数据（包括传输中）的数据精确度	Y						
	4	是否说明系统在响应时间、更新处理时间、数据转换与传输时间、运行时间等方面所需达到的时间特性？	Y						
	5	是否考虑了系统需要支持并发的处理能力？	Y						
	6	是否对可靠性需求进行了考虑，如可持续运行的小时数等？	Y						

图 12-10　需求说明书检查单示例

12.4 获取资源

获取资源是获取项目所需的团队资源、设施、设备、材料、用品和其他资源的过程。本过程的主要作用是，概述和指导资源的选择，并将其分配给相应的活动。本过程应根据需要在整个项目期间定期开展。图 12-11 描述本过程的输入、工具与技术和输出。

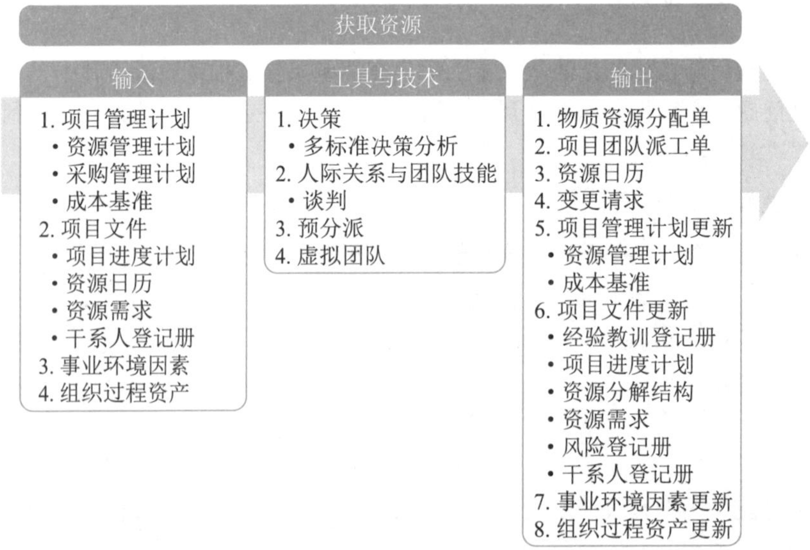

图 12-11　获取资源过程的输入、工具与技术和输出

获取资源过程旨在以正确的方式在正确的时间获取适合的人力资源和实物资源。项目所需资源可能来自项目执行组织的内部或外部。内部资源由职能经理或资源经理负责获取（分配），外部资源则是通过采购过程获得。在矩阵型组织结构下，项目经理需要向各职能部门调配人员。项目经理可能因组织的集体劳资协议而不得不使用某些人员，也可能因组织中的相关规定而必须或不能使用某些人员。在这些情况下，项目经理就没有获取人力资源的直接控制权，因此会面临更大的挑战。项目经理或项目团队应该进行有效谈判，并影响那些能为项目提供所需团队和实物资源的人员。

本过程还需要对所获取的资源进行分配，并形成相应的资源分配文件，包括物质资源分配单和项目团队派工单。项目团队派工单可以是写明团队成员的岗位信息的成员名单，也可以是已经插入成员姓名的项目计划。对于设备、设施和人员，还需要确定究竟什么时候可用于本项目，编制出相应的资源日历。

对所获得的团队成员，必须仔细分析他们的性格、态度、能力、胜任力和可用性等，并基于分析结果进行工作分配，确定该采用什么样的领导风格和手段去启发、激励和影响他们。

获取资源过程的主要输入为项目管理计划和项目文件；主要工具与技术包括决策、人际关系与团队技能、预分派、虚拟团队；主要输出为物质资源分配单、项目团队派工单和资源日历。

12.4.1　主要输入

1. 项目管理计划

获取资源过程使用的项目管理计划组件主要包括：资源管理计划、采购管理计划和成本基准等。

（1）资源管理计划。资源管理计划为如何获取项目资源提供指南。

（2）采购管理计划。采购管理计划提供了将从项目外部获取的资源的信息，包括如何将采购与其他项目工作整合起来，以及涉及资源采购工作的干系人。

（3）成本基准。成本基准提供了项目活动的总体预算。

2. 项目文件

可作为获取资源过程输入的项目文件主要包括：项目进度计划、资源日历、资源需求和干系人登记册等。

（1）项目进度计划。项目进度计划展示了各项活动及其开始和结束日期，有助于确定需要提供和获取资源的时间。

（2）资源日历。资源日历记录了每个项目资源在项目中的可用时间段。对各个资源的可用性和时间限制（包括时区、工作时间、休假时间、当地节假日、维护计划和在其他项目的工作时间）的良好了解，能够支持编制出可靠的进度计划。资源日历需要在整个项目过程中渐进明细和更新。资源日历是获取资源过程的输出，在重复本过程时随时可用。

（3）资源需求。资源需求识别了需要获取的资源。

（4）干系人登记册。干系人登记册可能会发现干系人对项目特定资源的需求或期望，在获取资源过程中应加以考虑。

12.4.2 主要工具与技术

获取资源的工具主要包括决策、人际关系与团队技能、预分派以及虚拟团队。

1. 决策

多标准决策分析可用于获取资源过程的决策，选择标准常用于选择项目的物质资源或项目团队。使用多标准决策分析工具制定出标准，用于对潜在资源进行评级或打分（例如，在内部和外部团队资源之间进行选择）。根据所选标准的相对重要性对其进行加权，加权值可能因资源类型的不同而发生变化。可使用的选择标准包括：

- 可用性：确认资源能否在项目所需时段内为项目所用。
- 成本：确认增加资源的成本是否在规定的预算内。
- 能力：确认团队成员是否提供了项目所需的能力。
- 经验：确认团队成员具备项目成功所需的相关经验。
- 知识：团队成员是否掌握关于客户、执行过的类似项目和项目环境细节的相关知识。
- 技能：确认团队成员拥有使用项目工具的相关技能。
- 态度：团队成员能否与他人协同工作，以形成有凝聚力的团队。
- 其他客观因素：团队成员的位置、时区和沟通能力。

2. 人际关系与团队技能

适用于本过程的人际关系与团队技能一般为谈判。很多项目需要针对所需资源进行谈判，项目管理团队需要与下列各方谈判：

- 职能经理：确保项目在要求的时限内获得最佳资源，直到完成职责。
- 执行组织中的其他项目管理团队：合理分配稀缺或特殊资源。
- 外部组织和供应商：提供合适的、稀缺的、特殊的、合格的、经认证的或其他特殊的团队或物质资源。特别需要注意与外部谈判有关的政策、惯例、流程、指南、法律及其他标准。

3. 预分派

预分派指事先确定项目的物质或团队资源，下列情况需要进行预分派：

- 在竞标过程中承诺分派特定人员进行项目工作；
- 项目取决于特定人员的专有技能；
- 在完成资源管理计划的前期工作之前，制定项目章程过程或其他过程已经指定了某些团队成员的工作。

4. 虚拟团队

在互联网日益发达的今天，项目经理可以借助电子邮件、电话会议、社交媒体、网络会议和视频会议等沟通技术组建虚拟团队来提高获取人力资源的灵活性，例如，把不同物理地点的人招募到项目团队中。因为虚拟团队成员日常并不面对面集中办公，而是主要通过网络联系，所以他们之间的沟通和团队建设会更加困难。虚拟团队特别需要有效的沟通管理计划与真正的团队建设。应该在项目关键时点（如阶段开始或结束时）把虚拟团队成员召集在一起进行临时的集中办公（如开会），以加强团队建设。

12.4.3　主要输出

获取资源后，对资源的分配包括物质资源和人力资源的分配。

1. 物质资源分配单

物质资源分配单记录了项目将使用的材料、设备、用品、地点和其他实物资源。

2. 项目团队派工单

项目团队派工单记录了团队成员及其在项目中的角色和职责，可包括项目团队名单，还需要把人员姓名插入项目管理计划的其他部分，如项目组织图和进度计划。

3. 资源日历

资源日历识别了每种具体资源可用时的工作日、班次、正常营业的上下班时间、周末和公共假期。在规划活动期间，潜在的可用资源信息（如团队资源、设备和材料）用于估算资源可用性。资源日历规定了在项目期间确定的团队和实物资源何时可用、可用多久。这些信息可以在活动或项目层面建立，考虑了诸如资源经验和（或）技能水平以及不同地理位置等属性。

12.5　建设团队

建设团队是提高工作能力、促进团队成员互动、改善团队整体氛围，以提高项目绩效的过程。本过程的主要作用是，改进团队协作、增强人际关系技能、激励员工、减少摩擦以及提升整体项目绩效。本过程需要在整个项目期间开展。图 12-12 描述本过程的输入、工具与技术和输出。

建设团队		
输入	**工具与技术**	**输出**
1. 项目管理计划	1. 集中办公	1. 团队绩效评价
• 资源管理计划	2. 虚拟团队	2. 变更请求
2. 项目文件	3. 沟通技术	3. 项目管理计划更新
• 经验教训登记册	4. 人际关系与团队技能	• 资源管理计划
• 项目进度计划	• 冲突管理	4. 项目文件更新
• 项目团队派工单	• 影响力	• 经验教训登记册
• 资源日历	• 激励	• 项目进度计划
• 团队章程	• 谈判	• 项目团队派工单
3. 事业环境因素	• 团队建设	• 资源日历
4. 组织过程资产	5. 认可与奖励	• 团队章程
	6. 培训	5. 事业环境因素更新
	7. 个人和团队评估	6. 组织过程资产更新
	8. 会议	

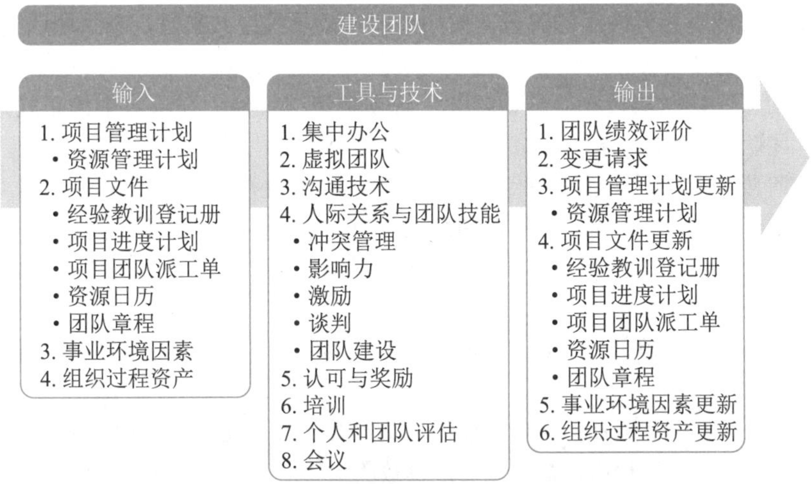

图 12-12　建设团队过程的输入、工具与技术和输出

项目经理应创建一个能促进团队协作的环境，并通过给予挑战与机会、提供及时反馈与所需支持，以及认可与奖励优秀绩效，不断激励团队。可实现团队高效运行的行为主要包括：

- 使用开放与有效的沟通；
- 创造团队建设机遇；
- 建立团队成员间的信任；
- 以建设性方式管理冲突；
- 鼓励合作型的问题解决方法；
- 鼓励合作型的决策方法等。

项目经理在全球化环境和富有文化多样性的项目中工作，团队成员通常来自不同的行业，讲不同的语言，有时甚至会在工作中使用一种特别的"团队语言"或文化规范，而不是使用他们的母语；项目管理团队应该利用文化差异，在整个项目生命周期中致力于发展和维护项目团队，并促进在相互信任的氛围中充分协作；通过建设项目团队，可以改进人际技巧、技术能力、团队环境及项目绩效。在整个项目生命周期中，团队成员之间都要保持明确、及时、有效（包括效果和效率两个方面）的沟通。建设项目团队的目标包括：

- 提高团队成员的知识和技能：以提高他们完成项目可交付成果的能力，并降低成本、缩短工期和提高质量。
- 提高团队成员之间的信任和认同感：以提高士气、减少冲突和增进团队协作。
- 创建富有生气、凝聚力和协作性的团队文化：一是提高个人和团队生产率，振奋团队精神，促进团队合作；二是促进团队成员之间的交叉培训和辅导，以分享知识和经验。
- 提高团队参与决策的能力：使他们承担起对解决方案的责任，从而提高团队的生产效率，获得更有效和高效的成果等。

有一种关于团队发展的模型叫塔克曼阶梯理论，在该理论中提出团队建设通常要经过形成阶段、震荡阶段、规范阶段、成熟阶段和解散阶段。通常这五个阶段按顺序进行，有时团队也会停滞在某个阶段或退回到较早的阶段；而如果团队成员曾经共事过，项目团队建设也可跳过某个阶段。

（1）形成阶段。团队成员相互认识，并了解项目情况及他们在项目中的正式角色与职责。在这一阶段，团队成员倾向于相互独立，不一定开诚布公。

（2）震荡阶段。团队开始从事项目工作、制定技术决策和讨论项目管理方法。如果团队成员不能用合作和开放的态度对待不同观点和意见，团队环境可能变得事与愿违。

（3）规范阶段。团队成员开始协同工作，并调整各自的工作习惯和行为来支持团队，团队成员会学习相互信任。

（4）成熟阶段。团队就像一个组织有序的单位那样工作，团队成员之间相互依靠，平稳高效地解决问题。

（5）解散阶段。团队完成所有工作，团队成员离开项目。通常在项目可交付成果完成之后，或者，在结束项目或阶段过程中，释放人员，解散团队。

某个阶段持续时间的长短，取决于团队活力、团队规模和团队领导力。项目经理应该对团队活力有较好的理解，以便有效地带领团队经历所有阶段。

建设团队过程的主要输入为项目管理计划和项目文件，主要输出为团队绩效评价。

12.5.1　主要输入

1. 项目管理计划

项目管理计划组件包括资源管理计划。资源管理计划为如何通过团队绩效评价和其他形式的团队管理活动，为项目团队成员提供奖励、提出反馈、增加培训或采取惩罚措施提供了指南。

2. 项目文件

可作为建设团队过程输入的项目文件主要包括：经验教训登记册、项目进度计划、项目团队派工单、资源日历和团队章程等。

（1）经验教训登记册。项目早期与团队建设有关的经验教训可以运用到项目后期阶段，以提高团队绩效。

（2）项目进度计划。项目进度计划定义了如何以及何时为项目团队提供培训，以培养项目不同阶段所需的能力，并根据项目执行期间的任何差异，识别需要的团队建设策略。

（3）项目团队派工单。项目团队派工单识别了团队成员的角色与职责。针对不同岗位的成员开展不同的团队建设活动。

（4）资源日历。资源日历定义了项目团队成员何时能参与团队建设活动，有助于说明团队在整个项目期间的可用性。

（5）团队章程。团队章程用于指导团队建设的高层文件，包含团队工作指南。团队价值观和工作指南为描述团队的合作方式提供了架构。

12.5.2　主要输出

随着项目团队建设工作的开展，项目管理团队应该对项目团队的有效性进行正式或非正式的评价。有效的团队建设策略和活动可以提高团队绩效，从而提高实现项目目标的可能性。评价团队有效性的指标可包括：

- 个人技能的改进，从而使成员更有效地完成工作任务。
- 团队能力的改进，从而使团队成员更好地开展工作。
- 团队成员离职率的降低。
- 团队凝聚力的加强，从而使团队成员公开分享信息和经验，并互相帮助来提高项目绩效。

12.6　管理团队

管理团队是跟踪团队成员工作表现、提供反馈、解决问题并管理团队变更，以优化项目绩效的过程。本过程的主要作用是，影响团队行为、管理冲突以及解决问题。本过程需要在整个项目期间开展。图 12-13 描述本过程的输入、工具与技术和输出。

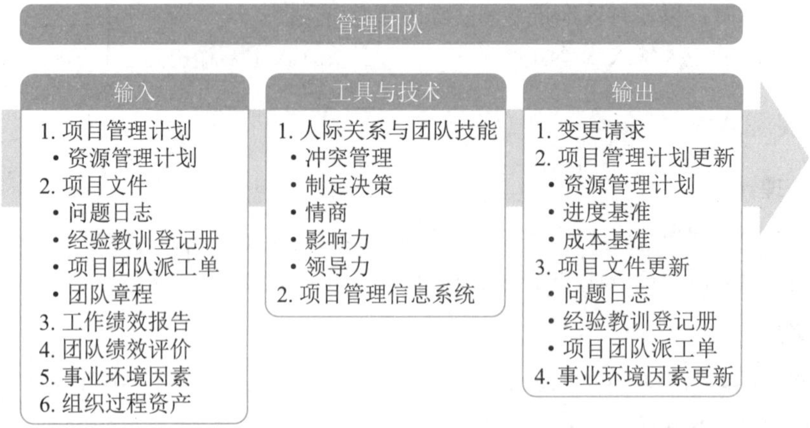

图 12-13 管理团队过程的输入、工具与技术和输出

管理团队需要借助多方面的管理和领导力技能，来促进团队协作，整合团队成员的工作，从而创建高效团队。进行团队管理，需要综合运用各种技能，特别是沟通、冲突管理、谈判和领导技能。项目经理应留意团队成员是否有意愿和有能力完成工作，然后相应地调整管理和领导力方式。

管理团队的主要工作包括：

- 在管理团队的过程中，分析冲突背景、原因和阶段，采用适当方法解决冲突。
- 考核团队绩效并向成员反馈考核结果。
- 持续评估工作职责的落实情况，分析团队绩效的改进情况，考核培训、教练和辅导的效果。
- 持续评估团队成员的技能并提出改进建议，持续评估妨碍团队的困难和障碍的排除情况，持续评估与成员的工作协议的落实情况。
- 发现、分析和解决成员之间的误解，发现和纠正违反基本规则的言行。
- 对于虚拟团队，则还要持续评估虚拟团队成员参与的有效性。

管理团队过程的主要输入为项目管理计划、项目文件、工作绩效报告、团队绩效评价，主要工具与技术包括人际关系与团队技能、项目管理信息系统。

12.6.1 主要输入

1. 项目管理计划

项目管理计划组件包括资源管理计划等。资源管理计划为如何管理和最终遣散项目团队资源提供指南。

2. 项目文件

可作为管理团队过程输入的项目文件主要包括：问题日志、经验教训登记册、项目团队派工单和团队章程等。

（1）问题日志。在管理项目团队过程中，可用问题日志记录由谁负责在规定的目标时间内解决特定问题，并监督解决情况。

（2）经验教训登记册。项目早期的经验教训可以运用到项目后期阶段，以提高团队管理的效率与效果。

（3）项目团队派工单。项目团队派工单识别了团队成员的角色与职责。

（4）团队章程。团队章程为团队应如何决策、举行会议和解决冲突提供指南。

3. 工作绩效报告

工作绩效报告是为制定决策、采取行动或引起关注所形成的实物或电子工作绩效信息，它包括从进度控制、成本控制、质量控制和范围确认中得到的结果，有助于项目团队管理。绩效报告和相关预测报告中的信息，有助于确定未来的团队资源需求、认可与奖励，以及更新资源管理计划。

4. 团队绩效评价

项目管理团队应该持续地对项目团队绩效进行正式或非正式的评价。不断地评价项目团队绩效，有助于采取措施解决问题、调整沟通方式、解决冲突和改进团队互动。

12.6.2　主要工具与技术

管理团队的工具与技术包括人际关系与团队技能、项目管理信息系统。

1. 人际关系与团队技能

适用于管理团队的人际关系与团队技能主要包括冲突管理、制定决策、情商、影响力和领导力等。

（1）冲突管理。冲突是指双方或多方的意见或行动不一致。冲突不仅是不可避免的，而且适当数量和性质的冲突是有益的，有利于提高团队的创造力。有效地管理冲突，有利于加强团队建设，提高项目绩效。冲突的来源包括资源稀缺、进度优先级排序和个人工作风格差异等。冲突的发展划分成如下五个阶段：

- 潜伏阶段：冲突潜伏在相关背景中，例如，对两个工作岗位的职权描述存在交叉。
- 感知阶段：各方意识到可能发生冲突，例如，人们发现了岗位描述中的职权交叉。
- 感受阶段：各方感受到了压力和焦虑，并想要采取行动来缓解压力和焦虑。例如，某人想要把某种职权完全归属于自己。
- 呈现阶段：一方或各方采取行动，使冲突公开化。例如，某人采取行动行使某种职权，从而与也想要行使该职权的人产生冲突。
- 结束阶段：冲突呈现之后，经过或长或短的时间，得到解决。例如，该职权被明确地归属于某人。

在冲突发展的潜伏阶段和感知阶段，重点是预防冲突。在冲突发展进入感受阶段及呈现阶段后，则重点在解决冲突。常用的冲突解决方法如下：

- 撤退/回避：从实际或潜在冲突中退出，将问题推迟到准备充分的时候，或者将问题推给其他人解决。
- 缓和/包容：强调一致而非差异；为维持和谐与关系而退让一步，考虑其他方的需要。

- 妥协/调解：为了暂时或部分解决冲突，寻找能让各方都在一定程度上满意的方案。但这种方法有时会导致"双输"局面。
- 强迫/命令：以牺牲其他方为代价，推行某一方的观点；只提供赢输方案。通常是利用权力来强行解决紧急问题，这种方法通常会导致"赢输"局面。
- 合作/解决问题：综合考虑不同的观点和意见，采用合作的态度和开放式对话引导各方达成共识和承诺。这种方法可以带来双赢局面。

（2）制定决策。决策包括谈判能力以及影响组织与项目管理团队的能力。进行有效决策需要：

- 着眼于所要达到的目标；
- 遵循决策流程；
- 研究环境因素；
- 分析可用信息；
- 激发团队创造力；
- 理解风险等。

（3）情商。情商指识别、评估和管理个人情绪、他人情绪及团体情绪的能力。项目管理团队能用情商来了解、评估及控制项目团队成员的情绪，预测团队成员的行为，确认团队成员的关注点及跟踪团队成员的问题，来达到减轻压力、加强合作的目的。

（4）影响力。影响力主要体现在说服他人、清晰表达观点和立场、积极且有效的倾听、了解并综合考虑各种观点、收集相关信息等方面，在维护相互信任的关系下，解决问题并达成一致意见。

（5）领导力。成功的项目需要强有力的领导技能。领导力是领导团队、激励团队做好本职工作的能力。

2. 项目管理信息系统

项目管理信息系统可包括资源管理或进度计划软件，可用于在各个项目活动中管理和协调团队成员。

12.7 管理沟通

管理沟通是确保项目信息及时且恰当地收集、生成、发布、存储、检索、管理、监督和最终处置的过程。本过程的主要作用是，促成项目团队与干系人之间的有效率且有效果的沟通。图 12-14 描述本过程的输入、工具与技术和输出。

管理沟通的主要工作是根据项目管理计划中的沟通管理计划有效率且有效果地开展沟通，得到项目沟通记录。有效率的沟通是指只给项目干系人提供他们所需要的信息，但是不提供多余的信息。有效果的沟通是指在正确的时间把正确的信息发送给正确的人，以便信息起到正确的作用。项目管理计划中的资源管理计划，有利于为协调和管理资源而开展有效的沟通；干系人参与计划则有利于为引导干系人合理参与项目而开展沟通。

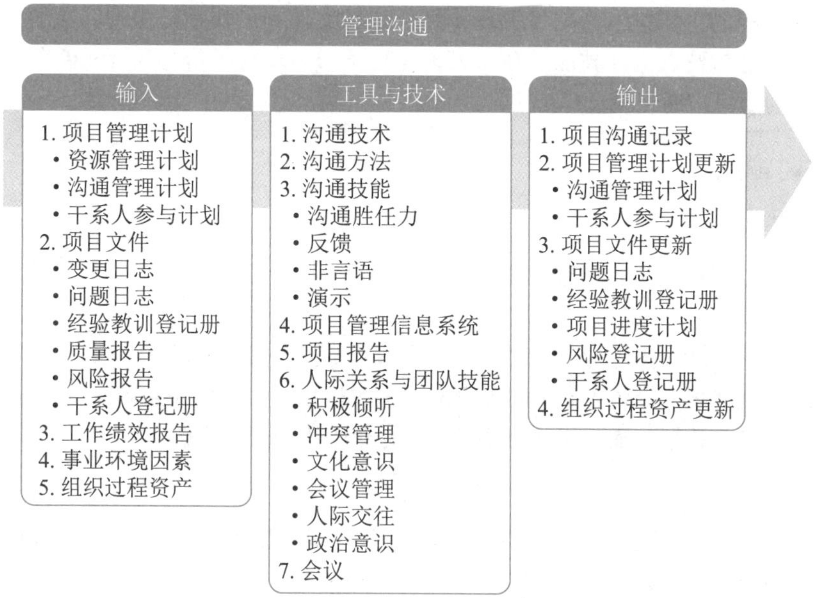

图 12-14

管理沟通		
输入	工具与技术	输出
1. 项目管理计划 • 资源管理计划 • 沟通管理计划 • 干系人参与计划 2. 项目文件 • 变更日志 • 问题日志 • 经验教训登记册 • 质量报告 • 风险报告 • 干系人登记册 3. 工作绩效报告 4. 事业环境因素 5. 组织过程资产	1. 沟通技术 2. 沟通方法 3. 沟通技能 • 沟通胜任力 • 反馈 • 非言语 • 演示 4. 项目管理信息系统 5. 项目报告 6. 人际关系与团队技能 • 积极倾听 • 冲突管理 • 文化意识 • 会议管理 • 人际交往 • 政治意识 7. 会议	1. 项目沟通记录 2. 项目管理计划更新 • 沟通管理计划 • 干系人参与计划 3. 项目文件更新 • 问题日志 • 经验教训登记册 • 项目进度计划 • 风险登记册 • 干系人登记册 4. 组织过程资产更新

图 12-14 管理沟通过程的输入、工具与技术和输出

管理沟通过程中应将工作绩效报告发送给项目干系人，也应该在管理沟通过程中把各种项目文件发送给项目干系人，如质量报告、风险报告。有些项目文件，如变更日志和问题日志，即便不需要或不应该完整地发给项目干系人，也应该以合理的方式把其中的部分内容传递给项目干系人。

管理沟通过程会涉及与开展有效沟通有关的所有方面，包括使用适当的技术、方法和技巧。此外，它还应允许沟通活动具有灵活性，允许对方法和技术进行调整，以满足干系人及项目不断变化的需求。本过程不局限于发布相关信息，它还设法确保信息以适当的格式正确生成和送达目标受众。本过程也为干系人提供机会，允许他们参与提供更多信息、澄清和讨论。有效的沟通管理需要借助的技术主要包括：发送方 - 接收方模型、媒介选择、写作风格、会议管理、演示、引导和积极倾听等。

（1）发送方 - 接收方模型：运用反馈循环，为互动和参与提供机会，并清除妨碍有效沟通的障碍。

（2）媒介选择：为满足特定的项目需求而使用合理的沟通方法。例如，何时进行书面沟通或口头沟通，何时准备非正式备忘录或正式报告，何时使用推式或拉式沟通，以及该选择何种沟通技术。

（3）写作风格：选择适当的语态、句子结构，以及使用适当的词汇。

（4）会议管理：准备议程，邀请重要参会者并确保他们出席；处理会议现场发生的冲突，或因对会议纪要和后续行动跟进不力而导致的冲突，或因不当人员与会而导致的冲突。

（5）演示：了解肢体语言和视觉辅助设计的作用。

（6）引导：达成共识、克服障碍（如小组缺乏活力），及维持小组成员兴趣和热情。

（7）积极倾听：积极倾听包括告知已收到、澄清与确认信息、理解，以及消除妨碍理解的障碍。

管理沟通过程的主要输入为项目管理计划、项目文件和工作绩效报告，主要工具与技术包括沟通技术、沟通方法、沟通技能、项目管理信息系统、项目报告、人际关系与团队技能和会议，主要输出为项目沟通记录。

12.7.1　主要输入

1. 项目管理计划

管理沟通过程使用的项目管理计划组件主要包括：资源管理计划、沟通管理计划和干系人参与计划等。

（1）资源管理计划：描述为管理团队或物质资源所需开展的沟通。

（2）沟通管理计划：描述将如何对项目沟通进行规划、结构化和监控。

（3）干系人参与计划：描述如何用适当的沟通策略引导干系人参与项目。

2. 项目文件

可作为管理沟通过程输入的项目文件主要包括：变更日志、问题日志、经验教训登记册、质量报告、风险报告和干系人登记册。

（1）变更日志：用于向受影响的干系人传达变更，以及变更请求的批准、推迟和否决情况。

（2）问题日志：将与问题有关的信息传达给受影响的干系人。

（3）经验教训登记册：项目早期获取的与管理沟通有关的经验教训，可用于项目后期阶段改进沟通过程，提高沟通效率与效果。

（4）质量报告：包括与质量问题、项目和产品改进，以及过程改进相关的信息。这些信息应交给能够采取纠正措施的人员，以便达成项目的质量期望。

（5）风险报告：提供关于整体项目风险来源的信息，以及关于已识别的单个项目风险的概述信息。这些信息应传达给风险责任人及其他受影响的干系人。

（6）干系人登记册：确定了需要各类信息的人员、群体或组织。

3. 工作绩效报告

根据沟通管理计划的定义，工作绩效报告会通过本过程传递给项目干系人。工作绩效报告的典型示例包括状态报告和进展报告。工作绩效报告可以包含挣值图表和信息、趋势线和预测、储备燃尽图、缺陷直方图、合同绩效信息以及风险概述信息。可表现为有助于引起关注、制定决策和采取行动的仪表指示图、热点报告、信号灯图或其他形式。

12.7.2　主要工具与技术

1. 沟通技术

沟通常见方法包括对话、会议、书面文件、数据库、社交媒体和网站。会影响技术选用的因素包括团队是否集中办公、需要分享的信息是否需要保密、团队成员的可用资源，以及组织文化会如何影响会议和讨论的正常开展。

2. 沟通方法

沟通方法的选择应具有灵活性，以应对干系人社区的成员变化，或成员的需求变化和期望变化。

3. 沟通技能

适用于管理沟通过程的沟通技能包括沟通胜任力、反馈、非口头技能、演示等。

4. 项目管理信息系统

项目管理信息系统能够确保干系人及时便利地获取所需信息。

5. 项目报告

项目报告是收集和发布项目信息及绩效的行为。项目信息应发布给众多干系人群体。应针对每种干系人来调整项目信息发布的适当层次、形式和细节。

6. 人际关系与团队技能

适用于管理沟通过程的人际关系与团队技能包括积极倾听、文化意识、会议管理、人际交往和政策意识等。

7. 会议

可以召开会议，支持沟通策略和沟通计划所定义的行动。

12.7.3　主要输出

项目沟通记录主要包括：绩效报告、可交付成果的状态、进度进展、产生的成本、演示，以及干系人需要的其他信息。

12.8　实施风险应对

实施风险应对是执行商定的风险应对计划的过程。本过程的主要作用是，确保按计划执行商定的风险应对措施，来管理整体项目风险、最小化单个项目威胁，以及最大化单个项目机会。本过程需要在整个项目期间开展。图 12-15 描述本过程的输入、工具与技术和输出。

图 12-15　实施风险应对过程的输入、工具与技术和输出

项目风险管理的一个常见问题就是只发现不执行，即项目团队努力识别和分析风险并制定应对措施，然后把经商定的应对措施记录在风险登记册和风险报告中，但是不采取实际行动去管理风险。适当关注实施风险应对的过程，能够确保已商定的风险应对措施得到实际执行。

只有风险责任人努力去实施商定的应对措施，项目的整体风险和单个威胁及机会才能得到主动管理。

项目经理作为整体项目风险的责任人，必须根据规划风险应对过程的结果，组织所需的资源，采取已商定的应对策略和措施处理整体项目风险，使整体项目风险保持在合理水平。

实施风险应对过程的主要输入为项目管理计划和项目文件。

主要输入

1. 项目管理计划

项目管理计划组件包括风险管理计划等。风险管理计划列明了与风险管理相关的项目团队成员和其他干系人的角色和职责，据此对风险应对措施分配责任人。风险管理计划定义了适用于本项目的风险管理方法及项目的风险临界值。

2. 项目文件

可作为实施风险应对过程输入的项目文件主要包括：经验教训登记册、风险登记册和风险报告等。

（1）经验教训登记册。项目早期获得的与实施风险应对有关的经验教训，可用于项目后期提高本过程的有效性。

（2）风险登记册。记录了每项单个风险的商定风险应对措施，以及负责应对的指定责任人。

（3）风险报告。包括对当前整体项目风险的评估，以及商定的风险应对策略，还会描述重要的单个项目风险及其应对计划。

12.9 实施采购

实施采购是获取卖方应答、选择卖方并授予合同的过程。本过程的主要作用是，选定合格卖方并签署关于货物或服务交付的法律协议。本过程的最后成果是签订的协议，包括正式合同。本过程应根据需要在整个项目期间定期开展。图 12-16 描述本过程的输入、工具与技术和输出。

本过程是按采购管理计划和采购策略中规定的采购方法，来开展实际的采购，签订采购合同。采购形式一般有：

- 直接采购：直接邀请某一家厂商报价或提交建议书，没有竞争性。
- 邀请招标：邀请一些厂家报价或提交建议书，具有有限竞争性。
- 竞争招标：公开发布招标广告，以便潜在卖方报价或提交建议书，具有很大的竞争性。

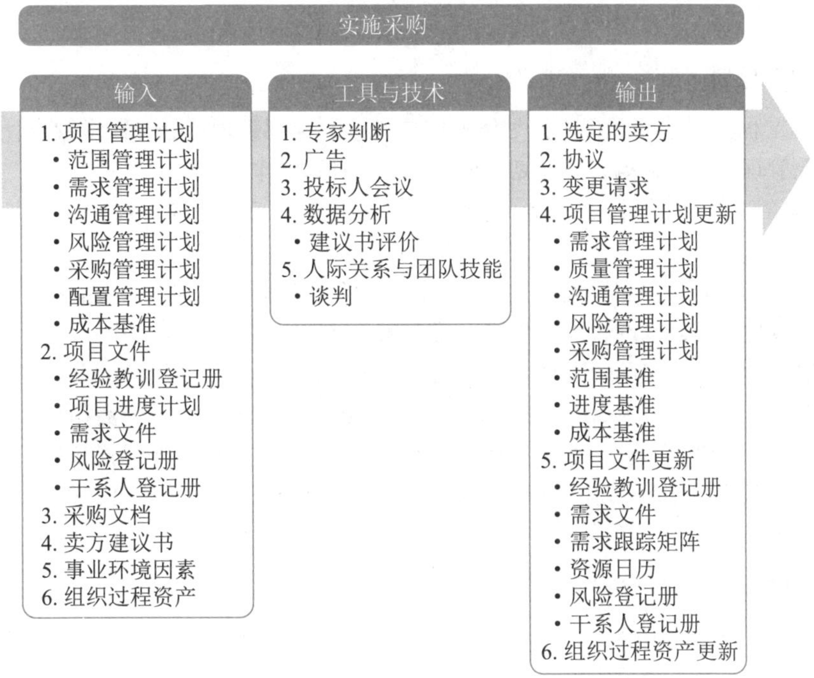

图 12-16　实施采购过程的输入、工具与技术和输出

以招投标方式进行的采购，实施采购过程包括招标、投标、评标和授标四个环节。

（1）招标。买方发出招标文件，邀请潜在卖方要约。竞争招标，应该在公共媒体上发布。邀请招标，应该在有限范围内发布。直接采购，则只需要向特定厂家发出采购消息。

（2）投标。潜在卖方购买招标文件之后，根据招标文件编制投标文件。在编制投标文件的过程中，潜在卖方会对招标文件有各种疑问。招标方应该通过投标人会议，给他们提问的机会，并回答他们的问题。在投标人会议期间，招标方也可以带潜在卖方考察项目现场。

（3）评标。招标方收到投标文件后，就要按既定的评标程序和标准开展评标工作。评标工作通常由专门的评标委员会进行。常用的评标方法包括：

- 加权打分法：用具有不同权重的各评标标准，对各投标文件进行打分，然后加权汇总，得到各潜在卖方的排名顺序。选择得分最高的潜在卖方中标。
- 筛选系统：通过多轮过滤，逐步淘汰达不到既定标准的投标商，直到剩下一家。用于淘汰的标准逐轮提高。最后剩下的那家，就是中标者。
- 独立估算：把潜在卖方的报价与买方事先编制的独立成本估算进行比较，选择与标底最接近的报价中标。

（4）授标。在确定中标者之前，需要与潜在卖方进行谈判。谈判的目的是要与潜在卖方加深了解，得到公平、合理的价格，为以后可能的合同关系奠定良好基础。基于评标委员会的推荐，招标方的高级管理层正式批准某投标方中标，与其订立合同。

实施采购过程的主要输入为项目管理计划、项目文件、采购文档和卖方建议书。主要输出为选定的卖方和协议。

12.9.1　主要输入

1. 项目管理计划

实施采购过程使用的项目管理计划组件主要包括：范围管理计划、需求管理计划、沟通管理计划、风险管理计划、采购管理计划、配置管理计划和成本基准。

（1）范围管理计划。范围管理计划描述如何管理总体工作范围，包括由卖方负责的工作范围。

（2）需求管理计划。需求管理计划有助于识别和分析拟通过采购来实现的需求。

（3）沟通管理计划。沟通管理计划描述买方和卖方之间如何开展沟通。

（4）风险管理计划。风险管理计划描述如何安排和实施项目风险管理活动。

（5）采购管理计划。采购管理计划包含在实施采购过程中应该开展的活动。

（6）配置管理计划。配置管理计划有助于确定卖方必须实现的重要配置参数。

（7）成本基准。成本基准包括用于开展采购的预算，用于管理采购过程的成本，以及用于管理卖方的成本。

2. 项目文件

可作为实施采购过程输入的项目文件主要包括：经验教训登记册、项目进度计划、需求文件、风险登记册和干系人登记册等。

（1）经验教训登记册。在项目早期获取的与实施采购有关的经验教训，可用于项目后期阶段，以提高本过程的效率。

（2）项目进度计划。项目进度计划确定项目活动的开始和结束日期，包括采购活动。它还会规定承包商最终的交付日期。

（3）需求文件。需求文件可能包括卖方需要满足的技术要求及具有合同和法律意义的需求，如健康、安全、安保、绩效、环境、保险、知识产权、同等就业机会、执照、许可证，以及其他非技术要求。

（4）风险登记册。有助于评估与特定潜在的卖方及其建议书有关的风险。

（5）干系人登记册。此文件包含与已识别干系人有关的所有详细信息，有助于邀请潜在的卖方提交建议书，以及考虑各主要干系人对建议书评审的要求和期望。

3. 采购文档

采购文档是用于达成法律协议的各种书面文件，其中可能包括当前项目启动之前的较旧文件。采购文档可包括：招标文件、采购工作说明书、独立成本估算和供方选择标准等。

（1）招标文件。招标文件包括发给卖方的信息邀请书、建议邀请书、报价邀请书或其他文件，以便卖方编制应答文件。

（2）采购工作说明书。采购工作说明书向卖方清晰地说明目标、需求及成果，以便卖方据此做出量化应答。

（3）独立成本估算。独立成体估算可由内部或外部人员编制，用于评价投标人提交的建议书的合理性。

（4）供方选择标准。供方选择标准描述如何评估投标人的建议书，包括评估标准和权重。

4. 卖方建议书

卖方为响应采购文件包而编制的建议书，其中包含的基本信息将被评估团队用于选定一个或多个投标人。评估团队会根据供方选择标准审查每一份建议书，然后选出最能满足采购组织需求的卖方。

12.9.2　主要输出

1. 选定的卖方

选定的卖方是在建议书评估或投标评估中被判断为最有竞争力的投标人。

2. 协议

合同是对双方都有约束力的协议。它强制卖方提供规定的产品、服务或成果，强制买方向卖方支付相应的报酬。合同建立了受法律保护的买卖双方的关系。协议文本的主要内容会有所不同，一般可包括：

- 采购工作说明书或主要的可交付成果；
- 进度计划、里程碑或进度计划中规定的日期；
- 绩效报告；
- 定价和支付条款；
- 检查、质量和验收标准；
- 担保和后续产品支持；
- 激励和惩罚；
- 保险和履约保函；
- 下属分包商批准；
- 一般条款和条件；
- 变更请求处理；
- 终止条款和替代争议解决方法。

12.10　管理干系人参与

管理干系人参与是与干系人进行沟通和协作以满足其需求与期望、处理问题，并促进干系人合理参与的过程。本过程的主要作用是，让项目经理能够提高干系人的支持，并尽可能降低干系人的抵制。图 12-17 描述本过程的输入、工具与技术和输出。

管理干系人参与过程旨在根据干系人参与计划，通过沟通及其他方法，与干系人沟通并引导干系人合理参与项目，解决实际出现的干系人之间的问题，以便满足干系人的需要和期望。通过这个过程，把干系人实际参与项目的程度提高到项目经理期望的程度。

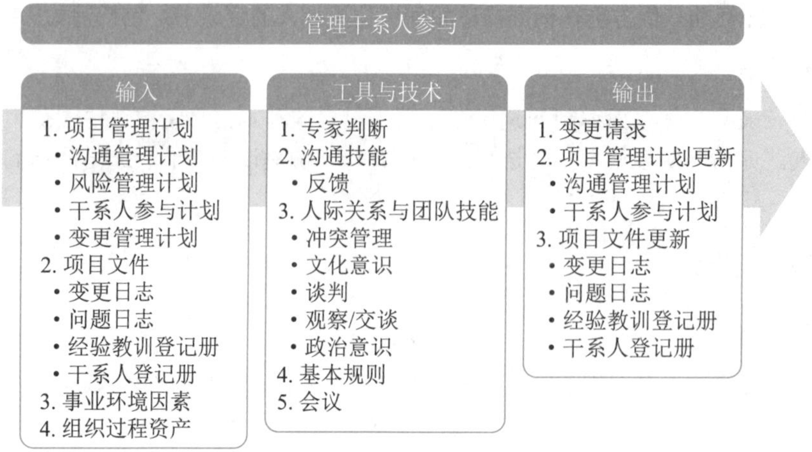

图 12-17 管理干系人参与过程的输入、工具与技术和输出

在这个过程中，需要把项目团队中的问题、项目团队与其他干系人之间的问题以及其他干系人之间的问题记录下来，形成问题日志更新。过程实施中，需要提出变更请求。变更请求可能包括对干系人参与计划的修改建议，以及对项目及其成果的修改建议。

在管理干系人参与过程中，需要开展多项活动，包括：

- 在适当的项目阶段引导干系人参与，以便获取、确认或维持他们对项目成功的持续承诺；
- 通过谈判和沟通的方式管理干系人期望；
- 处理与干系人管理有关的任何风险或潜在关注点，预测干系人可能在未来引发的问题；
- 澄清和解决已识别的问题等。

管理干系人参与过程的主要输入为项目管理计划和项目文件。

主要输入

1. 项目管理计划

管理干系人参与过程使用的项目管理计划组件主要包括：沟通管理计划、风险管理计划、干系人参与计划和变更管理计划等。

- 沟通管理计划：描述与干系人沟通的方法、形式和技术。
- 风险管理计划：描述了风险类别、风险偏好和报告格式。这些内容都可用于管理干系人参与。
- 干系人参与计划：为管理干系人期望提供指导和信息。
- 变更管理计划：描述了提交、评估和执行项目变更的过程。

2. 项目文件

可作为管理干系人过程输入的项目文件主要包括：变更日志、问题日志、经验教训登记册和干系人登记册等。

- 变更日志：记录变更请求及其状态，并将其传递给适当的干系人。
- 问题日志：记录项目或干系人的关注点，以及关于处理问题的行动方案。
- 经验教训登记册：在项目早期获取的与管理干系人参与有关的经验教训，可用于项目后期阶段，以提高本过程的效率和效果。
- 干系人登记册：提供项目干系人清单，及执行干系人参与计划所需的任何信息。

12.11　本章练习

1. 选择题

（1）过程改进通常是在_____过程中。

    A. 规划质量管理　　　B. 管理质量　　　　　C. 控制质量　　　　　D. 检查质量

参考答案：B

（2）项目经理观察到有些项目团队成员开始调整工作习惯以配合其他成员。但是，他们彼此仍然缺乏信任。项目经理可以得出_____结论。

    A. 团队处于规范阶段，很有可能进入到成熟阶段

    B. 团队处于震荡阶段，很有可能进入到规范阶段

    C. 团队处于规范阶段，很有可能退回到震荡阶段

    D. 团队处于震荡阶段，很有可能退回到形成阶段

参考答案：C

（3）项目经理被分配管理一个智能型新产品研发项目。项目团队是按照专业知识从不同地方选择的，发现难以管理分处不同地方的项目团队成员后，项目经理申请了一个新地点将团队整合在一起。项目经理可使用_____技术。

    A. 虚拟团队　　　　　B. 团队建设　　　　　C. 集中办公　　　　　D. 基本规则

参考答案：C

（4）项目沟通计划中规定，项目经理需要每两周向干系人用电子邮件形式发送报告，这份报告应该是_____。

    A. 工作绩效数据　　　　　　　　　　　B. 工作绩效分析

    C. 工作绩效报告　　　　　　　　　　　D. 工作挣值分析

参考答案：C

（5）供方选择标准是以下哪个文件的一个组成部分_____。

    A. 采购工作说明书　　B. 采购文档　　　　　C. 项目章程　　　　　D. 卖方建议书

参考答案：B

（6）在一次项目团队内部会议中，一名成员不同意项目经理的方案，导致会议无法进行。项目经理提出先讨论下一项议题，会后单独与其沟通。项目经理使用的是_____。

    A. 缓和或包容　　　　B. 妥协或调解　　　　C. 强迫或命令　　　　D. 撤退或回避

参考答案：D

（7）随着项目的开展，项目周会的出席人数一直在下降，如果要鼓励干系人积极参加，项目经理应该查阅_____。

    A. 干系人登记册   B. 沟通管理计划

    C. 人力资源管理计划   D. 干系人参与计划

参考答案：D

（8）执行过程组的主要目标是_____。

    A. 跟踪并审查项目进度   B. 管理干系人的期望

    C. 完成确定的工作满足项目目标   D. 监控进度表

参考答案：C

2. 思考题

（1）沟通管理和干系人管理的区别是什么？

参考答案：略

（2）团队绩效评价与项目绩效评价的区别是什么？

参考答案：略

（3）质量改进和过程改进的关系是什么？

参考答案：略

第 13 章　监控过程组

　　监控过程组是由监督项目执行情况并在必要时采取纠正措施，识别必要的计划变更并启动相应的变更程序等 12 个过程组成，包括：项目范围管理中的"确认范围"和"控制范围"；项目进度管理中的"控制进度"；项目成本管理中的"控制成本"；项目质量管理中的"控制质量"；项目资源管理中的"控制资源"；项目沟通管理中的"监督沟通"；项目风险管理中的"监督风险"；项目采购管理中的"控制采购"；项目干系人管理中的"监督干系人参与"；项目整合管理中的"监控项目工作"和"实施整体变更控制"。监控过程组各过程之间的关系如图 13-1 所示，各过程之间存在相互作用，工作并行开展。监督是收集项目绩效数据，计算绩效指标，并报告和发布绩效信息。控制是比较实际绩效与计划绩效，分析偏差，评估趋势以改进过程，评价可选方案，并建议必要的纠正措施。这个项目过程组的目的在于，定期监督和计量项目绩效以及时发现实际情况与项目管理计划之间的偏差，对预知可能出现的问题制定预防措施，以及控制变更。监控过程组不仅监视和控制某一过程组正在进行的工作，而且还监视和控制整个项目的成果。

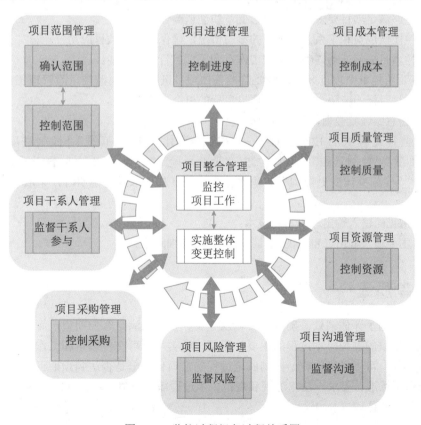

图 13-1　监控过程组各过程关系图

持续的监督使项目团队和其他干系人得以洞察项目的健康状况，并识别需要格外注意的方面。在监控过程组，需要监督和控制在每个知识领域、每个过程组、每个生命周期阶段以及整个项目中正在进行的工作。

监控过程组需要开展以下 11 类工作。

（1）把执行情况和计划进行比较，分析项目绩效（包括范围绩效、进度绩效、成本绩效和质量绩效），识别和量化绩效的偏差。

（2）分析偏差的程度和原因，并预测未来绩效。

（3）基于分析和预测结果（如果超出了控制临界值），提出变更请求，包括纠正措施、缺陷补救措施建议、计划修改建议和预防措施建议。

（4）根据变更管理计划的规定，对变更请求进行综合评审，做出批准、否决或搁置等决定。

（5）除了为实现项目的既定目标而管理项目变更，还要从确保项目继续符合商业需要的高度来管理项目变更，提出修改项目目标的变更请求，并报变更控制委员会审批。

（6）及时查看和处理随同项目执行而记录的问题日志中的各种问题，最小化这些问题对项目的不利影响。

（7）及时检查已完成的可交付成果的质量，并及时验收质量合格的可交付成果，确保项目可交付成果能够满足项目要求，实现组织变革和创造商业价值。

（8）监控团队成员和干系人对项目的参与情况，确保有利于项目成功。

（9）监控项目采购活动，确保采购工作有利于项目目标的实现。

（10）既要监控单个项目风险，又要监控整体项目风险，还要监控风险管理工作的有效性，以便降低对项目目标的威胁，提高实现项目目标的机会。

（11）不断总结经验教训，以便持续改进。

本章对监控过程组的 12 个过程——"确认范围""控制范围""控制进度""控制成本""控制质量""控制资源""监督沟通""监督风险""控制采购""监督干系人参与""监控项目工作""实施整体变更控制"的输入输出、工具与技术进行说明时，采取以下规则进行描述：

● 省略常见的输入输出、工具与技术；

● 针对主要输入输出、重要的工具与技术进行详细阐述。

13.1　控制质量

控制质量是为了评估绩效，确保项目输出完整、正确且满足客户期望，而监督和记录质量管理活动执行结果的过程。本过程的主要作用是，核实项目可交付成果和工作已经达到主要干系人的质量要求，可供最终验收。控制质量过程确定项目输出是否达到预期目的，这些输出需要满足所有适用标准、要求、法律法规和规范。本过程需要在整个项目期间开展。图 13-2 描述本过程的输入、工具与技术和输出。

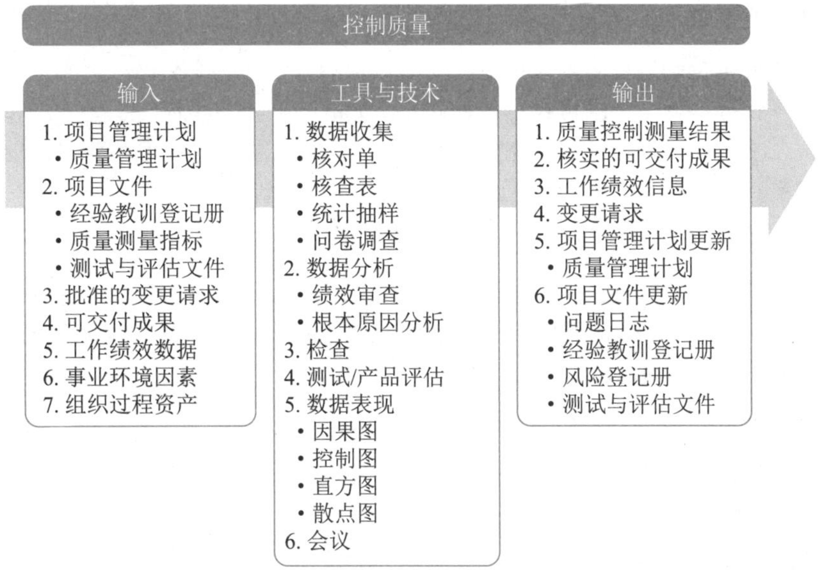

图 13-2　控制质量过程的输入、工具与技术和输出

本过程通过测量所有步骤、属性和变量，来核实与规划阶段所描述规范的一致性和合规性。在整个项目期间应执行质量控制，用可靠的数据来证明项目已经达到发起人和（或）客户的验收标准。

控制质量的努力程度和执行程度可能会因所在行业和项目管理风格而不同。例如，与其他行业相比，制药、医疗、运输和核能产业可能拥有更加严格的质量控制程序，为满足标准付出的工作也更多；在敏捷或适应型项目中，控制质量活动可能由所有团队成员在整个项目生命周期中执行；在瀑布或预测型项目中，控制质量活动由特定团队成员在特定时间点或者项目或阶段快结束时执行。

控制质量过程的主要输入为项目管理计划、项目文件、批准的变更请求、可交付成果和工作绩效数据，主要工具与技术包括数据收集、数据分析、检查、测试 / 产品评估、数据表现和会议，主要输出为质量控制测量结果、核实的可交付成果和工作绩效信息。

13.1.1　主要输入

1. 项目管理计划

可用于控制质量的项目管理计划组件是质量管理计划，质量管理计划定义了如何在项目中开展质量控制。

2. 项目文件

可作为控制质量过程输入的项目文件主要包括：经验教训登记册、质量测量指标、测试与评估文件等。

（1）经验教训登记册：在项目早期的经验教训可以运用到后期阶段，以改进质量控制。

（2）质量测量指标：专用于描述项目或产品属性，以及控制质量过程将如何验证符合程度。

（3）测试与评估文件：用于评估质量目标的实现程度。

3. 批准的变更请求

在实施整体变更控制过程中，通过更新变更日志，显示哪些变更已经得到批准，哪些变更没有得到批准。批准的变更请求可包括各种修正，如缺陷补救、修订的工作方法和修订的进度计划。完成局部变更时，如果步骤不完整或不正确，可能会导致不一致和延迟。批准的变更请求的实施需核实，并需要确认完整性、正确性，以及是否重新测试。

4. 可交付成果

可交付成果指的是在某一过程、阶段或项目完成时，必须产出的任何独特并可核实的产品、成果或服务能力。作为指导与管理项目工作过程的输出的可交付成果将得到检查，并与项目范围说明书定义的验收标准作比较。

5. 工作绩效数据

工作绩效数据包括产品状态数据，例如观察结果、质量测量指标、技术绩效测量数据，以及关于进度绩效和成本绩效的项目质量信息。

13.1.2 主要工具与技术

1. 数据收集

适用于控制质量过程的数据收集技术包括核对单、核查表、统计抽样和问卷调查等。

（1）核对单。核对单有助于以结构化方式管理控制质量活动。

（2）核查表。核查表又称计数表，用于合理排列各种事项，以便有效地收集关于潜在质量问题的有用数据。在开展检查以识别缺陷时，用核查表收集属性数据就特别方便，例如关于缺陷数量或后果的数据，如图 13-3 所示。

缺陷	日期 1	日期 2	日期 3	日期 4	合计
小划痕	1	2	2	2	7
大划痕	0	1	0	0	1
弯曲	3	3	1	2	9
缺少组件	5	0	2	1	8
颜色配错	2	0	1	3	6
标签错误	1	2	1	2	6

图 13-3　核查表

（3）统计抽样。统计抽样是指从目标总体中选取部分样本用于检查（如从 75 张工程图纸中随机抽取 10 张）。样本用于测量控制和确认质量。抽样的频率和规模应在规划质量管理过程中确定。

（4）问卷调查。问卷调查可用于在部署产品或服务之后收集关于客户满意度的数据。在问卷调查中识别的缺陷相关成本可被视为 COQ 模型中的外部失败成本，给组织带来的影响会超出成本本身。

2. 数据分析

适用于控制质量过程的数据分析技术包括：绩效核查和根本原因分析（RCA）。

（1）绩效审查。绩效审查针对实际结果，测量、比较和分析规划质量管理过程中定义的质量测量指标。

（2）根本原因分析。根本原因分析用于识别缺陷成因。

3. 检查

检查是指检验工作产品，以确定是否符合书面标准。检查的结果通常包括相关的测量数据，可在任何层面上进行，可以检查单个活动的成果，也可以检查项目的最终产品。检查也可称为审查、同行审查、审计或巡检等，而在某些应用领域，这些术语的含义比较狭窄和具体。检查也可用于确认缺陷补救。

4. 测试 / 产品评估

测试是一种有组织的、结构化的调查，旨在根据项目需求提供有关被测产品或服务质量的客观信息。测试的目的是找出产品或服务中存在的错误、缺陷、漏洞或其他不合规问题。用于评估各项需求的测试的类型、数量和程度是项目质量计划的一部分，具体取决于项目的性质、时间、预算或其他制约因素。测试可以贯穿于整个项目，可以在项目的不同组成部分完成时进行，也可以在项目结束（即交付最终可交付成果）时进行。早期测试有助于识别不合规问题，帮助减少修补不合规组件的成本。

不同应用领域需要不同测试。例如，软件测试可能包括单元测试、集成测试、黑盒测试、白盒测试、接口测试、回归测试、α 测试等；硬件开发中，测试可能包括环境应力筛选、老化测试、系统测试等。

5. 数据表现

适用于控制质量过程的数据表现技术包括因果图、控制图、直方图和散点图等。

（1）因果图。因果图用于识别质量缺陷和错误可能造成的结果，详见本书 12.3.2 节。

（2）控制图。控制图用于确定一个过程是否稳定，或者是否具有可预测的绩效。规格上限和下限是根据要求制定的，反映了可允许的最大值和最小值。上下控制界限不同于规格界限。控制界限根据标准的统计原则，通过标准的统计计算确定，代表一个稳定过程的自然波动范围。项目经理和干系人可基于计算出的控制界限，识别须采取纠正措施的检查点，以预防不在控制界限内的绩效。控制图可用于监测各种类型的输出变量。虽然控制图最常用来跟踪批量生产中的重复性活动，但也可用来监测成本与进度偏差、产量、范围变更频率或其他管理工作成果，以便帮助确定项目管理过程是否受控。

（3）直方图。直方图可按来源或组成部分展示缺陷数量，详见本书 12.3.2 节。

（4）散点图。散点图可在一个轴上展示计划的绩效，在另一个轴上展示实际绩效，详见本书 12.3.2 节。

6. 会议

审查已批准的变更请求、回顾 / 经验教训等会议可作为控制质量过程的一部分。

（1）审查已批准的变更请求：对所有已批准的变更请求进行审查，以核实它们是否已按批准的方式实施，确认是否已完成局部变更，以及是否已执行、测试、完成和证实所有部分。

（2）回顾 / 经验教训：项目团队举行的会议，旨在讨论下述内容。

- 项目/阶段的成功要素。
- 待改进之处。
- 当前项目和未来项目可增加的内容。
- 可增加到组织过程资产中的内容等。

13.1.3 主要输出

1. 质量控制测量结果

控制质的测量结果是对质量控制活动的结果的书面记录，应以质量管理计划所确定的格式加以记录。

2. 核实的可交付成果

控制质量过程的一个目的就是确定可交付成果的正确性。开展控制质量过程的结果是核实的可交付成果，后者又是确认范围过程的一项输入，以便正式验收。如果存在任何与可交付成果有关的变更请求或改进事项，可能会执行变更、开展检查并重新核实。

3. 工作绩效信息

工作绩效信息包含有关项目需求实现情况的信息、拒绝的原因、要求的返工、纠正措施建议、核实的可交付成果列表、质量测量指标的状态，以及过程调整需求。

13.2 确认范围

确认范围是正式验收已完成的项目可交付成果的过程。本过程的主要作用是，使验收过程具有客观性；同时通过确认每个可交付成果来提高最终产品、服务或成果获得验收的可能性。本过程应根据需要在整个项目期间定期开展。图 13-4 描述本过程的输入、工具与技术和输出。

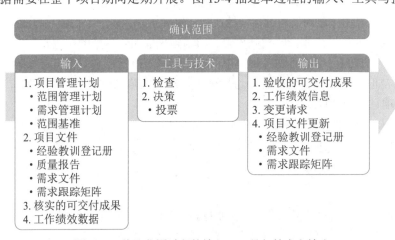

图 13-4　确认范围过程的输入、工具与技术和输出

由主要干系人，尤其是客户或发起人审查从控制质量过程输出的核实的可交付成果，确认这些可交付成果已经圆满完成并通过正式验收。确认范围过程依据从项目范围管理知识领域的相应过程获得的输出（如需求文件或范围基准），以及从其他知识领域的执行过程获得的工作绩效数据，对可交付成果的确认和最终验收。

确认范围过程的主要输入为项目管理计划、项目文件、核实的可交付成果和工作绩效数据，主要输出为验收的可交付成果和工作绩效信息。

13.2.1　确认范围的关键内容

1. 确认范围的步骤

确认范围应该贯穿项目的始终。如果是在项目的各个阶段对项目的范围进行确认，则还要考虑如何通过项目协调来降低项目范围改变的频率，以保证项目范围的改变是有效率和适时的。确认范围的一般步骤如下。

（1）确定需要进行范围确认的时间。

（2）识别范围确认需要哪些投入。

（3）确定范围正式被接受的标准和要素。

（4）确定范围确认会议的组织步骤。

（5）组织范围确认会议。

通常情况下，在确认范围前，项目团队需要先进行质量控制工作。例如，在确认软件项目的范围之前，需要进行系统测试等工作，以确保确认工作的顺利完成。

确认范围过程与控制质量过程的不同之处在于，前者关注可交付成果的验收，而后者关注可交付成果的正确性及是否满足质量要求。控制质量过程通常先于确认范围过程，但二者也可同时进行。

2. 确认范围时需要检查的问题

项目干系人进行范围确认时，一般需要检查以下 6 个方面的问题。

（1）可交付成果是否是确定的、可确认的？

（2）每个可交付成果是否有明确的里程碑？里程碑是否有明确的、可辨别的事件？例如，客户的书面认可等。

（3）是否有明确的质量标准？可交付成果的交付不但要有明确的标准标志，而且要有是否按照要求完成的标准，可交付成果和其标准之间是否有明确联系？

（4）审核和承诺是否有清晰的表达？项目发起人必须正式同意项目的边界，项目完成的产品或者服务，以及项目相关的可交付成果。项目团队必须清楚地了解可交付成果是什么。所有的这些表达必须清晰，并取得一致意见。

（5）项目范围是否覆盖了需要完成的产品或服务的所有活动，有没有遗漏或错误？

（6）项目范围的风险是否太高？管理层是否能够降低风险发生时对项目的影响？

3. 干系人关注点的不同

确认范围主要是项目干系人（例如，客户、发起人等）对项目的范围进行确认和接受的工作，每个人对项目范围所关注的方面是不同的，主要体现在以下 4 个方面。

（1）管理层主要关注项目范围：是指范围对项目的进度、资金和资源的影响，这些因素是否超过了组织承受范围，是否在投入产出上具有合理性。在确认范围工作进行之后，管理层可能会取消该项目，这可能是因为项目范围太大，造成对时间、资金和资源的占有远远大于管理层的预计或者组织的承受能力。更多的情况是要求项目团队压缩范围以满足进度、资金和资源的限制。

（2）客户主要关注产品范围：关心项目的可交付成果是否足够完成产品或服务。有些项目的产品经理就是客户，这种情况下，可减少项目团队对产品理解的失误的可能性，降低项目的风险。在项目中，客户往往有在当前版本中加入所有功能和特征的意愿，这对于项目来说是一种潜在的风险，会给组织和客户带来危害和损失。

（3）项目管理人员主要关注项目制约因素：关心项目可交付成果是否足够和必须完成，时间、资金和资源是否足够，以及主要的潜在风险和预备解决的方法。

（4）项目团队成员主要关注项目范围中自己参与的元素和负责的元素：通过定义范围中的时间检查自己的工作时间是否足够，自己在项目范围中是否有多项工作，而这些工作是否有冲突的地方。如果项目团队成员估计某些可交付成果无法在确定的时间完成，需要提出自己的意见。

13.2.2　主要输入

1. 项目管理计划

确认范围过程使用的项目管理计划组件主要包括：范围管理计划、需求管理计划和范围基准等。

（1）范围管理计划：定义了如何正式验收已经完成的可交付成果。

（2）需求管理计划：描述了如何确认项目需求。

（3）范围基准：用范围基准与实际结果比较，以决定是否有必要进行变更、采取纠正措施或预防措施。

2. 项目文件

可作为确认范围过程输入的项目文件主要包括：需求文件、需求跟踪矩阵、质量报告和经验教训登记册等。

（1）需求文件：将需求与实际结果比较，以决定是否有必要进行变更、采取纠正措施或预防措施。

（2）需求跟踪矩阵：含有与需求相关的信息，包括如何确认需求。

（3）质量报告：可包括由团队管理或需上报的全部质量保证事项、改进建议，以及在控制质量过程中发现的情况的概述。在验收产品之前，需要查看所有这些内容。

（4）经验教训登记册：在项目早期获得的经验教训可以运用到后期阶段，以提高验收可交付成果的效率与效果。

3. 核实的可交付成果

核实的可交付成果是指已经完成，并被控制质量过程检查为正确的可交付成果。

4. 工作绩效数据

工作绩效数据可能包括符合需求的程度、不一致的数量、不一致的严重性或在某时间段内开展确认的次数。

13.2.3　主要输出

1. 验收的可交付成果

符合验收标准的可交付成果应该由客户或发起人正式签字批准。应该从客户或发起人那里获得正式文件，证明干系人对项目可交付成果的正式验收。这些文件将提交给结束项目或阶段过程。

2. 工作绩效信息

工作绩效信息包括项目进展信息，例如，哪些可交付成果已经被验收，哪些未通过验收以及原因。这些信息应该被记录下来并传递给干系人。

13.3　控制范围

控制范围是监督项目和产品的范围状态，管理范围基准变更的过程。本过程的主要作用是，在整个项目期间保持对范围基准的维护，且需要在整个项目期间开展。图 13-5 描述本过程的输入、工具与技术和输出。

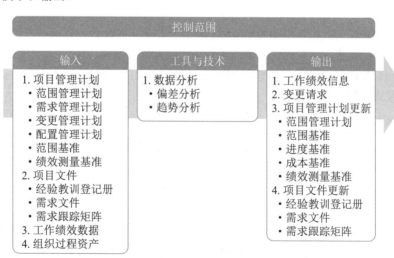

图 13-5　控制范围过程的输入、工具与技术和输出

控制项目范围确保所有变更请求、推荐的纠正措施或预防措施都通过实施整体变更控制过程进行处理。在变更实际发生时，也需要采用控制范围过程来管理这些变更。控制范围过程应该与其他项目管理知识领域的控制过程协调开展。未经控制的产品或项目范围的扩大（未对时间、成本和资源做相应调整）被称为范围蔓延。

控制范围过程的主要输入为项目管理计划、项目文件和工作绩效数据，主要输出为工作绩效信息。

13.3.1　主要输入

1. 项目管理计划

控制范围过程使用的项目管理计划组件主要包括：范围管理计划、需求管理计划、变更管理计划、配置管理计划、范围基准和绩效测量基准等。

（1）范围管理计划：记录了如何控制项目和产品范围。

（2）需求管理计划：记录了如何管理项目需求。

（3）变更管理计划：定义了管理项目变更的过程。

（4）配置管理计划：定义了哪些是配置项，哪些配置项需要正式变更控制，以及针对这些配置项的变更控制过程。

（5）范围基准：用范围基准与实际结果比较，以决定是否有必要进行变更、采取纠正措施或预防措施。

（6）绩效测量基准：使用挣值分析时，将绩效测量基准与实际结果比较，以决定是否有必要进行变更、采取纠正措施或预防措施。

2. 项目文件

可作为控制范围过程输入的项目文件主要包括：经验教训登记册、需求文件和需求跟踪矩阵等。

（1）经验教训登记册：项目早期的经验教训可以运用到后期阶段，以改进范围控制。

（2）需求文件：用于发现任何对商定的项目或产品范围的偏离。

（3）需求跟踪矩阵：有助于探查任何变更或对范围基准的任何偏离对项目目标的影响，它还可以提供受控需求的状态。

3. 工作绩效数据

工作绩效数据可能包括收到的变更请求的数量，接受的变更请求的数量或者核实、确认和完成的可交付成果的数量。

13.3.2　主要输出

控制范围过程产生的工作绩效信息是有关项目和产品范围实施情况（对照范围基准）的、相互关联且与各种背景相结合的信息，包括收到的变更的分类、识别的范围偏差和原因、偏差对进度和成本的影响，以及对将来范围绩效的预测。

13.4　控制进度

控制进度是监督项目状态，以更新项目进度和管理进度基准变更的过程。本过程的主要作用是在整个项目期间保持对进度基准的维护，且需要在整个项目期间开展。图 13-6 描述本过程的输入、工具与技术和输出。

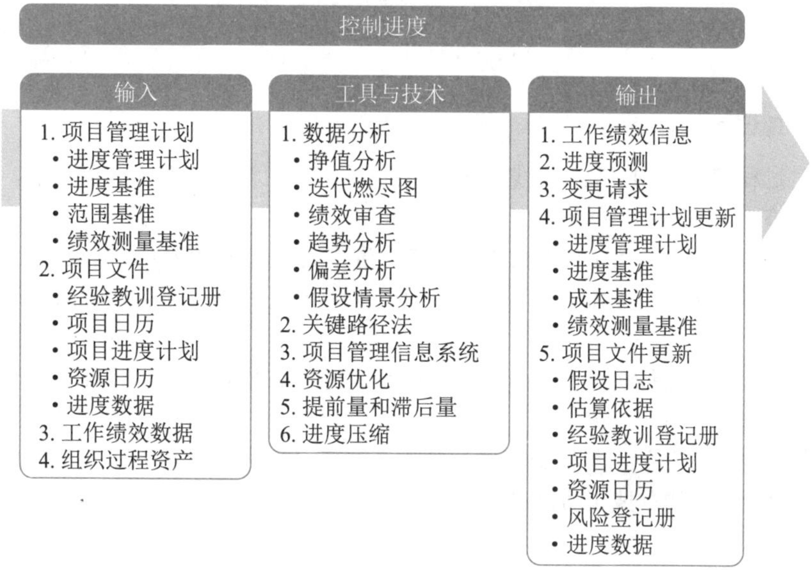

图 13-6　控制进度过程的输入、工具与技术和输出

　　要更新进度模型，就需要了解迄今为止的实际绩效。进度基准的任何变更都必须经过实施整体变更控制过程的审批。控制进度作为实施整体变更控制过程的一部分，关注内容包括：

- 判断项目进度的当前状态；
- 对引起进度变更的因素施加影响；
- 重新考虑必要的进度储备；
- 判断项目进度是否已经发生变更；
- 在变更实际发生时对其进行管理。

如果采用敏捷方法，控制进度要关注如下内容：

- 通过比较上一个时间周期中已交付并验收的工作总量与已完成的工作估算值，来判断项目进度的当前状态；
- 实施回顾性审查（定期审查，记录经验教训），以便纠正与改进过程；
- 剩余工作计划（未完项）重新进行优先级排序；
- 确定每次迭代时间（约定的工作周期持续时间，通常是两周或一个月）内可交付成果的生成、核实和验收的速度；
- 确定项目进度已经发生变更；
- 在变更实际发生时对其进行管理。

　　将工作外包时，定期向承包商和供应商了解里程碑的状态更新是确保工作按商定进度进行的一种途径，有助于确保进度受控。同时，应执行进度状态评审和巡检，确保承包商报告准确且完整。

控制进度过程的主要输入为项目管理计划、项目文件和工作绩效数据，主要工具与技术包括数据分析、关键路径法、资源优化、提前量和滞后量、进度压缩，主要输出为工作绩效信息和进度预测。

13.4.1　主要输入

1. 项目管理计划

控制进度过程使用的项目管理计划组件主要包括：进度管理计划、进度基准、范围基准和绩效测量基准等。

（1）进度管理计划：描述了进度的更新频率、进度储备的使用方式，以及进度的控制方式。

（2）进度基准：把进度基准与实际结果相比，以判断是否需要进行变更或采取纠正或预防措施。

（3）范围基准：在监控进度基准时，需明确考虑范围基准中的项目 WBS、可交付成果、制约因素和假设条件。

（4）绩效测量基准：使用挣值分析时，将绩效测量基准与实际结果比较，以决定是否有必要进行变更、采取纠正措施或预防措施。

2. 项目文件

可作为控制进度过程输入的项目文件主要包括：经验教训登记册、项目日历、项目进度计划、资源日历和进度数据等。

（1）经验教训登记册：项目早期的经验教训可运用到后期阶段，以改进进度控制。

（2）项目日历：在一个进度模型中，可能需要不止一个项目日历来预测项目进度，因为有些活动需要不同的工作时段。

（3）项目进度计划：是最新版本的项目进度计划。

（4）资源日历：显示了团队和物质资源的可用性。

（5）进度数据：在控制进度过程中需要对进度数据进行审查和更新。

3. 工作绩效数据

工作绩效数据包含关于项目状态的数据，例如哪些活动已经开始，它们的进展如何（如实际持续时间、剩余持续时间和实际完成百分比），哪些活动已经完成。

13.4.2　主要工具与技术

1. 数据分析

可用作控制进度过程的数据分析技术主要包括：挣值分析、迭代燃尽图、绩效审查、趋势分析、偏差分析和假设情景分析等。

（1）挣值分析。进度绩效测量指标（如进度偏差（SV）和进度绩效指数（SPI））用于评价偏离初始进度基准的程度。

（2）迭代燃尽图。这类图用于追踪迭代未完项中尚待完成的工作。它分析与理想燃尽图的偏差。可使用预测趋势线来预测迭代结束时可能出现的偏差，以及在迭代期间应采取的合理行动。燃尽图中先用对角线表示理想的燃尽情况，再每天画出实际剩余工作，最后基于剩余工作计算出趋势线以预测完成情况，如图 13-7 所示。

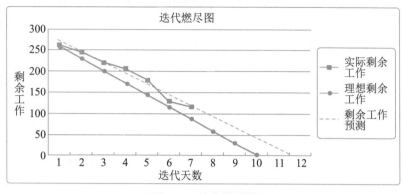

图 13-7　迭代燃尽图

（3）绩效审查。绩效审查是指根据进度基准，测量、对比和分析进度绩效，如实际开始和完成日期、已完成百分比，以及当前工作的剩余持续时间。

（4）趋势分析。趋势分析检查项目绩效随时间的变化情况，以确定绩效是在改善还是在恶化。图形分析技术有助于理解截至目前的绩效，并与未来的绩效目标（表示为完工日期）进行对比。

（5）偏差分析。偏差分析关注实际开始和完成日期与计划的偏离，实际持续时间与计划的差异，以及浮动时间的偏差。它包括确定偏离进度基准的原因与程度，评估这些偏差对未来工作的影响，以及确定是否需要采取纠正或预防措施。

（6）假设情景分析。假设情景分析基于项目风险管理过程的输出，对各种不同的情景进行评估，促使进度模型符合项目管理计划和批准的基准。

2. 关键路径法

检查关键路径的进展情况有助于确定项目进度状态。关键路径上的偏差将对项目的结束日期产生直接影响。评估次关键路径上的活动的进展情况，有助于识别进度风险。

3. 资源优化

资源优化技术是在同时考虑资源可用性和项目时间的情况下，对活动和活动所需资源进行的进度规划。

4. 提前量和滞后量

在网络分析中调整提前量与滞后量，设法使进度滞后的项目活动赶上计划。

5. 进度压缩

采用进度压缩技术使进度落后的项目活动赶上计划，可以对剩余工作使用快速跟进或赶工方法。

13.4.3 主要输出

1. 工作绩效信息

工作绩效信息包括与进度基准相比较的项目工作执行情况。可以在工作包层级和控制账户层级，计算开始和完成日期的偏差以及持续时间的偏差。使用挣值分析的项目，进度偏差（SV）和进度绩效指数（SPI）将记录在工作绩效报告中。

某项目进度工作绩效信息示例如图 13-8 所示。

3、进度数据统计表
注：表格中蓝色部分分为自动计算，不用填写

阶段	计划开始日期	计划结束日期	计划加班天数	实际开始日期	实际结束日期	实际加班天数	计划工期	实际工期	工期相对偏差	工期偏差率	占总工期百分比	计划工作天数	实际工作天数	工作天数偏差	工作量偏差率	占总工作天数百分比
需求	2017/4/6	2017/4/21	0	2017/4/6	2017/4/21	0	16	16	0	0.00%	4.43%	16	17	1	0.057971014	
设计	2017/4/24	2017/5/5	0	2017/4/24	2017/5/5	0	12	12	0	0.00%	3.32%	10	10	0	0.040089157	
实现	2017/5/8	2017/6/9	0	2017/5/8	2017/6/9	0	33	33	0	0.00%	9.14%	20	21	1	-0.023333333	0.169758456
测试	2017/6/12	2017/8/4	0	2017/6/12	2017/8/4	3	54	54	0	0.00%	14.96%	40	42	2	-0.0731	0.207729469
部署式运行	2017/10/27	2018/4/1	0	2017/10/27	2018/4/1	0	157	157	0	0.00%	43.49%	111	111	0	0	0.938235809

统计项	计划开始日期	计划结束日期	计划加班天数	实际开始日期	实际结束日期	实际加班天数	计划工期	实际工期	工期相对偏差	计划工作天数	实际工作天数	工作天数偏差
项目名称	2017/4/6	2018/4/1	3	2017/4/6	2018/4/1	3	361	361	0	201	201	

4、进度数据分析图
注：图形自动生成，无须编辑。

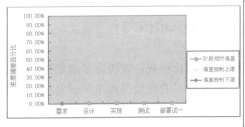
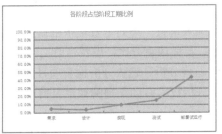

图 13-8　进度工作绩效信息示例

2. 进度预测

进度预测指根据已有的信息和知识，对项目未来的情况和事件进行的估算或预计。随着项目执行，应该基于工作绩效信息，更新和重新发布进度预测，这些信息取决于纠正或预防措施所期望的未来绩效，可能包括挣值绩效指数，以及可能在未来对项目造成影响的进度储备信息。

13.5　控制成本

控制成本是监督项目状态，以更新项目成本和管理成本基准变更的过程。本过程的主要作用是，在整个项目期间保持对成本基准的维护。本过程需要在整个项目期间开展。图 13-9 描述本过程的输入、工具与技术和输出。

要更新预算，就需要了解截至目前的实际成本。只有经过实施整体变更控制过程的批准，才可以增加预算。只监督资金的支出，而不考虑由这些支出所完成的工作的价值，对项目没有什么意义，最多算是跟踪资金流。因此，在成本控制中，应重点分析项目资金支出与相应完成的工作之间的关系。有效成本控制的关键在于管理经批准的成本基准。项目成本控制的目标包括：

- 对造成成本基准变更的因素施加影响；
- 确保所有变更请求都得到及时处理；

● 当变更实际发生时，管理这些变更；

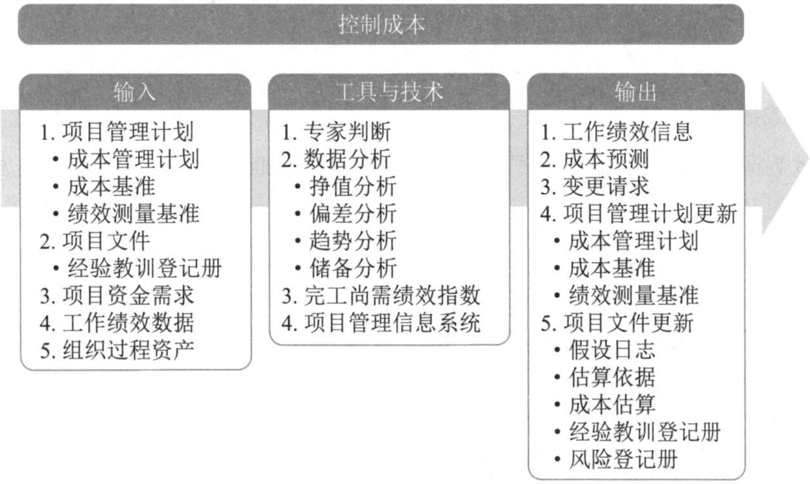

图 13-9　控制成本过程的输入、工具与技术和输出

● 确保成本支出不超过批准的资金限额，既不超出按时段、按WBS组件、按活动分配的限额，也不超出项目总限额；
● 监督成本绩效，找出并分析与成本基准间的偏差；
● 对照资金支出，监督工作绩效；
● 防止在成本或资源使用报告中出现未经批准的变更；
● 向干系人报告所有经批准的变更及其相关成本；
● 设法把预期的成本超支控制在可接受的范围内等。

　　控制成本过程的主要输入为项目管理计划、项目文件、项目资金需求和工作绩效数据，主要工具与技术包括挣值分析、偏差分析、趋势分析、储备分析、完工尚需绩效指数、项目管理信息系统，主要输出为工作绩效信息和成本预测。

13.5.1　主要输入

1. 项目管理计划

控制成本过程使用的项目管理计划组件主要包括：成本管理计划、成本基准和绩效测量基准等。

（1）成本管理计划：描述将如何管理和控制项目成本。

（2）成本基准：把成本基准与实际结果相比，以判断是否需要进行变更或采取纠正或预防措施。

（3）绩效测量基准：使用挣值分析时，将绩效测量基准与实际结果比较，以决定是否有必要进行变更、采取纠正措施或预防措施。

2. 项目文件

可作为控制成本过程输入的项目文件是经验教训登记册，在项目早期获得的经验教训可以运用到后期阶段，以改进成本控制。

3. 项目资金需求

项目资金需求包括预计支出及预计债务。

4. 工作绩效数据

工作绩效数据包含项目状态的数据，例如哪些成本已批准、发生、支付和开具发票。

13.5.2　主要工具与技术

1. 挣值分析

挣值分析（EVA）是把范围、进度和资源绩效综合起来考虑，以评估项目绩效和进展的方法。它是一种常用的项目绩效测量方法。它把范围基准、成本基准和进度基准整合起来，形成绩效基准，以便项目管理团队评估和测量项目绩效和进展。作为一种项目管理技术，挣值分析要求建立整合基准，用于测量项目期间的绩效。EVA 的原理适用于所有行业的所有项目。它针对每个工作包和控制账户，计算并监测以下指标。

（1）计划值（Planned Value，PV）。计划值是指项目实施过程中某阶段计划要求完成的工作量所需的预算工时（或费用）。PV 主要反映进度计划应当完成的工作量，不包括管理储备。项目的总计划值又被称为完工预算（BAC）。

（2）实际成本（Actual Cost，AC）。实际成本是指项目实施过程中某阶段实际完成的工作量所消耗的工时（或费用），主要反映项目执行的实际消耗指标。

（3）挣值（Earned Value，EV）。挣值是指项目实施过程中某阶段实际完成工作量及按预算定额计算出来的工时（或费用）之积。

（4）进度偏差（Schedule Variance，SV）及进度绩效指数（Schedule Performance Index，SPI）。进度偏差是测量进度绩效的一种指标，可表明项目进度是落后还是提前于进度基准。由于当项目完工时，全部的计划值都将实现（即成为挣值），所以进度偏差最终将等于零。

进度绩效指数是测量进度效率的一种指标，它反映了项目团队利用时间的效率，有时与成本绩效指数（CPI）一起使用，以预测最终的完工估算。由于 SPI 测量的是项目总工作量，所以还需要对关键路径上的绩效进行单独分析，以确认项目是否将比计划完成日期提前或推迟。

SV 计算公式：SV=EV−PV。当 SV>0 时，说明进度超前；当 SV<0 时，说明进度落后；当 SV=0 时，则说明实际进度符合计划。

SPI 计算公式：SPI=EV/PV。当 SPI>1.0 时，说明进度超前；当 SPI<1.0 时，说明进度落后；当 SPI=1.0 时，则说明实际进度符合计划。

（5）成本偏差（Cost Variance，CV）及成本绩效指数（Cost Performance Index，CPI）。成本偏差是测量项目成本绩效的一种指标，指明了实际绩效与成本支出之间的关系，表示在某个给定时点的预算亏空或盈余量。项目结束时的成本偏差，就是完工预算（BAC）与实际成本之间的差值。

成本绩效指数是测量项目成本效率的一种指标，用来测量已完成工作的成本效率，可为预测项目成本和进度的最终结果提供依据。

CV 计算公式：CV=EV−AC。当 CV<0 时，说明成本超支；当 CV>0 时，说明成本节省；

当 CV＝0 时，说明成本等于预算。

CPI 计算公式：CPI＝EV/AC。当 CPI<1.0 时，说明成本超支；当 CPI>1.0 时，说明成本节省；当 CPI＝1.0 时，说明成本等于预算。

（6）预测

随着项目进展，项目团队可根据项目绩效，对完工估算（EAC）进行预测，预测的结果可能与完工预算（BAC）存在差异。如果 BAC 已明显不再可行，则项目经理应考虑对 EAC 进行预测。预测 EAC 是根据当前掌握的绩效信息和其他知识，预计项目未来的情况和事件。预测要根据项目执行过程中所提供的工作绩效数据来产生、更新和重新发布。工作绩效信息包含项目过去的绩效，以及可能在未来对项目产生影响的任何信息。

在计算 EAC 时，通常用已完成工作的实际成本 AC，加上剩余工作的完工尚需估算（Estimate To Complete，ETC），即：EAC＝AC＋ETC。两种最常用的计算 ETC 的方法：

● 基于非典型的偏差计算ETC。如果当前的偏差被看作是非典型的，并且项目团队预期在以后将不会发生这种类似偏差时，这种方法被经常使用。

计算公式为：ETC＝BAC－EV。

● 基于典型的偏差计算ETC。如果当前的偏差被看作是可代表未来偏差的典型偏差时，可以采用这种方法。

计算公式为：ETC＝（BAC－EV）/CPI，或者 EAC＝BAC/CPI。

上述两种方法都可用于任何项目。如果预测的 EAC 值不在可接受范围内，就是给项目管理团队发出了预警信号。

2. 偏差分析

对于不使用挣值管理的项目，通过比较计划成本和实际成本，来识别成本基准与实际项目绩效之间的差异。可以实施进一步的分析，以判定偏离进度基准的原因和程度，并决定是否需要采取纠正或预防措施。可通过成本绩效测量来评价偏离原始成本基准的程度。随着项目工作的逐步完成，偏差的可接受范围（常用百分比表示）将逐步缩小。

3. 趋势分析

趋势分析旨在审查项目绩效随时间的变化情况，以判断绩效是正在改善还是正在恶化。图形分析技术有助于了解截至目前的绩效情况，并把发展趋势与未来的绩效目标进行比较。

4. 储备分析

在控制成本过程中，可以采用储备分析来监督项目中应急储备和管理储备的使用情况，从而判断是否还需要这些储备，或者是否需要增加额外的储备。随着项目工作的进展，这些储备可能已按计划用于支付风险或其他应急情形的成本；或者，如果风险事件没有如预计的那样发生，就可能要从项目预算中扣除未使用的应急储备，为其他项目或运营腾出资源。在项目中开展进一步风险分析，可能会发现需要为项目预算申请额外的储备。

5. 完工尚需绩效指数（TCPI）

完工尚需绩效指数（To-Complete Performance Index，TCPI）是一种为了实现特定的管理目标，剩余资源的使用必须达到的成本绩效指标，是完成剩余工作所需的成本与剩余预算之比。TCPI 是指为了实现具体的管理目标（如 BAC 或 EAC），剩余工作的实施必须达到的成本绩效指标。如果 BAC 已明显不再可行，则项目经理应考虑使用 EAC 进行 TCPI 计算。经过批准后，就用 EAC 取代 BAC。

基于 BAC 的 TCPI 公式：$TCPI =（BAC-EV）/（BAC-AC）$。

6. 项目管理信息系统

项目管理信息系统常用于监测 PV、EV 和 AC 这三个 EVA 指标，绘制趋势图，并预测最终项目结果的可能区间。

13.5.3　主要输出

1. 工作绩效信息

工作绩效信息包括有关项目工作实施情况的信息（对照成本基准），可以在工作包层级和控制账户层级上评估已执行的工作和工作成本方面的偏差。对于使用挣值分析的项目，CV、CPI、EAC、VAC 和 TCPI 将记录在工作绩效报告中。

2. 成本预测

无论是计算得出的 EAC 值，还是自下而上估算的 EAC 值，都需要记录下来，并传达给干系人。

13.6　控制资源

控制资源是确保按计划为项目分配实物资源，以及根据资源使用计划监督资源实际使用情况，并采取必要纠正措施的过程。本过程的主要作用是，确保所分配的资源适时适地可用于项目，且在不再需要时被释放。本过程需要在整个项目期间开展。图 13-10 描述了本过程的输入、工具与技术和输出。

控制资源

输入	工具与技术	输出
1. 项目管理计划 · 资源管理计划 2. 项目文件 · 问题日志 · 经验教训登记册 · 物质资源分配单 · 项目进度计划 · 资源分解结构 · 资源需求 · 风险登记册 3. 工作绩效数据 4. 协议 5. 组织过程资产	1. 数据分析 · 备选方案分析 · 成本效益分析 · 绩效审查 · 趋势分析 2. 问题解决 3. 人际关系与团队技能 · 谈判 · 影响力 4. 项目管理信息系统	1. 工作绩效信息 2. 变更请求 3. 项目管理计划更新 · 资源管理计划 · 进度基准 · 成本基准 4. 项目文件更新 · 假设日志 · 问题日志 · 经验教训登记册 · 物质资源分配单 · 资源分解结构 · 风险登记册

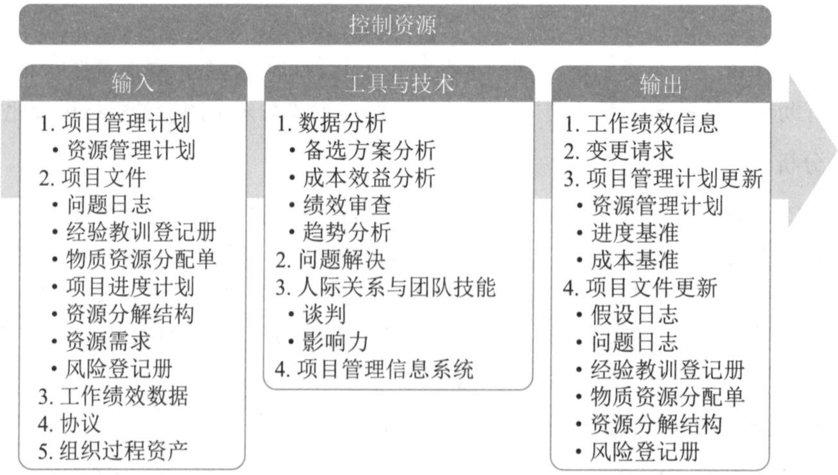

图 13-10　控制资源过程的输入、工具与技术和输出

应在所有项目阶段和整个项目生命周期期间持续开展控制资源过程，且适时、适地和适量地分配和释放资源，使项目能够持续进行。控制资源过程重点关注实物资源，例如设备、材料、设施和基础设施。本节讨论的控制资源技术是项目中最常用的，在特定项目或应用领域中，还可采用许多其他控制资源技术。

更新资源分配时，需要了解已使用的资源和还需要获取的资源。为此应审查至今为止的资源使用情况。控制资源过程关注：

● 监督资源支出；

● 及时识别和处理资源缺乏/剩余情况；

● 确保根据计划和项目需求使用并释放资源；

● 出现资源相关问题时通知相应干系人；

● 影响可以导致资源使用变更的因素；

● 在变更实际发生时对其进行管理等。

进度基准或成本基准的任何变更，都必须经过实施整体变更控制过程的审批。

控制资源过程的主要输入为项目管理计划、项目文件、工作绩效数据和协议。

主要输入

1. 项目管理计划

可用于控制资源的项目管理计划组件是资源管理计划，资源管理计划为如何使用、控制和最终释放实物资源提供指南。

2. 项目文件

可作为控制资源过程输入的项目文件主要包括：问题日志、经验教训登记册、物质资源分配单、项目进度计划、资源分解结构、资源需求和风险登记册等。

（1）问题日志。问题日志用于识别有关缺乏资源、原材料供应延迟或低等级原材料等问题。

（2）经验教训登记册。在项目早期获得的经验教训可以运用到后期阶段，以改进实物资源控制。

（3）物质资源分配单。物质资源分配单描述了资源的预期使用情况以及资源的详细信息，例如类型、数量、地点以及属于组织内部资源还是外购资源。

（4）项目进度计划。项目进度计划展示了项目在何时何地需要哪些资源。

（5）资源分解结构。资源分解结构为项目过程中需要替换或重新获取资源的情况提供了参考。

（6）资源需求。资源需求识别了项目所需的材料、设备、用品和其他资源。

（7）风险登记册。风险登记册识别了可能会影响设备、材料或用品的单个风险。

3. 工作绩效数据

工作绩效数据包含有关项目状态的数据，例如已使用的资源的数量和类型。

4. 协议

在项目中签署的协议是获取组织外部资源的依据，应在需要新的和未规划的资源时，或在当前资源出现问题时，在协议里定义相关程序。

13.7 监督沟通

监督沟通是确保满足项目及其干系人的信息需求的过程。本过程的主要作用是，按沟通管理计划和干系人参与计划的要求优化信息传递流程。本过程需要在整个项目期间开展。图 13-11 描述本过程的输入、工具与技术和输出。

图 13-11 监督沟通过程的输入、工具与技术和输出

通过监督沟通过程，来确定规划的沟通方法和沟通活动对项目可交付成果与预计结果的支持力度。项目沟通的影响和结果应该接受正式的评估和监督，以确保在正确的时间，通过正确的渠道，将正确的内容（发送方和接收方对其理解一致）传递给正确的受众。

监督沟通过程可能需要采取各种方法，例如，开展客户满意度调查、整理经验教训、开展团队观察、审查问题日志或评估变更。

监督沟通过程可能触发规划沟通管理、管理沟通过程的迭代，以便修改沟通计划并开展额外的沟通活动，来提升沟通的效果。这种迭代体现了项目沟通管理各过程的持续性。问题、关键绩效指标、风险或冲突，都可能立即触发重新迭代开展这些过程。

监督沟通过程的主要输入为项目管理计划、项目文件和工作绩效数据。

主要输入

1. 项目管理计划

监督沟通过程使用的项目管理计划组件主要包括：资源管理计划、沟通管理计划、干系人参与计划等。

（1）资源管理计划。通过描述角色和职责，以及项目组织结构图，资源管理计划可用于理解实际的项目组织及其任何变更。

（2）沟通管理计划。沟通管理计划是关于及时收集、生成和发布信息的现行计划，它确定了沟通过程中的团队成员、干系人和有关工作。

（3）干系人参与计划。干系人参与计划确定了计划用以引导干系人参与的沟通策略。

2. 项目文件

可作为监督沟通过程输入的项目文件主要包括：问题日志、经验教训登记册和项目沟通记录等。

（1）问题日志。问题日志提供项目的历史信息、干系人参与问题的记录，以及它们如何得以解决。

（2）经验教训登记册。项目早期的经验教训可用于项目后期阶段，以改进沟通效果。

（3）项目沟通记录。项目沟通记录提供已开展的沟通的信息。

3. 工作绩效数据

工作绩效数据包含关于已开展的沟通类型和数量的数据。

13.8　监督风险

监督风险是在整个项目期间，监督商定的风险应对计划的实施、跟踪已识别风险、识别和分析新风险，以及评估风险管理有效性的过程。本过程的主要作用是，使项目决策都基于关于整体项目风险和单个项目风险的当前信息。本过程需要在整个项目期间开展。图 13-12 描述本过程的输入、工具与技术和输出。

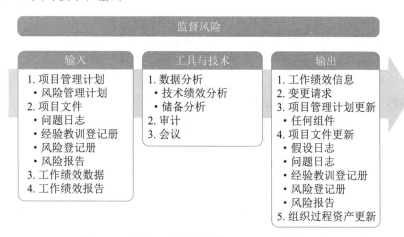

图 13-12　监督风险过程的输入、工具与技术和输出

为了确保项目团队和关键干系人了解当前的风险级别，应该通过监督风险过程对项目工作进行持续监督，并持续关注新出现、正变化和已过时的单个项目风险。

监督风险过程采用项目执行期间生成的绩效信息，以确定：

- 实施的风险应对是否有效；
- 整体项目风险级别是否已改变；
- 已识别单个项目风险的状态是否已改变；
- 是否出现新的单个项目风险；

- 风险管理方法是否依然适用；
- 项目假设条件是否仍然成立；
- 风险管理政策和程序是否已得到遵守；
- 成本或进度应急储备是否需要修改；
- 项目策略是否仍然有效等。

监督风险过程的主要输入为项目管理计划、项目文件、工作绩效数据和工作绩效报告，主要工具与技术包括数据分析、审计和会议，主要输出为工作绩效信息。

13.8.1　主要输入

1. 项目管理计划

监督风险过程使用的项目管理计划的组件是风险管理计划。风险管理计划规定了应如何及何时审查风险，应遵守哪些政策和程序，与本过程监督工作有关的角色和职责安排，以及报告格式。

2. 项目文件

可作为监督风险过程输入的项目文件主要包括：问题日志、经验教训登记册、风险登记册和风险报告等。

（1）问题日志。问题日志用于检查未决问题是否更新，并对风险登记册进行必要更新。

（2）经验教训登记册。在项目早期获得的与风险相关的经验教训可用于后期阶段。

（3）风险登记册。风险登记册的主要内容包括：已识别单个项目风险、风险责任人、商定的风险应对策略，以及具体的应对措施。它可能还会提供其他详细信息，包括用于评估应对计划有效性的控制措施、风险的症状和预警信号、残余及次生风险，以及低优先级风险观察清单。

（4）风险报告。风险报告包括对当前整体项目风险入口的评估，以及商定的风险应对策略，还会描述重要的单个项目风险及其应对计划和风险责任人。

3. 工作绩效数据

工作绩效数据包含关于项目状态的信息，例如，已实施的风险应对措施、已发生的风险、仍活跃及已关闭的风险。

4. 工作绩效报告

工作绩效报告通过分析绩效测量结果得出，能够提供关于项目工作绩效的信息，包括偏差分析结果、挣值数据和预测数据。监督与绩效相关的风险时，需要使用这些信息。

13.8.2　主要工具与技术

1. 数据分析

适用于监督风险过程的数据分析技术主要包括以下 2 个方面。

（1）技术绩效分析：开展技术绩效分析，把项目执行期间所取得的技术成果与取得相关技术成果的计划进行比较。它要求定义关于技术绩效的客观的、量化的测量指标，以便据此比较实际结果与计划要求。技术绩效测量指标可能包括处理时间、缺陷数量和储存容量等。实际结果偏离计划的程度可代表威胁或机会的潜在影响。

（2）储备分析：在整个项目执行期间，可能发生某些单个项目风险，对预算和进度应急储备产生正面或负面的影响。储备分析是指在项目的任一时点比较剩余应急储备与剩余风险量，从而确定剩余储备是否仍然合理。可以用各种图形（如燃尽图）来显示应急储备的消耗情况。

2. 审计

风险审计是一种审计类型，可用于评估风险管理过程的有效性。项目经理负责确保按项目风险管理计划所规定的频率开展风险审计。风险审计可以在日常项目审查会上开展，可以在风险审查会上开展，团队也可以召开专门的风险审计会。在实施审计前，应明确定义风险审计的程序和目标。

3. 会议

适用于监督风险过程的会议是风险审查会。应该定期安排风险审查，来检查和记录风险应对在处理整体项目风险和已识别单个项目风险方面的有效性。在风险审查中，还可以识别出新的单个项目风险（包括已商定应对措施所引发的次生风险），重新评估当前风险，关闭已过时风险，讨论风险发生所引发的问题，以及总结可用于当前项目后续阶段或未来类似项目的经验教训。根据风险管理计划的规定，风险审查可以是定期项目状态会中的一项议程，或者也可以召开专门的风险审查会。

13.8.3　主要输出

工作绩效信息是经过比较单个风险的实际发生情况和预计发生情况，所得到的关于项目风险管理执行绩效的信息。它可以说明风险应对规划和应对实施过程的有效性。

13.9　控制采购

控制采购是管理采购关系、监督合同绩效、实施必要的变更和纠偏，以及关闭合同的过程。本过程的主要作用是，确保买卖双方履行法律协议，满足项目需求。本过程应根据需要在整个项目期间开展。图 13-13 描述本过程的输入、工具与技术和输出。

买方和卖方都出于相似的目的来管理采购合同，每方都必须确保双方履行合同义务，确保各自的合法权利得到保护。合同关系的法律性质，要求项目管理团队必须了解在控制采购期间所采取的任何行动的法律后果。对于有多个供应商的较大项目，合同管理的一个重要方面就是管理各个供应商之间的沟通。鉴于其法律意义，很多组织都将合同管理视为独立于项目的一种组织职能。虽然采购管理员可以是项目团队成员，但通常还向另一部门的合同管理经理报告。

图 13-13　控制采购过程的输入、工具与技术和输出

在控制采购过程中，需要把适当的项目管理过程应用于合同关系，并且需要整合这些过程的输出，以用于对项目的整合管理。如果涉及多个卖方，以及多种产品、服务或成果，往往需要在多个层级上开展这种整合。

合同管理活动可能包括以下 5 个方面：

（1）收集数据和管理项目记录，包括维护对实体和财务绩效的详细记录，以及建立可测量的采购绩效指标；

（2）完善采购计划和进度计划；

（3）建立与采购相关的项目数据的收集、分析和报告机制，并为组织编制定期报告；

（4）监督采购环境，以便引导或调整实施；

（5）向卖方付款。

控制采购的质量，包括采购审计的独立性和可信度，是采购系统可靠性的关键决定因素。组织的道德规范、内部法律顾问和外部法律咨询，包括持续的反腐计划，都有助于实现适当的采购控制。

在控制采购过程中，需要开展财务管理工作，包括监督向卖方付款。这是要确保合同中的支付条款得到遵循，确保按合同规定，把付款与卖方的工作进展联系起来。需要重点关注的一点是，确保向卖方的付款与卖方实际已经完成的工作量之间有密切的关系。如果合同规定了基于项目输出及可交付成果来付款，而不是基于项目输入（如工时），那么就可以更有效地开展采购控制。

在合同收尾前，若双方达成共识，可以根据协议中的变更控制条款，随时对协议进行修改。通常要书面记录对协议的修改。

控制采购过程的主要输入为项目管理计划、项目文件、协议、采购文档和工作绩效数据，主要工具与技术包括专家判断、索赔管理、数据分析、检查和审计，主要输出为采购关闭和工作绩效信息。

13.9.1　主要输入

1. 项目管理计划

控制采购过程使用的项目管理计划组件主要包括：需求管理计划、风险管理计划、采购管理计划、变更管理计划和进度基准等。

（1）需求管理计划：描述将如何分析、记录和管理承包商需求。

（2）风险管理计划：描述如何安排和实施由卖方引发的风险管理活动。

（3）采购管理计划：规定了在控制采购过程中需要开展的活动。

（4）变更管理计划：包含关于如何处理由卖方引发的变更的信息。

（5）进度基准：如果卖方的进度拖后影响了项目的整体进度绩效，则可能需要更新并审批进度计划，以反映当前的期望。

2. 项目文件

可作为控制采购过程输入的项目文件主要包括：假设日志、经验教训登记册、里程碑清单、质量报告、需求文件、需求跟踪矩阵、风险登记册和干系人登记册等。

（1）假设日志：记录了采购过程中做出的假设。

（2）经验教训登记册：在项目早期获取的经验教训可供项目未来使用，以改进承包商绩效和采购过程。

（3）里程碑清单：重要里程碑清单说明卖方需要在何时交付成果。

（4）质量报告：用于识别不合规的卖方过程、程序或产品。

（5）需求文件：可能包括一是卖方需要满足的技术要求；二是具有合同和法律意义的需求，如健康、安全、安保、绩效、环境、保险、知识产权、同等就业机会、执照、许可证，以及其他非技术要求。

（6）需求跟踪矩阵：将产品需求从来源连接到满足需求的可交付成果。

（7）风险登记册：取决于卖方的组织、合同的持续时间、外部环境、项目交付方法、所选合同类型，以及最终商定的价格，每个被选中的卖方都会带来特殊的风险。

（8）干系人登记册：包括关于已识别干系人的信息，例如，合同团队成员、选定的卖方、签署合同的专员，以及参与采购的其他干系人。

3. 协议

协议是双方之间达成的包括对各方义务的一致理解。对照相关协议，确认其中的条款和条件的遵守情况。

4. 采购文档

采购文档包含用于管理采购过程的完整支持性记录，包括工作说明书、支付信息、承包商工作绩效信息、计划、图纸和其他往来函件。

5. 工作绩效数据

工作绩效数据包含与项目状态有关的卖方数据，例如，技术绩效，已启动、进展中或已结束的活动，已产生或投入的成本。工作绩效数据还可能包括已向卖方付款的情况。

13.9.2　主要工具与技术

1. 专家判断

在控制采购时，应征求具备如下专业知识或接受过相关培训的个人或小组的意见：相关的职能领域，如财务、工程、设计、开发、供应链管理等；法律法规和合规性要求；索赔管理等。

2. 索赔管理

如果买卖双方不能就变更补偿达成一致意见，或对变更是否发生存在分歧，那么被请求的变更就成为有争议的变更或潜在的推定变更。此类有争议的变更称为索赔。如果不能妥善解决，它们会成为争议并最终引发申诉。在整个合同生命周期中，通常会按照合同条款对索赔进行记录、处理、监督和管理。如果合同双方无法自行解决索赔问题，则可能不得不按合同中规定的程序，用替代争议解决方法（ADR）去处理。谈判是解决所有索赔和争议的首选方法。

3. 数据分析

用于监督和控制采购的数据分析技术主要包括：绩效审查、挣值分析和趋势分析。

（1）绩效审查。绩效审查是指对照协议，对质量、资源、进度和成本绩效进行测量、比较和分析，以审查合同工作的绩效。其中包括确定工作包提前或落后于进度计划、超出或低于预算，以及是否存在资源或质量问题。

（2）挣值分析（EVA）。挣值分析用于计算进度和成本偏差，以及进度和成本绩效指数，以确定偏离目标的程度。

（3）趋势分析。趋势分析可用于编制关于成本绩效的完工估算（EAC），以确定绩效是正在改善还是恶化。

4. 检查

检查是指对承包商正在执行的工作进行结构化审查，可能涉及对可交付成果的简单审查，或对工作本身的实地审查。在施工、工程和基础设施建设项目中，检查包括买方和承包商联合巡检现场，以确保双方对正在进行的工作有共同的认识。

5. 审计

审计是对采购过程的结构化审查。应该在采购合同中明确规定与审计有关的权利和义务。买卖双方的项目经理都应该关注审计结果，以便对项目进行必要的调整。

13.9.3　主要输出

1. 采购关闭

买方通常通过其授权的采购管理员，向卖方发出合同已经完成的正式书面通知。关于正式关闭采购的要求，通常已在合同条款和条件中规定，包括在采购管理计划中。一般而言，这些要求包括：

- 已按时按质按技术要求交付全部可交付成果；
- 没有未决索赔或发票，全部最终款项已付清。

项目管理团队应该在关闭采购之前批准所有的可交付成果。

2. 工作绩效信息

工作绩效信息是卖方正在履行的工作的绩效情况，包括与合同要求相比较的可交付成果完成情况和技术绩效达成情况，以及与 SOW 预算相比较的已完工作的成本产生和认可情况。

13.10　监督干系人参与

监督干系人参与是监督项目干系人关系，并通过修订参与策略和计划来引导干系人合理参与项目的过程。本过程的主要作用是，随着项目进展和环境变化，维持或提升干系人参与活动的效率和效果。本过程需要在整个项目期间开展。图 13-14 描述本过程的输入、工具与技术和输出。

监督干系人参与		
输入	**工具与技术**	**输出**
1. 项目管理计划 　• 资源管理计划 　• 沟通管理计划 　• 干系人参与计划 2. 项目文件 　• 问题日志 　• 经验教训登记册 　• 项目沟通记录 　• 风险登记册 　• 干系人登记册 3. 工作绩效数据 4. 事业环境因素 5. 组织过程资产	1. 数据分析 　• 备选方案分析 　• 根本原因分析 　• 干系人分析 2. 决策 　• 多标准决策分析 　• 投票 3. 数据表现 　• 干系人参与度评估矩阵 4. 沟通技能 　• 反馈 　• 演示 5. 人际关系与团队技能 　• 积极倾听 　• 文化意识 　• 领导力 　• 人际交往 　• 政治意识 6. 会议	1. 工作绩效信息 2. 变更请求 3. 项目管理计划更新 　• 资源管理计划 　• 沟通管理计划 　• 干系人参与计划 4. 项目文件更新 　• 问题日志 　• 经验教训登记册 　• 风险登记册 　• 干系人登记册

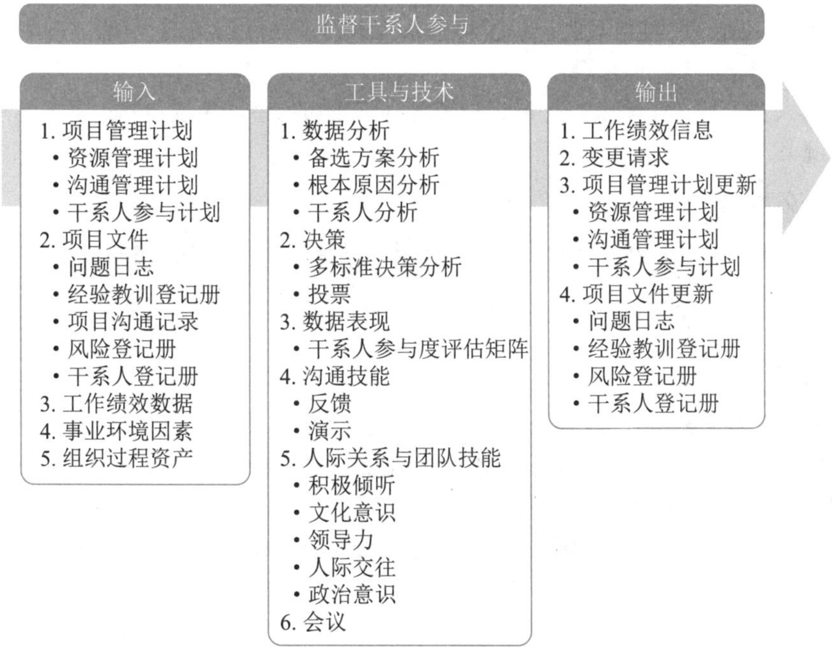

图 13-14　监督干系人参与过程的输入、工具与技术和输出

监督干系人参与过程的主要输入为项目管理计划、项目文件和工作绩效数据，主要工具与技术包括数据分析、决策、数据表现、沟通技能、人际关系与团队技能、会议，主要输出为工作绩效信息。

13.10.1　主要输入

1. 项目管理计划

监督干系人参与过程使用的项目管理计划组件主要包括：资源管理计划、沟通管理计划和干系人参与计划等。

（1）资源管理计划。资源管理计划确定了对团队成员的管理方法。

（2）沟通管理计划。沟通管理计划描述了适用于项目干系人的沟通计划和策略。

（3）干系人参与计划。干系人参与计划定义了管理干系人需求和期望的计划。

2. 项目文件

可作为监督干系人参与过程输入的项目文件主要包括：问题日志、经验教训登记册、项目沟通记录、风险登记册和干系人登记册等。

（1）问题日志。问题日志记录了所有与项目和干系人有关的已知问题。

（2）经验教训登记册。在项目早期获取的经验教训，可用于项目后期阶段，以提高引导干系人参与的效率和效果。

（3）项目沟通记录。根据沟通管理计划和干系人参与计划与干系人开展的项目沟通，都在项目沟通记录中。

（4）风险登记册。风险登记册记录了与干系人参与及互动有关的风险，包括它们的分类，以及潜在的应对措施。

（5）干系人登记册。干系人登记册记录了各种干系人信息，主要包括干系人名单、评估结果和分类情况。

3. 工作绩效数据

工作绩效数据包含项目状态数据，如哪些干系人支持项目，他们的参与水平和类型。

13.10.2　主要工具与技术

1. 数据分析

适用于监督干系人参与过程的数据分析技术主要包括：

- 备选方案分析：在干系人参与效果没有达到期望要求时，应该开展备选方案分析，评估应对偏差的各种备选方案。
- 根本原因分析：开展根本原因分析，确定干系人参与未达预期效果的根本原因。
- 干系人分析：确定干系人群体和个人在项目任何特定时间的状态。

2. 决策

适用于监督干系人参与过程的决策技术主要包括：

- 多标准决策分析：考察干系人成功参与项目的标准，并根据其优先级排序和加权，识别出最适当的选项。
- 投票：通过投票，选出应对干系人参与水平偏差的最佳方案。

3. 数据表现

适用于监督干系人参与过程的数据表现技术主要是干系人参与度评估矩阵。使用干系人参与度评估矩阵来跟踪每个干系人参与水平的变化，对干系人参与加以监督。

4. 沟通技能

适用于监督干系人参与过程的沟通技能主要包括：

● 反馈：用于确保发送给干系人的信息被接收和理解。
● 演示：为干系人提供清晰的信息。

5. 人际关系与团队技能

适用于监督干系人参与过程的人际关系技能主要包括：

● 积极倾听：通过积极倾听，减少理解错误和沟通错误。
● 文化意识：文化意识和文化敏感性有助于项目经理分析干系人和团队成员的文化差异和文化需求，并对沟通进行规划。
● 领导力：成功的干系人参与，需要强有力的领导技能，以传递愿景并激励干系人支持项目工作和成果。
● 人际交往：通过人际交往了解关于干系人参与水平。
● 政策意识：有助于理解组织战略，理解谁能行使权力和施加影响，以及培养与这些干系人沟通的能力。

6. 会议

可用于监督干系人参与的会议类型包括为监督和评估干系人的参与水平而召开的状态会议、站会、回顾会，以及干系人参与计划中规定的其他任何会议。会议不再局限于面对面或声音互动。虽然面对面互动最为理想，但可能成本很高。电话会议和电信技术可以降低成本，并提供丰富的联系方法和沟通方式。

13.10.3　主要输出

工作绩效信息包括与干系人参与状态有关的信息，例如，干系人对项目的当前支持水平，以及与干系人参与度评估矩阵、干系人立方体或其他工具所确定的期望参与水平相比较的结果。

13.11　监控项目工作

监控项目工作是跟踪、审查和报告整体项目进展，以实现项目管理计划中确定的绩效目标的过程。本过程的主要作用是，让干系人了解项目的当前状态并认可为处理绩效问题而采取的行动，以及通过成本和进度预测，让干系人了解未来项目状态。本过程需要在整个项目期间开展。图 13-15 描述了本过程的输入、工具与技术和输出。

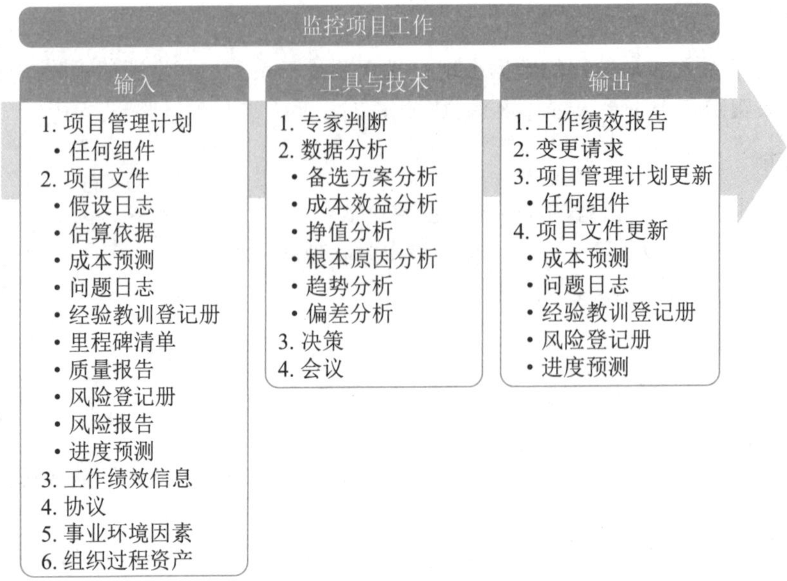

监控项目工作		
输入	工具与技术	输出
1. 项目管理计划 • 任何组件 2. 项目文件 • 假设日志 • 估算依据 • 成本预测 • 问题日志 • 经验教训登记册 • 里程碑清单 • 质量报告 • 风险登记册 • 风险报告 • 进度预测 3. 工作绩效信息 4. 协议 5. 事业环境因素 6. 组织过程资产	1. 专家判断 2. 数据分析 • 备选方案分析 • 成本效益分析 • 挣值分析 • 根本原因分析 • 趋势分析 • 偏差分析 3. 决策 4. 会议	1. 工作绩效报告 2. 变更请求 3. 项目管理计划更新 • 任何组件 4. 项目文件更新 • 成本预测 • 问题日志 • 经验教训登记册 • 风险登记册 • 进度预测

图 13-15　监控项目工作过程的输入、工具与技术和输出

监督是贯穿于整个项目的项目管理活动之一，包括收集、测量和分析测量结果，以及预测趋势，以便推动过程改进。持续的监督使项目管理团队可以洞察项目进展状况，并识别需要特别关注的地方。控制包括制定纠正或预防措施或重新规划，并跟踪行动计划的实施过程，以确保它们能有效解决问题。

监控项目工作过程主要关注：

- 把项目的实际绩效与项目管理计划进行比较；
- 定期评估项目绩效，决定是否需要采取纠正或预防措施，并推荐必要的措施；
- 检查单个项目风险的状态；
- 在整个项目期间，维护一个准确且及时更新的信息库，以反映产品及文件情况；
- 为状态报告、进展测量和预测提供信息；
- 做出预测，以更新当前的成本与进度信息；
- 监督已批准变更的实施情况；
- 如果项目是项目集的一部分，还应向项目集管理层报告项目进展和状态；
- 确保项目与商业需求保持一致等。

监控项目工作过程的主要输入为项目管理计划、项目文件、工作绩效信息和协议，主要工具与技术包括数据分析和决策，主要输出为工作绩效报告。

13.11.1　主要输入

1. 项目管理计划

监控项目工作包括查看项目的各个方面。项目管理计划的任一组成部分都可作为监控项目工作过程的输入。

2. 项目文件

可用于监控项目工作过程输入的项目文件主要包括：假设日志、估算依据、成本预测、问题日志、经验教训登记册、里程碑清单、质量报告、风险登记册、风险报告和进度预测等。

（1）假设日志：包含会影响项目的假设条件和制约因素的信息。

（2）估算依据：说明不同估算是如何得出的，用于决定如何应对偏差。

（3）成本预测：基于项目以往的绩效，用于确定项目是否仍处于预算的公差内，并识别任何必要的变更。

（4）问题日志：用于记录和监督由谁负责在目标日期内解决特定问题。

（5）经验教训登记册：可能包含应对偏差的有效方式以及纠正措施和预防措施。

（6）里程碑清单：列出特定里程碑实现日期，检查是否达到计划的里程碑。

（7）质量报告：包含质量管理问题，针对过程、项目和产品的改善建议，纠正措施建议（包括返工、缺陷（漏洞）补救、100% 检查等），以及在控制质量过程中发现的情况的概述。

（8）风险登记册：记录并提供了在项目执行过程中发生的各种威胁和机会的相关信息。

（9）风险报告：记录并提供了关于整体项目风险和单个风险的信息。

（10）进度预测：基于项目以往的绩效，用于确定项目是否仍处于进度的公差区间内，并识别任何必要的变更。

3. 工作绩效信息

在工作执行过程中收集工作绩效数据，再交由控制过程做进一步分析。将工作绩效数据与项目管理计划组件、项目文件和其他项目变量比较之后生成工作绩效信息。通过这种比较可以了解项目的执行情况。

在项目开始时，就在项目管理计划中规定关于范围、进度、预算和质量的具体工作绩效测量指标。项目期间通过控制过程收集绩效数据，与计划和其他变量比较，为工作绩效提供背景。

4. 协议

采购协议中包括条款和条件，也可包括其他条目，如买方就卖方应实施的工作或应交付的产品所做的规定。如果项目将部分工作外包出去，项目经理需要监督承包商的工作，确保所有协议都符合项目的特定要求，以及组织的采购政策。

13.11.2　主要工具与技术

1. 数据分析

可用于监控项目工作过程的数据分析技术主要包括：备选方案分析、成本效益分析、挣值分析、根本原因分析、趋势分析和偏差分析等。

（1）备选方案分析：用于在出现偏差时选择要执行的纠正措施或纠正措施和预防措施的组合。

（2）成本效益分析：有助于出现偏差时确定最节约成本的纠正措施。

（3）挣值分析：对范围、进度和成本绩效进行了综合分析。

（4）根本原因分析：关注识别问题的主要原因。它可用于识别出现偏差的原因以及项目经理为达成项目目标应重点关注的领域。

（5）趋势分析：根据以往结果预测未来绩效。它可以预测项目的进度延误，提前让项目经理意识到，按照既定趋势发展，后期进度可能出现的问题。应该在项目期间尽早进行趋势分析，确保项目团队有时间分析和纠正任何异常。可以根据趋势分析的结果，提出必要的预防措施建议。

（6）偏差分析：成本估算、资源使用、资源费率、技术绩效和其他测量指标。偏差分析审查目标绩效与实际绩效之间的差异（或偏差），可涉及持续时间估算，可以在每个知识领域，针对特定变量开展偏差分析。在监控项目工作过程中，通过偏差分析对成本、时间、技术和资源偏差进行综合分析，以了解项目的总体偏差情况。这样便于采取合适的预防或纠正措施。

2. 决策

常用于监控项目工作过程的决策技术是投票。投票可以包括用下列方法进行决策：一致同意、大多数同意或相对多数原则。

13.11.3 主要输出

工作绩效信息可以用实体或电子形式加以合并、记录和分发。基于工作绩效信息，以实体或电子形式编制形成工作绩效报告，以制定决策、采取行动或引起关注。根据项目沟通管理计划，通过沟通过程向项目干系人发送工作绩效报告。

工作绩效数据、工作绩效信息和工作绩效报告之间的主要区别，如表 13-1 所示。

表 13-1　工作绩效数据、工作绩效信息和工作绩效报告的区别

比较项	工作绩效数据	工作绩效信息	工作绩效报告
产生于	指导与管理项目工作过程	确认范围、控制范围、控制进度、控制成本、控制质量、监督沟通、控制资源、监督风险、控制采购、监督干系人参与过程	监控项目工作过程
产生时间	项目过程中随时产生	间隔一定时间	间隔时间较长，定期或特殊需要时
主要用途	记录项目执行情况	反映项目执行和计划之间的偏差，支持变更决定	整个项目层面，更深入或更综合的项目执行与项目计划的对比，支持变更或其他行动
回答的问题	是什么（what）	为什么（why）	如何解决和预防（how and how will）
使用者	项目团队	项目团队	项目团队、发起人、高级管理者、客户及其他干系人
示例	截至当前完成了 20 个模块的研发工作	截至当前，与计划相比，进度落后 2 个月，主要原因是项目所需人员能力不足	截至当前，进度偏差为 -2 个月，超出控制临界值。应加强人员培训，提高技能，防止进度的继续偏差

工作绩效报告的内容一般包括状态报告和进展报告。工作绩效报告可以包含挣值图表和信息、趋势线和预测、储备燃尽图、缺陷直方图、合同绩效信息和风险情况概述。工作绩效报告

可以表示为引起关注、制定决策和采取行动的仪表盘、大型可见图表、任务板、燃烧图等形式。

1. 仪表盘

仪表盘是以电子方式收集信息并生成描述状态的图表，允许对数据进行深入分析，用于提供高层级的概要信息，对于超出既定临界值的任何度量指标，辅助使用文本进行解释，如图 13-16 所示。

组织项目名称			
项目名称和高层级描述			
高管发起人		项目经理	
开始日期	结束日期		报告期间
状态	进度	资源	预算
关键活动	最近的成就	即将取得的关键可交付物	状态
活动1			有顾虑
活动2			在正轨
活动3			有问题
在正轨	已完成　有顾虑　有问题　已暂停　已取消　未开始		
当前的关键风险–威胁和机会；减轻		当前的关键问题–描述	

图 13-16　仪表盘示例

仪表盘包括信号灯图（也称为 RAG 图，其中 RAG 是红、黄、绿的缩写）、横道图、饼状图和控制图。

2. 大型可见图表

大型可见图表（BVC）也称为信息发射源，是一种可见的实物展示工具，可向组织内成员提供度量信息和结果，支持及时的知识共享。BVC 不局限在进度工具或报告工具中发布信息，更多时候会在人们很容易看到的地方发布信息，BVC 应该易于更新且经常更新。一般而言，BVC 不是电子生成的，而是手动维护的，因此通常是"低科技高触感"。图 13-17 显示了与已完成工作、剩余工作和风险相关的 BVC。

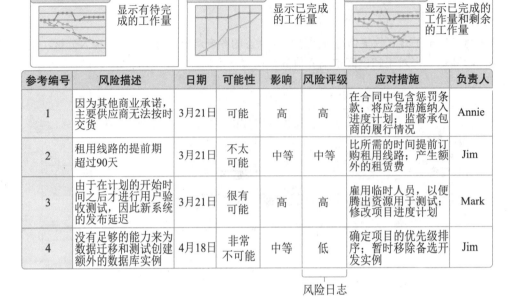

参考编号	风险描述	日期	可能性	影响	风险评级	应对措施	负责人
1	因为其他商业承诺，主要供应商无法按时交货	3月21日	可能	高	高	在合同中包含惩罚条款；将应急措施纳入进度计划；监督承包商的履行情况	Annie
2	租用线路的提前期超过90天	3月21日	不太可能	中等	中等	比所需的时间提前订购租用线路；产生额外的租赁费	Jim
3	由于在计划的开始时间之后才进行用户验收测试，因此新系统的发布延迟	3月21日	很有可能	高	高	雇用临时人员，以便腾出资源用于测试；修改项目进度计划	Mark
4	没有足够的能力来为数据迁移和测试创建额外的数据库实例	4月18日	非常不可能	中等	低	确定项目的优先级排序；暂时移除备选开发实例	Jim

风险日志

图 13-17   信息发射源示例

3. 任务板

任务板通过直观看板方式，显示已准备就绪并可以开始（待办）的工作、正在进行和已完成的工作，是对计划工作的可视化表示，可以帮助项目成员随时了解各项任务的状态，可以用不同颜色的便利贴代表不同类型的工作，如图 13-18 所示。

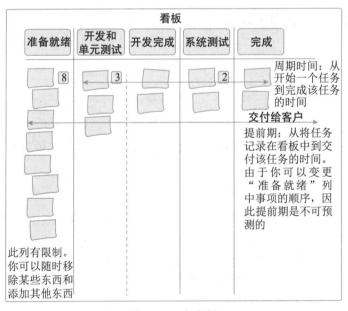

图 13-18   任务板

4. 燃烧图

燃烧图（包括燃起图或燃尽图）用于显示项目团队的速度，此"速度"可度量项目的生产率。燃起图可以对照计划，跟踪已完成的工作量，如图 13-19 所示；燃尽图可以显示剩余工作（比如采用适应型方法的项目中的故事点）的数量或已减少的风险的数量。

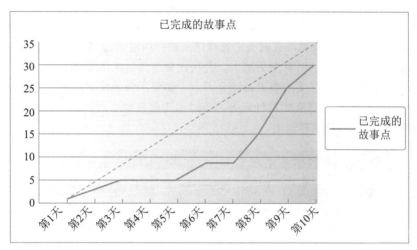

图 13-19　燃起图示例

图 13-20 是预算临界值设置的例子，超出计划支出率 +10% 的曲线为①，−20% 的曲线为②，③代表实际支出。图中显示在 1 月份，支出超过了 +10% 的公差上限，将触发诊断计划。

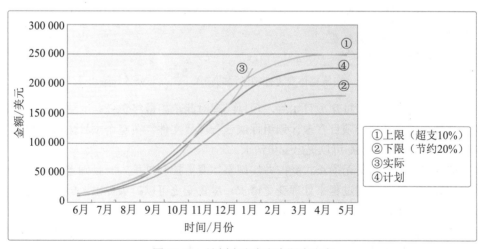

图 13-20　计划支出率和实际支出率

项目团队不应等到突破临界值才采取行动，如果可以通过趋势或新信息进行预测，则项目团队能主动提前解决偏差。诊断计划是在超过临界值或预测时采取的一组行动，诊断计划不需要注重形式，它可以像召集干系人开会讨论问题一样简单，诊断计划的重要性在于讨论问题并针对需要做的事情制订计划，然后持续跟进，确保计划得到实施并确定计划是否有效。

13.12 实施整体变更控制

实施整体变更控制是指审查所有变更请求，批准变更，管理对可交付成果、组织过程资产、项目文件和项目管理计划的变更，并对变更处理结果进行沟通的过程。本过程审查对项目文件、可交付成果或项目管理计划的所有变更请求，并决定对变更请求的处置方案。本过程的主要作用是，确保对项目中已记录在案的变更做综合评审。如果不考虑变更对整体项目目标或计划的影响就开展变更，往往会加剧整体项目风险。本过程需要在整个项目期间开展。图 13-21 描述了本过程的输入、工具与技术和输出。

实施整体变更控制		
输入	**工具与技术**	**输出**
1. 项目管理计划 • 变更管理计划 • 配置管理计划 • 范围基准 • 进度基准 • 成本基准 2. 项目文件 • 估算依据 • 需求跟踪矩阵 • 风险报告 3. 工作绩效报告 4. 变更请求 5. 事业环境因素 6. 组织过程资产	1. 专家判断 2. 变更控制工具 3. 数据分析 • 备选方案分析 • 成本效益分析 4. 决策 • 投票 • 独裁型决策制定 • 多标准决策分析 5. 会议	1. 批准的变更请求 2. 项目管理计划更新 • 任何组件 3. 项目文件更新 • 变更日志

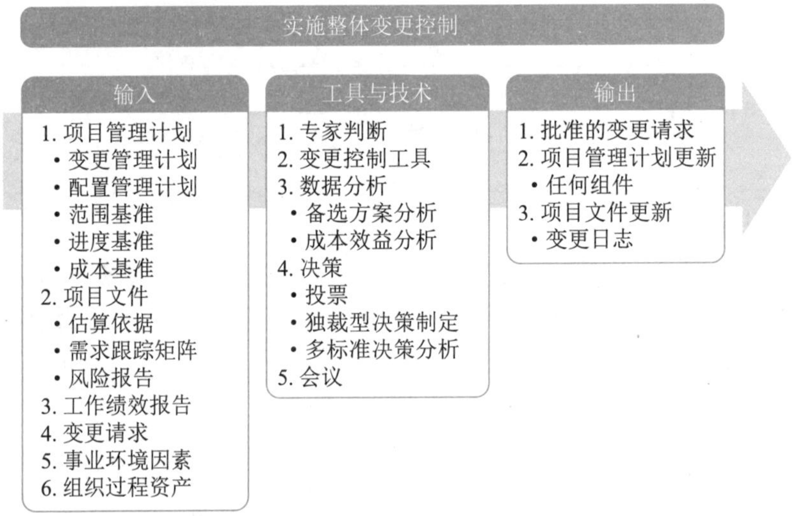

图 13-21 实施整体变更控制过程的输入、工具与技术和输出

实施整体变更控制过程贯穿项目始终，项目经理对此承担最终责任。变更请求可能影响项目范围、产品范围以及任一项目管理计划组件或任一项目文件。在整个项目生命周期的任何时间，参与项目的任何干系人都可以提出变更请求。

在基准确定之前，变更无须正式受控并实施整体变更控制过程。一旦确定了项目基准，就必须通过实施整体变更控制过程来处理变更请求。尽管变更可以口头提出，但所有变更请求都必须以书面形式记录，并纳入变更管理和（或）配置管理系统中。在批准变更之前，可能需要了解变更对进度的影响和对成本的影响。在变更请求可能影响任一项目基准的情况下，都需要开展正式的整体变更控制过程。每项记录在案的变更请求都必须由一位责任人批准、推迟或否决，这个责任人通常是项目发起人或项目经理。应该在项目管理计划或组织程序中指定这位责任人，必要时，应该由 CCB 来开展实施整体变更控制过程。变更请求得到批准后，可能需要新编（或修订）成本估算、活动排序、进度日期、资源需求和（或）风险应对方案分析，这些变更可能会对项目管理计划和其他项目文件进行调整。

为了便于开展变更管理，可以使用一些手动或信息化的工具。配置控制和变更控制的关注点不同：配置控制重点关注可交付成果及各个过程的技术规范，而变更控制则重点关注识别、记录、批准或否决对项目文件、可交付成果或基准的变更。

变更控制工具的选择应基于项目干系人的需要，并充分考虑组织和环境的情况和制约因素。变更控制工具需要支持的配置管理活动包括：识别配置项、记录并报告配置项状态、进行配置项核实与审计等。

（1）识别配置项：识别与选择配置项，为定义与核实产品配置、标记产品和文件、管理变更和明确责任提供基础。

（2）记录并报告配置项状态：对各个配置项的信息进行记录和报告。

（3）进行配置项核实与审计：通过配置核实与审计，确保项目的配置项组成的正确性，以及相应的变更都被登记、评估、批准、跟踪和正确实施，确保配置文件所规定的功能要求都已实现。

变更控制工具还需要支持的变更管理活动包括：识别变更、记录变更、做出变更决定和跟踪变更等。

（1）识别变更：识别并选择过程或项目文件的变更项。

（2）记录变更：将变更记录为合适的变更请求。

（3）做出变更决定：审查变更，批准、否决、推迟对项目文件、可交付成果或基准的变更或做出其他决定。

（4）跟踪变更：确认变更被登记、评估、批准、跟踪并向干系人传达最终结果。

也可以使用变更控制工具管理变更请求和后续的决策，同时还需要及时沟通，帮助 CCB 的成员履行职责，并向干系人传达变更相关的决定。

实施整体变更控制过程的主要输入为项目管理计划、项目文件、工作绩效报告和变更请求，主要输出为批准的变更请求。

13.12.1　主要输入

1. 项目管理计划

实施整体变更控制过程使用的项目管理计划组件主要包括：变更管理计划、配置管理计划、范围基准、进度基准和成本基准等。

（1）变更管理计划：为管理变更控制过程提供指导，并记录 CCB 的角色和职责。

（2）配置管理计划：描述项目的配置项、识别应记录和更新的配置项，以便保持项目产品的一致性和有效性。

（3）范围基准：提供项目和产品定义。

（4）进度基准：用于评估变更对项目进度的影响。

（5）成本基准：用于评估变更对项目成本的影响。

2. 项目文件

可用于实施整体变更控制过程输入的项目文件主要包括：需求跟踪矩阵、风险报告和估算依据等。

（1）需求跟踪矩阵：有助于评估变更对项目范围的影响。

（2）风险报告：提供了与变更请求有关的项目风险的来源的信息。

（3）估算依据：指出了持续时间、成本和资源估算是如何得出的，可用于计算变更对时间、预算和资源的影响。

3. 工作绩效报告

对实施整体变更控制过程特别有用的工作绩效报告包括：资源可用情况、进度和成本数据、挣值报告、燃烧图或燃尽图。

4. 变更请求

项目执行中很多过程都会输出变更请求。变更请求可能包含纠正措施、预防措施、缺陷补救，以及针对正式受控的项目文件或可交付成果的更新。变更可能影响项目基准，也可能不影响项目基准，变更决定通常由项目经理做决策。

对于会影响项目基准的变更，通常应该在变更请求中说明执行变更的成本、所需的计划日期修改、资源需求以及相关的风险。这种变更应由CCB（如有）和客户或发起人审批，除非他们本身就是CCB的成员。只有经批准的变更才能纳入修改后的基准。

13.12.2　主要输出

由项目经理、CCB或指定的团队成员，根据变更管理计划处理变更请求，做出批准、推迟或否决的决定。批准的变更请求应通过指导与管理项目工作过程加以实施。对于推迟或否决的变更请求，应通知提出变更请求的个人或小组。

13.13　本章练习

1. 选择题

（1）_____过程将工作绩效信息作为输入。

    A. 监控项目工作　　B. 确认范围　　　　C. 控制范围　　　　D. 控制进度

参考答案：A

（2）为确保项目工作的未来绩效符合项目管理计划，而进行的有目的的活动属于_____。

    A. 缺陷补救　　　　B. 纠正措施　　　　C. 修复措施　　　　D. 预防措施

参考答案：D

（3）关于实施项目整体变更控制过程的描述，不正确的是_____。

    A. 尽管可以口头提出，但所有变更请求都必须以书面形式记录

    B. 在基准确定之前，变更也应正式受控，实施整体变更控制过程

C. 实施整体变更控制过程贯穿项目始终，项目经理对此承担最终责任

D. 项目的任何干系人都可以提出变更请求

参考答案：B

（4）控制范围过程的主要作用是_____。

A. 描述产品、服务或成果的边界和验收标准

B. 通过确认每个可交付成果来提高最终产品获得验收的可能性

C. 在整个项目期间保持对范围基准的维护

D. 使验收过程具有客观性

参考答案：C

（5）四个项目甲、乙、丙、丁，当前各项目进度数据如表所示，则最有可能在按时完工的同时并能更好地控制成本的项目是_____。

项目	PV	EV	AC
甲	100	120	110
乙	200	210	200
丙	150	130	160
丁	180	200	210

A. 甲   B. 乙   C. 丙   D. 丁

参考答案：A

（6）_____不属于控制质量过程的数据表现技术。

A. 思维导图   B. 控制图   C. 直方图   D. 散点图

参考答案：A

（7）_____检查项目绩效随时间的变化情况，可用于确定绩效是在改善还是在恶化。

A. 备选方案分析   B. 成本效益分析   C. 绩效审查   D. 趋势分析

参考答案：D

（8）关于风险审计的描述，不正确的是_____。

A. 风险审计可用于评估风险管理过程的有效性

B. 项目经理要确保按项目风险管理计划所规定的频率实施风险审计

C. 应召开专门的风险审计会议进行风险审计

D. 在实施审计前，要明确定义审计的格式和目标

参考答案：C

（9）可能影响控制沟通过程的组织过程资产不包括_____。

A. 以往项目的经验教训知识库

B. 组织对沟通的要求

C. 制作、交换、储存和检索信息的标准化指南

D. 组织治理框架

参考答案：D

（10）_____包含用于管理采购过程的完整支持性记录。

    A. 采购文档   B. 采购合同   C. 协议   D. 采购管理计划

参考答案： A

2. 思考题

（1）监控过程组包含哪些项目管理过程。

参考答案： 略

（2）当项目发生变更时，请简述变更控制的过程。

参考答案： 略

第 14 章　收尾过程组

收尾过程组包括为正式完成或关闭项目、阶段或合同而开展的过程。本过程组旨在核实为完成项目或阶段所需的所有过程组的全部过程均已完成，并正式宣告项目或阶段关闭。本过程组的主要作用是，确保恰当地关闭阶段、项目和合同。虽然本过程组只有一个过程，但是组织可以自行为项目、阶段或合同添加相关过程。因此，仍把它称为"过程组"，如图 14-1 所示。本过程组也适用于项目的提前关闭，例如项目流产或取消。

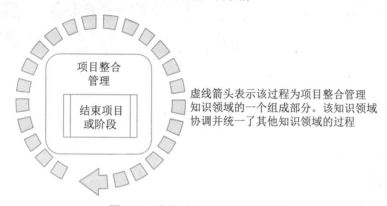

图 14-1　监控过程组各过程关系图

收尾过程组需要开展以下 10 类工作。

（1）确认所有的项目合同都已经妥善关闭，没有未解决问题。

（2）获得主要的干系人对项目可交付成果的最终验收，确保项目目标已经实现。

（3）把项目可交付成果移交给指定的干系人，如发起人或客户。这件工作经常可以与最终验收同时开展。

（4）编制和分发最终的项目绩效报告。这份报告既有利于干系人了解项目的最终绩效，又可称为开展项目后评价的重要依据。

（5）收集、整理并归档项目资料，更新组织过程资产。这是为了保留项目记录，遵守相关法律法规，供后续审计（如果需要开展）使用，以及供以后其他项目借鉴。

（6）收集各主要干系人对项目的反馈意见，调查满意度。

（7）评估项目合规性、实现组织变革和创造商业价值的情况。

（8）全面开展项目后评价，总结经验教训，更新组织过程资产。

（9）开展知识分享和知识转移，为后续的项目成果运营实现商业价值提供支持。

（10）开展财务、法律和行政收尾，宣布正式关闭项目，把对项目可交付成果的管理和使用责任转移给指定的干系人，如发起人或客户。

本章对收尾过程组的 1 个过程——"结束项目或阶段"的输入输出、工具与技术进行说明时，采取以下规则进行描述：

- 省略常见的输入输出、工具与技术；
- 针对主要输入输出、重要的工具与技术进行详细阐述。

14.1 结束项目或阶段

结束项目或阶段是终结项目、阶段或合同的所有活动的过程。本过程的主要作用是，存档项目或阶段信息，完成计划的工作，释放组织资源以展开新的工作。本过程仅开展一次或仅在项目的预定义点开展。图14-2描述了本过程的输入、工具与技术和输出。

结束项目或阶段

输入	工具与技术	输出
1. 项目章程	1. 专家判断	1. 项目文件更新
2. 项目管理计划	2. 数据分析	·经验教训登记册
·所有组件	·文件分析	2. 最终产品、服务或成果
3. 项目文件	·回归分析	3. 项目最终报告
·假设日志	·趋势分析	4. 组织过程资产更新
·估算依据	·偏差分析	
·变更日志	3. 会议	
·问题日志		
·经验教训登记册		
·里程碑清单		
·项目沟通记录		
·质量控制测量结果		
·质量报告		
·需求文件		
·风险登记册		
·风险报告		
4. 验收的可交付成果		
5. 立项管理文件		
6. 协议		
7. 采购文档		
8. 组织过程资产		

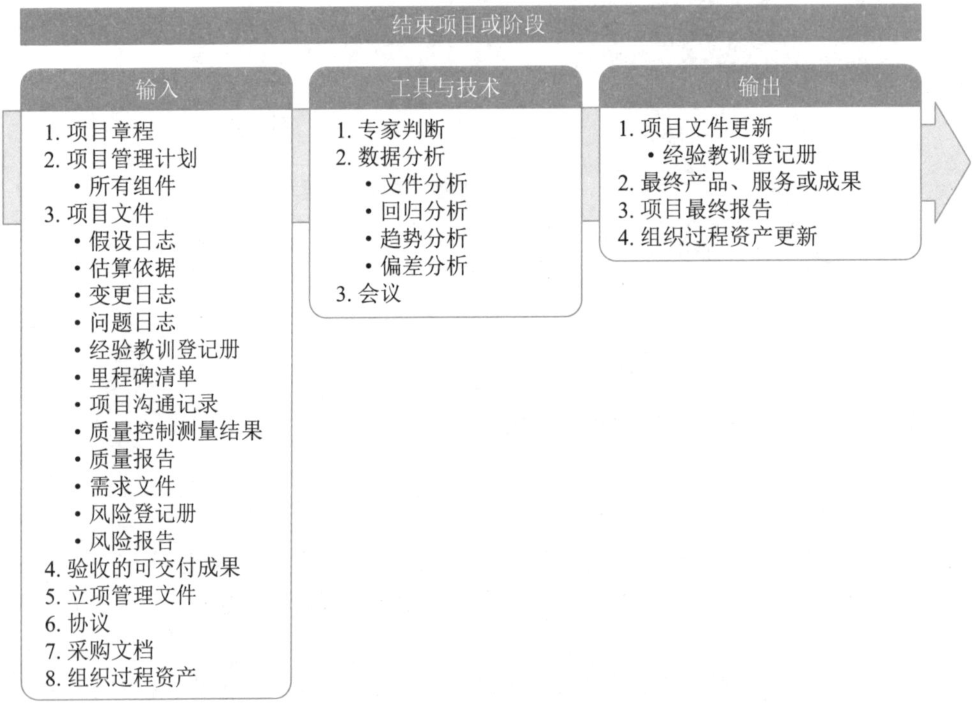

图 14-2 结束项目或阶段过程的输入、工具与技术和输出

在结束项目时，项目经理需要回顾项目管理计划，确保所有项目工作都已完成以及项目目标均已实现。项目或阶段行政收尾所需的必要活动包括如下内容。

（1）为达到阶段或项目的完工或退出标准所必须的行动和活动，例如：

- 确保所有文件和可交付成果都已是最新版本，且所有问题都已得到解决；
- 确认可交付成果已交付给客户并已获得客户的正式验收；
- 确保所有成本都已记入项目成本账；
- 关闭项目账户；
- 重新分配人员；

- 处理多余的项目材料；
- 重新分配项目设施、设备和其他资源；
- 根据组织政策编制详尽的最终项目报告。

（2）为关闭项目合同协议或项目阶段合同协议所必须开展的活动，例如：

- 确认卖方的工作已通过正式验收；
- 最终处置未决索赔；
- 更新记录以反映最后的结果；
- 存档相关信息供未来使用。

（3）完成下列工作所必须开展的活动：

- 收集项目或阶段记录；
- 审计项目成败；
- 管理知识分享和传递；
- 总结经验教训；
- 存档项目信息以供组织未来使用。

（4）为向下一个阶段，或者向生产和（或）运营部门移交项目的产品、服务或成果所必须开展的行动和活动。

（5）收集关于改进或更新组织政策和程序的建议，并将它们发送给相应的组织部门。

（6）测量干系人的满意程度。

如果项目在完工前就提前终止，结束项目或阶段过程还需要制定程序，来调查和记录提前终止的原因。为了实现上述目的，项目经理应该引导所有合适干系人参与本过程。

结束项目和阶段过程的主要输入为项目章程、项目管理计划、项目文件、验收的可交付成果、协议和采购文档，主要输出为最终产品、服务或成果和项目最终报告。

14.1.1　主要输入

1. 项目章程

项目章程记录了项目成功标准、审批要求，以及由谁来签署项目结束。

2. 项目管理计划

项目管理计划的所有组成部分均为结束项目或阶段过程的输入。

3. 项目文件

可作为结束项目或阶段过程输入的项目文件主要包括：假设日志、估算依据、变更日志、问题日志、经验教训登记册、里程碑清单、项目沟通记录、质量控制测量结果、质量报告、需求文件、风险登记册、风险报告和验收的其他相关文件等。

（1）假设日志：记录了与技术规范、估算、进度和风险等有关的全部假设条件和制约因素。

（2）估算依据：用于根据实际结果来评估持续时间、成本和资源估算，以及成本控制。

（3）变更日志：包含了整个项目或阶段期间的所有变更请求的状态。

（4）问题日志：用于确认所有问题已解决，没有遗留未解决的问题。

（5）经验教训登记册：在归入经验教训知识库之前，完成对阶段或项目经验教训总结。

（6）里程碑清单：列出了完成项目里程碑的最终日期。

（7）项目沟通记录：包含整个项目期间所有的沟通。

（8）质量控制测量结果：记录了控制质量活动的结果，证明符合质量要求。

（9）质量报告：可包括由团队管理或需上报的全部质量保证事项、改进建议，以及在控制质量过程中发现的不合格项或其他事项的说明。

（10）需求文件：用于证明符合项目范围。

（11）风险登记册：提供了有关项目期间发生的风险的信息。

（12）风险报告：提供了有关风险状态信息，确认项目结束时没有未关闭风险。

（13）验收的其他相关文件：包括可交付成果、立项管理文件、协议和采购文档等。

4. 验收的可交付成果

验收的可交付成果可包括批准的产品规范、交货收据和工作绩效文件。对于分阶段实施的项目或提前取消的项目，还可能包括部分完成或中间的可交付成果。

5. 协议

通常在合同条款和条件中定义对正式关闭采购的要求，并包括在采购管理计划中。在复杂项目中，可能需要同时或先后管理多个合同。

6. 采购文档

为关闭合同，需收集全部采购文档，并建立索引、加以归档。有关合同进度、范围、质量和成本绩效的信息，以及全部合同变更文档、支付记录和检查结果，都要归类收录。在项目结束时，应将"实际执行的"计划（图纸）或"初始编制的"文档、手册、故障排除文档和其他技术文档视为采购文件的组成部分。这些信息可用于总结经验教训，并为签署以后的合同而用作评价承包商的基础。

14.1.2 主要输出

1. 最终产品、服务或成果

把项目交付的最终产品、服务或成果（对于阶段收尾，则是所在阶段的中间产品、服务或成果）移交给客户。

2. 项目最终报告

用项目最终报告总结项目绩效，其中可包含：

- 项目或阶段的概述；
- 范围目标、范围的评估标准，证明达到完工标准的证据；
- 质量目标、项目和产品质量的评估标准、相关核实信息和实际里程碑交付日期以及偏差原因；

- 成本目标，包括可接受的成本区间、实际成本，产生任何偏差的原因等；
- 最终产品、服务或成果的确认信息的总结；
- 进度计划目标包括成果是否实现项目预期效益：如果在项目结束时未能实现效益，则指出效益实现程度并预计未来实现情况；
- 关于最终产品、服务或成果如何满足业务需求的概述。如果项目结束时未能满足业务需求，则指出需求满足程度并预计业务需求何时能得到满足；
- 关于项目过程中发生的风险或问题及其解决情况的概述等。

14.2　收尾过程组的重点工作

14.2.1　项目验收

项目验收是项目收尾中的首要环节，只有完成项目验收工作后，才能进入后续的项目总结等工作阶段。

项目的正式验收包括验收项目产品、文档及已经完成的交付成果。对系统集成项目进行验收时需要根据项目前期所签署的合同内容以及对应的技术工作内容，如果在项目执行过程中发生了合同变更，还应将变更内容也作为项目验收的评价依据。对于软件类型的系统集成项目而言，除了依据项目前期的合同内容，通常还需要将甲乙双方签署或认可的软件需求规格说明书作为验收依据。在执行项目验收测试时，验收测试用例应该覆盖软件需求规格说明书中所有的功能性需求和非功能性需求。

项目验收工作需要完成正式的验收报告，验收报告包含了验收的主要内容以及相应的验收结论，参与验收的各方应该对验收结论进行签字确认，对验收结果承担相应的责任。对于系统集成项目，一般需要执行正式的验收测试工作。验收测试工作可以由业主和承建单位共同进行，也可以由第三方公司进行，但无论哪种方式都需要以项目前期所签署的合同以及相关的支持附件作为依据进行验收测试，而不得随意变更验收测试的依据。对于那些发生了重大变更的系统集成项目，则应以变更后的合同及其附件作为验收测试的主要依据。

具体而言，系统集成项目在验收阶段主要包含以下四方面的工作内容，分别是验收测试、系统试运行、系统文档验收以及项目终验。

1. 验收测试

验收测试是对信息系统进行全面的测试，依照双方合同约定的系统环境，以确保系统的功能和技术设计满足建设方的功能需求和非功能需求，并能正常运行。验收测试阶段应包括编写验收测试用例，建立验收测试环境，全面执行验收测试，出具验收测试报告以及验收测试报告的签署。

2. 系统试运行

信息系统通过验收测试环节以后，可以开通系统试运行。系统试运行期间主要包括数据迁移、日常维护以及缺陷跟踪和修复等方面的工作内容。为了检验系统的试运行情况，可将部分数据或配置信息加载到信息系统上进行正常操作。在试运行期间，甲乙双方可以进一步确定具体的工作内容并完成相应的交接工作。对于在试运行期间系统发生的问题，根据其性质判断是否是系统缺陷，如果是系统缺陷，应该及时更正系统的功能；如果不是系统自身缺陷，而是额外的信息系统新需求，可以遵循项目变更流程进行变更，也可以将其暂时搁置，作为后续升级项目工作内容的一部分。

3. 系统文档验收

系统验收测试过程中，与系统相匹配的系统文档应同步交由用户进行验收。甲方也可按照合同或者项目工作说明书的规定，对所交付的文档加以检查和评价；对不清晰的地方可以提出修改要求。在最终交付系统前，系统的所有文档都应当验收合格并经甲乙双方签字认可。

对于系统集成项目，所涉及的验收文档可能包括：

- 系统集成项目介绍；
- 系统集成项目最终报告；
- 信息系统说明手册；
- 信息系统维护手册；
- 软硬件产品说明书、质量保证书等。

4. 项目终验

在系统经过试运行以后的约定时间，例如三个月或者六个月，双方可以启动项目的最终验收工作。

最终验收报告就是业主方认可承建方项目工作的最主要文件之一，这是确认项目工作结束的重要标志。对于信息系统而言，最终验收标志着项目的结束和售后服务的开始。

最终验收的工作包括双方对验收测试文件的认可和接受、双方对系统试运行期间的工作状况的认可和接受、双方对系统文档的认可和接受、双方对结束项目工作的认可和接受。

项目最终验收合格后，应该由双方的项目组撰写验收报告提请双方工作主管认可。这标志着项目组开发工作的结束和项目后续活动的开始。

14.2.2　项目移交

系统集成项目的移交通常包含三个主要移交对象，分别是向用户移交、向运维和支持团队移交，以及过程资产向组织移交。

1. 向用户移交

项目经理须依据项目立项管理文件、合同或协议中交付内容的规定，识别并整理向客户方移交的工作成果，从而满足立项管理文件、合同或协议的要求。向用户移交的最终内容可能包括：需求说明书、设计说明书、项目研发成果、测试报告、可执行程序及用户使用手册等。

2. 向运维和支持团队移交

项目研发阶段结束后，通常将进入运维阶段。运维团队依据组织运维要求，将对项目交付运维的交付物及交付时间提出要求。

项目经理须依据上线发布或运维移交的相关规定，识别并整理向运维和支持团队移交的工作成果，从而满足后续运维工作的需要。向运维和支持团队移交的最终内容可能包括：需求说明书、设计说明书、项目研发成果、测试报告、可执行程序、用户使用手册、安装部署手册或运维手册等。

3. 向组织移交过程资产

在项目收尾过程中，项目团队应归纳总结项目的过程资产和技术资产，提交组织更新至过程资产库。向组织移交的过程资产通常包括：

（1）项目档案。项目档案包括在项目活动中产生的各种文件，如项目管理计划、范围计划、成本计划、进度计划、项目日历、风险登记册、其他登记册、变更管理文件、风险应对计划和风险影响评价等。

（2）项目或阶段收尾文件。项目或阶段收尾文件包括表明项目或阶段完工的正式文件，以及用来把完成的项目或阶段可交付成果移交给他人（如运营部门或下一阶段）的正式文件。在项目收尾期间，项目经理应该审查以往的阶段文件、确认范围过程（见本书范围管理相关内容）所产生的客户验收文件及合同（如果有的话），以确保在达到全部项目要求之后才正式结束项目。如果项目在完工前提前终止，则需要在正式的收尾文件中说明项目终止的原因，并规定正式程序，把该项目的已完成和未完成的可交付成果移交他人。

（3）技术和管理资产。项目经理需要总结在项目执行过程中产出的可复用代码、组件、用例等，纳入组织过程资产库，供后续项目通过加强复用来提升研发效率和交付质量。

项目经理需要总结在项目执行过程中产出的度量数据、优秀实践、经验教训、风险问题解决经验等管理内容，归纳到组织的过程资产库中，通过管理经验和最佳实践的传承以供未来项目的有效参考。

14.2.3　项目总结

项目总结属于项目收尾的管理收尾。而管理收尾有时又被称为行政收尾，就是检查项目团队成员及相关干系人是否按规定履行了所有职责。实施行政结尾过程还包括收集项目记录、分析项目成败、收集应吸取的教训，以及将项目信息存档供本组织将来使用等活动。

1. 项目总结的意义

项目总结的主要意义如下。

- 了解项目全过程的工作情况及相关的团队或成员的绩效状况。
- 了解出现的问题并进行改进措施总结。
- 了解项目全过程中出现的值得吸取的经验并进行总结。
- 对总结后的文档进行讨论，通过后即存入公司的知识库，从而纳入组织过程资产。

2. 项目总结准备工作

项目总结准备工作包括以下两点。

（1）收集整理项目过程文档和经验教训。这需要全体项目人员共同进行，而非项目经理一人的工作。项目经理可将此项工作列入项目的收尾工作中，作为参与项目人员和团队的必要工作。项目经理还可以根据项目的实际情况对项目过程文档进行收集，对所有的文档进行归类和整理，给出具体的文档模板并加以指导和要求。

（2）经验教训的收集和形成项目总结会议的讨论稿。在此初始讨论稿中，项目经理有必要列出项目执行过程中的若干主要优点和若干主要缺点，以利于讨论的时候加以重点呈现。

3. 项目总结

项目总结过程是对项目前期价值与目标达成情况的总结，以及对工作经验和教训的总结分析。由项目经理组织项目全体成员的参与，形成正式的项目总结结论。项目总结会议所形成的文件一定要通过所有人的确认，任何有违此项原则的文件都不能作为项目总结会议的结果。

项目总结会议还应对项目进行自我评价，有利于后面的项目评估和审计的工作开展。

一般的项目总结会应讨论如下内容。

（1）项目目标：包括项目价值和目标的完成情况、具体的项目计划完成率等，作为全体参与项目成员的共同成绩。

（2）技术绩效：最终的工作范围与项目初期的工作范围的比较结果是什么，工作范围上有什么变更，项目的相关变更是否合理，处理是否有效，变更是否对项目质量、进度和成本等有重大影响，项目的各项工作是否符合预计的质量标准，是否达到客户满意。

（3）成本绩效：最终的项目成本与原始的项目预算费用，包括项目范围的有关变更增加的预算是否存在大的差距，项目盈利状况如何。这牵扯到项目组成员的绩效和奖金的分配。

（4）进度计划绩效：最终的项目进度与原始的项目进度计划比较结果是什么，进度为何提前或者延后，是什么原因造成这样的影响。

（5）项目的沟通：是否建立了完善并有效利用的沟通体系；是否让客户参与过项目决策和执行的工作；是否要求让客户定期检查项目的状况；与客户是否有定期的沟通和阶段总结会议，是否及时通知客户潜在的问题，并邀请客户参与问题的解决等；项目沟通计划完成情况如何；项目内部会议记录资料是否完备等。

（6）识别问题和解决问题：项目中发生的问题是否解决，问题的原因是否可以避免，如何改进项目的管理和执行等。

（7）意见和改进建议：项目成员对项目管理本身和项目执行计划是否有合理化建议和意见，这些建议和意见是否得到大多数参与项目成员的认可，是否能在未来项目中予以改进。

14.3　本章练习

1. 选择题

（1）在项目收尾过程中，关于验收测试的描述，正确的是_____。

　　A. 验收测试是依照双方合同约定的系统环境，以确保系统的功能和技术设计满足建设方的功能需求和非功能需求，并能正常运行

　　B. 验收测试由于用户不是 IT 从业人员，所以无须编写测试用例

　　C. 验收测试环境的搭建须严格遵从承建方的开发测试环境

D. 验收测试报告的出具和签署由承建方的专业测试团队完成

参考答案：A

（2）在项目收尾过程中，关于试运行的描述，不正确的是_____。

A. 试运行期间系统发生的问题，可能是系统缺陷，也可能是额外的新需求

B. 试运行过程中识别的新需求，应马上执行变更流程予以处理

C. 为了检验系统的试运行情况，客户可将部分数据或配置信息加载到信息系统上进行正常操作

D. 在试运行期间，甲乙双方可以进一步确定具体的工作内容并完成相应的交接工作

参考答案：B

（3）在项目收尾过程中，关于项目终验（最终验收）的描述，不正确的是_____。

A. 项目试运行与最终验收是两个固定环节，不可以合并

B. 对于信息系统而言，最终验收标志着项目的结束和售后服务的开始

C. 最终验收工作意味着双方对结束项目工作的认可，而不是单方面认可

D. 项目最终验收合格后，应该由双方的项目组撰写验收报告提请双方工作主管认可

参考答案：A

（4）在项目收尾过程的移交过程相关描述，不正确的是_____。

A. 项目经理需要依据项目立项管理文件、合同或协议中交付内容的规定，识别并整理向客户方移交的工作成果

B. 项目经理需要依据上线发布或运维移交的相关规定，识别并整理向运维和支持团队移交的工作成果

C. 在项目收尾过程中，项目团队应归纳总结项目的过程资产和技术资产，提交组织更新至过程资产库

D. 在项目组织移交过程资产的时候，只需移交最终成果，无须提交过程成果

参考答案：D

（5）在项目总结阶段，_____不属于项目总结会议中需要关注的内容。

A. 项目目标　　　　　　　　　　　　B. 技术绩效

C. 意见和改进建议　　　　　　　　　D. 需交付内容

参考答案：D

第 15 章　组织保障

15.1　信息和文档管理

信息系统相关信息（文档）是指某种数据媒体和其中所记录的数据。这些信息通常用于描述人工可读的东西，具有永久性，可以由人或机器阅读。在软件工程中，文档常用来表示对活动、需求、过程或结果，进行描述、定义、规定、报告或认证的任何书面或图示的信息（包括纸质文档和电子文档）。信息和文档管理是指对信息及文档的收集、整理、处理、储存、传递与应用等一系列工作的总称。项目信息、文档管理是为项目的管理人员及决策者提供所需要的各种信息和数据，并支持其进行统计分析处理。

15.1.1　信息和文档

1. 信息系统信息

信息系统中的信息可以分为用户信息、业务信息、经营管理信息和系统运行信息等。

（1）用户信息包括（但不限于）：

- 个人或组织的基本信息；
- 个人或组织的账号信息；
- 个人或组织的信用信息；
- 个人或组织的行为数据信息。

（2）业务信息包括（但不限于）：

- 根据业务所属行业划分，如金融行业信息、能源行业信息、交通行业信息等；
- 根据业务自身特点进行细分，如研发信息、生产信息、维护信息等。

（3）经营管理信息包括（但不限于）：

从业务管理视角进行细分，如市场营销信息、经营信息、财务信息、并购或融资信息、产品信息、运营或交付信息等。

（4）系统运行信息包括（但不限于）：

网络和信息系统运维及网络安全信息，例如系统配置信息、监测数据、备份数据、日志数据和安全漏洞信息等。

2. 信息系统文档

不同类型的信息系统项目，其文档分类的方法不同，不同的组织也会结合自身的管理实践，定义其文档类型。对于信息系统开发项目来说，其文档一般分为开发文档、产品文档和管理文档。

（1）开发文档描述开发过程本身，基本的开发文档包括：

- 可行性研究报告和项目任务书；
- 需求规格说明；
- 功能规格说明；
- 设计规格说明，包括程序和数据规格说明；
- 开发计划；
- 软件集成和测试计划；
- 质量保证计划；
- 安全和测试信息。

（2）产品文档描述开发过程的产物，基本的产品文档包括：

- 培训手册；
- 参考手册和用户指南；
- 软件支持手册；
- 产品手册和广告。

（3）管理文档记录项目管理的信息，例如：

- 开发过程的每个阶段的进度和进度变更的记录；
- 软件变更情况的记录；
- 开发团队的职责定义；
- 项目计划、项目阶段报告；
- 配置管理计划。

文档的质量通常可以分为 4 级。

最低限度文档（1 级文档）：适合开发工作量低于一个人·月的开发者自用程序。该文档应包含程序清单、开发记录、测试数据和程序简介。

内部文档（2 级文档）：可用于没有与其他用户共享资源的专用程序。除 1 级文档提供的信息外，2 级文档还包括程序清单内足够的注释以帮助用户安装和使用程序。

工作文档（3 级文档）：适合于由同一单位内若干人联合开发的程序，或可被其他单位使用的程序。

正式文档（4 级文档）：适合那些要正式发行并供普遍使用的软件产品。关键性程序或具有重复管理应用性质（如工资计算）的程序需要 4 级文档。4 级文档遵守 GB/T 8567《计算机软件文档编制规范》的有关规定。

15.1.2　信息（文档）管理规则和方法

1. 信息（文档）编制规范

信息（文档）的规范化管理主要体现在文档书写规范、图表编号规则、文档目录编写标准和文档管理制度等几个方面。

文档书写规范。管理信息系统的文档资料涉及文本、图形和表格等多种类型，无论是哪种类型的文档都应该遵循统一的书写规范，包括符号的使用、图标的含义、程序中注释行的使用、注明文档书写人及书写日期等。例如，在程序的开始要用统一的格式包含程序名称、程序功能、调用和被调用的程序、程序设计人等信息。

图表编号规则。在管理信息系统的开发过程中会用到很多的图表，对这些图表进行有规则的编号，可以方便查找图表。图表的编号一般采用分类结构。根据生命周期法的5个阶段，可以给出如图15-1所示的分类编号规则。根据该规则，通过图表编号就可以判断该图表出自系统开发周期的哪一个阶段，属于哪一个文档，文档中的哪一部分内容及第几张图表。

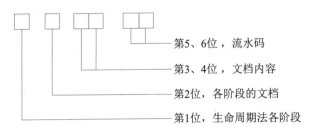

第5、6位，流水码

第3、4位，文档内容

第2位，各阶段的文档

第1位，生命周期法各阶段

图 15-1　图表编号规则

文档目录编写标准。为了存档及未来使用的方便，应该编写文档目录。管理信息系统的文档目录中应包含文档编号、文档名称、格式或载体、份数、每份页数或件数、存储地点、存档时间、保管人等。文档编号一般为分类结构，可以采用同图表编号类似的编号规则。文档名称要书写完整规范。格式或载体指的是原始单据或报表、磁盘文件、磁盘文件打印件、大型图表、重要文件原件、光盘存档等。

文档管理制度。为了更好地进行信息系统文档的管理，应该建立相应的文档管理制度。文档的管理制度须根据组织实体的具体情况而定，主要包括建立文档的相关规范、文档借阅记录的登记制度、文档使用权限控制规则等。建立文档的相关规范是指文档书写规范、图表编号规则和文档目录编写标准等。文档的借阅应该进行详细的记录，并且需要考虑借阅人是否有使用权限。

2. 信息（文档）定级保护

应根据侵害可能影响对象和影响程度，对信息系统项目的信息（文档）进行分析并定级，按相应的定级保护策略进行管理。

（1）根据项目干系人和项目价值目标的识别，影响对象主要包括：

● 个人、法人和其他组织的合法权益和经济利益；

● 社会秩序、公共利益；

● 国家安全。

（2）对影响对象的侵害影响程度，归结为：

● 无影响；

● 造成一般损害；

● 造成严重损害；

● 造成特别严重损害。

基于以上定级方法，组织可以将项目信息（文档），结合自身业务的特点来定义分级标准，并建立相应的分级管理策略。针对文件的编制、审批、存储、分发、使用、变更、销毁等方面，在文档管理制度中提出相应的管理要求。特别要注意的是，在项目应用时，应结合客户要求和合同要求，建立项目信息（文档）管理策略。文档中有密级要求的，应注意保密和权限管理。项目干系人签字确认后的文档要与相关联的电子文档一一对应，这些电子文档还应设置为只读。项目人员须谨慎地处理项目信息资产，以防擅自披露（如在网络上传共享、传递给其他客户）、丢失或被盗。依照分配的职责或项目干系人授权范围，在需要知情的基础上只使用可得到的信息。

3. 信息（文档）配置管理

信息（文档）配置管理是通过技术或者行政的手段对项目管理对象和信息系统的信息进行管理的一系列活动，这些信息不仅包括具体配置项信息，还包括这些配置项之间的相互关系。配置管理包含配置库的建立和配置管理数据库（Configuration Management Databases，CMDB）准确性的维护，以支持信息系统项目的正常运行。在信息系统项目中，配置管理可用于问题分析、变更影响度分析、异常分析等，因此，配置项与真实情况的匹配度和详细度非常重要。

在组织实施信息系统项目过程中，常常会遇到变更的发生。变更一般有主动变更和被动变更两种。主动变更是主动发起的变更，常用于提高项目收益，包括降低成本、改进过程以及提高项目的便捷性和有效性等；被动变更常用于范围变化、异常、错误和适应不断变化的环境等，如随需求的增加，相应需要增加系统的功能或投资等。变更管理是对变更从提出、审议、批准、实施到完成的整个过程的管理。

15.2　配置管理

配置管理是为了系统地控制配置变更，在信息系统项目的整个生命周期中维持配置的完整性和可跟踪性，而标识信息系统建设在不同时间点上配置的学科。在《信息技术 软件工程术语》（GB/T 11457）中，将"配置管理"正式定义为："应用技术的和管理的指导和监控方法以标识和说明配置项的功能和物理特征，控制这些特征的变更，记录和报告变更处理和实现状态并验证与规定的需求的遵循性"。在《信息技术服务 运行维护 第1部分：通用要求》（GB/T 28827.1）中指出：组织应建立配置管理过程，整体规划配置管理范围，保留配置信息，并保证配置信息的可靠性、完整性和时效性，以对其他服务过程提供支持；应建立与配置管理过程相一致的活动，包括对配置项的识别、收集、记录、更新和审核等。尽管硬件配置管理和软件配置管理的实现有所不同，配置管理的概念可以应用于各种信息系统项目。

15.2.1　基本概念

1. 配置项（Configuration Item，CI）

《信息技术 软件工程术语》（GB/T 11457）对配置项的定义为："为配置管理设计的硬件、软件或两者的集合，它在配置管理过程中作为一单个实体来对待"。配置项是信息系统组件或与其有关的项目，包括软件、硬件和各种文档，如变更请求、服务、服务器、环境、设备、网络设施、台式机、移动设备、应用系统、协议和电信服务等。

比较典型的配置项包括项目计划书、技术解决方案、需求文档、设计文档、源代码、可执行代码、测试用例、运行软件所需的各种数据、设备型号及其关键部件等，它们经评审和检查通过后进入配置管理。所有配置项都应按照相关规定统一编号，并以一定的目录结构保存在CMDB中。例如在信息系统的开发项目中须加以控制的配置项可以分为基线配置项和非基线配置项两类，基线配置项可能包括所有的设计文档和源程序等；非基线配置项可能包括项目的各类计划和报告等。所有配置项的操作权限应由配置管理员严格管理，基本原则是：基线配置项向开发人员开放读取的权限；非基线配置项向项目经理、CCB及相关人员开放。

2. 配置项状态

配置项的状态需要根据配置项的不同类型和管理需求进行分别定义，如基于配置项建设过程阶段视角，可将状态分为"草稿""正式"和"修改"三种。配置项刚建立时，其状态为"草稿"。配置项通过评审后，其状态变为"正式"。此后若更改配置项，则其状态变为"修改"。当配置项修改完毕并重新通过评审时，其状态又变为"正式"。

配置项状态变化如图15-2所示。

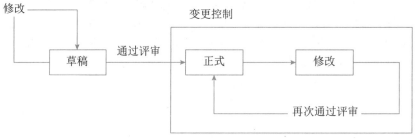

图15-2　配置项状态变化

3. 配置项版本号

配置项的版本号规则与配置项的状态定义相关。例如：①处于"草稿"状态的配置项的版本号格式为0.YZ，YZ的数字范围为01～99；随着草稿的修正，YZ的取值应递增。YZ的初值和增幅由用户自己把握。②处于"正式"状态的配置项的版本号格式为X.Y，X为主版本号，取值范围为1～9；Y为次版本号，取值范围为0～9。配置项第一次成为"正式"文件时，版本号为1.0。如果配置项升级幅度比较小，可以将变动部分制作成配置项的附件，附件版本依次为1.0，1.1，……当附件的变动积累到一定程度时，配置项的Y值可适量增加，Y值增加到一定程度时，X值将适量增加。当配置项升级幅度比较大时，才允许直接增大X值。③处于"修改"状态的配置项的版本号格式为X.YZ。配置项正在修改时，一般只增大Z值，X.Y值保持不变。当配置项修改完毕，状态成为"正式"时，将Z值设置为0，增加X.Y值。参见上述规则②。

4. 配置项版本管理

配置项的版本管理作用于多个配置管理活动中，如配置标识、配置控制和配置审计、发布和交付等。例如，在信息系统开发项目过程中，绝大部分的配置项都要经过多次修改才能最终确定下来。对配置项的任何修改都将产生新的版本。由于我们不能保证新版本一定比旧版本"好"，所以不能抛弃旧版本。版本管理的目的是按照一定的规则保存配置项的所有版本，避免发生版本丢失或混淆等现象，并且可以快速准确地查找到配置项的任何版本。

5. 配置基线

配置基线由一组配置项组成，这些配置项构成一个相对稳定的逻辑实体。配置基线也是指一个产品或系统在某一特定时刻的配置状况。这种配置不仅体现了其产品或系统的结构，还反映了其具体内容，从而使得以后可以按照上述配置重建该产品或系统。尽管被作为基准线的这个配置状态以后可能发生改变，但这个基线本身保持不变。这个基线可以作为初始状态的一个参考或当前状态的一个对照。配置基线可用于管理对象中的授权产品、标准配置项、开发和测试新配置的起点、作为提供给 IT 系统用户的配置的标准（如标准工作站）、作为提供新软件的起点等。

在信息系统项目过程中，各类配置项存在不断变化的情况，为了在不严重阻碍合理变化的情况下来控制变化，需要使用配置基线这一概念。基线中的配置项被"冻结"了，不能再被任何人随意修改。对基线的变更必须遵循正式的变更控制程序。如一组拥有唯一标识号的需求、设计、源代码文档以及相应的可执行代码、构造文档和用户文档构成一条基线。产品的一个测试版本（可能包括需求分析说明书、概要设计说明书、详细设计说明书、已编译的可执行代码、测试大纲、测试用例和使用手册等）也是基线的一个例子。

基线通常对应于项目过程中的里程碑（Milestone），一个项目可以有多条基线，也可以只有一条基线。交付给用户使用的基线一般称为发行基线（Release），内部过程使用的基线一般称为构造基线（Build）。

对于每一条基线，要定义下列内容：建立基线的事件、受控的配置项、建立和变更基线的程序和批准变更基线所需的权限。在项目实施过程中，每条基线都要纳入配置控制，对这些基线的更新只能采用正式的变更控制程序。

建立基线的价值可包括：

- 基线为项目工作提供了一个定点和快照；
- 新项目可以在基线提供的定点上建立。新项目作为一个单独分支，将与随后对原始项目（在主要分支上）所进行的变更进行隔离；
- 当认为更新不稳定或不可信时，基线为团队提供一种取消变更的方法；
- 可以利用基线重新建立基于某个特定发布版本的配置，以重现已报告的错误。

6. 配置管理数据库

我们常使用配置管理数据库来管理配置项，它是指包含每个配置项及配置项之间重要关系的详细资料的数据库。对于信息系统开发项目来说，常使用配置库实施配置数据的管理。配置管理数据库主要内容包括：

- 发布内容，包括每个配置项及其版本号；
- 经批准的变更可能影响到的配置项；

- 与某个配置项有关的所有变更请求；
- 配置项变更轨迹；
- 特定的设备和软件；
- 计划升级、替换或弃用的配置项；
- 与配置项有关的变更和问题；
- 来自于特定时期特定供应商的配置项；
- 受问题影响的所有配置项。

配置管理数据库管理所有配置项及其关系，以及与这些配置项有关的事件、问题、已知错误、变更和发布及相关的员工、供应商和业务部门信息；保存多种服务的详细信息及这些服务与IT组件之间的关系；保存配置项的财务信息，如供应商、购买费用和购买日期等。

7. 配置库

针对信息系统开发类型的项目，我们常使用配置库（Configuration Library）存放配置项并记录与配置项相关的所有信息，它是配置管理的有力工具。利用库中的信息可回答许多配置管理的问题，例如：

- 哪些用户已提取了某个特定的系统版本；
- 运行一个给定的系统版本需要什么硬件和系统软件；
- 一个系统到目前已生成了多少个版本，何时生成的；
- 如果某一特定的构件变更了，会影响到系统的哪些版本；
- 一个特定的版本曾提出过哪几个变更请求；
- 一个特定的版本有多少已报告的错误。

使用配置库可以帮助配置管理员把信息系统开发过程的各种工作产品，包括半成品或阶段产品和最终产品管理得井井有条，使其不致管乱、管混、管丢。配置库可以分开发库、受控库和产品库3种类型。

- 开发库：也称为动态库、程序员库或工作库，用于保存开发人员当前正在开发的配置实体，如新模块、文档、数据元素或进行修改的已有元素。动态库中的配置项被置于版本管理之下。动态库是开发人员的个人工作区，由开发人员自行控制。库中的信息可能有较为频繁的修改，只要开发库的使用者认为有必要，无须对其进行配置控制，因为这通常不会影响到项目的其他部分。
- 受控库：也称为主库，包含当前的基线加上对基线的变更。受控库中的配置项被置于完全的配置管理之下。在信息系统开发的某个阶段工作结束时，将当前的工作产品存入受控库。
- 产品库：也称为静态库、发行库、软件仓库，包含已发布使用的各种基线的存档，被置于完全的配置管理之下。在开发的信息系统产品完成系统测试之后，作为最终产品存入产品库内，等待交付用户或现场安装。

配置库的建库模式有两种：按配置项类型建库和按开发任务建库。

- 按配置项的类型分类建库：适用于通用软件的开发组织。在这样的组织内，产品的继承性较强，工具比较统一，对并行开发有一定的需求。使用这样的库结构有利于对配置项的统一管理和控制，同时也能提高编译和发布的效率。但由于这样的库结构并不是面向各个开发团队的开发任务的，所以可能会造成开发人员的工作目录结构过于复杂，带来一些不必要的麻烦。

- 按开发任务建立相应的配置库：适用于专业软件的开发组织。在这样的组织内，使用的开发工具种类繁多，开发模式以线性发展为主，所以就没有必要把配置项严格地分类存储，人为增加目录的复杂性。对于研发性的软件组织来说，采用这种设置策略比较灵活。

15.2.2　角色与职责

配置管理相关的角色常包括：配置控制委员会（CCB）、配置管理负责人、配置管理员和配置项负责人。

1. 配置控制委员会

配置控制委员会也称为变更控制委员会，它不只是控制变更，也负有更多的配置管理任务，具体工作包括：

- 制定和修改项目配置管理策略；
- 审批和发布配置管理计划；
- 审批基线的设置、产品的版本等；
- 审查、评价、批准、推迟或否决变更申请；
- 监督已批准变更的实施；
- 接收变更与验证结果，确认变更是否按要求完成；
- 根据配置管理报告决定相应的对策。

2. 配置管理负责人

配置管理负责人也称配置经理，负责管理和决策整个项目生命周期中的配置活动，具体工作包括：

- 管理所有活动，包括计划、识别、控制、审计和回顾；
- 负责配置管理过程；
- 通过审计过程确保配置管理数据库的准确和真实；
- 审批配置库或配置管理数据库的结构性变更；
- 定义配置项责任人；
- 指派配置审计员；
- 定义配置管理数据库范围、配置项属性、配置项之间关系和配置项状态；
- 评估配置管理过程并持续改进；
- 参与变更管理过程评估；
- 对项目成员进行配置管理培训。

3. 配置管理员

配置管理员负责在整个项目生命周期中进行配置管理的主要实施活动，具体工作包括：

- 建立和维护配置管理系统；

- 建立和维护配置库或配置管理数据库；
- 配置项识别；
- 建立和管理基线；
- 版本管理和配置控制；
- 配置状态报告；
- 配置审计；
- 发布管理和交付。

4. 配置项负责人

配置项负责人确保所负责配置项的准确和真实，具体工作包括：

- 记录所负责配置项的所有变更；
- 维护配置项之间的关系；
- 调查审计中发现的配置项差异，完成差异报告；
- 遵从配置管理过程；
- 参与配置管理过程评估。

15.2.3 目标与方针

1. 管理目标

在信息系统项目中，配置管理的目标主要用以定义并控制信息系统的组件，维护准确的配置信息，包括：

- 所有配置项能够被识别和记录；
- 维护配置项记录的完整性；
- 为其他管理过程提供有关配置项的准确信息；
- 核实有关信息系统的配置记录的正确性并纠正发现的错误；
- 配置项当前和历史状态得到汇报；
- 确保信息系统的配置项的有效控制和管理。

为了实现上述目标需要建立一个完整的配置项管理过程，通过该管理过程实现对所有配置项的有效管理，以保证所有配置项的及时正确的识别、记录和查询，配置元素当前和历史状态得到汇报以及配置元素记录的完整性。

针对信息系统开发项目，常常需要通过实施软件配置管理达到配置管理的目标，即在整个软件生命周期中建立和维护项目产品的完整性。组织需要实现的配置管理目标主要有：

- 确保软件配置管理计划得以制定，并经过相关人员的评审和确认；
- 应该识别出要控制的项目产品有哪些，并且制定相关控制策略，以确保这些项目产品被合适的人员获取；
- 应制定控制策略，以确保项目产品在受控制范围内更改；
- 应该采取适当的工具和方法，确保相关组别和个人能够及时了解到软件基线的状态和内容。

2. 管理方针

为了实现配置管理目标，组织应定义配置管理过程，制定配置管理相关制度。管理层和具体项目负责人应该明确相关人员在项目中所担负的配置管理方面的角色和责任，并使他们得到适合的培训。项目组成员应严格按照配置管理过程文件规定的要求执行，履行配置管理的相关职责。配置管理工作应该享有资金和管理决策支持等。配置管理的系统性应在整个项目生命周期中得到控制。配置管理应基于项目类型和交付物等定义覆盖全面的管理范围，如信息系统开发项目中对外交付的软件产品，以及那些被选定的在项目中使用的支持类工具等。组织应定期开展配置审计活动。配置管理的关键成功因素主要包括：

- 所有配置项应该记录；
- 配置项应该分类；
- 所有配置项要进行编号；
- 应该定期对配置库或配置管理数据库中的配置项信息进行审计；
- 每个配置项在建立后，应有配置负责人负责；
- 要关注配置项的变化情况；
- 应该定期对配置管理进行回顾；
- 能够与项目的其他管理活动进行关联。

15.2.4　管理活动

配置管理的日常管理活动主要包括：制订配置管理计划、配置项识别、配置项控制、配置状态报告、配置审计、配置管理回顾与改进等。

1. 制订配置管理计划

配置管理计划是对如何开展项目配置管理工作的规划，是配置管理过程的基础，应该形成文件并在整个项目生命周期内处于受控状态。CCB 负责审批该计划。配置管理计划的主要内容包括：

- 配置管理的目标和范围；
- 配置管理活动主要包括配置项识别、配置项控制、配置状态报告、配置审计、配置管理回顾及改进等；
- 配置管理角色和责任安排；
- 实施这些活动的规范和流程，如配置项命名规则；
- 实施这些活动的进度安排，如日程安排和程序；
- 与其他管理之间（如变更管理等）的接口控制；
- 负责实施这些活动的人员或团队，以及他们和其他团队之间的关系；
- 配置管理信息系统的规划包括配置数据的存放地点、配置项运行的受控环境、与其他服务管理系统的联系和接口、构建和安装等支持工具；
- 配置管理的日常事务包括许可证控制、配置项的存档等；
- 计划的配置基准线、重大发布、里程碑，以及针对以后每个期间的工作量计划和资源计划。

2. 配置项识别

配置项识别是针对所有信息系统组件的关键配置，以及各配置项间的关系和配置文档等结构进行识别的过程。它包括为配置项分配标识和版本号等。

配置项识别是配置管理员的职能。配置项识别的基本步骤如下：

（1）识别需要受控的配置项；

（2）为每个配置项指定唯一的标识号；

（3）定义每个配置项的重要特征；

（4）确定每个配置项的所有者及其责任；

（5）确定配置项进入配置管理的时间和条件；

（6）建立和控制基线；

（7）维护文档和组件的修订与产品版本之间的关系。

每个配置项可以通过自身的字符、拷贝号/序列号和版本号等标识唯一识别。注意：拷贝号/序列号和版本号等详细信息应记录在配置库或配置管理数据库中，但不一定作为标识的一部分。版本号用于识别出哪些变化的版本属于同一配置项。同一配置项的不同版本可以在同一时刻共存。

3. 配置项控制

配置控制即配置项和基线的变更控制，包括变更申请、变更评估、通告评估结果、变更实施、变更验证与确认、变更的发布基于配置库的变更控制等任务。

（1）变更申请。变更申请主要就是陈述：要做什么变更，为什么要变更，以及打算怎么变更。相关人员（如项目经理）填写变更申请表，说明要变更的内容、变更的原因、受变更影响的关联配置项和有关基线、变更实施方案、工作量和变更实施人等，并提交给 CCB。

（2）变更评估。CCB 负责组织对变更申请进行评估并确定：

● 变更对项目的影响；

● 变更的内容是否必要；

● 变更的范围是否考虑周全；

● 变更的实施方案是否可行；

● 变更工作量估计是否合理。

CCB 决定是否接受变更，并将决定通知相关人员。

（3）通告评估结果。CCB 把关于每个变更申请的批准、否决或推迟的决定通知受此处置意见影响的每个干系人。如果变更申请得到批准，应该及时把变更批准信息和变更实施方案通知那些正在使用受影响的配置项和基线的干系人。如果变更申请被否决，应通知有关干系人放弃该变更申请。

（4）变更实施。项目经理组织修改相关的配置项，并在相应的文档、程序代码或配置管理数据中记录变更信息。

（5）变更验证与确认。项目经理指定人员对变更后的配置项进行测试或验证。项目经理应将变更与验证的结果提交 CCB，由其确认变更是否已经按要求完成。

（6）变更的发布。配置管理员将变更后的配置项纳入基线。配置管理员将变更内容和结果通知相关人员，并做好记录。

（7）基于配置库的变更控制。在信息系统开发项目中，一处出现了变更，经常会连锁引起多处变更，会涉及参与开发工作的许多人员。例如，测试引发了需求的修改，那么很可能要涉及需求规格说明、概要设计、详细设计和代码等相关文档，甚至会使测试计划随之变更。

如果是多个开发人员对信息系统的同一部件做修改，情况会更加复杂。例如，在软件测试时发现了两个故障。项目经理最初以为两个故障是无关的，就分别指定甲和乙去解决这两个故障。但碰巧，引起这两个故障的错误代码都在同一个软件部件中。甲和乙各自对故障定位后，先后从库中取出该部件，各自做了修改，又先后送回库中。结果，甲放入库中的版本只有甲的修改，乙放入库中的版本只有乙的修改，没有一个版本同时解决了两个故障。

基于配置库的变更控制可以完美地解决上述问题，如图 15-3 所示。

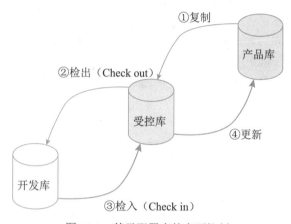

图 15-3　基于配置库的变更控制

现以某软件产品升级为例，其过程简述为：

（1）将待升级的基线（假设版本号为 V2.1）从产品库中取出，放入受控库。

（2）程序员将欲修改的代码段从受控库中检出（Check out），放入自己的开发库中进行修改。代码被检出后即被"锁定"，以保证同一段代码只能同时被一个程序员修改，如果甲正在对其修改，乙就无法将其检出。

（3）程序员将开发库中修改好的代码段检入（Check in）受控库。代码检入后，代码的"锁定"被解除，其他程序员就可以检出该段代码了。

（4）软件产品的升级修改工作全部完成后，将受控库中的新基线存入产品库中（软件产品的版本号更新为 V2.2，旧的 V2.1 版并不删除，继续在产品库中保存）。

4. 配置状态报告

配置状态报告也称配置状态统计，其任务是有效地记录和报告管理配置所需要的信息，目的是及时、准确地给出配置项的当前状况，供相关人员了解，以加强配置管理工作。在信息系统项目中，配置项在不停地演化着。配置状态报告就是要在某个特定的时刻观察当时的配置状态，也就是要对动态演化着的配置项取个瞬时的"照片"，以利于在状态报告信息分析的基础上，更好地进行控制。配置状态报告主要包含下述内容。

- 每个受控配置项的标识和状态。一旦配置项被置于配置控制下，就应该记录和保存它的每个后继进展的版本和状态。
- 每个变更申请的状态和已批准的修改的实施状态。
- 每个基线的当前和过去版本的状态以及各版本的比较。
- 其他配置管理过程活动的记录等。

5. 配置审计

配置审计也称配置审核或配置评价，包括功能配置审计和物理配置审计，分别用以验证当前配置项的一致性和完整性。配置审计的实施是为了确保项目配置管理的有效性，体现了配置管理的最根本要求：不允许出现任何混乱现象。例如：

- 防止向用户提交不适合的产品，如交付了用户手册的不正确版本；
- 发现不完善的实现，如开发出不符合初始规格说明或未按变更请求实施变更；
- 找出各配置项间不匹配或不相容的现象；
- 确认配置项已在所要求的质量控制审核之后纳入基线并入库保存；
- 确认记录和文档保持可追溯性等。

1）功能配置审计

功能配置审计是审计配置项的一致性（配置项的实际功效是否与其需求一致），具体验证主要包括：

- 配置项的开发已圆满完成；
- 配置项已达到配置标识中规定的性能和功能特征；
- 配置项的操作和支持文档已完成并且符合要求等。

2）物理配置审计

物理配置审计是指审计配置项的完整性（配置项的物理存在是否与预期一致），具体验证主要包括：

- 要交付的配置项是否存在；
- 配置项中是否包含了所有必需的项目等。

一般来说，配置审计应当定期进行，应当进行配置审计的场景包括：

- 实施新的配置库或配置管理数据库之后；
- 对信息系统实施重大变更前后；
- 在一项软件发布和安装被导入实际运作环境之前；
- 灾难恢复之后或事件恢复正常之后；
- 发现未经授权的配置项后；
- 任何其他必要的时候等。

部分常规配置审计工作可由审计软件完成，如比较两台计算机的配置情况，分析工作站并报告它当前的状况。但要注意的是，审计软件即使发现不一致的情况，也不允许自动更新配置库或配置管理数据库，必须由有关负责人调查后再进行更新。

6. 配置管理回顾与改进

配置管理回顾与改进是指定期回顾配置管理活动的实施情况，目的是发现在配置管理执行过程中有无问题，找到改进点，优化配置管理过程。配置管理回顾与改进活动包括：

- 对本次配置管理回顾进行准备，设定日期和主题，通知相关人等参加会议。根据配置管理绩效衡量指标，要求配置项责任人提供配置项统计信息；
- 召开配置管理回顾会议，在设定日期召开回顾会议，对配置管理报告进行汇报，听取各方意见，回顾上次过程改进计划执行情况；
- 根据会议结论，制订并提交服务改进计划；
- 根据过程改进计划，协调落实改进等。

15.3　变更管理

变更管理的大致作用与基本操作原则，已在整合管理、范围管理等相关章节中介绍。但由于变更管理方法在项目管理中的重要性不断增加，且在实际应用中的影响越来越大，故特设本节单独论述。变更在信息系统项目过程中经常发生，许多项目失败是对变更处理不当造成的。有些变更是积极的，有些则是消极的，做好变更管理可以使项目的质量、进度和成本管理更有效。

15.3.1　基本概念

1. 项目变更的含义

项目变更是指在信息系统项目的实施过程中，由于项目环境或者其他的原因而对项目的功能、性能、架构、技术指标、集成方法和项目进度等方面做出的改变。项目管理方法的基本原理，是将特定的目标通过规范的计划过程，转化为基准共识之后以指导项目执行，同时作为项目有效监控、收尾的依据。变更管理，即是为使项目基准与项目实际执行情况相一致，应对项目变化的一套管理方法。其可能的结果是拒绝变化，或是调整项目基准。变更管理的实质是根据项目推进过程中越来越丰富的项目认知，不断调整项目努力方向和资源配置，最大程度地满足项目需求，提升项目价值。

2. 变更产生的原因

由于项目具有逐渐完善的基本特性，这意味着早期的共识会随着项目的进行，对项目有不断深入的理解，作业过程与预先的计划发生变化是必然的。如果持续按照项目早期的定义开展，很难保质保量地交付项目，因而变更控制必不可少。变更可能是对交付物的需求发生的变化，也可能是项目范围或是项目的资源、进度等执行过程发生的变化。变更的常见原因包括：

- 产品范围（成果）定义的过失或者疏忽；
- 项目范围（工作）定义的过失或者疏忽；

- 增值变更；
- 应对风险的紧急计划或回避计划；
- 项目执行过程与基准要求不一致带来的被动调整；
- 外部事件等。

3. 变更分类

变更分类的方式有很多，需要根据具体项目的类型和组织对项目管理的模式与方法等确定，如弱电工程、应用开发、集成、IT 咨询、IT 运维和信息系统开发等。项目业务形态各异，组织管理成熟度亦有差距，每种业务内容的变更分类方法尚无法统一，组织可在各项目中细化分类，并对不同内容的变更区别情况提出不同的控制方法，通过不同的变更处理流程进行管理。通常来说，根据变更性质可分为重大变更、重要变更和一般变更，可通过不同审批权限来控制；根据变更的迫切性可分为紧急变更、非紧急变更；还有根据行业特征进行的变更，如弱电工程行业的常见分类方法为产品（工作）范围变更、环境变更、设计变更、实施变更和技术标准变更。

4. 变更管理原则

变更管理的原则是项目基准化、变更管理过程规范化。变更管理的主要内容包括：基准管理、变更控制流程化、明确组织分工、与干系人充分沟通、变更的及时性、评估变更的可能影响、妥善保存变更产生的相关文档等。

（1）基准管理：基准是变更的依据。在项目实施过程中，基准计划确定并经过评审后（通常用户应参与部分评审工作），建立初始基准。此后每次变更通过评审后，都应重新确定基准。

（2）变更控制流程化：建立或选用符合项目需要的变更管理流程，所有变更都必须遵循这个控制流程进行控制。流程化的作用在于将变更的原因、专业能力、资源运用方案、决策权、干系人的共识、信息流转等元素有效综合起来，按科学的顺序进行。

（3）明确组织分工：至少应明确变更相关工作的评估、评审、执行的职能。

（4）与干系人充分沟通：须征求项目重要干系人的意见，获得对项目变更的支持。

（5）变更的及时性：变更宜早不宜晚，只做必须要变更的。越在项目早期，项目变更的代价越小，随着项目的开展，项目变更的代价就会越来越大。由于变更可能带来连锁反应，所以可做可不做的，尽量不做。

（6）评估变更的可能影响：变更的来源是多样的，既需要完成对客户可视的成果、交付期等变更操作，还需要完成对客户不可视的项目内部工作的变更，如实施方的人员分工、管理工作、资源配置等。

（7）妥善保存变更产生的相关文档：确保其完整、及时、准确、清晰，适当时可以引入配置管理工具。

5. 变更管理与相关活动的关系

1）变更管理与项目整合管理的关系

变更管理是项目整合管理的一部分，实施整体变更控制过程贯穿项目始终。实施整体变更控制是审查所有变更请求、批准变更，管理对可交付成果、项目文件和项目管理计划的变更，并对变更处理结果进行沟通的过程。一旦确定了项目基准，就必须通过变更管理来处理变更请求。变更请求可能影响项目范围、产品范围以及项目管理计划组件或任一项目文件，应确保对变更请求做综合评审。如果不考虑变更对整体项目目标或计划的影响就开展变更，往往会加剧整体项目风险。变更控制的实施程度，取决于项目所在应用领域、项目复杂程度、合同要求，以及项目所处的背景与环境。

在批准变更之前，需要了解变更对进度、成本、质量、资源等多方面的影响。变更请求得到批准后，可能需要更新成本估算、活动排序、进度日期、资源需求和风险应对方案分析等，这些变更可能要求调整项目管理计划和其他项目文件。

2）变更管理与配置管理的关系

项目的配置管理计划应规定哪些项目组件受控于配置控制程序。对配置项的任何变更都应该提出变更请求，并经过变更控制。配置管理重点关注可交付产品（包括中间产品）及各过程文档，而变更管理则着眼于识别、记录、批准或否决对项目文件、可交付产品或基准的变更。变更管理过程中包含的部分配置管理活动如下。

- 配置项识别：识别与选择配置项，从而为核实产品配置、标记产品和文件、管理变更和明确责任提供基础。
- 配置状态记录：为了能及时提供关于配置项的准确数据，应记录和报告配置项的相关信息。此类信息包括变更控制中的已批准的配置项清单、变更申请的状态和已批准变更的实施状态。
- 配置确认与审计：通过配置确认与配置审计，可确保项目各配置组成的正确性，以及相应的变更都被登记、评估、批准、跟踪和正确实施，从而确保配置文件所规定的功能要求都已实现。

15.3.2 角色与职责

规范的项目实施，提倡分权操作。项目经理是组织委托对项目经营过程负责者，其正式权利由项目章程取得，而资源调度的权力通常由基准中明确。基准中不包括的储备资源须经授权人批准后方可使用。通常情况下，项目经理在变更中的作用是，响应变更提出者的需求，评估变更对项目的影响及应对方案，将需求由技术要求转化为资源要求，供授权人决策。依据变更评审结果调整基准，确保项目基准反映项目实施情况，并监控变更及已批准的变更正确实施。

信息系统项目中，通常会定义变更控制委员会（CCB）、变更管理负责人、变更请求者、变更实施者和变更顾问委员会等。

1. 变更控制委员会（CCB）

变更控制委员会是由主要项目干系人代表组成的一个正式团体，它是决策机构，不是作业机构，通过评审手段决定项目基准是否能变更。其主要职责包括：

- 负责审查、评价、批准、推迟或否决项目变更；
- 将变更申请的批准、否决或推迟的决定通知受此处置意见影响的相关干系人；
- 接收变更与验证结果，确认变更是否按要求完成。

2. 变更管理负责人

变更管理负责人也称变更经理，通常是变更管理过程解决方案的负责人，其主要职责包括：
- 负责整个变更过程方案的结果；
- 负责变更管理过程的监控；
- 负责协调相关的资源，保障所有变更按照预定过程顺利运作；
- 确定变更类型，组织变更计划和日程安排；
- 管理变更的日程安排；
- 变更实施完成之后的回顾和关闭；
- 承担变更相关责任，并且具有相应权限；
- 可能以逐级审批形式或团队会议的形式参与变更的风险评估和审批等。

3. 变更请求者

变更请求者需要具备理解变更过程的能力要求，提出变更需求。其主要职责包括：
- 提出变更需求，记录并提交变更请求单；
- 初步评价变更的风险和影响，给变更请求设定适当的变更类型。

4. 变更实施者

变更实施者需要具备执行变更方案的技术能力，按照批准的变更计划实施变更的内容（包括必要时的恢复步骤）。其主要职责包括：
- 负责按照变更计划实施具体的变更任务；
- 负责记录并保存变更过程中的产物，将变更后的基准纳入项目基准中；
- 参与变更正确性的验证与确认工作。

5. 变更顾问委员会

变更顾问委员会的主要职责包括：
- 在紧急变更时，可以对被授权者行使审批权限；
- 定期听取变更经理汇报，评估变更管理执行情况，必要时提出改进建议等。

15.3.3 工作程序

1. 变更申请

变更的提出应当及时以正式方式进行，并留下书面记录。变更的提出可以是各种形式，但在评估前应以书面形式提出。项目的干系人都可以提出变更申请，但一般情况下都需要经过指定人员进行审批，一般项目经理或者项目配置管理员负责相关信息的收集，以及对变更申请的初审。

2. 对变更的初审

变更初审的目的主要包括：
- 对变更提出方施加影响，确认变更的必要性，确保变更是有价值的；

- 格式校验，完整性校验，确保评估所需信息准备充分；
- 在干系人间就提出供评估的变更信息达成共识等。

变更初审的常见方式为变更申请文档的审核流转。

3. 变更方案论证

变更方案的主要作用，首先是对变更请求是否可实现进行论证，如果可能实现，则将变更请求由技术要求转化为资源需求，以供 CCB 决策。常见的方案内容包括技术评估和经济与社会效益评估，前者评估需求如何转化为成果，后者评估变更方面的经济与社会价值和潜在的风险。

对于一些大型的变更，可以召开相关的变更方案论证会议，通常需要由变更顾问委员会（相关技术和经济方面的专家组成）进行相关论证，并将相关专家意见作为项目变更方案的一部分，报项目 CCB 作为决策参考。

4. 变更审查

变更审查是项目所有者根据变更申请及评估方案，决定是否变更项目基准。评审过程常包括客户、相关领域的专业人士等。审查通常是文档、会签形式，重大的变更审查可以包括正式会议形式。

审查过程应注意分工，项目投资人虽有最终的决策权，但通常技术上并不专业。所以应当在评审过程中将专业评审、经济评审分开，对涉及项目目标和交付成果的变更，客户和服务对象的意见应放在核心位置。

5. 发出通知并实施

变更评审通过后，意味着基准的调整，同时确保变更方案中的资源需求及时到位。基准调整包括项目目标的确认，最终成果、工作内容和资源、进度计划的调整。需要强调的是：变更通知不只是包括项目实施基准的调整，更要明确项目的交付日期，以及成果对相关干系人的影响。如变更造成交付期的调整，应在变更确认时发布，而非在交付前公布。

6. 实施监控

变更实施的监控，除了调整基准中涉及变更的内容外，还应当对项目的整体基准是否反映项目实施情况负责。通过监控行动，确保项目的整体实施工作是受控的。变更实施的过程监控，通常由项目经理负责基准的监控。CCB 监控变更的主要成果、进度里程碑等，也可以通过监理单位完成监控。通过对变更实施的监控，确认变更是否正确完成，对于正确完成的变更，需按配置管理计划中定义的配置控制范围，纳入配置管理系统中。

7. 效果评估

变更评估的关注内容主要包括：

- 评估依据是项目的基准；
- 结合变更的初衷来看，变更所要达到的目的是否已达成；
- 评估变更方案中的技术论证、经济论证内容与实施过程的差距并促发解决。

8. 变更收尾

变更收尾是判断发生变更后的项目是否已纳入正常轨道。配置基准调整后，需要确认的是资源配置是否及时到位，若涉及人员的调整，则需要更加关注。变更完成后对项目的整体监控应按新的基准进行。若涉及变更的项目范围及进度，则在变更后的紧邻监控中，应更多关注确认新的基准生效情况，以及项目实施流程的正常使用情况。

15.3.4 变更控制

由于变更的实际情况千差万别，可能简单，也可能相当复杂。越是大型的项目，调整基准的边际成本越高，随意的调整可能带来的后果也越多，包括基准失效、项目干系人冲突、资源浪费、项目执行情况混乱等。在项目整体压力较大的情况下，更需强调变更的提出、处理应当规范化，可以使用分批处理、分优先级等方式提高效率，就如同在繁忙的交通道口，如果红绿灯变化频繁，其实效不是灵活高效，而是整体通过能力的降低。

项目规模小，与其他项目的关联度小时，变更的提出与处理过程可在操作上力求简便、高效，但关于小项目变更仍应注意对变更产生的因素施加影响（如防止不必要的变更，减少无谓的评估，提高必要变更的通过效率等），对变更的确认应当正式化，变更的操作过程应当规范化等。

变更管理虽然遵循一致的工作过程，但需要针对不同类型变更，明确其控制要求。一般来说，项目的变更控制主要关注变更申请的控制及变更类型的控制。在变更类型控制中，需要重点关注进度变更控制、成本变更控制和合同变更控制等，其他类型的变更控制需要结合具体变更的重点关注项，定义其控制要求。

1. 变更申请的控制

由于变更的真实原因和提出背景复杂，如不经评估就快速实施则可能涉及的项目影响难以预料，而变更申请是变更管理流程的起点，故应严格控制变更申请的提交。变更控制的前提是项目基准健全，变更处理的流程事先达成共识。严格控制是指变更管理体系能确保项目基准反映项目的实施情况。

变更申请的提交，首先应当确保覆盖所有变更操作，这意味着如果变更申请操作可以被绕过，那么变更申请的严格管理便毫无意义，但项目应根据变更的影响和代价提高变更流程的效率，并在某些情况下使用进度管理中的快速跟进等方法。例如，委托方和实施方高层管理者已共识的变更请求，在实施过程中应提高变更执行的效率。

2. 变更内容的控制

（1）对进度变更的控制主要包括：

- 判断当前项目进度的状态；
- 对造成进度变化的因素施加影响；
- 查明进度是否已经改变；
- 在实际变化出现时对其进行管理。

（2）对成本变更的控制主要包括：

- 对造成费用基准变更的因素施加影响；

- 确保变更请求获得同意；
- 当变更发生时，管理这些实际的变更；
- 保证潜在的费用超支不超过授权的项目阶段资金和总体资金；
- 监督项目费用绩效，找出与费用基准的偏差；
- 准确记录所有的与费用基准的偏差；
- 防止错误的、不恰当的或未批准的变更被纳入费用或资源使用报告中；
- 就审定的变更，通知利害关系者；
- 采取措施，将预期的费用超支控制在可接受的范围内；
- 控制项目费用，查找造成正、负偏差的原因。例如，若对费用偏差采取不适当的应对措施，就可能造成质量或进度问题，或在项目后期产生无法接受的巨大风险等。

（3）对合同变更的控制。合同变更控制是规定合同修改的过程，它包括文书工作、跟踪系统、争议解决程序以及批准变更所需的审批层次。合同变更控制应当与整体变更控制结合起来。

3. 变更类型的控制

1）标准变更的控制

标准变更通常是低风险、预先授权的变更，这类变更已得到充分理解和完整记录，并且可以在不需要额外授权的情况下实现。它们通常作为服务请求发起，但也可以是操作改变。当创建或修改标准变更时，对于任何其他变更，应进行全面的风险评估和授权。此风险评估不需要在每次实施标准变更时重复，只有在对此类执行方式修改时进行评估。

2）正常变更的控制

正常变更通常是常规的、较低风险的变更，依据 15.3.3 节的工作程序，通过已确定的变更授权角色和变更管理流程进行管理。组织可通过使用自动化来提高变更效率，使用连续集成和连续部署的自动化管道控制大部分变更控制过程。

3）紧急变更的控制

紧急变更通常不包括在变更计划中，必须快速响应，尽快实施，例如业务中断故障或事故、安全攻击等。处理紧急变更的程序在需要时可以精简，遇到紧急变化时和决策权限变更时可以临时调整，如少数了解业务风险的高级管理人员和重要干系人的决策权发生变化时。在考虑到规避问题复杂化的风险的同时，尽可能迅速地进行变更，尽可能接受相同的测试，但有些情况下，更全面的测试和调整可能会在实现之后持续一段时间再进行。

4. 变更输入输出的控制

（1）变更输入的控制主要包括：
- 项目控制变更的基准、项目计划、配置管理计划、项目文件和组织过程资产等；
- 变更前的项目工作绩效报告；
- 提出的变更请求和变更方案等。

（2）变更输出的控制主要包括：
- 批准的变更请求；

- 更新的项目基准，更新的项目计划、配置管理计划、项目文件和变更日志等；
- 变更后的项目工作绩效报告，对比变更执行效果；
- 共享经验教训，如偏差产生的原因，已采取的行动措施，以及所吸取的经验教训，使其成为本项目和实施组织内其他项目历史数据的组成部分。

15.3.5　版本发布和回退计划

对于很多信息系统开发项目来说，项目变更必须做相应的版本发布，并制定相应的应急回退方案。为确保版本发布的成功，在版本发布前应对每次版本发布进行管理，并做好发布失败后的回退方案。

版本发布前的准备工作包括：

- 进行相关的回退分析；
- 备份版本发布所涉及的存储过程、函数等其他数据的存储及回退管理；
- 备份配置数据，包括数据备份的方式；
- 备份在线生产平台接口、应用和工作流等版本；
- 启动回退机制的触发条件；
- 对变更回退的机制职责的说明，如通知相关部门，确定需要回退的关联系统和回退时间点等。

为确保版本发布的成功，在版本发布前应对每次版本发布的风险做相应的评估，对版本发布的过程检查单（Check list）做严格的评审。在评审发布内容时对存在风险的发布项做重点评估，确定相应的回退范围，制定相应的回退策略。回退步骤通常包括：

（1）通知相关用户系统开始回退；

（2）通知各关联系统进行版本回退；

（3）回退存储过程等数据对象；

（4）配置数据回退；

（5）应用程序、接口程序、工作流等版本回退；

（6）回退完成通知各周边关联系统；

（7）回退后进行相关测试，保证回退系统能够正常运行；

（8）通知用户回退完成等。

项目还需要对引起回退的原因做深入分析、总结经验，避免下次回退发生。对执行回退计划中出现的问题进行分析，完善回退的管理。

15.4　本章练习

1. 选择题

（1）项目变更管理的实质是_____。

　　A. 不断调整项目努力方向和资源配置，提升项目价值

　　B. 前期项目管理者的粗心

C. 项目推进过程中甲方提出越来越多的需求

D. 最大程度地满足甲方的需求

参考答案：A

（2）项目变更的常见原因一般不包括_____。

A. 项目范围（工作）定义的过失或者疏忽

B. 应对风险的紧急计划，但不包括回避计划

C. 项目执行过程与基准要求不一致带来的被动调整

D. 外部灾害天气

参考答案：B

（3）项目变更的依据是_____。

A. 干系人的需求　　　　　　　　　B. 甲方的要求

C. 项目基准　　　　　　　　　　　D. 项目成员的请求

参考答案：C

（4）软件版本发布前的准备工作一般不包括_____。

A. 备份版本发布所涉及的存储过程　　B. 启动回退机制的触发条件

C. 系统应急方案　　　　　　　　　D. 进行相关的回退分析

参考答案：C

（5）在项目的实施阶段，当客户明确提出某项需求更改时，项目经理应该_____。

A. 与客户方领导进行沟通，尽量劝说其不要更改需求

B. 先评估变更会对项目带来怎样的影响，然后再与客户协商解决措施

C. 接受客户的变更请求，启动变更控制流程，遵循变更流程进行更改

D. 汇报给高层领导，由领导决定

参考答案：B

（6）关于变更的流程和规则的做法中，错误的是_____。

A. 以口头方式提出某项变更，在评估前针对该变更提交了书面报告

B. 项目组成员变更以邮件发出，在评审前填写了变更申请

C. 为了规范，监理不对变更进行分级，所有变更流程都不能简化

D. 按照影响范围、紧急程度把变更分为 3 个优先级别

参考答案：C

（7）在对一项任务的检查中，项目经理发现一个团队成员正在用与 WBS 字典规定不符的方法来完成这项工作。项目经理应首先_____。

A. 告诉这名团队成员采取纠正措施

B. 确定这种方法对职能经理而言是否尚可接受

C. 问这名团队成员，这种变化是否必要

D. 确定这种变化是否改变了工作包的范围

参考答案：D

（8）某项目已制定了详细的范围说明书，并完成了 WBS 分解。在项目执行过程中，项目

经理在进行下一周工作安排的时候，发现 WBS 中遗漏了一项重要的工作，那么接下来他应该首先_____。

    A. 组织项目组讨论，修改 WBS

    B. 修改项目管理计划，并重新评审

    C. 汇报给客户，与其沟通，重新编写项目文档

    D. 填写项目变更申请，对产生的工作量进行估算，等待变更委员会审批

参考答案：D

（9）变更管理首要完成的任务是_____。

    A. 分析变更的必要性和合理性，确认是否实施变更

    B. 记录变更信息、填写变更控制单

    C. 做出变更，并交上级审批

    D. 修改相应的软件配置项（基线），确立新的版本

参考答案：A

（10）在进行项目整体变更控制过程中，首先要受理变更申请，接下来_____。

    A. 接受或拒绝变更

    B. 执行变更

    C. 进行变更结果追踪与审核

    D. 进行变更的整体影响分析

参考答案：D

第 16 章 监理基础知识

在全球信息化的浪潮中，我国的信息化建设和应用经过了四十多年的发展，各种信息化应用系统已经渗透到国民经济和社会生活的方方面面。当然，在信息系统工程建设过程中，无论是业主单位还是承建单位依然面临许多任务，为了解决在信息系统工程建设过程中遇到的质量、进度、投资等问题，保障信息系统工程建设按照质量要求、投资计划、工程进度顺利完成，信息系统工程监理应运而生。经过二十多年的实践，尤其是随着国家法规性文件的推陈出新、一系列技术标准的贯彻落实和针对信息化监理规范的更新完善，信息系统工程监理行业不断得到发展壮大，逐渐在国家信息化项目的建设、应用过程中起到了至关重要的作用。信息系统工程监理对象包括五个方面：信息网络系统、信息资源系统、信息应用系统、信息安全和运行维护。

16.1 监理的意义和作用

众所周知，信息系统工程监理是吸取了建筑行业的建设监理的经验和思路，结合信息技术服务行业本身的特点发展而来的，是针对信息化建设独特的性质产生的新兴行业。信息系统工程监理系列标准规范的制定和大量专业技术人才的培养，对我国信息系统工程监理市场从无到有、从小到大、从弱到强的发展起到了规范和促进作用。同时，随着我国信息系统工程监理业务的不断扩展和规范，在信息技术服务中形成了信息系统工程监理的新市场，其服务质量和管理水平得以不断提高，所做的工作也得到行业认可，对提高我国信息化建设水平起到了极其重要的作用。

1. 监理的地位和作用

信息系统监理通常直接面对业主单位和承建单位，在双方之间形成一种系统的工作关系，在保障工程质量、进度、投资控制和合同管理、信息管理，协调双方关系中处于重要的、不可替代的地位。

信息系统监理为项目业主单位提供信息系统工程相关的技术建议。作为信息系统工程监理，对信息系统工程相关的技术的理解和认知，是对其专业素养的必然要求。项目监理在项目的可行性研究、项目实施、项目交付过程中要全程参与，通过对技术方案评价、管理过程监督、交付成果检验等方法和手段，为项目承建单位提供技术建议和解决对策。

信息系统监理代表项目业主单位对项目的实施过程进行全程的跟踪和监督管理。现阶段对信息系统工程监理的服务需求主要有：有关国有投资项目建设管理的国家政策、法规的要求；有关业主单位工程建设的实际需求，包括合规性管理的实际要求、审计要求和管理办法要求等；业主单位在一定程度上受到工程技术特点、管理实践、经验和技能等限制，必须通过第三方监理服务协助承担有关监督、管理的责任等；或业主单位由于专业的原因，难以对项目建设过程进行有效的监督和管理，这时就会委托监理单位对项目承建单位的项目实施过程的标准性、规范性进行监督和管理，确保项目顺利交付。

信息系统监理保证项目交付成果的质量。信息系统工程监理要依据项目的质量目标和质量标准的要求，参照国家和行业标准，对项目的交付成果和项目的管理成果进行必要检验和审核，确保相关成果达到质量要求。

信息系统监理协调项目干系人间的关系，促进项目建设过程中的各类项目信息得到全面有效的共享、一致的理解和认同，保证项目质量目标的贯彻和落实。

信息系统工程监理涉及的部门和人员范围包括：监理及相关服务的资格认定和监督管理部门；从事监理及相关服务的单位和人员；信息系统工程的业主单位；信息系统工程的承建单位；信息系统运行维护服务的供方单位和需方单位；从事监理及相关服务的教育、培训和研究单位。

2. 监理的重要性与迫切性

信息系统工程监理在工程建设过程中的重要性是不言而喻的，在信息系统工程项目中，其重要性就更为突出，主要原因有以下6个方面：

（1）随着信息化项目应用的普及，信息系统工程无论大小，一般都关系到国家、企业、单位的重要业务；

（2）随着信息技术的飞速发展，信息系统工程项目往往在还没有提出需求或需求还不明确时就付诸实施，因此在实施过程中需要不断修改；

（3）由于用户需求的不断变化以及其他内部或外部因素的影响，信息系统工程存在不能按预定进度执行的问题和风险；

（4）信息系统工程项目的投资相对比较大，如果管理不善会造成较大浪费；

（5）信息系统工程的实施过程存在隐蔽工程，可视性差，如过程监督缺失，容易产生工程隐患；

（6）信息系统工程项目存在"重建设，轻管理"的问题，尤其是项目内容从技术上或专业上比较复杂，业主单位缺乏足够的技术能力进行监管，需要懂专业的技术人员进行监督管理，并通过必要的信息化技术手段、方法和过程予以查验、审核，确认其技术指标是否实现。

3. 监理技术参考模型

信息系统工程监理的技术参考模型由四部分组成，即监理支撑要素、监理运行周期、监理对象和监理内容，其相互关系如图16-1所示。参考模型表明，信息系统工程的监理及相关服务工作应建立在监理支撑要素的基础上，根据工程项目的需要，对监理运行周期的规划设计部分，提供相关信息技术咨询服务；在部署实施和运行维护部分，结合各项监理内容，对监理对象进行监督管理及提供相关信息技术服务。

监理支撑要素包括：监理法规及管理文件、监理及相关服务合同和监理及相关服务能力。其中监理服务能力要素由人员、技术、资源和流程四部分组成。

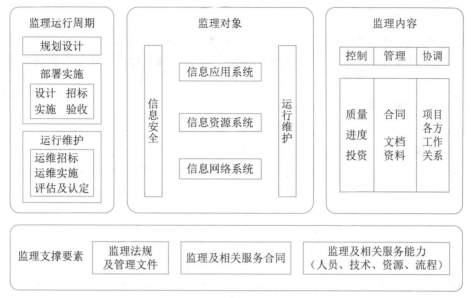

图 16-1　信息系统工程监理及相关服务技术参考模型

（1）人员。人员主要包括总监理工程师、总监理工程师代表、监理工程师、监理员、外部技术协作体系、人力资源管理体系等。

（2）技术。技术主要包括监理工作体系、业务流程研究能力、监理技术规范、质量管理体系、监理大纲、监理规划、监理实施细则等。

（3）资源。资源包括监理机构、监理设施、监理知识库及监理案例库、检测分析工具及仪器设备、企业管理信息系统等。

（4）流程。流程包括项目管理体系、客户服务体系、监理及相关服务的制度和流程等。

监理活动最基础的内容被概括为"三控、两管、一协调"。

（1）三控。三控是指信息系统工程质量控制、信息系统工程进度控制和信息系统工程投资控制。

（2）两管。两管是指信息系统工程合同管理、信息系统工程信息管理。

（3）一协调。一协调是指在信息系统工程实施过程中协调有关单位及人员间的工作关系。

尽管在不同的教材、著作、文献中，还存在着"四控""五控"，甚至"七控"等提法，例如信息系统工程变更控制、信息系统工程安全管理等，但从其内容看，这些提法中都包含有国家标准中所提的"三控"，即质量、进度、投资控制。因此，本书采用国家标准中提出的最基础的"三控"，而其他提法中多出来的那些"控"和"管"则均有其在相关环境中存在的合理性，本书不再进一步讨论。

16.2　监理相关概念

本节将对信息系统工程监理中的主要概念简要解释。

1. 信息系统工程监理

信息系统工程监理是指在政府工商管理部门注册的，且具有信息系统工程监理能力及资格的单位，受业主单位委托，依据国家有关法律法规、技术标准和信息系统工程监理合同，对信息系统工程项目实施的监督管理。

2. 信息系统工程监理单位

信息系统工程监理单位是指从事信息系统工程监理业务的企业。它是具有独立企业法人资格，并具备规定数量的监理工程师和注册资金、必要的软硬件设备、完善的管理制度和质量保证体系、固定的工作场所和相关的监理工作业绩，从事信息系统工程监理业务的单位。

为区别信息系统工程监理单位在实力、能力、条件、业绩等方面的差异以适应信息系统工程由于级别、规模、复杂度、难度、应用范围等方面的区别而产生的不同需求，有些行业协会还对信息系统工程监理单位进行分级。

3. 业主单位

业主单位（也称建设单位）是指具有信息系统工程（含运行维护）发包主体资格和支付工程及相关服务价款能力的单位。

4. 承建单位

承建单位是指具有独立企业法人资格，具有承接信息系统工程建设能力的单位。

5. 监理机构

监理机构是指当监理单位对信息系统工程项目实施监理及相关服务时，负责履行监理合同的组织机构。

6. 监理人员

从事信息系统工程监理业务的人员称为信息系统工程监理人员，主要包括监理工程师、总监理工程师、总监理工程师代表和监理员等。

（1）监理工程师：监理单位正式聘任的，取得国家相关主管部门颁发的信息系统工程监理工程师资格证书的专业技术人员。

（2）总监理工程师：由监理单位法定代表人书面授权，全面负责监理及相关服务合同的履行，主持监理机构工作的监理工程师。

（3）总监理工程师代表：由总监理工程师书面授权，代表总监理工程师行使其部分职责和权力的监理工程师。

（4）监理员：经过监理及相关服务业务培训，具有同类工程相关专业知识，从事具体监理及相关服务工作的人员。

7. 监理资料和工具

监理资料是指监理过程中需要的文件资料，主要包括监理大纲、监理规划、监理实施细则、监理意见和监理报告等。

（1）监理大纲：在投标阶段，由监理单位编制，经监理单位法定代表人（或授权代表）

书面批准，用于取得项目委托监理及相关服务合同，宏观指导监理及相关服务过程的纲领性文件。

（2）监理规划：在总监理工程师主持下编制，经监理单位技术负责人书面批准，用来指导监理机构全面开展监理及相关服务工作的指导性文件。

（3）监理实施细则：根据监理规划，由监理工程师编制，并经总监理工程师书面批准，针对工程建设或运维管理中某一方面或某一专业监理及相关服务工作的操作性文件。

（4）监理意见：在监理过程中，监理机构以书面形式向业主单位或承建单位提出的见解和主张。

（5）监理报告：在监理过程中，监理机构对工程监理及相关服务阶段性的进展情况、专项问题或工程临时出现的事件、事态，通过观察、检测、调查等活动，形成以书面形式向业主单位提出的陈述。

监理工具是指在监理及相关服务过程中，监理机构用于日常办公、监督、管理和检测等方面所需的设备或系统。

8. 监理过程

监理过程是指监理阶段负责进行监理的种类，主要包括全过程监理、里程碑监理和阶段监理等。

（1）全过程监理：根据委托监理及相关服务合同要求开展工程建设及运行维护全过程的监理工作，包括部署实施部分中的招标、设计、实施和验收阶段以及运行维护部分中的招标、实施、评价及认定阶段的监理工作。

（2）里程碑监理：根据委托监理及相关服务合同和信息系统工程标准规范要求，对工程里程碑产生的结果进行确认的监理工作。

（3）阶段监理：根据委托监理及相关服务合同要求开展某个或某些特定阶段的监理工作。

9. 监理形式

监理形式是指监理过程中所采用的方式，包括监理例会、签认、现场和旁站等。

（1）监理例会：由监理机构主持、有关单位参加的，在工程监理及相关服务过程中针对质量、进度、投资控制和合同、文档资料管理以及协调项目各方工作关系等事宜定期召开的会议。

（2）签认：在监理过程中，工程建设或运维管理任何一方签署，并认可其他方所提供文件的活动。

（3）现场：开展项目所有监理及相关服务活动的地点。驻场服务属于现场监理的一种形式，要求监理人员在项目执行期间，一直在现场开展监理服务。

（4）旁站：在关键部位或关键工序施工过程中，由监理人员在现场进行的监督或见证活动。

16.3　监理依据

从信息系统工程建设方面，国家已经出台了许多管理规定和办法，同时也有许多国家标准和行业标准用于规范监理工作；针对信息系统工程监理，在专业技术和理论方面也出版了很多专著，这些都成为开展信息系统工程监理工作的重要依据。

1. 监理国家标准

自 2005 年信息化工程监理规范发布以来，已经经过了两轮国家标准修订，现行的国家标准主要有：

- GB/T 19668.1《信息技术服务 监理 第1部分：总则》。
- GB/T 19668.2《信息技术服务 监理 第2部分：基础设施工程监理规范》。
- GB/T 19668.3《信息技术服务 监理 第3部分：运行维护监理规范》。
- GB/T 19668.4《信息技术服务 监理 第4部分：信息安全监理规范》。
- GB/T 19668.5《信息技术服务 监理 第5部分：软件工程监理规范》。
- GB/T 19668.6《信息技术服务 监理 第6部分：应用系统：数据中心工程监理规范》。
- GB/T 19668.7《信息技术服务 监理 第7部分：监理工作量度量要求》。

2. 监理行业及团体标准

信息系统工程监理相关行业和团体标准主要有：

- T/CEAA PJ.001《信息系统工程监理 服务评价 第一部分 监理单位服务能力评估规范》。
- T/CEAA PJ.002《信息系统工程监理 服务评价 第二部分 从业人员能力要求》。
- T/CEAA PJ.003《信息系统工程监理 服务评价 第三部分 从业人员能力评价指南》。
- T/CEAA PJ.004《信息系统工程监理 服务评价 第四部分 服务成本度量指南》。
- T/CEAA PJ.005《信息系统工程监理 服务评价 第五部分 服务质量评价规范》。

16.4　监理内容

信息系统工程建设在不同的阶段，监理服务内容有所不同，下面按照规划、招标、设计、实施、验收阶段分别进行介绍。

1. 规划阶段

规划阶段监理服务的基础活动主要包括：①协助业主单位构建信息系统架构；②可以为业主单位提供项目规划设计的相关服务，为业主单位决策提供依据；③对项目需求、项目计划和初步设计方案进行审查；④协助业主单位策划招标方法，适时提出咨询意见。

2. 招标阶段

招标阶段监理服务的基础活动主要包括：①在业主单位授权下，参与业主单位招标前的准备工作，协助业主单位编制项目的工作计划。②在业主单位授权下，参与招标文件的编制，并对招标文件的内容提出监理意见。③在业主单位授权下，协助业主单位进行招标工作。如委托招标，审核招标代理机构资质是否符合行业管理要求。④向业主单位提供招投标咨询服务。⑤在业主单位授权下，参与承建合同的签订过程，并对承建合同的内容提出监理意见。

3. 设计阶段

设计阶段监理服务的基础活动主要包括：①设计方案、测试验收方案、计划方案的审查；依据承建合同，审查承建单位提交的设计方案、测试验收方案、计划方案，审查时应充分考虑业主单位的项目需求，并参考相关的技术标准。不应只审查文档规范性，还应审查设计内容的完整性、正确性和合理性。同时协助承建单位完善上述方案，促使其满足工程需求，符合相关的法律、法规和标准，并与承建合同相符。②变更方案和文档资料的管理。在设计阶段，文档资料的管理显得尤为重要，尤其是文档资料的版本控制和变更控制等。设计变更应得到有效的控制，否则将影响项目实施的进度、投资和质量。

4. 实施阶段

实施阶段的监理服务的基础活动主要是通过现场监督、核查、记录和协调，及时发现项目实施过程中的问题，并督促承建单位采取措施、纠正问题，促使项目质量、进度、投资等按要求实现。监理的主要活动包括：质量控制、进度控制、投资控制、合同管理、文档资料和协调等。

5. 验收阶段

项目验收阶段是全面验证和认可项目实施成果的阶段，由于信息系统工程的特殊性，进行信息系统工程建设项目验收时，有必要坚持以测试为基础、以事实为依据的项目的验收工作。一般情况下，监理机构需要参加验收阶段的各项管理工作，并非只进行监督和检查。在验收阶段，监理服务的基础活动主要包括：①审核项目测试验收方案（验收目标、双方责任、验收提交清单、验收标准、验收方式、验收环境等）的符合性及可行性；②协调承建单位配合第三方测试机构进行项目系统测评；③促使项目的最终功能和性能符合承建合同、法律法规和标准的要求；④促使承建单位所提供的项目各阶段形成的技术、管理文档的内容和种类符合相关标准。

16.5 监理要素

监理及相关服务应遵守与监理有关法规文件的规定，包括合同、法律、法规、标准和管理文件等的要求。

16.5.1 监理合同

监理合同的内容主要包括监理及相关服务内容、服务周期、双方的权利和义务、监理及相关服务费用的计取和支付、违约责任及争议的解决办法和双方约定的其他事项。

监理及相关服务合同可按规划设计、部署实施、运行维护中选择的各部分单独或合并签订，并将各部分服务范围及费用在合同中明确。

依据监理合同及其补充协议，总监理工程师签署监理费申请表，报业主单位。

监理机构应参与承建合同和运维服务合同的签订过程，在承建合同和运维服务合同中应明确要求承建单位和运维服务供方单位接受监理机构的监理。

监理服务宜采用全过程监理，也可采用里程碑监理或阶段监理。监理工作起始和结束的具体时间由监理单位与业主单位根据监理合同中有关条款和实际情况执行。

16.5.2 监理服务能力

监理单位应根据监理及相关服务范围，在人员、技术、资源、流程等四方面，建立和完善服务能力体系。

1. 人员

监理人员的构成包括：总监理工程师、总监理工程师代表、监理工程师和监理员。监理单位人力资源管理体系应涵盖招聘与配置、培训与开发、绩效管理、薪酬管理等主要方面，并具备人力资源管理制度和流程。监理单位人力资源管理制度应在实际工作中得到贯彻执行，且有记录、可核查。

2. 技术

1）监理工作体系

监理单位应建立完善的监理工作体系，包括为实施信息系统工程监理业务所建立的组织体系（含组织机构及职责、专业人员及岗位分工）、管理体系（含工作制度、工作程序）和文档体系（含标准化文档的编制、使用和保存）等。

监理单位应通过对主要客户的业务流程、业务特点以及客户所属领域信息技术发展的长期积累和研究，能够较好地把握客户的信息化需求，充分掌握监理服务工作的重点和要点，能够为客户的信息化建设提供有针对性的监理及相关服务工作方案和有价值的报告。

监理单位应建立质量管理体系。监理单位质量管理体系证书的覆盖范围应包括与监理及相关服务业务有关的所有活动和过程，从事监理及相关服务的所有部门和人员应在体系覆盖的范围内。

2）监理技术规范

监理单位制定的本单位的信息系统工程监理技术规范（或监理操作规程）应符合相关标准对监理工作的要求。

3）监理技术

监理的主要技术与管理手段包括检查、旁站、抽查、测试和软件特性分析等，使用这些手段对监理要点实施现场验证与确认，加强风险防范；利用监理知识库、监理案例库，对将要实施的项目进行风险分析与管理，并依据相关技术、管理及服务标准，审核或编制项目文档资料；监理技术人员应加强新的信息技术、产品发展趋势及行业知识的学习，在实践中不断更新和完善监理知识库及监理案例库，并借助现代通信和交流手段提高沟通效率。

4）监理大纲

监理大纲是监理单位承担信息系统工程项目的监理及相关服务的法律承诺。监理大纲的编制应针对业主单位对监理工作的要求，明确监理单位所提供的监理及相关服务目标和定位，确定具体的工作范围、服务特点、组织机构与人员职责、服务保障和服务承诺。监理大纲编制的程序：①监理单位编制监理大纲后，应经监理单位技术负责人审核；②由监理单位法定代表人（或授权代表）书面批准。

监理大纲编制的依据包括业主单位对监理工作的要求（包括监理招标文件）；监理单位的服务质量管理体系；监理及相关服务规范；与工程及相关服务有关的法律、法规和技术标准规范。

监理大纲的内容包括监理工作目标、监理工作依据、监理工作范围、项目监理机构及配备人员、监理工作计划、各阶段监理工作内容、监理流程和成果、监理服务承诺以及其他内容。

5）监理规划

监理规划是实施监理及相关服务工作的指导性文件。监理规划的编制应针对项目的实际情况，明确监理机构的工作目标，确定具体的监理工作制度、方法和措施。监理规划编制的程序：①在签订监理合同后，总监理工程师应主持编制监理规划；②监理规划完成后，应经监理单位技术负责人审批；③监理规划报送业主单位确认后生效。

监理规划编制的依据包括：与工程及相关服务有关的法律、法规及审批文件；与工程及相关服务有关的标准、设计文件和技术资料；监理合同、承建合同、运维服务合同、工程及相关服务的其他文件。监理规划的内容应包括工程及相关服务对象概况、监理依据、监理范围、监理目标、监理内容、监理机构的组织及监理人员的职责、监理设施、监理工作方法及措施、监理工作制度等。在监理工作实施过程中，如实际情况或条件发生重大变化而需要调整监理规划内容时，应由总监理工程师组织监理工程师修改，经监理单位技术负责人审批后报送业主单位签字确认。

6）监理实施细则

监理机构按照监理规划中规定的工作范围、内容、制度和方法等编制监理细则，开展具体的监理及相关服务工作。监理细则应符合监理规划的要求，结合工程及相关服务项目的专业特点，具有可操作性。监理细则编制的程序：①监理工程师依据监理规划，编制监理细则；②监理细则应经总监理工程师批准。监理细则编制的依据：签字确认的监理规划；与工程及相关服务有关的标准、设计文件和技术资料；工程实施方案及相关服务方案和工程相关文件。监理细则的主要内容：工程及相关服务的特点；监理工作流程；监理工作的控制要点及目标；监理方法及措施。

在监理工作实施过程中，监理细则应根据情况进行补充、修改和完善，并报总监理工程师批准。

3. 资源

1）监理机构

监理单位履行监理合同时，应建立监理机构。监理机构在完成监理合同规定的监理及相关服务内容后方可撤销。监理机构的组建，监理机构的组织形式和规模，应根据监理及相关服务招标文件或委托文件约定的工程类别、规模、服务内容、技术复杂程度、实施工期和施工环境等因素确定。监理单位应在监理大纲中明确符合条件的监理机构，并在监理合同签订后将监理机构的组织形式、人员构成及对总监理工程师的任命书面报送业主单位。监理机构应根据监理工程类别、规模、技术复杂程度及相关服务内容，按监理合同的约定，配备满足监理及相关服务需要的设备和工具等。业主单位为监理机构提供的设施：业主单位应按照监理合同的约定，为监理及相关服务工作顺利开展所需的办公、交通、通信等设施提供便利；监理机构应妥善保管和使用业主单位提供的设施，在完成监理工作后交还业主单位。

2）监理知识库和监理案例库

监理单位应具备监理及相关服务知识库和监理案例库，以保证单位内各监理机构共享所积累的技术知识和信息。这些库应具备知识的添加、更新和查询功能，并确保其知识是可用的和可共享的。监理单位应针对知识管理要求制定相关管理制度，做好知识生命周期管理工作。

进行知识管理工作时，应开展以下工作：

- 知识体系构建：需具备提供监理服务所需的知识体系和能力。知识体系包括但不限于基础知识、业务知识、专业知识和管理知识等。
- 知识采集：需具备知识采集渠道和机制，根据知识体系的结构，建立对各类知识进行分类采编的渠道。
- 知识检查：需具备知识检查和更新机制，确保知识的适用性、准确性和时效性。
- 知识应用：提供知识查询、分析、管理及应用方法和工具，并进行必要的培训，发挥知识价值。
- 知识评价：应从知识的使用频度、适用性和价值等方面进行综合评价，建立知识评价体系。
- 知识维护：需要具备相应方法和工具来完成知识生命周期的管理；具备知识采集、知识审核、知识归类、知识存档、知识检索、知识使用、知识评价、知识统计分析、知识使用者权限管理和知识备份等功能。

监理单位的案例库包括信息系统工程项目的背景、建设内容、监理工作任务、监理要点和监理经验等内容，这些可对将来类似项目的实施起到指导作用。但应注意，案例公开的信息须征得业主单位的同意，并符合有关的保密规定，不得私自泄露客户的重要涉密信息。

3）检测分析工具及仪器设备

监理单位在监理项目实施过程中应能运用信息系统检测分析工具及仪器设备对信息系统工程进行检测。监理单位应根据工程及相关服务情况、业务范围，配备满足监理工作需要的监理工具，包括软硬件工具和监理设备。

4）企业管理信息系统

监理单位应建有内部基础网络环境，通过管理软件实现内部办公、财务和合同的信息化管理。监理单位的管理信息系统应在实际工作中得到应用。监理单位宜利用管理信息系统对监理工程师的现场工作进行管理，实现项目的质量、进度和投资控制。

4. 流程

1）项目管理体系

监理单位应有负责项目管理的部门，有项目管理制度和流程，有项目管理评价方法、项目管理知识库和项目管理工具。项目管理工具包括企业购置或自主开发的具有项目管理功能的工具。监理单位的项目管理制度和流程应在实际工作中得到贯彻执行，且有记录，可核查。

2）客户服务体系

监理单位应配置专门的机构和人员，有客户服务制度和流程，有满意度调查和投诉处理机制。监理单位的客户服务制度、流程应在实际工作中得到贯彻执行，且有记录，可核查。

3）监理及相关服务的制度和流程

监理单位应依据国家法律、法规、标准、行业管理要求和企业质量保证体系实施情况，制定规范的监理及相关服务各项管理制度和工作流程，并按照这些管理制度和工作流程开展监理及相关服务工作。

16.6　本章练习

1. 选择题

（1）_____不是信息系统工程监理对象。

　A. 信息网络系统　　　　　　　　　　B. 信息资源系统

　C. 信息技术服务组织　　　　　　　　D. 信息应用系统

参考答案： C

（2）监理服务能力重点关注_____。

　A. 战略、组织、流程、绩效

　B. 人员、技术、资源、流程

　C. 工具、知识、治理、满意度

　D. 文件、活动、人员、绩效

参考答案： B

（3）_____不是规划阶段监理服务的基础活动。

　A. 协助业主单位构建信息系统架构

　B. 可以为业主单位提供项目规划设计的相关服务，为业主单位决策提供依据

　C. 在业主单位授权下，参与业主单位招标前的准备工作，协助业主单位编制项目的工作计划

　D. 协助业主单位策划招标方法，适时提出咨询意见

参考答案： C

第 17 章　法律法规和标准规范

法律法规对信息化的建设发展和管理过程起到了促进和规范作用，标准规范的建立能够规范信息化建设过程，为过程中的各类活动提供规则和指南。随着信息技术的飞速发展，在信息化建设过程中，应充分利用法律法规和标准规范引导新技术在行业中的应用。

17.1　法律法规

信息化法律法规作为国家信息化体系的六大要素之一，对信息化建设的发展和管理起到了有力的促进和规范作用，为依法规范和保护信息化建设快速、健康和可持续发展提供了有力保障。本节将围绕法律的基本概念、法律体系、法律效力层级以及信息系统集成项目管理过程中常用的法律法规进行介绍。

17.1.1　法与法律

1. 基本概念

法是由国家制定、认可并保证实施，以权利义务为主要内容，由国家强制力保证实施的社会行为规范及其相应的规范性文件的总称。法作为一种特殊的社会规范，是人类社会发展的产物。

法律是指由国家行使立法权的机关依照立法程序制定和颁布的涉及国家重大问题的规范性文件，通常规定社会政治、经济以及其他社会生活中最基本的社会关系和行为准则。一般地说，法律的效力仅低于宪法，其他一切行政法规和地方性法规都不得与法律相抵触，凡有抵触，均属无效。

2. 本质与特征

法的本质是统治阶级意志的体现，是由特定社会的物质生活条件决定的。

一般认为法具有四大基本特征：
（1）法是调整人的行为或社会关系的规范；
（2）法是由国家制定或认可，并具有普遍约束力的社会规范；
（3）法是以国家强制力保证实施的社会规范；
（4）法是规定权利和义务的社会规范。

17.1.2　法律体系

法律体系通常是指一个国家全部现行法律规范分类组合为不同的法律部门而形成的有机联系的统一整体。

1. 世界法律体系

世界范围内，延续时间较长且产生较大影响的法系包括大陆法系、英美法系、印度法系和中华法系等。对世界影响最大的法系是大陆法系和英美法系。这两种法系涉及历史、文化、信仰立场和社会背景等，从本质到理念上均有较大差别。

（1）大陆法系（Civil Law），又名欧陆法系、罗马法系、民法法系。大陆法系与罗马法在精神上一脉相承。12 世纪，查士丁尼的《国法大全》在意大利被重新发现，由于其法律体系较之当时欧洲诸领主国家的习惯法更加完备，于是罗马法在欧洲大陆上被纷纷效法，史称"罗马法复兴"，在与基督教文明与商业文明等渐渐融合后，形成了今天大陆法系的雏形。此为大陆法系的由来，故大陆法系又称罗马法系。

大陆法系沿袭罗马法，具有悠久的法典编纂传统，重视编写法典，具有详尽的成文法，强调法典必须完整，以致每一个法律范畴的每一个细节，都在法典里有明文规定。大陆法系崇尚法理上的逻辑推理，并以此为依据实行司法审判，要求法官严格按照法条审判。

（2）英美法系（Common Law）又称普通法系、海洋法系。英美法系因其起源，又称之为不成文法系。同大陆法系偏重于法典相比，英美法系在司法审判原则上更遵循先例，即作为判例的先例对其后的案件具有法律约束力，成为日后法官审判的基本原则。而这种以个案判例的形式表现出法律规范的判例法（Case Law）是不被实行大陆法系的国家承认的，最多只具有辅助参考价值。

英美法是判例之法，而非制定之法，法官在地方习惯法的基础上，归纳总结形成一套适用于整个社会的法律体系，具有适应性和开放性的特点。在审判时，更注重采取当事人主义和陪审团制度。下级法庭必须遵从上级法庭以往的判例，同级的法官判例没有必然约束力，但一般会互相参考。

在实行英美法系的国家中，法律制度与理论的发展实质上靠的是一个个案例的推动。因此，我们看到英国、美国等国家的判决，法官、陪审团、律师之间的博弈都极为精彩，往往一个史无先例的判决产生后，就为后世相同情况的判决提供了依据。

大陆法系在形式上具有体系化、概念化的特点，便于模仿和移植。在实行大陆法系的国家中，法律进步与完善的标志是一部部新法律的出台与实施。大陆法系与英美法系作为当今世界最重要的两大法系，并不是对立的，现在也多有交流和融合。

2. 中国特色社会主义法律体系

中国特色社会主义法律体系，是以宪法为统帅，以法律为主干，以行政法规、地方性法规为重要组成部分，由宪法相关法、民法商法、行政法、经济法、社会法、刑法、诉讼与非诉讼程序法等多个法律部门组成的有机统一整体。

（1）宪法相关法是与宪法相配套、直接保障宪法实施和国家政权运作等方面的法律规范，调整国家政治关系，主要包括国家机构的产生、组织、职权和基本工作原则方面的法律，民族区域自治制度、特别行政区制度、基层群众自治制度方面的法律，维护国家主权、领土完整、国家安全、国家标志象征方面的法律，保障公民基本政治权利方面的法律。

（2）民法商法是规范社会民事和商事活动的基础性法律。民法是调整平等主体的公民之间、法人之间、公民和法人之间的财产关系和人身关系的法律规范，遵循民事主体地位平等、意思自治、公平、诚实信用等基本原则。商法调整商事主体之间的商事关系，遵循民法的基本原则，同时秉承保障商事交易自由、等价有偿、便捷安全等原则。

（3）行政法是关于行政权的授予、行政权的行使以及对行政权的监督的法律规范，调整的是行政机关与行政管理相对人之间因行政管理活动发生的关系，遵循职权法定、程序法定、公正公开、有效监督等原则，既保障行政机关依法行使职权，又注重保障公民、法人和其他组织的权利。

（4）经济法是调整国家从社会整体利益出发，对经济活动实行干预、管理或者调控所产生的社会经济关系的法律规范。经济法为国家对市场经济进行适度干预和宏观调控提供法律手段和制度框架，防止市场经济的自发性和盲目性所导致的弊端。

（5）社会法是调整劳动关系、社会保障、社会福利和特殊群体权益保障等方面的法律规范，遵循公平和谐和国家适度干预原则，通过国家和社会积极履行责任，对劳动者、失业者、丧失劳动能力的人以及其他需要扶助的特殊人群的权益提供必要的保障，维护社会公平，促进社会和谐。

（6）刑法是规定犯罪与刑罚的法律规范。它通过规范国家的刑罚权，惩罚犯罪，保护人民，维护社会秩序和公共安全，保障国家安全。

（7）诉讼与非诉讼程序法是规范解决社会纠纷的诉讼活动与非诉讼活动的法律规范。诉讼法律制度是规范国家司法活动解决社会纠纷的法律规范，非诉讼程序法律制度是规范仲裁机构或者人民调解组织解决社会纠纷的法律规范。

我国的法律体系中大体包括以下几种法律法规：法律、法律解释、行政法规、地方性法规、自治条例和单行条例、规章等。

（1）法律：我国最高权力机关全国人民代表大会和全国人民代表大会常务委员会行使国家立法权，立法通过后，由国家主席签署主席令予以公布。

（2）法律解释：是对法律中某些条文或文字的解释或限定。这些解释将涉及法律的适用问题。法律解释权属于全国人民代表大会常务委员会，其做出的法律解释同法律具有同等效力。还有一种司法解释，即由最高人民法院或最高人民检察院做出的解释，用于指导各基层法院的司法工作。

（3）行政法规：是由国务院制定的，通过后由国务院总理签署国务院令公布。这些法规也具有全国通用性，是对法律的补充，在成熟的情况下会被补充进法律，其地位仅次于法律。

（4）地方性法规、自治条例和单行条例：其制定者是各省、自治区、直辖市的人民代表大会及其常务委员会，相当于是各地方的最高权力机构。地方性法规大部分称作条例，有的为法律在地方的实施细则，部分为具有法规属性的文件，如决议、决定等。

（5）规章：其制定者是国务院各部、委员会、中国人民银行、审计署和具有行政管理职能的直属机构，这些规章仅在本部门的权限范围内有效。还有一些规章是由各省、自治区、直辖市和较大的市的人民政府制定的，仅在本行政区域内有效。

17.1.3 法的效力

法的效力即法律的约束力，是指人们应当按照法律规定的那样行为，必须服从。通常，法的效力分为对象效力、空间效力和时间效力。

1. 对象效力

对象效力即对人的效力，是指法律对谁有效力，适用于哪些人。根据我国法律，对人的效力包括两个方面：

（1）对中国公民的效力：中国公民在中国领域内一律适用中国法律。在中国境外的中国公民，也应遵守中国法律并受中国法律保护。但是，这里存在着适用中国法律与适用所在国法律的关系问题。对此，应当根据法律区分情况，分别对待。

（2）对外国人和无国籍人的效力：外国人和无国籍人在中国领域内，除法律另有规定者外，适用中国法律，这是国家主权原则的必然要求。

2. 空间效力

法律的空间效力指法律在哪些地域有效力，适用于哪些地区，一般来说，一国法律适用于该国主权范围所及的全部领域，包括领土、领水及其底土和领空，以及作为领土延伸的本国驻外使馆、在外船舶及飞机。

3. 时间效力

法律的时间效力。指法律何时生效、何时终止效力以及法律对其生效以前的事件和行为有无溯及力。

（1）法律的生效时间。法律的生效时间主要有三种：

- 自法律公布之日起生效；
- 由该法律规定具体生效时间；
- 规定法律公布后符合一定条件时生效。

（2）法律终止生效的时间。法律终止生效，即法律被废止，指法律效力的消灭。它一般分为明示的废止和默示的废止两类。

（3）法的溯及力。法的溯及力是指法律对其生效以前的事件和行为是否适用。如果适用，就具有溯及力；如果不适用，就没有溯及力。

17.1.4　法律法规体系的效力层级

法律法规的效力层级是指法律体系中的各种法的形式，由于制定的主题、程序、时间、使用范围等的不同，具有不同的效力，形成法律法规的效力等级体系。

- 纵向效力层级。宪法具有最高的法律效力，随后依次是法律、行政法规、地方性法规、规章。按制定机关来说，全国人民代表大会及其常务委员会制定的法律高于国务院、国务院各部门、各地人民代表大会及政府制定的法规和规章；国务院制定的行政法规效力高于国务院各部门制定的规章以及各地制定的地方性法规、地方性规章；地方人民代表大会及其常务委员会制定的地方性法规效力高于当地政府制定的规章。
- 横向效力层级。横向效力层级主要指同一机关制定的法律、行政法规、地方性法规、规章；特别规定与一般规定不一致的，适用特别规定。
- 时间序列效力层级。时间序列效力层级主要指同一机关制定的法律、行政法规、地方性法规、规章，新的规定效力高于旧规定，也就是我们平常说的"新法优于旧法"。

特殊情况处理有以下处理原则：

（1）法律之间对同一事项新的一般规定与旧的特别规定不一致时由全国人民代表大会常务

委员会裁决。

（2）地方性法规、规章新的一般规定与旧的特殊规定不一致时，由制定机构裁决。

（3）地方性法规与部门规章之间对同一事项规定不一致，不能确定如何适用时，由国务院提出意见。国务院认为适用地方性法规的应当决定在该地方适用地方性法规的规定，认为适用部门规章的，应当提请全国人大常委会裁决。

（4）部门规章之间、部门规章与地方政府规章之间对同一事项的规定不一致时，由国务院裁决。

17.1.5   信息系统集成项目管理中常用的法律

1. 民法典（合同编）

2020 年 5 月，中华人民共和国第十三届全国人民代表大会通过的《中华人民共和国民法典》合同编（以下简称"合同编"）是信息化法律法规领域的最重要的法律基础。根据合同编规定，合同是民事主体之间设立、变更、终止民事法律关系的协议。依法成立的合同，受法律保护。依法成立的合同，仅对当事人具有法律约束力，但是法律另有规定的除外。当事人对合同条款的理解有争议的，应当依法确定争议条款的含义。合同文本采用两种以上文字订立并约定具有同等效力的，对各文本使用的词句推定具有相同含义。各文本使用的词句不一致的，应当根据合同的相关条款、性质、目的以及诚信原则等予以解释。

2. 招标投标法

《中华人民共和国招标投标法》（以下简称"招投标法"）是国家用来规范招标投标活动、调整在招标投标过程中产生的各种关系的法律规范的总称。另外，国家还颁布《中华人民共和国招标投标法实施条例》作为执行补充。这两部法律法规中，对招投标保护及其具体措施作出了明确的规定。

3. 政府采购法

2014 年 8 月 31 日第十二届全国人民代表大会常务委员会修正了《中华人民共和国政府采购法》（以下简称"政府采购法"），该法律的制定是为了规范政府采购行为，提高政府采购资金的使用效益，维护国家利益和社会公共利益，保护政府采购当事人的合法权益，促进廉政建设。2015 年 3 月 1 日施行的《中华人民共和国政府采购法实施条例》规定，政府采购是指各级国家机关、事业单位和团体组织，使用财政性资金采购依法制定的集中采购目录以内的或者采购限额标准以上的货物、工程和服务的行为。政府集中采购目录和采购限额标准依照政府采购法规定的权限制定。

4. 专利法

2020 年 10 月 17 日第四次修正的《中华人民共和国专利法》（以下简称"专利法"）通过，并于 2021 年 6 月 1 日正式实施。专利法规定发明创造是指发明、实用新型和外观设计。发明是指对产品、方法或者其改进所提出的新的技术方案。实用新型是指对产品的形状、构造或者其结合所提出的适于实用的新的技术方案。外观设计是指对产品的整体或者局部的形状、图案或者其结合以及色彩与形状、图案的结合所作出的富有美感并适于工业应用的新设计。

5. 著作权法

2020 年 11 月 11 日发布第三次修正版《中华人民共和国著作权法》（以下简称"著作权法"）。同时，国家主席习近平在 2020 年 11 月 11 日发布主席令，其中指出《全国人民代表大会常务委员会关于修改〈中华人民共和国著作权法〉的决定》已由中华人民共和国第十三届全国人民代表大会常务委员会第二十三次会议于 2020 年 11 月 11 日通过，现予公布，2021 年 6 月 1 日正式施行。这部法律中，对著作权保护及其具体实施作出了明确的规定。

6. 商标法

2019 年 4 月 23 日通过，2019 年 11 月 1 日起施行的《中华人民共和国商标法》（以下简称"商标法"）是信息化领域政策法规的重要的法律基础之一。国务院工商行政管理部门商标局主管全国商标注册和管理的工作。国务院工商行政管理部门设立商标评审委员会，负责处理商标争议事宜。经商标局核准注册的商标为注册商标，包括商品商标、服务商标和集体商标、证明商标；商标注册人享有商标专用权，受法律保护。

7. 网络安全法

2017 年 6 月 1 日起正式实施的《中华人民共和国网络安全法》（以下简称"网络安全法"）是我国第一部全面规范网络空间安全管理方面问题的基础性法律。网络安全法中给出了网络、网络安全、网络数据等用语的定义，明确了部门、企业、社会组织和个人的权利、义务和责任。规定了国家网络安全工作的基本原则、主要任务和重大指导思想、理念。网络安全法的制定是为了保障网络安全，维护网络空间主权和国家安全、社会公共利益，保护公民、法人和其他组织的合法权益，促进经济社会信息化健康发展。适用于在中华人民共和国境内建设、运营、维护和使用网络，以及网络安全的监督管理。

8. 数据安全法

《中华人民共和国数据安全法》（以下简称"数据安全法"）于 2021 年 9 月 1 日起正式施行。数据安全法从数据安全与发展、数据安全制度、数据安全保护义务、政务数据安全与开放的角度对数据安全保护的义务和相应法律责任进行规定。数据安全法作为数据安全领域最高位阶的专门法，与网络安全法一起补充了《中华人民共和国国家安全法》框架下的安全治理法律体系，更全面地提供了国家安全在各行业、各领域保障的法律依据。同时，数据安全法延续了网络安全法生效以来的"一轴两翼多级"的监管体系，通过多方共同参与实现各地方、各部门对工作集中收集和产生数据的安全管理。

17.2　标准规范

标准是对重复性事物和概念所做的统一规定，它以科学技术和实践经验的结合成果为基础，经有关方面协商一致，由主管机构批准，以特定形式发布作为共同遵守的准则和依据。构建生产和管理行为制定统一的标准化体系，是现代化社会发展的客观需要，同时也为推动整个社会的发展进程发挥了巨大的作用。本节将围绕标准与标准化的知识要点以及信息系统集成项目管理过程中常用的标准规范进行简要介绍。

17.2.1 标准和标准化

1. 标准和标准化基本概念

国家标准 GB/T 20000.1《标准化工作指南 第 1 部分：标准化和相关活动的通用术语》给出了标准的定义。标准是指："通过标准化活动，按照规定的程序经协商一致制定，为各种活动或其结果提供规则、指南或特性，供共同使用和重复使用的文件。"标准的作用是保障人类健康和安全、保护环境、促进资源的合理利用；增进相互理解；保障法规的有效实施。标准是经济社会活动的技术依据，是国家基础性制度建设的重要内容。

国家标准 GB/T 20000.1 对标准化的定义是："为了在既定范围内获得最佳秩序，促进共同效益，对现实问题或潜在问题确立共同使用和重复使用的条款以及编制、发布和应用文件的活动。标准化活动确立的条款，可形成标准化文件，包括标准和其他标准化文件。标准化的主要效益在于为产品、过程或服务的预期目的改进它们的适用性，促进贸易、交流以及技术合作。"标准化工作的任务是制定标准、组织实施标准以及对标准的制定、实施进行监督。

2. 主要标准化机构

1）国际标准化组织（International Organization for Standardization，ISO）

ISO 是世界上最大、最有权威性的国际标准化专门机构。其目的和宗旨是在全世界范围内促进标准化工作的发展，以便于国际物资交流和服务，并扩大在知识、科学、技术和经济方面的合作。其主要活动是制定国际标准，协调世界范围的标准化工作，组织各成员和技术委员会进行情报交流，以及与其他国际组织进行合作，共同研究有关标准化的问题。

2）国际电工委员会（International Electrotechnical Commission，IEC）

IEC 是世界上成立最早的国际性电工标准化机构，负责有关电气工程和电子工程领域中的国际标准化工作。其宗旨是促进电气、电子工程领域中标准化及有关问题的国际合作，增进国际间的相互了解。IEC 标准的权威性是世界公认的。

3）国际电信联盟（International Telecommunication Union，ITU）

ITU 是联合国的一个专门机构，也是联合国机构中历史最长的一个国际组织，分为国际电信联盟标准化部门（ITU-T）、国际电信联盟无线电通信部门和国际电信联盟电信发展部门，其中标准化部门的主要职责是完成国际电信联盟有关电信标准化的目标，使全世界的电信标准化。

4）中国标准化协会（China Association for Standardization，CAS）

CAS 是由全国从事标准化工作的组织和个人自愿参与构成的全国性法人社会团体，是中国科学技术协会重要成员单位之一，接受国家市场监督管理总局和国家标准化管理委员会的领导和业务指导。其宗旨是充分发挥社会团体的桥梁和纽带作用，团结和组织全国标准化科技工作者，根据政府、社会、市场、企业的需要，宣传、普及标准化知识，开展标准化学术研讨，提供标准化技术咨询服务，促进国内、国际标准化的合作与交流，推动中国标准化事业的发展。

5）国家标准化管理委员会（Standardization Administration of China，SAC）

SAC 的职责划入国家市场监督管理总局，对外保留国家标准化管理委员会牌子。其主要职责是以国家标准化管理委员会名义，下达国家标准计划，批准发布国家标准，审议并发布标准化政策、管理制度、规划、公告等重要文件；开展强制性国家标准对外通报；协调、指导和监督行业、地方、团体、企业标准工作；代表国家参加国际标准化组织、国际电工委员会和其他国际或区域性标准化组织；承担有关国际合作协议签署工作；承担国务院标准化协调机制日常工作。

6）全国信息技术标准化技术委员会（China National Information Technology Standardization Technical Committee，CITS）

CITS 原全国计算机与信息技术处理标准化技术委员会，是在国家标准化委员会和工业和信息化部的共同领导下，从事全国信息技术领域标准化工作的技术组织。其工作范围是信息技术领域的标准化，涉及信息采集、表示、处理、传输、交换、描述、管理、组织、存储、检索及其技术，系统与产品的设计、研制、管理、测试及相关工具的开发等标准化工作。

17.2.2　标准分级与标准分类

1. 标准的层级

根据 2017 年修订发布的《中华人民共和国标准化法》将标准分为国家标准、行业标准、地方标准、团体标准和企业标准五个级别。各层级之间具有一定的依从关系和内在联系，形成覆盖全国且层次分明的标准体系。

（1）国家标准。对需要在全国范围内统一的技术要求，应当制定国家标准。国家标准由国务院标准化行政主管部门编制计划和组织草拟，并统一审批、编号和发布。

（2）行业标准。对没有推荐性国家标准、需要在全国某个行业范围内统一的技术要求，可以制定行业标准。行业标准由国务院有关行政主管部门制定。

（3）地方标准。为满足地方自然条件、风俗习惯等特殊技术要求，可以制定地方标准。地方标准由省、自治区、直辖市人民政府标准化行政主管部门制定；设区的市级人民政府标准化行政主管部门根据本行政区域的特殊需要，经所在地省、自治区、直辖市人民政府标准化行政主管部门批准，可以制定本行政区域的地方标准。地方标准由省、自治区、直辖市人民政府标准化行政主管部门报国务院标准化行政主管部门备案，由国务院标准化行政主管部门通报国务院有关行政主管部门。

（4）团体标准。团体标准是依法成立的社会团体为满足市场和创新需要，协调相关市场主体共同制定的标准。国务院标准化行政主管部门统一管理团体标准化工作。国务院有关行政主管部门分工管理本部门、本行业的团体标准化工作。县级以上地方人民政府标准化行政主管部门统一管理本行政区域内的团体标准化工作。县级以上地方人民政府有关行政主管部门分工管理本行政区域内本部门、本行业的团体标准化工作。

（5）企业标准。企业标准是对企业范围内需要协调、统一的技术要求、管理要求和工作要求所制定的标准，是企业组织生产、经营活动的依据。企业可以根据需要自行制定企业标准，或者与其他企业联合制定企业标准。

2. 标准的类型

根据《中华人民共和国标准化法》，国家标准分为强制性标准和推荐性标准。行业标准、地方标准是推荐性标准。强制性标准必须执行。国家鼓励采用推荐性标准。我国现行标准体系如图 17-1 所示。

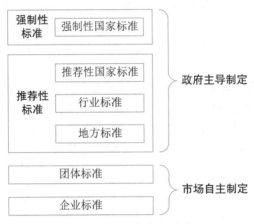

图 17-1　我国现行的标准体系

（1）强制性标准。对保障人身健康和生命财产安全、国家安全、生态环境安全以及满足经济社会管理基本需要的技术要求，应当制定强制性国家标准。国务院有关行政主管部门依据职责负责强制性国家标准的项目提出、组织起草、征求意见和技术审查。国务院标准化行政主管部门负责强制性国家标准的立项、编号和对外通报。国务院标准化行政主管部门应当对拟制定的强制性国家标准是否符合前款规定进行立项审查，对符合前款规定的予以立项。省、自治区、直辖市人民政府标准化行政主管部门可以向国务院标准化行政主管部门提出强制性国家标准的立项建议，由国务院标准化行政主管部门会同国务院有关行政主管部门决定。社会团体、企业事业组织以及公民可以向国务院标准化行政主管部门提出强制性国家标准的立项建议，国务院标准化行政主管部门认为需要立项的，会同国务院有关行政主管部门决定。强制性国家标准由国务院批准发布或者授权批准发布。法律、行政法规和国务院决定对强制性标准的制定另有规定的，从其规定。

（2）推荐性标准。对满足基础通用、与强制性国家标准配套、对各有关行业起引领作用等需要的技术要求，可以制定推荐性国家标准。推荐性国家标准由国务院标准化行政主管部门制定。

17.2.3　我国标准的编号及名称

1. 标准编号

根据 2022 年发布的《国家标准管理办法》，国家标准的代号由大写汉语拼音字母构成。强制性国家标准的代号为"GB"，推荐性国家标准的代号为"GB/T"，国家标准样品的代号为"GSB"。指导性技术文件的代号为"GB/Z"。国家标准的编号由国家标准的代号、国家标准发布的顺序号和国家标准发布的年份号构成。国家标准样品的编号由国家标准样品的代号、分类目录号、发布顺序号、复制批次号和发布年份号构成。

行业标准的代号由国务院标准化行政主管部门规定。目前我国共有 73 个行业标准代号，其中，与信息技术行业相关的行业标准代号如表 17-1 所示。行业标准的编号由行业标准代号、标准顺序号及发布年号组成。

表 17-1　部分行业标准代号

行业	行业标准代号	主管部门
减灾救灾与综合性应急管理	YJ	应急管理部
电子	DJ	工业和信息化部
通信	YD	工业和信息化部
机械	JB	工业和信息化部
轻工	QB	工业和信息化部
汽车	QC	工业和信息化部
公共安全	GA	公安局
档案	DA	国家档案局
广播电影电视	GY	国家广播电视总局
粮食	LS	国家粮食和物资储备局
国密	GM	国家密码管理局
石油天然气	SY	国家能源局
能源	NB	国家能源局
认证认可	RB	国家市场监督管理总局
铁路	TB	国家铁路局
新闻出版	CY	国家新闻出版署
医药	YY	国家药监局
邮政	YZ	国家邮政局
出入境检验检疫	SN	国家市场监督管理总局
海关	HS	海关总署
交通	JT	交通运输部
民政	MZ	民政部
农业	NY	农业农村部
劳动和劳动安全	LD	人力资源和社会保障部
国内贸易	SB	商务部

（续表）

行业	行业标准代号	主管部门
环境保护	HJ	生态环境部
水利	SL	水利部
司法	SF	司法部
卫生	WS	卫生健康委员会
旅游	LB	文化和旅游部
文化	WH	文化和旅游部
消防救援	XF	应急管理部
民用航空	MH	中国民用航空局
气象	QX	中国气象局
金融	JR	中国证券监督管理委员会

地方标准的编号，由地方标准代号、顺序号和年代号三部分组成。省级地方标准代号，由汉语拼音字母"DB"加上其行政区划代码前两位数字组成。市级地方标准代号，由汉语拼音字母"DB"加上其行政区划代码前四位数字组成。

团体标准编号依次由团体标准代号"T"、社会团体代号、团体标准顺序号和年代号四部分组成。社会团体代号由社会团体自主拟定，可使用大写拉丁字母或大写拉丁字母与阿拉伯数字的组合。社会团体代号应当合法，不得与现有标准代号重复。

企业标准的编号由企业标准代号"Q"、企业代号、标准发布顺序号和标准发布年代号组成。

2. 标准名称

标准名称是规范性的必备要素，是对文件所覆盖的主题的清晰、简明的描述，可直接反映标准化对象的范围和特征，关系到标准信息的传播效果。

国家标准 GB/T 1.1《标准化工作导则 第1部分：标准化文件的结构和起草规则》对名称命名及表述原则进行了详细说明。名称的表述应使得某文件易于与其他文件相区分，不应涉及不必要的细节，任何必要的补充说明由范围给出。

标准名称由尽可能短的几种元素组成，其顺序由一般到特殊。所使用的元素应不多于以下三种。

（1）引导元素（可选元素）：表示文件所属的领域。如果省略引导元素会导致主体元素所表示的标准化对象不明确，那么文件名称中应有引导元素；如果主体元素（或者同补充元素一起）能确切地表示文件所涉及的标准化对象，那么文件名称中应省略引导元素。

（2）主体元素（必备元素）：表示上述领域内文件所涉及的标准化对象。

（3）补充元素（可选元素）：表示上述标准化对象的特殊方面，或者给出某文件与其他文件，或分为若干部分的文件的各部分之间的区分信息。如果文件只包含主体元素所表示的标准化对象的：

- 一个或两个方面，那么文件名称中应有补充元素，以便指出所涉及的具体方面。
- 两个以上但不是全部方面，那么在文件名称的补充元素中应由一般性的词语（例如技术要求、技术规范等）来概括这些方面，而不必一一列举。
- 所有必要的方面，并且是与该标准化对象相关的唯一现行文件，那么文件名称中应省略补充元素。

17.2.4　我国标准的有效期

自标准实施之日起，至标准复审重新确认、修订或废止的时间，称为标准的有效期，又称标龄。由于各国情况不同，标准有效期也不同。以 ISO 标准为例，该标准每 5 年复审一次。我国在《国家标准管理办法》中规定国家标准实施 5 年内需要进行复审，即国家标准有效期一般为 5 年。

《行业标准管理办法》《地方标准管理办法》分别规定了行业标准、地方标准的复审周期，一般不超过 5 年。但对于地方标准中有下列情形之一的，应当及时复审：

- 法律、法规、规章或者国家有关规定发生重大变化的；
- 涉及的国家标准、行业标准、地方标准发生重大变化的；
- 关键技术、适用条件发生重大变化的；
- 应当及时复审的其他情形。

《企业标准化管理办法》中明确企业标准应定期复审，复审周期一般不超过 3 年。当有相应国家标准、行业标准和地方标准发布实施后，应及时复审，并确定其继续有效、修订或废止。

17.2.5　信息系统集成项目管理中常用的标准规范

1. 基础标准

（1）GB/T 11457《信息技术 软件工程术语》。该标准给出了 1859 个软件工程领域的中文术语，以及每个中文术语对应的英文词汇，并对每个术语给出相应的定义，适用于软件开发、使用维护、科研、教学和出版等方面。

（2）GB/Z 31102《软件工程 软件工程知识体系指南》。该指导性技术文件描述了软件工程学科的边界范围，按主题提供了访问支持该学科的文献的途径。

（3）GB/T 1526《信息处理 数据流程图、程序流程图、系统流程图、程序网络图和系统资源图的文件编制符号及规定》。该标准给出一些指导性原则，遵循这些原则可以增强图的可读性，有利于图与正文的交叉引用。

（4）GB/T 14085《信息处理系统 计算机系统配置图符号及约定》。该标准规定了计算机系统包括自动数据处理系统的配置图中所使用的图形符号及其约定。该标准中包含的图形符号是用来表示计算机系统配置的主要硬件部件。

2. 生存周期管理标准

（1）GB/T 8566《系统与软件工程 软件生存周期过程》。该标准为软件生存周期过程建立了一个公共框架，可供软件工业界使用。包括了在含有软件的系统、独立软件产品和软件服务的获取期间以及在软件产品的供应、开发、运行和维护期间需应用的过程、活动和任务。此外，该标准还规定了用来定义、控制和改进软件生存周期的过程。

（2）GB/T 30999《系统和软件工程 生存周期管理 过程描述指南》。该标准的目的是统一过程描述，并允许组合来自不同参考模型的过程，简化新模型的开发并有利于模型的比较。通过提取过程描述形式的通用特性可以为标准的修订选择合适的过程描述形式。该标准根据规定的格式、内容和规定的级别为过程描述形式的选择提供指南。

（3）GB/T 22032《系统与软件工程 系统生存周期过程》。该标准为描述人工系统的生存周期建立了一个通用框架，从工程的角度定义了一组过程及相关的术语，并定义了软件生存周期过程。这些过程可以应用于系统结构的各个层次。此外，该标准还提供了一些过程，支持用于组织或项目中生存周期过程的定义、控制和改进。当获取和供应系统时，组织和项目可使用这些生存周期过程。

3. 质量与监测标准

（1）GB/T 15532《计算机软件测试规范》。该标准规定了计算机软件生存周期内各类软件产品的基本测试方法、过程和准则，适用于计算机软件生存周期全过程，适用于计算机软件的开发机构、测试机构及相关人员。

（2）GB/T 25000《系统与软件工程 系统与软件质量要求和评价（SQuaRE）》。本系列标准分为多个部分，采标 ISO/IEC 25000 系列标准，在系统和软件质量测量过程的支持下，为系统与软件质量需求定义和评价提供指导和建议。该标准包括如下部分：

- GB/T 25000.1《系统与软件工程 系统与软件质量要求和评价（SQuaRE） 第1部分：SQuaRE指南》
- GB/T 25000.2《系统与软件工程 系统与软件质量要求和评价（SQuaRE） 第2部分：计划与管理》
- GB/T 25000.10《系统与软件工程 系统与软件质量要求和评价（SQuaRE） 第10部分：系统与软件质量模型》
- GB/T 25000.12《系统与软件工程 系统与软件质量要求和评价（SQuaRE） 第12部分：数据质量模型》
- GB/T 25000.20《系统与软件工程 系统与软件质量要求和评价（SQuaRE） 第20部分：质量测量框架》
- GB/T 25000.21《系统与软件工程 系统与软件质量要求和评价（SQuaRE） 第21部分：质量测度元素》
- GB/T 25000.22《系统与软件工程 系统与软件质量要求和评价（SQuaRE） 第22部分：使用质量测量》
- GB/T 25000.23《系统与软件工程 系统与软件质量要求和评价（SQuaRE） 第23部分：系统与软件产品质量测量》
- GB/T 25000.24《系统与软件工程 系统与软件质量要求和评价（SQuaRE） 第24部分：数据质量测量》

- GB/T 25000.30《系统与软件工程 系统与软件质量要求和评价（SQuaRE） 第30部分：质量需求框架》
- GB/T 25000.40《系统与软件工程 系统与软件质量要求和评价（SQuaRE） 第40部分：评价过程》
- GB/T 25000.41《系统与软件工程 系统与软件质量要求和评价（SQuaRE） 第41部分：开发方、需方和独立评价方评价指南》
- GB/T 25000.45《系统与软件工程 系统与软件质量要求和评价（SQuaRE） 第45部分：易恢复性的评价模块》
- GB/T 25000.51《系统与软件工程 系统与软件质量要求和评价（SQuaRE） 第51部分：就绪可用软件产品（RUSP）的质量要求和测试细则》
- GB/T 25000.62《系统与软件工程 系统与软件质量要求和评价（SQuaRE） 第62部分：易用性测试报告行业通用格式（CIF）》

4. 文档管理标准

（1）GB/T 8567《计算机软件文档编制规范》。该标准主要对软件的开发过程和管理过程应编制的主要文档及其编制的内容、格式规定了基本要求，原则上适用于所有类型的软件产品的开发过程和管理过程。

（2）GB/T 9386《计算机软件测试文档编制规范》。该标准是为软件管理人员，软件开发、测试和维护人员，软件质量保证人员，审核人员，客户及用户制定的，用于描述一组与软件测试实施方面有关的基本测试文档，标准中定义了每一种基本文档的目的、格式和内容。

（3）GB/T 16680《系统与软件工程 用户文档的管理者要求》。该标准从管理者的角度定义了软件文档编制过程，用于帮助他们制定、执行和评估用户文档的管理工作。该标准适用于生产一系列文档的个人或组织，也适用于开发单文档项目的组织，同样适合团队内部以及外包文档编制的情况。

5. 信息系统集成行业涉及的其他标准

信息系统集成除了软件工程外，还需要技术和服务等方面的全面支撑。随着新一代信息技术的发展壮大，国家、各地区、行业内也制定出包括物联网、云计算、大数据、区块链、人工智能、虚拟现实和移动互联网等技术标准规范。在信息技术服务方面，标准可分为基础标准、通用标准、保障类标准、技术创新标准、数字化转型服务标准和业务融合标准六个类别。

17.3　本章练习

1. 选择题

（1）中国特色社会主义法律体系以_____为统帅。

　　A. 宪法　　　　　　　B. 法律　　　　　　　C. 行政法规　　　　　D. 道德

参考答案：A

（2）_____是调整国家从社会整体利益出发，对经济活动实行干预、管理或者调控所产生的社会经济关系的法律规范。

A. 行政法　　　　　B. 经济法　　　　　C. 社会法　　　　　D. 刑法

参考答案：B

（3）_____是由国务院各部、委员会、中国人民银行、审计署和具有行政管理职能的直属机构制定的，仅在本部门的权限范围内有效。

A. 行政法规　　　　　　　　　　B. 地方性法规

C. 自治条例和单行条例　　　　　D. 规章

参考答案：D

（4）根据《中华人民共和国标准化法》的规定，行业标准由_____制定。

A. 国务院有关行政主管部门

B. 国务院标准化行政主管部门

C. 地方标准化行政主管部门

D. 企业协会

参考答案：A

（5）某市标准化行政主管部门制定并发布的工业产品安全的地方标准，在其行政区域内是_____。

A. 强制性标准　　　B. 推荐性标准　　　C. 指导性标准　　　D. 实物标准

参考答案：B

（6）推荐性国家标准代号是_____。

A. GB/T　　　　　B. GB/Z　　　　　C. GB　　　　　D. GBS

参考答案：A

（7）不属于推荐性标准的是_____。

A. 地方标准　　　　　　　　　B. 团体标准

C. 强制性国家标准　　　　　　D. 行业标准

参考答案：C

（8）国家标准的有效期一般是_____。

A. 3年　　　　　B. 5年　　　　　C. 10年　　　　　D. 15年

参考答案：B

（9）GB/T 22032《系统与软件工程 系统生存周期过程》是_____标准。

A. 强制性标准　　　B. 推荐性标准　　　C. 指导性文件　　　D. 团体标准

参考答案：B

（10）_____是为了在既定范围内获得最佳秩序，促进共同效益，对现实问题或潜在问题确立共同使用和重复使用的条款以及编制、发布和应用文件的活动。

A. 规程　　　　　B. 规范　　　　　C. 标准　　　　　D. 标准化

参考答案：D

第 18 章 职业道德规范

我们生活和工作的外部世界是一个复杂的、多元的和动态的系统。就项目管理工程师（项目经理）管理一个项目而言，要涉及很多项目干系人，也有很多的因素制约着项目的成功，其中就包括项目管理工程师自己的日常行为和职业行为，这些行为受人们内心世界的控制。要管理好项目，仅有信息系统方面的知识和技能是不够的，还需要有一个积极的态度和职业化的行为来处理个人与外界的关系。

职业道德是所有从业人员在职业活动中应该遵循的行为准则，涵盖了从业人员与服务对象、职业与职工、职业与职业之间的关系。随着现代社会分工的发展和专业化程度的增强，市场竞争日趋激烈，整个社会对从业人员职业观念、职业态度、职业技能、职业纪律和职业作风的要求越来越高。

处理个人与组织或者个人与他人的关系时，项目管理工程师首先要遵循相关的法律法规、工程标准规范来管理项目，例如项目管理工程师应该在工作过程中严格遵守我国的民法典（合同编）、招标投标法、政府采购法以及著作权法等相关的法规制度。在遵循法律法规的前提下，项目管理工程师还应该积极主动地提高自己的职业道德水平、恪守职业道德规范，以主动积极、认真负责的态度完成系统集成项目管理方面的工作。

在一些公共事业领域，例如法律、医疗、教育等行业，人们是否能够诚实地遵循职业道德尤其重要。系统集成项目工程师所建设和维护的集成系统通常都属于为公众提供信息服务的公共系统，因而项目管理工程师是否能够全面、诚实地遵循职业道德也同样重要。

本章内容主要包括与系统集成项目管理工程师职业道德规范相关的内容，包括职业道德的基本概念、项目管理工程师职业道德规范、项目管理工程师岗位职责、项目管理工程师的团队管理职责以及项目管理工程师如何不断提升个人的道德修养水平。

18.1 基本概念

1. 道德

道德是由一定的社会经济关系所决定的特殊意识形态。社会存在决定社会意识，而社会经济关系是最根本的社会存在。道德作为一种社会意识，必然由一定的社会经济关系所决定。道德具有非强制性，但与法律一样，都是调控社会关系和人们行为的重要机制。

通俗地讲，道德就是自己管自己的一组规矩。每一种文化都有自己的一种全民接受的公认的道德规范。但是落实到每一个公民，每个公民的道德水平不一样。道德的具体含义如下：

- 道德的主要功能是规范人们的思想和行为。
- 道德是依靠舆论、信念和习俗等非强制性手段起作用的。
- 道德以善恶观念为标准来评价人们的思想和行为。

2. 职业道德

人们在从事职业活动时应该遵循的符合自身职业特点的行为规范，是人们通过学习与实践养成的优良的职业品质。职业道德涵盖了从业人员与服务对象、职业与人员、职业与职业之间的关系。

职业道德的主要内容包括爱岗敬业、诚实守信、办事公道、服务群众和奉献社会。职业道德行为规范是根据职业特点确定的，它是指导和评价人们职业行为善恶的准则。每一个从业者既有共同遵守的职业道德基本规范，又有自身行业特征的职业道德规范，比如教师的有教无类、法官的秉公执法、官员的公正廉洁、商人的诚实守信、医生的救死扶伤等都反映出自身行业的职业道德特点。作为一名项目管理工程师在与客户、用户、领导、团队成员和供应商等项目干系人交往时，不说"怎么你连这个都不懂"，也不在口头或书面交往中使用晦涩难懂的专业词汇，与客户沟通时对客户表示应有的尊重等，这些都是对项目管理工程师在职业道德方面的基本要求。

一般来说职业道德具有以下七个方面的特征：

（1）职业性：职业道德必须通过从业者在职业活动中体现。

（2）普遍性：职业道德的普遍性是由其职业性质决定的。从事职业的人群众多，范围广大，这就决定了职业道德必然具有普遍性。

（3）自律性：职业道德具有自我约束、控制的特征。从业者通过职业道德的学习和实践，产生职业道德意识、觉悟、良心、意志、信念和理想，形成良好的职业道德品质以后，又会在工作中产生行为上的条件反射，形成选择有利于社会、有利于集体的行为的高度自觉。这也是职业道德与法律、纪律的区别所在。

（4）他律性：职业道德具有影响舆论的特征。

（5）鲜明的行业性和多样性：职业道德与社会分工紧密联系，各行各业都有适合自身特点的职业道德规范。

（6）继承性和相对稳定性：职业道德反映职业关系时往往与社会风俗、民族传统文化相联系，许多职业道德跨越了国界和历史时代作为人类职业精神文明文化被传承了下来。比如诚信、互助与协作和勤俭节约等。

（7）很强的实践性：一个从业者的职业道德知识、情感、意志、信念、觉悟、良心和行为规范都必须通过职业的实践活动，在自己职业行为中表现出来，并接受行为道德的评价与自我评价。

一般来说，项目管理工程师在工作时要着装整洁、举止得体、行为规范，表现出应有的专业素养以及专业形象，维护公司利益并赢得客户和合作方人员的信任和尊重，从而为项目管理工程师在人际交往和团队合作方面营造和谐融洽的有利局面。

18.2　项目管理工程师职业道德规范

项目管理工程师应遵守的职业行为准则和岗位职责可以用"职业道德规范"来简要地概括如下。

- 爱岗敬业、遵纪守法、诚实守信、办事公道、与时俱进。
- 梳理流程、建立体系、量化管理、优化改进、不断积累。
- 对项目负管理责任，计划指挥有方，全面全程监控，善于解决问题，沟通及时到位。
- 为客户创造价值，为雇主创造利润，为组员创造机会，合作多赢。
- 积极进行团队建设，公平、公正、无私地对待每位项目团队成员。
- 平等与客户相处；与客户协同工作时，注重礼仪；公务消费应合理并遵守有关标准。

18.3　项目管理工程师岗位职责

项目管理工程师是项目团队的领导者，其所肩负的责任就是领导他的团队准时、优质地完成项目的全部工作，从而实现项目目标。项目管理工程师的工作是对项目进行计划、组织和控制，从而为项目团队完成项目目标提供领导和管理作用。同时，项目管理工程师应当激励项目团队，按期完成项目以赢得客户和用户的信任。

1. 项目管理工程师的职责

（1）不断提高个人的项目管理能力，主要包括：

- 在工作中表现出诚实正直的态度；
- 在工作中主动采用项目管理理念和方法；
- 提升个人的项目管理能力；
- 平衡项目干系人的利益；
- 以合作和职业化方式与团队和项目干系人打交道。

（2）贯彻执行国家和项目所在地政府的有关法律、法规和政策，执行所在单位的各项管理制度和有关技术规范标准。

（3）对信息系统项目的全生命期进行有效控制，确保项目质量和工期，努力提高经济效益。

（4）严格执行财务制度，加强财务管理，严格控制项目成本。

（5）执行所在单位规定的应由项目管理工程师负责履行的各项条款。

2. 项目管理工程师的权利

（1）组织项目团队。

（2）组织制订信息系统项目计划，协调管理信息系统项目相关的人力、设备等资源。

（3）协调信息系统项目内外部关系，受委托签署有关合同、协议或其他文件。

18.4　项目管理工程师对项目团队的责任

项目管理工程师的主要职责之一是建设高效项目团队，该团队通常表现出下列特征。

- 建立了明确的项目目标；
- 建立了清晰的团队规章制度；
- 建立了学习型团队；

- 培养团队成员养成严谨细致的工作作风；
- 团队成员分工明确；
- 建立和培养了勇于承担责任、和谐协作的团队文化；
- 善于利用项目团队中的非正式组织来提高团队的凝聚力。

项目管理工程师还应该引领团队形成积极向上的团队价值观，这些价值观主要包含如下内容。

- 信任；
- 遵守纪律；
- 良好的、方便的沟通机制与氛围；
- 尊重差异，求同存异；
- 经验交流与共享；
- 结果导向；
- 勇于创新。

18.5　提升个人道德修养水平

修养，指个人在政治、思想、道德品质、知识技能等方面，经过学习和自我锻炼所达到的一定水平，包括政治修养、文学修养、思想品质修养、社会公德修养、职业道德修养等，也可以指达到这一水平的努力过程。职业道德行为修养，就是根据职业道德原则和规范的要求，在职业活动过程中进行自我教育、自我锻炼和自我改造，从而形成良好的职业道德品质、达到期望的职业道德修养境界的过程。

我国是世界上唯一一个绵延至今的传统文明古国，其核心原因就在于我国传统文化中对道德的重视和提倡。在我国传统文化的源头——《易经》中明确提出，"天行健，君子以自强不息"（乾卦）、"地势坤，君子以厚德载物"（坤卦），充分认识到德行对于个人、对于社会的重要性和必要性。儒家代表人物曾子的名言"吾日三省吾身——为人谋而不忠乎？与朋友交而不信乎？传不习乎"（《论语·学而》），要求人们必须持续地对自己的行为进行审视、做出反省，才能不断地提升个人修养。儒家经典《礼记》更是提出了明确的要求"身修而后家齐，家齐而后国治"，将培养和提升个人的道德修养作为人们实现各种远大抱负和理想的前提条件。

即便是在今天，道德修养对于人们的工作和生活依然同样重要。那些经验丰富的领导和前辈经常会语重心长地告诫我们"做事先做人"，其核心也在于强调个人道德修养在工作中的重要性。与其他工作相比，从事系统集成项目管理工作面临着一系列问题，包括：项目干系人多、需求复杂，项目复杂多变、人员普遍年轻、加班成为家常便饭等。在一些特殊的工作环境中，项目管理工程师更应该重视个人道德修养的培养和提升，树立积极向上的、健康的价值取向。项目管理工程师应该在项目中以身作则，公平、公正，乐观、自信，为团队成员起到表率和榜样的作用，为所属公司树立良好的企业形象。榜样的力量是无穷的，"撼山易，撼岳家军难"，项目管理工程师要求别人做到的事情，自己首先要做到；自己不想做的事情也不要强迫别人去做，所谓"己所不欲，勿施于人"。项目管理工程师还应该在项目中积极主动地领导团队、承担责任，表现出"舍我其谁"的工作气魄，避免在工作中一味地消极被动，贻误时机。

项目管理工程师只有在工作过程中善于学习，不断提升自身的道德修养水平，提高自身认识世界、认识自我的能力，才会在当前各行各业都充分竞争的大环境下，更好地坚守服务于客户的信念、维护公平和公正的原则，为我国系统集成行业的健康发展贡献自己的一份力量。

18.6　本章练习

1. 选择题

（1）关于道德的描述不正确的是_____。

A. 道德的主要功能是规范人们的思想和行为

B. 道德是依靠舆论、信念和习俗等非强制性手段起作用的

C. 道德以善恶观念为标准来评价人们的思想和行为

D. 道德是由国家制定或认可，并具有普遍约束力的社会规范

参考答案：D

（2）_____主要内容包括爱岗敬业、诚实守信、办事公道、服务群众和奉献社会，是指导和评价人们职业行为善恶的准则。

A. 道德　　　　　　B. 职业道德　　　　　C. 标准　　　　　　D. 法律法规

参考答案：B

（3）项目管理工程师的职责不包括_____。

A. 不断提高个人的项目管理能力

B. 所在单位的各项管理制度和有关技术规范标准

C. 协调信息系统项目内外部关系，受委托签署有关合同、协议或其他文件

D. 对信息系统项目进行有效控制，确保项目质量和工期，努力提高经济效益

参考答案：C

（4）项目管理工程师的价值观不包括_____。

A. 信任　　　　　　B. 遵守纪律　　　　　C. 勇于创新　　　　D. 封建迷信

参考答案：D

参考文献

[1] 谭志彬，柳纯录. 系统集成项目管理工程师教程 [M]. 2 版. 北京：清华大学出版社，2016.

[2] ISO/IEC.27001：2022 信息安全、网络安全和隐私保护——信息安全管理系统——要求 [S].

[3] ISO/IEC.27002：2022 信息安全、网络安全和隐私保护——信息安全控制 [S].

[4] 刘明亮，宋跃武. 信息系统项目管理师教程 [M]. 4 版. 北京：清华大学出版社，2023.

[5] 霍炜，郭启全，马原. 商用密码应用与安全性评估 [M]. 北京：电子工业出版社，2020.

[6] 国家信息技术服务标准工作组. ITSS 系列培训 IT 服务项目经理 [M]. 北京：电子工业出版社，2012.

[7] 白思俊. 现代项目管理：上、中、下 [M]. 北京：机械工业出版社，2005.

[8] GAD J S. 实施 IT 治理：方法论、模型、全球最佳实践 [M]. 中治研（北京）国际信息技术研究院，译. 北京：中国经济出版社，2011.

[9] F L 哈里森. 高级项目管理：一种结构化方法 [M]. 杨磊，李佳川，郑士忠，译. 北京：机械工业出版社，2003.

[10] 王思轩. 数字化转型架构：方法论与云原生实践 [M]. 北京：电子工业出版社，2021.

[11] 岳昆. 数据工程：处理、分析与服务 [M]. 北京：清华大学出版社，2013.

[12] 叶宏，鲍亮，宋胜利，等. 系统架构设计师教程 [M]. 2 版. 北京：清华大学出版社，2022.

[13] 唐九阳，葛斌，张翀. 信息系统工程 [M]. 3 版. 北京：电子工业出版社，2014.

[14] 伊恩·萨默维尔. 软件工程 [M]. 10 版. 北京：机械工业出版社，2018.

[15] Humble J，Farley D. 持续交付：发布可靠软件的系统方法 [M]. 北京：清华大学出版社，2011.

[16] 王思轩. 数字化转型架构：方法论与云原生实践 [M]. 北京：电子工业出版社，2021.

[17] 宋跃武，白璐，刘玲，等. 中国 IT 运维能力建设指南 [M]. 北京：清华大学出版社，2016.

[18] 全国信标委信息技术服务分技术委员会. 信息技术服务标准体系建设报告 [R]. 5.0 版. 中国电子工业标准化技术协会信息技术服务分会，2021.

[19] 王珊，萨师煊. 数据库系统概论 [M]. 5 版. 北京：高等教育出版社，2016.

[20] 周屹，李艳娟，崔琨，等. 数据库原理及开发应用 [M]. 2 版. 北京：清华大学出版社，2013.

[21] 施伯乐，丁宝康，杨卫东. 数据库教程 [M]. 北京：电子工业出版社，2004.

[22] 张朝昆，崔勇，唐翯祎，等. 软件定义网络（SDN）研究进展 [J]. 软件学报：2015.

[23] 毛健彪，卞洪飞，韩彪，等. PiBuffer：面向数据中心的 OpenFlow 流缓存管理模型 [J]. 计算机学报：2016.

[24] 王鹃，王江，焦虹阳，等. 一种基于 OpenFlow 的 SDN 访问控制策略实时冲突检测与解决方法 [J]. 计算机学报：2015.

[25] 王映民. 5G 移动通信系统设计与标准详解 [M]. 北京：人民邮电出版社，2020.

[26] 宋航. 万物互联：物联网核心技术与安全 [M]. 北京：清华大学出版社，2020.

[27] 刘鹏. 云计算 [M]. 3 版. 北京：电子工业出版社，2015.

[28] 李伯虎 . 云计算导论 [M]. 2 版 . 北京：机械工业出版社，2021.

[29] 维克托·迈尔·舍恩伯格，肯尼思·库克耶 . 大数据时代 [M]. 盛杨燕，周涛，译 . 杭州：浙江人民出版社，2013.

[30] 张绍华，潘蓉，宗宇伟 . 大数据治理与服务 [M]. 上海：上海科学技术出版社，2016.

[31] 赵增奎，宋俊典，庞引明，等 . 区块链：重塑新金融 [M]. 北京：清华大学出版社，2017.

[32] 李德毅，于剑 . 人工智能导论 [M]. 北京：中国科学技术出版社，2018.

[33] 李建，王芳 . 虚拟现实技术基础与应用 [M]. 2 版 . 北京：机械工业出版社，2022.

[34] 徐诚 . 基于"一网通办"模式的一体化平台构建思路 [J]. 电脑知识与技术：学术版，2021，(20)170-172.

[35] Project Management Institute. 项目管理知识体系指南（PMBOK 指南）[M]. 5 版 . 北京：电子工业出版社，2013.

[36] 运筹学教材编写组 . 运筹学 [M]. 3 版 . 北京：清华大学出版社，2005.

[37] 中国信息通信研究院 . 中国数字经济发展白皮书：2020 年 [R]. 北京：中国信息通信研究院，2020.

[38] 中国信息通信研究院 . 中国数字经济发展报告：2022 年 [R]. 北京：中国信息通信研究院，2022.

[39] 国家智慧城市标准化总体组 . 智慧城市标准化白皮书：2022 版 [R]. 北京：家智慧城市标准化总体组，2022.

[40] 政策法规研究所，产业政策研究所 ."新基建"政策白皮书 [R]. 北京：赛迪研究院，2020.

[41] 国家信息中心信息化和产业发展部，京东数字科技研究院 . 中国产业数字化发展报告：2020[R]. 北京：国家信息中心，2020.

[42] CB Insights 中国 . 中国产业数字化发展报告：2021[R]. 纽约：CB Insights，2021.

[43] 庄荣文 . 营造良好数字生态 [N]. 北京：人民日报，2021-11-05（09）.

[44] 国家工业信息安全发展研究中心，北京大学光华管理学院，苏州工业园区管理委员会，等 . 中国数据要素市场发展报告：2020 ～ 2021[R]. 国家工业信息安全发展研究中心，2021.

[45] 中国信息通信研究院政策与经济研究所 . 中国数据价值化与数据要素市场发展报告：2021 年 [R]. 中国信息通信研究院，2021.

[46] 尼古拉·尼葛洛庞帝 . 数字化生存 [M]. 胡泳，范海燕，译 . 北京：电子工业出版社，2017.

[47] 王益民 . 数字政府 [M]. 北京：中央党校出版社，2020.

[48] 孟天广 . 数字治理全方位赋能数字化转型 [N]. 杭州：浙江日报，2021-2-22（8）.

[49] 刘丽超 . 数字经济新业态新模式发展研究之数字化治理篇 [J]. 中国电子报，2020.

[50] 王汉明 . 银行信息系统架构 [M]. 北京：机械工业出版社，2015.

[51] 赵捷 . 企业信息化总体架构 [M]. 北京：清华大学出版社，2011.

[52] 彭雁虹，李怀祖 . 信息系统体系结构的总体框架 [J]. 系统工程理论与实践，1999，19（8）. 北京：国系统工程学会，1999.